21世纪高等学校研究生教材
数学学科硕士研究生系列

FANHAN FENXI XUANJIANG

泛函分析选讲

第2版

北京师范大学数学科学学院◎组编

杨大春 袁文◎编著

北京师范大学出版集团
BEIJING NORMAL UNIVERSITY PUBLISHING GROUP
北京师范大学出版社

图书在版编目（CIP）数据

泛函分析选讲 / 杨大春，袁文编著 . —2 版 . —北京：北京师范大学出版社，2023.7
（21 世纪高等学校研究生教材数学学科硕士研究生系列）
ISBN 978-7-303-29260-8

Ⅰ．①泛… Ⅱ．①杨… ②袁… Ⅲ．①泛函分析－研究生－教材 Ⅳ．①O177

中国国家版本馆 CIP 数据核字(2023)第 126006 号

图书意见反馈：gaozhifk@bnupg.com 010-58805079
营销中心电话：010-58802181 58805532

出版发行：北京师范大学出版社 www.bnupg.com
北京市海淀区新街口外大街 12-3 号
邮政编码：100088

印 刷：	北京天泽润科贸有限公司
经 销：	全国新华书店
开 本：	730 mm×980 mm 1/16
印 张：	37.25
字 数：	631 千字
版 次：	2023 年 7 月第 2 版
印 次：	2023 年 7 月第 1 次印刷
定 价：	118.00 元

策划编辑：岳昌庆 刘凤娟		责任编辑：刘凤娟	
美术编辑：陈 涛 李向昕		装帧设计：陈 涛 李向昕	
责任校对：陈 民		责任印制：马 洁 赵 龙	

版权所有　侵权必究

反盗版、侵权举报电话：010-58800697
北京读者服务部电话：010-58808104
外埠邮购电话：010-58808083
本书如有印装质量问题，请与印制管理部联系调换。
印制管理部电话：010-58804922

前言

　　研究生教材建设是研究生培养工作的重要环节, 是研究生教学改革措施之一, 也是衡量学校研究生教学水平和特色的重要依据. 纵观北京师范大学数学科学学院(以下简称"我院")的研究生教育, 可分为以下几个阶段: 1953—1961年是我院研究生教育初创时期, 招收代数、分析、几何等方向的10个研究生班; 1962—1965年改为招收少量的硕士研究生; 1966—1976年"文化大革命"时期, 研究生停止招生. 1978年, 我院恢复招收硕士研究生, 研究生所学课程除外语和自然辩证法公共课程外, 还要学习几门专业课. 每年导师根据招生情况, 分别制订每个研究生的培养计划. 1982年, 首次开展制订攻读硕士学位研究生培养方案的工作, 为拓宽研究生的知识面, 对每届研究生开设5门专业基础理论课: 泛函分析、抽象代数、实分析、复分析、微分流形, 每人至少选3门. 从1983年起, 增加代数拓扑, 共6门基础理论课, 安排有经验的教师讲课且相对固定, 考试要求严格, 使研究生接受正规的研究生教育. 虽然不同院校开设的本科生课程有一定的差异性, 但是经过这个阶段的学习后, 基本上达到了一个相当的水平, 为从本科生到研究生基础水平过渡提供了保障. 在1992年修订教学计划时, 增加了概率论基础和计算机基础. 这样, 基础理论课共开设8门. 从1997学年开始, 规定研究生每人至少选4门. 从2000年开始, 改为开设12门基础课, 增加应用分析基础(后改称现代分析基础)、偏微分方程、李群、随机过程. 从2007学年开始, 改为开设14门基础课, 去掉计算机基础、李群, 同时增加高等统计学、最优化理论与算法、非线性泛函分析、动力系统基础, 规定研究生每人至少选5门. 经过30多年系统的研究生培养工作, 研究生教育正在逐步走向正规. 在此期间, 我院在学科建设、人才培养和教学实践中积累了比较丰富的经验, 将这些经验落实并贯彻到研究生教材编著中是大有益处的.

　　随着研究生的扩招, 再加上培养方案的改革, 出版研究生系列教材已经提到议事日程上来. 在20世纪90年代, 北京师范大学出版社已经出版了几部基础课教材:《泛函分析》《实分析》《随机过程通论》等, 但未系统策划出

前言

版系列教材. 2005年5月, 由我院李仲来教授和北京师范大学出版社岳昌庆、王松浦两位编辑进行了沟通和协商, 计划对我院教师使用的北京师范大学出版社出版的几部教材进行修订后再版, 进一步用几年时间, 出版数学一级学科硕士研究生的基础课程系列教材和部分专业课教材.

我们希望使用这些教材的校内外专家学者和广大读者, 提出宝贵的修改意见, 使其不断改进和完善.

本套教材可供高等院校数学一级学科硕士研究生和课程与教学论(数学)等硕士研究生使用和参考.

北京师范大学数学科学学院

第二版作者的话

本书是第一版的修订版. 自2016年出版以来, 本书第一版在我院作为高年级本科生、研究生教材进行了6年的教学实践. 本书第二版是杨大春在上述教学过程中, 遵循教育、教学规律和学生身心发展规律, 坚决贯彻以学生为主体, 本、研贯通式培养的教学思想, 强调启发式培养学生的创新能力和动手能力, 不断修订教学内容而逐渐成型的. 在第二版中, 作者主要修正了第一版中第一章和第二章所出现的一些谬误, 补充了更多的细节, 并对一些论证的写法进行了修改以便启发学生的创造性思维. 更特别地, 作者对第一版中第一章和第二章增添了许多习题和例子, 包括某些微分算子(如经典的拉普拉斯算子)的谱集的计算等, 着重培养学生的创新能力和动手能力以便更好地理解相关知识.

在本书的修订过程中, 我们得到了许多教师和学生的帮助. 特别是厦门大学伍火熊教授调和分析团队和西北工业大学李文娟教授在使用本书第一版作为研究生教材时发现了许多打印错误, 在本书中我们都予以了纠正. 还要感谢我院调和分析方向已经毕业和在读的如下研究生在本书修订过程中所提供的帮助: 张阳阳、陶金、黄龙、贾洪潮、周熙霖、冷思源、卜凡、朱晨峰、林孝盛、孙镜淞、曾宗泽、李朝安. 除此之外, 特别致谢李尹钦和赵一瑞两位同学为本书修订版的Tex编排所付出的辛勤劳动, 并感谢北京师范大学出版社在本书撰写过程中所给予的大力支持.

限于作者的学识水平, 本书仍难免存在一些不足之处, 望请广大读者批评指正.

杨大春(dcyang@bnu.edu.cn)　　袁文(wenyuan@bnu.edu.cn)

2023年6月21日于北京师范大学后主楼

第一版作者的话

本书是作者近些年来为我院的高年级本科生及硕士、博士研究生所开设的泛函分析研讨课程的讲义,其主要内容参考了北京大学张恭庆教授和林源渠教授的《泛函分析讲义上册》第二章和第四章以及张恭庆教授和郭懋正教授的《泛函分析讲义下册》第五章、第六章和第七章,并增加了作者和研讨班学生关于许多细节的补充证明及理解.

泛函分析是研究现代数学和物理学中诸多问题的一个强有力工具,在现代数学及其他相关学科中的地位和重要作用已毋庸赘述. 虽然国内外关于泛函分析的基础理论已有许多优秀的教材出版在前,但很难找到一本难度适中且适合于国内基础数学分析类方向的研究生教材. 基于作者近些年来的学术兴趣和研究方向,我们选取了紧算子理论、Banach代数、算子的谱理论以及算子半群理论四个方面的基础理论作为本书的主要内容.

具体地,本书共分4章. 第1章主要介绍有界线性算子,特别是紧算子的谱. 作为矩阵的本征值这一概念的推广,算子的谱在研究算子的结构方面起着重要作用. 例如, Hilbert空间上的对称紧算子可以完全地由该算子的本征值来确定(Hilbert-Schmidt定理). 第2章主要介绍了Banach代数及C^*代数的一些基础知识,并基于此进一步给出了Hilbert空间上有界正常算子的谱分解. 第3章主要关注无界算子,给出了一般无界自伴算子的谱族和谱分解. 第4章介绍了强连续线性算子半群的一些基础知识,并给出了算子半群理论在Bochner定理和遍历定理中的一些应用的例子.

由于这些理论对高年级本科生和研究生来说难度较大,为了便于他们的理解,我们在本书中尽可能地给出了详尽的演算过程和证明细节. 本书最大的特色在于除了讲述本科生应该掌握的一些基础泛函分析知识之外,还尽可能地做到自包含,并注重其证明和推理的严谨性. 为了理解本书的这些知识,读者仅需具备本科泛函分析的一些基本知识和概念. 具体地,读者理解了北京大学张恭庆教授和林源渠教授的《泛函分析讲义上册》的第一章和第二章的主要内容即已足够.

第一版作者的话

本书重点介绍了算子的谱理论和算子半群理论. 这些理论是从事调和分析、泛函分析、偏微分方程、概率论和位势理论等相关学科分支研究工作的必备工具之一, 希望本书能为从事这些相关专业的研究生及科研工作者提供一定的帮助. 由于作者学识水平所限, 本书难免存在不足之处, 望各位专家和广大读者予以批评指正.

在本书的编写过程中, 我们得到了许多教师和学生的帮助, 其中包括我院调和分析方向已经毕业和在读的如下研究生: 孟岩、林海波、周渊、杨东勇、刘丽光、蒋仁进、杨四辈、曹军、梁熠宇、刘绥乐、卓次强、付星、侯绍雄、卢玉峰、张俊强、贺新蕾、陈夏铭、刘军、闫现杰、吴素青、贺子毅、张军伟和刘奕. 除此之外, 还得到了我院参加本书研讨班的高年级本科生和其他研究生的帮助, 限于篇幅我们不一一列举, 在此一并致谢. 特别感谢卓次强同学为本书的Tex编排所付出的辛勤劳动, 并感谢北京师范大学出版社在本书撰写过程中所给予的大力支持.

最后指出, 不同于通常的教材, 本书特意设计不是十分紧凑的版面, 留有些许空白, 希望读者能轻松、愉快地阅读并便于注记, 但愿这种尝试是有益的.

杨大春(dcyang@bnu.edu.cn)　　袁文(wenyuan@bnu.edu.cn)
2015年12月5日于北京师范大学后主楼

目录

第1章 紧算子的谱理论 　1
- §1.1 预备知识 1
  - 习题1.1 6
- §1.2 有界线性算子的谱 8
  - 习题1.2 46
- §1.3 紧算子 50
  - 习题1.3 81
- §1.4 紧算子的谱理论 84
  - §1.4.1 紧算子的谱 84
  - §1.4.2 不变子空间 97
  - 习题1.4 102
- §1.5 Hilbert–Schmidt定理 104
  - 习题1.5 128

第2章 Banach代数 　131
- §2.1 代数准备知识 131
  - 习题2.1 142
- §2.2 Banach代数 144
  - §2.2.1 代数的定义 144
  - §2.2.2 代数的极大理想与Gelfand表示 149
  - 习题2.2 181
- §2.3 例子与应用 183
  - 习题2.3 192
- §2.4 C^*代数 195
  - 习题2.4 209
- §2.5 Hilbert空间上的正常算子 211

§2.5.1 Hilbert空间上的正常算子的连续算符演算 211
§2.5.2 正常算子的谱族与谱分解定理 225
§2.5.3 正常算子的谱集 294
习题2.5 313

第3章 无界算子   315

§3.1 闭算子 315
习题3.1 342

§3.2 Cayley变换与自伴算子的谱分解 343
§3.2.1 Cayley变换 343
§3.2.2 自伴算子的谱分解 352
习题3.2 389

§3.3 无界正常算子的谱分解 390
§3.3.1 Borel可测函数的算子表示 390
§3.3.2 无界正常算子的谱分解 405
习题3.3 427

第4章 算子半群   429

§4.1 强连续线性算子半群及其无穷小生成元 429
§4.1.1 强连续线性算子半群 429
§4.1.2 无穷小生成元的定义和性质 434
§4.1.3 Hille–Yosida定理 437
习题4.1 467

§4.2 无穷小生成元的例子 469
习题4.2 499

§4.3 单参数酉群和Stone定理 501
§4.3.1 单参数酉群的表示——Stone定理 501
§4.3.2 Stone定理的应用 512
§4.3.3 Trotter乘积公式 539
习题4.3 544

§4.4 Hilbert–Schmidt算子与迹算子 545

目 录

习题4.4 577

参考文献   579

索引   581

第1章 紧算子的谱理论

算子谱理论的发展始于线性微分方程及其无穷维推广的解的研究,是现代数学、物理和工程的许多分支,如偏微分方程、量子力学和信号处理中不可缺少的工具. 通过研究算子的谱,人们可以更清楚地了解算子本身的结构,从而用来刻画相应方程的解的构造. 在本章中,我们将介绍Banach(巴拿赫)空间上的有界线性算子,特别是紧算子的谱理论,后者的性质类似于有限维空间中的矩阵,其在积分方程理论和数学物理问题的许多研究中都起着重要的作用.

本章主要参考了文献[7]的第二章和第三章.

§1.1 预备知识

为保证本书的完整性,并方便读者查阅,我们在本节中回顾一些泛函分析中常用的基本概念. 对于更多的细节,读者可参见文献[7]的第一章和第二章. 在本书中,用$\mathbb{N}_+$表示**正整数**全体,即$\mathbb{N}_+ := \{1,2,\cdots\}$;用$\mathbb{C}$表示所有的**复数**全体. 首先回忆度量空间的概念(见文献[7]定义1.1.1).

定义1.1.1 设$\mathscr{X}$是一个非空集,若在$\mathscr{X}$上定义了一个双变量的实值函数$\rho: \mathscr{X} \times \mathscr{X} \longrightarrow \mathbb{R}$,满足下列三个条件:

(i) 对$\forall x,y \in \mathscr{X}, \rho(x,y) \geqslant 0$且$\rho(x,y) = 0$当且仅当$x = y$;

(ii) 对$\forall x,y \in \mathscr{X}, \rho(x,y) = \rho(y,x)$;

(iii) 对$\forall x,y,z \in \mathscr{X}, \rho(x,y) \leqslant \rho(x,z) + \rho(z,y)$,

则$\mathscr{X}$称为**度量空间**. 称ρ为$\mathscr{X}$上的一个**距离**或**度量**,以ρ为距离(或度量)的度量空间$\mathscr{X}$记作$(\mathscr{X}, \rho)$.

下面给出度量空间中集合的闭包的定义,并讨论它的一些基本性质.

定义1.1.2 设$(\mathscr{X},\rho)$为度量空间且$E \subset \mathscr{X}$, E的**闭包**$\overline{E}$定义如下: 称$x \in \overline{E}$, 若对$\forall \delta \in (0,\infty)$, 有$B(x,\delta) \cap E \neq \varnothing$, 其中$B(x,\delta)$表示以$x$为中心、$\delta$为半径的球, 即

$$B(x,\delta) := \{y \in \mathscr{X} : \rho(x,y) < \delta\}.$$

我们有如下关于$\overline{E}$中的点的等价刻画. 设$(\mathscr{X},\rho)$为度量空间, $\{x_n\}_{n \in \mathbb{N}_+} \subset \mathscr{X}$且$x \in \mathscr{X}$, 称$x_n \to x, n \to \infty$, 若$\rho(x_n,x) \to 0, n \to \infty$.

命题1.1.3 设$(\mathscr{X},\rho)$为度量空间, 则$x \in \overline{E}$当且仅当存在$\{x_n\}_{n \in \mathbb{N}_+} \subset E$使得$x_n \to x, n \to \infty$.

证明 首先证明必要性. 为此, 设$x \in \overline{E}$, 则, 对任意$n \in \mathbb{N}_+$, 由定义$B(x,\frac{1}{n}) \cap E \neq \varnothing$. 取$x_n \in B(x,\frac{1}{n}) \cap E$, 则$\{x_n\}_{n \in \mathbb{N}_+} \subset E$且

$$0 \leqslant \rho(x,x_n) < \frac{1}{n} \to 0, \quad n \to \infty.$$

故$x_n \to x, n \to \infty$. 必要性得证.

下证充分性. 因$\{x_n\}_{n \in \mathbb{N}_+} \subset E$使得$x_n \to x, n \to \infty$, 故, 对任意$\delta \in (0,\infty)$, 存在$N_0 \in \mathbb{N}_+$, 使得当$n \geqslant N_0$时, 有$\rho(x_n,x) < \delta$. 因此,

$$[B(x,\delta) \cap E] \supset \{x_n\}_{n=N_0}^{\infty} \neq \varnothing.$$

故$x \in \overline{E}$, 从而充分性成立. 至此, 命题得证. □

回顾文献[7]定义1.1.4中以下关于闭集的定义.

定义1.1.4 度量空间$(\mathscr{X},\rho)$中的一个子集A称为是**闭集**, 若对任意A中点列$\{x_n\}_{n \in \mathbb{N}_+}$及$x_0 \in \mathscr{X}$满足在$\mathscr{X}$中$x_n \to x_0, n \to \infty$, 则均有$x_0 \in A$.

命题1.1.5 设$(\mathscr{X},\rho)$为度量空间, 则$\overline{E}$为$\mathscr{X}$的包含E的最小闭集.

证明 先证$\overline{E}$闭. 为此, 任取$\{x_n\}_{n \in \mathbb{N}_+} \subset \overline{E}$及$x \in \mathscr{X}$满足$x_n \to x, n \to \infty$, 希证$x \in \overline{E}$. 对任意$n \in \mathbb{N}_+$, 因$x_n \in \overline{E}$, 故$B(x_n,\frac{1}{n}) \cap E \neq \varnothing$. 取$\widetilde{x}_n \in B(x_n,\frac{1}{n}) \cap E$. 则, 对任意$n \in \mathbb{N}_+$, 有

$$\rho(\widetilde{x}_n,x) \leqslant \rho(\widetilde{x}_n,x_n) + \rho(x_n,x)$$

$$< \frac{1}{n} + \rho(x_n, x) \to 0, \quad n \to \infty.$$

故 $\widetilde{x}_n \to x, n \to \infty$. 注意到 $\{\widetilde{x}_n\}_{n \in \mathbb{N}_+} \subset E$. 因此, 由命题1.1.3知 $x \in \overline{E}$. 故 $\overline{E}$ 为闭集.

现设 $F \supset E$ 且 F 为闭集. 则, 对任意 $x \in \overline{E}$, 由命题1.1.3, 存在 $\{x_n\}_{n \in \mathbb{N}_+} \subset E$ 使得 $\rho(x_n, x) \to 0, n \to \infty$. 因 $\{x_n\}_{n \in \mathbb{N}_+} \subset E \subset F$ 且 $x_n \to x, n \to \infty$, 故由 F 闭知 $x \in F$. 因此, $\overline{E} \subset F$. 故 $\overline{E}$ 为 $\mathscr{X}$ 的包含 E 的最小闭集. 至此, 命题得证. □

命题1.1.6 设 $(\mathscr{X}, \rho)$ 为度量空间, 则 F 为 E 的闭包当且仅当 F 为 $\mathscr{X}$ 的包含 E 的最小闭集.

证明 由命题1.1.5知必要性成立.

现证充分性. 因 F 为 $\mathscr{X}$ 的包含 E 的最小闭集, 又 $\overline{E} \supset E$ 且根据命题1.1.5知 $\overline{E}$ 闭, 故 $\overline{E} \supset F$.

又因 $F \subset E$ 且 F 闭且由命题1.1.5知 $\overline{E}$ 为 $\mathscr{X}$ 的包含 E 的最小闭集, 故 $\overline{E} \subset F$. 综上有 $\overline{E} = F$. 因此, 充分性成立. 至此, 命题得证. □

接下来, 我们回顾线性赋范空间及有界线性算子的一些基本知识. 以下线性赋范空间范数的定义来自文献[7]定义1.4.9.

定义1.1.7 线性空间 $\mathscr{X}$ 上的**范数** $\|\cdot\|$ 是一个非负值函数: $\mathscr{X} \longrightarrow [0, \infty)$, 满足:

(i) 对 $\forall x \in \mathscr{X}, \|x\| \geqslant 0$, 且 $\|x\| = 0$ 当且仅当 $x = \theta$ (正定性);

(ii) 对 $\forall x, y \in \mathscr{X}$, 有 $\|x+y\| \leqslant \|x\| + \|y\|$ (三角不等式);

(iii) 对 $\forall \alpha \in \mathbb{K}$ (其中 $\mathbb{K} = \mathbb{R}$ 或 $\mathbb{K} = \mathbb{C}$) 及 $\forall x \in \mathscr{X}$, 有 $\|\alpha x\| = |\alpha| \|x\|$ (齐次性).

基于范数, 我们可以引入 B^* 空间和 B 空间 (参见文献[7]定义1.4.10).

定义1.1.8 设 $\mathscr{X}$ 为线性空间且 $\|\cdot\|$ 为其上的范数, 则 $(\mathscr{X}, \|\cdot\|)$ 称为**线性赋范空间**, 也叫 B^* **空间**; 特别地, 当 $\mathbb{K} = \mathbb{R}$ 或 $\mathbb{K} = \mathbb{C}$ 时, 则分别称 $(\mathscr{X}, \|\cdot\|)$ 为实或复的线性赋范空间, 也叫实或复的 B^* 空间.

若当 $n, m \to \infty$ 时, $\|x_n - x_m\| \to 0$, 即, 对任意 $\varepsilon \in (0, \infty)$, 存在 $N \in \mathbb{N}_+$ 使得, 当 $n, m \geqslant N$ 时, 有 $\|x_n - x_m\| < \varepsilon$, 则称 $\{x_n\}_{n \in \mathbb{N}_+} \subset \mathscr{X}$ 为**基本列**.

若 $\mathscr{X}$ 中的所有基本列均收敛, 则称 $(\mathscr{X}, \|\cdot\|)$ 为 **Banach** 空间, 也叫作 B 空间; 特别地, 当 $\mathbb{K} = \mathbb{R}$ 或 $\mathbb{K} = \mathbb{C}$ 时, 分别称 $(\mathscr{X}, \|\cdot\|)$ 为实或复的 Banach 空间, 也叫实或复的 B 空间.

下面回顾线性空间中线性算子的概念 (参见文献 [7] 定义 2.1.1).

定义 1.1.9 设 $\mathscr{X}$ 及 $\mathscr{Y}$ 为线性空间, D 是 $\mathscr{X}$ 的一个线性子空间且 $T: D \longrightarrow \mathscr{Y}$ 是一个映射, 则 D 称为 T 的**定义域**, 记作 $D(T)$. 并称

$$R(T) := \{Tx : x \in D\}$$

为 T 的**值域**. 若对任意 $x, y \in D$ 及 $\alpha, \beta \in \mathbb{K}$, 有

$$T(\alpha x + \beta y) = \alpha Tx + \beta Ty,$$

则称 T 为**线性算子**.

算子连续的定义如下 (参见文献 [7] 定义 2.1.8). 设 $(\mathscr{X}, \|\cdot\|)$ 为线性赋范空间, $\{x_n\}_{n \in \mathbb{N}_+} \subset \mathscr{X}$ 且 $x \in \mathscr{X}$, 若 $\|x_n - x\| \to 0$, $n \to \infty$, 则称 $x_n \to x$, $n \to \infty$.

定义 1.1.10 设 $\mathscr{X}$ 和 $\mathscr{Y}$ 是线性赋范空间, T 是 $D(T) \subset \mathscr{X} \longrightarrow \mathscr{Y}$ 的线性算子, 称 T 在 $x_0 \in D(T)$ 是连续的, 如果对任意 $\{x_n\}_{n \in \mathbb{N}_+} \subset D(T)$ 且 $x_n \to x_0$, $n \to \infty$ 成立 $Tx_n \to Tx_0$, $n \to \infty$.

关于线性算子的连续性有如下命题 (参见文献 [7] 命题 2.1.9). 值得注意的是, 此命题成立的本质是 T 的线性性. 以下, 我们总以 θ 表示线性赋范空间 $\mathscr{X}$ 的零元.

命题 1.1.11 设 $\mathscr{X}$ 和 $\mathscr{Y}$ 是线性赋范空间, T 是 $D(T) \subset \mathscr{X} \longrightarrow \mathscr{Y}$ 的线性算子, 则 T 在 $D(T)$ 内处处连续当且仅当 T 在 $x = \theta$ 处连续.

下面回顾有界线性算子的定义 (参见文献 [7] 定义 2.1.10).

定义 1.1.12 设 $\mathscr{X}$ 和 $\mathscr{Y}$ 都是 B^* 空间, 称线性算子 $T : \mathscr{X} \to \mathscr{Y}$ 是**有界的**, 如果存在常数 $M \geqslant 0$ 使得, 对任意 $x \in \mathscr{X}$, 有

$$\|Tx\|_{\mathscr{Y}} \leqslant M \|x\|_{\mathscr{X}}.$$

以下概念来自文献[7]定义2.1.12.

定义1.1.13 设 $\mathscr{X}$ 和 $\mathscr{Y}$ 都是 B^* 空间,记 $\mathscr{L}(\mathscr{X},\mathscr{Y})$ 为一切由 $\mathscr{X}$ 到 $\mathscr{Y}$ 的有界线性算子全体,并对 $\forall T \in \mathscr{L}(\mathscr{X},\mathscr{Y})$,令

$$\|T\|_{\mathscr{L}(\mathscr{X},\mathscr{Y})} := \sup_{x\in\mathscr{X}\setminus\{\theta\}} \frac{\|Tx\|_{\mathscr{Y}}}{\|x\|_{\mathscr{X}}} = \sup_{\|x\|_{\mathscr{X}}=1} \|Tx\|_{\mathscr{Y}}$$

为其范数. 特别地,将 $\mathscr{L}(\mathscr{X},\mathscr{X})$ 简记为 $\mathscr{L}(\mathscr{X})$,并记

$$\mathscr{X}^* := \mathscr{L}(\mathscr{X},\mathbb{K}),$$

即 $\mathscr{X}^*$ 为 $\mathscr{X}$ 上的所有线性有界泛函全体,其中 $\mathbb{K}=\mathbb{R}$ 或 $\mathbb{K}=\mathbb{C}$.

若存在正常数 a 使得

$$E \subset B_{\mathscr{X}}(\theta,a) := \{y\in\mathscr{X}: \|y\|_{\mathscr{X}} < a\},$$

则称 $E \subset \mathscr{X}$ 为一个有界集.

命题1.1.14 设 $\mathscr{X}$ 和 $\mathscr{Y}$ 为 B^* 空间且 $T: \mathscr{X} \longrightarrow \mathscr{Y}$ 为线性算子,则以下三个命题等价:

(i) T 连续;

(ii) T 有界;

(iii) T 把 $\mathscr{X}$ 中的有界集映为 $\mathscr{Y}$ 中的有界集.

证明 (i)与(ii)的等价性见文献[7]命题2.1.11. 现证(ii)与(iii)的等价性. 先证(ii) $\Longrightarrow$ (iii). 为此, 设线性算子 $T: \mathscr{X} \to \mathscr{Y}$ 有界且设 E 为 $\mathscr{X}$ 中的有界集,则必存在正常数 a 使得 $E \subset B_{\mathscr{X}}(\theta,a)$. 从而,对任意 $x \in E$,有

$$\|Tx\|_{\mathscr{Y}} \leqslant \|T\|_{\mathscr{L}(\mathscr{X},\mathscr{Y})} \|x\|_{\mathscr{X}} < a\|T\|_{\mathscr{L}(\mathscr{X},\mathscr{Y})}.$$

即

$$TE := \{Tx: x\in E\} \subset B_{\mathscr{Y}}(\theta, a\|T\|_{\mathscr{L}(\mathscr{X},\mathscr{Y})}).$$

故 TE 为 $\mathscr{Y}$ 中的有界集. 因此, (iii)成立.

再证(iii) $\Longrightarrow$ (ii). 设T把$\mathscr{X}$中的有界集映为$\mathscr{Y}$中的有界集, 则必存在正常数b使得$TB_{\mathscr{X}}(\theta,1) \subset B_{\mathscr{Y}}(\theta,b)$. 即对任意$x \in \mathscr{X}$且$\|x\|_{\mathscr{X}} < 1$, 均有$\|Tx\|_{\mathscr{Y}} < b$. 任取$x \in \mathscr{X}$且$x \neq \theta$, 则因为$\frac{x}{2\|x\|_{\mathscr{X}}} \in B_{\mathscr{X}}(\theta,1)$, 故有

$$\left\| T\left(\frac{x}{2\|x\|_{\mathscr{X}}}\right) \right\|_{\mathscr{Y}} < b.$$

再由T的线性和$\|\cdot\|_{\mathscr{Y}}$的齐次性进一步有

$$b > \left\| \frac{Tx}{2\|x\|_{\mathscr{X}}} \right\|_{\mathscr{Y}} = \frac{\|Tx\|_{\mathscr{Y}}}{2\|x\|_{\mathscr{X}}}.$$

即$\|Tx\|_{\mathscr{Y}} < 2b\|x\|_{\mathscr{X}}$. 注意到$T\theta = \theta$, 故由此进一步知, 对任意$x \in \mathscr{X}$, 有

$$\|Tx\|_{\mathscr{Y}} \leqslant 2b\|x\|_{\mathscr{X}}.$$

(事实上, 可用一个极限过程将此处的"2"改进为"1", 见习题1.1.1) 因此, 线性算子T满足(ii). 故(ii)和(iii)等价. 至此, 命题得证. $\square$

习题1.1

习题1.1.1 设$\mathscr{X}$及$\mathscr{Y}$均为线性赋范空间且$T: \mathscr{X} \longrightarrow \mathscr{Y}$为线性算子, 若存在正常数$b$使得$TB_{\mathscr{X}}(\theta,1) \subset B_{\mathscr{Y}}(\theta,b)$, 证明, 对任意$x \in \mathscr{X}$, 均有

$$\|Tx\|_{\mathscr{Y}} \leqslant b\|x\|_{\mathscr{X}}.$$

习题1.1.2 设$\mathscr{X}$及$\mathscr{Y}$均为线性赋范空间且$T \in \mathscr{L}(\mathscr{X},\mathscr{Y})$, 证明, 对任意$x \in \mathscr{X}$, 均有

$$\|Tx\|_{\mathscr{Y}} \leqslant \|T\|_{\mathscr{L}(\mathscr{X},\mathscr{Y})}\|x\|_{\mathscr{X}}.$$

习题1.1.3 证明命题1.1.11.

习题1.1.4 举例说明存在度量空间$(\mathscr{X},\rho)$及其中的球$B(x_0,r) \subset B(y_0,R)$, 其中$x_0, y_0 \in \mathscr{X}$且$r, R \in (0,\infty)$, 使得$r > R$.

习题1.1.5 设A是从$\mathbb{R}$到$\mathbb{R}$的线性算子, 证明

(i) A一定有界, 但A不一定是$\mathbb{R}$上的有界函数.

(ii) 当且仅当 $A = \theta$ 时, A 为 $\mathbb{R}$ 上的有界函数.

习题1.1.6 设所有记号同定义1.1.13, 证明

$$\|T\|_{\mathscr{L}(\mathscr{X},\mathscr{Y})} = \sup_{\|x\|_{\mathscr{X}} \leqslant 1} \|Tx\|_{\mathscr{Y}}.$$

习题1.1.7 令 $\mathscr{X} := (0, \infty)$ 且, 对任意 $x, y \in \mathscr{X}$, 令

$$\rho(x, y) := |x - y|.$$

证明 $(0, 1)$ 为 $\mathscr{X}$ 的开集且 $(0, 1]$ 为 $\mathscr{X}$ 的闭集.

习题1.1.8 设 $\mathscr{X}$ 为 B^* 空间, 证明 $E \subset \mathscr{X}$ 有界当且仅当存在 $x_0 \in \mathscr{X}$ 及 $R \in (0, \infty)$ 使得 $E \subset B(x_0, R)$.

习题1.1.9 设 $\mathscr{X}$ 及 $\mathscr{Y}$ 均为线性赋范空间且 $T: \mathscr{X} \longrightarrow \mathscr{Y}$ 为线性算子, 令

$$N(T) := \{x \in \mathscr{X} : Tx = \theta\}.$$

证明

(i) 若 $T \in \mathscr{L}(\mathscr{X}, \mathscr{Y})$, 则 $N(T)$ 是 $\mathscr{X}$ 的闭线性子空间.

(ii) 若 $\mathscr{Y} = \mathbb{K}$, 则 $T \in \mathscr{X}^* = \mathscr{L}(\mathscr{X}, \mathbb{K}) \Longleftrightarrow N(T)$ 是 $\mathscr{X}$ 的闭线性子空间.

(iii) 举例说明对一般的 $\mathscr{Y}$, (ii) 中结论未必成立.

§1.2 有界线性算子的谱

本节我们将介绍线性算子的谱,为此我们先回顾如下闭算子的概念.

定义1.2.1 设 $\mathscr{X}$ 和 $\mathscr{Y}$ 均是线性赋范空间,$A: \mathscr{X} \longrightarrow \mathscr{Y}$ 是线性算子,$D(A)$ 是其定义域. 称 A 是**闭的**,是指由 $\{x_n\}_{n\in\mathbb{N}_+} \subset D(A)$ 且,当 $n \to \infty$ 时,$x_n \to x$ 及 $Ax_n \to y$ 就能推出 $x \in D(A)$ 且 $y = Ax$.

由闭算子的定义易知,若算子 A 闭,则,对任意的 $\lambda \in \mathbb{C}$,算子 $\lambda I - A$ 仍然闭. 若 $A \in \mathscr{L}(\mathscr{X})$,则 A 是闭算子. 事实上,对任意 $\{x_n\}_{n\in\mathbb{N}_+} \subset \mathscr{X}$ 及 $x, y \in \mathscr{X}$ 满足,当 $n \to \infty$ 时,$x_n \to x$ 且 $Ax_n \to y$. 则因 $D(A) = \mathscr{X}$ 且 A 连续,故有 $x \in \mathscr{X} = D(A)$ 且 $Ax = y$,从而 A 是闭算子.

关于闭算子我们还有以下重要的闭图像定理(见文献[7]定理2.3.15).

定理1.2.2 设 $\mathscr{X}, \mathscr{Y}$ 为 Banach 空间,若 A 是 $D(A) \subset \mathscr{X} \longrightarrow \mathscr{Y}$ 的闭线性算子,并且 $D(A)$ 闭,则 A 是有界线性算子.

注记1.2.3 关于闭算子,我们有如下注记.

(i) 设 $\mathscr{X}, \mathscr{Y}$ 为 Banach 空间,A 为 $D(A) \subset \mathscr{X} \longrightarrow \mathscr{Y}$ 的线性算子. 若 $D(A)$ 闭,则由闭图像定理易知 A 是闭算子当且仅当 A 是有界算子.

(ii) 令 $\mathscr{X} := C[0,1]$([0,1]区间上连续函数全体)且,对任意 $u \in C[0,1]$,令

$$\|u\|_{C[0,1]} := \max_{t \in [0,1]} |u(t)|.$$

再令 $A: u \longmapsto \frac{du}{dt}$,定义域 $D(A) := C^1[0,1]$([0,1]区间上具有一阶连续导数的函数全体). 则 A 是闭算子,但 A 不是有界的. 事实上,任取 $\{x_n\}_{n\in\mathbb{N}_+} \subset C^1[0,1]$ 及 $x, y \in C[0,1]$ 使得,当 $n \to \infty$ 时,$x_n \to x$ 在 $C[0,1]$ 意义下成立且 $Ax_n \to y$ 在 $C[0,1]$ 意义下成立. 则,当 $n \to \infty$ 时,对任意 $t \in [0,1]$,有

$$x_n(t) - x_n(0) = \int_0^t x_n'(\tau)\,d\tau \to \int_0^t y(\tau)\,d\tau$$

且 $x_n(t) - x_n(0) \to x(t) - x(0)$. 从而,对任意 $t \in [0,1]$,有

$$x(t) - x(0) = \int_0^t y(\tau)\,d\tau.$$

故 $x \in C^1[0,1]$ 且 $x' = y$. 即 $x \in D(A)$ 且 $Ax = y$. 因此, A 为闭算子.

下证 A 不是有界算子. 为此, 对 $\forall n \in \mathbb{N}_+$ 及 $\forall t \in [0,1]$, 令 $u_n(t) := \sin(n\pi t)$, 则 $u_n \in C^1[0,1]$ 且 $\|u_n\|_{C[0,1]} = 1$. 但

$$\|Au_n\|_{C[0,1]} = \max_{t \in [0,1]} |n\pi \cos(n\pi t)| = n\pi.$$

因此,

$$\begin{aligned}
&\|A\|_{C^1[0,1] \subset C[0,1] \longrightarrow C[0,1]} \\
&= \sup_{\|u\|_{C[0,1]}=1} \|Au\|_{C[0,1]} \geqslant \sup_{n \in \mathbb{N}_+} \|Au_n\|_{C[0,1]} \\
&= \sup_{n \in \mathbb{N}_+} (n\pi) = \infty.
\end{aligned}$$

故 A 不是有界算子, 即所证结论成立.

注意到已证 A 是闭的但 A 不是有界的, 这与定理1.2.2并不矛盾, 这是因 $D(A) = C^1[0,1]$ 不是 $C[0,1]$ 的闭子集. 事实上, $\overline{D(A)}^{C[0,1]} = C[0,1]$, 这只需考虑 $[0,1]$ 上的多项式全体即可, 其中 $\overline{D(A)}^{C[0,1]}$ 表示 $D(A)$ 在 $C[0,1]$ 中的闭包.

我们考虑非平凡的复Banach空间 $\mathscr{X}$(此处非平凡是指 $\mathscr{X} \supsetneq \{\theta\}$, 其中 θ 为 $\mathscr{X}$ 的零元)及闭线性算子 $A: D(A) \subset \mathscr{X} \longrightarrow \mathscr{X}$, 其中 $D(A)$ 表示算子 A 的定义域. 若存在 $\lambda \in \mathbb{C}$ 和 $x_0 \in D(A) \setminus \{\theta\}$ 使得

$$Ax_0 = \lambda x_0,$$

则称 λ 为 A 的**本征值**, 称 x_0 为 λ 的**本征元**.

定义1.2.4 设 $\mathscr{X}$ 是复Banach空间,

$$A: D(A) \subset \mathscr{X} \longrightarrow \mathscr{X}$$

是闭线性算子, 并记 I 为 $\mathscr{X}$ 上的**恒等算子**. 则称集合

$$\rho(A) := \{\lambda \in \mathbb{C}: (\lambda I - A)^{-1} \in \mathscr{L}(\mathscr{X})\}$$

为 A 的**预解集**, $\rho(A)$ 中的元素 λ 称为 A 的**正则值**.

当 $\dim \mathscr{X} < \infty$ 时(此处及下文中, $\dim \mathscr{X}$ 表示空间 $\mathscr{X}$ 的维数), 由线性代数理论知 $\lambda \in \mathbb{C}$ 只有以下两种可能:

(i) λ 是本征值;

(ii) $(\lambda I - A)^{-1}$ 是一个矩阵, 即 $(\lambda I - A)^{-1} \in \mathscr{L}(\mathscr{X})$, 此时 λ 为正则值.

注记1.2.5 关于有限维线性赋范空间上的线性算子, 我们有如下注记.

(i) 有限维线性赋范空间上的线性算子完全由一个矩阵确定且必有界. 为书写简单, 设 $\mathscr{X}$ 为 $\mathbb{K} \in \{\mathbb{R}, \mathbb{C}\}$ 上的线性赋范空间, $\dim \mathscr{X} = 2$ 且 $\{e_1, e_2\}$ 为 $\mathscr{X}$ 的基. 设 A 为从 $\mathscr{X}$ 到 $\mathscr{X}$ 的线性算子, 则 $Ae_1 \in \mathscr{X}$ 且 $Ae_2 \in \mathscr{X}$. 故存在 $\{a_{11}, a_{12}, a_{21}, a_{22}\} \subset \mathbb{K}$ 使得

$$\begin{cases} Ae_1 = a_{11}e_1 + a_{12}e_2 \\ Ae_2 = a_{21}e_1 + a_{22}e_2. \end{cases}$$

现任取 $x \in \mathscr{X}$, 则存在 $\{x_1, x_2\} \subset \mathbb{K}$ 使得 $x = x_1 e_1 + x_2 e_2$. 从而, 由 A 的线性性有

$$\begin{aligned} Ax &= x_1 Ae_1 + x_2 Ae_2 \\ &= x_1 a_{11} e_1 + x_1 a_{12} e_2 + x_2 a_{21} e_1 + x_2 a_{22} e_2 \\ &= (x_1 a_{11} + x_2 a_{21}) e_1 + (x_1 a_{12} + x_2 a_{22}) e_2 \\ &= (x_1 a_{11} + x_2 a_{21}, x_1 a_{12} + x_2 a_{22}) \begin{pmatrix} e_1 \\ e_2 \end{pmatrix} \\ &= (x_1, x_2) \begin{pmatrix} a_{11} & a_{12} \\ a_{21} & a_{22} \end{pmatrix} \begin{pmatrix} e_1 \\ e_2 \end{pmatrix}. \end{aligned}$$

因此, A 完全由矩阵

$$\begin{pmatrix} a_{11} & a_{12} \\ a_{21} & a_{22} \end{pmatrix}$$

确定.

下证A有界. 为此, 由文献[7]定理1.4.18的证明知, 对任意$x \in \mathscr{X}$,

$$\|x\| \sim \sqrt{|x_1|^2 + |x_2|^2},$$

其中$a \sim b$表示存在与a和b无关的正常数C_1及C_2使得$C_1 a \leqslant b \leqslant C_2 a$, 而且我们约定若$a \sim b$且$b \leqslant h$, 则记为$a \sim b \leqslant h$. 由Cauchy–Schwarz不等式知, 对任意$x \in \mathscr{X}$,

$$\|Ax\| \sim \sqrt{|x_1 a_{11} + x_2 a_{21}|^2 + |x_1 a_{12} + x_2 a_{22}|^2}$$
$$\leqslant \sqrt{(|x_1|^2 + |x_2|^2)(|a_{11}|^2 + |a_{21}|^2 + |a_{12}|^2 + |a_{22}|^2)}.$$

由此, 进一步有

$$\|A\|_{\mathscr{L}(\mathscr{X})} := \sup_{x \neq \theta} \frac{\|Ax\|}{\|x\|}$$
$$\sim \sup_{x \neq \theta} \frac{\sqrt{|x_1 a_{11} + x_2 a_{21}|^2 + |x_1 a_{12} + x_2 a_{22}|^2}}{\sqrt{|x_1|^2 + |x_2|^2}}$$
$$\leqslant \sqrt{|a_{11}|^2 + |a_{21}|^2 + |a_{12}|^2 + |a_{22}|^2} < \infty.$$

故A有界.

(ii) 特别地, 若A为$\mathbb{R}$上的线性算子, 则, 对$\forall x \in \mathbb{R}$, 有

$$Ax = A(x1) = xA(1).$$

从而A完全由$A(1)$(这是一个1×1方阵)确定且

$$\|A\|_{\mathbb{R} \to \mathbb{R}} := \sup_{x \neq 0} \frac{|Ax|}{|x|} = |A(1)| < \infty.$$

故A有界. 但A为$\mathbb{R}$上的有界线性算子不等价于A为$\mathbb{R}$上的有界函数. 事实上, 设A为$\mathbb{R}$上的有界线性算子, 则A为$\mathbb{R}$上的有界函数$\iff A = \theta$(处处取值为0的函数).

而当$\dim \mathscr{X} = \infty$时, 有如下4种情况:

(i) $(\lambda I - A)^{-1}$不存在, 即λ为本征值, 其全体记为$\sigma_p(A)$;

(ii) $(\lambda I-A)^{-1}$ 存在且值域

$$R(\lambda I-A):=(\lambda I-A)D(A)=\mathscr{X},$$

即 λ 是正则值;

(iii) $(\lambda I-A)^{-1}$ 存在, $R(\lambda I-A)\neq\mathscr{X}$ 但 $\overline{R(\lambda I-A)}=\mathscr{X}$. 此时称 λ 为 A 的**连续谱**, 其全体记为 $\sigma_c(A)$;

(iv) $(\lambda I-A)^{-1}$ 存在且 $\overline{R(\lambda I-A)}\neq\mathscr{X}$. 此时称 λ 为 A 的**剩余谱**, 其全体记为 $\sigma_r(A)$.

注记1.2.6 设 $\mathscr{X}$ 为非平凡复Banach空间, $A: D(A)\subset\mathscr{X}\longrightarrow\mathscr{X}$ 为闭算子. 则

$(\lambda I-A)^{-1}$ 不存在

$\iff \lambda I-A$ 不是单射

$\iff$ 存在 $x_0\in D(A)\setminus\{\theta\}$ 使得 $(\lambda I-A)x_0=\theta$

$\iff \lambda$ 为 A 的本征值.

此时, $\sigma(A):=\mathbb{C}\setminus\rho(A)$ 称为 A 的**谱集**, $\lambda\in\sigma(A)$ 称为 A 的**谱点**. 我们有

$$\sigma(A)=\sigma_p(A)\cup\sigma_c(A)\cup\sigma_r(A).$$

由以上定义易知, $\rho(A)$, $\sigma_p(A)$, $\sigma_c(A)$ 和 $\sigma_r(A)$ 是互不相交的.

以下命题1.2.7告诉我们, $\lambda\in\rho(A)$ 当且仅当 $(\lambda I-A)^{-1}$ 存在且 $R(\lambda I-A)=\mathscr{X}$. 即以上正则值的定义合理.

命题1.2.7 设 $\mathscr{X}$ 为Banach空间且

$$A: D(A)\subset\mathscr{X}\longrightarrow\mathscr{X}$$

为闭线性算子, 若 $(\lambda I-A)^{-1}$ 存在且值域

$$R(\lambda I-A):=(\lambda I-A)D(A)=\mathscr{X},$$

则 $(\lambda I-A)^{-1}\in\mathscr{L}(\mathscr{X})$.

证明 由 $D((\lambda I - A)^{-1}) = R(\lambda I - A) = \mathscr{X}$ 闭及闭图像定理1.2.2, 可知只需证明 $(\lambda I - A)^{-1}$ 为闭算子即可.

首先证明 $\lambda I - A$ 为闭算子. 设 $\{x_n\}_{n \in \mathbb{N}_+} \subset D(A)$, 满足, 当 $n \to \infty$ 时,
$$\begin{cases} x_n \to x, \\ (\lambda I - A)x_n \to y. \end{cases}$$

只需证 $x \in D(A)$ 且 $y = (\lambda I - A)x$ 即可. 注意到 $\lambda x - \lim\limits_{n \to \infty} Ax_n = y$, 即, 当 $n \to \infty$ 时,
$$\begin{cases} Ax_n \to \lambda x - y, \\ x_n \to x, \end{cases}$$

从而, 由 A 闭有 $x \in D(A)$ 且 $Ax = \lambda x - y$, 即 $(\lambda I - A)x = y$. 故 $\lambda I - A$ 为闭算子.

下证 $(\lambda I - A)^{-1}$ 为闭算子. 设 $\{y_n\}_{n \in \mathbb{N}_+} \subset D((\lambda I - A)^{-1}) = \mathscr{X}$ 使得, 当 $n \to \infty$ 时,
$$\begin{cases} x_n := (\lambda I - A)^{-1} y_n \to x, \\ y_n \to y. \end{cases}$$

由此得, 当 $n \to \infty$ 时,
$$\begin{cases} (\lambda I - A)x_n = y_n \to y, \\ x_n \to x. \end{cases}$$

故由 $\lambda I - A$ 闭知 $x \in D(\lambda I - A) = D(A)$ 且 $(\lambda I - A)x = y$. 从而
$$y \in R(\lambda I - A) = D((\lambda I - A)^{-1})$$

且 $(\lambda I - A)^{-1} y = x$. 这说明 $(\lambda I - A)^{-1}$ 为闭算子, 再由闭图像定理即得结论. 至此, 命题得证. □

由命题1.2.7易知, $\lambda \in \rho(A)$ 当且仅当 $(\lambda I - A)^{-1} \in \mathscr{L}(\mathscr{X})$.

以下例子说明当 $\dim \mathscr{X} = \infty$ 时, 前述类型的谱均可能出现.

例1.2.8 设 $\mathscr{X} := C[0,1]$, $A : u(t) \longmapsto -\dfrac{\mathrm{d}^2}{\mathrm{d}t^2} u(t)$, 定义域
$$D(A) := \left\{ u \in C^2[0,1] : \ u(0) = u(1), u'(0) = u'(1) \right\}.$$

则 A 为从 $D(A) \subset C[0,1] \longrightarrow C[0,1]$ 的闭线性算子,

$$\sigma(A) = \sigma_p(A) = \{(2n\pi)^2 : n \in \mathbb{N}_+ \cup \{0\}\}$$

且

$$\rho(A) = \mathbb{C} \setminus \{(2n\pi)^2 : n \in \mathbb{N}_+ \cup \{0\}\}.$$

证明 首先证明 A 是闭算子. 为此, 只需说明当 $\{u_n\}_{n \in \mathbb{N}_+} \subset D(A)$ 且, 当 $n \to \infty$ 时,

$$\begin{cases} u_n \to u, \\ -u_n'' \to v \end{cases}$$

在 $C[0,1]$ 意义下成立时, 有 $u \in D(A)$ 且 $-u'' = v$. 为此, 对 $\forall t \in [0,1]$, 令

$$y(t) := -\int_0^t v(s)\,\mathrm{d}s.$$

注意到, 对任意 $t \in [0,1]$, 当 $n \to \infty$ 时, 有

$$\begin{aligned} \left|u_n'(t) - u_n'(0) - y(t)\right| &= \left|\int_0^t [u_n''(s) + v(s)]\,\mathrm{d}s\right| \\ &\leqslant \|v - (-u_n'')\|_{C[0,1]} \to 0. \end{aligned} \tag{1.2.1}$$

从而易得, 当 $n \to \infty$ 时,

$$\|u_n' - u_n'(0) - y\|_{C[0,1]} \to 0$$

且令 (1.2.1) 中 $t = 1$, 有

$$\int_0^1 v(s)\,\mathrm{d}s = 0.$$

下面证明存在 $\alpha \in \mathbb{C}$ 使得 $\lim\limits_{n \to \infty} u_n'(0) = \alpha$. 由此及以上已证结论进一步有, 当 $n \to \infty$ 时,

$$u_n' \to \alpha + y$$

在 $C[0,1]$ 意义下成立. 事实上, 对 $\forall n \in \mathbb{N}_+$, 由 $u_n(0) = u_n(1)$ 知

$$\int_0^1 u_n'(t)\,\mathrm{d}t = 0.$$

从而, 当$n,m \to \infty$时,

$$|u_n'(0) - u_m'(0)| = \left|\int_0^1 [-u_n'(t) + u_n'(0) + u_m'(t) - u_m'(0)]\,\mathrm{d}t\right|$$
$$\leqslant \|[u_m' - u_m'(0)] - [u_n' - u_n'(0)]\|_{C[0,1]}$$
$$\to 0.$$

由此知$\{u_n'(0)\}_{n\in\mathbb{N}_+}$是$\mathbb{C}$中的Cauchy列. 从而存在$\alpha \in \mathbb{C}$使得, 当$n \to \infty$时,

$$u_n'(0) \to \alpha.$$

对$\forall t \in [0,1]$, 定义

$$\Omega(t) := \int_0^t [\alpha + y(s)]\,\mathrm{d}s,$$

则$\Omega(0) = 0$显然成立. 下证$\{u_n - u_n(0)\}_{n\in\mathbb{N}_+}$在$C[0,1]$中收敛到$\Omega$. 事实上, 注意到, 对$\forall t \in [0,1]$和$\forall n \in \mathbb{N}_+$, 有

$$u_n(t) - u_n(0) = \int_0^t u_n'(s)\,\mathrm{d}s.$$

故, 对$\forall t \in [0,1]$, 当$n \to \infty$时, 有

$$\left|u_n(t) - u_n(0) - \int_0^t [\alpha + y(s)]\,\mathrm{d}s\right|$$
$$= \left|\int_0^t [u_n'(s) - \alpha - y(s)]\,\mathrm{d}s\right|$$
$$\leqslant \|u_n' - (\alpha + y)\|_{C[0,1]} \to 0.$$

由此知$\Omega(1) = 0$且, 当$n \to \infty$时,

$$\|u_n - u_n(0) - \Omega\|_{C[0,1]} \leqslant \|u_n' - (\alpha + y)\|_{C[0,1]} \to 0.$$

再由$u_n \to u, n \to \infty$在$C[0,1]$意义下成立知

$$\lim_{n\to\infty} u_n(0) = u(0).$$

令$\beta := u(0)$, 则, 当$n \to \infty$时,

$$u_n \to \beta + \Omega$$

在$C[0,1]$意义下成立. 注意到, 对$\forall n \in \mathbb{N}_+$, 有

$$\|u-(\beta+\Omega)\|_{C[0,1]} \leqslant \|u-u_n\|_{C[0,1]} + \|u_n-(\beta+\Omega)\|_{C[0,1]}.$$

令$n \to \infty$易得

$$\|u-(\beta+\Omega)\|_{C[0,1]} = 0.$$

由此知, 对$\forall t \in [0,1]$,

$$u(t) = \beta + \Omega(t) = \beta + \alpha t - \int_0^t \int_0^s v(\tau)\,\mathrm{d}\tau\,\mathrm{d}s.$$

显然$u \in C^2[0,1]$且$u'' = -v$. 由$\Omega(1) = \Omega(0) = 0$知$u(0) = \beta = u(1)$. 又因对$\forall t \in [0,1]$,

$$u'(t) = \alpha - \int_0^t v(\tau)\,\mathrm{d}\tau,$$

故$u'(0) = \alpha$且

$$u'(1) = \alpha - \int_0^1 v(\tau)\,\mathrm{d}\tau = \alpha = u'(0).$$

因此, $u \in D(A)$. 故A为闭算子.

但A不是有界算子. 为此, 对$\forall n \in \mathbb{N}_+$及$\forall t \in [0,1]$, 令

$$f_n(t) := \sin(2n\pi t),$$

则$f_n \in D(A)$且$\|f_n\|_{C[0,1]} = 1$. 又对$\forall n \in \mathbb{N}_+$及$\forall t \in [0,1]$,

$$Af_n(t) = (2n\pi)^2 \sin(2n\pi t),$$

故$\|Af_n\|_{C[0,1]} = (2n\pi)^2$. 因此, 对$\forall n \in \mathbb{N}_+$, 均有

$$\|A\|_{\mathscr{L}(C[0,1])} \geqslant (2n\pi)^2.$$

令$n \to \infty$得$\|A\|_{\mathscr{L}(C[0,1])} = \infty$. 故$A$无界.

下面证明$\sigma(A) = \sigma_p(A) = \{(2n\pi)^2 : n \in \mathbb{N}_+ \cup \{0\}\}$. 注意到, 对任意$n \in \mathbb{N}_+ \cup \{0\}$, 有

$$A \begin{cases} \cos(2n\pi t) \\ \sin(2n\pi t) \end{cases} = (2n\pi)^2 \begin{cases} \cos(2n\pi t) \\ \sin(2n\pi t) \end{cases}.$$

因此, $(2n\pi)^2 \in \sigma_p(A)$. 令
$$E := \{(2n\pi)^2 : n \in \mathbb{N}_+ \cup \{0\}\},$$
则 $E \subset \sigma_p(A)$. 下面证明 $\sigma_p(A) \subset E$. 为此只需证 $[\mathbb{C}\setminus E] \subset \rho(A)$. 若此成立, 则有
$$\mathbb{C} = E \cup (\mathbb{C}\setminus E) \subset \sigma_p(A) \cup \rho(A) \subset \mathbb{C}.$$
故
$$\mathbb{C} = \sigma_p(A) \cup \rho(A).$$
从而 $\sigma_p(A) = [\rho(A)]^{\complement} \subset E$, 故结论成立. 由此进一步有 $\sigma_p(A) = E$ 且 $\rho(A) = [\sigma_p(A)]^{\complement} = E^{\complement}$, 即例题的结论成立.

现说明, 当 $\lambda \in \mathbb{C}\setminus E$ 时, $(\lambda I - A)^{-1}$ 存在. 为此, 只需证 $\lambda I - A$ 为单射. 设 $u_1, u_2 \in D(A)$ 且 $u_1 \neq u_2$, 若 $(\lambda I - A)u_1 = (\lambda I - A)u_2$, 即
$$-\frac{\mathrm{d}^2}{\mathrm{d}t^2}(u_1 - u_2) = \lambda(u_1 - u_2).$$
由常微分方程理论知, 对 $\forall t \in [0,1]$,
$$u_1(t) - u_2(t) = C_1 \mathrm{e}^{\gamma_0 t} + C_2 \mathrm{e}^{-\gamma_0 t},$$
其中 $C_1, C_2 \in \mathbb{C}$, γ_0 满足 $\lambda + \gamma_0^2 = 0$ 且 $\gamma_0 = \mathrm{i}\sqrt{|\lambda|}\mathrm{e}^{\mathrm{i}\frac{\arg\lambda}{2}}$. 因 $\lambda \in \mathbb{C}\setminus E$ 且 $0 \in E$, 故 $\lambda \neq 0$, 从而 $\gamma_0 \neq 0$. 现断言, 当 $\lambda \in \mathbb{C}\setminus E$ 时, 有
$$\mathrm{e}^{\pm\gamma_0} \neq 1. \tag{1.2.2}$$
事实上, 因 $\mathrm{e}^{-\gamma_0} = 1 \Longleftrightarrow \mathrm{e}^{\gamma_0} = 1$, 故只需考虑 e^{γ_0} 的情况. 又当 $\gamma_0 \neq 0$ 时,
$$\mathrm{e}^{\gamma_0} = 1$$
$$\Longleftrightarrow \mathrm{e}^{\mathrm{i}\sqrt{|\lambda|}\mathrm{e}^{\mathrm{i}\frac{\arg\lambda}{2}}} = 1$$
$$\Longleftrightarrow 1 = \mathrm{e}^{\mathrm{i}\sqrt{|\lambda|}[\cos\frac{\arg\lambda}{2} + \mathrm{i}\sin\frac{\arg\lambda}{2}]} = \mathrm{e}^{-\sqrt{|\lambda|}\sin\frac{\arg\lambda}{2}} \mathrm{e}^{\mathrm{i}\sqrt{|\lambda|}\cos\frac{\arg\lambda}{2}}$$
$$\left(\text{因} |\mathrm{e}^{\mathrm{i}\sqrt{|\lambda|}\cos\frac{\arg\lambda}{2}}| = 1 \text{ 且 } \mathrm{e}^{-\sqrt{|\lambda|}\sin\frac{\arg\lambda}{2}} > 0\right)$$
$$\Longleftrightarrow \mathrm{e}^{-\sqrt{|\lambda|}\sin\frac{\arg\lambda}{2}} = 1 \text{ 且 } \mathrm{e}^{\mathrm{i}\sqrt{|\lambda|}\cos\frac{\arg\lambda}{2}} = 1$$

$$\iff \sqrt{|\lambda|}\sin\frac{\arg\lambda}{2}=0,\ \cos\left(\sqrt{|\lambda|}\cos\frac{\arg\lambda}{2}\right)=1$$

$$\text{且 }\sin\left(\sqrt{|\lambda|}\cos\frac{\arg\lambda}{2}\right)=0$$

(因 $\lambda \neq 0$)

$$\iff \begin{cases} \sin\dfrac{\arg\lambda}{2}=0, \\ \sqrt{|\lambda|}\cos\dfrac{\arg\lambda}{2}=2k\pi,\ k\in\mathbb{Z} \end{cases}$$

(因 $\lambda \neq 0$)

$$\iff \begin{cases} \dfrac{\arg\lambda}{2}=n\pi,\ n\in\mathbb{Z} \\ \sqrt{|\lambda|}=2k\pi,\ k\in\mathbb{Z}\setminus\{0\} \end{cases}$$

$$\iff \begin{cases} \arg\lambda=2n\pi,\ n\in\mathbb{Z} \\ |\lambda|=(2k\pi)^2,\ k\in\mathbb{Z}\setminus\{0\} \end{cases}$$

$$\iff \lambda=(2k\pi)^2,\ k\in\mathbb{Z}\setminus\{0\}.$$

注意到

$$\{(2k\pi)^2:k\in\mathbb{Z}\}=\{(2k\pi)^2:k\in\mathbb{N}_+\cup\{0\}\}$$

且, 当 $\lambda=0$ 时, $\gamma_0=0$, 从而 $e^{\gamma_0}=1$. 故 $e^{\gamma_0}=1 \iff \lambda\in E$. 因此, 当 $\lambda\in\mathbb{C}\setminus E$ 时, $e^{\pm\gamma_0}\neq 1$. 即所证断言成立.

又由, 对 $\forall i\in\{1,2\}$,

$$u_i(0)=u_i(1),\ u_i'(0)=u_i'(1),$$

可得

$$\begin{cases} C_1+C_2=C_1e^{\gamma_0}+C_2e^{-\gamma_0}, \\ C_1\gamma_0-C_2\gamma_0=C_1\gamma_0 e^{\gamma_0}-C_2\gamma_0 e^{-\gamma_0} \end{cases}$$

$$\iff \begin{cases} (e^{\gamma_0}-1)C_1+(e^{-\gamma_0}-1)C_2=0, \\ \gamma_0(e^{\gamma_0}-1)C_1-\gamma_0(e^{-\gamma_0}-1)C_2=0 \end{cases}$$

$$\iff C_1=C_2=0.$$

从而$u_1 = u_2$，与已知条件矛盾. 故$(\lambda I - A)u_1 \neq (\lambda I - A)u_2$. 因此, $\lambda I - A$为单射. 从而$(\lambda I - A)^{-1}$存在.

下面还需证明，当$\lambda \in \mathbb{C} \setminus E$时，有
$$R(\lambda I - A) = C[0,1].$$

即要证对$\forall v \in C[0,1]$，存在$u \in D(A)$使得$v = (\lambda I - A)u$. 此等价于
$$\frac{\mathrm{d}^2}{\mathrm{d}t^2}u + \lambda u = \left(\frac{\mathrm{d}}{\mathrm{d}t} + \gamma_0\right)\left(\frac{\mathrm{d}}{\mathrm{d}t} - \gamma_0\right)u = v, \tag{1.2.3}$$

其中$\gamma_0 = \mathrm{i}\sqrt{|\lambda|}\mathrm{e}^{\mathrm{i}\frac{\arg \lambda}{2}}$且$v \in C[0,1]$. 令
$$\widetilde{u} := \left(\frac{\mathrm{d}}{\mathrm{d}t} - \gamma_0\right)u, \tag{1.2.4}$$

则(1.2.3)可写成
$$\left(\frac{\mathrm{d}}{\mathrm{d}t} + \gamma_0\right)\widetilde{u} = v. \tag{1.2.5}$$

将(1.2.4)两边同乘$\mathrm{e}^{-\gamma_0 \tau}$，对$\forall \tau \in [0,1]$，有
$$\frac{\mathrm{d}}{\mathrm{d}\tau}\left(\mathrm{e}^{-\gamma_0 \cdot}u(\cdot)\right)(\tau) = \mathrm{e}^{-\gamma_0 \tau}\widetilde{u}(\tau).$$

从而，对$\forall t \in [0,1]$，有
$$\int_0^t \frac{\mathrm{d}}{\mathrm{d}\tau}\left(\mathrm{e}^{-\gamma_0 \cdot}u(\cdot)\right)(\tau)\mathrm{d}\tau = \int_0^t \mathrm{e}^{-\gamma_0 \tau}\widetilde{u}(\tau)\mathrm{d}\tau.$$

即，对$\forall t \in [0,1]$，有
$$u(t) = \mathrm{e}^{\gamma_0 t}\left[\int_0^t \mathrm{e}^{-\gamma_0 \tau}\widetilde{u}(\tau)\mathrm{d}\tau + u(0)\right]. \tag{1.2.6}$$

类似地，由(1.2.5)两边乘$\mathrm{e}^{\gamma_0 \tau}$可得，对$\forall t \in [0,1]$，
$$\widetilde{u}(t) = \mathrm{e}^{-\gamma_0 t}\left[\int_0^t \mathrm{e}^{\gamma_0 \tau}v(\tau)\mathrm{d}\tau + \widetilde{u}(0)\right]. \tag{1.2.7}$$

以下，我们只需求出$u(0)$和$\widetilde{u}(0)$. 综合(1.2.6)和(1.2.7)有，对任意$t \in [0,1]$，
$$u(t) = \mathrm{e}^{\gamma_0 t}\int_0^t \mathrm{e}^{-2\gamma_0 s}\left[\int_0^s \mathrm{e}^{\gamma_0 \tau}v(\tau)\mathrm{d}\tau + \widetilde{u}(0)\right]\mathrm{d}s + \mathrm{e}^{\gamma_0 t}u(0)$$

且

$$u'(t) = \gamma_0 e^{\gamma_0 t} \int_0^t e^{-2\gamma_0 s} \left[\int_0^s e^{\gamma_0 \tau} v(\tau) d\tau + \widetilde{u}(0) \right] ds$$
$$+ e^{-\gamma_0 t} \left[\int_0^t e^{\gamma_0 \tau} v(\tau) d\tau + \widetilde{u}(0) \right] + \gamma_0 e^{\gamma_0 t} u(0).$$

显然有 $u'(0) = \gamma_0 u(0) + \widetilde{u}(0)$. 由此及 $u(0) = u(1)$ 和 $u'(0) = u'(1)$ 知

$$\begin{cases} u(0) = e^{\gamma_0} \int_0^1 e^{-2\gamma_0 s} \left[\int_0^s e^{\gamma_0 \tau} v(\tau) d\tau + \widetilde{u}(0) \right] ds + e^{\gamma_0} u(0) \\ \gamma_0 u(0) + \widetilde{u}(0) = \gamma_0 e^{\gamma_0} \int_0^1 e^{-2\gamma_0 s} \left[\int_0^s e^{\gamma_0 \tau} v(\tau) d\tau + \widetilde{u}(0) \right] ds \\ \quad + e^{-\gamma_0} \left[\int_0^1 e^{\gamma_0 \tau} v(\tau) d\tau + \widetilde{u}(0) \right] + \gamma_0 e^{\gamma_0} u(0). \end{cases}$$

即

$$\begin{cases} (e^{\gamma_0} - 1) u(0) + \left[\dfrac{e^{\gamma_0}}{2\gamma_0}(1 - e^{-2\gamma_0}) \right] \widetilde{u}(0) \\ \quad = -e^{\gamma_0} \int_0^1 e^{-2\gamma_0 s} \int_0^s e^{\gamma_0 \tau} v(\tau) d\tau ds \\ \gamma_0 (e^{\gamma_0} - 1) u(0) + \left[\dfrac{e^{\gamma_0}}{2}(1 - e^{-2\gamma_0}) + e^{-\gamma_0} - 1 \right] \widetilde{u}(0) \\ \quad = -\gamma_0 e^{\gamma_0} \int_0^1 e^{-2\gamma_0 s} \int_0^s e^{\gamma_0 \tau} v(\tau) d\tau ds - e^{-\gamma_0} \int_0^1 e^{\gamma_0 \tau} v(\tau) d\tau. \end{cases}$$

注意到, 由 (1.2.2), 有

$$\begin{vmatrix} e^{\gamma_0} - 1 & \dfrac{e^{\gamma_0}}{2\gamma_0}(1 - e^{-2\gamma_0}) \\ \gamma_0 (e^{\gamma_0} - 1) & \dfrac{e^{\gamma_0}}{2}(1 - e^{-2\gamma_0}) + e^{-\gamma_0} - 1 \end{vmatrix}$$
$$= (e^{\gamma_0} - 1)(e^{-\gamma_0} - 1) \neq 0,$$

知上述方程组有唯一解 $u(0)$ 和 $\widetilde{u}(0)$. 因此, 存在 $u \in D(A)$ 使得 $v = (\lambda I - A)u$. 故 $R(\lambda I - A) = C[0,1]$. 因此, $\lambda \in \rho(A)$. 即 $[\mathbb{C} \setminus E] \subset \rho(A)$. 至此, 例 1.2.8 得证. □

例 1.2.9 设 $\mathscr{X} := C[0,1]$, 则 $A: u(t) \longmapsto tu(t)$ 是 $\mathscr{X}$ 上有界线性算子且

$$\sigma(A) = \sigma_r(A) = [0,1].$$

证明 对任意$u \in C[0,1]$, 注意到$\|u\|_{\mathscr{X}} := \max\limits_{t \in [0,1]} |u(t)|$, 由此有

$$\|Au\|_{\mathscr{X}} = \max_{t \in [0,1]} |tu(t)| \leqslant \max_{t \in [0,1]} |u(t)| = \|u\|_{\mathscr{X}},$$

从而$\|A\|_{\mathscr{L}(\mathscr{X})} \leqslant 1$. 进一步, 取$u \equiv 1$, 可知$\|A\|_{\mathscr{L}(\mathscr{X})} = 1$.

显然有$A \in \mathscr{L}(\mathscr{X})$且由$D(A) = \mathscr{X} = C[0,1]$闭, 知$A$是闭算子.

下面计算$\sigma(A)$. 对任意$\lambda \in \mathbb{C}$以及$u \in C[0,1]$,

$$(\lambda I - A)u(t) = (\lambda - t)u(t).$$

从而$(\lambda I - A)u = 0$意味着对任意$t \in [0,1]$, $(\lambda - t)u(t) = 0$.

当$t \neq \lambda$时, 显然$u(t) = 0$. 而当$t = \lambda$时, 由u连续知$u(\lambda) = 0$, 故$u \equiv 0$. 这表明$\lambda I - A$为单射, 从而$(\lambda I - A)^{-1}$存在.

下证, 当$\lambda \notin [0,1]$时, $\lambda \in \rho(A)$. 事实上, 若$\lambda \notin [0,1]$, 则$\min\limits_{t \in [0,1]} |\lambda - t| > 0$. 由此对$\forall v \in C[0,1]$及$t \in [0,1]$, 令$u(t) := (\lambda - t)^{-1} v(t)$, 则

$$\|u\|_{\mathscr{X}} = \max_{t \in [0,1]} \frac{|v(t)|}{|\lambda - t|} \leqslant \|v\|_{\mathscr{X}} \frac{1}{\min\limits_{t \in [0,1]} |\lambda - t|} < \infty.$$

故$u \in C[0,1]$且$(\lambda I - A)u = v$. 由此知$R(\lambda I - A) = C[0,1]$, 从而$\lambda \in \rho(A)$.

下证, 当$\lambda \in [0,1]$时, $\lambda \in \sigma_r(A)$. 为此, 只需证明$\overline{R(\lambda I - A)} \subsetneq C[0,1]$. 事实上, 对任意的$v \in R(\lambda I - A)$, 存在$u \in C[0,1]$使得

$$v(t) = (\lambda I - A)u(t) = (\lambda - t)u(t).$$

故$v(\lambda) = 0$, 从而$v \in R(\lambda I - A)$的必要条件是$v(\lambda) = 0$. 注意到$1 \in C[0,1]$, 但$1 \notin \overline{R(\lambda I - A)}$. 若不然, 设$1 \in \overline{R(\lambda I - A)}$, 则存在$\{v_n\}_{n \in \mathbb{N}_+} \subset R(\lambda I - A)$使得, 当$n \to \infty$时,

$$\|v_n - 1\|_{\mathscr{X}} = \max_{t \in [0,1]} |v_n(t) - 1| \to 0.$$

从而, 对任意的$t \in [0,1]$, 有$|v_n(t) - 1| \to 0$, $n \to \infty$. 但此时对任意的$n \in \mathbb{N}_+$, 有$v_n(\lambda) = 0$, 与$1 \in \overline{R(\lambda I - A)}$矛盾. 故$1 \notin \overline{R(\lambda I - A)}$. 从而

$$\overline{R(\lambda I - A)} \subsetneq C[0,1],$$

即知 $\lambda \in \sigma_r(A)$. 因

$$\mathbb{C} = (\mathbb{C} \setminus [0,1]) \cup [0,1] \subset \rho(A) \cup \sigma_r(A) \subset \rho(A) \cup \sigma(A) = \mathbb{C}$$

且

$$(\mathbb{C} \setminus [0,1]) \cap [0,1] = \varnothing = \rho(A) \cap \sigma_r(A) = \varnothing = \rho(A) \cap \sigma(A),$$

故 $\rho(A) = \mathbb{C} \setminus [0,1]$ 且

$$\sigma(A) = [\rho(A)]^{\complement} = [0,1] = \sigma_r(A).$$

至此, 例1.2.9得证. □

例1.2.10 设 $\mathscr{X} := L^2[0,1]$, 则 $A: u(t) \longmapsto tu(t)$ 是 $\mathscr{X}$ 上有界线性算子且

$$\sigma(A) = \sigma_c(A) = [0,1].$$

证明 对任意的 $u \in L^2[0,1]$, 注意到

$$\|u\|_{L^2[0,1]} := \left\{ \int_0^1 |u(t)|^2 \, \mathrm{d}t \right\}^{\frac{1}{2}}.$$

因为

$$\|Au\|_{L^2[0,1]} := \left\{ \int_0^1 t^2 |u(t)|^2 \, \mathrm{d}t \right\}^{\frac{1}{2}}$$

$$\leqslant \left\{ \int_0^1 |u(t)|^2 \, \mathrm{d}t \right\}^{\frac{1}{2}} = \|u\|_{L^2[0,1]},$$

所以 $\|A\|_{\mathscr{L}(L^2[0,1])} \leqslant 1$. 因此, A 为 $L^2[0,1]$ 上的有界线性算子. 事实上, 可进一步证明 A 的算子范数 $\|A\|_{\mathscr{L}(L^2[0,1])} = 1$. 为此, 一方面, 对任意的 $n \in \mathbb{N}_+$ 及 $t \in [0,1]$, 令

$$u_n(t) := \sqrt{n} \mathbf{1}_{[\frac{n-1}{n},1]}(t),$$

则有

$$\|u_n\|_{L^2[0,1]} = \sqrt{n} \left(\int_{\frac{n-1}{n}}^1 \mathrm{d}t \right)^{\frac{1}{2}} = 1.$$

另一方面, 当 $n \to \infty$ 时,

$$\|Au_n\|_{L^2[0,1]} = \sqrt{n} \left(\int_{\frac{n-1}{n}}^{1} t^2 \, \mathrm{d}t \right)^{\frac{1}{2}} \geqslant \frac{n-1}{n} \to 1,$$

从而, 当 $n \to \infty$ 时,

$$\begin{aligned} \|A\|_{\mathscr{L}(L^2[0,1])} &= \|A\|_{\mathscr{L}(L^2[0,1])} \|u_n\|_{L^2[0,1]} \\ &\geqslant \|Au_n\|_{L^2[0,1]} \geqslant \frac{n-1}{n} \to 1. \end{aligned}$$

故 $\|A\|_{\mathscr{L}(L^2[0,1])} \geqslant 1$. 因此, $\|A\|_{\mathscr{L}(L^2[0,1])} = 1$. 因 $D(A) = L^2[0,1]$ 闭, 由此进一步知 A 为 $\mathscr{X}$ 上的闭算子.

对任意的 $\lambda \in \mathbb{C}$ 以及 $u \in L^2[0,1]$, 若

$$(\lambda I - A)u(t) = (\lambda - t)u(t) = \theta,$$

则, 对几乎处处的 $t \in [0,1]$, 有 $(\lambda - t)u(t) = 0$. 从而, 对几乎处处的 $t \in [0,1]$, 有 $u(t) = 0$, 即 $u = \theta$. 这说明了 $\lambda I - A$ 为单射, 从而 $(\lambda I - A)^{-1}$ 存在.

下证, 当 $\lambda \notin [0,1]$ 时, $\lambda \in \rho(A)$. 只需证 $R(\lambda I - A) = L^2[0,1]$.

注意到, 当 $\lambda \notin [0,1]$ 时,

$$\frac{1}{\min\limits_{t \in [0,1]} |\lambda - t|} < \infty,$$

故, 对任意的 $v \in L^2[0,1]$, 若令

$$u(t) := \frac{v(t)}{\lambda - t}, \quad \forall t \in [0,1].$$

则有

$$\|u\|_{L^2[0,1]} \leqslant \frac{1}{\min\limits_{t \in [0,1]} |\lambda - t|} \|v\|_{L^2[0,1]} < \infty,$$

从而 $u \in L^2[0,1]$ 且 $(\lambda I - A)u = v$. 因此,

$$R(\lambda I - A) = L^2[0,1].$$

由此, 进一步可知 $\lambda \in \rho(A)$.

下证, 当 $\lambda \in [0,1]$ 时, $\lambda \in \sigma_c(A)$. 为此, 只需证明 $R(\lambda I - A) \neq L^2[0,1]$ 且

$$\overline{R(\lambda I - A)} = L^2[0,1].$$

首先由

$$\int_0^1 \frac{1}{(\lambda - t)^2} \mathrm{d}t \geqslant \max\left\{\int_\lambda^1 \frac{1}{(\lambda - t)^2} \mathrm{d}t, \int_0^\lambda \frac{1}{(\lambda - t)^2} \mathrm{d}t\right\}$$
$$= \max\left\{\int_0^{1-\lambda} \frac{\mathrm{d}t}{t^2}, \int_0^\lambda \frac{\mathrm{d}t}{t^2}\right\} = \infty,$$

知 $(\lambda - t)^{-1} \notin L^2[0,1]$, 从而 $1 \notin R(\lambda I - A)$. 事实上, 若 $1 \in R(\lambda I - A)$, 则存在 $u \in L^2[0,1]$ 使得

$$1 = (\lambda I - A)u(t) \text{ a.e. } t \in [0,1]$$
$$\iff 1 = (\lambda - t)u(t) \text{ a.e. } t \in [0,1]$$
$$\iff u(t) = \frac{1}{\lambda - t} \text{ a.e. } t \in [0,1],$$

但 $u(t) = \frac{1}{\lambda - t} \notin L^2[0,1]$, 与 $1 \in R(\lambda I - A)$ 矛盾. 故 $1 \notin R(\lambda I - A)$. 而 $1 \in L^2[0,1]$, 故

$$R(\lambda I - A) \subsetneqq L^2[0,1].$$

下证 $\overline{R(\lambda I - A)} = L^2[0,1]$. 为此, 设 $v \in L^2[0,1]$ 且 $\lambda \in [0,1]$, 定义

$$v_n(t) := \begin{cases} v(t), & |t - \lambda| \geqslant \frac{1}{n}, t \in [0,1], \\ 0, & |t - \lambda| < \frac{1}{n}, t \in [0,1], \end{cases}$$

则 $\|v_n\|_{L^2[0,1]} \leqslant \|v\|_{L^2[0,1]} < \infty$ 且由积分的绝对连续性进一步知, 当 $n \to \infty$ 时,

$$\|v_n - v\|_{L^2[0,1]} = \left\{\int_{\{t \in [0,1]: \, |t-\lambda| < \frac{1}{n}\}} |v(t)|^2 \mathrm{d}t\right\}^{\frac{1}{2}} \to 0.$$

定义

$$u_n(t) := \begin{cases} \dfrac{v_n(t)}{\lambda - t}, & |t - \lambda| \geqslant \frac{1}{n}, t \in [0,1], \\ 0, & |t - \lambda| < \frac{1}{n}, t \in [0,1], \end{cases}$$

则有
$$\|u_n\|_{L^2[0,1]} \leq n\|v\|_{L^2[0,1]} < \infty,$$

即$u_n \in L^2[0,1]$且有$(\lambda I - A)u_n = v_n$. 由此可知$v_n \in R(\lambda I - A)$且$v \in \overline{R(\lambda I - A)}$. 因

$$\mathbb{C} = (\mathbb{C} \setminus [0,1]) \cup [0,1] \subset \rho(A) \cup \sigma_c(A) \subset \rho(A) \cup \sigma(A) = \mathbb{C}$$

且

$$(\mathbb{C} \setminus [0,1]) \cap [0,1] = \varnothing = \rho(A) \cap \sigma_c(A) = \varnothing = \rho(A) \cap \sigma(A),$$

故$\rho(A) = \mathbb{C} \setminus [0,1]$且$\sigma(A) = \sigma_c(A) = [0,1]$. 至此, 例1.2.10得证. $\square$

现在我们来研究谱集$\sigma(A)$. 当$\dim \mathscr{X} < \infty$时, 由线性代数理论知

$$\sigma(A) \neq \varnothing.$$

事实上, 当$\dim \mathscr{X} < \infty$时,

$$\lambda \in \sigma(A) \Longleftrightarrow \lambda 是A的特征值$$
$$\Longleftrightarrow |\lambda I - A| = 0$$
$$\Longleftrightarrow \lambda 是n次多项式|\lambda I - A| = 0的根.$$

回顾如下代数学基本定理: 任何n次多项式在复数域中至少有一个根. 由此知$|\lambda I - A| = 0$至少有一个根. 从而, 此时, $\sigma(A) \neq \varnothing$. 下面我们来研究无穷维时的情况.

定义1.2.11 算子值函数$R_\lambda(A): \rho(A) \longrightarrow \mathscr{L}(\mathscr{X})$定义为

$$\lambda \longmapsto (\lambda I - A)^{-1}, \quad \forall \lambda \in \rho(A),$$

称$R_\lambda(A)$为A的**预解式**.

下说明$\rho(A)$是开集. 为此, 我们有如下引理.

引理1.2.12 设$\mathscr{X}$为Banach空间, $A \in \mathscr{L}(\mathscr{X})$满足$\|A\|_{\mathscr{L}(\mathscr{X})} < 1$, 则

$$(I - A)^{-1} \in \mathscr{L}(\mathscr{X})$$

且
$$\|(I-A)^{-1}\|_{\mathscr{L}(\mathscr{X})} \leqslant \frac{1}{1-\|A\|_{\mathscr{L}(\mathscr{X})}}.$$

证明 首先证明$I-A$为双射. 为此只需证明, 对任意的$y \in \mathscr{X}$, 存在唯一的$x_y \in \mathscr{X}$使得$(I-A)x_y = y$. 对任意的$x \in \mathscr{X}$, 定义算子$Sx := y + Ax$. 注意到, 对任意的$x_1, x_2 \in \mathscr{X}$,
$$\|Sx_1 - Sx_2\|_{\mathscr{X}} = \|Ax_1 - Ax_2\|_{\mathscr{X}} \leqslant \|A\|_{\mathscr{L}(\mathscr{X})} \|x_1 - x_2\|_{\mathscr{X}}.$$

由$\|A\|_{\mathscr{L}(\mathscr{X})} < 1$知$S$为一个压缩映射. 从而, 由压缩映射原理(见文献[7]定理1.1.12), 知存在唯一的$x_y \in \mathscr{X}$使得$Sx_y = x_y$, 即$y + Ax_y = x_y$. 从而$y = (I-A)x_y$. 由此知$I-A$为双射, 从而$(I-A)^{-1}$存在. 由$\|A\|_{\mathscr{L}(\mathscr{X})} < 1$知, 对$\forall N, p \in \mathbb{N}_+$, 当$N \to \infty$时, 有
$$\left\| \sum_{n=N}^{N+p} A^n \right\|_{\mathscr{L}(\mathscr{X})} \leqslant \sum_{n=N}^{N+p} \|A\|_{\mathscr{L}(\mathscr{X})}^n \to 0.$$

故$\{\sum_{n=0}^{N} A^n\}_{N \in \mathbb{N}_+}$为$\mathscr{L}(\mathscr{X})$中的基本列. 因$\mathscr{L}(\mathscr{X})$完备(这是因$\mathscr{X}$为Banach空间, 再根据文献[7]定理2.1.13可知成立), 故$\{\sum_{n=0}^{N} A^n\}_{N \in \mathbb{N}_+}$在$\mathscr{L}(\mathscr{X})$中收敛. 其和记为$\sum_{n=0}^{\infty} A^n$. 由此, 进一步有
$$\left\| \sum_{n=0}^{\infty} A^n \right\|_{\mathscr{L}(\mathscr{X})} \leqslant \left\| \sum_{n=0}^{\infty} A^n - \sum_{n=0}^{N} A^n \right\|_{\mathscr{L}(\mathscr{X})} + \left\| \sum_{n=0}^{N} A^n \right\|_{\mathscr{L}(\mathscr{X})}$$
$$\leqslant \left\| \sum_{n=0}^{\infty} A^n - \sum_{n=0}^{N} A^n \right\|_{\mathscr{L}(\mathscr{X})} + \sum_{n=0}^{N} \|A\|_{\mathscr{L}(\mathscr{X})}^n.$$

令$N \to \infty$有
$$\left\| \sum_{n=0}^{\infty} A^n \right\|_{\mathscr{L}(\mathscr{X})} \leqslant \sum_{n=0}^{\infty} \|A\|_{\mathscr{L}(\mathscr{X})}^n. \tag{1.2.8}$$

下说明
$$(I-A)\left(\sum_{n=0}^{\infty} A^n \right) = I = \left(\sum_{n=0}^{\infty} A^n \right)(I-A).$$

为此, 设 $x \in \mathscr{X}$, 由 $\sum\limits_{n=0}^{\infty} A^n \in \mathscr{L}(\mathscr{X})$ 知, 当 $k \to \infty$ 时,

$$\left\| \sum_{n=0}^{\infty} A^n x - \sum_{n=0}^{k} A^n x \right\|_{\mathscr{X}} \leqslant \left\| \sum_{n=0}^{\infty} A^n - \sum_{n=0}^{k} A^n \right\|_{\mathscr{L}(\mathscr{X})} \|x\|_{\mathscr{X}} \to 0.$$

从而, 当 $k \to \infty$ 时,

$$\sum_{n=0}^{k} A^n x =: y_k \to y := \sum_{n=0}^{\infty} A^n x. \tag{1.2.9}$$

又由 $\|A\|_{\mathscr{L}(\mathscr{X})} < 1$ 知, 当 $k \to \infty$ 时,

$$\left\| A^{k+1} x \right\|_{\mathscr{X}} \leqslant \|A\|_{\mathscr{L}(\mathscr{X})}^{k+1} \|x\|_{\mathscr{X}} \to 0.$$

由此及 (1.2.9) 知, 当 $k \to \infty$ 时,

$$(I-A) y_k = (I-A) \left(\sum_{n=0}^{k} A^n \right) x = x - A^{k+1} x \to x.$$

又由 $I - A \in \mathscr{L}(\mathscr{X})$ 知 $(I-A) y = x$, 即 $(I-A)\left(\sum\limits_{n=0}^{\infty} A^n\right) = I$. 类似可证

$$\left(\sum_{n=0}^{\infty} A^n \right) (I-A) = I.$$

事实上, 对 $\forall x \in \mathscr{X}$, 有

$$\left(\sum_{n=0}^{\infty} A^n \right) (I-A) x = \lim_{k \to \infty} \left(\sum_{n=0}^{k} A^n \right) (I-A) x$$
$$= \lim_{k \to \infty} \left(x - A^{k+1} x \right) = x.$$

故所证断言成立. 因此,

$$(I-A)^{-1} = \sum_{n=0}^{\infty} A^n. \tag{1.2.10}$$

从而

$$\left\| (I-A)^{-1} \right\|_{\mathscr{L}(\mathscr{X})} \leqslant \sum_{n=0}^{\infty} \|A\|_{\mathscr{L}(\mathscr{X})}^n = \frac{1}{1 - \|A\|_{\mathscr{L}(\mathscr{X})}}.$$

至此, 引理 1.2.12 得证. □

注记1.2.13 关于引理1.2.12, 我们有如下注记.

(i) 设$A \in \mathscr{L}(\mathscr{X})$, $\lambda \in \mathbb{C}$且$|\lambda| > \|A\|_{\mathscr{L}(\mathscr{X})}$, 由引理1.2.12知
$$\left(I - \frac{A}{\lambda}\right)^{-1} \in \mathscr{L}(\mathscr{X})$$
且有
$$\left\|\left(I - \frac{A}{\lambda}\right)^{-1}\right\|_{\mathscr{L}(\mathscr{X})} \leqslant \frac{1}{1 - \frac{\|A\|_{\mathscr{L}(\mathscr{X})}}{|\lambda|}},$$
即$(\lambda I - A)^{-1} \in \mathscr{L}(\mathscr{X})$且
$$\begin{aligned}\|(\lambda I - A)^{-1}\|_{\mathscr{L}(\mathscr{X})} &= \left\|\left\{\lambda\left(I - \frac{A}{\lambda}\right)\right\}^{-1}\right\|_{\mathscr{L}(\mathscr{X})} \\ &= \frac{1}{|\lambda|}\left\|\left(I - \frac{A}{\lambda}\right)^{-1}\right\|_{\mathscr{L}(\mathscr{X})} \\ &\leqslant \frac{1}{|\lambda| - \|A\|_{\mathscr{L}(\mathscr{X})}}.\end{aligned}$$
由此知$\lambda \in \rho(A)$, 即
$$\mathbb{C} \setminus \overline{B(0, \|A\|_{\mathscr{L}(\mathscr{X})})} \subset \rho(A),$$
从而
$$\sigma(A) = [\rho(A)]^{\complement} \subset \overline{B(0, \|A\|_{\mathscr{L}(\mathscr{X})})}.$$

(ii) 在引理1.2.12的证明中, 因$Sx = y + Ax$, $\forall x \in \mathscr{X}$, 故$Sy = y + Ay$. 又
$$S^2 y = S(Sy) = y + A(Sy) = y + Ay + A^2 y.$$
一般可证, 对任意$n \in \mathbb{N}_+$,
$$S^n y = \sum_{k=0}^{n} A^k y.$$
由此及文献[7]定理1.1.12(Banach不动点定理--压缩映像原理)的证明知
$$x_y = \lim_{n \to \infty} S^n y = \sum_{k=0}^{\infty} A^k y,$$
即当$\|A\|_{\mathscr{L}(\mathscr{X})} < 1$时, 有(1.2.10)成立. 级数(1.2.10)称为**Neumann级数**.

(iii) 令 $\mathscr{X} := \mathbb{R}$, 并对任意取定 $x \in \mathbb{R}$, 令

$$T_x : \begin{cases} \mathbb{R} \longrightarrow \mathbb{R}, \\ y \longmapsto xy, \quad \forall y \in \mathbb{R}. \end{cases}$$

则 $\|T_x\|_{\mathscr{L}(\mathbb{R})} = |x|$. 因此, 当 $\|T_x\|_{\mathscr{L}(\mathbb{R})} = |x| < 1$ 时, 对 $\forall y \in \mathbb{R}$, 有 $(I - T_x)y = (1-x)y$. 从而

$$(I - T_x)^{-1} y = \frac{1}{1-x} y \quad \text{且} \quad \|(I - T_x)^{-1}\|_{\mathscr{L}(\mathbb{R})} = \frac{1}{1-x}.$$

此时, (1.2.10) 成为:

$$\frac{1}{1-x} = (I - T_x)^{-1} = \sum_{n=0}^{\infty} T_x^n = \sum_{n=0}^{\infty} x^n, \ \forall |x| < 1.$$

此即为经典熟知的结论.

推论1.2.14 设 $\mathscr{X}$ 为 Banach 空间且 A 是闭线性算子, 则 $\rho(A)$ 是开集.

证明 设 $\lambda_0 \in \rho(A)$. 注意到, 对 $\forall \lambda \in \mathbb{C}$, 有

$$\begin{aligned} \lambda I - A &= (\lambda - \lambda_0)I + (\lambda_0 I - A) \\ &= (\lambda_0 I - A)\left[I + (\lambda - \lambda_0)(\lambda_0 I - A)^{-1}\right]. \end{aligned} \quad (1.2.11)$$

又注意到任何具有有界逆的线性算子其逆的算子范数不为零. 这是由于若 $\|(\lambda_0 I - A)^{-1}\|_{\mathscr{L}(\mathscr{X})} = 0$, 则 $(\lambda_0 I - A)^{-1} = \theta$. 从而 $I = \theta$, 与我们约定所有 Banach 空间 $\mathscr{X}$ 非平凡, 即 $I \neq \theta$ 矛盾. 因此, 当

$$|\lambda - \lambda_0| < \|(\lambda_0 I - A)^{-1}\|_{\mathscr{L}(\mathscr{X})}^{-1}$$

时, 有

$$\|(\lambda - \lambda_0)(\lambda_0 I - A)^{-1}\|_{\mathscr{L}(\mathscr{X})} < 1,$$

从而, 由引理1.2.12知

$$B := \left[I + (\lambda - \lambda_0)(\lambda_0 I - A)^{-1}\right]^{-1} \in \mathscr{L}(\mathscr{X}).$$

由此

$$(\lambda I - A)^{-1} = B(\lambda_0 I - A)^{-1} \in \mathscr{L}(\mathscr{X}),$$

从而 $\lambda \in \rho(A)$, 即

$$B\left(\lambda_0, \|(\lambda_0 I - A)^{-1}\|_{\mathscr{L}(\mathscr{X})}^{-1}\right) \subset \rho(A),$$

从而 $\rho(A)$ 是开集. 至此, 推论1.2.14得证. □

下面考虑对 $R_\lambda(A)$ 求导. 我们有以下第一预解公式.

引理1.2.15 设 $\lambda, \mu \in \rho(A)$, 则

$$R_\lambda(A) - R_\mu(A) = (\mu - \lambda) R_\lambda(A) R_\mu(A). \tag{1.2.12}$$

进一步有

$$R_\lambda(A) R_\mu(A) = R_\mu(A) R_\lambda(A).$$

证明 对 $\lambda, \mu \in \rho(A)$, 有

$$\begin{aligned}
R_\lambda(A) &= (\lambda I - A)^{-1} \\
&= (\lambda I - A)^{-1} (\mu I - A)(\mu I - A)^{-1} \\
&= (\lambda I - A)^{-1} [(\mu - \lambda) I + \lambda I - A](\mu I - A)^{-1} \\
&= (\mu - \lambda)(\lambda I - A)^{-1} (\mu I - A)^{-1} + (\mu I - A)^{-1} \\
&= (\mu - \lambda) R_\lambda(A) R_\mu(A) + R_\mu(A).
\end{aligned}$$

因此, (1.2.12)成立. 再将上式中 λ 与 μ 互换即得

$$R_\mu(A) - R_\lambda(A) = (\lambda - \mu) R_\mu(A) R_\lambda(A).$$

比较此式与(1.2.12)进一步得

$$R_\lambda(A) R_\mu(A) = R_\mu(A) R_\lambda(A).$$

至此, 引理1.2.15得证. □

定理1.2.16 设 $\mathscr{X}$ 为Banach空间且 A 是闭线性算子, 则 A 的预解式 $R_\lambda(A)$ 在 $\rho(A)$ 内是算子值解析函数.

证明 首先证明 $R_\lambda(A)$ 关于 $\lambda \in \rho(A)$ 连续. 设 $\lambda_0 \in \rho(A)$, 则当

$$|\lambda - \lambda_0| < \frac{1}{2\|R_{\lambda_0}(A)\|_{\mathscr{L}(\mathscr{X})}}$$

时, 有

$$\left\|(\lambda - \lambda_0)(\lambda_0 I - A)^{-1}\right\|_{\mathscr{L}(\mathscr{X})} < \frac{1}{2} < 1.$$

此时由(1.2.11)知

$$R_\lambda(A) = (\lambda I - A)^{-1} = \left[I + (\lambda - \lambda_0)(\lambda_0 I - A)^{-1}\right]^{-1} R_{\lambda_0}(A).$$

从而, 由引理1.2.12有

$$\|R_\lambda(A)\|_{\mathscr{L}(\mathscr{X})} \leqslant \|R_{\lambda_0}(A)\|_{\mathscr{L}(\mathscr{X})} \left\|\left[I + (\lambda - \lambda_0)(\lambda_0 I - A)^{-1}\right]^{-1}\right\|_{\mathscr{L}(\mathscr{X})}$$

$$\leqslant \frac{\|R_{\lambda_0}(A)\|_{\mathscr{L}(\mathscr{X})}}{1 - \|(\lambda - \lambda_0)(\lambda_0 I - A)^{-1}\|_{\mathscr{L}(\mathscr{X})}}$$

$$< 2\|R_{\lambda_0}(A)\|_{\mathscr{L}(\mathscr{X})} < \infty.$$

从而, 由第一预解公式可知, 当 $\lambda \to \lambda_0$ 时,

$$\|R_\lambda(A) - R_{\lambda_0}(A)\|_{\mathscr{L}(\mathscr{X})} \leqslant |\lambda - \lambda_0|\|R_\lambda(A)\|_{\mathscr{L}(\mathscr{X})}\|R_{\lambda_0}(A)\|_{\mathscr{L}(\mathscr{X})}$$

$$< 2|\lambda - \lambda_0|\|R_{\lambda_0}(A)\|^2_{\mathscr{L}(\mathscr{X})} \to 0,$$

即 $R_\lambda(A)$ 关于 $\lambda \in \rho(A)$ 连续.

下证可微性. 再次利用第一预解公式可得

$$\frac{R_\lambda(A) - R_{\lambda_0}(A)}{\lambda - \lambda_0} = -R_\lambda(A) R_{\lambda_0}(A).$$

等式两边关于 $\lambda \to \lambda_0$ 取极限有

$$\lim_{\lambda \to \lambda_0} \frac{R_\lambda(A) - R_{\lambda_0}(A)}{\lambda - \lambda_0} = -\lim_{\lambda \to \lambda_0} R_\lambda(A) R_{\lambda_0}(A)$$

$$= -[R_{\lambda_0}(A)]^2 \in \mathscr{L}(\mathscr{X}).$$

至此, 定理1.2.16得证. □

下面我们考虑谱点的存在性定理.

定理1.2.17 (Gelfand–Mazur) 设$\mathscr{X}$为Banach空间且A是有界线性算子，则$\sigma(A) \neq \varnothing$.

证明 用反证法. 若$\rho(A) = \mathbb{C}$, 则由定理1.2.16知$R_\lambda(A)$在$\mathbb{C}$上解析. 又当

$$|\lambda| \leqslant 2\|A\|_{\mathscr{L}(\mathscr{X})}$$

时, 由$R_\lambda(A)$在$\rho(A)$中的连续性及

$$\left| \|R_\lambda(A)\|_{\mathscr{L}(\mathscr{X})} - \|R_{\lambda_0}(A)\|_{\mathscr{L}(\mathscr{X})} \right| \leqslant \|R_\lambda(A) - R_{\lambda_0}(A)\|_{\mathscr{L}(\mathscr{X})}$$

知$\|R_\lambda(A)\|_{\mathscr{L}(\mathscr{X})}$在$\mathbb{C}$上连续, 从而在$\overline{B(0, 2\|A\|_{\mathscr{L}(\mathscr{X})})}$上连续. 进一步, 由集合$\overline{B(0, 2\|A\|_{\mathscr{L}(\mathscr{X})})}$紧, 知$\|R_\lambda(A)\|_{\mathscr{L}(\mathscr{X})}$在其上有界; 且当$|\lambda| > 2\|A\|_{\mathscr{L}(\mathscr{X})}$时, 由(1.2.10)和注记1.2.13(i)知

$$R_\lambda(A) = (\lambda I - A)^{-1} = \frac{1}{\lambda}\left(I - \frac{A}{\lambda}\right)^{-1}$$
$$= \frac{1}{\lambda}\sum_{n=0}^{\infty}\frac{A^n}{\lambda^n} = \sum_{n=0}^{\infty}\frac{1}{\lambda^{n+1}}A^n$$

且有

$$\|R_\lambda(A)\|_{\mathscr{L}(\mathscr{X})} \leqslant \frac{1}{|\lambda| - \|A\|_{\mathscr{L}(\mathscr{X})}} < \frac{1}{\|A\|_{\mathscr{L}(\mathscr{X})}}.$$

因此, $\|R_\lambda(A)\|_{\mathscr{L}(\mathscr{X})}$在复平面上有上界, 记为$M$.

对任意$f \in [\mathscr{L}(\mathscr{X})]^*$, 定义

$$u_f(\lambda) := f(R_\lambda(A)).$$

现证u_f在$\mathbb{C}$上解析. 为此, 任取$\lambda_0 \in \mathbb{C}$, 对任意$\lambda \in \mathbb{C}$且$\lambda \neq \lambda_0$, 有

$$\frac{u_f(\lambda) - u_f(\lambda_0)}{\lambda - \lambda_0} = \frac{f(R_\lambda(A)) - f(R_{\lambda_0}(A))}{\lambda - \lambda_0}$$
$$= f\left(\frac{R_\lambda(A) - R_{\lambda_0}(A)}{\lambda - \lambda_0}\right).$$

由此及$f \in [\mathscr{L}(\mathscr{X})]^*$进一步有

$$\lim_{\lambda \to \lambda_0}\frac{u_f(\lambda) - u_f(\lambda_0)}{\lambda - \lambda_0} = f\left(\lim_{\lambda \to \lambda_0}\frac{R_\lambda(A) - R_{\lambda_0}(A)}{\lambda - \lambda_0}\right).$$

再由定理1.2.16易知u_f在$\mathbb{C}$上解析. 又注意到

$$|u_f(\lambda)| \leqslant \|f\|_{[\mathscr{L}(\mathscr{X})]^*} \|R_\lambda(A)\|_{\mathscr{L}(\mathscr{X})} \leqslant M\|f\|_{[\mathscr{L}(\mathscr{X})]^*},$$

则u_f在$\mathbb{C}$上有界解析. 由此, 利用Liouville定理(见文献[21]Theorem 10.23)可知

$$u_f \equiv C_f,$$

其中$C_f \in \mathbb{C}$为与λ无关的常数. 从而, 由上述讨论可知, $R_\lambda(A)$是与λ无关的算子. 否则假设$R_{\lambda_1}(A) \neq R_{\lambda_2}(A)$, 则由文献[7]推论2.4.6知存在$f \in [\mathscr{L}(\mathscr{X})]^*$使得

$$\|f\|_{[\mathscr{L}(\mathscr{X})]^*} = 1$$

且

$$0 = u_f(\lambda_1) - u_f(\lambda_2) = f(R_{\lambda_1}(A) - R_{\lambda_2}(A))$$
$$= \|R_{\lambda_1}(A) - R_{\lambda_2}(A)\|_{\mathscr{L}(\mathscr{X})}.$$

这与之前假设矛盾, 故$R_{\lambda_1}(A) = R_{\lambda_2}(A)$. 因此, $R_\lambda(A)$是与λ无关的算子. 由此及第一预解公式(引理1.2.15)知, 当$\lambda_1 \neq \lambda_2$时,

$$(\lambda_2 - \lambda_1)R_{\lambda_1}(A)R_{\lambda_2}(A) = R_{\lambda_1}(A) - R_{\lambda_2}(A) = \theta.$$

这就得到了$I = \theta$, 与我们约定所有Banach空间$\mathscr{X}$非平凡, 即$I \neq \theta$矛盾. 从而$\sigma(A) \neq \varnothing$. 至此, 定理得证. □

下面考虑有界线性算子谱集的范围. 由注记1.2.13(i)知$\sigma(A)$包含在闭球$\overline{B(0, \|A\|_{\mathscr{L}(\mathscr{X})})}$中. 进一步由推论1.2.14及定理1.2.17可知$\sigma(A)$为$\mathbb{C}$中的非空有界闭集, 从而为非空紧集.

定义1.2.18 设A为Banach空间$\mathscr{X}$上的有界线性算子, 称

$$r_\sigma(A) := \sup\{|\lambda| : \lambda \in \sigma(A)\}$$

为A的**谱半径**.

注记1.2.19 关于谱半径我们有以下结论.

(i) $\sigma(A) \subset \overline{B(0, r_\sigma(A))}$;

(ii) 由 $\sigma(A) \subset \overline{B(0, \|A\|_{\mathscr{L}(\mathscr{X})})}$, 知 $r_\sigma(A) \leqslant \|A\|_{\mathscr{L}(\mathscr{X})}$.

我们有以下更为精确的结论.

定理1.2.20 设 $\mathscr{X}$ 是Banach空间, A 是 $\mathscr{X}$ 上有界线性算子, 则

$$r_\sigma(A) = \lim_{n \to \infty} \|A^n\|_{\mathscr{L}(\mathscr{X})}^{\frac{1}{n}}.$$

为证此命题, 我们需要以下两个引理. 第一个引理来自文献[7]定理2.5.7.

引理1.2.21 设 $\mathscr{X}$ 为B^*空间, 对任意 $x \in \mathscr{X}$ 及 $f \in \mathscr{X}^{**}$ ($\mathscr{X}$ 的二次共轭), 令

$$\langle Ux, f \rangle := f(x).$$

称 $U : \mathscr{X} \to \mathscr{X}^{**}$ 为**自然嵌入**. 则上述自然嵌入是 $\mathscr{X}$ 与 $\mathscr{X}^{**}$ 的子空间

$$U\mathscr{X} := \{Ux : x \in \mathscr{X}\}$$

的等距同构. 即, 对任意 $x \in \mathscr{X}$,

$$\|Ux\|_{\mathscr{X}^{**}} = \|x\|_{\mathscr{X}}.$$

以下引理即著名的共鸣定理(可见文献[7]定理2.3.16).

引理1.2.22 设 $\mathscr{X}$ 为B空间, $\mathscr{Y}$ 为B^*空间, 如果 $W \subset \mathscr{L}(\mathscr{X}, \mathscr{Y})$ 使得

$$\sup_{A \in W} \|Ax\|_{\mathscr{Y}} < \infty, \ \forall x \in \mathscr{X},$$

那么

$$\sup_{A \in W} \|A\|_{\mathscr{L}(\mathscr{X}, \mathscr{Y})} < \infty.$$

定理1.2.20的证明 首先说明 $\lim_{n \to \infty} \|A^n\|_{\mathscr{L}(\mathscr{X})}^{\frac{1}{n}}$ 存在. 令

$$a := \inf_{n \in \mathbb{N}_+} \|A^n\|_{\mathscr{L}(\mathscr{X})}^{\frac{1}{n}},$$

则有
$$a \leqslant \liminf_{n\to\infty} \|A^n\|_{\mathscr{L}(\mathscr{X})}^{\frac{1}{n}} = \lim_{k\to\infty} \inf_{n\geqslant k} \|A^n\|_{\mathscr{L}(\mathscr{X})}^{\frac{1}{n}}. \tag{1.2.13}$$

由下确界的定义, 对任意的 $\varepsilon \in (0,\infty)$, 存在 $n_0 \in \mathbb{N}_+$ 使得

$$a \leqslant \|A^{n_0}\|_{\mathscr{L}(\mathscr{X})}^{\frac{1}{n_0}} < a + \varepsilon.$$

对任意的 $n \geqslant n_0$, 存在 $k \in \mathbb{N}_+$ 使得 $n = kn_0 + s$, 其中 $s \in \mathbb{N} := \mathbb{N}_+ \cup \{0\}$ 且 $0 \leqslant s < n_0$, 则有

$$\|A^n\|_{\mathscr{L}(\mathscr{X})} = \|A^{kn_0+s}\|_{\mathscr{L}(\mathscr{X})} \leqslant \|A^{n_0}\|_{\mathscr{L}(\mathscr{X})}^k \|A\|_{\mathscr{L}(\mathscr{X})}^s.$$

因此,
$$\|A^n\|_{\mathscr{L}(\mathscr{X})}^{\frac{1}{n}} \leqslant \|A^{n_0}\|_{\mathscr{L}(\mathscr{X})}^{\frac{k}{kn_0+s}} \|A\|_{\mathscr{L}(\mathscr{X})}^{\frac{s}{n}}.$$

令 $n \to \infty$, 此时 $k \to \infty$ 有

$$\limsup_{n\to\infty} \|A^n\|_{\mathscr{L}(\mathscr{X})}^{\frac{1}{n}} \leqslant \limsup_{n\to\infty} \|A^{n_0}\|_{\mathscr{L}(\mathscr{X})}^{\frac{k}{kn_0+s}} \|A\|_{\mathscr{L}(\mathscr{X})}^{\frac{s}{n}}$$
$$= \lim_{n\to\infty} \|A^{n_0}\|_{\mathscr{L}(\mathscr{X})}^{\frac{k}{kn_0+s}} \|A\|_{\mathscr{L}(\mathscr{X})}^{\frac{s}{n}}$$
$$= \|A^{n_0}\|_{\mathscr{L}(\mathscr{X})}^{\frac{1}{n_0}} < a + \varepsilon.$$

由 ε 的任意性知

$$\limsup_{n\to\infty} \|A^n\|_{\mathscr{L}(\mathscr{X})}^{\frac{1}{n}} \leqslant a.$$

由此及 (1.2.13) 知

$$\lim_{n\to\infty} \|A^n\|_{\mathscr{L}(\mathscr{X})}^{\frac{1}{n}} = a.$$

其次, 回顾 Cauchy–Hadamard 公式: 对于函数项级数

$$f(x) := \sum_{n=0}^{\infty} a_n x^n, \ \forall x \in \mathbb{R},$$

令

$$R := \frac{1}{\limsup\limits_{n\to\infty} \sqrt[n]{|a_n|}},$$

则, 当 $|x| < R$ 时, $f(x)$ 绝对收敛; 当 $|x| > R$ 时, $f(x)$ 发散. 由此进一步知, 当 $|\lambda| > \lim\limits_{n\to\infty}\|A^n\|_{\mathscr{L}(\mathscr{X})}^{\frac{1}{n}}$ 时, 有

$$\sum_{n=0}^{\infty}\frac{\|A^n\|_{\mathscr{L}(\mathscr{X})}}{|\lambda|^n} < \infty \quad 且 \quad \sum_{n=0}^{\infty}\frac{\|A^n\|_{\mathscr{L}(\mathscr{X})}}{|\lambda|^{n+1}} < \infty.$$

因此,

$$\sum_{n=0}^{\infty}\frac{A^n}{\lambda^n},\ \sum_{n=0}^{\infty}\frac{A^n}{\lambda^{n+1}} \in \mathscr{L}(\mathscr{X}).$$

故

$$\sum_{n=0}^{\infty}\frac{A^{n+1}}{\lambda^{n+1}} = \lim_{l\to\infty}\sum_{n=0}^{l}\frac{A^{n+1}}{\lambda^{n+1}} = \lim_{l\to\infty}A\sum_{n=0}^{l}\frac{A^n}{\lambda^{n+1}}. \tag{1.2.14}$$

注意到, 当 $l \to \infty$ 时,

$$\left\|A\sum_{n=0}^{l}\frac{A^n}{\lambda^{n+1}} - A\lim_{k\to\infty}\sum_{n=0}^{k}\frac{A^n}{\lambda^{n+1}}\right\|_{\mathscr{L}(\mathscr{X})}$$

$$\leqslant \|A\|_{\mathscr{L}(\mathscr{X})}\left\|\sum_{n=0}^{l}\frac{A^n}{\lambda^{n+1}} - \lim_{k\to\infty}\sum_{n=0}^{k}\frac{A^n}{\lambda^{n+1}}\right\|_{\mathscr{L}(\mathscr{X})} \to 0.$$

由此及 (1.2.14) 进一步有

$$\sum_{n=0}^{\infty}\frac{A^{n+1}}{\lambda^{n+1}} = A\lim_{k\to\infty}\sum_{n=0}^{k}\frac{A^n}{\lambda^{n+1}} = A\sum_{n=0}^{\infty}\frac{A^n}{\lambda^{n+1}} \in \mathscr{L}(\mathscr{X}).$$

从而

$$\begin{aligned}(\lambda I - A)\sum_{n=0}^{\infty}\frac{A^n}{\lambda^{n+1}} &= \lambda\sum_{n=0}^{\infty}\frac{A^n}{\lambda^{n+1}} - A\sum_{n=0}^{\infty}\frac{A^n}{\lambda^{n+1}}\\ &= \lambda\lim_{N\to\infty}\sum_{n=0}^{N}\frac{A^n}{\lambda^{n+1}} - A\lim_{N\to\infty}\sum_{n=0}^{N}\frac{A^n}{\lambda^{n+1}}\\ &= \lim_{N\to\infty}\sum_{n=0}^{N}\frac{A^n}{\lambda^n} - \lim_{N\to\infty}\sum_{n=0}^{N}\frac{A^{n+1}}{\lambda^{n+1}}\\ &= \sum_{n=0}^{\infty}\frac{A^n}{\lambda^n} - \sum_{n=0}^{\infty}\frac{A^{n+1}}{\lambda^{n+1}} = I,\end{aligned}$$

其中I表示$\mathscr{X}$上的恒等算子. 类似可证
$$\sum_{n=0}^{\infty}\frac{A^n}{\lambda^{n+1}}(\lambda I-A)=I.$$
由此进一步知
$$R_\lambda(A):=(\lambda I-A)^{-1}=\sum_{n=0}^{\infty}\frac{A^n}{\lambda^{n+1}}\in\mathscr{L}(\mathscr{X}).$$
因此, $\lambda\in\rho(A)$, 从而
$$r_\sigma(A)\leqslant\lim_{n\to\infty}\|A^n\|_{\mathscr{L}(\mathscr{X})}^{\frac{1}{n}}. \tag{1.2.15}$$
下证
$$r_\sigma(A)=\lim_{n\to\infty}\|A^n\|_{\mathscr{L}(\mathscr{X})}^{\frac{1}{n}}.$$
事实上, 由$r_\sigma(A)$的定义, 当$|\lambda|>r_\sigma(A)$时, $\lambda\in\rho(A)$, 即$R_\lambda(A)\in\mathscr{L}(\mathscr{X})$. 又由定理1.2.16知$R_\lambda(A)$在$|\lambda|>r_\sigma(A)$时解析. 现证$R_\lambda(A)$在$\lambda=\infty$处解析. 事实上, 若令$\omega:=\frac{1}{\lambda}$, 则
$$R_\lambda(A)=(\lambda I-A)^{-1}=\frac{1}{\lambda}\left(I-\frac{A}{\lambda}\right)^{-1}$$
$$=\omega(I-\omega A)^{-1}=:\widetilde{R}_\omega(A).$$
故证$R_\lambda(A)$在$\lambda=\infty$处可微, 等价于证$\widetilde{R}_\omega(A)$在$\omega=0$处可微. 注意到$\widetilde{R}_0(A)=\theta$. 因此,
$$\frac{\widetilde{R}_\omega(A)-\widetilde{R}_0(A)}{\omega-0}=(I-\omega A)^{-1}.$$
又当$|\omega|\|A\|_{\mathscr{L}(\mathscr{X})}<\frac{1}{2}$时, 由引理1.2.12和(1.2.10)知
$$(I-\omega A)^{-1}=\sum_{n=0}^{\infty}(\omega A)^n=I+\omega A\sum_{n=0}^{\infty}(\omega A)^n$$
且
$$\left\|\sum_{n=0}^{\infty}(\omega A)^n\right\|_{\mathscr{L}(\mathscr{X})}\leqslant\frac{1}{1-|\omega|\|A\|_{\mathscr{L}(\mathscr{X})}}<2.$$
从而, 当$\omega\to 0$时,
$$0\leqslant\left\|(I-\omega A)^{-1}-I\right\|_{\mathscr{L}(\mathscr{X})}\leqslant 2|\omega|\|A\|_{\mathscr{L}(\mathscr{X})}\to 0.$$

因此, 当 $\omega \to 0$ 时, 有
$$\frac{\widetilde{R}_\omega(A) - \widetilde{R}_0(A)}{\omega - 0} \to I.$$
故
$$\left.\frac{\mathrm{d}R_\lambda(A)}{\mathrm{d}\lambda}\right|_{\lambda=\infty} = \left.\frac{\mathrm{d}\widetilde{R}_\omega(A)}{\mathrm{d}\omega}\right|_{\omega=0} = I.$$
因此, $R_\lambda(A)$ 在 $\lambda = \infty$ 处解析得证. 由此并结合 $R_\lambda(A)$ 在 $|\lambda| > r_\sigma(A)$ 时解析知 $\widetilde{R}_\omega(A)$ 在 $|\omega| < \frac{1}{r_\sigma(A)}$ 关于 ω 解析.

任取 $f \in [\mathscr{L}(\mathscr{X})]^*$, 令
$$u_f(\lambda) := f(R_\lambda(A)).$$
则
$$u_f(\lambda) = f(R_\lambda(A)) = f\left(\omega(I - \omega A)^{-1}\right) =: \widetilde{u}_f(\omega)$$
是开圆盘 $\{\omega \in \mathbb{C} : |\omega| < \frac{1}{r_\sigma(A)}\}$ 内关于 ω 的解析函数. 由解析函数的泰勒定理 (见文献 [9] 定理 4.14) 知
$$\widetilde{u}_f(\omega) = \sum_{n=0}^{\infty} c_n \omega^n,$$
其中, 对 $\forall n \in \mathbb{N}$,
$$c_n := \frac{\widetilde{u}_f^{(n)}(0)}{n!},$$
且这个展式是唯一的. 注意到
$$c_0 = \widetilde{u}_f^{(0)}(0) = \widetilde{u}_f(0) = 0.$$
从而
$$\widetilde{u}_f(\omega) = \sum_{n=1}^{\infty} c_n \omega^n.$$
因此, 当 $|\lambda| > r_\sigma(A)$ 时, 有
$$u_f(\lambda) = \widetilde{u}_f(\omega) = \sum_{n=1}^{\infty} c_n \omega^n = \sum_{n=1}^{\infty} c_n \frac{1}{\lambda^n}$$
$$= \sum_{n=0}^{\infty} \frac{c_{n+1}}{\lambda^{n+1}} =: \sum_{n=0}^{\infty} \frac{a_n}{\lambda^{n+1}}.$$

因当 $|\lambda| > \lim\limits_{n\to\infty} \|A^n\|_{\mathscr{L}(\mathscr{X})}^{\frac{1}{n}}$ 时, 有

$$R_\lambda(A) = \sum_{n=0}^{\infty} \frac{A^n}{\lambda^{n+1}} \in \mathscr{L}(\mathscr{X}).$$

故由 $f \in [\mathscr{L}(\mathscr{X})]^*$ 有

$$u_f(\lambda) = f(R_\lambda(A)) = \sum_{n=0}^{\infty} \frac{f(A^n)}{\lambda^{n+1}}.$$

由Laurent展式的唯一性知, 对 $\forall n \in \mathbb{N}$, 有 $a_n = f(A^n)$, 即, 当 $|\lambda| > r_\sigma(A)$ 时, 有

$$u_f(\lambda) = \sum_{n=0}^{\infty} \frac{f(A^n)}{\lambda^{n+1}}.$$

故由Laurent展式在其收敛区域内均绝对收敛知, 对任意的 $\varepsilon \in (0,\infty)$ 及任意的 $f \in [\mathscr{L}(\mathscr{X})]^*$, 有

$$\sum_{n=0}^{\infty} \frac{|f(A^n)|}{[r_\sigma(A)+\varepsilon]^{n+1}} = \sum_{n=0}^{\infty} \left| f\left(\frac{A^n}{[r_\sigma(A)+\varepsilon]^{n+1}} \right) \right| < \infty.$$

对 $\forall n \in \mathbb{N}$, 把 $\frac{A^n}{[r_\sigma(A)+\varepsilon]^{n+1}}$ 看成 $(\mathscr{L}(\mathscr{X}))^{**}$ 中的元素, 则, 对 $\forall f \in [\mathscr{L}(\mathscr{X})]^*$, 有

$$\left| f\left(\frac{A^n}{[r_\sigma(A)+\varepsilon]^{n+1}} \right) \right| \leqslant \sum_{n=0}^{\infty} \left| f\left(\frac{A^n}{[r_\sigma(A)+\varepsilon]^{n+1}} \right) \right| < \infty,$$

即关于 $n \in \mathbb{N}$ 一致有界. 从而, 由引理1.2.21及共鸣定理(见引理1.2.22)知, 存在 $M > 0$ 使得, 对任意的 $n \in \mathbb{N}$ 有

$$\frac{\|A^n\|_{\mathscr{L}(\mathscr{X})}}{[r_\sigma(A)+\varepsilon]^{n+1}} = \left\| \frac{A^n}{[r_\sigma(A)+\varepsilon]^{n+1}} \right\|_{(\mathscr{L}(\mathscr{X}))^{**}} \leqslant M.$$

从而, 对任意 $n \in \mathbb{N}_+$, 有

$$\|A^n\|_{\mathscr{L}(\mathscr{X})}^{\frac{1}{n}} \leqslant M^{\frac{1}{n}} [r_\sigma(A)+\varepsilon]^{\frac{n+1}{n}}.$$

令 $n \to \infty$, 则有

$$\lim_{n\to\infty} \|A^n\|_{\mathscr{L}(\mathscr{X})}^{\frac{1}{n}} \leqslant r_\sigma(A) + \varepsilon.$$

由 ε 的任意性知

$$\lim_{n\to\infty} \|A^n\|_{\mathscr{L}(\mathscr{X})}^{\frac{1}{n}} \leqslant r_\sigma(A).$$

由此并结合(1.2.15)即知
$$r_\sigma(A) = \lim_{n\to\infty} \|A^n\|_{\mathscr{L}(\mathscr{X})}^{\frac{1}{n}}.$$

因此, 所证结论成立. 至此, 定理1.2.20得证. □

最后, 我们来给出一个例子.

例1.2.23 设
$$\mathscr{X} = \ell^2 := \left\{ \{x_n\}_{n\in\mathbb{N}_+} \subset \mathbb{C} : \sum_{n\in\mathbb{N}_+} |x_n|^2 < \infty \right\},$$

其中
$$\left\|\{x_n\}_{n\in\mathbb{N}_+}\right\|_{\ell^2} := \left\{ \sum_{n\in\mathbb{N}_+} |x_n|^2 \right\}^{\frac{1}{2}}.$$

考查右推移算子
$$A: \ell^2 \longrightarrow \ell^2, \quad x = \{x_1, x_2, x_3, \cdots\} \longmapsto \{0, x_1, x_2, \cdots\},$$

则有
$$\sigma_p(A) = \varnothing, \quad \sigma_c(A) = \{\lambda \in \mathbb{C} : |\lambda| = 1\}$$

以及
$$\sigma_r(A) = \{\lambda \in \mathbb{C} : |\lambda| < 1\}.$$

证明 首先, 由
$$\|A\|_{\mathscr{L}(\ell^2)} = \sup_{\|x\|_{\ell^2} \leqslant 1} \|Ax\|_{\ell^2} = 1,$$

知 $A \in \mathscr{L}(\ell^2)$. 又由
$$\sigma(A) \subset \overline{B(0, \|A\|_{\mathscr{L}(\ell^2)})},$$

知 $\sigma(A) \subset \overline{B(0, 1)}$.

先证若 $|\lambda| \leqslant 1$, 则有
$$\lambda \notin \sigma_p(A).$$

为此只需说明$(\lambda I-A)^{-1}$存在. 当$\lambda=0$时, 由$Ax=\theta$有$x=\theta$(这里θ表示ℓ^2中的零元)知A为单射, 从而A^{-1}存在且$0\notin\sigma_p(A)$; 当$\lambda\neq 0$且$Ax=\lambda x$时, 即

$$\{0,x_1,x_2,\cdots\}=\{\lambda x_1,\lambda x_2,\lambda x_3,\cdots\},$$

从而$x=\theta$, 故$\lambda I-A$为单射, 从而$(\lambda I-A)^{-1}$存在. 因此, $\lambda\notin\sigma_p(A)$, 综上知$\sigma_p(A)=\varnothing$.

下证$\{\lambda\in\mathbb{C}:|\lambda|<1\}\subset\sigma_r(A)$. 为此, 只需证明, 当$|\lambda|<1$时,

$$\overline{R(\lambda I-A)}\subsetneq\ell^2.$$

为此, 令

$$z:=\left\{1,\overline{\lambda},\overline{\lambda^2},\cdots\right\},$$

则有

$$\|z\|_{\ell^2}=\left(1+\sum_{n\in\mathbb{N}_+}|\lambda|^{2n}\right)^{\frac{1}{2}}=\left(\frac{1}{1-|\lambda|^2}\right)^{\frac{1}{2}}<\infty.$$

下证$R(\lambda I-A)=\{z\}^\perp$, 其中

$$\{z\}^\perp:=\left\{y\in\ell^2:(y,z)=0\right\},\quad(y,z):=\sum_{n\in\mathbb{N}_+}y_n\overline{z_n}.$$

由内积的连续性易知$\{z\}^\perp$闭[内积空间中任意一个非空集合的正交补均闭, 见文献[7]命题1.6.18(5)式]. 从而, 若$R(\lambda I-A)=\{z\}^\perp$, 则有

$$\overline{R(\lambda I-A)}=\{z\}^\perp\subsetneq\ell^2$$

[因$z\in\ell^2$, 但$(z,z)=\|z\|_{\ell^2}\neq 0$, 从而$z\notin\{z\}^\perp$], 故$\lambda\in\sigma_r(A)$. (事实上, 为证$\lambda\in\sigma_r(A)$, 我们只需证$R(\lambda I-A)\subset\{z\}^\perp$. 但为结果完整, 我们仍证明$\overline{R(\lambda I-A)}=\{z\}^\perp$.)

若$y\in R(\lambda I-A)$, 则存在$x\in\ell^2$使得$y=(\lambda I-A)x$. 即对任意的$k\in\mathbb{N}_+$, $y_k=\lambda x_k-x_{k-1}$, 其中$x_0:=0$. 从而, 当$n\to\infty$时, 有

$$\sum_{k=1}^n\lambda^{k-1}y_k=\lambda^n x_n\to 0.$$

由此有
$$\sum_{k=1}^{\infty} \lambda^{k-1} y_k = 0,$$
即 $(y,z) = 0$. 从而 $y \in \{z\}^\perp$, 即
$$R(\lambda I - A) \subset \{z\}^\perp. \tag{1.2.16}$$

若 $y \in \{z\}^\perp$, 则有
$$(y,z) = \sum_{k=1}^{\infty} \lambda^{k-1} y_k = 0. \tag{1.2.17}$$

令 $x := \{x_1, x_2, \cdots\}$, 其中对任意的 $k \in \mathbb{N}_+$,
$$x_k := -y_{k+1} - \lambda y_{k+2} - \lambda^2 y_{k+3} - \cdots = -\sum_{i=0}^{\infty} \lambda^i y_{k+i+1}. \tag{1.2.18}$$

若 $\lambda = 0$, 则, 对任意的 $k \in \mathbb{N}_+$, 有
$$x_k = -y_{k+1}.$$

又由 $y \in \{z\}^\perp$, $\lambda = 0$ 及 (1.2.17) 知 $y_1 = 0$. 故 $x \in \ell^2$ 且 $-Ax = \{0, -x_1, -x_2, \cdots\} = y$, 即 $y \in R(-A)$. 故此时有 $\{z\}^\perp \subset R(-A)$. 由此及 (1.2.16) 知 $R(-A) = \{z\}^\perp$ 成立.

若 $\lambda \neq 0$, 一方面, 由 Hölder 不等式知
$$|x_k| \leqslant \sum_{i=0}^{\infty} |\lambda|^i |y_{k+i+1}| \leqslant \left(\sum_{i=0}^{\infty} |\lambda|^i\right)^{\frac{1}{2}} \left(\sum_{i=0}^{\infty} |\lambda|^i |y_{k+i+1}|^2\right)^{\frac{1}{2}},$$

从而
$$\sum_{k=1}^{\infty} |x_k|^2 \leqslant \left(\sum_{i=0}^{\infty} |\lambda|^i\right) \sum_{k=1}^{\infty} \sum_{i=0}^{\infty} |\lambda|^i |y_{k+i+1}|^2$$
$$\leqslant \left(\sum_{i=0}^{\infty} |\lambda|^i\right)^2 \|y\|_{\ell^2}^2 < \infty,$$

即 $x \in \ell^2$.

另一方面, 由 $y \in \{z\}^\perp$ 和 (1.2.18) 知
$$0 = (y,z) = \sum_{j=1}^{\infty} \lambda^{j-1} y_j$$

$$= \sum_{j=1}^{k} \lambda^{j-1} y_j + \sum_{j=k+1}^{\infty} \lambda^{j-1} y_j$$

$$= \sum_{j=1}^{k} \lambda^{j-1} y_j + \lambda^k \sum_{i=0}^{\infty} \lambda^i y_{k+i+1}$$

$$= \sum_{j=1}^{k} \lambda^{j-1} y_j - \lambda^k x_k.$$

故 $x_k = \lambda^{-k} \sum_{j=1}^{k} \lambda^{j-1} y_j$, 从而 $\lambda x_1 = y_1$ 且, 当 $k \in \mathbb{N}_+ \cap [2, \infty)$ 时,

$$\lambda x_k - x_{k-1} = \lambda^{-k+1} \sum_{j=1}^{k} \lambda^{j-1} y_j - \lambda^{-k+1} \sum_{j=1}^{k-1} \lambda^{j-1} y_j$$

$$= \lambda^{-k+1} \lambda^{k-1} y_k = y_k.$$

上述结论可另证如下: 当 $k = 1$ 时, 由 (1.2.17) 和 (1.2.18) 有

$$\lambda x_1 = -\sum_{i=0}^{\infty} \lambda^{i+1} y_{i+2} = -\sum_{i=2}^{\infty} \lambda^{i-1} y_i$$

$$= y_1 - \sum_{i=1}^{\infty} \lambda^{i-1} y_i = y_1.$$

若当 $k \in \mathbb{N}_+ \cap [2, \infty)$ 时, 则由 (1.2.18) 有

$$\lambda x_k - x_{k-1} = -\sum_{i=0}^{\infty} \lambda^{i+1} y_{k+i+1} + \sum_{i=0}^{\infty} \lambda^i y_{k+i}$$

$$= \sum_{i=0}^{\infty} \lambda^i y_{k+i} - \sum_{i=1}^{\infty} \lambda^i y_{k+i} = y_k.$$

即 $(\lambda I - A)x = y$, 故 $y \in R(\lambda I - A)$. 从而 $\{z\}^{\perp} \subset R(\lambda I - A)$. 由此及 (1.2.16) 知

$$R(\lambda I - A) = \{z\}^{\perp} \subsetneq \ell^2,$$

从而 $\lambda \in \sigma_r(A)$.

再证, 当 $|\lambda| = 1$ 时, 有 $\lambda \in \sigma_c(A)$. 为此只需证明

$$R(\lambda I - A) \subsetneq \ell^2, \quad \overline{R(\lambda I - A)} = \ell^2.$$

首先对 $\lambda = 1$, 注意到, 若定义 $x_0 := 0$, 则, 对任意的 $k \in \mathbb{N}_+$, 有

$$\ell^2 \ni y = (I-A)x \Longleftrightarrow y_k = x_k - x_{k-1}, \forall k \in \mathbb{N}_+$$

$$\Longleftrightarrow x_k = \sum_{j=1}^{k} y_j, \forall k \in \mathbb{N}_+.$$

因此,

$$R(I-A) = \left\{ y \in \ell^2 : \sum_{k=1}^{\infty} \left| \sum_{j=1}^{k} y_j \right|^2 < \infty \right\}.$$

注意到, 当

$$y^* = \{y_1, y_2, \cdots\} := \{1, 0, \cdots\}$$

时, 对 $\forall k \in \mathbb{N}_+$, 有

$$\sum_{j=1}^{k} y_j = 1.$$

故 $y^* \notin R(I-A)$, 但 $y^* \in \ell^2$, 从而 $R(I-A) \subsetneqq \ell^2$.

下证 $\overline{R(I-A)} = \ell^2$. 为此, 设 $\xi := \{\xi_k\}_{k \in \mathbb{N}_+} \in \ell^2$, 则, 对任意的 $\varepsilon \in (0, \infty)$, 存在 $N \in \mathbb{N}_+$ 使得

$$\sum_{k=N+1}^{\infty} |\xi_k|^2 < \frac{\varepsilon^2}{4}.$$

令 $c := \sum_{k=1}^{N} \xi_k$, 并取 $m \in \mathbb{N}_+$ 使得 $\frac{|c|^2}{m} < \frac{\varepsilon^2}{4}$. 定义

$$y_j := \begin{cases} \xi_j, & \forall j \in \{1, 2, \cdots, N\}, \\ -\dfrac{c}{m}, & \forall j \in \{N+1, N+2, \cdots, N+m\}, \\ 0, & \forall j \in \{N+m+1, N+m+2, \cdots\}, \end{cases}$$

则, 对任意的 $k \in \{N+m, N+m+1, \cdots\}$, 有

$$\sum_{j=1}^{k} y_j = \sum_{j=1}^{N+m} y_j = \sum_{j=1}^{N} \xi_j + \sum_{j=N+1}^{N+m} \left(-\frac{c}{m}\right) = \sum_{j=1}^{N} \xi_j - c = 0.$$

故 $y = (I-A)x$, 其中

$$x := \left\{ y_1, y_1+y_2, \cdots, \sum_{j=1}^{N+m-1} y_j, 0, \cdots \right\} \in \ell^2,$$

即$y \in R(I-A)$.

又注意到

$$\|y-\xi\|_{\ell^2} = \|\{y_j-\xi_j\}_{j=N+1}^{\infty}\|_{\ell^2}$$
$$\leqslant \left(\sum_{j=N+1}^{N+m}|y_j|^2\right)^{\frac{1}{2}} + \left(\sum_{j=N+1}^{\infty}|\xi_j|^2\right)^{\frac{1}{2}}$$
$$< \frac{|c|}{\sqrt{m}} + \frac{\varepsilon}{2} < \varepsilon,$$

故$\overline{R(I-A)} = \ell^2$, 从而$1 \in \sigma_c(A)$.

对一般的$|\lambda|=1$且$\lambda \neq 1$, 注意到

$$y = (\lambda I - A)x$$
$$\iff y_k = \lambda x_k - x_{k-1}, \ k \in \mathbb{N}_+, \ x_0 := 0$$
$$\iff \lambda^{k-1}y_k = \lambda^k x_k - \lambda^{k-1}x_{k-1}, \ k \in \mathbb{N}_+, \ x_0 := 0$$
$$\iff \eta_k = \xi_k - \xi_{k-1}, \ \eta_k := \lambda^{k-1}y_k, \ \xi_k := \lambda^k x_k, k \in \mathbb{N}_+, \ \xi_0 := 0$$
$$\iff \eta := \{\eta_k\}_{k \in \mathbb{N}_+} = (I-A)\xi,$$

由此知

$$\{y_k\}_{k \in \mathbb{N}_+} \in R(\lambda I - A) \iff \{\lambda^{k-1}y_k\}_{k \in \mathbb{N}_+} \in R(I-A). \tag{1.2.19}$$

下证$R(\lambda I - A) \subsetneqq \ell^2$. 由反证法, 可知若$R(\lambda I - A) = \ell^2$, 则, 对任意的$y := \{y_k\}_{k \in \mathbb{N}_+} \in \ell^2$, 因

$$\sum_{k=1}^{\infty}\left|\lambda^{-(k-1)}y_k\right|^2 = \sum_{k=1}^{\infty}|y_k|^2,$$

故有

$$\left\{\lambda^{-(k-1)}y_k\right\}_{k \in \mathbb{N}_+} \in \ell^2 = R(\lambda I - A).$$

从而, 由(1.2.19)知$\{y_k\}_{k \in \mathbb{N}_+} \in R(I-A)$, 即$\ell^2 = R(I-A)$, 与$R(I-A) \subsetneqq \ell^2$矛盾, 故$R(\lambda I - A) \subsetneqq \ell^2$.

再证$\overline{R(\lambda I - A)} = \ell^2$. 对任意的$y := \{y_k\}_{k \in \mathbb{N}_+} \in \ell^2$, 令$\eta_k := \lambda^{k-1}y_k$, 其中$k \in \mathbb{N}_+$, 则有

$$\|\{\eta_k\}_{k \in \mathbb{N}_+}\|_{\ell^2} = \|\{y_k\}_{k \in \mathbb{N}_+}\|_{\ell^2} < \infty,$$

即 $\{\eta_k\}_{k\in\mathbb{N}_+} \in \ell^2$. 由 $\overline{R(I-A)} = \ell^2$ 知, 对任意 $\varepsilon \in (0,\infty)$, 存在 $\xi \in R(I-A)$ 使得

$$\|\eta - \xi\|_{\ell^2} < \varepsilon,$$

从而

$$\left\|y - \{\lambda^{-(k-1)}\xi_k\}_{k\in\mathbb{N}_+}\right\|_{\ell^2} < \varepsilon.$$

又由 $\xi \in R(I-A)$ 及 (1.2.19) 知

$$\left\{\lambda^{-(k-1)}\xi_k\right\}_{k\in\mathbb{N}_+} \in R(\lambda I - A).$$

故 $\overline{R(\lambda I - A)} = \ell^2$.

综上已证 $\sigma(A) \subset \overline{B(0,1)}$, $\sigma_p(A) = \varnothing$; $\{\lambda \in \mathbb{C} : |\lambda| < 1\} \subset \sigma_r(A)$ 且

$$\{\lambda \in \mathbb{C} : |\lambda| = 1\} \subset \sigma_c(A).$$

因此,

$$\overline{B(0,1)} = \{\lambda \in \mathbb{C} : |\lambda| = 1\} \cup \{\lambda \in \mathbb{C} : |\lambda| < 1\}$$
$$\subset \sigma_c(A) \cup \sigma_r(A) \subset \sigma(A) \subset \overline{B(0,1)}.$$

故所有包含关系必须等号成立. 因此,

$$\sigma_p(A) = \varnothing, \quad \sigma_c(A) = \{\lambda \in \mathbb{C} : |\lambda| = 1\}$$

且

$$\sigma_r(A) = \{\lambda \in \mathbb{C} : |\lambda| < 1\}.$$

至此, 例 1.2.23 得证. □

习题 1.2

习题 1.2.1 设 $\mathscr{X}$ 为一个有限维 Banach 空间, $A : \mathscr{X} \longrightarrow \mathscr{X}$ 为有界线性算子. 证明, 对任意 $\lambda \in \mathbb{C}$, λ 必为 A 的正则值或特征值之一.

习题 1.2.2 设 $\mathscr{X}$ 为一个 Banach 空间,

(i) 令 $G := \{A \in \mathscr{L}(\mathscr{X}) : A^{-1} \in \mathscr{L}(\mathscr{X})\}$, 证明 G 为开集.

(ii) 设T为G的边界点[即T为G在$\mathscr{L}(\mathscr{X})$中的依$\|\cdot\|_{\mathscr{L}(\mathscr{X})}$的聚点,但$T$不为$G$的内点],设$\{T_n\}_{n\in\mathbb{N}_+} \subset G$且在$\mathscr{L}(\mathscr{X})$中,有$T_n \to T, n\to\infty$. 证明

$$\lim_{n\to\infty}\|T_n^{-1}\|_{\mathscr{L}(\mathscr{X})} = \infty.$$

习题1.2.3 考虑ℓ^2上左推移算子

$$A: (\xi_1, \xi_2, \cdots) \longmapsto (\xi_2, \xi_3, \cdots).$$

证明$\sigma_p(A) = \{\lambda \in \mathbb{C}: |\lambda| < 1\}$, $\sigma_c(A) = \{\lambda \in \mathbb{C}: |\lambda| = 1\}$且$\sigma_r(A) = \varnothing$.

习题1.2.4 利用

$$S^n y = \sum_{k=0}^{n} A^k y$$

给出引理1.2.12的另一个证明.

习题1.2.5 设$\mathscr{X}$是Banach空间且$A, A^{-1} \in \mathscr{L}(\mathscr{X})$,证明

$$\sigma(A^{-1}) = \{\lambda^{-1}: \lambda \in \sigma(A)\}.$$

习题1.2.6 设$\mathscr{X}$是Banach空间且$T \in \mathscr{L}(\mathscr{X})$,证明

(i) 若$\lambda \in \rho(T)$, 则

$$B\left(\lambda, \|(\lambda I - T)^{-1}\|_{\mathscr{L}(\mathscr{X})}^{-1}\right) \subset \rho(T);$$

(ii) 若$\lambda \in \partial\rho(T)$, 其中$\partial\rho(T)$表示$\rho(T)$的边界,则存在一列$\{x_n\}_{n\in\mathbb{N}_+} \subset \mathscr{X}$使得,$\forall n \in \mathbb{N}_+, \|x_n\| = 1$且

$$\lim_{n\to\infty}\|Tx_n - \lambda x_n\| = 0.$$

以下研究微分算子的谱,为此先回顾Sobolev空间$H^m(\Omega)$的定义(参见文献[11]Chapter 3). 设Ω为$\mathbb{R}^n$中的一个区域(连通开集),称定义在Ω上的函数u是局部可积的,若对任意$x \in \Omega$,存在$r \in (0, \infty)$使得$u\mathbf{1}_{B(x,r)} \in L^1(\Omega)$,其中对于集合$E$, $\mathbf{1}_E$表示E的特征函数. 记Ω上局部可积函数全体为$L^1_{\text{loc}}(\Omega)$. 对任

意 $u \in L^1_{\mathrm{loc}}(\Omega)$ 及 $\alpha := (\alpha_1, \alpha_2, \cdots, \alpha_n) \in \mathbb{N}^n := \mathbb{N}^n$, $g \in L^1_{\mathrm{loc}}(\Omega)$ 称为 u 的 α 阶弱导数, 记为 $\widetilde{D}^\alpha u$, 若对任意 $\varphi \in C_c^\infty(\Omega)$, 有

$$\int_\Omega g(x)\varphi(x)\,\mathrm{d}x = (-1)^{|\alpha|} \int_\Omega u(x) D^\alpha \varphi(x)\,\mathrm{d}x,$$

其中 $C_c^\infty(\Omega)$ 表示 Ω 上具有紧支集的无穷次可微函数全体,

$$|\alpha| := \alpha_1 + \alpha_2 + \cdots + \alpha_n$$

且

$$D^\alpha := \left(\frac{\partial}{\partial x_1}\right)^{\alpha_1} \left(\frac{\partial}{\partial x_2}\right)^{\alpha_2} \cdots \left(\frac{\partial}{\partial x_n}\right)^{\alpha_n} =: \partial_1^{\alpha_1} \partial_2^{\alpha_2} \cdots \partial_n^{\alpha_n}.$$

对任意 $m \in \mathbb{N}$, 令

$$H^m(\Omega) := \left\{ u \in L^2(\Omega) : \widetilde{D}^\alpha u \in L^2(\Omega), \forall \alpha \in \mathbb{N}^n \text{且} |\alpha| \leqslant m \right\},$$

称 $H^m(\Omega)$ 为 **Sobolev** 空间, 对任意 $u \in H^m(\Omega)$, 令

$$\|u\|_{H^m(\Omega)} := \left[\sum_{|\alpha| \leqslant m} \left\| \widetilde{D}^\alpha u \right\|^2_{L^2(\Omega)} \right]^{\frac{1}{2}}.$$

此外我们还需要用到 Fourier 变换, 对 $\forall f \in L^1(\mathbb{R}^n)$ 及 $\forall \xi \in \mathbb{R}^n$, 令

$$\mathscr{F}f(\xi) := \int_{\mathbb{R}^n} f(x) \mathrm{e}^{-2\pi \mathrm{i} x \cdot \xi}\,\mathrm{d}x,$$

则称 $\mathscr{F}f$ 为 f 的 **Fourier 变换**. 那么 $\mathscr{F}$ 有如下基本性质 (见文献 [23] 第 17 页 Theorem 2.3).

引理 1.2.24 $\mathscr{F}$ 可延拓为 $L^2(\mathbb{R}^n)$ 上的有界线性算子且, 对任意 $f \in L^2(\mathbb{R}^n)$,

$$\|\mathscr{F}f\|_{L^2(\mathbb{R}^n)} = \|f\|_{L^2(\mathbb{R}^n)}.$$

习题 1.2.7 利用引理 1.2.24, 证明

(i) 对任意 $f, g \in L^2(\mathbb{R}^n)$,

$$\int_{\mathbb{R}^n} [\mathscr{F}f(x)] g(x)\,\mathrm{d}x = \int_{\mathbb{R}^n} f(x) \mathscr{F}g(x)\,\mathrm{d}x;$$

(ii) 设 $m \in \mathbb{N}_+$, 则 $f \in H^m(\mathbb{R}^n)$ 当且仅当 $f \in L^2(\mathbb{R}^n)$ 且 $(1+|\cdot|^2)^{\frac{m}{2}}\mathscr{F}f \in L^2(\mathbb{R}^n)$. 存在正常数 C_1 和 C_2 使得, 对任意 $f \in H^m(\mathbb{R}^n)$,

$$C_1\|f\|_{H^m(\mathbb{R}^n)} \leqslant \left\|(1+|\cdot|^2)^{\frac{m}{2}}\mathscr{F}f\right\|_{L^2(\mathbb{R}^n)} \leqslant C_2\|f\|_{H^m(\mathbb{R}^n)}.$$

习题1.2.8 考虑 $L^2(0,\infty)$ 上微分算子

$$A: x(t) \longmapsto x'(t), \quad D(A) := H^1(0,\infty).$$

证明 $\sigma_p(A) = \{\lambda \in \mathbb{C} : \Re\lambda < 0\}$, $\sigma_c(A) = \{\lambda \in \mathbb{C} : \Re\lambda = 0\}$ 且 $\sigma_r(A) = \varnothing$, 其中 $\Re\lambda$ 表示 λ 的实部.

习题1.2.9 考虑 $L^2(\mathbb{R})$ 上的微分算子

$$A: x(t) \longmapsto x'(t), \quad D(A) := H^1(\mathbb{R}).$$

证明 $\sigma_c(A) = \{\lambda \in \mathbb{C} : \Re\lambda = 0\}$ 且 $\sigma_p(A) = \sigma_r(A) = \varnothing$, 其中 $\Re\lambda$ 表示 λ 的实部.

习题1.2.10 考虑 $L^2(\mathbb{R}^n)$ 上的 Laplace 算子

$$A: f \longmapsto \Delta f := -\sum_{j=1}^{n} \frac{\partial^2 f}{\partial x_i^2}, \quad D(A) := H^2(\mathbb{R}^n).$$

证明 $\sigma_c(A) = [0,\infty)$ 且 $\sigma_p(A) = \sigma_r(A) = \varnothing$.

§1.3 紧算子

紧算子是赋范线性空间中一类特殊的线性算子,它在许多数学和物理问题的研究中起着关键作用.

定义1.3.1 设 $\mathscr{X}, \mathscr{Y}$ 为赋范线性空间,称线性算子 $A: \mathscr{X} \longrightarrow \mathscr{Y}$ 为**紧算子**,如果以下之一成立:

(i) $\overline{A(B_1)}$ 是 $\mathscr{Y}$ 中的紧集,其中 $B_1 := \{x \in \mathscr{X} : \|x\|_{\mathscr{X}} < 1\}$ 为 $\mathscr{X}$ 中的单位球,
$$A(B_1) := \{Ax : x \in B_1\};$$

(ii) 对 $\mathscr{X}$ 中任意有界集 B, $\overline{A(B)}$ 是 $\mathscr{Y}$ 中的紧集;

(iii) 对 $\mathscr{X}$ 中任意有界点列 $\{x_n\}_{n \in \mathbb{N}_+}$, $\{Ax_n\}_{n \in \mathbb{N}_+}$ 在 $\mathscr{Y}$ 中有收敛子列.

记 $\mathscr{X}$ 到 $\mathscr{Y}$ 的紧算子全体为 $\mathfrak{C}(\mathscr{X}, \mathscr{Y})$. 特别地,当 $\mathscr{X} = \mathscr{Y}$ 时,则记为 $\mathfrak{C}(\mathscr{X})$.

我们现证明定义1.3.1中的(i), (ii)和(iii)是相互等价的. 为此,我们需要如下引理.

下面的引理及其证明可见文献[7]定理1.3.12.

引理1.3.2 度量空间 $\mathscr{X}$ 的子集 M 是紧的当且仅当它是自列紧的,即 M 中的任意点列在 $\mathscr{X}$ 中有一个收敛子列且该子列收敛到 M 中的一个点.

引理1.3.3 若度量空间 $\mathscr{X}$ 的子集 M 列紧,则 $\overline{M}$ 自列紧.

证明 记 $\mathscr{X}$ 的度量为 d. 设 $\{x_n\}_{n \in \mathbb{N}_+} \subset \overline{M}$,则,对 $\forall n \in \mathbb{N}_+$,存在 $y_n \in M$ 使得
$$d(x_n, y_n) < \frac{1}{n}. \tag{1.3.1}$$

因 M 列紧且 $\{y_n\}_{n \in \mathbb{N}_+} \subset M$,故 $\{y_n\}_{n \in \mathbb{N}_+}$ 有收敛子列,记为 $\{y_{n_k}\}_{k \in \mathbb{N}_+}$ 且不妨设
$$\lim_{k \to \infty} y_{n_k} = y_0 \in \mathscr{X}.$$

从而,对 $\forall \varepsilon \in (0, \infty)$,存在 $k_0 \in \mathbb{N}_+$ 使得当 $k > k_0$ 时,有 $d(y_{n_k}, y_0) < \frac{\varepsilon}{2}$. 取 $k_1 \in \mathbb{N}_+$,使得当 $k > k_1$ 时,有 $\frac{1}{n_k} < \frac{\varepsilon}{2}$. 则当 $k > \max\{k_0, k_1\}$ 时,由(1.3.1)有
$$d(x_{n_k}, y_0) \leqslant d(x_{n_k}, y_{n_k}) + d(y_{n_k}, y_0) < \frac{1}{n_k} + \frac{\varepsilon}{2} < \varepsilon.$$

§1.3 紧算子

故 $\lim\limits_{k\to\infty} x_{n_k} = y_0$. 又因 $\overline{M}$ 闭, 故 $y_0 \in \overline{M}$. 从而 $\overline{M}$ 为自列紧集. 至此, 引理1.3.3得证. □

我们还需要如下引理.

引理1.3.4 紧的拓扑空间 $\mathscr{X}$ 中闭子集必为紧集.

证明 设 $A \subset B \subset \mathscr{X}$, A 闭且 B 紧. 为证 A 紧, 任取 A 在 $\mathscr{X}$ 中的一个开覆盖 $\{U_\alpha\}_\alpha$, 则 $\{U_\alpha\}_\alpha \cup A^{\complement}$ 为 B 在 $\mathscr{X}$ 中的一个开覆盖. 因 B 紧, 故在 $\{U_\alpha\}_\alpha \cup A^{\complement}$ 中存在 B 的一个有限子覆盖, 记为 $\{\widetilde{U}_i\}_{i=1}^n$. 注意到 $A^{\complement} \cap A = \varnothing$, 故 $\{\widetilde{U}_i\}_{i=1}^n \setminus \{A^{\complement}\}$ 必为 $\{U_\alpha\}_\alpha$ 中 A 的一个有限子覆盖. 因此, A 紧. 至此, 引理1.3.4得证. □

命题1.3.5 定义1.3.1中的(i), (ii)和(iii)相互等价.

证明 (i) $\Longrightarrow$ (ii). 注意到, 对 $\mathscr{X}$ 中的任意有界集 B, 存在 $M > 0$ 使得
$$B \subset MB_1 := \{Mx : x \in B_1\},$$
其中 B_1 表示 $\mathscr{X}$ 中的单位球. 由 A 的线性性知
$$\begin{aligned} x \in \overline{MA(B_1)} &\Longleftrightarrow \exists\, \{x_n\}_{n\in\mathbb{N}_+} \subset MA(B_1),\ x_n \to x,\ n \to \infty \\ &\Longleftrightarrow \exists\, \left\{\frac{x_n}{M}\right\}_{n\in\mathbb{N}_+} \subset A(B_1),\ \frac{x_n}{M} \to \frac{x}{M},\ n \to \infty \\ &\Longleftrightarrow \frac{x}{M} \in \overline{A(B_1)} \Longleftrightarrow x \in \overline{MA(B_1)}, \end{aligned}$$
故 $\overline{A(MB_1)} = \overline{MA(B_1)}$. 从而, 由 $\overline{A(B_1)}$ 紧及引理1.3.2知 $\overline{A(MB_1)}$ 紧. 又注意到
$$A(B) \subset A(MB_1) \Longrightarrow \overline{A(B)} \subset \overline{A(MB_1)},$$
从而, 由引理1.3.4知 $\overline{A(B)}$ 紧. 这就证明了定义1.3.1(ii).

(ii) $\Longrightarrow$ (iii). 设 $\{x_n\}_{n\in\mathbb{N}_+}$ 为 $\mathscr{X}$ 中的有界点列. 则由定义1.3.1的(ii)可知 $\overline{\{Ax_n\}}_{n\in\mathbb{N}_+}$ 是 $\mathscr{Y}$ 中的紧集. 从而, 由引理1.3.2进一步知 $\overline{\{Ax_n\}}_{n\in\mathbb{N}_+}$ 是自列紧的. 故 $\{Ax_n\}_{n\in\mathbb{N}_+}$ 有收敛子列.

(iii) $\Longrightarrow$ (i). 由引理1.3.2知只需证明 $\overline{A(B_1)}$ 自列紧. 事实上, 取 $\overline{A(B_1)}$ 中任意点列 $\{y_n\}_{n\in\mathbb{N}_+}$, 则存在 $\{x_n\}_{n\in\mathbb{N}_+} \subset B_1$ 使得, 对 $\forall n \in \mathbb{N}_+$, 有
$$y_n = Ax_n.$$

因$\{x_n\}_{n\in\mathbb{N}_+}\subset B_1$, 故$\{x_n\}_{n\in\mathbb{N}_+}$有界. 由定义1.3.1的(iii)知$\{y_n\}_{n\in\mathbb{N}_+}$有收敛子列. 从而$A(B_1)$列紧. 由此及引理1.3.3进一步知$\overline{A(B_1)}$自列紧. 因此, 定义1.3.1中的(i), (ii)和(iii)等价. 至此, 命题得证. □

注记1.3.6 设$\mathscr{Y}$为B^*空间, 称集合$E\subset\mathscr{Y}$为$\mathscr{Y}$的**预紧集**, 如果$\overline{E}$是$\mathscr{Y}$中的紧集, 那么由命题1.1.14及命题1.3.5知

$$\text{线性算子}T\text{为有界算子}\Longleftrightarrow T\text{把有界集映为有界集}$$

且

$$\text{线性算子}T\text{为紧算子}\Longleftrightarrow T\text{把有界集映为预紧集}$$
$$\Longleftrightarrow T\text{把有界集映为列紧集}.$$

命题1.3.7 设$\mathscr{X}$和$\mathscr{Y}$为赋范线性空间. 若$A\in\mathscr{L}(\mathscr{X},\mathscr{Y})$且$\dim\mathscr{Y}<\infty$, 则$A\in\mathfrak{C}(\mathscr{X},\mathscr{Y})$.

证明 记B_1为$\mathscr{X}$中的单位球. 由$A\in\mathscr{L}(\mathscr{X},\mathscr{Y})$知$\overline{A(B_1)}$为$\mathscr{Y}$中的有界闭集. 从而, 由有限维度量空间中的有界闭集为紧集知$\overline{A(B_1)}$为$\mathscr{Y}$中的紧集(见文献[7]推论1.4.30, 引理1.3.2和引理1.3.3). 进一步, 由定义1.3.1(i)知$A\in\mathfrak{C}(\mathscr{X},\mathscr{Y})$. 至此, 命题1.3.7得证. □

命题1.3.8 设$\mathscr{X},\mathscr{Y}$为赋范线性空间, 则线性算子$A:\mathscr{X}\longrightarrow\mathscr{Y}$为紧算子等价于下列条件之一成立:

(i) $\overline{A(S_1)}$为$\mathscr{Y}$中的紧集, 其中$S_1:=\{x\in\mathscr{X}:\|x\|_{\mathscr{X}}=1\}$;

(ii) 对$\mathscr{X}$中的S_1中任意点列$\{x_n\}_{n\in\mathbb{N}_+}$, $\{Ax_n\}_{n\in\mathbb{N}_+}$在$\mathscr{Y}$中有收敛子列.

证明 若A紧, 则因S_1为有界集, 故由定义1.3.1(ii)知$\overline{A(S_1)}$紧. 从而命题1.3.8(i)成立.

现设$\overline{A(S_1)}$紧且设$\{x_n\}_{n\in\mathbb{N}_+}$为$S_1$中的任意点列, 则由引理1.3.2知$\overline{A(S_1)}$自列紧, 从而$\{Ax_n\}_{n\in\mathbb{N}_+}$在$\mathscr{Y}$中有收敛子列. 故命题1.3.8(i)暗示命题1.3.8(ii)成立.

现设命题1.3.8(ii)成立且设$\{x_n\}_{n\in\mathbb{N}_+}$为$\mathscr{X}$中的任意有界点列. 若存在$\mathbb{N}_+$的一个子列$\{n_i\}_{i\in\mathbb{N}_+}$使得, 对$\forall i \in \mathbb{N}_+$, 有$x_{n_i} = \theta$, 则由$A$的线性性知对$\forall i \in \mathbb{N}_+$, 有

$$Ax_{n_i} = \theta.$$

从而此时$\{Ax_n\}_{n\in\mathbb{N}_+}$有收敛子列. 现设对每一个$n \in \mathbb{N}_+, x_n \neq \theta$, 则因

$$\{\|x_n\|_{\mathscr{X}}\}_{n\in\mathbb{N}_+}$$

为$(0,\infty)$中的有界点列, 从而有收敛子列. 不妨设$\{\|x_n\|_{\mathscr{X}}\}_{n\in\mathbb{N}_+}$本身收敛到$a \in [0,\infty)$. 又由假设$\{A(\frac{x_n}{\|x_n\|_{\mathscr{X}}})\}_{n\in\mathbb{N}_+}$在$\mathscr{Y}$中有收敛子列, 设, 当$i \to \infty$时,

$$A\left(\frac{x_{n_i}}{\|x_{n_i}\|_{\mathscr{X}}}\right) \to y.$$

则由

$$Ax_{n_i} - ay = \|x_{n_i}\|_{\mathscr{X}}\left[A\left(\frac{x_{n_i}}{\|x_{n_i}\|_{\mathscr{X}}}\right) - y\right] + (\|x_{n_i}\|_{\mathscr{X}} - a)y$$

及$\{\|x_{n_i}\|_{\mathscr{X}}\}_{i\in\mathbb{N}_+}$有界且$\|x_{n_i}\|_{\mathscr{X}} \to a, i \to \infty$知, 当$i \to \infty$时, $Ax_{n_i} \to ay$. 因此, $\{Ax_n\}_{n\in\mathbb{N}_+}$此时也有收敛子列. 故定义1.3.1(iii)成立, 因此, A为紧算子. 至此, 命题1.3.8得证. □

紧算子有如下基本性质.

命题1.3.9 设$\mathscr{X}$, $\mathscr{Y}$和$\mathscr{Z}$为赋范线性空间, 则以下命题成立:

(i) $\mathfrak{C}(\mathscr{X},\mathscr{Y}) \subset \mathscr{L}(\mathscr{X},\mathscr{Y})$.

(ii) 设$A, B \in \mathfrak{C}(\mathscr{X},\mathscr{Y})$且$\alpha, \beta \in \mathbb{C}$, 则$\alpha A + \beta B \in \mathfrak{C}(\mathscr{X},\mathscr{Y})$.

(iii) 若$\mathscr{Y}$为Banach空间, 则$\mathfrak{C}(\mathscr{X},\mathscr{Y})$在有界线性算子集$\mathscr{L}(\mathscr{X},\mathscr{Y})$中闭.

(iv) 设$A \in \mathfrak{C}(\mathscr{X},\mathscr{Y})$, $\mathscr{X}_0$为$\mathscr{X}$的一个闭线性子空间, 则$A|_{\mathscr{X}_0} \in \mathfrak{C}(\mathscr{X}_0,\mathscr{Y})$.

(v) 若$A \in \mathfrak{C}(\mathscr{X},\mathscr{Y})$, 则$R(A) := \{Ax : x \in \mathscr{X}\}$可分.

(vi) 若$A \in \mathscr{L}(\mathscr{X},\mathscr{Y}), B \in \mathscr{L}(\mathscr{Y},\mathscr{Z})$且其中之一是紧算子, 则

$$BA \in \mathfrak{C}(\mathscr{X},\mathscr{Z}).$$

我们现在逐条来证明命题1.3.9.

命题 1.3.9(i)和(ii)的证明 (i) 要证 $\mathfrak{C}(\mathscr{X}, \mathscr{Y}) \subset \mathscr{L}(\mathscr{X}, \mathscr{Y})$.

设 $A \in \mathfrak{C}(\mathscr{X}, \mathscr{Y})$, B_1 为 $\mathscr{X}$ 中的单位球. 则

$$\|A\|_{\mathscr{L}(\mathscr{X},\mathscr{Y})} := \sup_{x \in B_1} \|Ax\|_{\mathscr{Y}} = \sup_{y \in A(B_1)} \|y\|_{\mathscr{Y}}.$$

现断言

$$\sup_{y \in A(B_1)} \|y\|_{\mathscr{Y}} = \sup_{y \in \overline{A(B_1)}} \|y\|_{\mathscr{Y}}. \tag{1.3.2}$$

事实上, 显然有 $\sup_{y \in A(B_1)} \|y\|_{\mathscr{Y}} \leqslant \sup_{y \in \overline{A(B_1)}} \|y\|_{\mathscr{Y}}$. 又任取 $y \in \overline{A(B_1)}$, 由定义存在 $\{y_n\}_{n \in \mathbb{N}_+} \subset A(B_1)$ 使得, 当 $n \to \infty$ 时, $\|y_n - y\|_{\mathscr{Y}} \to 0$. 从而, 当 $n \to \infty$ 时,

$$|\|y_n\|_{\mathscr{Y}} - \|y\|_{\mathscr{Y}}| \leqslant \|y_n - y\|_{\mathscr{Y}} \to 0.$$

故

$$\|y\|_{\mathscr{Y}} = \lim_{n \to \infty} \|y_n\|_{\mathscr{Y}} \leqslant \sup_{y \in A(B_1)} \|y\|_{\mathscr{Y}}.$$

因此,

$$\sup_{y \in \overline{A(B_1)}} \|y\|_{\mathscr{Y}} \leqslant \sup_{y \in A(B_1)} \|y\|_{\mathscr{Y}}.$$

故(1.3.2)成立. 又由定义1.3.1(i)知 $\overline{A(B_1)}$ 为 $\mathscr{Y}$ 中的紧集. 由此, 并注意到 $y \longmapsto \|y\|_{\mathscr{Y}}$ 为 $\mathscr{Y}$ 上的连续函数, 故有

$$\|A\|_{\mathscr{L}(\mathscr{X},\mathscr{Y})} = \sup_{y \in A(B_1)} \|y\|_{\mathscr{Y}} = \sup_{y \in \overline{A(B_1)}} \|y\|_{\mathscr{Y}} < \infty.$$

进而(i)得证.

(ii) 可由定义1.3.1(iii)直接得出. 至此, 命题1.3.9的(i)和(ii)得证. □

注记 1.3.10 由命题1.3.7及命题1.3.9(i)的证明知, 若 $\mathscr{X}$ 为线性赋范空间, $\mathscr{Y}$ 为有限维线性赋范空间, 则

$$A \in \mathscr{L}(\mathscr{X}, \mathscr{Y}) \Longleftrightarrow A \in \mathfrak{C}(\mathscr{X}, \mathscr{Y}).$$

下面我们证明命题1.3.9(iii). 为此, 我们需要如下的概念和引理.

§1.3 紧算子

定义1.3.11 设M是度量空间$\mathscr{X}$的子集.

(i) 设$\varepsilon \in (0,\infty)$且$N \subset M$. 若对任意的$x \in M$, 存在$y \in N$使得$d(x,y) < \varepsilon$, 则称$N$是$M$的一个$\varepsilon$**网**.

等价地, N是M的一个ε网 $\iff N \subset M \subset \bigcup_{y \in N} B(y,\varepsilon)$.

(ii) 若对任意的$\varepsilon \in (0,\infty)$, 都存在$M$的一个有限$\varepsilon$网, 则称$M$**完全有界**.

注记1.3.12 关于有界集与完全有界集, 我们有如下注记.

(i) M为有界集 $\iff$ 存在$\varepsilon_0 \in (0,\infty)$使得$M$有有限$\varepsilon_0$网.

事实上, 若M有界, 则存在$x_0 \in M$及$\varepsilon_0 \in (0,\infty)$使得

$$M \subset B(x_0, \varepsilon_0).$$

因此, M有一个有限的ε_0网. 反之, 设存在$\varepsilon_0 \in (0,\infty)$使得$M$有一个有限的$\varepsilon_0$网$\{y_i\}_{i=1}^m$. 记$\mathscr{X}$的度量为$d$, 并令

$$r_0 := \varepsilon_0 + \max\{d(y_i, y_1) : i \in \{2, 3, \cdots, m\}\},$$

则$M \subset B(y_1, r_0)$. 这是因为对$\forall x \in M$, 存在$i_0 \in \{1, 2, \cdots, m\}$使得

$$x \in B(y_{i_0}, \varepsilon_0).$$

从而

$$d(x, y_1) \leqslant d(x, y_{i_0}) + d(y_{i_0}, y_1) < \varepsilon_0 + d(y_{i_0}, y_1) \leqslant r_0.$$

因此, $M \subset B(y_1, r_0)$成立. 即M有界. 故注记1.3.12(i)成立.

(ii) 完全有界集一定是有界集, 但反之不一定成立. 例如, 在ℓ^2中, 对$\forall n \in \mathbb{N}_+$, 记

$$e_n := \{0, \cdots, 0, 1, 0, \cdots\}$$

(其中第n个元素为1, 其余各项全为0). 则, 当$n \neq m \in \mathbb{N}_+$时, 有

$$\|e_n - e_m\|_{\ell^2} = \sqrt{2}$$

且, 对$\forall n \in \mathbb{N}_+$, $\|e_n\|_{\ell^2} = 1$. 易证当$\varepsilon \in (0, \frac{\sqrt{2}}{2}]$时, $\{e_n\}_{n \in \mathbb{N}_+}$没有有限的$\varepsilon$网, 用反证法. 设$\{e_n\}_{n \in \mathbb{N}_+}$有有限的$\varepsilon$网$\{B(e_{i_k}, \varepsilon)\}_{k=1}^{N}$, 则必有一个球, 不妨设为$B(e_{i_{k_0}}, \varepsilon)$, 它必含有不同的$e_n \neq e_m$. 但

$$\sqrt{2} = \|e_n - e_m\|_{\ell^2}$$
$$\leqslant \|e_n - e_{i_{k_0}}\|_{\ell^2} + \|e_{i_{k_0}} - e_m\|_{\ell^2},$$

与

$$\|e_n - e_{i_{k_0}}\|_{\ell^2} + \|e_{i_{k_0}} - e_m\|_{\ell^2} < 2\varepsilon \leqslant \sqrt{2}$$

矛盾, 故$\{e_n\}_{n \in \mathbb{N}_+}$没有有限的$\varepsilon$网. 因此, $\{e_n\}_{n \in \mathbb{N}_+}$有界但不完全有界. 故所证结论成立.

(iii) M为(完全)有界集 $\iff \overline{M}$为(完全)有界集.

我们在此只证完全有界集的情形.

事实上, 若$\overline{M}$为完全有界集, 则, 对$\forall \varepsilon \in (0, \infty)$, 存在$N \in \mathbb{N}_+$及$\{\widetilde{x}_n\}_{n=1}^{N} \subset \overline{M}$使得$\overline{M} \subset \bigcup_{n=1}^{N} B(\widetilde{x}_n, \frac{\varepsilon}{2})$. 对$\forall n \in \{1, \cdots, N\}$, 取$x_n \in M$使得$d(\widetilde{x}_n, x_n) < \frac{\varepsilon}{2}$. 则

$$M \subset \overline{M} \subset \bigcup_{n=1}^{N} B(x_n, \varepsilon).$$

故M完全有界.

反之, 若M为完全有界集, 则, 对$\forall \varepsilon \in (0, \infty)$, 存在$N \in \mathbb{N}_+$及$\{x_n\}_{n=1}^{N} \subset M$使得$M \subset \bigcup_{n=1}^{N} B(x_n, \frac{\varepsilon}{2})$. 任取$x \in \overline{M}$, 则必存在$y \in M$使得$d(x, y) < \frac{\varepsilon}{2}$. 又因$y \in M \subset \bigcup_{n=1}^{N} B(x_n, \frac{\varepsilon}{2})$, 故必存在$n_0 \in \{1, \cdots, N\}$使得$d(y, x_{n_0}) < \frac{\varepsilon}{2}$. 从而,

$$d(x, x_{n_0}) \leqslant d(x, y) + d(y, x_{n_0}) < \varepsilon.$$

因此, $\overline{M} \subset \bigcup_{n=1}^{N} B(x_n, \varepsilon)$. 故$\overline{M}$完全有界. 因此, 注记1.3.12(iii)成立.

引理1.3.13 (文献[7]定理1.3.8) 设$\mathscr{X}$为度量空间且$M \subset \mathscr{X}$, 若M列紧, 则M完全有界; 进一步, 若$\mathscr{X}$完备, 则M列紧等价于M完全有界.

下面证明$\mathfrak{C}(\mathscr{X},\mathscr{Y})$在$\mathscr{L}(\mathscr{X},\mathscr{Y})$中闭.

命题1.3.9(iii)的证明 由(i)易知

$$\overline{\mathfrak{C}(\mathscr{X},\mathscr{Y})} \subset \mathscr{L}(\mathscr{X},\mathscr{Y}).$$

现设$T \in \overline{\mathfrak{C}(\mathscr{X},\mathscr{Y})}$, 希望证$T \in \mathfrak{C}(\mathscr{X},\mathscr{Y})$. 为此, 由引理1.3.13, 只需证$\overline{T(B_1)}$为完全有界集即可. 因此, 对任意的$\varepsilon \in (0,\infty)$, 我们要找出$\overline{T(B_1)}$的一个有限的$\varepsilon$网. 由定义知存在紧算子$\{T_n\}_{n\in\mathbb{N}_+} \subset \mathfrak{C}(\mathscr{X},\mathscr{Y})$使得

$$\lim_{n\to\infty} \|T_n - T\|_{\mathscr{L}(\mathscr{X},\mathscr{Y})} = 0. \tag{1.3.3}$$

由此进一步知, 对任意的$\varepsilon \in (0,\infty)$, 存在$n \in \mathbb{N}_+$使得

$$\|T_n - T\|_{\mathscr{L}(\mathscr{X},\mathscr{Y})} < \frac{\varepsilon}{8}. \tag{1.3.4}$$

因为

$$\{T_n\}_{n\in\mathbb{N}_+} \subset \mathfrak{C}(\mathscr{X},\mathscr{Y}),$$

故$\overline{T_n(B_1)}$紧, 其中B_1为$\mathscr{X}$中的单位球. 从而, 由引理1.3.2知$\overline{T_n(B_1)}$自列紧. 进一步由引理1.3.13知$\overline{T_n(B_1)}$完全有界. 从而存在

$$\{y_1, y_2, \cdots, y_m\} \subset \overline{T_n(B_1)}$$

使得

$$\overline{T_n(B_1)} \subset \bigcup_{i=1}^{m} B\left(y_i, \frac{\varepsilon}{8}\right). \tag{1.3.5}$$

注意到, 对任意的$y \in \overline{T(B_1)}$, 存在$x \in B_1$使得$\|y - Tx\|_{\mathscr{Y}} < \frac{\varepsilon}{8}$, 从而, 由(1.3.4)有

$$\|y - T_n x\|_{\mathscr{Y}} \leqslant \|y - Tx\|_{\mathscr{Y}} + \|Tx - T_n x\|_{\mathscr{Y}} < \frac{\varepsilon}{4}.$$

又由(1.3.5)知存在$i \in \{1, 2, \cdots, m\}$使得

$$\|T_n x - y_i\|_{\mathscr{Y}} < \frac{\varepsilon}{8},$$

从而

$$\|y - y_i\|_{\mathscr{Y}} \leqslant \|y - T_n x\|_{\mathscr{Y}} + \|T_n x - y_i\|_{\mathscr{Y}} < \frac{\varepsilon}{2},$$

即知
$$\overline{T(B_1)} \subset \bigcup_{i=1}^{m} B\left(y_i, \frac{\varepsilon}{2}\right).$$

此时未必有 $y_i \in \overline{T(B_1)}$, 故分如下两种情况讨论:

a) 若 $B(y_i, \frac{\varepsilon}{2}) \cap \overline{T(B_1)} = \varnothing$, 则在 $\{y_1, y_2, \cdots, y_m\}$ 中去掉 y_i;

b) 若 $B(y_i, \frac{\varepsilon}{2}) \cap \overline{T(B_1)} \neq \varnothing$, 取 $z_i \in B(y_i, \frac{\varepsilon}{2}) \cap \overline{T(B_1)}$, 则, 对任意的
$$z \in B\left(y_i, \frac{\varepsilon}{2}\right) \cap \overline{T(B_1)},$$

均有 $z \in B(z_i, \varepsilon)$, 此时用 z_i 替代 y_i. 由此得到一族
$$\{z_1, z_2, \cdots, z_l\} \subset \overline{T(B_1)}$$

且 $1 \leqslant l \leqslant m$ 使得
$$\overline{T(B_1)} \subset \bigcup_{i=1}^{l} B(z_i, \varepsilon),$$

即 $\overline{T(B_1)}$ 有有限 ε 网, 从而 $\overline{T(B_1)}$ 为完全有界集. 因为 $\mathscr{Y}$ 完备, 所以由引理 1.3.13 知 $\overline{T(B_1)}$ 为列紧的. 由此及 $\overline{T(B_1)}$ 为闭知 $\overline{T(B_1)}$ 自列紧. 再由引理 1.3.2 进一步有 $\overline{T(B_1)}$ 紧, 故 T 紧. 至此, 命题 1.3.9(iii) 得证. □

命题 1.3.9(iii) 另证 记 $\{T_n\}_{n \in \mathbb{N}_+}$, T 如命题 1.3.9(iii) 的证明. 任取 $\mathscr{X}$ 中的有界集 $\{x_n\}_{n \in \mathbb{N}_+}$. 记其界为 M. 由 (1.3.3) 知, 对 $\forall \varepsilon \in (0, \infty)$, 存在 $N \in \mathbb{N}_+$ 使得
$$\|T_N - T\|_{\mathscr{L}(\mathscr{X}, \mathscr{Y})} < \frac{\varepsilon}{4(M+1)}.$$

又由 $\{T_n\}_{n \in \mathbb{N}_+}$ 紧, 定义 1.3.1(iii) 以及对角线法则知可以找到 $\{x_n\}_{n \in \mathbb{N}_+}$ 的一个子列 $\{x_{n_k}^{(k)}\}_{k \in \mathbb{N}_+}$ 使得, 对 $\forall n \in \mathbb{N}_+$, $\{T_n x_{n_k}^{(k)}\}_{k \in \mathbb{N}_+}$ 在 $\mathscr{Y}$ 中均收敛. 从而存在 $K \in \mathbb{N}_+$ 使得, 当 $k > K$ 时, 对 $\forall l \in \mathbb{N}_+$, 有
$$\left\|T_N x_{n_{k+l}}^{(k+l)} - T_N x_{n_k}^{(k)}\right\|_{\mathscr{Y}} < \frac{\varepsilon}{2}.$$

因此,
$$\left\|T x_{n_{k+l}}^{(k+l)} - T x_{n_k}^{(k)}\right\|_{\mathscr{Y}} \leqslant \left\|T x_{n_{k+l}}^{(k+l)} - T_N x_{n_{k+l}}^{(k+l)}\right\|_{\mathscr{Y}} + \left\|T_N x_{n_{k+l}}^{(k+l)} - T_N x_{n_k}^{(k)}\right\|_{\mathscr{Y}}$$
$$+ \left\|T_N x_{n_k}^{(k)} - T x_{n_k}^{(k)}\right\|_{\mathscr{Y}}$$

$$< 2M\|T_N - T\|_{\mathscr{L}(\mathscr{X},\mathscr{Y})} + \frac{\varepsilon}{2} < \varepsilon.$$

从而序列 $\{Tx_{n_k}^{(k)}\}_{k\in\mathbb{N}_+}$ 为 $\mathscr{Y}$ 中的基本列. 因 $\mathscr{Y}$ 完备, 故 $\{Tx_{n_k}^{(k)}\}_{k\in\mathbb{N}_+}$ 在 $\mathscr{Y}$ 中收敛. 由此可知 T 紧. 至此, 命题1.3.9(iii)得证. $\square$

注记1.3.14 若紧算子定义中 $\mathscr{Y}$ 不是Banach空间, 则命题1.3.9(iii)不一定成立. 即 $\mathfrak{C}(\mathscr{X},\mathscr{Y})$ 在 $\mathscr{L}(\mathscr{X},\mathscr{Y})$ 中不一定闭. 例如, 设

$$\mathscr{X} = c_0 := \left\{ \{a_k\}_{k\in\mathbb{N}_+} \subset \mathbb{C} : \lim_{k\to\infty} a_k = 0 \right\}$$

且, 对 $a := \{a_k\}_{k\in\mathbb{N}_+}$, 定义其范数

$$\|a\|_{c_0} := \sup_{k\in\mathbb{N}_+} |a_k|.$$

定义

$$T_0 : c_0 \longrightarrow \ell^2, \quad \{a_k\}_{k\in\mathbb{N}_+} \longmapsto \left\{ \frac{a_k}{k} \right\}_{k\in\mathbb{N}_+}.$$

记 $\mathscr{Y} := R(T_0)$ 并赋予其 ℓ^2 范数且 $T : c_0 \to R(T_0)$, 对任意的 $a \in c_0$, 定义 $Ta := T_0 a$. 现断言 $T \in \mathscr{L}(c_0, R(T_0))$ 且

$$\|T\|_{\mathscr{L}(c_0, R(T_0))} = \left(\sum_{k\in\mathbb{N}_+} \frac{1}{k^2} \right)^{\frac{1}{2}}.$$

事实上, 对任意 $a := \{a_k\}_{k\in\mathbb{N}_+} \in c_0$, 有

$$\|Ta\|_{\ell^2} = \|T_0 a\|_{\ell^2} = \left(\sum_{k\in\mathbb{N}_+} \frac{|a_k|^2}{k^2} \right)^{\frac{1}{2}}$$

$$\leqslant \sup_{k\in\mathbb{N}_+} |a_k| \left(\sum_{k\in\mathbb{N}_+} \frac{1}{k^2} \right)^{\frac{1}{2}} = \|a\|_{c_0} \left(\sum_{k\in\mathbb{N}_+} \frac{1}{k^2} \right)^{\frac{1}{2}}.$$

故 $T \in \mathscr{L}(c_0, R(T_0))$ 且

$$\|T\|_{\mathscr{L}(c_0, R(T_0))} \leqslant \left(\sum_{k\in\mathbb{N}_+} \frac{1}{k^2} \right)^{\frac{1}{2}} < \infty.$$

又对任意 $n \in \mathbb{N}_+$, 令
$$\widetilde{x}^{(n)} := \{1, \cdots, 1, 0, 0, \cdots\}$$
(前 n 项均为1, 其余为0), 则 $\|\widetilde{x}^{(n)}\|_{c_0} = 1$ 且
$$\left\|T\widetilde{x}^{(n)}\right\|_{\ell^2} = \left\|T_0\widetilde{x}^{(n)}\right\|_{\ell^2} = \left(\sum_{k=1}^{n}\frac{1}{k^2}\right)^{\frac{1}{2}}.$$
故, 对 $\forall n \in \mathbb{N}_+$,
$$\|T\|_{\mathscr{L}(c_0, R(T_0))} \geqslant \left(\sum_{k=1}^{n}\frac{1}{k^2}\right)^{\frac{1}{2}}.$$
令 $n \to \infty$ 得
$$\|T\|_{\mathscr{L}(c_0, R(T_0))} \geqslant \left(\sum_{k \in \mathbb{N}_+}\frac{1}{k^2}\right)^{\frac{1}{2}}.$$
因此,
$$\|T\|_{\mathscr{L}(c_0, R(T_0))} = \left(\sum_{k \in \mathbb{N}_+}\frac{1}{k^2}\right)^{\frac{1}{2}},$$
故所证断言成立.

对任意的 $k \in \mathbb{N}_+$, 有
$$a^{(k)} := \left\{1, \cdots, \frac{1}{k}, 0, 0, \cdots\right\} \in R(T_0)$$
且, 当 $k, m \to \infty$ 时,
$$\left\|a^{(k)} - a^{(m)}\right\|_{\ell^2} \to 0.$$
但其极限为 $\{\frac{1}{k}\}_{k \in \mathbb{N}_+} \notin R(T_0)$, 故 $R(T_0)$ 不闭 (若 $\{\frac{1}{k}\}_{k \in \mathbb{N}_+} \in R(T_0)$ 且若设
$$T_0(\{a_k\}_{k \in \mathbb{N}_+}) = \left\{\frac{1}{k}\right\}_{k \in \mathbb{N}_+},$$
则, 对任意 $k \in \mathbb{N}_+$, $a_k = 1$. 但 $\{1, 1, \cdots\} \notin c_0$, 这导致矛盾).

对任意的 $n \in \mathbb{N}_+$ 以及 $a := \{a_k\}_{k \in \mathbb{N}_+} \in c_0$, 令
$$(T_n a)_k := \begin{cases} \dfrac{a_k}{k}, & \forall k \in \{1, 2, \cdots, n\}, \\ 0, & \forall k \in \{n+1, n+2, \cdots\}, \end{cases}$$

则 $T_n \in \mathfrak{C}(c_0, R(T_0))$. 事实上, 由命题1.3.7知只需证$T_n \in \mathscr{L}(c_0, R(T_0))$. 对任意$a := \{a_k\}_{k \in \mathbb{N}_+} \in c_0$, 有

$$\|T_n a\|_{\ell^2} = \left(\sum_{k=1}^n \frac{|a_k|^2}{k^2}\right)^{\frac{1}{2}} \leqslant \sup_{k \in \mathbb{N}_+} |a_k| \left(\sum_{k=1}^n \frac{1}{k^2}\right)^{\frac{1}{2}}$$

$$= \|a\|_{c_0} \left(\sum_{k=1}^n \frac{1}{k^2}\right)^{\frac{1}{2}}.$$

从而

$$\|T_n\|_{\mathscr{L}(c_0, R(T_0))} \leqslant \left(\sum_{k=1}^n \frac{1}{k^2}\right)^{\frac{1}{2}}.$$

且若令$\widetilde{a} := \{1, \cdots, 1, 0, 0, \cdots\}$(前$n$项为1, 其余为0), 则$\|\widetilde{a}\|_{c_0} = 1$且

$$\|T_n \widetilde{a}\|_{\ell^2} = \left(\sum_{k=1}^n \frac{1}{k^2}\right)^{\frac{1}{2}}.$$

故

$$\|T_n\|_{\mathscr{L}(c_0, R(T_0))} \geqslant \left(\sum_{k=1}^n \frac{1}{k^2}\right)^{\frac{1}{2}}.$$

因此,

$$\|T_n\|_{\mathscr{L}(c_0, R(T_0))} = \left(\sum_{k=1}^n \frac{1}{k^2}\right)^{\frac{1}{2}}.$$

即$T_n \in \mathscr{L}(c_0, R(T_0))$, 从而$T_n \in \mathfrak{C}(c_0, R(T_0))$.

下证

$$\lim_{n \to \infty} \|T_n - T\|_{\mathscr{L}(c_0, R(T_0))} = 0.$$

设$a \in c_0$且$\|a\|_{c_0} \leqslant 1$, 即$\sup_{k \in \mathbb{N}_+} |a_k| \leqslant 1$. 注意到, 对任意的$\varepsilon \in (0, \infty)$, 存在$n_0 \in \mathbb{N}_+$使得

$$\left(\sum_{k > n_0} \frac{1}{k^2}\right)^{\frac{1}{2}} < \varepsilon.$$

从而, 当$n \geqslant n_0$时, 有

$$\|T_n a - T a\|_{\ell^2} = \left(\sum_{k > n} \frac{|a_k|^2}{k^2}\right)^{\frac{1}{2}} \leqslant \|a\|_{c_0} \left(\sum_{k > n} \frac{1}{k^2}\right)^{\frac{1}{2}}.$$

因此,
$$\|T_n - T\|_{\mathscr{L}(c_0, R(T_0))} \leqslant \left(\sum_{k>n_0} \frac{1}{k^2}\right)^{\frac{1}{2}} < \varepsilon,$$
即知 $\lim_{n\to\infty} \|T_n - T\|_{\mathscr{L}(c_0, R(T_0))} = 0$.

为证明该注记的结论,还需证明
$$T \notin \mathfrak{C}(c_0, R(T_0)).$$

令 $\{a^{(k)}\}_{k\in\mathbb{N}_+}$ 如上. 取
$$x^{(k)} := \{1, \cdots, 1, 0, 0, \cdots\}$$

(前 k 项均为1,其余为0),$b := \{\frac{1}{k}\}_{k\in\mathbb{N}_+}$,则 $Tx^{(k)} = a^{(k)}$,$\|x^{(k)}\|_{c_0} = 1$ 且
$$\left\|Tx^{(k)} - b\right\|_{\ell^2} = \left\|a^{(k)} - b\right\|_{\ell^2} \to 0, \ k \to \infty.$$

注意到上面已证 $b \notin R(T_0)$,故 $\{Tx^{(k)}\}_{k\in\mathbb{N}_+}$ 在 $R(T_0)$ 中无收敛子列. 从而,由定义1.3.1(iii)知 T 不紧. 故所证结论成立.

命题1.3.9(iv)的证明 注意到 $\mathscr{X}_0$ 中的有界点列 $\{x_n\}_{n\in\mathbb{N}_+}$ 也是 $\mathscr{X}$ 中的有界点列且,对任意的 $n \in \mathbb{N}_+$,
$$A|_{\mathscr{X}_0} x_n = A x_n,$$

故由 A 紧知 $\{A|_{\mathscr{X}_0} x_n\}_{n\in\mathbb{N}_+}$ 也有收敛子列,从而,由定义1.3.1(iii)知
$$A|_{\mathscr{X}_0} \in \mathfrak{C}(\mathscr{X}_0, \mathscr{Y}).$$

至此,命题1.3.9(iv)得证. □

命题1.3.9(v)的证明 注意到 $\mathscr{X} = \bigcup_{n\in\mathbb{N}_+} nB_1$,其中 B_1 为 $\mathscr{X}$ 中的单位球,故由 A 线性知
$$R(A) = \bigcup_{n\in\mathbb{N}_+} nA(B_1).$$

由 $\overline{A(B_1)}$ 紧及引理1.3.2知 $\overline{A(B_1)}$ 自列紧. 从而 $A(B_1)$ 列紧. 由引理1.3.13知 $A(B_1)$ 完全有界. 从而,对任意的 $k \in \mathbb{N}_+$,存在 $A(B_1)$ 的有限 $\frac{1}{k}$ 网 $N_k \subset A(B_1)$ 使得
$$A(B_1) \subset \bigcup_{y\in N_k} B\left(y, \frac{1}{k}\right).$$

令
$$N := \bigcup_{k \in \mathbb{N}_+} N_k.$$

注意到, 对任意 $k \in \mathbb{N}_+$, 有
$$N_k \subset A(B_1) \subset \bigcup_{y \in N_k} B\left(y, \frac{1}{k}\right).$$

从而
$$N \subset A(B_1) \subset \bigcap_{k \in \mathbb{N}_+} \bigcup_{y \in N_k} B\left(y, \frac{1}{k}\right).$$

故, 对任意 $n \in \mathbb{N}_+$, 有
$$nN \subset nA(B_1) \subset n\left\{\bigcap_{k \in \mathbb{N}_+} \bigcup_{y \in N_k} B\left(y, \frac{1}{k}\right)\right\}.$$

从而有
$$\bigcup_{n \in \mathbb{N}_+} nN \subset \bigcup_{n \in \mathbb{N}_+} nA(B_1) = R(A) \subset \bigcup_{n \in \mathbb{N}_+} n\left\{\bigcap_{k \in \mathbb{N}_+} \bigcup_{y \in N_k} B\left(y, \frac{1}{k}\right)\right\}.$$

显然 $\bigcup_{n \in \mathbb{N}_+} nN$ 可数. 又对任意 $z \in R(A)$, 存在 $n_0 \in \mathbb{N}_+$ 使得
$$z \in n_0 \left\{\bigcap_{k \in \mathbb{N}_+} \bigcup_{y \in N_k} B\left(y, \frac{1}{k}\right)\right\}.$$

对任意 $\varepsilon \in (0, \infty)$, 取 $k_0 \in \mathbb{N}_+$ 使得 $\frac{n_0}{k_0} < \varepsilon$. 则因 $\frac{z}{n_0} \in \bigcup_{y \in N_{k_0}} B(y, \frac{1}{k_0})$, 故存在 $y_0 \in N_{k_0}$ 使得
$$\frac{z}{n_0} \in B\left(y_0, \frac{1}{k_0}\right).$$

即 $\|\frac{z}{n_0} - y_0\|_{\mathscr{Y}} < \frac{1}{k_0}$. 从而
$$\|z - n_0 y_0\|_{\mathscr{Y}} < \frac{n_0}{k_0} < \varepsilon.$$

又因 $n_0 y_0 \in n_0 N \subset \bigcup_{n \in \mathbb{N}_+} nN$, 故 $\bigcup_{n \in \mathbb{N}_+} nN$ 在 $R(A)$ 中稠密. 从而 $R(A)$ 可分. 至此, 命题 1.3.9(v) 得证. $\square$

命题1.3.9(vi)的证明 若A为紧算子,则由定义1.3.1(iii)知,对$\mathscr{X}$中的任意有界点列$\{x_n\}_{n\in\mathbb{N}_+}$,序列$\{Ax_n\}_{n\in\mathbb{N}_+}$有收敛子列$\{Ax_{n_k}\}_{k\in\mathbb{N}_+}$. 进一步,由$B$有界可知$\{BAx_{n_k}\}_{k\in\mathbb{N}_+}$收敛,故$BA\in\mathfrak{C}(\mathscr{X},\mathscr{L})$.

若B紧,则,对$\mathscr{X}$中任意有界点列$\{x_n\}_{n\in\mathbb{N}_+}$,由$A$有界知$\{Ax_n\}_{n\in\mathbb{N}_+}$为$\mathscr{Y}$中有界点列. 从而,由$B\in\mathfrak{C}(\mathscr{Y},\mathscr{L})$知$\{BAx_n\}_{n\in\mathbb{N}_+}$有收敛子列,故

$$BA\in\mathfrak{C}(\mathscr{X},\mathscr{L}).$$

因此,命题1.3.9(vi)的结论成立. 至此,命题得证. □

下面我们介绍几类与紧算子密切相关的概念.

定义1.3.15 设$\mathscr{X}$为B^*空间,$\{x_n\}_{n\in\mathbb{N}_+}\subset\mathscr{X}$且$x\in\mathscr{X}$,称$\{x_n\}_{n\in\mathbb{N}_+}$**弱收敛**到$x$,记作$x_n\rightharpoonup x$, $n\to\infty$,是指,对任意$f\in\mathscr{X}^*$均有$f(x_n)\to f(x)$, $n\to\infty$.

定义1.3.16 设$\mathscr{X}$及$\mathscr{Y}$均为Banach空间,若对线性算子$A:\mathscr{X}\longrightarrow\mathscr{Y}$满足$\mathscr{X}$中的任意弱收敛列$x_n\rightharpoonup x$, $n\to\infty$,均有$Ax_n\to Ax$, $n\to\infty$,则称A为**全连续算子**.

注记1.3.17 若线性算子A为全连续算子,则$A\in\mathscr{L}(\mathscr{X},\mathscr{Y})$.

事实上,由A的线性性,只需证A在点$x=\theta$连续. 设$x_n\to\theta$, $n\to\infty$,则$x_n\rightharpoonup\theta$, $n\to\infty$. 由A为全连续算子知,当$n\to\infty$时,

$$Ax_n\to A\theta=\theta.$$

从而A在θ点连续. 故$A\in\mathscr{L}(\mathscr{X},\mathscr{Y})$. 至此,所证断言成立.

为给出全连续算子与紧算子的关系,我们需要回顾共轭算子的定义(见文献[7]定义2.5.9).

定义1.3.18 设$\mathscr{X}$和$\mathscr{Y}$为B^*空间且算子$T\in\mathscr{L}(\mathscr{X},\mathscr{Y})$,算子$T^*:\mathscr{Y}^*\longrightarrow\mathscr{X}^*$称为是$T$的**共轭算子**,是指对任意$f\in\mathscr{Y}^*$及$x\in\mathscr{X}$,有

$$(T^*f)(x):=f(Tx)$$

或记为

$$\langle T^*f,x\rangle=\langle f,Tx\rangle.$$

由文献[7]第158页注知以上定义的T^*是唯一存在的且$T^* \in \mathscr{L}(\mathscr{Y}^*, \mathscr{X}^*)$.

命题1.3.19 若$A \in \mathfrak{C}(\mathscr{X}, \mathscr{Y})$, 则$A$全连续; 反之, 若$\mathscr{X}$自反, 则

$$A \in \mathfrak{C}(\mathscr{X}, \mathscr{Y}) \iff A \text{ 全连续}.$$

证明 设$A \in \mathfrak{C}(\mathscr{X}, \mathscr{Y})$, $\{x_n\}_{n \in \mathbb{N}_+} \subset \mathscr{X}$且, 当$n \to \infty$时,

$$x_n \rightharpoonup x \in \mathscr{X}.$$

要证, 当$n \to \infty$时,

$$Ax_n \to Ax.$$

利用反证法, 假设存在$\varepsilon_0 > 0$以及子列$\{x_{n_k}\}_{k \in \mathbb{N}_+} \subset \mathscr{X}$使得, 对任意的$k \in \mathbb{N}_+$,

$$\|Ax_{n_k} - Ax\|_{\mathscr{Y}} \geqslant \varepsilon_0. \tag{1.3.6}$$

因$\{x_n\}_{n \in \mathbb{N}_+}$弱收敛, 由Banach–Steinhaus定理(见文献[7]定理2.5.20)易知点列$\{x_n\}_{n \in \mathbb{N}_+}$有界. 故由$A \in \mathfrak{C}(\mathscr{X}, \mathscr{Y})$知$\{x_{n_k}\}_{k \in \mathbb{N}_+}$中存在子列, 不妨仍将其记为$\{x_{n_k}\}_{k \in \mathbb{N}_+}$, 及$z \in \mathscr{Y}$使得, 当$k \to \infty$时,

$$Ax_{n_k} \to z.$$

而对任意的$y^* \in \mathscr{Y}^*$, 由$x_n \rightharpoonup x \in \mathscr{X}$, $n \to \infty$以及$A^* y^* \in \mathscr{X}^*$知, 当$k \to \infty$时,

$$\langle y^*, Ax_{n_k} - Ax \rangle = \langle A^* y^*, x_{n_k} - x \rangle \to 0.$$

从而, 当$k \to \infty$时,

$$Ax_{n_k} \rightharpoonup Ax.$$

由弱极限的唯一性知$Ax = z$且, 当$k \to \infty$时, $Ax_{n_k} \to Ax$, 这与(1.3.6)矛盾, 故A全连续.

反之, 若$\mathscr{X}$自反且A全连续, 则由自反空间的有界集为弱列紧集(见文献[7]定理2.5.28(Eberlein–Šmulian定理))知, 对$\mathscr{X}$中任意有界点列$\{x_n\}_{n \in \mathbb{N}_+}$, 必存在子列$\{x_{n_k}\}_{k \in \mathbb{N}_+}$以及$x \in \mathscr{X}$使得, 当$k \to \infty$时, $x_{n_k} \rightharpoonup x$. 因$A$全连续, 故, 当$k \to \infty$时,

$$Ax_{n_k} \to Ax.$$

从而, 由定义1.3.1(iii)知A紧. 至此, 命题1.3.19得证. □

注记1.3.20 上述命题1.3.19的第二个结论成立本质上是由于自反空间的子集的有界性等价于弱列紧性.

事实上, 记所考虑的集合为A, 并设A为弱列紧的, 则A必有界. 否则, 对$\forall n \in \mathbb{N}_+$, 存在$x_n \in A$使得$\|x_n\|_{\mathscr{X}} > n$. 但由$A$的弱列紧性知$\{x_n\}_{n\in\mathbb{N}_+}$必有弱收敛子列. 但该弱收敛子列必无界, 这与Banach–Steinhaus定理(见文献[7]定理2.5.20)矛盾, 故A必有界. 反之, 由A的有界性及空间的自反性和Eberlein–Šmulian定理(见文献[7]定理2.5.28)知A必弱列紧. 因此, 在自反空间中, 有界性等价于弱列紧性.

注记1.3.21 设$\mathscr{X}$为有限维B^*空间且$M \subset \mathscr{X}$, 则

$$M\text{有界} \iff M\text{完全有界} \iff M\text{列紧} \iff M\text{弱列紧}.$$

事实上, 先证M有界$\iff M$列紧. 设M有界, 则由$\dim \mathscr{X} < \infty$及文献[7]推论1.4.30知$M$列紧. 反之, 若$M$列紧, 则由引理1.3.3知$\overline{M}$为自列紧集. 从而, 由文献[7]定理1.3.12知$\overline{M}$为紧集. 又

$$\overline{M} \subset \bigcup_{x \in \overline{M}} B(x, 1),$$

由$\overline{M}$紧, 存在$N \in \mathbb{N}_+$及$\{x_i\}_{i=1}^N \subset \overline{M}$使得

$$\overline{M} \subset \bigcup_{i=1}^N B(x_i, 1).$$

令$r_0 := 1 + \max\{d(x_i, x_1) : i \in \{2, \cdots, N\}\}$, 则$\overline{M} \subset B(x_1, r_0)$. 从而$\overline{M}$有界, 再由$M \subset \overline{M}$即知$M$有界. (观察到此证明的必要性不需要$\mathscr{X}$是有限维也成立.)

再证M有界$\iff M$完全有界. 事实上, 若M为完全有界集, 则由注记1.3.12(ii)知M必为有界集. 反之, 若M有界, 则由已证知M列紧. 再有引理1.3.13知M完全有界. 至此已证

$$M\text{有界} \iff M\text{完全有界} \iff M\text{列紧}.$$

又由文献[7]第162页注2知, 在有限维B^*空间中, 序列的弱收敛与强收敛等价, 故弱列紧集与列紧集等价(或利用有限维B^*空间必自反, 再由注记1.3.20也可得到此等价性).

定理1.3.22 设 $\mathscr{X}$ 为 B^* 空间且 $\mathscr{Y}$ 为 B 空间, 则 $A \in \mathfrak{C}(\mathscr{X}, \mathscr{Y})$ 当且仅当 $A^* \in \mathfrak{C}(\mathscr{Y}^*, \mathscr{X}^*)$.

为证此定理, 我们需要知道如下 Arzelà–Ascoli 定理(可参见文献[7]定理1.3.16).

引理1.3.23 设 M 为紧的度量空间, 集合 $F \subset C(M)$ 列紧当且仅当以下两个条件成立:

(i) F 是一致有界的, 即存在 $M_1 \in (0, \infty)$ 使得, 对任意 $\varphi \in F$ 及 $x \in M$,
$$|\varphi(x)| \leqslant M_1.$$
此即等价于 F 为 $C(M)$ 中的有界集, 其中对 $\forall u \in C(M)$, 令
$$\|u\|_{C(M)} := \max_{x \in M} |u(x)|;$$

(ii) F 是等度连续的, 即对任意 $\varepsilon \in (0, \infty)$, 总可以找到 $\delta(\varepsilon) \in (0, \infty)$ 使得, 对任意 $\varphi \in F$ 及 $x_1, x_2 \in M$ 满足 $\rho(x_1, x_2) < \delta(\varepsilon)$, 有 $|\varphi(x_1) - \varphi(x_2)| < \varepsilon$.

定理1.3.22的证明 **必要性**. 设 $A \in \mathfrak{C}(\mathscr{X}, \mathscr{Y})$, 要证 $A^* \in \mathfrak{C}(\mathscr{Y}^*, \mathscr{X}^*)$, 我们只需证明, 若 $\{y_n^*\}_{n \in \mathbb{N}_+}$ 为 $\mathscr{Y}^*$ 中的有界点列, 则 $\{A^* y_n^*\}_{n \in \mathbb{N}_+}$ 在 $\mathscr{X}^*$ 中有收敛子列. 为此, 不妨设 $\|y_n^*\|_{\mathscr{Y}^*} \leqslant M$, 其中 $n \in \mathbb{N}_+$ 且 M 为一个正常数. 对任意的 $n \in \mathbb{N}_+$ 及 $y \in \overline{A(B_1)}$, 令
$$\varphi_n(y) := \langle y_n^*, y \rangle,$$
则 φ_n 是 $\overline{A(B_1)}$ 上的连续函数. 记 $\overline{A(B_1)}$ 上的连续函数全体为 $C(\overline{A(B_1)})$. 注意到, 类似于(1.3.2)证明, 有
$$\begin{aligned}\|A^* y_n^*\|_{\mathscr{X}^*} &= \sup_{x \in B_1} |\langle A^* y_n^*, x\rangle| = \sup_{y \in A(B_1)} |\langle y_n^*, y\rangle| \\ &= \sup_{y \in \overline{A(B_1)}} |\langle y_n^*, y\rangle| = \sup_{y \in \overline{A(B_1)}} |\varphi_n(y)| \\ &=: \|\varphi_n\|_{C(\overline{A(B_1)})},\end{aligned}$$
故 $\{A^* y_n^*\}_{n \in \mathbb{N}_+}$ 在 $\mathscr{X}^*$ 中有收敛子列当且仅当 $\{\varphi_n\}_{n \in \mathbb{N}_+}$ 在 $C(\overline{A(B_1)})$ 中有收敛子列. 对任意的 $y \in \overline{A(B_1)}$, 存在 $\{x_n\}_{n \in \mathbb{N}_+} \subset B_1$ 使得
$$\|y - Ax_n\|_{\mathscr{Y}} \to 0, \quad n \to \infty,$$

从而

$$\|y\|_{\mathscr{Y}} \leqslant \|y - Ax_n\|_{\mathscr{Y}} + \|Ax_n\|_{\mathscr{Y}}$$
$$\leqslant \|y - Ax_n\|_{\mathscr{Y}} + \|A\|_{\mathscr{L}(\mathscr{X},\mathscr{Y})}$$
$$\to \|A\|_{\mathscr{L}(\mathscr{X},\mathscr{Y})}, \quad n \to \infty,$$

即 $\|y\|_{\mathscr{Y}} \leqslant \|A\|_{\mathscr{L}(\mathscr{X},\mathscr{Y})}$. 由此对任意的 $n \in \mathbb{N}_+$ 及 $y \in \overline{A(B_1)}$,

$$|\varphi_n(y)| = |\langle y_n^*, y \rangle| \leqslant \|y_n^*\|_{\mathscr{Y}^*} \cdot \|y\|_{\mathscr{Y}} \leqslant M \|A\|_{\mathscr{L}(\mathscr{X},\mathscr{Y})}.$$

从而 $\{\varphi_n\}_{n \in \mathbb{N}_+}$ 在 $\overline{A(B_1)}$ 上一致有界.

下证 $\{\varphi_n\}_{n \in \mathbb{N}_+}$ 在 $\overline{A(B_1)}$ 上等度连续. 对任意的 $n \in \mathbb{N}_+$ 及 $y, z \in \overline{A(B_1)}$,

$$|\varphi_n(y) - \varphi_n(z)| = |\langle y_n^*, y - z \rangle| \leqslant M \|y - z\|_{\mathscr{Y}}.$$

由此知 $\{\varphi_n\}_{n \in \mathbb{N}_+}$ 在 $\overline{A(B_1)}$ 上等度连续. 故由引理1.3.23, 即Arzelà–Ascoli定理知 $\{\varphi_n\}_{n \in \mathbb{N}_+}$ 在 $C(\overline{A(B_1)})$ 中有收敛子列, 从而 $\{A^* y_n^*\}_{n \in \mathbb{N}_+}$ 在 $\mathscr{X}^*$ 中有收敛子列, 故必要性得证.

充分性. 设 $A^* \in \mathfrak{C}(\mathscr{Y}^*, \mathscr{X}^*)$, 由必要性知 $A^{**} \in \mathfrak{C}(\mathscr{X}^{**}, \mathscr{Y}^{**})$. 设 U, V 分别为 $\mathscr{X} \to \mathscr{X}^{**}$ 以及 $\mathscr{Y} \to \mathscr{Y}^{**}$ 的自然嵌入(自然嵌入的定义见引理1.2.21), 则 U, V 为等距映射且, 对任意的 $x \in \mathscr{X}$, 有

$$A^{**} U x = V A x.$$

事实上, 对 $\forall y^* \in \mathscr{Y}^*$, 有

$$\langle A^{**} U x, y^* \rangle = \langle U x, A^* y^* \rangle = A^* y^*(x)$$
$$= \langle A^* y^*, x \rangle = \langle y^*, Ax \rangle$$
$$= \langle V A x, y^* \rangle.$$

故充分性得证.

设 $\{x_n\}_{n \in \mathbb{N}_+}$ 为 $\mathscr{X}$ 中的有界点列, 则由

$$\|U x_n\|_{\mathscr{X}^{**}} = \|x_n\|_{\mathscr{X}}$$

知$\{Ux_n\}_{n\in\mathbb{N}_+}$为$\mathscr{X}^{**}$中的有界点列. 从而, 由
$$A^{**} \in \mathfrak{C}(\mathscr{X}^{**}, \mathscr{Y}^{**})$$
知$\{A^{**}Ux_n\}_{n\in\mathbb{N}_+}$在$\mathscr{Y}^{**}$中有收敛子列, 即$\{VAx_n\}_{n\in\mathbb{N}_+}$在$\mathscr{Y}^{**}$中有收敛子列. 由
$$\|Ax_n\|_{\mathscr{Y}} = \|VAx_n\|_{\mathscr{Y}^{**}}$$
可知$\{Ax_n\}_{n\in\mathbb{N}_+}$在$\mathscr{Y}$中有收敛子列(此处需要$\mathscr{Y}$为B空间). 从而$A \in \mathfrak{C}(\mathscr{X}, \mathscr{Y})$. 至此, 定理1.3.22得证. □

以下给出一个紧算子的例子.

例1.3.24 设有界闭集$\Omega \subset \mathbb{R}^n$, $K \in C(\Omega \times \Omega)$, $\mathscr{X} = \mathscr{Y} = C(\Omega)$, 令
$$T: u \longmapsto \int_{\Omega} K(\cdot, y) u(y) \,\mathrm{d}y, \quad \forall u \in C(\Omega),$$
则$T \in \mathfrak{C}(\mathscr{X})$.

证明 对$\forall u \in C(\Omega)$, 先证$Tu \in C(\Omega)$. 事实上, 因$K \in C(\Omega \times \Omega)$且$\Omega$紧, 故$K$一致连续. 因此, 对任意$\varepsilon \in (0, \infty)$, 存在$\delta \in (0, \infty)$, 只要$x_1, x_2 \in \Omega$且
$$|x_1 - x_2| < \delta,$$
对任意$y \in \Omega$, 均有
$$|K(x_1, y) - K(x_2, y)| < \varepsilon.$$
从而,
$$|Tu(x_1) - Tu(x_2)| = \left| \int_{\Omega} [K(x_1, y) - K(x_2, y)] u(y) \,\mathrm{d}y \right|$$
$$< \varepsilon \int_{\Omega} |u(y)| \,\mathrm{d}y \leqslant \varepsilon \|u\|_{C(\Omega)} |\Omega|.$$
故Tu在Ω上一致连续. 从而连续, 即$Tu \in C(\Omega)$.

余下只需证明, 对$C(\Omega)$中的任意有界点列$\{u_m\}_{m\in\mathbb{N}_+}$, $\{Tu_m\}_{m\in\mathbb{N}_+}$有收敛子列. 不妨设对任意的$m \in \mathbb{N}_+$, 有$\|u_m\|_{C(\Omega)} \leqslant L$, 其中$L$为与$m$无关的非负常数. 则, 对任意的$m \in \mathbb{N}_+$,
$$\|Tu_m\|_{C(\Omega)} := \max_{x \in \Omega} \left| \int_{\Omega} K(x, y) u_m(y) \,\mathrm{d}y \right|$$

$$\leqslant L|\Omega| \max_{(x,y)\in\Omega\times\Omega} |K(x,y)| < \infty,$$

故 $\{Tu_m\}_{m\in\mathbb{N}_+}$ 在 Ω 上一致有界.

下证 $\{Tu_m\}_{m\in\mathbb{N}_+}$ 在 Ω 上等度连续. 由 Ω 有界闭且 $K\in C(\Omega\times\Omega)$ 知 K 在 $\Omega\times\Omega$ 上一致连续, 即对任意的 $\varepsilon\in(0,\infty)$, 存在 $\delta\in(0,\infty)$ 使得, 当 $|x-\tilde{x}|<\delta$ 时, 对任意的 $y\in\Omega$, 有

$$|K(x,y) - K(\tilde{x},y)| < \varepsilon.$$

由此, 对任意的 $m\in\mathbb{N}_+$,

$$|Tu_m(x) - Tu_m(\tilde{x})| \leqslant \int_\Omega |K(x,y) - K(\tilde{x},y)||u_m(y)|\,\mathrm{d}y$$
$$< \varepsilon L|\Omega|.$$

故 $\{Tu_m\}_{m\in\mathbb{N}_+}$ 在 Ω 上等度连续. 利用 Arzelà–Ascoli 定理(可参见引理1.3.23或文献[7]定理1.3.16), 可知 $\{Tu_m\}_{m\in\mathbb{N}_+}$ 在 $C(\Omega)$ 中有收敛子列. 从而 T 紧. 至此, 例题得证. □

定义1.3.25 设 $T\in\mathscr{L}(\mathscr{X},\mathscr{Y})$, 若 $\dim R(T)<\infty$, 则称 T 为**有穷秩算子**. 有穷秩算子全体记作 $F(\mathscr{X},\mathscr{Y})$. 特别地, 当 $\mathscr{X}=\mathscr{Y}$ 时, 记 $F(\mathscr{X},\mathscr{Y})=F(\mathscr{X})$.

显然, 由有限维线性赋范空间的有界闭集为紧集可知

$$F(\mathscr{X},\mathscr{Y}) \subset \mathfrak{C}(\mathscr{X},\mathscr{Y})$$

(见命题1.3.7).

定义1.3.26 设 $f\in\mathscr{X}^*, y\in\mathscr{Y}$, 定义算子 $y\otimes f$ 为

$$y\otimes f : \begin{cases} \mathscr{X} \longrightarrow \mathscr{Y}, \\ x \longmapsto \langle f,x\rangle y, \end{cases}$$

称其为**秩1算子**.

注记1.3.27 对秩1算子, 我们有如下注记.

(i) 对秩1算子 $y \otimes f$ 有

$$\dim R(y \otimes f) = \begin{cases} 1, & y \neq \theta \text{ 且 } f \neq \theta, \\ 0, & y = \theta \text{ 或 } f = \theta. \end{cases}$$

(ii) 因

$$\|y \otimes f\|_{\mathscr{L}(\mathscr{X},\mathscr{Y})} = \sup_{\|x\|_{\mathscr{X}}=1} \|\langle f, x \rangle y\|_{\mathscr{Y}}$$
$$= \sup_{\|x\|_{\mathscr{X}}=1} |\langle f, x \rangle| \|y\|_{\mathscr{Y}} = \|f\|_{\mathscr{X}^*} \|y\|_{\mathscr{Y}},$$

由此知秩1算子必为有界线性算子.

有穷秩算子可以表示为秩1算子的线性组合.

定理1.3.28 算子 $T \in F(\mathscr{X}, \mathscr{Y})$ 当且仅当存在 $m \in \mathbb{N}_+$ 使得,对任意的 $i \in \{1, 2, \cdots, m\}$,存在 $y_i \in \mathscr{Y}$ 及 $f_i \in \mathscr{X}^*$ 满足

$$T = \sum_{i=1}^{m} y_i \otimes f_i.$$

证明 **充分性**. 记 $\text{span}\{y_1, y_2, \cdots, y_m\}$ 为由 $\{y_1, y_2, \cdots, y_m\}$ 所张成的线性子空间, 即

$$\text{span}\{y_1, y_2, \cdots, y_m\} := \left\{ y \in \mathscr{Y} : y = \sum_{i=1}^{m} \lambda_i y_i, \ \lambda_i \in \mathbb{C}, \ i \in \{1, 2, \cdots, m\} \right\}.$$

由 $R(T) \subset \text{span}\{y_1, y_2, \cdots, y_m\}$ 易知 $T \in F(\mathscr{X}, \mathscr{Y})$.

必要性. 设 $T \in F(\mathscr{X}, \mathscr{Y})$, 故

$$m := \dim R(T) < \infty.$$

设 $\{y_1, y_2, \cdots, y_m\}$ 为 $R(T)$ 的基, 则 $\{y_1, y_2, \cdots, y_m\}$ 线性无关, 故, 对任意的 $x \in \mathscr{X}$, 存在唯一的序列 $\{l_i(x)\}_{i=1}^{m} \subset \mathbb{C}$ 使得

$$Tx = \sum_{i=1}^{m} l_i(x) y_i. \tag{1.3.7}$$

下证 $l_i \in \mathscr{X}^*, \forall i \in \{1,2,\cdots,m\}$. 为此首先说明 $\{l_i\}_{i=1}^m$ 是线性的. 事实上, 对任意 $\alpha_1, \alpha_2 \in \mathbb{C}$ 及 $x_1, x_2 \in \mathscr{X}$, 有

$$T(\alpha_1 x_1 + \alpha_2 x_2) = \alpha_1 T x_1 + \alpha_2 T x_2$$
$$\iff \sum_{i=1}^m l_i(\alpha_1 x_1 + \alpha_2 x_2) y_i = \alpha_1 \sum_{i=1}^m l_i(x_1) y_i + \alpha_2 \sum_{i=1}^m l_i(x_2) y_i$$
$$\iff \sum_{i=1}^m [l_i(\alpha_1 x_1 + \alpha_2 x_2) - \alpha_1 l_i(x_1) - \alpha_2 l_i(x_2)] y_i = 0.$$

由此及 $\{l_i(x)\}_{i=1}^m$ 的唯一性可知, 对任意 $i \in \{1,2,\cdots,m\}$,

$$l_i(\alpha_1 x_1 + \alpha_2 x_2) = \alpha_1 l_i(x_1) + \alpha_2 l_i(x_2),$$

即 $l_i(x)$ 是线性的.

下证对任意的 $i \in \{1,2,\cdots,m\}$, l_i 有界. 为此首先断言, 对任意 $x \in \mathscr{X}$, $\|Tx\|_{\mathscr{Y}}$ 以及 $\sum_{i=1}^m |l_i(x)|$[其中 $\{l_i(x)\}_{i=1}^m$ 如(1.3.7)]均为 $R(T)$ 上的范数. 事实上, $\|Tx\|_{\mathscr{Y}}$ 为 $R(T) \subset \mathscr{Y}$ 上的范数是显然的. 又 $\sum_{i=1}^m |l_i(x)|$ 显然是非负的且

$$\sum_{i=1}^m |l_i(x)| = 0 \iff l_i(x) = 0, \forall i \in \{1,2,\cdots,m\}$$
$$\iff Tx = \theta.$$

而 $\sum_{i=1}^m |l_i(x)|$ 的齐次性及三角不等式由 $\{l_i\}_{i=1}^m$ 的线性即得. 故 $\sum_{i=1}^m |l_i(x)|$ 也为 $R(T)$ 上的范数. 从而, 由有限维空间的各种范数互相等价(见文献[7]定理1.4.18)知存在 $M > 0$ 使得, 对任意的 $x \in \mathscr{X}$, 有

$$\sum_{i=1}^m |l_i(x)| \leqslant M \|Tx\|_{\mathscr{Y}} \leqslant M \|T\|_{\mathscr{L}(\mathscr{X},\mathscr{Y})} \|x\|_{\mathscr{X}}.$$

由此知对任意的 $i \in \{1,2,\cdots,m\}$, 有 $l_i \in \mathscr{X}^*$. 因此, 对任意 $i \in \{1,2,\cdots,m\}$, 存在 $f_i \in \mathscr{X}^*$ 使得, 对任意的 $x \in \mathscr{X}$ 有

$$l_i(x) = \langle f_i, x \rangle.$$

由此即得

$$Tx = \sum_{i=1}^m \langle f_i, x \rangle y_i = \sum_{i=1}^m y_i \otimes f_i(x).$$

从而
$$T = \sum_{i=1}^{m} y_i \otimes f_i.$$

至此, 定理1.3.28得证. □

由 $F(\mathscr{X},\mathscr{Y}) \subset \mathfrak{C}(\mathscr{X},\mathscr{Y})$ 及 $\mathfrak{C}(\mathscr{X},\mathscr{Y})$ 闭[见命题1.3.9(iii)]知

$$\overline{F(\mathscr{X},\mathscr{Y})} \subset \mathfrak{C}(\mathscr{X},\mathscr{Y}), \tag{1.3.8}$$

即有穷秩算子依算子范数的极限为紧算子.

但反向包含, 即

$$\overline{F(\mathscr{X},\mathscr{Y})} \supset \mathfrak{C}(\mathscr{X},\mathscr{Y}),$$

在一般情况下是不成立的(见文献[17]和[14]). 不过却有以下结论成立.

命题1.3.29 设 $\mathscr{H}$ 是Hilbert空间, 则 $\overline{F(\mathscr{H})} = \mathfrak{C}(\mathscr{H})$.

证明 由(1.3.8)知, 为证命题1.3.29成立, 只需证 $\mathfrak{C}(\mathscr{H}) \subset \overline{F(\mathscr{H})}$. 设 $T \in \mathfrak{C}(\mathscr{H})$, 则 $\overline{T(B_1)}$ 紧, 其中 B_1 为 $\mathscr{H}$ 中的单位球. 故由引理1.3.2及引理1.3.13知, 对任意的 $\varepsilon \in (0,\infty)$, 存在 $\overline{T(B_1)}$ 的有限 $\frac{\varepsilon}{2}$ 网 $\{y_1, y_2, \cdots, y_m\}$ 使得

$$\overline{T(B_1)} \subset \bigcup_{i=1}^{m} B\left(y_i, \frac{\varepsilon}{2}\right).$$

令 $E_\varepsilon := \mathrm{span}\{y_1, y_2, \cdots, y_m\}$. 因 E_ε 为有限维线性空间, 故 E_ε 为 $\mathscr{H}$ 的闭子空间. 因此, 由关于Hilbert空间的正交分解定理(见文献[7]推论1.6.37), 对任意 $x \in \mathscr{H}$, 存在着下列唯一的正交分解: $x = y + z$, 其中 $y \in E_\varepsilon$ 且

$$z \in E_\varepsilon^\perp := \{z \in \mathscr{H} : (z,y) = 0, \ \forall y \in E_\varepsilon\}.$$

令 $P_\varepsilon x := y$, 则 P_ε 为 $\mathscr{H}$ 到 E_ε 的正交投影. 由 $\|x\|_\mathscr{H}^2 = \|y\|_\mathscr{H}^2 + \|z\|_\mathscr{H}^2$ 进一步有

$$\|P_\varepsilon\|_{\mathscr{L}(\mathscr{H})} = \sup_{\|x\|_\mathscr{H}=1} \|P_\varepsilon x\|_\mathscr{H} = \sup_{\|x\|_\mathscr{H}=1} \|y\|_\mathscr{H} \leqslant 1.$$

则 $\|P_\varepsilon\|_{\mathscr{L}(\mathscr{H})} \leqslant 1$,

$$P_\varepsilon T \in F(\mathscr{H}),$$

且, 对任意的 $x \in B_1$, 存在 y_i, 其中 $i \in \{1, 2, \cdots, m\}$ 使得
$$\|Tx - y_i\|_{\mathscr{H}} < \frac{\varepsilon}{2}.$$

由此及 $P_\varepsilon y_i = y_i$ 可知
$$\begin{aligned}\|P_\varepsilon Tx - y_i\|_{\mathscr{H}} &= \|P_\varepsilon(Tx - y_i)\|_{\mathscr{H}} \\ &\leqslant \|P_\varepsilon\|_{\mathscr{L}(\mathscr{H})} \|Tx - y_i\|_{\mathscr{H}} < \frac{\varepsilon}{2}.\end{aligned}$$

从而, 对任意的 $x \in B_1$, 有
$$\|Tx - P_\varepsilon Tx\|_{\mathscr{H}} \leqslant \|Tx - y_i\|_{\mathscr{H}} + \|y_i - P_\varepsilon Tx\|_{\mathscr{H}} < \varepsilon.$$

由此知 $\|T - P_\varepsilon T\|_{\mathscr{L}(\mathscr{H})} \leqslant \varepsilon$, 即 $\mathfrak{C}(\mathscr{H}) \subset \overline{F(\mathscr{H})}$. 至此, 命题1.3.29得证. $\square$

下面考查可分空间的情形.

注记1.3.30 若
$$\overline{F(\mathscr{X})} = \mathfrak{C}(\mathscr{X}),$$
则 $\mathscr{X}$ 未必可分. 从而 $\mathscr{X}$ 一定没有Schauder基, 详见以下定义1.3.31及注记1.3.32(i). 为此, 只需说明存在不可分的Hilbert空间就可以了.

例如, 设 Γ 为 $\mathbb{R}$ 的一个不可数子集. 定义 $\ell^2(\Gamma)$ 为使得 $\{x \in \Gamma : f(x) \neq 0\}$ 的元素可数且
$$\|f\|_{\ell^2(\Gamma)} := \left(\sum_{x \in \Gamma} |f(x)|^2\right)^{\frac{1}{2}} < \infty$$
的实函数 f 全体.

在 $\ell^2(\Gamma)$ 上, 对任意的 f 和 g 定义内积
$$(f, g) := \sum_{x \in \Gamma} f(x)g(x),$$
则 $\ell^2(\Gamma)$ 为Hilbert空间但并不可分.

事实上, 对任意的 $x_0 \in \Gamma$, 定义
$$f^{x_0}(x) := \begin{cases} 1, & x = x_0, \\ 0, & x \neq x_0. \end{cases}$$

故$f^{x_0} \in \ell^2(\Gamma)$且，当$x_1 \neq x_0 \in \Gamma$时，

$$\|f^{x_1} - f^{x_0}\|_{\ell^2(\Gamma)} = \sqrt{2}.$$

从而$\{B(f^x, \frac{\sqrt{2}}{2})\}_{x \in \Gamma}$互不相交. 我们用反证法证明该断言. 任取$x_0, x_1 \in \Gamma$且$x_0 \neq x_1$，设$g \in B(f^{x_1}, \frac{\sqrt{2}}{2}) \cap B(f^{x_0}, \frac{\sqrt{2}}{2})$，则

$$\begin{aligned}\sqrt{2} &= \|f^{x_1} - f^{x_0}\|_{\ell^2(\Gamma)} \\ &\leqslant \|f^{x_1} - g\|_{\ell^2(\Gamma)} + \|g - f^{x_0}\|_{\ell^2(\Gamma)},\end{aligned}$$

与

$$\|f^{x_1} - g\|_{\ell^2(\Gamma)} + \|g - f^{x_0}\|_{\ell^2(\Gamma)} < \sqrt{2}$$

矛盾，故$B(f^{x_1}, \frac{\sqrt{2}}{2}) \cap B(f^{x_0}, \frac{\sqrt{2}}{2}) = \varnothing$. 又注意到$\{B(f^x, \frac{\sqrt{2}}{2})\}_{x \in \Gamma}$的个数不可数. 这说明了$\ell^2(\Gamma)$不可能有可数的稠密子集，即$\ell^2(\Gamma)$不可分. 因此，所证结论成立.

定义1.3.31 设$\mathscr{X}$为可分Banach空间，称序列$\{e_n\}_{n \in \mathbb{N}_+} \subset \mathscr{X}$为$\mathscr{X}$的一组**Schauder基**，若对任意$x \in \mathscr{X}$，存在唯一的序列$\{C_n(x)\}_{n \in \mathbb{N}_+} \subset \mathbb{C}$使得

$$x = \lim_{N \to \infty} \sum_{n=1}^{N} C_n(x) e_n$$

在$\mathscr{X}$中成立，即当$N \to \infty$时，

$$\left\| x - \sum_{n=1}^{N} C_n(x) e_n \right\|_{\mathscr{X}} \to 0.$$

注记1.3.32 关于Schauder基，我们有如下注记.

(i) 若$\{e_n\}_{n \in \mathbb{N}_+}$为$\mathscr{X}$的一组Schauder基，则由$\{C_n(x)\}_{n \in \mathbb{N}_+}$的唯一性知，对任意的$n \in \mathbb{N}_+$, $e_n \neq \theta$. 故，对$\forall n \in \mathbb{N}_+$, $\|e_n\|_{\mathscr{X}} \neq 0$.

(ii) 若$\mathscr{X}$有Schauder基，则$\mathscr{X}$可分.

事实上，设$\{e_n\}_{n \in \mathbb{N}_+}$为$\mathscr{X}$的Schauder基，令

$$M := \left\{ \sum_{j=1}^{N} (a_j + \mathrm{i} b_j) e_j : N \in \mathbb{N}_+, a_j, b_j \in \mathbb{Q}, j \in \{1, 2, \cdots, N\} \right\},$$

则 M 可数. 故为证 $\mathscr{X}$ 可分, 只需证 M 在 $\mathscr{X}$ 中稠密. 为此, 取 $x \in \mathscr{X}$. 因当 $N \to \infty$ 时,

$$\left\| x - \sum_{n=1}^{N} C_n(x) e_n \right\|_{\mathscr{X}} \to 0,$$

故, 对任意 $\varepsilon \in (0, \infty)$, 存在 $N \in \mathbb{N}_+$ 使得

$$\left\| x - \sum_{n=1}^{N} C_n(x) e_n \right\|_{\mathscr{X}} < \frac{\varepsilon}{2}.$$

现令 $L := \max\{\|e_n\|_{\mathscr{X}} : n \in \{1, 2, \cdots, N\}\}$, 则由 (i) 知 $L > 0$. 现对 $\forall n \in \{1, 2, \cdots, N\}$, 取 $a_n, b_n \in \mathbb{Q}$ 使得 $|C_n(x) - (a_n + \mathrm{i} b_n)| < \frac{\varepsilon}{2LN}$. 则

$$\left\| x - \sum_{n=1}^{N} (a_n + \mathrm{i} b_n) e_n \right\|_{\mathscr{X}}$$
$$\leqslant \left\| x - \sum_{n=1}^{N} C_n(x) e_n \right\|_{\mathscr{X}} + \sum_{n=1}^{N} |C_n(x) - (a_n + \mathrm{i} b_n)| \|e_n\|_{\mathscr{X}}$$
$$< \frac{\varepsilon}{2} + LN \frac{\varepsilon}{2LN} = \varepsilon.$$

因此, M 在 $\mathscr{X}$ 中稠密. 从而 $\mathscr{X}$ 可分. 故所证结论成立.

引理 1.3.33 设 $\mathscr{X}$ 为可分 Banach 空间, 则定义 1.3.31 中的 $C_n(x)$ 是 $\mathscr{X}$ 上的有界线性泛函.

证明 首先说明 C_n 是 $\mathscr{X}$ 上的线性函数. 事实上, 对任意 $\alpha, \beta \in \mathbb{C}$ 及 $x, y \in \mathscr{X}$, 因

$$\lim_{N \to \infty} \sum_{n=1}^{N} C_n(\alpha x + \beta y) e_n$$
$$= \alpha x + \beta y$$
$$= \alpha \lim_{N \to \infty} \sum_{n=1}^{N} C_n(x) e_n + \beta \lim_{N \to \infty} \sum_{n=1}^{N} C_n(x) e_n$$
$$= \lim_{N \to \infty} \sum_{n=1}^{N} [\alpha C_n(x) + \beta C_n(y)] e_n,$$

故由C_n的唯一性有

$$C_n(\alpha x + \beta y) = \alpha C_n(x) + \beta C_n(y).$$

即C_n是$\mathscr{X}$上的线性函数.

下证连续性. 为此, 对任意的$x \in \mathscr{X}$, 定义

$$\|\|x\|\| := \sup_{n \in \mathbb{N}_+} \|S_n(x)\|_{\mathscr{X}},$$

其中$S_n(x) := \sum_{i=1}^{n} C_i(x)e_i$. 易证$\|\|\cdot\|\|$为$\mathscr{X}$上的范数. 又由, 当$N \to \infty$时,

$$0 \leqslant \big|\|x\|_{\mathscr{X}} - \|S_n(x)\|_{\mathscr{X}}\big| \leqslant \|x - S_n(x)\| \to 0,$$

知

$$\|x\|_{\mathscr{X}} = \lim_{n \to \infty} \|S_n(x)\|_{\mathscr{X}} \leqslant \|\|x\|\|.$$

下证$(\mathscr{X}, \|\|\cdot\|\|)$完备. 为此, 设$\{x_m\}_{m \in \mathbb{N}_+}$为$(\mathscr{X}, \|\|\cdot\|\|)$中的Cauchy列. 因对任意的$m \in \mathbb{N}_+$,

$$x_m = \lim_{n \to \infty} \sum_{i=1}^{n} C_i(x_m)e_i$$

在$\|\cdot\|_{\mathscr{X}}$范数意义下成立, 故, 对任意的$m, k, n \in \mathbb{N}_+$, 有

$$|C_n(x_m) - C_n(x_k)| \|e_n\|_{\mathscr{X}}$$
$$= \left\| \sum_{i=1}^{n} [C_i(x_m) - C_i(x_k)]e_i - \sum_{i=1}^{n-1} [C_i(x_m) - C_i(x_k)]e_i \right\|_{\mathscr{X}}$$
$$= \|S_n(x_m - x_k) - S_{n-1}(x_m - x_k)\|_{\mathscr{X}}$$
$$\leqslant 2\|\|x_m - x_k\|\|,$$

从而

$$|C_n(x_m) - C_n(x_k)| \leqslant 2\|e_n\|_{\mathscr{X}}^{-1}\|\|x_m - x_k\|\|.$$

由此知$\{C_n(x_m)\}_{m \in \mathbb{N}_+}$为$\mathbb{C}$中的Cauchy列, 故存在$\alpha_n \in \mathbb{C}$使得

$$\lim_{m \to \infty} C_n(x_m) = \alpha_n.$$

进一步可知对任意取定的$n \in \mathbb{N}_+$, 当$m \to \infty$时, 有

$$\left\| S_n(x_m) - \sum_{i=1}^{n} \alpha_i e_i \right\|_{\mathscr{X}} \to 0. \qquad (1.3.9)$$

下证$\sum_{i=1}^{\infty} \alpha_i e_i \in \mathscr{X}$且, 当$m \to \infty$时,

$$\left\| x_m - \sum_{i=1}^{\infty} \alpha_i e_i \right\| \to 0.$$

事实上, 由$\{x_m\}_{m \in \mathbb{N}_+}$为$(\mathscr{X}, \|\!\|\!\| \cdot \|\!\|\!\|)$中的Cauchy列知, 对任意的$\varepsilon \in (0, \infty)$, 存在$N_\varepsilon \in \mathbb{N}_+$使得, 对任意的$m, k \geqslant N_\varepsilon$及$n \in \mathbb{N}_+$, 有

$$\| S_n(x_m) - S_n(x_k) \|_{\mathscr{X}} \leqslant \|\!\|\!\| x_m - x_k \|\!\|\!\| < \frac{\varepsilon}{3},$$

从而

$$\left\| S_n(x_m) - \sum_{i=1}^{n} \alpha_i e_i \right\|_{\mathscr{X}}$$
$$\leqslant \| S_n(x_m) - S_n(x_k) \|_{\mathscr{X}} + \left\| S_n(x_k) - \sum_{i=1}^{n} \alpha_i e_i \right\|_{\mathscr{X}}$$
$$< \frac{\varepsilon}{3} + \left\| S_n(x_k) - \sum_{i=1}^{n} \alpha_i e_i \right\|_{\mathscr{X}}.$$

在上式中令$k \to \infty$, 并利用(1.3.9), 则, 对任意的$n \in \mathbb{N}_+$, 有

$$\left\| S_n(x_m) - \sum_{i=1}^{n} \alpha_i e_i \right\|_{\mathscr{X}} \leqslant \frac{\varepsilon}{3}. \qquad (1.3.10)$$

由此对任意的$l \geqslant k \geqslant 2$, 有

$$\left\| \sum_{i=k}^{l} C_i(x_m) e_i - \sum_{i=k}^{l} \alpha_i e_i \right\|_{\mathscr{X}}$$
$$\leqslant \left\| S_l(x_m) - \sum_{i=1}^{l} \alpha_i e_i \right\|_{\mathscr{X}} + \left\| S_{k-1}(x_m) - \sum_{i=1}^{k-1} \alpha_i e_i \right\|_{\mathscr{X}} \leqslant \frac{2\varepsilon}{3}. \qquad (1.3.11)$$

固定 $m \geqslant N_\varepsilon$. 又因 $x_m = \lim\limits_{n\to\infty} S_n(x_m)$, 故存在 $N \in \mathbb{N}_+$ 使得, 对任意的 $l \geqslant k \geqslant N$,

$$\left\|\sum_{i=k}^{l} C_i(x_m)e_i\right\|_{\mathscr{X}} = \|S_l(x_m) - S_{k-1}(x_m)\|_{\mathscr{X}} < \frac{\varepsilon}{3}.$$

由此及(1.3.11), 有

$$\left\|\sum_{i=k}^{l} \alpha_i e_i\right\|_{\mathscr{X}} \leqslant \left\|\sum_{i=k}^{l} \alpha_i e_i - \sum_{i=k}^{l} C_i(x_m)e_i\right\|_{\mathscr{X}} + \left\|\sum_{i=k}^{l} C_i(x_m)e_i\right\|_{\mathscr{X}} < \varepsilon.$$

因此, $\{\sum\limits_{i=1}^{n} \alpha_i e_i\}_{n\in\mathbb{N}_+}$ 为 $(\mathscr{X}, \|\cdot\|_{\mathscr{X}})$ 中的基本列, 从而, 由 $\mathscr{X}$ 的完备性知其极限 $\sum\limits_{i=1}^{\infty} \alpha_i e_i \in \mathscr{X}$.

又由Schauder基分解的唯一性知, 当 $m \geqslant N_\varepsilon$ 时, 注意到

$$x := \sum_{i=1}^{\infty} \alpha_i e_i = \sum_{i=1}^{\infty} C_i(x)e_i$$

和

$$S_n(x) = \sum_{i=1}^{n} C_i(x)e_i = \sum_{i=1}^{n} \alpha_i e_i,$$

由此及(1.3.10)有

$$\|\|x_m - x\|\| = \sup_{n\in\mathbb{N}_+} \|S_n(x_m) - S_n(x)\|_{\mathscr{X}}$$
$$= \sup_{n\in\mathbb{N}_+} \left\|S_n(x_m) - \sum_{i=1}^{n} \alpha_i e_i\right\|_{\mathscr{X}} \leqslant \frac{\varepsilon}{3},$$

即 x 为 $\{x_m\}_{m\in\mathbb{N}_+}$ 依 $\|\|\cdot\|\|$ 的极限, 故 $(\mathscr{X}, \|\|\cdot\|\|)$ 完备. 由等价范数定理(见文献[7]推论2.3.14), 知存在 $M > 0$ 使得, 对任意的 $x \in \mathscr{X}$, 有

$$\|\|x\|\| \leqslant M\|x\|_{\mathscr{X}}.$$

由此进一步知, 对任意的 $n \in \mathbb{N}_+$, 有 $\|S_n\|_{\mathscr{L}(\mathscr{X})} \leqslant M$ 且, 对任意的 $x \in \mathscr{X}$, 有

$$|C_n(x)|\|e_n\|_{\mathscr{X}} = \|S_n(x) - S_{n-1}(x)\|_{\mathscr{X}} \leqslant 2M\|x\|_{\mathscr{X}},$$

从而

$$\|C_n\|_{\mathscr{X}^*} = \sup_{x\in\mathscr{X}\setminus\{\theta\}} \frac{|C_n(x)|}{\|x\|_{\mathscr{X}}} \leqslant 2M\|e_n\|_{\mathscr{X}}^{-1},$$

即 $C_n \in \mathscr{X}^*$. 至此, 引理1.3.33得证. □

定理1.3.34 若Banach空间$\mathscr{X}$上有Schauder基，则$\overline{F(\mathscr{X})} = \mathfrak{C}(\mathscr{X})$.

证明 由(1.3.8)，为证此定理成立，只需证明$\mathfrak{C}(\mathscr{X}) \subset \overline{F(\mathscr{X})}$. 令$S_n$如引理1.3.33之证明，则由此引理的证明知存在$M > 0$使得，对任意的$n \in \mathbb{N}_+$，有

$$\|S_n\|_{\mathscr{L}(\mathscr{X})} \leqslant M.$$

设$T \in \mathfrak{C}(\mathscr{X})$，则$\overline{T(B_1)}$紧. 从而，由引理1.3.2及引理1.3.13知，对任意的$\varepsilon \in (0, \infty)$，存在$\overline{T(B_1)}$的有穷$\frac{\varepsilon}{3(M+1)}$网$\{y_1, y_2, \cdots, y_m\}$使得

$$\overline{T(B_1)} \subset \bigcup_{i=1}^m B\left(y_i, \frac{\varepsilon}{3(M+1)}\right).$$

从而，对任意的$x \in B_1$，存在y_i使得

$$\|Tx - y_i\|_{\mathscr{X}} < \frac{\varepsilon}{3(M+1)}.$$

由此，对任意的$N \in \mathbb{N}_+$，有

$$\|S_N(Tx) - S_N(y_i)\|_{\mathscr{X}} < \frac{M\varepsilon}{3(M+1)} < \frac{\varepsilon}{3}.$$

此外，由Schauder基的定义知，存在$N \in \mathbb{N}_+$使得，对任意的$i \in \{1, 2, \cdots, m\}$，均有

$$\|S_N(y_i) - y_i\|_{\mathscr{X}} < \frac{\varepsilon}{3}.$$

从而

$$\|Tx - S_N(Tx)\|_{\mathscr{X}} \leqslant \|Tx - y_i\|_{\mathscr{X}} + \|y_i - S_N(y_i)\|_{\mathscr{X}} + \|S_N(y_i) - S_N(Tx)\|_{\mathscr{X}} < \varepsilon.$$

令$T_\varepsilon := S_N T$，则$T_\varepsilon \in F(\mathscr{X})$且$\|T - T_\varepsilon\|_{\mathscr{L}(\mathscr{X})} \leqslant \varepsilon$. 故当$\varepsilon \to 0^+$时，$T_\varepsilon$在$\mathscr{L}(\mathscr{X})$中收敛到$T$. 此处及下文中$\varepsilon \to 0^+$意味着$\varepsilon \in (0, \infty)$且$\varepsilon \to 0$. 至此，定理1.3.34得证. □

注记1.3.35 设$\mathscr{X}$和$\mathscr{Y}$均是线性赋范空间，$T: \mathscr{X} \longrightarrow \mathscr{Y}$是线性算子.

(i) 称T为完全有界算子，若T将有界集映为完全有界集. 根据引理1.3.13，

$$T是紧算子 \Longrightarrow T是完全有界算子 \Longrightarrow T是有界算子.$$

进一步, 若假设 $\mathscr{Y}$ 为 B 空间, 则由引理 1.3.13 知

$$T \text{ 为紧算子} \iff T \text{ 为完全有界算子}.$$

(ii) 由 (1.3.8), 命题 1.3.19 及注记 1.3.17 知有如下包含关系:

$$\overline{F(\mathscr{X},\mathscr{Y})} \subset \mathfrak{C}(\mathscr{X},\mathscr{Y}) \text{ [当 } \mathscr{Y} \text{ 为 } B \text{ 空间时]}$$
$$\subset \{\mathscr{X} \text{ 到 } \mathscr{Y} \text{ 的全连续算子全体}\}$$
$$\subset \mathscr{L}(\mathscr{X},\mathscr{Y}). \tag{1.3.12}$$

事实上, 当 $\mathscr{Y}$ 为 Hilbert 空间或 $\mathscr{Y}$ 为具有 Schauder 基的 B 空间时, 上式中第一个包含关系取等 (见习题 1.3.8 及习题 1.3.9); 当 $\mathscr{X}$ 为自反空间时, 根据命题 1.3.19, 上式第二个包含关系取等. 特别地, 若 $\mathscr{Y}$ 为有限维 B^* 空间时, 则 $\mathscr{Y}$ 为 B 空间且具有 Schauder 基, 因此, $\overline{F(\mathscr{X},\mathscr{Y})} = \mathfrak{C}(\mathscr{X},\mathscr{Y})$. 再由注记 1.3.10 知

$$\overline{F(\mathscr{X},\mathscr{Y})} = \mathfrak{C}(\mathscr{X},\mathscr{Y}) = \mathscr{L}(\mathscr{X},\mathscr{Y}).$$

因此, 此时, (1.3.12) 中包含关系全部相等. 因此, 所证结论成立.

习题 1.3

习题 1.3.1 设 $\mathscr{X}, \mathscr{Y}$ 为 Banach 空间且 $A: \mathscr{X} \longrightarrow \mathscr{Y}$ 为线性算子, 证明以下三个命题等价:

(i) A 为全连续算子;

(ii) 对 $\mathscr{X}$ 中任意弱收敛于 θ 的点列 $\{x_n\}_{n \in \mathbb{N}_+}$, 均有 $\{Ax_n\}_{n \in \mathbb{N}_+}$ 在 $\mathscr{Y}$ 中强收敛于 θ;

(iii) 存在 $x_0 \in \mathscr{X}$ 且, 对 $\mathscr{X}$ 中任意弱收敛于 x_0 的点列 $\{x_n\}_{n \in \mathbb{N}_+}$, 均有 $\{Ax_n\}_{n \in \mathbb{N}_+}$ 在 $\mathscr{Y}$ 中强收敛于 Ax_0.

习题 1.3.2 记 S_n 如引理 1.3.33 之证明. 证明

$$\{S_n\}_{n \in \mathbb{N}_+} \text{ 一致有界当且仅当对 } \forall n \in \mathbb{N}_+, C_n \in \mathscr{X}^*.$$

习题1.3.3 证明,若$\mathscr{X}$是无穷维Banach空间,则$\mathscr{X}$上紧算子没有有界逆.

习题1.3.4 设$\mathscr{X}$为Banach空间,$A \in \mathscr{L}(\mathscr{X})$满足: 对$\forall x \in \mathscr{X}$,
$$\|Ax\|_{\mathscr{X}} \geqslant \alpha \|x\|_{\mathscr{X}},$$
其中α为一正常数. 证明A紧当且仅当$\mathscr{X}$是有穷维的.

习题1.3.5 设$p \in [1, \infty)$, $\{w_n\}_{n \in \mathbb{N}_+} \subset \mathbb{C}$且$\lim\limits_{n \to \infty} w_n = 0$. 证明算子
$$T: \{\xi_n\}_{n \in \mathbb{N}_+} \longmapsto \{w_n \xi_n\}_{n \in \mathbb{N}_+}$$
是ℓ^p上紧算子.

习题1.3.6 设$\mathscr{H}$是Hilbert空间,A是$\mathscr{H}$上紧算子,$\{e_n\}_{n \in \mathbb{N}_+}$是$\mathscr{H}$的规范正交集. 证明
$$\lim_{n \to \infty} (Ae_n, e_n) = 0.$$

习题1.3.7 证明注记1.3.30中的$\ell^2(\Gamma)$为Hilbert空间.

习题1.3.8 设$\mathscr{X}$为线性赋范空间且$\mathscr{H}$是Hilbert空间. 证明
$$\overline{F(\mathscr{X}, \mathscr{H})} = \mathfrak{C}(\mathscr{X}, \mathscr{H}).$$

习题1.3.9 设$\mathscr{X}$为线性赋范空间且$\mathscr{Y}$是有Schauder基的Banach空间. 证明
$$\overline{F(\mathscr{X}, \mathscr{Y})} = \mathfrak{C}(\mathscr{X}, \mathscr{Y}).$$

习题1.3.10 在ℓ^2中定义如下算子
$$T: \ell^2 \longrightarrow \ell^2, \quad \{\xi_j\}_{j \in \mathbb{N}_+} \longmapsto \left\{\sum_{j=1}^{\infty} a_{ij} \xi_j\right\}_{i \in \mathbb{N}_+},$$
其中$\{a_{ij}\}_{i,j \in \mathbb{N}_+} \subset \mathbb{C}$.

(i) 若$\sum\limits_{i=1}^{\infty} \sum\limits_{j=1}^{\infty} |a_{ij}| < \infty$,证明$T$是$\ell^2$到$\ell^2$的紧算子.

(ii) 举例说明存在无穷矩阵 $\{a_{ij}\}_{i,j\in\mathbb{N}_+}$ 使得

$$\sum_{i=1}^{\infty}\sum_{j=1}^{\infty}|a_{ij}|^2=\infty,$$

但按上述定义的 T 仍是紧算子.

(iii) 若 $\forall i\neq j\in\mathbb{N}_+$, 有 $a_{ij}=0$. 证明 T 是 ℓ^2 上紧算子当且仅当

$$\lim_{n\to\infty}a_{nn}=0.$$

§1.4 紧算子的谱理论

本节主要介绍与紧算子相关的两个问题: 紧算子的谱和不变子空间. 在1.4.1小节中我们将给出紧算子的谱集的分布性质, 在1.4.2小节中主要介绍紧算子的不变子空间的性质.

§1.4.1 紧算子的谱

对紧算子的谱, 我们有如下结论.

定理1.4.1 设 $\mathscr{X}$ 为Banach空间, 若 $A \in \mathfrak{C}(\mathscr{X})$, 则

(i) 若 $\dim \mathscr{X} = \infty$, 则 $0 \in \sigma(A)$;

(ii) $\sigma(A) \setminus \{0\} = \sigma_p(A) \setminus \{0\}$;

(iii) $\sigma_p(A)$ 至多以0为聚点.

我们逐条来证明定理1.4.1.

定理1.4.1(i)的证明 设 $\dim \mathscr{X} = \infty$. 用反证法. 若 $0 \notin \sigma(A)$, 则 $0 \in \rho(A)$, 从而
$$A^{-1} \in \mathscr{L}(\mathscr{X}).$$
由命题1.3.9(vi), 知 $I = AA^{-1} \in \mathfrak{C}(\mathscr{X})$. 由此, 对 $\mathscr{X}$ 中的任意有界集 M, 其闭包 $\overline{M}$ 为 $\mathscr{X}$ 中的紧集, 故 M 列紧(见引理1.3.2). 由于赋范线性空间为有限维当且仅当其任意有界集列紧(见文献[7]推论1.4.30), 故 $\dim \mathscr{X} < \infty$, 与已知条件 $\dim \mathscr{X} = \infty$ 矛盾. 因此, $0 \in \sigma(A)$. 至此, 定理1.4.1(i)得证. □

为证定理1.4.1(ii), 我们需要如下的几个引理. 下文中, 对任意 $T \in \mathscr{L}(\mathscr{X}, \mathscr{Y})$, 记
$$R(T) := \{Tx : x \in \mathscr{X}\}$$
且
$$N(T) := \{x \in \mathscr{X} : Tx = \theta\}.$$

引理1.4.2 设 $\mathscr{X}$ 为Banach空间, $A \in \mathfrak{C}(\mathscr{X})$ 且定义 $T := I - A$, 则 $R(T)$ 闭.

证明 因为$N(T)$是$\mathscr{X}$的闭子空间,定义

$$\widetilde{T}: \mathscr{X}/N(T) \longrightarrow \mathscr{X}, \quad [x] \longmapsto Tx.$$

注意到,对任意的$x_1, x_2 \in [x]$,有$x_1 - x_2 \in N(T)$,故

$$T(x_1 - x_2) = \theta,$$

从而$Tx_1 = Tx_2$, $R(\widetilde{T}) = R(T)$且有

$$N(\widetilde{T}) = \{[x] \in \mathscr{X}/N(T): Tx = \theta\}$$
$$= \{[x] \in \mathscr{X}/N(T): x \in N(T)\} = \{[\theta]\}.$$

故$\widetilde{T}^{-1}$存在.

下证$\widetilde{T}$为有界算子. 对任意的$[x] \in \mathscr{X}/N(T)$,若记$[x]$在$\mathscr{X}/N(T)$中的范数为$\|[x]\|_{\mathscr{X}/N(T)}$[为证$\|[x]\|_{\mathscr{X}/N(T)} = 0$可以导出$[x] = [\theta]$需要$N(T)$闭],则

$$\|[x]\|_{\mathscr{X}/N(T)} := \inf_{y \in [x]} \|y\|_{\mathscr{X}}.$$

对任意的$y \in [x]$,有

$$\left\|\widetilde{T}([x])\right\|_{\mathscr{X}} = \|T(y)\|_{\mathscr{X}} \leqslant \|T\|_{\mathscr{L}(\mathscr{X})} \|y\|_{\mathscr{X}}.$$

上式两端关于y取下确界有

$$\left\|\widetilde{T}([x])\right\|_{\mathscr{X}} \leqslant \|T\|_{\mathscr{L}(\mathscr{X})} \|[x]\|_{\mathscr{X}/N(T)},$$

由此知

$$\left\|\widetilde{T}\right\|_{\mathscr{L}(\mathscr{X}/N(T), \mathscr{X})} \leqslant \|T\|_{\mathscr{L}(\mathscr{X})}.$$

因此,$\widetilde{T}$有界.

下证$R(T)$闭(即要证引理1.4.2的结论成立),为此只需证$\widetilde{T}^{-1}$连续.

事实上,因$\mathscr{X}$完备,故$\mathscr{X}/N(T)$按$\|\cdot\|_{\mathscr{X}/N(T)}$完备(见文献[7]定理1.4.32). 设$y \in \overline{R(T)}$,则存在

$$\{y_n\}_{n \in \mathbb{N}_+} \subset R(T)$$

使得$y_n \to y, n \to \infty$. 对$\forall n \in \mathbb{N}_+$, 记$[x_n] := \widetilde{T}^{-1} y_n$, 若$\widetilde{T}^{-1}$连续, 则, 当$m, n \to \infty$时,

$$\|[x_n] - [x_m]\|_{\mathscr{X}/N(T)} = \left\|\widetilde{T}^{-1} y_n - \widetilde{T}^{-1} y_m\right\|_{\mathscr{X}/N(T)}$$
$$\leqslant \left\|\widetilde{T}^{-1}\right\|_{\mathscr{L}(R(T), \mathscr{X}/N(T))} \|y_n - y_m\|_{\mathscr{X}}$$
$$\to 0.$$

故$\{[x_n]\}_{n \in \mathbb{N}_+}$为$\mathscr{X}/N(T)$中的基本列. 因$\mathscr{X}/N(T)$完备, 故存在

$$[x] \in \mathscr{X}/N(T)$$

使得$[x_n] \to [x], n \to \infty$, 故由$\widetilde{T}$连续, 进一步知, 当$n \to \infty$时,

$$\widetilde{T}[x_n] \to \widetilde{T}[x],$$

即$y_n \to \widetilde{T}[x], n \to \infty$. 由极限的唯一性有$y = \widetilde{T}[x] = Tx$, 故$y \in R(T)$, 从而$R(T)$闭.

下证$\widetilde{T}^{-1}$连续, 即$\widetilde{T}^{-1}$有界. 若不然, 则存在$\{y_n\}_{n \in \mathbb{N}_+} \subset R(\widetilde{T}) = R(T)$使得$\|y_n\|_{\mathscr{X}} = 1$且$\|\widetilde{T}^{-1} y_n\|_{\mathscr{X}/N(T)} \to \infty$, 当$n \to \infty$时. 不妨设对$\forall n \in \mathbb{N}_+$,

$$\left\|\widetilde{T}^{-1} y_n\right\|_{\mathscr{X}/N(T)} \neq 0$$

且令

$$[x_n] := \frac{\widetilde{T}^{-1} y_n}{\|\widetilde{T}^{-1} y_n\|_{\mathscr{X}/N(T)}},$$

则$\|[x_n]\|_{\mathscr{X}/N(T)} = 1$且, 当$n \to \infty$时,

$$\widetilde{T}[x_n] = \frac{y_n}{\|\widetilde{T}^{-1} y_n\|_{\mathscr{X}/N(T)}} \to \theta. \tag{1.4.1}$$

由$\|[x_n]\|_{\mathscr{X}/N(T)} = 1$知对任意的$n \in \mathbb{N}_+$, 存在$x_n \in [x_n]$使得$\|x_n\|_{\mathscr{X}} \leqslant 2$且, 当$n \to \infty$时,

$$(I - A) x_n = T x_n = \widetilde{T}[x_n] \to \theta.$$

从而, 由A紧知存在$\{x_n\}_{n \in \mathbb{N}_+}$的子列$\{x_{n_k}\}_{k \in \mathbb{N}_+}$使得$A x_{n_k} \to z, k \to \infty$. 因此, 当$k \to \infty$时,

$$x_{n_k} = A x_{n_k} + (I - A) x_{n_k} \to z,$$

从而
$$\widetilde{T}[x_{n_k}] = Tx_{n_k} \to Tz.$$

而由(1.4.1)知, 当 $k \to \infty$ 时,
$$\widetilde{T}[x_{n_k}] \to \theta,$$

故 $Tz = \theta$. 从而 $z \in N(T)$. 因此, 当 $k \to \infty$ 时,
$$\|[x_{n_k}]\|_{\mathscr{X}/N(T)} = \|[x_{n_k} - z]\|_{\mathscr{X}/N(T)} \leqslant \|x_{n_k} - z\|_{\mathscr{X}} \to 0,$$

而这与 $\|[x_{n_k}]\|_{\mathscr{X}/N(T)} = 1$ 矛盾, 故 $\widetilde{T}^{-1}$ 连续. 至此, 引理1.4.2得证. □

以下著名的F. Riesz引理可见文献[7]引理1.4.31.

引理1.4.3 如果 $\mathscr{X}_0$ 是 B^* 空间 $\mathscr{X}$ 的一个真闭子空间, 那么对任意 $\varepsilon \in (0,1)$, 存在 $y \in \mathscr{X}$ 使得 $\|y\| = 1$, 并且
$$\|y - x\| \geqslant 1 - \varepsilon, \quad \forall x \in \mathscr{X}_0.$$

引理1.4.4 设 $\mathscr{X}$ 为Banach空间, $A \in \mathfrak{C}(\mathscr{X})$ 且 $T := I - A$, 若
$$N(T) := \{x \in \mathscr{X} : Tx = \theta\} = \{\theta\},$$

则 $R(T) = \mathscr{X}$, 其中 θ 表示相应空间的零元.

证明 用反证法. 若 $R(T) \neq \mathscr{X}$, 记 $\mathscr{X}_0 := R(T)$, $\mathscr{X}_k := T(\mathscr{X}_{k-1})$, 其中 $k \in \mathbb{N}_+$. 由于 $\mathscr{X}_0 \subsetneqq \mathscr{X}$ 且 $N(T) = \{\theta\}$, 故

$$\mathscr{X}_0 \supsetneqq \mathscr{X}_1 \supsetneqq \mathscr{X}_2 \supsetneqq \cdots. \tag{1.4.2}$$

事实上, 若存在 $k \in \mathbb{N}_+$ 使得 $T(\mathscr{X}_{k-1}) = \mathscr{X}_{k-1}$, 则因 $\mathscr{X}_0 = R(T) = T(\mathscr{X})$, 故
$$T(\mathscr{X}_{k-1}) = \mathscr{X}_{k-1} = T(\mathscr{X}_{k-2}) = T^2(\mathscr{X}_{k-3})$$
$$= \cdots = T^{k-1}(\mathscr{X}_0) = T^k(\mathscr{X}).$$

从而
$$T^k(\mathscr{X}) = \mathscr{X}_{k-1} = T(\mathscr{X}_{k-1}) = T^{k+1}(\mathscr{X}).$$

故, 对任意的 $y \in \mathscr{X}$, 存在 $x \in \mathscr{X}$ 使得 $T^{k+1}x = T^k y$, 即

$$T^k(y - Tx) = \theta.$$

现断言 $y = Tx$. 事实上, 若 $k = 1$, 则 $T(y - Tx) = \theta$. 从而 $y - Tx \in N(T) = \{\theta\}$. 故 $y = Tx$. 若 $k \geqslant 2$, 则由 $TT^{k-1}(y - Tx) = \theta$ 知 $T^{k-1}(y - Tx) \in N(T) = \{\theta\}$, 从而 $T^{k-1}(y - Tx) = \theta$. 再依此类推即知 $T(y - Tx) = \theta$. 从而 $y = Tx$, 故所证断言成立. 从而 $\mathscr{X} = \mathscr{X}_0 = R(T)$, 与 $\mathscr{X}_0 \subsetneq \mathscr{X}$ 矛盾. 故 (1.4.2) 成立.

下证, 对任意 $k \in \mathbb{N}$, $\mathscr{X}_k$ 闭. 事实上, 由 A 紧和引理 1.4.2 知 $\mathscr{X}_0 := R(T) = T(\mathscr{X})$ 闭. 又已证

$$\mathscr{X}_1 := T(\mathscr{X}_0) = (I - A)(\mathscr{X}_0) \subsetneq \mathscr{X}_0,$$

故, 对 $x \in \mathscr{X}_0$, 有

$$x - Ax = Tx \in \mathscr{X}_1 \subsetneq \mathscr{X}_0.$$

由此及 $\mathscr{X}_0$ 为线性子空间进一步知

$$Ax := x - Tx \in \mathscr{X}_0.$$

故 A 把 $\mathscr{X}_0$ 映到 $\mathscr{X}_0$. 又由 $\mathscr{X}_0$ 闭和命题 1.3.9(iv) 知 $A|_{\mathscr{X}_0} \in \mathfrak{C}(\mathscr{X}_0)$. 再由此及引理 1.4.2 知

$$\left(I|_{\mathscr{X}_0} - A|_{\mathscr{X}_0}\right)(\mathscr{X}_0) = T(\mathscr{X}_0) =: \mathscr{X}_1$$

闭. 用归纳法进一步类似可证, 对任意 $k \in \mathbb{N}_+ \cap [2, \infty)$, $\mathscr{X}_k$ 闭. 从而, 对任意 $k \in \mathbb{N}$, $\mathscr{X}_k$ 闭.

现由引理 1.4.3, 即 Riesz 引理, 知对 $\forall k \in \mathbb{N}$, 存在 $y_k \in \mathscr{X}_k$, 使得 $\|y_k\|_{\mathscr{X}} = 1$ 且

$$\operatorname{dist}(y_k, \mathscr{X}_{k+1}) := \inf_{z \in \mathscr{X}_{k+1}} \|y_k - z\|_{\mathscr{X}} \geqslant \frac{1}{2}.$$

从而, 对任意的 $m, n \in \mathbb{N}_+$, 由 $\mathscr{X}_{n+1} = T(\mathscr{X}_n)$ 及 $y_n \in \mathscr{X}_n$ 知 $Ty_n \in \mathscr{X}_{n+1}$, $y_{m+n} \in \mathscr{X}_{m+n} \subset \mathscr{X}_{n+1}$ 且

$$Ty_{m+n} \in T(\mathscr{X}_{m+n}) = \mathscr{X}_{m+n+1} \subset \mathscr{X}_{n+1},$$

故

$$Ty_n - Ty_{m+n} + y_{m+n} \in \mathscr{X}_{n+1}.$$

由此可知

$$\|Ay_n - Ay_{m+n}\|_{\mathscr{X}} = \|y_n - (Ty_n - Ty_{m+n} + y_{m+n})\|_{\mathscr{X}} \geq \frac{1}{2}.$$

即 $\mathscr{X}$ 中存在有界点列 $\{y_n\}_{n\in\mathbb{N}_+}$, 但 $\{Ay_n\}_{n\in\mathbb{N}_+}$ 无收敛子列, 这与 $A \in \mathfrak{C}(\mathscr{X})$ 矛盾, 故 $R(T) = \mathscr{X}$. 至此, 引理1.4.4得证. □

事实上, 引理1.4.4的逆命题也成立, 详见文献[13]Theorem 6.6(c).

下面我们回到定理1.4.1剩余部分的证明.

定理1.4.1(ii)的证明 只需证

$$\sigma(A) \setminus \{0\} \subset \sigma_p(A).$$

由反证法, 设 $\lambda \in \sigma(A) \setminus \{0\}$, 且 $\lambda \notin \sigma_p(A)$, 于是 $(\lambda I - A)^{-1}$ 存在, 从而

$$N(\lambda I - A) = \{\theta\}.$$

故有 $N(I - \frac{1}{\lambda}A) = \{\theta\}$.

由 A 紧知 $\frac{1}{\lambda}A$ 紧[见命题1.3.9(ii)], 故由引理1.4.4可知

$$R\left(I - \frac{1}{\lambda}A\right) = \mathscr{X},$$

由此即得

$$R(\lambda I - A) = \mathscr{X},$$

而这说明 $\lambda \in \rho(A)$, 与 $\lambda \in \sigma(A)$ 矛盾. 至此, 定理1.4.1(ii)得证. □

定理1.4.1(iii)的证明 用反证法. 假设存在两两不等的序列

$$\{\lambda_n\}_{n\in\mathbb{N}_+} \subset \sigma_p(A) \setminus \{0\}$$

使得 $\lambda_n \to \lambda \neq 0, n \to \infty$. 由 $\lambda_n \in \sigma_p(A)$ 知

$$N(\lambda_n I - A) \supsetneq \{\theta\}.$$

对 $\forall n \in \mathbb{N}_+$, 取 $x_n \in N(\lambda_n I - A) \setminus \{\theta\}$. 下证对任意的 $n \in \mathbb{N}_+$, $\{x_1, x_2, \cdots, x_n\}$ 线性无关.

事实上, 由数学归纳法, 设$\{x_1, x_2, \cdots, x_{n-1}\}$线性无关, 若存在$\{\alpha_j\}_{j=1}^{n-1} \subset \mathbb{C}$使得$x_n = \sum\limits_{j=1}^{n-1} \alpha_j x_j$, 则

$$\sum_{j=1}^{n-1} \lambda_n \alpha_j x_j = \lambda_n x_n = A x_n = A \left(\sum_{j=1}^{n-1} \alpha_j x_j \right) = \sum_{j=1}^{n-1} \alpha_j \lambda_j x_j,$$

因此,

$$\sum_{j=1}^{n-1} \alpha_j (\lambda_n - \lambda_j) x_j = \theta.$$

由$\{x_1, x_2, \cdots, x_{n-1}\}$线性无关及$\{\lambda_n\}_{n \in \mathbb{N}_+}$两两不等知, 对$\forall j \in \{1, 2, \cdots, n-1\}$, $\alpha_j = 0$. 故$x_n = \theta$. 而这与x_n的取法相矛盾. 下设存在一组不全为零的数$\{\alpha_i\}_{i=1}^n \subset \mathbb{C}$使得

$$\sum_{i=1}^n \alpha_i x_i = \theta.$$

若$\alpha_n = 0$, 则由$\{x_1, x_2, \cdots, x_{n-1}\}$的线性无关性知$\alpha_i = 0$, $\forall i \in \{1, 2, \cdots, n-1\}$. 从而所有$\alpha_i$均为0, 与$\alpha_i$的取法相矛盾. 故$\alpha_n \neq 0$. 从而

$$x_n = -\sum_{i=1}^{n-1} \frac{\alpha_i}{\alpha_n} x_i,$$

但已证这也不可能, 故满足上述条件的$\{\alpha_i\}_{i=1}^n$不存在. 从而$\{x_1, x_2, \cdots, x_n\}$线性无关至此得证.

对$\forall n \in \mathbb{N}_+$, 定义

$$E_n := \text{span}\{x_1, x_2, \cdots, x_n\}.$$

则E_n闭且, 对任意的$n \in \mathbb{N}_+$, 有

$$E_n \subsetneqq E_{n+1}.$$

由Riesz引理(见引理1.4.3)知存在$y_{n+1} \in E_{n+1}$使得$\|y_{n+1}\|_{\mathscr{X}} = 1$且

$$\text{dist}(y_{n+1}, E_n) \geqslant \frac{1}{2}.$$

对任意的$n, p \in \mathbb{N}_+$, 设

$$y_{n+p} = \sum_{i=1}^{n+p} \alpha_i x_i,$$

则有
$$Ay_{n+p} = \sum_{i=1}^{n+p} \alpha_i A x_i = \sum_{i=1}^{n+p} \alpha_i \lambda_i x_i \in E_{n+p}$$

以及
$$y_{n+p} - \frac{1}{\lambda_{n+p}} A y_{n+p} = \sum_{i=1}^{n+p} \left(1 - \frac{\lambda_i}{\lambda_{n+p}}\right) \alpha_i x_i$$
$$= \sum_{i=1}^{n+p-1} \left(1 - \frac{\lambda_i}{\lambda_{n+p}}\right) \alpha_i x_i \in E_{n+p-1}.$$

类似可证
$$\frac{1}{\lambda_n} A y_n \in E_n \subset E_{n+p-1}.$$

因此,
$$y_{n+p} - \frac{1}{\lambda_{n+p}} A y_{n+p} + \frac{1}{\lambda_n} A y_n \in E_{n+p-1}.$$

由此有
$$\left\| A\left(\frac{y_{n+p}}{\lambda_{n+p}}\right) - A\left(\frac{y_n}{\lambda_n}\right) \right\|_{\mathscr{X}} = \left\| y_{n+p} - \left(y_{n+p} - \frac{1}{\lambda_{n+p}} A y_{n+p} + \frac{1}{\lambda_n} A y_n\right) \right\|_{\mathscr{X}}$$
$$\geqslant \operatorname{dist}(y_{n+p}, E_{n+p-1}) \geqslant \frac{1}{2}.$$

而由, 当 $n \to \infty$ 时,
$$\left\|\frac{y_n}{\lambda_n}\right\|_{\mathscr{X}} = \frac{1}{|\lambda_n|} \to \frac{1}{|\lambda|},$$

可知 $\{\frac{y_n}{\lambda_n}\}_{n \in \{2,3,\cdots\}}$ 为 $\mathscr{X}$ 中的有界点列. 但 $\{A(\frac{y_n}{\lambda_n})\}_{n \in \{2,3,\cdots\}}$ 无收敛子列, 这与 A 紧矛盾[见定义1.3.1(iii)], 故 $\sigma_p(A)$ 只能以0为聚点. 因此, 定理1.4.1(iii)的结论成立. 至此, 定理得证. □

注记1.4.5 上述定理说明了对无穷维Banach空间上的紧算子 A, 其谱集只有以下三种可能的情况:

(i) $\sigma(A) = \{0\}$;

(ii) $\sigma(A) = \{0, \lambda_1, \lambda_2, \cdots, \lambda_m\}$, 其中 $\{\lambda_i\}_{i=1}^m$ 非零, 均为特征值且
$$|\lambda_1| > \cdots > |\lambda_m|;$$

(iii) $\sigma(A) = \{0, \lambda_1, \lambda_2, \cdots, \lambda_m, \cdots\}$, 其中 $\{\lambda_i\}_{i=1}^{\infty}$ 非零, 均为特征值,

$$|\lambda_1| > \cdots > |\lambda_m| > \cdots$$

且, 当 $m \to \infty$ 时, $\lambda_m \to 0$.

我们首先说明, 当 $m \to \infty$ 时, (iii) 中的 $\lambda_m \to 0$. 这是因 A 紧, 从而有界, 故有 $r_{\sigma(A)} \leqslant \|A\|_{\mathscr{L}(\mathscr{X})} < \infty$ 且 $\sigma(A) \subset \overline{B(0, \|A\|_{\mathscr{L}(\mathscr{X})})}$. 从而 $\{\lambda_m\}_{m \in \mathbb{N}_+}$ 有界, 故有收敛子列. 因此, 由定理 1.4.1(ii) 和 (iii) 知 $\{\lambda_m\}_{m \in \mathbb{N}_+}$ 的任意收敛子列只能以 0 为极限.

下面我们举例说明注记 1.4.5 中的三种情况均可发生.

例 1.4.6 取 $\mathscr{X} = \ell^2$, A 为 ℓ^2 上的零算子. 注意到此时, 对任意的 $\lambda \in \mathbb{C} \setminus \{0\}$, 有 $(\lambda I - A)^{-1} = \lambda^{-1} I \in \mathscr{L}(\ell^2)$, 即 $\lambda \in \rho(A)$, 故 $\sigma(A) = \{0\} = \sigma_p(A)$.

例 1.4.7 仍取 $\mathscr{X} = \ell^2$. 取定 $\{\lambda_1, \lambda_2, \cdots, \lambda_m\} \subset \mathbb{C}$ 且对 $\forall i \in \{1, 2, \cdots, m\}$, $\lambda_i \neq 0$. 定义算子

$$A: \begin{cases} \ell^2 \longrightarrow \ell^2, \\ \{a_k\}_{k \in \mathbb{N}_+} \longmapsto \{\lambda_1 a_1, \lambda_2 a_2 \cdots, \lambda_m a_m, 0, \cdots\}, \end{cases}$$

此时 $\dim R(A) = m < \infty$. 下证 $A \in \mathscr{L}(\ell^2)$ 且

$$\|A\|_{\mathscr{L}(\ell^2)} = \max\{|\lambda_1|, |\lambda_2|, \cdots, |\lambda_m|\}.$$

一方面,

$$\|A\|_{\mathscr{L}(\ell^2)} = \sup_{\|\{a_k\}_{k \in \mathbb{N}_+}\|_{\ell^2} = 1} \left\{\sum_{i=1}^m |\lambda_i a_i|^2\right\}^{\frac{1}{2}}$$
$$\leqslant \max\{|\lambda_i| : i \in \{1, 2, \cdots, m\}\}.$$

另一方面, 对任意 $i \in \{1, 2, \cdots, m\}$, 令 $e_i := (0, \cdots, 0, 1, 0, \cdots)$ (只有第 i 个坐标为 1, 其余均为 0), 则

$$\|A\|_{\mathscr{L}(\ell^2)} \geqslant \|Ae_i\|_{\ell^2} = |\lambda_i|.$$

从而

$$\|A\|_{\mathscr{L}(\ell^2)} \geqslant \max\{|\lambda_1|, |\lambda_2|, \cdots, |\lambda_m|\}.$$

因此, $A \in \mathscr{L}(\ell^2)$ 且
$$\|A\|_{\mathscr{L}(\ell^2)} = \max\{|\lambda_1|, |\lambda_2|, \cdots, |\lambda_m|\}.$$

故 A 为有穷秩算子, 从而 A 紧.

下面考查 $\sigma(A)$. 首先由 $\dim \ell^2 = \infty$ 及定理1.4.1(i)知 $0 \in \sigma(A)$. 事实上, 进一步易知 $0 \in \sigma_p(A)$. 注意到, 对 $e_i := \{0, \cdots, 0, 1, 0, \cdots\}$(其中第 i 个元素为1, 其余各项为0), 有

$$Ae_i = \lambda_i e_i, \quad i \in \{1, 2, \cdots, m\},$$
$$Ae_{m+1} = \theta = 0e_{m+1}.$$

故 $\{0, \lambda_1, \lambda_2, \cdots, \lambda_m\} \subset \sigma_p(A)$. 对 $\lambda \notin \{0, \lambda_1, \lambda_2, \cdots, \lambda_m\}$, 若

$$(\lambda I - A)\left(\{a_k\}_{k \in \mathbb{N}_+}\right) = \theta,$$

即

$$\{(\lambda - \lambda_1)a_1, \cdots, (\lambda - \lambda_m)a_m, \lambda a_{m+1}, \cdots\} = \{0, \cdots, 0, 0, \cdots\},$$

则 $\{a_k\}_{k \in \mathbb{N}_+} = \theta$, 故 $\lambda I - A$ 为单射. 进一步有

$$(\lambda I - A)^{-1}: \begin{cases} \ell^2 \longrightarrow \ell^2, \\ \{a_k\}_{k \in \mathbb{N}_+} \longmapsto \left\{\dfrac{a_1}{\lambda - \lambda_1}, \cdots, \dfrac{a_m}{\lambda - \lambda_m}, \dfrac{a_{m+1}}{\lambda}, \cdots\right\}, \end{cases}$$

且

$$\left\|(\lambda I - A)^{-1}\right\|_{\mathscr{L}(\ell^2)} = \sup_{\|\{a_k\}_{k \in \mathbb{N}_+}\|_{\ell^2}=1} \left\{\sum_{i=1}^m \left|\frac{a_i}{\lambda - \lambda_i}\right|^2 + \sum_{i=m+1}^\infty \left|\frac{a_i}{\lambda}\right|^2\right\}^{\frac{1}{2}}$$
$$\leqslant \max\left\{\frac{1}{|\lambda - \lambda_1|}, \cdots, \frac{1}{|\lambda - \lambda_m|}, \frac{1}{|\lambda|}\right\}.$$

又, 对任意 $i \in \{1, 2, \cdots, m\}$, 有

$$\left\|(\lambda I - A)^{-1}\right\|_{\mathscr{L}(\ell^2)} \geqslant \left\|(\lambda I - A)^{-1} e_i\right\|_{\ell^2} = \frac{1}{|\lambda - \lambda_i|}$$

且

$$\left\|(\lambda I - A)^{-1}\right\|_{\mathscr{L}(\ell^2)} \geqslant \left\|(\lambda I - A)^{-1} e_{m+1}\right\|_{\ell^2} = \frac{1}{|\lambda|}.$$

从而
$$\|(\lambda I-A)^{-1}\|_{\mathscr{L}(\ell^2)} \geqslant \max\left\{\frac{1}{|\lambda-\lambda_1|},\cdots,\frac{1}{|\lambda-\lambda_m|},\frac{1}{|\lambda|}\right\}.$$

因此, $(\lambda I-A)^{-1} \in \mathscr{L}(\ell^2)$ 且
$$\|(\lambda I-A)^{-1}\|_{\mathscr{L}(\ell^2)} = \max\left\{\frac{1}{|\lambda-\lambda_1|},\cdots,\frac{1}{|\lambda-\lambda_m|},\frac{1}{|\lambda|}\right\}.$$

由此即知 $\lambda \in \rho(A)$. 因此,
$$\sigma(A) = \sigma_p(A) = \{0,\lambda_1,\lambda_2,\cdots,\lambda_m\}.$$

故所证结论成立.

例1.4.8 令 $\mathscr{X} := \ell^2$. 设 $\{\lambda_1,\lambda_2,\cdots,\lambda_m,\cdots\} \subset \mathbb{C}, \lambda_i \neq 0, \forall i \in \mathbb{N}_+$ 且 $\lambda_m \to 0$, $m \to \infty$. 定义算子
$$A: \begin{cases} \ell^2 \longrightarrow \ell^2, \\ \{a_k\}_{k\in\mathbb{N}_+} \longmapsto \{\lambda_k a_k\}_{k\in\mathbb{N}_+}. \end{cases}$$

因当 $m \to \infty$ 时, $\lambda_m \to 0$, 故 $\{|\lambda_m|\}_{m\in\mathbb{N}_+}$ 有界. 从而
$$\|A\|_{\mathscr{L}(\ell^2)} = \sup_{\|\{a_k\}_{k\in\mathbb{N}_+}\|_{\ell^2}=1} \|\{\lambda_k a_k\}_{k\in\mathbb{N}_+}\|_{\ell^2} \leqslant \sup_{m\in\mathbb{N}_+} |\lambda_m| < \infty.$$

故 $A \in \mathscr{L}(\ell^2)$. 又对任意 $m \in \mathbb{N}_+$, 有
$$\|A\|_{\mathscr{L}(\ell^2)} \geqslant \|Ae_m\|_{\ell^2} = |\lambda_m|.$$

故 $\|A\|_{\mathscr{L}(\ell^2)} \geqslant \sup_{m\in\mathbb{N}_+} |\lambda_m|$. 因此, $A \in \mathscr{L}(\ell^2)$ 且
$$\|A\|_{\mathscr{L}(\ell^2)} = \sup_{m\in\mathbb{N}_+} |\lambda_m|. \tag{1.4.3}$$

下证 A 紧. 因 ℓ^2 为Hilbert空间, 故由命题1.3.29知只需证明存在有穷秩算子 A_m 使得, 当 $m \to \infty$ 时,
$$\|A_m - A\|_{\mathscr{L}(\ell^2)} \to 0.$$

为此, 对任意的 $m \in \mathbb{N}_+$, 定义

$$A_m(\{a_k\}_{k\in\mathbb{N}_+}) := \{\lambda_1 a_1, \lambda_2 a_2, \cdots, \lambda_m a_m, 0, 0, \cdots\},$$

则 $A_m \in F(\ell^2)$. 因 $\lambda_m \to 0, m \to \infty$, 故, 对任意的 $\varepsilon \in (0, \infty)$, 存在 $m_0 \in \mathbb{N}_+$ 使得, 对任意的 $j > m_0$, 我们有 $|\lambda_j| < \varepsilon$. 此时, 当 $m \geqslant m_0$ 时, 有

$$\|A_m - A\|_{\mathscr{L}(\ell^2)} = \sup_{\|a\|_{\ell^2}=1}\left\{\sum_{j=m+1}^{\infty}|\lambda_j|^2 |a_j|^2\right\}^{\frac{1}{2}} < \varepsilon.$$

由此及命题 1.3.29 知 $A \in \mathfrak{C}(\mathscr{X})$.

对 $i \in \mathbb{N}_+$, 记 e_i 如例 1.4.7. 则 $Ae_i = \lambda_i e_i, \forall i \in \mathbb{N}_+$. 故

$$\{\lambda_1, \lambda_2, \cdots, \lambda_m, \cdots\} \subset \sigma_p(A).$$

又由 $\dim \ell^2 = \infty$ 及定理 1.4.1(i) 知 $0 \in \sigma(A)$. 下证

$$0 \in \sigma_c(A).$$

显然, 由 $\lambda_i \neq 0, \forall i \in \mathbb{N}_+$, 易知 A 为单射. 故 A^{-1} 存在. 因此, $0 \notin \sigma_p(A)$. 又由 $0 \in \sigma(A)$, 故 $0 \in \sigma_c(A)$ 或 $0 \in \sigma_r(A)$. 因此, $R(A) \subsetneq \ell^2$.

下证 $\overline{R(A)} = \ell^2$. 事实上, 任取 $b := \{b_1, b_2, \cdots, b_m, \cdots\} \in \ell^2$. 对 $\forall m \in \mathbb{N}_+$, 令

$$a_m := \left\{\frac{b_1}{\lambda_1}, \frac{b_2}{\lambda_2}, \cdots, \frac{b_m}{\lambda_m}, 0, 0, \cdots\right\},$$

则 $a_m \in \ell^2, Aa_m = \{b_1, b_2, \cdots, b_m, 0, 0, \cdots\}$ 且, 当 $m \to \infty$ 时,

$$\|b - Aa_m\|_{\ell^2} = \left\{\sum_{i=m+1}^{\infty}|b_i|^2\right\}^{\frac{1}{2}} \to 0.$$

由此知 $b \in \overline{R(A)}$. 从而 $\overline{R(A)} = \ell^2$. 因此, 有 $0 \in \sigma_c(A)$. 进一步, 若

$$\lambda \notin \{0, \lambda_1, \lambda_2, \cdots, \lambda_m, \cdots\},$$

则由 $\lambda_k \to 0, k \to \infty$, 知 $|\lambda - \lambda_k| \to |\lambda| > 0, k \to \infty$. 故存在 $k_0 \in \mathbb{N}_+$ 使得, 当 $k \geqslant k_0$ 时, 有 $|\lambda - \lambda_k| \geqslant \frac{|\lambda|}{2}$. 从而, 对任意 $k \in \mathbb{N}_+$,

$$|\lambda - \lambda_k| \geqslant \min\left\{\frac{|\lambda|}{2}, |\lambda - \lambda_1|, \cdots, |\lambda - \lambda_{k_0-1}|\right\} =: C_{(\lambda)} > 0.$$

故
$$(\lambda I-A)^{-1}:\begin{cases}\ell^2\longrightarrow\ell^2,\\ \{a_k\}_{k\in\mathbb{N}_+}\longmapsto\left\{\dfrac{a_1}{\lambda-\lambda_1},\cdots,\dfrac{a_k}{\lambda-\lambda_k},\cdots\right\}\end{cases}$$

为有界算子且由(1.4.3)知

$$\|(\lambda I-A)^{-1}\|_{\mathscr{L}(\ell^2)}=\sup\left\{\dfrac{1}{|\lambda-\lambda_1|},\cdots,\dfrac{1}{|\lambda-\lambda_n|},\cdots\right\}.$$

故 $\lambda\in\rho(A)$. 因此,

$$\sigma(A)=\sigma_c(A)\cup\sigma_p(A)=\{0,\lambda_1,\cdots,\lambda_m,\cdots\}.$$

故所证结论成立.

例1.4.9 令 $\{\lambda_k\}_{k\in\mathbb{N}_+}$ 如例1.4.8. 定义

$$T:\begin{cases}\ell^2\longrightarrow\ell^2,\\ \{a_k\}_{k\in\mathbb{N}_+}\longmapsto\{0,\lambda_1 a_1,\lambda_2 a_2,\cdots\}.\end{cases}$$

则 $T\in\mathfrak{C}(\ell^2)$ 且 $\sigma(T)=\{0\}=\sigma_r(T)$.

事实上, 记

$$\widetilde{A}:\begin{cases}\ell^2\longrightarrow\ell^2,\\ \{a_k\}_{k\in\mathbb{N}_+}\longmapsto\{0,a_1,a_2,\cdots\},\end{cases}$$

即 $\widetilde{A}$ 为右推移算子. 故 $\widetilde{A}$ 有界. 记 A 如例1.4.8, 因 $A\in\mathfrak{C}(\ell^2)$ 且 $\widetilde{A}$ 有界, 故由命题1.3.9(vi)知

$$T=\widetilde{A}A\in\mathfrak{C}(\ell^2).$$

又因 $\dim\ell^2=\infty$, 故由定理1.4.1(i)知 $0\in\sigma(T)$. 若 $\lambda\in\mathbb{C}$ 为 T 的特征值, 则必存在 $\{a_k\}_{k\in\mathbb{N}_+}\in\ell^2\setminus\{\theta\}$ 使得

$$(\lambda I-T)(\{a_k\}_{k\in\mathbb{N}_+})=\theta,$$

即

$$\{\lambda a_1,\lambda a_2-\lambda_1 a_1,\cdots,\lambda a_{k+1}-\lambda_k a_k,\cdots\}=\theta.$$

因此,
$$\begin{cases} \lambda a_1 = 0, \\ \lambda a_{k+1} = \lambda_k a_k, \quad \forall k \in \mathbb{N}_+. \end{cases}$$

若$\lambda = 0$, 则, 对$\forall k \in \mathbb{N}_+$, 有$\lambda_k a_k = 0$. 因$\lambda_k \neq 0, \forall k \in \mathbb{N}_+$, 故$a_k = 0$. 即

$$\{a_k\}_{k \in \mathbb{N}_+} = \theta,$$

与$\{a_k\}_{k \in \mathbb{N}_+} \neq \theta$矛盾. 若$\lambda \neq 0$, 则由$\lambda a_1 = 0$知$a_1 = 0$. 再由$\lambda a_2 = \lambda_1 a_1$知$\lambda a_2 = 0$. 从而$a_2 = 0$. 依次类推可知$\{a_k\}_{k \in \mathbb{N}_+} = \theta$. 也矛盾! 故$T$没有特征值, 即$\sigma_p(T) = \varnothing$. 又显然有$\overline{R(T)} \subsetneq \ell^2$. 故$\{0\}$为$T$的剩余谱. 因此, 由上述讨论及定理1.4.1的(i)和(ii)进一步知$\sigma(T) = \{0\} = \sigma_r(T)$. 故所证结论成立.

§1.4.2 不变子空间

我们首先给出不变子空间的定义.

定义1.4.10 设$\mathscr{X}$是一个Banach空间, $A \in \mathscr{L}(\mathscr{X})$且$M \subset \mathscr{X}$, 若$A(M) \subset M$, 则称$M$为算子$A$的**不变子空间**.

由定义1.4.10, 我们有如下结论.

命题1.4.11 设$\mathscr{X}$是一个Banach空间, $A \in \mathscr{L}(\mathscr{X})$, 则

(i) $\{\theta\}$及$\mathscr{X}$都是A的不变子空间, 称这两个不变子空间为A的平凡不变子空间;

(ii) 若M是A的不变子空间, 则$\overline{M}$也是A的闭不变子空间;

(iii) 若$\lambda \in \sigma_p(A)$, 则$N(\lambda I - A)$是A的闭不变子空间;

(iv) 对任意$y \in \mathscr{X}$, 若记

$$L_y := \{P(A)y : P\text{是数域}\mathbb{K}\text{上的任意一元多项式}\},$$

则L_y是A的不变子空间.

证明 (i) 显然.

(ii) 只需证对 $\forall x \in \overline{M}$, 有 $Ax \in \overline{M}$. 事实上, 因 $x \in \overline{M}$, 故存在 $\{x_n\}_{n\in\mathbb{N}_+} \subset M$ 使得 $x_n \to x$, $n \to \infty$. 由 $A(M) \subset M$, 故 $\{Ax_n\}_{n\in\mathbb{N}_+} \subset M$. 又由 $A \in \mathscr{L}(\mathscr{X})$ 知, 当 $n \to \infty$ 时,

$$Ax_n \to Ax.$$

从而 $Ax \in \overline{M}$, 故 $\overline{M}$ 也是 A 的不变子空间.

(iii) 若 $\lambda \in \sigma_p(A)$, 则 $(\lambda I - A)^{-1}$ 不存在. 故 $N(\lambda I - A) \neq \{\theta\}$ 且为 $\mathscr{X}$ 的一个线性子空间. 对任意的 $x \in N(\lambda I - A)$, 有 $(\lambda I - A)x = \theta$, 即

$$Ax = \lambda x \in N(\lambda I - A),$$

故 $N(\lambda I - A)$ 是 A 的不变子空间.

下证 $N(\lambda I - A)$ 是闭的. 事实上, 任取 $x \in \overline{N(\lambda I - A)}$, 则存在 $\{x_n\}_{n\in\mathbb{N}_+} \subset N(\lambda I - A)$ 使得 $x_n \to x$, $n \to \infty$. 又, 对 $\forall n \in \mathbb{N}_+$,

$$x_n \in N(\lambda I - A) \iff (\lambda I - A)x_n = \theta \iff Ax_n = \lambda x_n.$$

故由此及 A 的连续性, 并两边取极限有

$$\lambda x = \lim_{n\to\infty} Ax_n = A\left(\lim_{n\to\infty} x_n\right) = Ax.$$

因此, $x \in N(\lambda I - A)$. 故 $\overline{N(\lambda I - A)} = N(\lambda I - A)$. 即 $N(\lambda I - A)$ 是闭的. 从而 $N(\lambda I - A)$ 是 A 的闭不变子空间.

(iv) 对任意的 $x \in L_y$, 存在多项式 P 使得 $x = P(A)y$. 注意到, 若 P 为 $\mathbb{K}$ 上的多项式, 则 $xP(x)$ 仍为 $\mathbb{K}$ 上的多项式. 因此,

$$Ax = AP(A)y \in L_y,$$

故 L_y 是 A 的不变子空间. 至此, 命题 1.4.11 得证. $\square$

定理 1.4.12 设 $\mathscr{X}$ 为 Banach 空间且 $\dim \mathscr{X} \geqslant 2$, 则, 对任意 $A \in \mathfrak{C}(\mathscr{X})$, A 有非平凡的闭不变子空间.

证明 若$A = \theta$,任取$y \in \mathscr{X} \setminus \{\theta\}$,则因$\dim \mathscr{X} \geqslant 2$, 故
$$\{\theta\} \subsetneqq \operatorname{span}\{y\} \subsetneqq \mathscr{X}$$
且
$$A(\operatorname{span}\{y\}) = \{\theta\} \subset \operatorname{span}\{y\}.$$
因此,$\operatorname{span}\{y\}$即为$\mathscr{X}$的一个非平凡的闭不变子空间.

下设$A \neq \theta$且$\|A\|_{\mathscr{L}(\mathscr{X})} = 1$.

若$\dim \mathscr{X} = n < \infty$, 则$A$可视为一个$n \times n$矩阵(见命题1.3.7). 由代数基本定理必存在$\lambda_0 \in \mathbb{C}$使得$|A - \lambda_0 I| = 0$. 从而$(A - \lambda_0 I)x = \theta$必有非零解$x$. 由$\dim \mathscr{X} \geqslant 2$知$\{\lambda x : \lambda \in \mathbb{C}\}$为$A$的一个非平凡闭不变子空间. 因此, 此时所证结论成立.

若$\dim \mathscr{X} = \infty$, 不妨设$\sigma_p(A) \setminus \{0\} = \varnothing$. 否则, 分别由$A \in \mathfrak{C}(\mathscr{X}) \subset \mathscr{L}(\mathscr{X})$和命题1.4.11(iii)知, 对任意的$\lambda \in \sigma_p(A) \setminus \{0\}$, $N(\lambda I - A)$为A的闭不变子空间. 又显然$N(\lambda I - A) \supsetneqq \{\theta\}$且闭. 若$N(\lambda I - A) = \mathscr{X}$, 则
$$\mathscr{X} = N(\lambda I - A) := \{x \in \mathscr{X} : (\lambda I - A)x = \theta\}$$
$$= \{x \in \mathscr{X} : Ax = \lambda x\},$$
故, 对任意$\{x_n\}_{n \in \mathbb{N}_+} \subset S_1 \subset \mathscr{X} = N(\lambda I - A)$, 均有
$$Ax_n = \lambda x_n, \quad \forall n \in \mathbb{N}_+. \tag{1.4.4}$$
又因为$\{x_n\}_{n \in \mathbb{N}_+}$有界且$A \in \mathfrak{C}(\mathscr{X})$, 故$\{Ax_n\}_{n \in \mathbb{N}_+}$存在收敛子列$\{Ax_{n_k}\}_{k \in \mathbb{N}_+}$. 由(1.4.4)和$\lambda \neq 0$即知$\{x_{n_k}\}_{k \in \mathbb{N}_+}$也收敛. 故$S_1$列紧. 而文献[7]定理1.4.28指出, B^*空间是有穷维的当且仅当其单位球面是列紧的. 由此知$\mathscr{X}$是有限维的, 与$\dim \mathscr{X} = \infty$矛盾. 因此, $N(\lambda I - A) \subsetneqq \mathscr{X}$. 故$N(\lambda I - A)$为$A$的非平凡的闭不变子空间, 从而所证结论成立. 因此, 余下可设$\sigma_p(A) \setminus \{0\} = \varnothing$. 从而, 由定理1.4.1进一步知$\sigma(A) = \{0\}$, 故$r_\sigma(A) = 0$.

下面用反证法证明A有非平凡闭不变子空间. 假设A没有非平凡闭不变子空间, 则由命题1.4.11(ii)及(iv)知, 对任意的$y \in \mathscr{X} \setminus \{\theta\}$, $\overline{L_y} = \mathscr{X}$. 又由$\|A\|_{\mathscr{L}(\mathscr{X})} = 1$知存在$\tilde{x}_0 \in \mathscr{X}$使得$\|A\tilde{x}_0\|_{\mathscr{X}} \neq 0$. 从而, 当$n \to \infty$时有
$$\|A(n\tilde{x}_0)\|_{\mathscr{X}} = n\|A\tilde{x}_0\|_{\mathscr{X}} \to \infty.$$

由此知存在 $x_0 \in \mathscr{X}$ 使得 $\|Ax_0\|_{\mathscr{X}} > 1$, 从而 $\|x_0\|_{\mathscr{X}} > 1$. 否则,

$$\|Ax_0\|_{\mathscr{X}} \leqslant \|A\|_{\mathscr{L}(\mathscr{X})}\|x_0\|_{\mathscr{X}} = \|x_0\|_{\mathscr{X}} \leqslant 1.$$

这与 $\|Ax_0\|_{\mathscr{X}} > 1$ 矛盾. 故 $\|x_0\|_{\mathscr{X}} > 1$. 令 $C := \overline{A(B(x_0,1))}$, 则由 A 紧知 C 紧且 $\theta \notin C$. 事实上, 若 $\theta \in C$, 则存在 $\{x_n\}_{n \in \mathbb{N}_+} \subset B(x_0, 1)$ 使得 $Ax_n \to \theta, n \to \infty$, 但是因

$$\|Ax_n - Ax_0\|_{\mathscr{X}} \leqslant \|A\|_{\mathscr{L}(\mathscr{X})}\|x_n - x_0\|_{\mathscr{X}} = \|x_n - x_0\|_{\mathscr{X}} < 1$$

且 $\|Ax_0\|_{\mathscr{X}} > 1$, 故

$$\|Ax_n\|_{\mathscr{X}} > \|Ax_0\|_{\mathscr{X}} - 1 > 0.$$

这与 $Ax_n \to \theta, n \to \infty$ 矛盾. 因此, $\theta \notin C$.

对任意的 $y_0 \in C$, 因 $y_0 \neq \theta$, 由反设 $\overline{L_{y_0}} = \mathscr{X}$ 及 $x_0 \in \mathscr{X}$ 知存在 L_{y_0} 中的一个元素, 记为 $T_{y_0}y_0$ 使得 $\|T_{y_0}y_0 - x_0\|_{\mathscr{X}} < 1$. 其中 T_{y_0} 为 A 的多项式且 $T_{y_0} \neq \theta$, 否则 $\|x_0\|_{\mathscr{X}} < 1$, 与 $\|x_0\|_{\mathscr{X}} > 1$ 矛盾. 令

$$\varepsilon := 1 - \|T_{y_0}y_0 - x_0\|_{\mathscr{X}} \quad \text{且} \quad \delta_{y_0} := \frac{\varepsilon}{\|T_{y_0}\|_{\mathscr{L}(\mathscr{X})}}.$$

则 $\delta_{y_0} > 0$ 且, 当 $\|y - y_0\|_{\mathscr{X}} < \delta_{y_0}$ 时, 有

$$\|T_{y_0}y - T_{y_0}y_0\|_{\mathscr{X}} \leqslant \|T_{y_0}\|_{\mathscr{L}(\mathscr{X})}\|y - y_0\|_{\mathscr{X}} < \varepsilon.$$

从而, 对任意 $y \in B(y_0, \delta_{y_0})$,

$$\begin{aligned}\|T_{y_0}y - x_0\|_{\mathscr{X}} &\leqslant \|T_{y_0}y - T_{y_0}y_0\|_{\mathscr{X}} + \|T_{y_0}y_0 - x_0\|_{\mathscr{X}} \\ &< \varepsilon + \|T_{y_0}y_0 - x_0\|_{\mathscr{X}} = 1.\end{aligned} \quad (1.4.5)$$

注意到

$$C \subset \bigcup_{y \in C} B(y, \delta_y).$$

由 C 紧知存在 $\{y_1, \cdots, y_n\} \subset C$, 以及 $\delta_i := \delta_{y_i}, i \in \{1, \cdots, n\}$ 使得

$$C \subset \bigcup_{i=1}^{n} B(y_i, \delta_i). \quad (1.4.6)$$

故, 对任意的 $y \in C$, 存在 $i_1 \in \{1, \cdots, n\}$ 使得

$$y \in B(y_{i_1}, \delta_{i_1}).$$

从而, 由(1.4.5)知

$$\|T_{y_{i_1}} y - x_0\|_{\mathscr{X}} < 1.$$

即 $T_{y_{i_1}} y \in B(x_0, 1)$. 由此并注意到 $T_{y_{i_1}}$ 为 A 的多项式, 故有

$$T_{y_{i_1}} A y = A T_{y_{i_1}} y \in C,$$

且因 $\theta \notin C$, 故 $T_{y_{i_1}} \neq \theta$. 由此及(1.4.6)知存在 $i_2 \in \{1, \cdots, n\}$ 使得

$$T_{y_{i_1}} A y \in B(y_{i_2}, \delta_{i_2}).$$

重复上述过程进一步有

$$\|T_{y_{i_2}} T_{y_{i_1}} A y - x_0\|_{\mathscr{X}} < 1,$$

即 $T_{y_{i_2}} T_{y_{i_1}} A y \in B(x_0, 1)$. 由此并注意到 $T_{y_{i_2}}$ 为 A 的多项式有

$$T_{y_{i_2}} T_{y_{i_1}} A^2 y = A T_{y_{i_2}} T_{y_{i_1}} A y \in C,$$

且因 $\theta \notin C$, 故 $T_{y_{i_2}} \neq \theta$. 以此类推, 存在 $\{i_k\}_{k \in \mathbb{N}_+} \subset \{1, \cdots, n\}$ 使得, 对任意的 $k \in \mathbb{N}_+$, 有

$$\left\|\prod_{j=1}^{k} T_{y_{i_j}} \left(A^{k-1} y\right) - x_0\right\|_{\mathscr{X}} < 1.$$

由此, 对任意的 $k \in \mathbb{N}_+$, 有

$$\|x_0\|_{\mathscr{X}} - 1 < \left\|\prod_{j=1}^{k} T_{y_{i_j}} \left(A^{k-1} y\right)\right\|_{\mathscr{X}}. \tag{1.4.7}$$

定义

$$\mu := \max_{j \in \mathbb{N}_+} \|T_{y_{i_j}}\|_{\mathscr{L}(\mathscr{X})}.$$

则由 $i_j \in \{1, \cdots, n\}$ 知 $\mu < \infty$ 且, 因 $\theta \notin C$, 故 $\mu > 0$. 从而, 对 $\forall k \in \mathbb{N}_+$, 由(1.4.7)有

$$\|x_0\|_{\mathscr{X}} - 1 < \mu^k \|A^{k-1} y\|_{\mathscr{X}} \leq \mu^k \|A^{k-1}\|_{\mathscr{L}(\mathscr{X})} \|y\|_{\mathscr{X}},$$

即得
$$\frac{1}{\mu}\left(\frac{\|x_0\|_{\mathscr{X}}-1}{\mu\|y\|_{\mathscr{X}}}\right)^{\frac{1}{k-1}} < \|A^{k-1}\|_{\mathscr{L}(\mathscr{X})}^{\frac{1}{k-1}}, \quad k \in \mathbb{N}_+.$$

令 $k \to \infty$, 由此及定理1.2.20有
$$\frac{1}{\mu} \leftarrow \frac{1}{\mu}\left(\frac{\|x_0\|_{\mathscr{X}}-1}{\mu\|y\|_{\mathscr{X}}}\right)^{\frac{1}{k-1}} < \|A^{k-1}\|_{\mathscr{L}(\mathscr{X})}^{\frac{1}{k-1}} \to r_{\sigma}(A) = 0.$$

这与 $\mu < \infty$ 矛盾, 从而 A 有非平凡的闭不变子空间. 至此, 定理1.4.12得证. □

习题1.4

习题1.4.1 举例说明存在Banach空间 $\mathscr{X}$ 及 $A \in \mathfrak{C}(\mathscr{X})$, 但 $0 \notin \sigma(A)$.

习题1.4.2 举例说明注记1.4.5情形(i)中的连续谱、情形(ii)中的连续谱和剩余谱、情形(iii)中的剩余谱的存在性.

习题1.4.3 设 $\{a_n\}_{n \in \mathbb{N}_+} \subset \mathbb{C}$, 在 ℓ^2 上定义算子
$$A: (x_1, x_2, \cdots) \longmapsto (a_1 x_1, a_2 x_2, \cdots).$$

(i) 证明 A 在 ℓ^2 上有界当且仅当 $\{a_n\}_{n \in \mathbb{N}_+}$ 为有界数列;

(ii) 若 A 有界, 求 $\sigma(A)$.

习题1.4.4 在 $C[0,1]$ 中, 考虑映射
$$T: C[0,1] \longrightarrow C[0,1], \, x(t) \longmapsto \int_0^t x(s)\,\mathrm{d}s.$$

(i) 证明 T 是紧算子;

(ii) 求 $\sigma(T)$ 及 T 的一个非平凡的闭不变子空间.

习题1.4.5 给定数列 $\{a_n\}_{n \in \mathbb{N}_+}$, 定义
$$A: l^1 \longrightarrow l^1, \, \{x_n\}_{n \in \mathbb{N}_+} \longmapsto \{a_n x_n\}_{n \in \mathbb{N}_+}.$$

证明

(i) $A \in \mathscr{L}(l^1)$ 的充要条件是 $\sup\limits_{n \in \mathbb{N}_+} |a_n| < \infty$;

(ii) $A^{-1} \in \mathscr{L}(l^1)$ 的充要条件是 $\inf\limits_{n \in \mathbb{N}_+} |a_n| > 0$;

(iii) $A \in \mathfrak{C}(l^1)$ 的充要条件是 $\lim\limits_{n \to \infty} a_n = 0$.

习题1.4.6 设 $\mathscr{X}$ 为无穷维Banach空间, A 为 $\mathscr{X}$ 上的紧算子且 $\lambda \in \mathbb{C} \setminus \{0\}$. 证明, 若 $(\lambda I - A)\mathscr{X} = \mathscr{X}$, 则 λ 为 A 的正则值.

习题1.4.7 设 $A, B \in \mathscr{L}(\mathscr{X})$ 且 $AB = BA$. 证明

(i) $R(A)$ 和 $N(A)$ 均是 B 的不变子空间;

(ii) 对 $\forall n \in \mathbb{Z}_+$, $R(B^n)$ 和 $N(B^n)$ 均是 B 的不变子空间.

§1.5　Hilbert–Schmidt定理

在复Hilbert空间$\mathscr{H}$上有一类有界线性算子,它们是$\mathbb{R}^n$上对称矩阵的推广,称为对称算子,其定义如下:

定义1.5.1 设$\mathscr{H}$为Hilbert空间,$A \in \mathscr{L}(\mathscr{H})$,若对任意$x, y \in \mathscr{H}$,有

$$(Ax, y) = (x, Ay),$$

则称A是**对称算子**.

注记1.5.2 关于对称算子,我们有如下注记.

(i) 称A^*为A的**共轭算子**当且仅当对任意的$x, y \in \mathscr{H}$,有

$$(Ax, y) = (x, A^*y).$$

故Hilbert空间上的有界线性算子A对称当且仅当$A = A^*$. 因此,又称A为**自共轭算子**或**自伴算子**.

(ii) 记$\widetilde{A}$为通常意义下的共轭算子(见文献[7]定义2.5.9),即,对任意的$f \in \mathscr{H}^*$及任意的$x \in \mathscr{H}$,令$\widetilde{A}(f)(x) := f(Ax)$. 设$J_{\mathscr{H}}$为$\mathscr{H}^* \to \mathscr{H}$的共轭线性等距同构. 具体地说,根据Riesz表示定理(见文献[7]定理2.2.1),对任意$l \in \mathscr{H}^*$,存在唯一的$y_l \in \mathscr{H}$使得,对$\forall x \in \mathscr{H}$,

$$l(x) = (x, y_l)$$

且$\|l\|_{\mathscr{H}^*} = \|y_l\|_{\mathscr{H}}$. 令

$$J_{\mathscr{H}} : \begin{cases} \mathscr{H}^* \to \mathscr{H}, \\ l \longmapsto y_l, \end{cases}$$

则

$$J_{\mathscr{H}}^{-1} : \begin{cases} \mathscr{H} \to \mathscr{H}^*, \\ y \longmapsto l_y, \end{cases}$$

其中对任意 $x \in \mathcal{H}$, $l_y(x) := (x, y)$. 此 $J_\mathcal{H}$ 即为所述的从 $\mathcal{H}^*$ 到 $\mathcal{H}$ 的共轭线性等距同构, 则

$$\widetilde{A} = J_\mathcal{H}^{-1} A^* J_\mathcal{H} \quad \text{且} \quad A^* = J_\mathcal{H} \widetilde{A} J_\mathcal{H}^{-1}.$$

故(i)中定义的共轭算子 A^* 与文献[7]定义2.5.9中通常意义下的共轭算子 $\widetilde{A}$ 差两个Hilbert空间 $\mathcal{H}^*$ 与 $\mathcal{H}$ 之间的共轭线性等距同构. 且, 对任意 $\lambda \in \mathbb{C}$, $(\lambda A)^* = \overline{\lambda} A^*$, 但却有 $\widetilde{\lambda A} = \lambda \widetilde{A}$. 事实上, 对任意 $x, y \in \mathcal{H}$ 及 $\lambda \in \mathbb{C}$, 有

$$(x, (\lambda A)^* y) = (\lambda A x, y) = \lambda (A x, y)$$
$$= \lambda (x, A^* y) = \left(x, \overline{\lambda} A^* y\right).$$

因此, $(\lambda A)^* = \overline{\lambda} A^*$. 另外, 对任意 $\lambda \in \mathbb{C}$, $f \in \mathcal{H}^*$ 及 $x \in \mathcal{H}$, 有

$$\widetilde{\lambda A}(f)(x) = f(\lambda A x) = \lambda f(A x) = \lambda \widetilde{A}(f)(x).$$

故 $\widetilde{\lambda A} = \lambda \widetilde{A}$.

(iii) 在无界算子的情况下, 对称算子的定义与定义1.5.1有所不同, 见定义3.1.18.

例1.5.3 设 $\mathcal{H}$ 为实 $L^2(\Omega, \mu)$ 空间, 且 $K \in L^2(\Omega \times \Omega, \mu)$ 满足: 对任意 $x, y \in \Omega$, $K(x, y) = K(y, x)$, 则算子

$$A: u(x) \longmapsto \int_\Omega K(x, y) u(y) \, \mathrm{d}\mu(y)$$

是 $L^2(\Omega, \mu)$ 上的对称算子.

证明 对任意的 $u \in L^2(\Omega, \mu)$ 满足 $\|u\|_{L^2(\Omega,\mu)} \leqslant 1$, 由Hölder不等式有

$$\|Au\|_{L^2(\Omega,\mu)} = \left\{ \int_\Omega \left| \int_\Omega K(x, y) u(y) \, \mathrm{d}\mu(y) \right|^2 \mathrm{d}\mu(x) \right\}^{\frac{1}{2}}$$
$$\leqslant \left\{ \int_\Omega \int_\Omega |K(x, y)|^2 \, \mathrm{d}\mu(y) \, \mathrm{d}\mu(x) \right\}^{\frac{1}{2}} \|u\|_{L^2(\Omega,\mu)}$$

$$\leqslant \|K\|_{L^2(\Omega\times\Omega,\mu)} < \infty.$$

这就说明了 $A \in \mathscr{L}(L^2(\Omega,\mu))$.

下证 A 对称. 为此, 任取 $u,v \in L^2(\Omega,\mu)$. 首先说明 $K(x,y)u(y)v(x)$ 在 $\Omega\times\Omega$ 上可测. 事实上, 已知 $K(x,y)$ 的可测性, 余下需证 $v(x)u(y)$ 在 $\Omega\times\Omega$ 上的可测性. 注意到, 对任意 $\lambda \in \mathbb{R}$,

$$\{(x,y)\in \Omega\times\Omega : u(y)>\lambda\} = \Omega \times \{y\in\Omega : u(y)>\lambda\}$$

可测, 故 $u(y)$ 为 $\Omega\times\Omega$ 上的可测函数. 类似可证 $v(x)$ 为 $\Omega\times\Omega$ 上的可测函数. 因可测函数的乘积仍为可测函数, 故 $v(x)u(y)$ 为 $\Omega\times\Omega$ 上的可测函数. 从而进一步知 $K(x,y)u(y)v(x)$ 在 $\Omega\times\Omega$ 上可测. 则由 Hölder 不等式有

$$\iint_{\Omega\times\Omega} |K(x,y)u(y)v(x)|\,d\mu(x)d\mu(y)$$
$$\leqslant \left\{\iint_{\Omega\times\Omega} |K(x,y)|^2\,d\mu(x)d\mu(y)\right\}^{\frac{1}{2}}$$
$$\times \left\{\iint_{\Omega\times\Omega} |u(y)v(x)|^2\,d\mu(x)d\mu(y)\right\}^{\frac{1}{2}}$$
$$= \|K\|_{L^2(\Omega\times\Omega,\mu\otimes\mu)}\|u\|_{L^2(\Omega,\mu)}\|v\|_{L^2(\Omega,\mu)} < \infty.$$

因此, $K(x,y)u(y)v(x) \in L^1(\Omega\times\Omega,\mu\times\mu)$. 由此知对任意的 $u,v \in L^2(\Omega,\mu)$, 根据 Fubini 定理有

$$(Au,v) = \int_\Omega \left[\int_\Omega K(x,y)u(y)\,d\mu(y)\right] v(x)\,d\mu(x)$$
$$= \int_\Omega u(y) \left[\int_\Omega K(y,x)v(x)\,d\mu(x)\right] d\mu(y)$$
$$= (u,Av).$$

因此, A 对称. 至此, 例 1.5.3 得证. □

例1.5.4 设 $\mathscr{H}$ 是 Hilbert 空间, M 是 $\mathscr{H}$ 的闭线性子空间, 则由 $\mathscr{H}$ 到 M 上的投影算子 P_M 是对称的.

证明 由正交分解定理(见文献[7]推论1.6.37), 对任意 $x,y \in \mathscr{H}$, 存在唯一的正交分解

$$x = x_M + x_{M^\perp}, \quad x_M \in M, \quad x_{M^\perp} \in M^\perp,$$

$$y = y_M + y_{M^\perp}, \quad y_M \in M, \quad y_{M^\perp} \in M^\perp,$$

其中$M^\perp$表示M的正交补, 即

$$M^\perp := \{x \in \mathscr{X} : (x, y) = 0, \, \forall y \in M\}.$$

因$P_M : H \longrightarrow M, \, x \longmapsto x_M$, 故由$P_M$的定义有$x_M = P_M x, \, y_M = P_M y$, 从而

$$\begin{aligned}(P_M x, y) &= (x_M, y) = (x_M, y_M + y_{M^\perp}) \\ &= (x_M, y_M) = (x_M + x_{M^\perp}, y_M) \\ &= (x, P_M y).\end{aligned}$$

因此, P_M为对称算子. 至此, 例1.5.4得证. □

命题1.5.5 设$\mathscr{H}$是Hilbert空间, $A \in \mathscr{L}(\mathscr{H})$,

(i) A对称当且仅当对任意$x \in \mathscr{H}, (Ax, x) \in \mathbb{R}$.

(ii) 若A对称, 则$\sigma(A) \subset \mathbb{R}$且, 对任意$x \in \mathscr{H}$及$\lambda \in \mathbb{C}, \Im\lambda \neq 0$, 有

$$\left\|(\lambda I - A)^{-1} x\right\|_{\mathscr{H}} \leqslant \frac{1}{|\Im\lambda|} \|x\|_{\mathscr{H}},$$

其中$\Im\lambda$表示λ的虚部.

(iii) 设A是$\mathscr{H}$上的对称算子且H_1是A的一个闭不变线性子空间, 则$A|_{H_1}$也是H_1上的对称算子.

(iv) 若A对称, $\lambda, \widetilde{\lambda} \in \sigma_p(A)$且$\lambda \neq \widetilde{\lambda}$, 则

$$N(\lambda I - A) \perp N(\widetilde{\lambda} I - A).$$

(v) 若A对称, 则

$$\|A\|_{\mathscr{L}(\mathscr{H})} = \sup_{\|x\|_{\mathscr{H}} = 1} |(Ax, x)|.$$

证明 (i) 对任意的 $x, y \in \mathscr{H}$，令

$$a(x,y) := (Ax, y),$$

则 $a(\cdot, \cdot)$ 是 $\mathscr{H}$ 上的共轭双线性函数. 由 a 的定义, 显然有对于任意的对称算子 A, 以及任意的 $x, y \in \mathscr{H}$,

$$(Ax, y) = (x, Ay)$$
$$\Longleftrightarrow a(x, y) = (Ax, y) = (x, Ay) = \overline{(Ay, x)} = \overline{a(y, x)}.$$

从而, 当 A 对称时,

$$(Ax, x) = a(x, x) = \overline{a(x, x)} = \overline{(Ax, x)},$$

即 $(Ax, x) \in \mathbb{R}$.

反之, 注意到 $\mathscr{H}$ 为复 Hilbert 空间, 若 $(Ax, x) \in \mathbb{R}$, 则, 对任意的 $x, y \in \mathscr{H}$, 有

$$(A(x+y), x+y) = \overline{(A(x+y), x+y)}$$

且

$$(A(x+iy), x+iy) = \overline{(A(x+iy), x+iy)},$$

从而有

$$a(x,y) + a(y,x) = \overline{a(x,y)} + \overline{a(y,x)}$$

以及

$$-a(x,y) + a(y,x) = \overline{a(x,y)} - \overline{a(y,x)}.$$

两式相减即得, 对 $\forall x, y \in \mathscr{H}$,

$$a(x,y) = \overline{a(y,x)}.$$

从而 A 对称(也见文献[7]命题1.6.2及其证明). 因此, (i) 得证.

(ii) 设 $\lambda = \mu + i\nu$, $\nu \neq 0$, $\mu, \nu \in \mathbb{R}$, 下证 $\lambda \in \rho(A)$. 首先对任意的 $x \in \mathscr{H}$, 有

$$\|(\lambda I - A)x\|_{\mathscr{H}}^2 \geqslant |\nu|^2 \|x\|_{\mathscr{H}}^2. \tag{1.5.1}$$

§1.5 Hilbert–Schmidt定理

事实上,

$$\begin{aligned}\|(\lambda I-A)x\|_{\mathscr{H}}^2 &= ((\lambda I-A)x,(\lambda I-A)x) \\ &= ((\mu I-A)x+\mathrm{i}\nu x,(\mu I-A)x+\mathrm{i}\nu x) \\ &= \|(\mu I-A)x\|_{\mathscr{H}}^2 + ((\mu I-A)x,\mathrm{i}\nu x) \\ &\quad + (\mathrm{i}\nu x,(\mu I-A)x) + |\nu|^2\|x\|_{\mathscr{H}}^2 \\ &= \|(\mu I-A)x\|_{\mathscr{H}}^2 + |\nu|^2\|x\|_{\mathscr{H}}^2 \geqslant |\nu|^2\|x\|_{\mathscr{H}}^2.\end{aligned}$$

故(1.5.1)成立. 由此知$\lambda I-A$为单射, 从而$(\lambda I-A)^{-1}$存在.

(1.5.1)的另一种证法 因A对称, 故由命题1.5.5(i)知$(Ax,x) \in \mathbb{R}$. 从而

$$|((\lambda I-A)x,x)| = |\mu(x,x)-(Ax,x)+\mathrm{i}\nu(x,x)| \geqslant |\nu|\|x\|_{\mathscr{H}}^2. \tag{1.5.2}$$

又由此及Cauchy–Schwarz不等式进一步有

$$|\nu|\|x\|_{\mathscr{H}}^2 \leqslant \|(\lambda I-A)x\|_{\mathscr{H}}\|x\|_{\mathscr{H}}.$$

故

$$|\nu|\|x\|_{\mathscr{H}} \leqslant \|(\lambda I-A)x\|_{\mathscr{H}},$$

即(1.5.1)成立.

由(1.5.1)进一步知$R(\lambda I-A)$闭. 事实上, 设$\{y_n\}_{n\in\mathbb{N}_+}$为$R(\lambda I-A)$中的基本列, 则存在$\{x_n\}_{n\in\mathbb{N}_+} \subset H$使得

$$y_n = (\lambda I-A)x_n,$$

且由(1.5.1)可知$\{x_n\}_{n\in\mathbb{N}_+}$为$\mathscr{H}$中的Cauchy列. 故由$\mathscr{H}$完备知存在$x \in \mathscr{H}$使得, 当$n \to \infty$时, $x_n \to x$. 进一步, 由$\lambda I-A \in \mathscr{L}(\mathscr{H})$可得, 当$n \to \infty$时,

$$y_n \to (\lambda I-A)x,$$

从而$R(\lambda I-A)$闭.

下证$R(\lambda I-A) = H$. 首先证$[R(\lambda I-A)]^\perp = \{\theta\}$, 其中$\theta$为$\mathscr{H}$的零元. 注意到, 由$A$对称有

$$y \in [R(\lambda I-A)]^\perp \iff ((\lambda I-A)x,y)=0, \forall x \in \mathscr{H}$$

$$\iff \lambda(x,y) = (Ax, y), \ \forall x \in \mathscr{H}$$
$$\iff \lambda(x,y) = (x, Ay), \ \forall x \in \mathscr{H}$$
$$\iff (x, (\overline{\lambda}I - A)y) = 0, \ \forall x \in \mathscr{H}$$
$$\iff (\overline{\lambda}I - A)y = \theta,$$

即 $y \in N(\overline{\lambda}I - A)$. 又由(1.5.1)知, 对 $\forall y \in \mathscr{H}$ 有

$$\left\|\left(\overline{\lambda}I - A\right)y\right\|_{\mathscr{H}} \geqslant |\nu| \|y\|_{\mathscr{H}}.$$

由此及 $\Im\overline{\lambda} \neq 0$ 知 $y \in N(\overline{\lambda}I - A)$ 当且仅当 $y = \theta$. 故

$$[R(\lambda I - A)]^{\perp} = \{\theta\}.$$

$[R(\lambda I - A)]^{\perp} = \{\theta\}$ 的另一种证法 对 $\forall x \in [R(\lambda I - A)]^{\perp}$,

$$((\lambda I - A)x, x) = 0.$$

由此及(1.5.2)知 $\|x\|_{\mathscr{H}} = 0$. 因此, $x = \theta$. 从而

$$[R(\lambda I - A)]^{\perp} \subset \{\theta\}.$$

又显然有 $\theta \in [R(\lambda I - A)]^{\perp}$, 故

$$[R(\lambda I - A)]^{\perp} = \{\theta\}.$$

由此可知

$$R(\lambda I - A) = H.$$

事实上, 若 $R(\lambda I - A) \subsetneqq H$, 则存在 $x \in \mathscr{H}$, 但 $x \notin R(\lambda I - A)$. 因 $R(\lambda I - A)$ 为 $\mathscr{H}$ 的闭线性子空间, 故 x 关于 $R(\lambda I - A)$ 的正交分解投影 $x_{[R(\lambda I - A)]^{\perp}} \neq \theta$, 即得

$$[R(\lambda I - A)]^{\perp} \neq \{\theta\},$$

与 $[R(\lambda I - A)]^{\perp} = \{\theta\}$ 矛盾, 从而 $R(\lambda I - A) = H$. 综上知 $\lambda \in \rho(A)$. 由此进一步知 $\sigma(A) \subset \mathbb{R}$ 且由(1.5.1)知对任意的 $\lambda \in \mathbb{C}$ 满足 $\Im\lambda \neq 0$ 和任意的 $x \in \mathscr{H}$, 有

$$\|(\lambda I - A)^{-1}x\|_{\mathscr{H}} \leqslant \frac{1}{|\Im\lambda|} \|x\|_{\mathscr{H}}.$$

因此, (ii)得证.

(iii) 对任意的$x, y \in \mathscr{H}_1$, 有$Ax, Ay \in \mathscr{H}_1$. 且由A的对称性知$A|_{H_1}$对称. 故(iii)成立.

(iv) 由性质(ii)知$\lambda, \widetilde{\lambda} \in \mathbb{R}$. 若$x \in N(\lambda I - A)$且$\widetilde{x} \in N(\widetilde{\lambda} I - A)$, 则

$$\lambda(x, \widetilde{x}) = (Ax, \widetilde{x}) = (x, A\widetilde{x}) = \widetilde{\lambda}(x, \widetilde{x}).$$

由$\lambda \neq \widetilde{\lambda}$可知$(x, \widetilde{x}) = 0$. 故$N(\lambda I - A) \perp N(\widetilde{\lambda} I - A)$. 即(iv)成立.

(v) 记

$$\widetilde{C} := \sup_{\|x\|_{\mathscr{H}} = 1} |(Ax, x)|.$$

由Cauchy–Schwarz不等式显然有$\widetilde{C} \leqslant \|A\|_{\mathscr{L}(\mathscr{H})}$. 下证$\|A\|_{\mathscr{L}(\mathscr{H})} \leqslant \widetilde{C}$. 注意到$A$对称, 对任意的$x, y \in \mathscr{H}$, 有

$$\begin{aligned} &(A(x+y), x+y) - (A(x-y), x-y) \\ &= 2[(Ax, y) + (Ay, x)] \\ &= 2\left[(Ax, y) + \overline{(Ax, y)}\right] = 4\Re(Ax, y). \end{aligned}$$

由此及平行四边形法则(见文献[7]命题1.6.13)知, 对任意$x, y \in \mathscr{H}$, $\|x\|_{\mathscr{H}} = 1 = \|y\|_{\mathscr{H}}$, 若$x \neq \pm y$, 有

$$\begin{aligned} \Re(Ax, y) &= \frac{1}{4}[(A(x+y), x+y) - (A(x-y), x-y)] \\ &= \frac{1}{4}\left[\|x+y\|_{\mathscr{H}}^2 \left(A\left(\frac{x+y}{\|x+y\|_{\mathscr{H}}}\right), \frac{x+y}{\|x+y\|_{\mathscr{H}}}\right)\right. \\ &\qquad \left. - \|x-y\|_{\mathscr{H}}^2 \left(A\left(\frac{x-y}{\|x-y\|_{\mathscr{H}}}\right), \frac{x-y}{\|x-y\|_{\mathscr{H}}}\right)\right] \\ &\leqslant \frac{\widetilde{C}}{4}\left[\|x+y\|_{\mathscr{H}}^2 + \|x-y\|_{\mathscr{H}}^2\right] \\ &= \frac{\widetilde{C}}{2}\left[\|x\|_{\mathscr{H}}^2 + \|y\|_{\mathscr{H}}^2\right] = \widetilde{C}. \end{aligned} \qquad (1.5.3)$$

若$x = \pm y$, 则(1.5.3)显然成立. 取$\alpha \in \mathbb{C}, |\alpha| = 1$使得

$$\alpha(Ax, y) = |(Ax, y)|,$$

故有
$$|(Ax,y)| = \alpha(Ax,y) = (Ax,\overline{\alpha}y) = \Re(Ax,\overline{\alpha}y) \leqslant \widetilde{C}.$$

由此及文献[7]定理2.2.2有
$$\|A\|_{\mathscr{L}(\mathscr{H})} = \sup_{\|x\|_{\mathscr{H}}=\|y\|_{\mathscr{H}}=1} |(Ax,y)| \leqslant \widetilde{C}.$$

因此, $\|A\|_{\mathscr{L}(\mathscr{H})} = \widetilde{C}$, 由此即得
$$\|A\|_{\mathscr{L}(\mathscr{H})} = \sup_{\|x\|_{\mathscr{H}}=1} |(Ax,x)|.$$

故(v)成立. 至此, 命题1.5.5得证. □

对一般的算子A, 有
$$\|A\|_{\mathscr{L}(\mathscr{H})} = \sup_{\|x\|_{\mathscr{H}}=\|y\|_{\mathscr{H}}=1} |(Ax,y)| \tag{1.5.4}$$

(见文献[7]定理2.2.2). 为证(1.5.4), 先证对任意$x \in \mathscr{H}$, 有
$$\|x\|_{\mathscr{H}} = \sup_{\|y\|_{\mathscr{H}}=1} |(x,y)|. \tag{1.5.5}$$

事实上, 若$x = \theta$, 则显然(1.5.5)成立. 现设$x \neq \theta$, 则由Cauchy–Schwarz不等式知, 对任意$y \in \mathscr{H}$且$\|y\|_{\mathscr{H}} = 1$, 有
$$|(x,y)| \leqslant \|x\|_{\mathscr{H}} \|y\|_{\mathscr{H}} = \|x\|_{\mathscr{H}}.$$

从而
$$\sup_{\|y\|_{\mathscr{H}}=1} |(x,y)| \leqslant \|x\|_{\mathscr{H}}.$$

另外, 若令$y := \frac{x}{\|x\|_{\mathscr{H}}}$, 则$\|y\|_{\mathscr{H}} = 1$且
$$\sup_{\|y\|_{\mathscr{H}}=1} |(x,y)| \geqslant \left|\left(x, \frac{x}{\|x\|_{\mathscr{H}}}\right)\right| = \|x\|_{\mathscr{H}}.$$

因此, (1.5.5)成立. 从而, 由(1.5.5)进一步有
$$\sup_{\|x\|_{\mathscr{H}}=1=\|y\|_{\mathscr{H}}} |(Ax,y)| = \sup_{\|x\|_{\mathscr{H}}=1} \|Ax\|_{\mathscr{H}} = \|A\|_{\mathscr{L}(\mathscr{H})}.$$

即(1.5.4)成立. 因此, 命题1.5.5(v)给出了对称算子的范数的另一种表示.

对$n \times n$实对称矩阵$\mathbf{A}$, 存在正交矩阵$\mathbf{U}$使得

$$\mathbf{A} = \mathbf{U}^{\mathrm{T}} \begin{pmatrix} \lambda_1 & 0 & \cdots & 0 & 0 \\ \vdots & \vdots & \ddots & \vdots & \vdots \\ 0 & 0 & \cdots & 0 & \lambda_n \end{pmatrix} \mathbf{U},$$

其中$\{\lambda_1, \cdots, \lambda_n\}$为$\mathbf{A}$的特征值. 设$\mathbf{U}^{\mathrm{T}} =: (\xi_1, \cdots, \xi_n)$, 则

$$\mathbf{A}\mathbf{U}^{\mathrm{T}} = \mathbf{U}^{\mathrm{T}} \begin{pmatrix} \lambda_1 & 0 & \cdots & 0 & 0 \\ \vdots & \vdots & \ddots & \vdots & \vdots \\ 0 & 0 & \cdots & 0 & \lambda_n \end{pmatrix},$$

即, 对$\forall i \in \{1, \cdots, n\}$, 有

$$\mathbf{A}\xi_i = \lambda_i \xi_i.$$

我们以下来说明特征值$\{\lambda_1, \cdots, \lambda_n\}$为$\mathbf{A}$所对应的二次型$(\mathbf{A}x, x)$在单位球面$\|x\|_{\mathbb{R}^n} = 1$上的各临界值.

为说明此性质, 不妨设

$$|\lambda_1| \geqslant \cdots \geqslant |\lambda_n|,$$

对$\forall i \in \{1, \cdots, n\}$, ξ_i为λ_i所对应的单位特征向量, 即$\mathbf{A}\xi_i = \lambda_i \xi_i$, $\|\xi_i\|_{\mathbb{R}^n} = 1$ 且$\{\xi_i\}_{i=1}^n$构成$\mathbb{R}^n$的一组规范正交基. 则, 对任意的$x \in \mathbb{R}^n$, $\|x\|_{\mathbb{R}^n} = 1$, 存在$\{a_i\}_{i=1}^n \subset [-1, 1]$使得

$$\left[\sum_{i=1}^n |a_i|^2\right]^{\frac{1}{2}} = 1 \text{ 且 } x = \sum_{i=1}^n a_i \xi_i. \tag{1.5.6}$$

从而

$$(\mathbf{A}x, x) = \left(\sum_{i=1}^n a_i \mathbf{A}\xi_i, \sum_{i=1}^n a_i \xi_i\right)$$

$$= \left(\sum_{i=1}^n a_i\lambda_i\xi_i, \sum_{i=1}^n a_i\xi_i\right) = \sum_{i=1}^n \lambda_i a_i^2$$

在其临界点 $x = \xi_i$[点 ξ_i 称为 $(\mathbf{A}x,x)$ 的**临界点**, 若 $(\mathbf{A}x,x)$ 的切映射

$$\nabla(\mathbf{A}x,x) = (2\lambda_1 a_1, \cdots, 2\lambda_n a_n)$$

在点 ξ_i 退化]取值即为 λ_i 且满足以下性质

$$|\lambda_i| = \sup\{|(\mathbf{A}x,x)|: \|x\|_{\mathbb{R}^n} = 1, x \perp \mathrm{span}\{\xi_1,\cdots,\xi_{i-1}\}\}, \tag{1.5.7}$$

其中 $i \in \{1,\cdots,n\}$.

为证此结论, 首先证明 $x = \xi_i$ 为临界点, 其中 $i \in \{1,\cdots,n\}$.

事实上, 已知

$$(\mathbf{A}x,x): \mathbb{S}^{n-1} \longrightarrow \mathbb{R},$$

其中 $\mathbb{S}^{n-1}$ 表示 $\mathbb{R}^n$ 中的单位球面, 从而在 x 处的切映射

$$\nabla(\mathbf{A}x,x): T_x\mathbb{S}^{n-1} \longrightarrow \mathbb{R},$$

此处 $T_x\mathbb{S}^{n-1}$ 表示 $\mathbb{S}^{n-1}$ 在 x 点的切平面. 特别地, 任取 $i \in \{1,\cdots,n\}$, 则有

$$y \in T_{\xi_i}\mathbb{S}^{n-1} = (\mathrm{span}\{\xi_i\})^\perp \iff y = \sum_{j \neq i} b_j\xi_j.$$

从而

$$[\nabla(\mathbf{A}\xi_i,\xi_i)] \cdot y := (0,\cdots,0,2\lambda_i,0,\cdots,0)\begin{pmatrix} b_1 \\ \vdots \\ b_{i-1} \\ 0 \\ b_{i+1} \\ \vdots \\ b_n \end{pmatrix} = 0.$$

即$\nabla(\mathbf{A}x,x)$在点ξ_i退化, 类似可证$\nabla(\mathbf{A}x,x)$在点$-\xi_i$也退化. 故$x=\xi_i$为$(\mathbf{A}x,x)$的临界点得证. 下证(1.5.7), 若记其右端为d, 则取$x=\xi_i$, 那么有

$$d \geqslant |(\mathbf{A}\xi_i,\xi_i)| = |\lambda_i|.$$

另外, 对$\forall x \perp \mathrm{span}\{\xi_1,\cdots,\xi_{i-1}\}$, $\|x\|_{\mathbb{R}^n}=1$, 由(1.5.6)及Cauchy–Schwarz不等式有

$$\begin{aligned}
|(\mathbf{A}x,x)| &= \left|\left(\sum_{j=1}^n a_j \mathbf{A}\xi_j, x\right)\right| = \left|\left(\sum_{j=1}^n a_j \lambda_j \xi_j, x\right)\right| \\
&= \left|\left(\sum_{j=i}^n a_j \lambda_j \xi_j, x\right)\right| \leqslant \left\|\sum_{j=i}^n a_j \lambda_j \xi_j\right\|_{\mathbb{R}^n} \\
&= \left(\sum_{j=i}^n a_j^2 |\lambda_j|^2\right)^{\frac{1}{2}} \leqslant |\lambda_i|.
\end{aligned}$$

因此, $d \leqslant |\lambda_i|$. 故$|\lambda_i|=d$. 从而(1.5.7)成立.

关于上述提到的临界点, 我们在此也给出另一种解释. 此时我们需要假设特征值$\{\lambda_i\}_{i=1}^n$各不相等. 若如此, 则上述所谓**临界点**是指ξ_i为$(\mathbf{A}x,x)$在

$$\|x\|_{\mathbb{R}^n}=1$$

上的条件极值点(或驻点), 其中$i\in\{1,\cdots,n\}$. 对任意$(x,t)\in\mathbb{R}^n\times\mathbb{R}$, 若令

$$L(x,t) := (\mathbf{A}x,x) - t\left[\|x\|_{\mathbb{R}^n}^2 - 1\right],$$

则方程组

$$\begin{cases} \dfrac{\partial L(x,t)}{\partial t} = 0, \\ \nabla_x L(x,t) = 0 \end{cases} \tag{1.5.8}$$

的任意解对应的x必是$(\mathbf{A}x,x)$在$\|x\|_{\mathbb{R}^n}=1$上的条件极值点(或驻点). 而方程(1.5.8)的全部解为$\{(\pm\xi_i,\lambda_i)\}_{i=1}^n$. 事实上,

$$\frac{\partial L(x,t)}{\partial t} = -\left[\|x\|_{\mathbb{R}^n}^2 - 1\right] = -\left[\sum_{i=1}^n |a_i|^2 - 1\right]$$

且
$$\nabla_x L(x,t) = \nabla_x (\mathbf{A}x, x) - t\nabla_x \left[\|x\|_{\mathbb{R}^n}^2 - 1 \right]$$
$$= (2\lambda_1 a_1, \cdots, 2\lambda_n a_n) - t(2a_1, \cdots, 2a_n)$$
$$= 2([\lambda_1 - t]a_1, \cdots, [\lambda_n - t]a_n).$$

因此, (1.5.8)成立当且仅当

$$\begin{cases} \sum_{i=1}^n |a_i|^2 = 1, \\ ([\lambda_1 - t]a_1, \cdots, [\lambda_n - t]a_n) = 0. \end{cases}$$

若$t \notin \{\lambda_1, \cdots, \lambda_n\}$, 则$a_i = 0, \forall i \in \{1, \cdots, n\}$. 从而不满足$\sum_{i=1}^n |a_i|^2 = 1$. 若$t = \lambda_i$, 则由$\{\lambda_i\}_{i=1}^n$互不相等知$a_i = \pm 1$且$a_j = 0, \forall j \in \{1, \cdots, i-1, i+1, \cdots, n\}$. 因此, 方程(1.5.8)的全部解为$\{(\pm \xi_i, \lambda_i)\}_{i=1}^n$. 故$\xi_i$为$(\mathbf{A}x, x)$在$\|x\|_{\mathbb{R}^n} = 1$上的条件极值点(或驻点), 即临界点, 其中$i \in \{1, \cdots, n\}$. 因此, 所证结论成立.

定理1.5.6 设A是Hilbert空间$\mathscr{H}$上的对称紧算子, 则存在$x_0 \in \mathscr{H}$,

$$\|x_0\|_{\mathscr{H}} = 1,$$

使得

$$|(Ax_0, x_0)| = \sup_{\|x\|_{\mathscr{H}} = 1} |(Ax, x)| = \|A\|_{\mathscr{L}(\mathscr{H})}$$

且有

$$Ax_0 = (Ax_0, x_0)x_0.$$

证明 若A为零算子, 则该定理的结论自动成立. 以下, 不妨设A不为零算子. 记S_1为$\mathscr{H}$的单位球面. 因A对称, 故由命题1.5.5(i)知对任意的$x \in S_1$, $(Ax, x) \in \mathbb{R}$. 不妨设

$$\sup_{x \in S_1} |(Ax, x)| = \sup_{x \in S_1} (Ax, x).$$

否则在右手边用$-A$代替A. 令

$$\lambda := \sup_{x \in S_1} (Ax, x)$$

且 $f(x) := (Ax,x)$, $\forall x \in S_1$, 则存在 $\{x_n\}_{n \in \mathbb{N}_+} \subset S_1$ 使得 $f(x_n) \to \lambda$, $n \to \infty$. 则由Hilbert空间自反且自反空间的单位闭球是弱自列紧的(见文献[7]定理2.5.28, Eberlein–Šmulian定理)知 $\{x_n\}_{n \in \mathbb{N}_+}$ 存在弱收敛的子列. 不妨仍记为 $\{x_n\}_{n \in \mathbb{N}_+}$ 以及 $x_0 \in \mathscr{H}$, $\|x_0\|_{\mathscr{H}} \leqslant 1$ 使得 $x_n \rightharpoonup x_0$, $n \to \infty$. 因A紧, 故由命题1.3.19知A全连续, 从而, 当 $n \to \infty$ 时,

$$Ax_n \to Ax_0.$$

由此及当 $n \to \infty$ 时, $x_n \rightharpoonup x_0$ 和Cauchy–Schwarz不等式知, 当 $n \to \infty$ 时,

$$\begin{aligned}|f(x_n) - (Ax_0, x_0)| &= |(Ax_n, x_n) - (Ax_0, x_0)| \\ &\leqslant |(Ax_n - Ax_0, x_n)| + |(Ax_0, x_n - x_0)| \\ &\leqslant \|Ax_n - Ax_0\|_{\mathscr{H}} \|x_n\|_{\mathscr{H}} + |(Ax_0, x_n - x_0)| \\ &= \|Ax_n - Ax_0\|_{\mathscr{H}} + |(Ax_0, x_n - x_0)| \to 0,\end{aligned}$$

即得 $\lambda = (Ax_0, x_0)$.

下证 $\|x_0\|_{\mathscr{H}} = 1$. 用反证法. 若 $\|x_0\|_{\mathscr{H}} < 1$, 则由Cauchy–Schwarz不等式, 命题1.5.5(v)及

$$\lambda = \sup_{x \in S_1}(Ax, x) = \sup_{x \in S_1}|(Ax, x)| = \|A\|_{\mathscr{L}(\mathscr{H})} > 0$$

知

$$\begin{aligned}\lambda = (Ax_0, x_0) &\leqslant \|A\|_{\mathscr{L}(\mathscr{H})} \|x_0\|_{\mathscr{H}}^2 \\ &= \sup_{x \in S_1}(Ax, x) \|x_0\|_{\mathscr{H}}^2 < \sup_{x \in S_1}(Ax, x),\end{aligned}$$

与 $\sup_{x \in S_1}(Ax, x) = \lambda$ 矛盾. 因此, $\|x_0\|_{\mathscr{H}} = 1$ 且

$$(Ax_0, x_0) = \sup_{x \in S_1}(Ax, x).$$

下证 $Ax_0 = \lambda x_0$. 为此, 对任意的 $y \in \mathscr{H}$ 以及绝对值充分小的 $t \in \mathbb{R}$ 使得

$$\|x_0 + ty\|_{\mathscr{H}} > 0,$$

定义

$$\varphi_y(t) := \frac{(A(x_0+ty), x_0+ty)}{(x_0+ty, x_0+ty)}$$
$$= \left(A\left(\frac{x_0+ty}{\|x_0+ty\|_{\mathscr{H}}}\right), \frac{x_0+ty}{\|x_0+ty\|_{\mathscr{H}}}\right).$$

注意到 $\frac{x_0+ty}{\|x_0+ty\|_{\mathscr{H}}} \in S_1$, 故 $\varphi_y(t)$ 在 $t=0$ 时达到极大值, 从而 $\varphi_y'(0) = 0$. 又

$$\varphi_y'(0) = \lim_{t\to 0}\frac{\varphi_y(t) - \varphi_y(0)}{t} = \lim_{t\to 0}\frac{\varphi_y(t) - \lambda}{t}$$
$$= \lim_{t\to 0}\frac{(A(x_0+ty), x_0+ty) - \lambda\|x_0+ty\|_{\mathscr{H}}^2}{t\|x_0+ty\|_{\mathscr{H}}^2} \quad (1.5.9)$$

且对 $\forall t \in \mathbb{R}$ 及 $\forall y \in \mathscr{H}$,

$$(A(x_0+ty), x_0+ty) - \lambda\|x_0+ty\|_{\mathscr{H}}^2$$
$$= (Ax_0, x_0) + t(Ax_0, y) + t(Ay, x_0) + t^2(Ay, y)$$
$$- \lambda\left[(x_0, x_0) + t(x_0, y) + t(y, x_0) + t^2(y, y)\right]$$
$$= t\left\{(Ax_0, y) + (Ay, x_0) + t(Ay, y) - \lambda\left[(x_0, y) + (y, x_0) + t(y, y)\right]\right\}.$$

将此式代入 (1.5.9) 得

$$\varphi_y'(0) = \lim_{t\to 0}\frac{(Ax_0, y) + (Ay, x_0) + t(Ay, y) - \lambda\left[(x_0, y) + (y, x_0) + t(y, y)\right]}{\|x_0+ty\|_{\mathscr{H}}^2}$$
$$= (Ax_0, y) + (Ay, x_0) - \lambda(x_0, y) - \lambda(y, x_0),$$

从而, 由 A 对称知, 对任意的 $y \in \mathscr{H}$, 有

$$\mathfrak{R}(Ax_0 - \lambda x_0, y) = 0.$$

将 y 替换成 iy 即知 $\mathfrak{I}(Ax_0 - \lambda x_0, y) = 0$. 从而 $(Ax_0 - \lambda x_0, y) = 0$. 再由 y 的任意性知 $Ax_0 = \lambda x_0$. 因此, 所证结论成立.

关于 $Ax_0 = \lambda x_0$ 的另一种证法　由 A 对称, 命题 1.5.5(i) 和 (v),

$$\lambda = (Ax_0, x_0) \text{ 以及 } \|x_0\|_{\mathscr{H}} = 1$$

有
$$\|Ax_0 - \lambda x_0\|_{\mathscr{H}}^2 = (Ax_0 - \lambda x_0, Ax_0 - \lambda x_0)$$
$$= (Ax_0, Ax_0) - \lambda^2 = \|Ax_0\|_{\mathscr{H}}^2 - \lambda^2$$
$$\leqslant \|A\|_{\mathscr{L}(\mathscr{H})}^2 - \lambda^2 = 0.$$

因此, $Ax_0 = \lambda x_0$. 至此, 定理1.5.6得证. □

注记1.5.7 若A为Hilbert空间$\mathscr{H}$上的对称紧算子, 则由定理1.5.6知

(i) A必有实特征值; 因为$\|A\|_{\mathscr{L}(\mathscr{H})} = |(Ax_0, x_0)|$且$(Ax_0, x_0)$为$A$的特征值, 所以若$A$非零, 则$A$必有非零的实特征值;

(ii) 若记x_0如定理1.5.6, 设$\widetilde{\lambda}$为A的任意实特征值, 则易证$|\widetilde{\lambda}| \leqslant |(Ax_0, x_0)|$;

(iii) 由(ii)和A紧及定理1.4.1进一步知A的算子范数为其特征值(或所有谱)的绝对值的最大值, 即$\|A\|_{\mathscr{L}(\mathscr{H})} = r_\sigma(A)$.

事实上, 由定理1.5.6, 定理1.4.1(ii), 注记1.4.5和注记1.2.19(ii)知
$$|(Ax_0, x_0)| \leqslant \sup\{|\lambda|: \lambda \in \sigma_p(A)\} = r_\sigma(A)$$
$$= \max\{|\lambda|: \lambda \in \sigma_p(A)\}$$
$$\leqslant \|A\|_{\mathscr{L}(\mathscr{H})} = |(Ax_0, x_0)|.$$

故
$$r_\sigma(A) = \max\{|\lambda|: \lambda \in \sigma_p(A)\} = |(Ax_0, x_0)| = \|A\|_{\mathscr{L}(\mathscr{H})}.$$

又由定理1.5.6有
$$Ax_0 = (Ax_0, x_0)x_0.$$

因此, (Ax_0, x_0)为A的特征值. 故所证结论成立.

设A是$\mathscr{H}$上的紧算子, 则有
$$\sigma(A) \setminus \{0\} = \sigma_p(A) \setminus \{0\} = \{\lambda_1, \lambda_2, \cdots\}.$$

若$\{\lambda_1, \lambda_2, \cdots\}$中有无穷多个$\lambda_i (i = 1, 2, \cdots)$不相等, 则有$\lambda_n \to 0, n \to \infty$. 若$A$自伴, 则由命题1.5.5(ii)知$\{\lambda_1, \lambda_2, \cdots\}$均为实数. 此外, 还有如下Hilbert–Schmidt定理.

定理1.5.8 (Hilbert–Schmidt) 若A为Hilbert空间$\mathscr{H}$上的对称紧算子, 则有可数个非零的、只能以0为聚点的实数$\{\lambda_i\}_i$(依重数计), 它们是算子A的本征值, 并对应一组规范正交集$\{e_i\}_i$, 使得, 对任意的$x \in \mathscr{H}$, 有

$$x = \sum_i (x, e_i) e_i + \sum_j \left(x, e_j^{(0)}\right) e_j^{(0)} \tag{1.5.10}$$

和

$$Ax = \sum_i \lambda_i (x, e_i) e_i, \tag{1.5.11}$$

其中$\{e_j^{(0)}\}_j$为$N(A) := \{x \in \mathscr{H} : Ax = \theta\}$的规范正交基(若0不是$A$的本征值, 则$\{e_j^{(0)}\}_j = \varnothing$)且$\{e_i\}_i \cup \{e_j^{(0)}\}_j$为$\mathscr{H}$的规范正交基.

注记1.5.9 在定理1.5.8中, 规范正交基$\{e_j^{(0)}\}_j$的个数未必可数, 但对取定的x, $(x, e_j^{(0)}) \neq 0$的个数是可数的(见文献[7]定理1.6.23(Bessel不等式)及其证明).

为证定理1.5.8, 我们需要以下引理.

引理1.5.10 设$\mathscr{X}$为Banach空间且$A \in \mathfrak{C}(\mathscr{X})$, 若

$$\sigma_p(A) \setminus \{0\} \neq \varnothing,$$

则, 对任意的$\lambda \in \sigma_p(A) \setminus \{0\}$, 有$\dim N(\lambda I - A) < \infty$.

证明 由$\lambda \in \sigma_p(A) \setminus \{0\}$, 知$(\lambda I - A)^{-1}$不存在. 从而$N(\lambda I - A)$为$\mathscr{X}$的非零闭线性子空间[见命题1.4.11(iii)]. 因此, 由$A \in \mathfrak{C}(\mathscr{X})$及命题1.3.9(iv)可知$A|_{N(\lambda I - A)}$为$N(\lambda I - A)$上的紧算子. 对任意的$x \in N(\lambda I - A)$, 有$Ax = \lambda x = \lambda I x$. 故

$$A|_{N(\lambda I - A)} = \lambda I|_{N(\lambda I - A)}.$$

从而, 由紧算子的性质命题1.3.9(vi)进一步知$I|_{N(\lambda I - A)} \in \mathfrak{C}(N(\lambda I - A))$. 于是由紧算子的定义知$N(\lambda I - A)$中的任意有界集列紧, 故由赋范线性空间为有限维当且仅当其任意有界集列紧知

$$\dim N(\lambda I - A) < \infty$$

(见文献[7]推论1.4.30). 至此, 引理1.5.10得证. □

§1.5 Hilbert–Schmidt定理

在叙述完上述注记和引理之后,我们回到定理1.5.8的证明.

定理1.5.8的证明 对任意$\lambda \in \sigma_p(A) \setminus \{0\}$,由引理1.5.10知

$$m(\lambda) := \dim N(\lambda I - A) < \infty.$$

因非零内积空间必存在完备正交集(见文献[7]命题1.6.21),故$N(\lambda I - A)$有一组规范正交基,记为$\{e_i^{(\lambda)}\}_{i=1}^{m(\lambda)}$. 因$A$对称且紧,故由命题1.5.5(ii)及定理1.4.1知$\sigma_p(A) \setminus \{0\}$中存在至多可列个非零的、只能以0为聚点的实数,记为$\{\lambda_i\}_i$,则

$$\bigcup_{\lambda \in \sigma_p(A) \setminus \{0\}} \{e_i^{(\lambda)}\}_{i=1}^{m(\lambda)}$$

为至多可列集,记为$\{\widetilde{e}_i\}_i$. 由命题1.5.5(iv)知$\{\widetilde{e}_i\}_i$为规范正交集.

若$0 \in \sigma_p(A)$,则$N(A)$为$\mathscr{H}$的非零闭子空间,从而存在规范正交基$\{e_i^{(0)}\}_i$. 此时$\{e_i^{(0)}\}_i$未必可数. 令

$$\{e_i\}_i := \begin{cases} \{\widetilde{e}_i\}_i, & 0 \notin \sigma_p(A), \\ \{\widetilde{e}_i\}_i \cup \{e_i^{(0)}\}_i, & 0 \in \sigma_p(A), \end{cases}$$

且$M := \mathrm{span}\{e_i\}$,则(1.5.10)以及(1.5.11)在$M$上成立. 这里$\mathrm{span}\{e_i\}$为$\{e_i\}_i$中所有有限个元素的线性组合所组成的集合.

事实上,对任意的$x \in M$,存在$e_1^x, \cdots, e_m^x \in \{e_i\}_i$使得

$$x = \sum_{i=1}^{m} (x, e_i^x) e_i^x.$$

记与e_i^x相应的特征值为λ_i^x,则

$$Ax = \sum_{i=1}^{m} (x, e_i^x) A e_i^x = \sum_{i=1}^{m} \lambda_i^x (x, e_i^x) e_i^x.$$

由$\{e_i\}_i$的取法知,若

$$e_i \notin \{e_1^x, \cdots, e_m^x\},$$

则$(x, e_i) = 0$. 由此知(1.5.10)以及(1.5.11)在M上成立.

下证

$$\overline{M}^\perp = \{\theta\},$$

这里θ表示$\mathscr{H}$的零元. 用反证法. 若$\overline{M}^\perp \neq \{\theta\}$, 则$\overline{M}^\perp$为$\mathscr{H}$的闭子空间(见文献[7]命题1.6.18(5)), 并且进一步有

$$A\left(\overline{M}^\perp\right) \subset \overline{M}^\perp.$$

为证明上式, 首先证明$A(\overline{M}) \subset \overline{M}$. 为此, 任取$x \in \overline{M}$, 存在$\{x_n\}_{n \in \mathbb{N}_+} \subset M$使得$x = \lim\limits_{n \to \infty} x_n$. 从而, 由$A \in \mathscr{L}(\mathscr{H})$有

$$Ax = A\left(\lim_{n \to \infty} x_n\right) = \lim_{n \to \infty} Ax_n.$$

又注意到, 对任意$n \in \mathbb{N}_+$, x_n是A的有限个特征向量的线性组合, 从而Ax_n仍是相同特征向量的线性组合, 故$Ax_n \in M$. 从而$Ax \in \overline{M}$. 故$A(\overline{M}) \subset \overline{M}$. 现设$\xi \in \overline{M}^\perp, \eta \in \overline{M}$, 则由$A$对称及$A\eta \in \overline{M}$有

$$(A\xi, \eta) = (\xi, A\eta) = 0.$$

故$A\xi \in \overline{M}^\perp$. 因此, $\overline{M}^\perp$为A的闭不变子空间, 即所证断言成立. 令$\widetilde{A} := A|_{\overline{M}^\perp}$. 则由$\overline{M}$的定义知$\widetilde{A}$无特征值. 这是因为若存在$\lambda$以及$\xi \in \overline{M}^\perp$且$\xi \neq \theta$使得$\widetilde{A}\xi = \lambda\xi$, 则由命题1.5.5(iii)及(ii)知$\lambda \in \mathbb{R}$且$A\xi = \lambda\xi$, 从而$\xi$为$A$的特征向量, 故$\xi \in \overline{M}$(此处必须考虑$\overline{M}$而不是$M$, 否则, 当$\lambda = 0$为$A$的特征值时, 因为$\dim N(A)$可能为$\infty$, 所以$\xi$可能是$\{e_i^{(0)}\}_i$中可数个元素的线性组合, 从而不属于$M$), 而这与$\xi \in \overline{M}^\perp$且$\xi \neq \theta$矛盾. 故$\widetilde{A}$无特征值. 又由$A$紧及命题1.3.9(iv), 知$\widetilde{A}$为$\overline{M}^\perp$上的紧算子. 因$A$对称, 故由命题1.5.5(iii)知$\widetilde{A}$为$\overline{M}^\perp$上的对称算子. 从而, 由定理1.5.6知存在$x_0 \in \overline{M}^\perp$以及$\|x_0\|_{\mathscr{H}} = 1$使得

$$\widetilde{A}x_0 = \widetilde{\lambda}x_0,$$

其中$\widetilde{\lambda} = (\widetilde{A}x_0, x_0)$. 这就说明了$\widetilde{\lambda}$为$\widetilde{A}$的特征值, 与$\widetilde{A}$无特征值矛盾, 故$\overline{M}^\perp = \{\theta\}$. 从而$M^\perp = \overline{M}^\perp = \{\theta\}$. 于是因

$$(\mathrm{span}\{e_i\})^\perp = M^\perp = \{\theta\},$$

故$\{e_i\}_i$完备. 从而, 由文献[7]定理1.6.25知$\{e_i\}_i$为$\mathscr{H}$的一组规范正交基. 由此, 对任意的$x \in \mathscr{H}$, 有

$$x = \sum_i (x, e_i)e_i,$$

即(1.5.10)在$\mathcal{H}$上成立. 由A的连续性进一步可得(1.5.11)在$\mathcal{H}$上成立. 至此, 定理1.5.8得证. $\square$

我们以下及后文中需要如下著名的Parseval等式(见文献[7]定理1.6.25).

引理1.5.11 设$\mathcal{H}$是一个Hilbert空间且$S = \{e_\alpha : \alpha \in A\}$是$\mathcal{H}$的一组规范正交基. 则, 对$\forall x \in \mathcal{H}$,

$$\|x\|_{\mathcal{H}}^2 = \sum_{\alpha \in A} |(x, e_\alpha)|^2.$$

注记1.5.12 设所有记号同定理1.5.8. 将A的非零特征值重排使得

$$|\lambda_1| \geqslant \cdots \geqslant |\lambda_n| \geqslant \cdots \text{ (允许依重数重复, 见引理1.5.10)},$$

则有

$$A = \sum_{j \geqslant 1} \lambda_j e_j \otimes e_j,$$

其中约定, 对$\forall j$及$\forall x \in \mathcal{H}$,

$$(e_j \otimes e_j)(x) = (x, e_j)e_j.$$

Hilbert空间$\mathcal{H}$上的对称紧算子可由其非零特征值及其相应的特征向量显式表示出来. 进一步, 当依重数计A有无穷个非零特征值且$n \to \infty$时, 有

$$\left\| A - \sum_{j=1}^{n} \lambda_j e_j \otimes e_j \right\|_{\mathscr{L}(\mathcal{H})} \leqslant |\lambda_{n+1}| \to 0. \tag{1.5.12}$$

事实上, 由定理1.5.8知我们只需证(1.5.12). 为此, 取$x \in \mathcal{H}$满足$\|x\|_{\mathcal{H}} = 1$. 则由(1.5.10)及引理1.5.11有

$$\|x\|_{\mathcal{H}} = \left\{ \sum_{i=1}^{\infty} |(x, e_i)|^2 + \sum_{j} \left| \left(x, e_j^{(0)} \right) \right|^2 \right\}^{\frac{1}{2}}$$

$$\geqslant \left\{ \sum_{i=1}^{\infty} |(x, e_i)|^2 \right\}^{\frac{1}{2}}.$$

由此进一步有

$$\left\|\left(A-\sum_{i=1}^{n}\lambda_i e_i\otimes e_i\right)(x)\right\|_{\mathscr{H}} = \left\|Ax-\sum_{i=1}^{n}\lambda_i(x,e_i)e_i\right\|_{\mathscr{H}}$$

$$= \left\|\sum_{i=n+1}^{\infty}\lambda_i(x,e_i)e_i\right\|_{\mathscr{H}}$$

$$= \left\{\sum_{i=n+1}^{\infty}\lambda_i^2|(x,e_i)|^2\right\}^{\frac{1}{2}}$$

$$\leqslant |\lambda_{n+1}|\left\{\sum_{i=n+1}^{\infty}|(x,e_i)|^2\right\}^{\frac{1}{2}}$$

$$\leqslant |\lambda_{n+1}|\|x\|_{\mathscr{H}}.$$

因此, 当 $n\to\infty$ 时,

$$\left\|A-\sum_{i=1}^{n}\lambda_i e_i\otimes e_i\right\|_{\mathscr{L}(\mathscr{H})} \leqslant |\lambda_{n+1}| \to 0.$$

此即表明对称紧算子可由其特征值表示出来. 故所证断言成立.

注记1.5.13 设所有记号同定理1.5.8. 若A的非零特征值满足:

$$|\lambda_1| \geqslant \cdots \geqslant |\lambda_n| \geqslant \cdots (\text{允许依重数重复, 见引理1.5.10}),$$

则, 对任意的$n\in\mathbb{N}_+$, 有

$$|\lambda_n| = \sup\{|(Ax,x)|: x\perp \text{span}\{e_1,\cdots,e_{n-1}\}, \|x\|_{\mathscr{H}}=1\}, \tag{1.5.13}$$

其中$e_1,\cdots,e_{n-1}$是分别对应于$\lambda_1,\cdots,\lambda_{n-1}$的本征元.

事实上, 用μ_n表示(1.5.13)的右边的数值. 取$x=e_n$, 则

$$x\perp \text{span}\{e_1,\cdots,e_{n-1}\}$$

且$\|x\|_{\mathscr{H}}=1$. 从而

$$|\lambda_n| = |(Ae_n,e_n)| \leqslant \mu_n.$$

反之, 对$\forall x \perp \mathrm{span}\{e_1,\cdots,e_{n-1}\}$且$\|x\|_{\mathscr{H}}=1$, 由引理1.5.11及定理1.5.8有

$$\|x\|_{\mathscr{H}} = \left\{\sum_{i\geqslant 1}|(x,e_i)|^2 + \sum_j \left|\left(x,e_j^{(0)}\right)\right|^2\right\}^{\frac{1}{2}}$$
$$\geqslant \left\{\sum_{i\geqslant 1}|(x,e_i)|^2\right\}^{\frac{1}{2}}$$

且

$$|(Ax,x)| = \left|\left(\sum_{i\geqslant 1}\lambda_i(x,e_i)e_i, x\right)\right|$$
$$= \left|\sum_{i\geqslant n}\lambda_i(x,e_i)(e_i,x)\right| \leqslant |\lambda_n|\|x\|_{\mathscr{H}}^2 = |\lambda_n|.$$

上式两端关于x取上确界即得$\mu_n \leqslant |\lambda_n|$, 从而$|\lambda_n| = \mu_n$, 即(1.5.13)得证. 因此, 所证断言成立.

注记1.5.13说明A的特征值具有极值性质.

若A的特征值满足:

$$\lambda_1^+ \geqslant \lambda_2^+ \geqslant \cdots > 0,$$
$$\lambda_1^- \leqslant \lambda_2^- \leqslant \cdots < 0,$$

其中除0以外允许依重数重复, 则有以下极大极小刻画.

定理1.5.14 设A是对称紧算子且对应有非零特征值$\{\lambda_i^+\}_{i\geqslant 1}\cup\{\lambda_i^-\}_{i\geqslant 1}$, 则, 对任意$n\in\mathbb{N}_+$, 有

$$\lambda_n^+ = \inf_{E_{n-1}}\sup_{x\in E_{n-1}^\perp, x\neq \theta}\frac{(Ax,x)}{(x,x)} \tag{1.5.14}$$

以及

$$\lambda_n^- = \sup_{E_{n-1}}\inf_{x\in E_{n-1}^\perp, x\neq \theta}\frac{(Ax,x)}{(x,x)}, \tag{1.5.15}$$

其中E_{n-1}是$\mathscr{H}$的任意的$n-1$维闭线性子空间.

证明 只需给出第一个等式(1.5.14)的证明, 因为在(1.5.14)中用$-A$替代A即得(1.5.15). 设e_i^+, e_i^-分别为λ_i^+, λ_i^-所对应的单位特征向量, 则

$$\{e_i^+\}_{i\geqslant 1} \cup \{e_i^-\}_{i\geqslant 1} \cup \left\{e_j^{(0)}\right\}_j$$

为$\mathscr{H}$的一组规范正交基, 其中$\{e_j^{(0)}\}_j$如定理1.5.8. 若$x \in \mathscr{H}$, 则由定理1.5.8有

$$x = \sum_{i\geqslant 1}(a_i^+ e_i^+ + a_i^- e_i^-) + \sum_j a_j e_j^{(0)},$$

从而

$$\frac{(Ax,x)}{(x,x)} = \frac{\sum_{i\geqslant 1}\lambda_i^+|a_i^+|^2 + \sum_{i\geqslant 1}\lambda_i^-|a_i^-|^2}{\sum_{i\geqslant 1}|a_i^+|^2 + \sum_{i\geqslant 1}|a_i^-|^2 + \sum_j|a_j|^2}. \tag{1.5.16}$$

对$\forall n \in \mathbb{N}_+$, 记(1.5.14)右端为$\mu_n$.

下证$\lambda_n^+ \leqslant \mu_n$. 为此, 设$E_{n-1}$是$\mathscr{H}$的一个任意的$n-1$维闭线性子空间, 则$E_{n-1}$有基$\{\widetilde{e}_1, \cdots, \widetilde{e}_{n-1}\}$. 故必存在

$$x_n \in \text{span}\{e_1^+, \cdots, e_n^+\} \text{ 且 } x_n \neq \theta$$

使得$x_n \perp E_{n-1}$.

事实上, 对$\forall i \in \{1, \cdots, n\}$及$\forall j \in \{1, \cdots, n-1\}$, 令$a_{ij} := (e_i^+, \widetilde{e}_j)$, 则矩阵

$$\mathbf{M} := (a_{ij})_{n \times (n-1)}$$

的秩至多为$n-1$, 从而方程$\mathbf{M}^T y = \theta$有非零解$y = \{y_1, \cdots, y_n\}$. 令

$$x_n := \sum_{i=1}^n y_i e_i^+,$$

则

$$\mathbf{M}^\perp y = \theta \iff \begin{pmatrix} (e_1^+, \widetilde{e}_1) & (e_2^+, \widetilde{e}_1) & \cdots & (e_n^+, \widetilde{e}_1) \\ (e_1^+, \widetilde{e}_2) & (e_2^+, \widetilde{e}_2) & \cdots & (e_n^+, \widetilde{e}_2) \\ \vdots & \vdots & \ddots & \vdots \\ (e_1^+, \widetilde{e}_{n-1}) & (e_2^+, \widetilde{e}_{n-1}) & \cdots & (e_n^+, \widetilde{e}_{n-1}) \end{pmatrix} \begin{pmatrix} y_1 \\ y_2 \\ \vdots \\ y_n \end{pmatrix} = \theta$$

$$\iff \begin{pmatrix} (x_n, \widetilde{e}_1) \\ (x_n, \widetilde{e}_2) \\ \vdots \\ (x_n, \widetilde{e}_{n-1}) \end{pmatrix} = \theta$$

$$\iff (x_n, \widetilde{e}_j) = \theta, \ \forall j \in \{1, \cdots, n-1\}$$

$$\iff x_n \perp E_{n-1},$$

故 $x_n = \sum\limits_{i=1}^{n} y_i e_i^+$ 即为所求. 从而, 由(1.5.16)进一步有

$$\sup_{x \in E_{n-1}^\perp, x \neq \theta} \frac{(Ax, x)}{(x, x)} \geqslant \frac{(Ax_n, x_n)}{(x_n, x_n)} = \frac{\sum\limits_{i=1}^{n} \lambda_i^+ |y_i|^2}{\sum\limits_{i=1}^{n} |y_i|^2} \geqslant \lambda_n^+.$$

上式两端对 E_{n-1} 取下确界即得 $\lambda_n^+ \leqslant \mu_n$.

下证 $\lambda_n^+ \geqslant \mu_n$. 为此, 令

$$E_{n-1} := \mathrm{span}\{e_1^+, \cdots, e_{n-1}^+\},$$

则, 对任意的 $x \in \mathscr{H}$, 若 $x \in E_{n-1}^\perp$ 且 $x \neq \theta$, 由定理1.5.8有

$$x = \sum_{i \geqslant n} a_i^+ e_i^+ + \sum_{i \geqslant 1} a_i^- e_i^- + \sum_j a_j e_j^{(0)}.$$

从而, 由(1.5.16)进一步有

$$\frac{(Ax, x)}{(x, x)} = \frac{\sum\limits_{i \geqslant n} \lambda_i^+ |a_i^+|^2 + \sum\limits_{i \geqslant 1} \lambda_i^- |a_i^-|^2}{\sum\limits_{i \geqslant n} |a_i^+|^2 + \sum\limits_{i \geqslant 1} |a_i^-|^2 + \sum\limits_j |a_j|^2}$$

$$\leqslant \frac{\sum\limits_{i \geqslant n} \lambda_i^+ |a_i^+|^2}{\sum\limits_{i \geqslant n} |a_i^+|^2}$$

$$\leqslant \lambda_n^+ \frac{\sum\limits_{i\geqslant n}|a_i^+|^2}{\sum\limits_{i\geqslant n}|a_i^+|^2} = \lambda_n^+.$$

在上式两端对上述 x 取上确界即得 $\lambda_n^+ \geqslant \mu_n$. 故 $\lambda_n^+ = \mu_n$, 即 (1.5.14) 成立. 至此, 定理 1.5.14 得证. $\square$

推论 1.5.15 若 Hilbert 空间 $\mathscr{H}$ 上的两个对称紧算子 A, B 满足 $A \leqslant B$, 即对任意 $x \in \mathscr{H}$, $(Ax, x) \leqslant (Bx, x)$, 则, 对 $\forall j \in \mathbb{N}_+$,

$$0 < \lambda_j^+(A) \leqslant \lambda_j^+(B) \quad 且 \quad \lambda_j^-(A) \leqslant \lambda_j^-(B) < 0.$$

习题 1.5

习题 1.5.1 设 $\mathscr{X}$ 是 Banach 空间且 $A \in \mathfrak{C}(\mathscr{X})$. 证明 A 的非零特征值可作如下重排:

$$|\lambda_1| \geqslant \cdots \geqslant |\lambda_n| \geqslant \cdots$$

习题 1.5.2 设 $\mathscr{H}$ 为复 Hilbert 空间且 A 为 $\mathscr{H}$ 上的有界线性算子. 证明 $A + A^*$, AA^* 和 A^*A 均为对称算子且

$$\|AA^*\|_{\mathscr{L}(\mathscr{H})} = \|A^*A\|_{\mathscr{L}(\mathscr{H})} = \|A\|^2_{\mathscr{L}(\mathscr{H})}.$$

习题 1.5.3 设 $\mathscr{H}$ 为复 Hilbert 空间且 A 为 $\mathscr{H}$ 上的有界线性算子, 满足, 对 $\forall x \in \mathscr{H}$,

$$(Ax, x) \geqslant 0.$$

证明, 对 $\forall x \in \mathscr{H}$,

$$\|Ax\|^2_{\mathscr{H}} \leqslant \|A\|_{\mathscr{L}(\mathscr{H})} (Ax, x).$$

习题 1.5.4 设 $\mathscr{H}$ 为复 Hilbert 空间且 A 为 $\mathscr{H}$ 上的对称紧算子, 令

$$m(A) := \inf_{\|x\|_{\mathscr{H}}=1} (Ax, x) \quad 且 \quad M(A) := \sup_{\|x\|_{\mathscr{H}}=1} (Ax, x).$$

证明

(i) 若 $m(A) \neq 0$, 则 $m(A) \in \sigma_p(A)$;

(ii) 若$M(A) \neq 0$, 则$M(A) \in \sigma_p(A)$.

习题1.5.5 设$\mathscr{H}$为复Hilbert空间且A为$\mathscr{H}$上的对称紧算子. 证明

(i) 若A非零, 则A至少有一个非零本征值;

(ii) 若M是A的非零闭不变子空间, 则M上必含有A的本征元.

习题1.5.6 设$\mathscr{H}$为复Hilbert空间且$P \in \mathscr{L}(\mathscr{H})$. 证明

$$P\text{为}H\text{的正交投影算子} \iff (Px,x) = \|Px\|_{\mathscr{H}}^2, \forall x \in \mathscr{H}.$$

习题1.5.7 在$L^2[0,1]$中考虑映射

$$T: x(t) \longmapsto \int_0^t x(s)\,\mathrm{d}s, \forall t \in [0,1] \text{ 及 } \forall x \in L^2[0,1].$$

(i) 证明T是$L^2[0,1]$上的紧算子;

(ii) 求$\|T\|_{\mathscr{L}(L^2[0,1])}$.

习题1.5.8 设$\mathscr{H}$是Hilbert空间, 求证$P \in \mathscr{L}(\mathscr{H})$是正交投影算子当且仅当

(i) P对称, 即$P = P^*$;

(ii) P幂等, 即$P^2 = P$.

习题1.5.9 设T为复Hilbert空间$\mathscr{H}$上的对称算子, 若存在$m, M \in \mathbb{R}$使得, 对任意$x \in \mathscr{H}$且$\|x\|_{\mathscr{H}} = 1$, 有$(Tx,x) \in [m,M]$. 证明

$$\sigma(T) \subset [m,M].$$

习题1.5.10 设A为复Hilbert空间$\mathscr{H}$上的对称算子. 证明A为零算子当且仅当$\sigma(A) = \{0\}$.

习题1.5.11 设$\mathscr{H}$为Hilbert空间且$A \in \mathscr{L}(\mathscr{H})$, 证明以下命题等价

(i) $A \in \mathfrak{C}(\mathscr{H})$;

(ii) 存在 $n_0 \in \mathbb{N}_+$, $(A^*A)^{n_0} \in \mathfrak{C}(\mathcal{H})$;

(iii) 对任意 $n \in \mathbb{N}_+$, $(A^*A)^n \in \mathfrak{C}(\mathcal{H})$.

习题1.5.12 设 $\mathcal{H}$ 为Hilbert空间，A 是 $\mathcal{H}$ 上的紧算子且，对 $\forall x \in \mathcal{H}$，

$$(Ax, x) \geqslant 0.$$

证明，对 $\forall n \in \mathbb{N}_+$，存在 $\mathcal{H}$ 上的对称紧算子 B 使得 $A = B^n$.

习题1.5.13 设 $\mathcal{H}$ 为复Hilbert空间且 T 为 $\mathcal{H}$ 上的对称算子. 令

$$m := \inf_{\|x\|_\mathcal{H}=1} (Tx, x) \quad \text{且} \quad M := \sup_{\|x\|_\mathcal{H}=1} (Tx, x).$$

证明

(i) $\sigma(T) \subset [m, M]$;

(ii) $m \in \sigma(T)$ 且 $M \in \sigma(T)$;

(iii) $\|T\|_{\mathscr{L}(\mathcal{H})} = \max\{|m|, |M|\}$.

习题1.5.14 设 $\mathscr{X}$ 为Banach空间，$A \in \mathfrak{C}(\mathscr{X})$ 且 $T := I - A$. 证明

(i) 存在非负整数 $k \in \mathbb{N}_+$ 使得 $N(T^k) = N(T^{k+1})$.

(ii) 存在非负整数 $k \in \mathbb{N}_+$ 使得 $R(T^k) = R(T^{k+1})$. 若记 p 为使得

$$N(T^k) = N(T^{k+1}), \quad k \in \mathbb{N}_+,$$

成立的最小整数且 q 为使得

$$R(T^k) = R(T^{k+1}), \quad k \in \mathbb{N}_+,$$

成立的最小整数，则 $p = q < \infty$.

第2章 Banach代数

本章主要介绍Banach代数, 即具有代数结构的Banach空间的一般理论, 包括Banach代数的基本性质、C^*代数、有界线性算子的泛函演算以及谱理论. 这些内容是近代数学和物理的重要工具, 在调和分析、群表示论、概率论和量子力学等学科的研究中扮演着重要角色.

本章主要参考了文献[8]的第五章.

§2.1 代数准备知识

本节主要回顾代数的基本知识, 在此基础上给出Banach代数的定义, 并且给出一些典型的例子.

Banach代数是带有一个范数的代数, 为了给出Banach代数的定义以及其基本性质, 首先回顾一下有关的代数基本知识.

定义2.1.1 称$\mathscr{A}$为复数域$\mathbb{C}$上的一个**代数**, 如果

(i) $\mathscr{A}$是$\mathbb{C}$上的一个线性空间;

(ii) $\mathscr{A}$上规定乘法: $\mathscr{A} \times \mathscr{A} \longrightarrow \mathscr{A}$使得, 对$\forall a,b,c,d \in \mathscr{A}$及$\forall \lambda, \mu \in \mathbb{C}$,

$$(ab)c = a(bc);$$

$$(a+b)(c+d) = ac + bc + ad + bd;$$

$$(\lambda\mu)(ab) = (\lambda a)(\mu b).$$

若$\mathscr{A}$中有元素e使得, 对任意$\mathscr{A}$中元素a, 满足$ea = ae = a$, 则称e为$\mathscr{A}$的**单位元**.

注记2.1.2 设$\mathscr{A}$是复数域$\mathbb{C}$上的一个代数.

(i) $\mathscr{A}$不一定有单位元. 若$\mathscr{A}$中有单位元, 则它是唯一的. 事实上, 若$\tilde{e}$也为$\mathscr{A}$的单位元, 则由单位元的定义有$\tilde{e} = \tilde{e}e = e$.

(ii) 设 $\mathscr{A}$ 有单位元, a 称为**可逆的**, 如果存在 $b \in \mathscr{A}$ 使得

$$ab = ba = e.$$

且称 b 为 a 的**逆**, 记为 a^{-1}.

如果 a 可逆, 那么其逆是唯一的. 事实上, 若 b_1, b_2 均为 a 的逆, 则

$$b_1 = b_1 e = b_1 a b_2 = e b_2 = b_2.$$

如果 $\mathscr{A}$ 中每个非零元都是可逆的, 那么称 $\mathscr{A}$ 为**可除代数**.

(iii) 如果 $\mathscr{A}$ 的乘法满足交换律, 即对任意的 $a, b \in \mathscr{A}$, 均有 $ab = ba$, 那么称 $\mathscr{A}$ 为**交换代数**.

(iv) 若记 θ 为 $\mathscr{A}$ 中的零元, 则, 对 $\forall a \in \mathscr{A}$, 有 $\theta a = (\theta - \theta)a = \theta a - \theta a = \theta$. 类似可证 $a\theta = \theta$.

例2.1.3 我们有以下两个代数的简单例子.

(i) $\mathbb{C}$ 关于乘法构成可除交换代数.

(ii) $n \times n$ 阶的复矩阵全体关于矩阵乘法构成一个有单位元的不可交换代数.

定义2.1.4 设 $\mathscr{A}, \mathscr{B}$ 是两个代数, φ 是 $\mathscr{A}$ 到 $\mathscr{B}$ 的映射, 若对任意 $a, b \in \mathscr{A}$ 和任意 $\lambda, \mu \in \mathbb{C}$, 有

$$\varphi(\lambda a + \mu b) = \lambda \varphi(a) + \mu \varphi(b) \quad (\text{保线性运算})$$

以及

$$\varphi(ab) = \varphi(a)\varphi(b) \quad (\text{保乘法运算}),$$

则称 φ 是 $\mathscr{A}$ 到 $\mathscr{B}$ 的**同态映射**. 如果同态映射 φ 既是单射又是满射, 那么称 φ 是 $\mathscr{A}$ 到 $\mathscr{B}$ 上的**同构映射**.

注记2.1.5 记 θ 与 $\tilde{\theta}$ 分别为 $\mathscr{A}$ 和 $\mathscr{B}$ 的零元, 若 φ 为同态映射, 则 $\varphi(\theta) = \tilde{\theta}$. 事实上, 因 $\varphi(\theta) = \varphi(\theta + \theta) = \varphi(\theta) + \varphi(\theta)$, 故 $\varphi(\theta) = \tilde{\theta}$.

定义2.1.6 设$\mathscr{A}$是一个代数, $\mathscr{B}$是$\mathscr{A}$的一个子空间. 若$\mathscr{B}$对乘法封闭, 则称$\mathscr{B}$为$\mathscr{A}$的一个**子代数**.

命题2.1.7 若φ是$\mathscr{A}$到$\mathscr{B}$的同态映射, 则$\mathscr{A}$的子代数在φ下的像为$\mathscr{B}$的子代数. 特别地, 值域$\varphi(\mathscr{A})$是$\mathscr{B}$的一个子代数.

证明 设$\mathscr{A}_1$为$\mathscr{A}$的子代数, 因φ保持线性运算, 故$\varphi(\mathscr{A}_1)$为$\mathscr{B}$的线性子空间. 如下只需证$\varphi(\mathscr{A}_1)$对乘法封闭即可.

设$c, d \in \varphi(\mathscr{A}_1)$, 则存在$a, b \in \mathscr{A}$使得$c = \varphi(a)$, $d = \varphi(b)$. 因φ为同态, 故$cd = \varphi(a)\varphi(b) = \varphi(ab)$. 因此, $cd \in \varphi(\mathscr{A}_1)$. 至此, 命题得证. □

注记2.1.8 如果$\mathscr{A}$没有单位元, 那么可以构造一个有单位元的代数$\widehat{\mathscr{A}}$使得$\mathscr{A}$同构于$\widehat{\mathscr{A}}$的一个子代数. 在这种意义下, 没有单位元的代数总可以增添单位元.

事实上, 令$\widehat{\mathscr{A}} := \mathscr{A} \times \mathbb{C}$, 并且规定$\widehat{\mathscr{A}}$上代数运算如下:

$$\begin{cases} \alpha(a, \lambda) := (\alpha a, \alpha \lambda), \\ (a, \lambda) + (b, \mu) := (a + b, \lambda + \mu) \end{cases}$$

或

$$\begin{cases} \alpha(a, \lambda) + \beta(b, \mu) := (\alpha a + \beta b, \alpha \lambda + \beta \mu), \\ 1(a, \lambda) := (a, \lambda), \end{cases}$$

且

$$(a, \lambda)(b, \mu) := (ab + \lambda b + \mu a, \lambda \mu),$$

其中$(a, \lambda), (b, \mu) \in \widehat{\mathscr{A}}$且$\alpha, \beta \in \mathbb{C}$. 容易证明$\widehat{\mathscr{A}}$为一代数(见习题2.1.3)且

$$e := (\theta, 1)$$

是$\widehat{\mathscr{A}}$的单位元. 进一步可证$\mathscr{A}$同构于$\widehat{\mathscr{A}}$的一个子代数. 事实上, 令

$$\varphi : \begin{cases} \mathscr{A} \longrightarrow \widehat{\mathscr{A}}, \\ a \longmapsto \varphi(a) = (a, 0). \end{cases}$$

下面断言φ为一个同态且为单射. 事实上, 若$\varphi(a) = (\theta, 0)$, 则$(a, 0) = (\theta, 0)$. 故$a = \theta$. 从而φ为单射. 又对$\forall a, b \in \mathscr{A}$, 有

$$\varphi(a)\varphi(b) = (a, 0)(b, 0) = (ab, 0) = \varphi(ab).$$

故φ为同态. 因此, $\mathscr{A}$同构于$\widehat{\mathscr{A}}$的子代数$\varphi(\mathscr{A})$. (保证有单位元的关键在于乘法运算中第一个分量有$\lambda b + \mu a$.) 故所证断言成立.

命题2.1.9 设φ是复数域上代数$\mathscr{A}$的一个非零线性泛函, 满足

$$\varphi(ab) = \varphi(a)\varphi(b),$$

则φ也是$\mathscr{A}$上的复同态, 并且

(i) 若$\mathscr{A}$有单位元e, 则$\varphi(e) = 1$;

(ii) 对于任意$\mathscr{A}$中的可逆元a, $\varphi(a) \neq 0$.

证明 (i) 因为$\langle \varphi, e^2 \rangle = [\varphi(e)]^2$, 所以$\varphi(e) = [\varphi(e)]^2$. 故$\varphi(e) = 0$或$\varphi(e) = 1$. 若$\varphi(e) = 0$, 则, 对$\forall a \in \mathscr{A}$,

$$\varphi(a) = \langle \varphi, ae \rangle = \varphi(a)\varphi(e) = 0,$$

从而与φ是非零泛函矛盾. 故$\varphi(e) = 1$.

(ii) 由(i)知, 对$a \in \mathscr{A}$, 若a有逆元a^{-1}, 则

$$1 = \varphi(e) = \varphi(aa^{-1}) = \varphi(a)\varphi(a^{-1}),$$

所以$\varphi(a) \neq 0$. 至此, 命题2.1.9得证. □

定义2.1.10 设$\mathscr{A}$是一个代数, 若$\mathscr{J}$是它的一个子代数满足:

(i) 对$\forall a \in \mathscr{A}$, $a\mathscr{J} \subset \mathscr{J}$, $\mathscr{J}a \subset \mathscr{J}$, 其中$a\mathscr{J} := \{ax : x \in \mathscr{J}\}$且

$$\mathscr{J}a := \{xa : x \in \mathscr{J}\};$$

(ii) $\mathscr{J} \neq \mathscr{A}$,

则称 $\mathscr{J}$ 是 $\mathscr{A}$ 的**双边理想**, 简称**理想**.

注记2.1.11 关于理想, 我们有如下注记.

(i) 若 $\mathscr{A}$ 为非零代数, 则其总存在理想, 如 $\mathscr{J} := \{\theta\}$ 总是一个理想.

(ii) 若 $\mathscr{A}$ 是交换代数, 则定义2.1.10中的(i)等价于: 对 $\forall a \in \mathscr{A}$, 有

$$a\mathscr{J} \subset \mathscr{J}.$$

命题2.1.12 设 $\mathscr{A}, \mathscr{B}$ 是代数, 映射 $\varphi: \mathscr{A} \to \mathscr{B}$ 是一个非平凡(也称非退化或称为非零)同态, 即 $\varphi(\mathscr{A}) \neq \{\theta\}$, 那么 φ 的核 $(\ker \varphi := \varphi^{-1}(\{\theta\}))$ 是 $\mathscr{A}$ 的一个理想.

证明 先证 $\ker \varphi$ 是 $\mathscr{A}$ 的一个子代数. 因 φ 为同态, 故, 对任意 $a, b \in \ker \varphi$ 和任意 $\lambda, \mu \in \mathbb{C}$, 有

$$\varphi(\lambda a + \mu b) = \lambda \varphi(a) + \mu \varphi(b) = \theta$$

以及

$$\varphi(ab) = \varphi(a)\varphi(b) = \theta.$$

因此, $\ker \varphi$ 是 $\mathscr{A}$ 的一个子代数.

下证 $\ker \varphi$ 是 $\mathscr{A}$ 的一个理想. 由 φ 的非平凡性知

$$\ker \varphi \neq \mathscr{A}.$$

又对 $\forall a \in \mathscr{A}$ 及 $\forall x \in \ker \varphi$, 由 φ 为同态知

$$\varphi(ax) = \varphi(a)\varphi(x) = \theta,$$

$$\varphi(xa) = \varphi(x)\varphi(a) = \theta,$$

即

$$a(\ker \varphi) \subset \ker \varphi \text{ 且 } (\ker \varphi)a \subset \ker \varphi.$$

因此, $\ker \varphi$ 是 $\mathscr{A}$ 的一个理想. 至此, 命题2.1.12得证. □

命题2.1.13 设$\mathscr{A}$是有单位元的代数，$\mathscr{J}$是$\mathscr{A}$的一个理想，则有

(i) $e \notin \mathscr{J}$;

(ii) 若$a \in \mathscr{A}$有逆元，则$a \notin \mathscr{J}$.

证明 (i) 如果$e \in \mathscr{J}$，那么由理想的定义，对$\forall a \in \mathscr{A}$,

$$a = ae \in \mathscr{J}.$$

从而$\mathscr{J} = \mathscr{A}$，这与$\mathscr{J} \neq \mathscr{A}$矛盾，故$e \notin \mathscr{J}$.

(ii) 如果$a \in \mathscr{J}$且有逆元，那么$e = aa^{-1} \in \mathscr{J}$，这与(i)矛盾，故$a \notin \mathscr{J}$. 至此，命题2.1.13得证. □

推论2.1.14 设代数$\mathscr{A}$有单位元e，$\mathscr{J}$为$\mathscr{A}$的子代数且，对任意$a \in \mathscr{A}$，有

$$a\mathscr{J} \subset \mathscr{J} \ (\text{或} \ \mathscr{J}a \subset \mathscr{J}),$$

则以下三命题等价：

(i) $\mathscr{J} \neq \mathscr{A}$;

(ii) $e \notin \mathscr{J}$;

(iii) 若a可逆，则$a \notin \mathscr{J}$.

证明 先证(i) $\Longrightarrow$ (ii). 反设$e \in \mathscr{J}$，则，对$\forall a \in \mathscr{A}$，有$a = ae \in a\mathscr{J} \subset \mathscr{J}$. 故$\mathscr{A} \subset \mathscr{J}$. 从而$\mathscr{J} = \mathscr{A}$. 这与(i)矛盾. 因此，(i) $\Longrightarrow$ (ii).

现证(ii) $\Longrightarrow$ (iii). 反设存在a可逆且$a \in \mathscr{J}$，则$e = a^{-1}a \in \mathscr{J}$. 这与(ii)矛盾. 故(ii) $\Longrightarrow$ (iii).

下证(iii) $\Longrightarrow$ (i). 反设(i)不成立，即$\mathscr{J} = \mathscr{A}$. 故$e \in \mathscr{A} = \mathscr{J}$. 从而，若$a$可逆，则$a = ae \in \mathscr{J}$. 这与(iii)矛盾. 因此，(iii) $\Longrightarrow$ (i).

综上即知(i), (ii)和(iii)等价. 至此，推论2.1.14得证. □

定义2.1.15 设$\mathscr{J}$是$\mathscr{A}$的一个理想，定义商空间$\mathscr{B} := \mathscr{A}/\mathscr{J}$为等价类

$$[a] := \{b \in \mathscr{A} : b - a \in \mathscr{J}\}$$

的全体. 对 $\mathscr{B}$ 赋予以下运算: 对 $\forall \lambda, \mu \in \mathbb{C}$ 及 $\forall [a], [b] \in \mathscr{B}$,

$$\lambda[a] + \mu[b] := [\lambda a + \mu b], \tag{2.1.1}$$

$$[a][b] := [ab], \tag{2.1.2}$$

则 $\mathscr{B}$ 构成一个代数, 称为 $\mathscr{A}$ 关于理想 $\mathscr{J}$ 的**商代数**.

注记2.1.16 在定义2.1.15中,

$$[a] = a + \mathscr{J} := \{a + b : b \in \mathscr{J}\}.$$

命题2.1.17 定义2.1.15合理.

证明 只需证(2.1.1), (2.1.2)定义合理. 对任意的 $\lambda, \mu \in \mathbb{C}, a_1, a_2 \in [a]$ 及 $b_1, b_2 \in [b]$, 由 $\mathscr{J}$ 为子代数知

$$\lambda a_1 + \mu b_1 - (\lambda a_2 + \mu b_2) = \lambda(a_1 - a_2) + \mu(b_1 - b_2) \in \mathscr{J}.$$

故 $[\lambda a_1 + \mu b_1] = [\lambda a_2 + \mu b_2]$. 即(2.1.1)定义合理. 同样, 由 $\mathscr{J}$ 为子代数及定义2.1.10(i)知

$$a_1 b_1 - a_2 b_2 = (a_1 - a_2) b_1 + a_2(b_1 - b_2) \in \mathscr{J},$$

故 $[a_1 b_1] = [a_2 b_2]$. 即(2.1.2)定义合理. 至此, 命题2.1.17得证. □

定义自然映射 $\varphi : \mathscr{A} \longrightarrow \mathscr{A}/\mathscr{J}$ 为 $\varphi(a) := [a]$, 对 $\forall a \in \mathscr{A}$. 易证 φ 线性且, 对 $\forall a, b \in \mathscr{A}$,

$$\varphi(ab) = [ab] = [a][b] = \varphi(a)\varphi(b).$$

故 φ 是一个同态映射. 由于 $\mathscr{J} \neq \mathscr{A}$, 可见 φ 是非平凡的. 事实上, 若 φ 平凡, 则 $\varphi^{-1}([\theta]) = \mathscr{A}$, 即对 $\forall a \in \mathscr{A}, a \in [\theta]$. 故 $a \in \ker \varphi = \mathscr{J}$, 这与 $\mathscr{A} \neq \mathscr{J}$ 矛盾. 因此, φ 是非平凡的. 即所证断言成立.

定义2.1.18 设 $\mathscr{J}$ 是代数 $\mathscr{A}$ 的一个理想, 对 $\mathscr{A}$ 的任意理想 $\widetilde{\mathscr{J}}$, 只要 $\mathscr{J} \subset \widetilde{\mathscr{J}}$, 就有 $\mathscr{J} = \widetilde{\mathscr{J}}$, 则称 $\mathscr{J}$ 是**极大理想**.

定义2.1.19 设 A 为一个集合, $\prec$ 为 A 上的一个关系.

(i) 若对$\forall a,b,c \in A$, 满足

  $(i)_1$ $a \prec a$(自反性);

  $(i)_2$ 若$a \prec b$且$b \prec a$, 则$a = b$(反对称性);

  $(i)_3$ 若$a \prec b$且$b \prec c$, 则$a \prec c$(传递性),

则称$\prec$为A的一个**偏序**, 此时称$(A, \prec)$为**偏序集**.

(ii) 设$(A, \prec)$为偏序集. 若对$\forall a,b \in A$, 均有$a \prec b$或$b \prec a$, 则称$(A, \prec)$为**全序集**.

(iii) 若对$\forall b \in A$, 只要$a \prec b$, 均有$a = b$, 则称$a \in A$为A的**极大元**.

(iv) 设$B \subset A$. 若存在$a \in A$使得, 对$\forall b \in B$, 有$b \prec a$, 则称a为B的**上界**.

命题2.1.20 若$(A, \prec)$为全序集且$a \in A$. 则以下三个结论等价:

(i) $a \in A$为A的极大元;

(ii) 对$\forall b \in A$, 均有$b \prec a$;

(iii) 对$\forall b \in A$且$b \neq a$, 均有$b \prec a$.

证明 (i) $\Longrightarrow$ (ii). 显然有$a \prec a$. 对$\forall b \in A$且$b \neq a$, 也有$b \prec a$. 否则, $\exists b_0 \in A, b_0 \neq a$使得$a \prec b_0$. 则由此及$a$为极大元的定义知$b_0 = a$. 这与$b_0 \neq a$矛盾. 故也有$b \prec a$. 因此, (ii)成立.

(ii) $\Longrightarrow$ (iii). 显然.

(iii) $\Longrightarrow$ (i). 若对$\forall b \in A$且$b \neq a$均有$b \prec a$, 则a必为A中的极大元. 否则, 存在$b_0 \in A$使得$a \prec b_0$且$b_0 \neq a$. 又由(iii)知$b_0 \prec a$, 故$b_0 = a$. 这与$b_0 \neq a$矛盾. 因此, a必为A的极大元. 即(i)成立. 至此, 命题2.1.20得证. □

接下来我们需要Zorn引理.

引理2.1.21 (Zorn引理) 设A为偏序集, 若A的每一个全序子集均有一个上界, 则A有极大元.

定理2.1.22 设代数$\mathscr{A}$有单位元e, 那么它的每一个理想$\mathscr{J}$必含于某个极大理想之中.

证明 设$\mathscr{J}$为$\mathscr{A}$的理想. 令
$$\mathscr{P} := \{\mathscr{B} \subset \mathscr{A} : \mathscr{B}为理想且\mathscr{J} \subset \mathscr{B}\}.$$
在$\mathscr{P}$上按照集合的包含关系定义$\mathscr{P}$中的偏序, 即对$\mathscr{P}$的元素J_1, J_2, 若$J_1 \subset J_2$, 则
$$J_1 \prec J_2.$$
于是$(\mathscr{P}, \prec)$是一个偏序集.

为了证明存在包含$\mathscr{J}$的极大理想, 只需证明$(\mathscr{P}, \prec)$有一个极大元. 由Zorn引理(引理2.1.21), 只要验证$\mathscr{P}$的每个全序子集在$\mathscr{P}$上有界. 设
$$\{J_\lambda : \lambda \in \Lambda\}$$
是$\mathscr{P}$的一个全序子集, 其中Λ是一个指标集. 令
$$J_0 := \bigcup_{\lambda \in \Lambda} J_\lambda.$$
为证J_0是这个全序集的上界, 只需证明J_0是$\mathscr{A}$的一个理想.

首先证明J_0是$\mathscr{A}$的一个子代数, 对任意的$a, b \in J_0$和任意的$\lambda, \mu \in \mathbb{C}$, 存在$\lambda_1, \lambda_2 \in \Lambda$使得$a \in J_{\lambda_1}$且$b \in J_{\lambda_2}$. 因
$$\{J_\lambda : \lambda \in \Lambda\}$$
为全序集, 故$J_{\lambda_1} \subset J_{\lambda_2}$或$J_{\lambda_2} \subset J_{\lambda_1}$, 不妨设$J_{\lambda_1} \subset J_{\lambda_2}$, 则有$a, b \in J_{\lambda_2}$, 从而
$$\lambda a + \mu b \in J_{\lambda_2} \subset J_0$$
且$ab \in J_{\lambda_2} \subset J_0$, 故$J_0$为代数. 下证$J_0$为理想.

一方面, 对$\forall a \in \mathscr{A}$及$\lambda \in \Lambda$, 因$J_\lambda$为理想, 故$aJ_\lambda \subset J_\lambda$且$J_\lambda a \subset J_\lambda$. 由此进一步有
$$aJ_0 \subset J_0 \quad 且 \quad J_0 a \subset J_0;$$
另一方面, 对$\forall \lambda \in \Lambda$, 因$J_\lambda$为理想, 故由命题2.1.13知$e \notin J_\lambda$, 从而$e \notin J_0$. 由此及推论2.1.14知$J_0$是$\mathscr{A}$的一个理想. 定理2.1.22得证. □

定理2.1.23 设代数$\mathscr{A}$有单位元e且可交换, 则

(i) $a \in \mathscr{A}$属于$\mathscr{A}$的某一个理想, 当且仅当a^{-1}不存在;

(ii) $\mathscr{A}$的理想$\mathscr{J}$是极大的, 当且仅当商代数$\mathscr{A}/\mathscr{J}$是可除代数.

证明 (i) 由命题2.1.13(ii)知必要性成立, 下面证明充分性. 令
$$\mathscr{J}_a := a\mathscr{A},$$
由于a^{-1}不存在, 故$e \notin \mathscr{J}_a$. 否则, 存在$b \in \mathscr{A}$使得$ab = e$. 又因$\mathscr{A}$可交换, 故$ba = ab = e$. 即$a^{-1} = b$, 与a^{-1}不存在矛盾. 从而, 由推论2.1.14知$\mathscr{J}_a \neq \mathscr{A}$. 由$\mathscr{A}$可交换及$\mathscr{J}_a$定义进一步知$\mathscr{J}_a$还是理想. 显然$a = ae \in \mathscr{J}_a$. 故(i)成立.

(ii) 先证(ii)的**必要性**. 设$\mathscr{J}$是$\mathscr{A}$的极大理想, 但$\mathscr{B} := \mathscr{A}/\mathscr{J}$不是可除代数. 于是存在$[b] \in \mathscr{B}$, $[b] \neq \theta$ (即$b \notin \mathscr{J}$), $[b]$不可逆. 令$\mathscr{J}_b := [b]\mathscr{B}$, 因为$\mathscr{A}$可交换, 故$\mathscr{B}$可交换. 由(i)证明知$\mathscr{J}_b$是$\mathscr{B}$的一个理想且$[b] \in \mathscr{J}_b$. 作商代数$\mathscr{B}/\mathscr{J}_b$. 则存在自然映射$\varphi$与$\psi$:
$$\mathscr{A} \xrightarrow{\varphi} \mathscr{A}/\mathscr{J} \xrightarrow{\psi} \mathscr{B}/\mathscr{J}_b,$$
这两映射φ, ψ均为非平凡同态映射. 事实上, 因$\mathscr{J} \subsetneq \mathscr{A}$, 任取$b \in \mathscr{A}/\mathscr{J}$, 则$[b] \neq [\theta]$. 从而$\varphi(b) = [b] \neq [\theta]$. 故$\varphi$非平凡. 同理由$\mathscr{J}_b \subsetneq \mathscr{B}$类似可证$\psi$非平凡. 由命题2.1.12知$\ker(\psi \circ \varphi)$与$\ker \varphi$都是$\mathscr{A}$的理想. 记$\mathscr{A}, \mathscr{A}/\mathscr{J}$和$\mathscr{B}/\mathscr{J}_b$的零元分别为$\theta, [\theta]$和$[[\theta]]$. 若$a \in \ker \varphi$, 则由$\varphi(a) = [\theta]$可知
$$\psi \circ \varphi(a) = \psi([\theta]) = [\theta] + \mathscr{J}_b = [b][\theta] + \mathscr{J}_b$$
$$= \mathscr{J}_b = [[\theta]],$$
所以$a \in \ker(\psi \circ \varphi)$, 从而$\ker \varphi \subset \ker(\psi \circ \varphi)$. 此外, 观察到$[[\theta]] = \mathscr{J}_b$. 又因$[b] \in \mathscr{J}_b$, 故$[[b]] = [b] + \mathscr{J}_b = \mathscr{J}_b = [[\theta]]$. 由此进一步可知
$$\psi \circ \varphi(b) = \psi([b]) = [[\theta]],$$
即$b \in \ker(\psi \circ \varphi)$. 又由$b \notin \mathscr{J} = \ker \varphi$, 故$\mathscr{J} \subsetneq \ker(\psi \circ \varphi)$. 这与$\mathscr{J}$是极大理想矛盾, 故$\mathscr{B}$是可除的.

再证(ii)的**充分性**. 设 $\mathscr{B} := \mathscr{A}/\mathscr{J}$ 是可除代数, 但 $\mathscr{J}$ 不是极大理想. 于是存在 $\mathscr{A}$ 的理想 $\mathscr{J}_1 \supsetneq \mathscr{J}$ 及非零元 $a \in \mathscr{J}_1 \setminus \mathscr{J}$. 记 $[a]$ 为 a 在 $\mathscr{B}$ 中所对应的等价类, 则

$$[a] \neq [\theta].$$

由 $\mathscr{B}$ 可除知 $[a]$ 有逆元 $[b] := [a]^{-1} \in \mathscr{B}$, 从而

$$[ba] = [ab] = [a][b] = [e],$$

即 $e - ba \in \mathscr{J}$. 故 $e - ba \in \mathscr{J}_1$. 另外, 因 $a \in \mathscr{J}_1$, 故 $ba \in \mathscr{J}_1$, 便知 $e \in \mathscr{J}_1$, 这是不可能的. 所以 $\mathscr{J}$ 必为极大理想. 因此, (ii)成立. 至此, 定理2.1.23得证. □

命题2.1.24 设 $\mathscr{J}$ 为 $\mathscr{A}$ 的理想, 则 $\mathscr{J}$ 极大当且仅当 $\mathscr{A}/\mathscr{J}$ 没有非零理想.

证明 **必要性**. 设 $\mathscr{J}$ 为极大理想, 若 $\mathscr{B} := \mathscr{A}/\mathscr{J}$ 有非零理想 $\mathscr{J}_0$, 作自然映射

$$\mathscr{A} \xrightarrow{\varphi} \mathscr{A}/\mathscr{J} \xrightarrow{\psi} \mathscr{B}/\mathscr{J}_0.$$

类似定理2.1.23(ii)证明知 $\ker \varphi$, $\ker(\psi \circ \varphi)$ 均为 $\mathscr{A}$ 的理想且

$$\mathscr{J} = \ker \varphi \subset \ker(\psi \circ \varphi).$$

因 $\mathscr{J}_0$ 非零, 故存在 $[b] \in \mathscr{A}/\mathscr{J}$, $[b] \neq [\theta]$, 但 $[b] \in \mathscr{J}_0$. 由此, 存在 $b \in [b]$, $b \notin \mathscr{J} = \ker \varphi$ 但

$$\psi \circ \varphi(b) = \psi([b]) = [[b]] = [[\theta]],$$

其中 θ 表示 $\mathscr{A}$ 中的零元且 $[[\theta]]$ 表示 $\mathscr{B}/\mathscr{J}_0$ 的零元, 即

$$\mathscr{J} = \ker \varphi \subsetneq \ker(\psi \circ \varphi).$$

这与 $\mathscr{J}$ 极大矛盾, 故 $\mathscr{A}/\mathscr{J}$ 无非零理想.

充分性. 设 $\mathscr{A}/\mathscr{J}$ 无非零理想, 要证 $\mathscr{J}$ 极大. 否则, 存在 $\mathscr{A}$ 的理想 $\mathscr{J}_1$ 使得 $\mathscr{J} \subsetneq \mathscr{J}_1$. 令 $\mathscr{B}_1 := \mathscr{J}_1/\mathscr{J}$. 则 $\mathscr{B}_1$ 非零, 且如果能证 $\mathscr{B}_1$ 为 $\mathscr{A}/\mathscr{J}$ 中的理想, 那么与假设矛盾, 故 $\mathscr{J}$ 极大. 为证 $\mathscr{B}_1$ 为 $\mathscr{A}/\mathscr{J}$ 的非零理想, 首先由定义易知 $\mathscr{B}_1$ 为代数. 由 $\mathscr{J}_1$ 是理想知 $\mathscr{J}_1 \neq \mathscr{A}$, 故 $\mathscr{B}_1 \subsetneq \mathscr{A}/\mathscr{J}$. 事实上, 因 $\mathscr{J}_1 \subsetneq \mathscr{A}$, 故存在 $a \in \mathscr{A}$, $a \notin \mathscr{J}_1$, 从而 $a \notin \mathscr{J}$. 由此知 $[a] \notin \mathscr{B}_1 = \mathscr{J}_1/\mathscr{J}$. 若不

然, 设 $[a] \in \mathscr{J}_1/\mathscr{J}$, 则存在 $b \in \mathscr{J}_1$ 使得 $[a] = b + \mathscr{J}$, 从而 $a - b \in \mathscr{J} \subset \mathscr{J}_1$, 由 $\mathscr{J}_1$ 为理想知 $a \in \mathscr{J}_1$, 与 $a \notin \mathscr{F}_1$ 矛盾. 故 $\mathscr{B}_1 \subsetneq \mathscr{A}/\mathscr{J}$. 再证 $\mathscr{B}_1$ 为 $\mathscr{A}/\mathscr{J}$ 的理想. 事实上, 对每一个 $x + \mathscr{J} \in \mathscr{B}_1$, 其中 $x \in \mathscr{J}_1$, 每一个 $r + \mathscr{J} \in \mathscr{A}/\mathscr{J}$, 其中 $r \in \mathscr{A}$, 由 $\mathscr{J}_1$ 为 $\mathscr{A}$ 的理想和 (2.1.2) 知 $rx \in \mathscr{J}_1$ 且

$$(r + \mathscr{J})(x + \mathscr{J}) = rx + \mathscr{J} \in \mathscr{B}_1.$$

同理可证 $(x + \mathscr{J})(r + \mathscr{J}) \in \mathscr{B}_1$. 故 $\mathscr{B}_1$ 为 $\mathscr{A}/\mathscr{J}$ 的非零理想. 与假设矛盾. 至此, 命题 2.1.24 得证. □

注记 2.1.25 设代数 $\mathscr{A}$ 有单位元 e 且可交换, 则利用定理 2.1.23(i) 容易证明命题 2.1.24 与定理 2.1.23(ii) 等价.

事实上, 我们可论证如下.

命题 2.1.24 $\Longrightarrow$ **定理 2.1.23(ii):** 由命题 2.1.24 可知 $\mathscr{J}$ 为极大理想当且仅当 $\mathscr{A}/\mathscr{J}$ 没有非零理想; 进一步由定理 2.1.23(i) 知 $\mathscr{A}/\mathscr{J}$ 没有非零理想当且仅当 $\mathscr{A}/\mathscr{J}$ 中没有非零的不可逆元存在, 即 $\mathscr{A}/\mathscr{J}$ 没有非零理想当且仅当 $\mathscr{A}/\mathscr{J}$ 是可除代数, 因此, 定理 2.1.23(ii) 成立.

定理 2.1.23(ii) $\Longrightarrow$ **命题 2.1.24:** 由定理 2.1.23(ii) 知 $\mathscr{J}$ 为极大理想当且仅当 $\mathscr{A}/\mathscr{J}$ 是可除代数; 再由可除代数的定义知 $\mathscr{A}/\mathscr{J}$ 是可除代数当且仅当 $\mathscr{A}/\mathscr{J}$ 中没有非零的不可逆元存在; 最后由定理 2.1.23(i) 知 $\mathscr{A}/\mathscr{J}$ 中没有非零的不可逆元存在当且仅当 $\mathscr{A}/\mathscr{J}$ 没有非零理想, 即命题 2.1.24 成立.

习题 2.1

习题 2.1.1 在注记 2.1.8 中, 若 $\mathscr{A}$ 为一个 Banach 代数, 并在 $\widehat{\mathscr{A}}$ 上赋予范数

$$\|(x, \alpha)\| := \|x\| + |\alpha|.$$

证明 $\widehat{\mathscr{A}}$ 是一个 Banach 代数.

习题 2.1.2 证明定义 2.1.1 中, $(a+b)(c+d) = ac + bc + ad + bd$ 等价于

$$\begin{cases} (a+b)c = ac + bc, \\ a(c+d) = ac + ad, \end{cases}$$

且$(\lambda\mu)(ab) = (\lambda a)(\mu b)$等价于

$$\begin{cases} \lambda(ab) = (\lambda a)b, \\ \lambda(ab) = a(\lambda b). \end{cases}$$

习题2.1.3 设$\mathscr{A}$为一个代数,令$\widehat{\mathscr{A}} = \mathscr{A} \times \mathbb{C}$,并且规定$\widehat{\mathscr{A}}$上代数运算如下:

$$\begin{cases} \alpha(a,\lambda) := (\alpha a, \alpha\lambda), \\ (a,\lambda) + (b,\mu) := (a+b, \lambda+\mu) \end{cases}$$

或

$$\begin{cases} \alpha(a,\lambda) + \beta(b,\mu) := (\alpha a + \beta b, \alpha\lambda + \beta\mu), \\ 1(a,\lambda) := (a,\lambda), \end{cases}$$

且

$$(a,\lambda)(b,\mu) := (ab + \lambda b + \mu a, \lambda\mu),$$

其中$(a,\lambda),(b,\mu) \in \widehat{\mathscr{A}}$且$\alpha,\beta \in \mathbb{C}$. 证明$\widehat{\mathscr{A}}$为一个具有单位元的代数.

习题2.1.4 设$\mathscr{A}$为一个代数且$x,y \in \mathscr{A}$. 记$G(\mathscr{A})$为$\mathscr{A}$中可逆元全体.

(i) 若$x, xy \in G(\mathscr{A})$, 证明$y \in G(\mathscr{A})$.

(ii) 若$xy, yx \in G(\mathscr{A})$, 证明$x, y \in G(\mathscr{A})$.

(iii) 说明可能存在$xy = e$, 但$yx \neq e$的情形.

(iv) 若$xy = e$且$yx = z \neq e$, 说明z是非平凡的幂等元(即$z^2 = z, z \neq \theta$且$z \neq e$).

习题2.1.5 验证定义2.1.15中的商空间$\mathscr{B}$的确是一个代数.

§2.2 Banach代数

在本节中我们将讨论Banach代数的一些基本性质. Banach代数是具有代数结构的Banach空间, 对其的研究有助于我们了解Banach空间上某些算子族的整体性质. 我们将在2.2.1节给出了Banach代数的定义及一些例子, 在2.2.2节考查可除Banach代数和有单位元的交换Banach代数的结构特征.

§2.2.1 代数的定义

下面给出Banach代数的定义及相关例子.

定义2.2.1 $\mathscr{A}$ 称为一个**Banach代数**(简称为**B代数**), 如果

(i) $\mathscr{A}$ 是复数域 $\mathbb{C}$ 上的代数;

(ii) $\mathscr{A}$ 上有范数 $\|\cdot\|$, $\mathscr{A}$ 在此范数下是一个Banach空间;

(iii) 对 $\forall a, b \in \mathscr{A}$, $\|ab\| \leqslant \|a\|\|b\|$.

注记2.2.2 Banach代数 $\mathscr{A}$ 中乘法关于范数是连续的, 即若, 当 $n \to \infty$ 时, 有

$$a_n \to a \quad \text{且} \quad b_n \to b,$$

因 $\{b_n\}_{n \in \mathbb{N}_+}$ 收敛, 故 $\{\|b_n\|\}_{n \in \mathbb{N}_+}$ 有界, 不妨设其界为 M, 从而

$$\begin{aligned}
\|a_n b_n - ab\| &\leqslant \|a_n b_n - ab_n\| + \|ab_n - ab\| \\
&\leqslant \|a_n - a\|\|b_n\| + \|a\|\|b_n - b\| \\
&\leqslant M\|a_n - a\| + \|a\|\|b_n - b\| \\
&\to 0.
\end{aligned}$$

这说明了Banach空间范数与乘法的相容性.

注记2.2.3 设 $\mathscr{A}$ 是有单位元 e 的Banach代数且非 $\{\theta\}$.

(i) $\|e\| \geqslant 1$. 事实上, 因为 $e = ee$, 故

$$\|e\| = \|ee\| \leqslant \|e\|^2. \tag{2.2.1}$$

我们现断言若 $\mathscr{A}$ 为具有单位元 e 的Banach代数, 则 $\mathscr{A} = \{\theta\}$ 当且仅当 $\|e\| = 0$. 事实上, 若 $\|e\| = 0$, 则 $e = \theta$. 故, 对 $\forall a \in \mathscr{A}$, 有 $a = ae = a\theta = \theta$. 因此, $\mathscr{A} = \{\theta\}$. 反之, 若 $\mathscr{A} = \{\theta\}$, 则 $e = \theta$. 从而 $\|e\| = 0$. 因此, 所证断言成立. 由 $\mathscr{A}$ 非平凡和此断言知 $\|e\| \neq 0$. 再由此及(2.2.1)进一步有

$$\|e\| \geqslant 1.$$

但是可在 $\mathscr{A}$ 上赋予另一种范数: 对 $\forall a \in \mathscr{A}$, 令

$$\|\!|a|\!\| := \sup_{b \in \mathscr{A}, b \neq \theta} \frac{\|ab\|}{\|b\|}.$$

显然, $\|\!|e|\!\| = 1$. 且, 对 $\forall a \in \mathscr{A}$, 由定义2.2.1(iii)进一步有

$$\frac{\|a\|}{\|e\|} = \frac{\|ae\|}{\|e\|} \leqslant \|\!|a|\!\| \leqslant \|a\|, \tag{2.2.2}$$

即 $\|\!|\cdot|\!\|$ 为 $\|\cdot\|$ 等价范数. 下证 $(\mathscr{A}, \|\!|\cdot|\!\|)$ 仍为Banach空间. 事实上, 任取 $\{a_n\}_{n \in \mathbb{N}_+}$ 为 $(\mathscr{A}, \|\!|\cdot|\!\|)$ 的基本列, 则由(2.2.2)的第一个不等式知点列 $\{a_n\}_{n \in \mathbb{N}_+}$ 也为 $(\mathscr{A}, \|\cdot\|)$ 中的基本列. 因 $(\mathscr{A}, \|\cdot\|)$ 为Banach代数, 故 $\exists b \in \mathscr{A}$ 使得, 当 $n \to \infty$ 时,

$$\|a_n - b\| \to 0.$$

再由(2.2.2)的第二个不等式有 $\|\!|a_n - b|\!\| \to 0$, $n \to \infty$. 故 $(\mathscr{A}, \|\!|\cdot|\!\|)$ 完备. 因此, 所证结论成立. 由 $\|\!|\cdot|\!\|$ 的定义, 对 $\forall a, b, c \in \mathscr{A}$ 均有

$$\|cb\| \leqslant \|\!|c|\!\| \|b\| \quad 且 \quad \|acb\| \leqslant \|\!|a|\!\| \|cb\|.$$

从而

$$\|acb\| \leqslant \|\!|a|\!\| \|\!|c|\!\| \|b\|.$$

再由 $\|\!|\cdot|\!\|$ 的定义有

$$\|\!|ac|\!\| = \sup_{b \in \mathscr{A}, b \neq \theta} \frac{\|acb\|}{\|b\|} \leqslant \|\!|a|\!\| \|\!|c|\!\|.$$

由此知 $(\mathscr{A}, \|\!|\cdot|\!\|)$ 也为Banach代数. 在此意义下, 一般可设单位元范数为1.

(ii) 本书约定$\|e\|=1$.

例2.2.4 设$\mathscr{X}$是一个Banach空间, 则$\mathscr{A} := \mathscr{L}(\mathscr{X})$按算子范数是一个不可交换的有单位元$e := I$(即$\mathscr{X}$上恒等算子)的Banach代数. 其上乘法定义为算子的复合.

证明 显然$\mathscr{A}$是$\mathbb{C}$上的线性空间, 在$\mathscr{A}$上定义乘法为算子的复合, 则$\mathscr{A}$是$\mathbb{C}$上的代数, 由算子复合的不交换性知$\mathscr{A}$不可交换. 另外

$$(I \circ T)(x) = I(T(x)) = T(x), \quad \forall T \in \mathscr{L}(\mathscr{X}), \forall x \in \mathscr{X},$$

$$(T \circ I)(x) = T(I(x)) = T(x).$$

所以I为$\mathscr{A}$的单位元. 至此, 例2.2.4得证. □

例2.2.5 设M是紧致的拓扑空间, $C(M)$为M上的连续函数全体. 如果在连续函数空间$C(M)$上按普通的函数加法、数乘以及乘法规定运算, 并且赋予最大值范数

$$\|f\| := \sup_{x \in M} |f(x)|,$$

那么$C(M)$是有单位元的交换Banach代数, 其单位元是$f(x) = 1, \forall x \in M$.

例2.2.6 设S^1是平面上的单位圆周且

$$\mathscr{A} := \left\{ u \in C(S^1) : u(e^{i\theta}) = \sum_{n \in \mathbb{Z}} c_n e^{in\theta}, \sum_{n \in \mathbb{Z}} |c_n| < \infty \right\}.$$

在$\mathscr{A}$上赋予范数$\|u\| := \sum_{n \in \mathbb{Z}} |c_n|, \forall u \in \mathscr{A}, u = \sum_{n \in \mathbb{Z}} c_n e^{in\theta}$, 则$(\mathscr{A}, \|\cdot\|)$按级数加法、数乘以及乘法构成一个有单位元的交换Banach代数. $(\mathscr{A}, \|\cdot\|)$满足定义2.2.1的(i)和(ii)的证明留作习题. 下证$(\mathscr{A}, \|\cdot\|)$满足定义2.2.1(iii). 事实上, 若设

$$u := \sum_{n \in \mathbb{Z}} c_n e^{in\theta} \quad \text{且} \quad v := \sum_{n \in \mathbb{Z}} d_n e^{in\theta}.$$

则由关于级数的Tonelli定理有

$$\sum_{k \in \mathbb{Z}} \sum_{n \in \mathbb{Z}} |c_k d_{n-k}| = \sum_{k \in \mathbb{Z}} |c_k| \sum_{n \in \mathbb{Z}} |d_n| < \infty.$$

由此, 再由关于级数的Fubini定理可知

$$uv = \sum_{k\in\mathbb{Z}}\sum_{n\in\mathbb{Z}} c_k d_n e^{i(n+k)\theta}$$
$$= \sum_{k\in\mathbb{Z}}\sum_{n\in\mathbb{Z}} c_k d_{n-k} e^{in\theta} = \sum_{n\in\mathbb{Z}}\left(\sum_{k\in\mathbb{Z}} c_k d_{n-k}\right) e^{in\theta}$$

以及

$$\|uv\| = \sum_{n\in\mathbb{Z}}\left|\sum_{k\in\mathbb{Z}} c_k d_{n-k}\right|$$
$$\leqslant \left(\sum_{n\in\mathbb{Z}}|c_n|\right)\left(\sum_{n\in\mathbb{Z}}|d_n|\right) = \|u\|\|v\|,$$

故$\mathscr{A}$关于乘法运算封闭. 此时, $\mathscr{A}$的单位元为$u \equiv 1 \equiv \sum_{n\in\mathbb{Z}} \tilde{c}_n e^{in\theta}$, 其中$\tilde{c}_0 = 1$, $\tilde{c}_n = 0, \forall n \neq 0$. 故所证结论成立.

注记2.2.7 在例2.2.6中, $\mathscr{A} \subsetneq C(S^1)$. 事实上, 存在一个$u \in C(S^1)$, 满足其Fourier级数在$S^1$的某点发散(见文献[15]第6页Theorem 1.5).

例2.2.8 设

$$A_0(\mathbb{D}) := \{u : u为\mathbb{D}上的复函数, 且在\mathbb{D}内解析, 在\overline{\mathbb{D}}上连续\},$$

其中$\mathbb{D}$为复平面上的单位开圆盘. 在$A_0(\mathbb{D})$上定义范数

$$\|u\| := \max_{|z|\leqslant 1}|u(z)|, \quad \forall u \in A_0(\mathbb{D}).$$

则$(A_0(\mathbb{D}), \|\cdot\|)$按函数加法、数乘和乘法运算构成一个有单位元的交换Banach代数.

例2.2.9 在$L^1(\mathbb{R}^n)$上将卷积

$$f * g(x) := \int_{\mathbb{R}^n} f(y)g(x-y)\,\mathrm{d}y, \quad \forall x \in \mathbb{R}^n$$

作为$L^1(\mathbb{R}^n)$中的函数f与g的乘法且, 对$f \in L^1(\mathbb{R}^n)$, 定义

$$\|f\|_{L^1(\mathbb{R}^n)} := \int_{\mathbb{R}^n} |f(y)|\,\mathrm{d}y.$$

则$(L^1(\mathbb{R}^n), \|\cdot\|_{L^1(\mathbb{R}^n)})$按上述乘法构成一个交换的无单位元的Banach代数.

证明 易证 $L^1(\mathbb{R}^n)$ 按卷积构成 Banach 代数. 又对 $\forall f, g \in L^1(\mathbb{R}^n)$,

$$\begin{aligned}
g * f(x) &= \int_{\mathbb{R}^n} g(y) f(x-y) \, \mathrm{d}y \\
&= \int_{\mathbb{R}^n} g(x-z) f(z) \, \mathrm{d}z \\
&= \int_{\mathbb{R}^n} f(z) g(x-z) \, \mathrm{d}z = f * g(x),
\end{aligned}$$

所以 $L^1(\mathbb{R}^n)$ 是交换的.

下面证明 $L^1(\mathbb{R}^n)$ 无单位元. 若有单位元 $e \in L^1(\mathbb{R}^n)$, 则, 对 $\forall g \in L^1(\mathbb{R}^n)$,

$$g * e(x) = \int_{\mathbb{R}^n} g(y) e(x-y) \, \mathrm{d}y = g(x).$$

由于 $e \in L^1(\mathbb{R}^n)$, 故 $\exists \delta > 0$, 使得 $\int_{[-2\delta, 2\delta]^n} |e(x)| \, \mathrm{d}x < 1$. 现取

$$g_0(x) := \begin{cases} 1, & \forall x \in [-\delta, \delta]^n, \\ 0, & \text{其他}. \end{cases}$$

显然, $g_0 \in L^1(\mathbb{R}^n)$. 而对 $\forall x \in [-\delta, \delta]^n$, 有

$$\begin{aligned}
1 = g_0(x) &= |g_0(x)| \\
&= |g_0 * e(x)| = \left| \int_{[-\delta, \delta]^n} e(x-y) \, \mathrm{d}y \right| \\
&\leqslant \int_{[x_1-\delta, x_1+\delta] \times \cdots \times [x_n-\delta, x_n+\delta]} |e(t)| \, \mathrm{d}t \\
&\leqslant \int_{[-2\delta, 2\delta]^n} |e(t)| \, \mathrm{d}t < 1.
\end{aligned}$$

这一矛盾说明 $L^1(\mathbb{R}^n)$ 不存在单位元.

$L^1(\mathbb{R}^n)$ 没有单位元的另一种证法 若设 $e \in L^1(\mathbb{R}^n)$ 为单位元, 则, 对任意的 $f \in L^1(\mathbb{R}^n)$ 及 $x \in \mathbb{R}^n$, 有 $e * f(x) = f(x)$. 从而两边取 Fourier 变换得, 对 $\forall x \in \mathbb{R}^n$ 有

$$\widehat{f}(x) \widehat{e}(x) = \widehat{f}(x)$$

(见文献[23]第3页 Theorem 1.4), 其中

$$\widehat{f}(x) := \int_{\mathbb{R}^n} f(y) e^{-2\pi \mathrm{i} x \cdot y} \, \mathrm{d}y.$$

对 $\forall x \in \mathbb{R}^n$, 令 $f(x) := \mathrm{e}^{-\pi |x|^2}$. 则, 对 $\forall x \in \mathbb{R}^n$,

$$\widehat{f}(x) = \mathrm{e}^{-\pi |x|^2}$$

(见文献[23]第6页Theorem 1.13). 由此知, 对 $\forall x \in \mathbb{R}^n$, $\widehat{e}(x) = 1$. 但因 $e \in L^1(\mathbb{R}^n)$, 故由Riemann–Lebesgue定理(见文献[23]第2页Theorem 1.2)知, 当 $|x| \to \infty$ 时, $\widehat{e}(x) \to 0$. 这与 $\widehat{e}(x) = 1$ 矛盾. 故 e 不可能为单位元. 至此, 例2.2.9得证. □

§2.2.2 代数的极大理想与Gelfand表示

这一节主要讨论有单位元的交换Banach代数的特征, 主要结论有: 若 $\mathscr{A}$ 是一个有单位元的交换Banach代数, J 是它的一个极大理想, 则

$$\mathscr{B} := \mathscr{A}/J$$

等距同构于复数域 $\mathbb{C}$. 它是下文中Gelfand–Mazur定理的推论. 由这个结果可以得到有单位元的交换Banach代数 $\mathscr{A}$ 的Gelfand表示. 另外, 还讨论了Banach代数的元素的谱的一些性质及其与Gelfand表示的关系.

设其中 $G(\mathscr{A})$ 表示 $\mathscr{A}$ 中可逆元全体.

引理2.2.10 设 $\mathscr{A}$ 是有单位元的Banach代数.

(i) 若 $a \in \mathscr{A}$ 且 $\|a\| < 1$, 则 $e - a \in G(\mathscr{A})$, 而且有幂级数展开

$$(e-a)^{-1} = \sum_{n=0}^{\infty} a^n;$$

(ii) $G(\mathscr{A})$ 是开集且 $a \longmapsto a^{-1}$ 是连续映射. 由此可知 $a \longmapsto a^{-1}$ 为 $G(\mathscr{A})$ 到自身的同胚.

证明 (i) 记 $b_n := \sum_{i=0}^{n} a^i$, 其中约定 $a^0 := e$. 由于对 $\forall i \in \{0, 1, \cdots, n\}$, 均有 $\|a^i\| \leqslant \|a\|^i$ 且 $\|a\| < 1$, 所以序列 $\{b_n\}_{n \in \mathbb{N}_+}$ 为 $\mathscr{A}$ 中一个Cauchy列, 从而 $\exists b \in \mathscr{A}$ 使得 $b_n \to b$, $n \to \infty$. 注意到

$$b_n(e-a) = e - a^{n+1} = (e-a)b_n,$$

因为当 $n \to \infty$ 时, $a^n \to \theta$, 所以

$$\left(\lim_{n\to\infty} b_n\right)(e-a) = (e-a)\lim_{n\to\infty} b_n = e.$$

故有

$$b(e-a) = (e-a)b = e.$$

因此, $e-a$ 可逆且 $b = \sum\limits_{n=0}^{\infty} a^n$ 为 $e-a$ 的逆元.

(ii) 对 $\forall a \in G(\mathscr{A})$, 因 a 可逆且

$$1 = \|e\| = \|aa^{-1}\| \leqslant \|a\|\|a^{-1}\|,$$

故

$$\|a^{-1}\| \neq 0.$$

令 $B_a := B(a, 1/\|a^{-1}\|)$. 注意到, 对 $\forall b \in B_a$, 有

$$b = a - (a-b) = \left[e - (a-b)a^{-1}\right]a. \tag{2.2.3}$$

因为 $\|a-b\| < 1/\|a^{-1}\|$, 所以

$$\|(a-b)a^{-1}\| \leqslant \|a-b\|\|a^{-1}\| < 1.$$

由(i)结果知 $e - (a-b)a^{-1}$ 可逆. 所以有

$$\left[e - (a-b)a^{-1}\right]a \in G(\mathscr{A}) \implies b \in G(\mathscr{A}).$$

故 $B_a \subset G(\mathscr{A})$. 因此, $G(\mathscr{A})$ 是一个开集. 并且, 由(2.2.3)和(i)的结果进一步有

$$b^{-1} = a^{-1}\left[e - (a-b)a^{-1}\right]^{-1} = a^{-1}\sum_{n=0}^{\infty}\left[(a-b)a^{-1}\right]^n.$$

因, 当 $N \to \infty$ 时,

$$\left\|\left\|a^{-1}\sum_{n=1}^{\infty}\left[(a-b)a^{-1}\right]^n\right\| - \left\|a^{-1}\sum_{n=1}^{N}\left[(a-b)a^{-1}\right]^n\right\|\right\|$$

$$\leqslant \left\|a^{-1}\sum_{n=N+1}^{\infty}\left[(a-b)a^{-1}\right]^n\right\| \to 0,$$

故
$$\left\| a^{-1} \sum_{n=1}^{\infty} \left[(a-b)a^{-1} \right]^n \right\| = \lim_{N \to \infty} \left\| a^{-1} \sum_{n=1}^{N} \left[(a-b)a^{-1} \right]^n \right\|$$
$$\leqslant \lim_{N \to \infty} \|a^{-1}\| \sum_{n=1}^{N} \|(a-b)a^{-1}\|^n$$
$$\leqslant \|a^{-1}\|^2 \|a-b\| \sum_{n=1}^{\infty} \|(a-b)a^{-1}\|^{n-1}$$
$$= \|a-b\| \|a^{-1}\|^2 \sum_{n=0}^{\infty} \|(a-b)a^{-1}\|^n.$$

当 $b \to a$ 时,有
$$\|b^{-1} - a^{-1}\| = \left\| a^{-1} \sum_{n=1}^{\infty} \left[(a-b)a^{-1} \right]^n \right\|$$
$$\leqslant \|a-b\| \|a^{-1}\|^2 \sum_{n=0}^{\infty} \|(a-b)a^{-1}\|^n$$
$$= \|a-b\| \|a^{-1}\|^2 \frac{1}{1 - \|(a-b)a^{-1}\|} \to 0,$$

所以映射 $a \longmapsto a^{-1}$ 连续. 至此, 引理2.2.10得证. □

定理2.2.11 (Gelfand–Mazur) 设 $\mathscr{A}$ 是一个可除Banach代数, 则 $\mathscr{A}$ 等距同构于复数域 $\mathbb{C}$.

证明 令
$$\mathscr{B} := \{ze : z \in \mathbb{C}\},$$
其中 e 是 $\mathscr{A}$ 中的单位元. 因 $\|e\| = 1$, 故 $\mathscr{B}$ 等距同构于 $\mathbb{C}$. 所以只要证明
$$\mathscr{B} = \mathscr{A}$$
即可. 即: 对任意的 $a \in \mathscr{A}$, 只要证明存在 $z \in \mathbb{C}$ 使 $a = ze$ 就可以了. 假若不然, 于是 $\exists a \in \mathscr{A}$ 使得对于每一个 $z \in \mathbb{C}$, $ze - a \neq \theta$. 因 $\mathscr{A}$ 是可除代数, 故 $(ze-a)^{-1}$ 存在. 定义向量值函数
$$r(z) := (ze-a)^{-1}, \quad \forall z \in \mathbb{C}.$$

则有

(i) r 是弱解析的, 即对于 $\forall f \in \mathscr{A}^*$, 函数

$$F(z) := \langle f, r(z) \rangle$$

在 $\mathbb{C}$ 上解析. 事实上, 对 $\forall z_0, z \in \mathbb{C}$, 有

$$\begin{aligned}
&(ze-a)^{-1} - (z_0 e - a)^{-1} \\
&= \left[(ze-a)^{-1}(z_0 e - a) - e\right](z_0 e - a)^{-1} \\
&= (z_0 - z)(ze - a)^{-1}(z_0 e - a)^{-1}.
\end{aligned} \tag{2.2.4}$$

又由引理 2.2.10(ii) 知, 当 $z \to z_0$ 时,

$$\begin{aligned}
0 &\leqslant \left\|(ze-a)^{-1}(z_0 e - a)^{-1} - (z_0 e - a)^{-2}\right\| \\
&\leqslant \left\|(ze-a)^{-1} - (z_0 e - a)^{-1}\right\| \left\|(z_0 e - a)^{-1}\right\| \to 0,
\end{aligned} \tag{2.2.5}$$

故

$$\lim_{z \to z_0} (ze-a)^{-1}(z_0 e - a)^{-1} = (z_0 e - a)^{-2}.$$

从而对于 $\forall f \in \mathscr{A}^*$, 由 (2.2.4) 及 (2.2.5) 进一步有

$$\begin{aligned}
\lim_{z \to z_0} \frac{F(z) - F(z_0)}{z - z_0} &= \lim_{z \to z_0} \frac{\langle f, r(z) \rangle - \langle f, r(z_0) \rangle}{z - z_0} \\
&= \lim_{z \to z_0} \frac{(z_0 - z)\langle f, (ze-a)^{-1}(z_0 e - a)^{-1} \rangle}{z - z_0} \\
&= -\langle f, (z_0 e - a)^{-2} \rangle.
\end{aligned}$$

所以 $F(z)$ 在 z_0 可微且

$$\left.\frac{\mathrm{d}}{\mathrm{d}z} F(z)\right|_{z=z_0} = -\langle f, (z_0 e - a)^{-2} \rangle.$$

再由 z_0 的任意性, 即知 F 是全平面解析的.

(ii) $\|r(z)\|$ 是有界的. 事实上, 当 $|z| \leqslant 2\|a\|$ 时, 由引理 2.2.10(ii) 知 $r(z)$ 连续. 再由此及对 $\forall z, z_0 \in \mathbb{C}$ 有

$$\left|\|r(z)\| - \|r(z_0)\|\right| \leqslant \|r(z) - r(z_0)\|$$

知$\|r(z)\|$在$\mathbb{C}$上也连续. 由此及$\overline{B(0,2\|a\|)}$为$\mathbb{C}$中的紧集进一步暗示了$\|r(z)\|$在$\overline{B(0,2\|a\|)}$上有界.

又当$|z|>2\|a\|$时, 因$\|z^{-1}a\|<1$, 故根据引理2.2.10(i)知$e-z^{-1}a$可逆. 又因, 当$N\to\infty$时,

$$\left\|\sum_{n=0}^{\infty}(z^{-1}a)^n\right\|-\left\|\sum_{n=0}^{N}(z^{-1}a)^n\right\|$$
$$\leqslant \left\|\sum_{n=N+1}^{\infty}(z^{-1}a)^n\right\|\to 0,$$

故

$$\left\|\sum_{n=0}^{\infty}(z^{-1}a)^n\right\|=\lim_{N\to\infty}\left\|\sum_{n=0}^{N}(z^{-1}a)^n\right\|$$
$$\leqslant \lim_{N\to\infty}\sum_{n=0}^{N}\|(z^{-1}a)^n\|$$
$$\leqslant \sum_{n=0}^{\infty}|z|^{-n}\|a\|^n.$$

从而, 由此及引理2.2.10(i)进一步有, 当$|z|>2\|a\|$时,

$$\|r(z)\|=|z|^{-1}\|(e-z^{-1}a)^{-1}\|=|z|^{-1}\left\|\sum_{n=0}^{\infty}(z^{-1}a)^n\right\|$$
$$\leqslant |z|^{-1}\sum_{n=0}^{\infty}|z|^{-n}\|a\|^n$$
$$=|z|^{-1}\frac{1}{1-|z|^{-1}\|a\|}<\frac{1}{\|a\|}$$

且上面倒数第二个等号暗示了, 当$|z|\to\infty$时,

$$\|r(z)\|\leqslant\frac{1}{|z|-\|a\|}\to 0.$$

综上知$\|r(z)\|$在$\mathbb{C}$上有界, 从而$F(z)$在$\mathbb{C}$上有界且, 当$|z|\to\infty$时,

$$|F(z)|\leqslant\|f\|_{\mathscr{A}^*}\|r(z)\|\to 0.$$

由此并应用Liouville定理可知$F\equiv 0$. 再利用Hahn–Banach定理的推论(详见文献[7]推论2.4.6)及f的任意性知$r(z)=\theta, \forall z\in\mathbb{C}$, 这与$ze-a$可逆矛盾. 至此, 定理2.2.11得证.   □

注记2.2.12 关于定理2.2.11, 我们有如下注记.

(i) 该定理说明: 任何可除的Banach代数必是一维的交换Banach代数. 进一步有, 对$\forall a \in \mathscr{A}, a = ze$, 其中$e$为单位元, $z \in \mathbb{C}$且$|z| = \|a\|$.

(ii) 该定理证明的思想类似于定理1.2.17.

定理2.1.23(ii)说明有单位元的交换Banach代数$\mathscr{A}$商以它的任意极大理想$\mathscr{J}$之后成为可除代数$\mathscr{B} := \mathscr{A}/\mathscr{J}$, 从而希望: 当$\mathscr{A}$为Banach代数时, $\mathscr{B}$成为可除Banach代数, 从而可直接应用Gelfand–Mazur定理. 为此需要以下结论.

引理2.2.13 设$\mathscr{A}$是一个有单位元的Banach代数, 则它的任意一个极大理想J必为闭的.

证明 只需证$J = \bar{J}$. 显然$J \subset \bar{J}$, 由J为$\mathscr{A}$的极大理想, 只需证$\bar{J}$为$\mathscr{A}$的理想. 首先证明$\bar{J}$是$\mathscr{A}$的子代数. 对$\forall a, b \in \bar{J}$及$\forall \mu, \lambda \in \mathbb{C}$, $\exists \{a_n\}_{n \in \mathbb{N}_+}, \{b_n\}_{n \in \mathbb{N}_+} \subset J$使得$\lim\limits_{n \to \infty} a_n = a$且$\lim\limits_{n \to \infty} b_n = b$, 则, 当$n \to \infty$时,

$$\|(\lambda a + \mu b) - (\lambda a_n + \mu b_n)\| \leqslant |\lambda|\|a - a_n\| + |\mu|\|b - b_n\| \to 0.$$

又因为$\{a_n\}_{n \in \mathbb{N}_+}$收敛, 故, 当$n \to \infty$时,

$$|\|a_n\| - \|a\|| \leqslant \|a_n - a\| \to 0,$$

从而$\{\|a_n\|\}_{n \in \mathbb{N}_+}$有界, 设为$M$. 因此, 当$n \to \infty$时,

$$\|ab - a_n b_n\| \leqslant \|a - a_n\|\|b\| + \|a_n\|\|b - b_n\|$$
$$\leqslant \|a - a_n\|\|b\| + M\|b - b_n\| \to 0.$$

因J为代数, 故

$$\{\lambda a_n + \mu b_n\}_{n \in \mathbb{N}_+}, \{a_n b_n\}_{n \in \mathbb{N}_+} \subset J.$$

因此, $\lambda a + \mu b, ab \in \bar{J}$, 从而$\bar{J}$是$\mathscr{A}$的子代数.

现证$\bar{J}$是理想. 对$\forall a \in \mathscr{A}, b \in \bar{J}$, 则存在$\{b_n\}_{n \in \mathbb{N}_+} \subset J$使得$\lim\limits_{n \to \infty} b_n = b$. 由$J$为理想知对$\forall n \in \mathbb{N}_+, ab_n \in J$. 因, 当$n \to \infty$时,

$$\|ab - ab_n\| \leqslant \|a\|\|b - b_n\| \to 0,$$

所以$ab\in\bar{J}$, 从而$a\bar{J}\subset\bar{J}$. 类似可得$\bar{J}a\subset\bar{J}$.

下证$\bar{J}$是$\mathscr{A}$的真子集, 只需证$e\notin\bar{J}$. 因为当$\|a\|<1$时, 由引理2.2.10(i)知

$$(e-a)^{-1} = \sum_{n=0}^{\infty} a^n \in \mathscr{A}.$$

又因J为理想, 故由命题2.1.13(ii)知$e-a\notin J$. 因

$$b\in B(e,1)\cap J \iff \|e-b\|<1 \text{ 且 } b\in J$$
$$\iff a:=e-b, \|a\|<1 \text{ 且 } e-a\in J,$$

故$B(e,1)\cap J=\varnothing$, 所以$e\notin\bar{J}$, 即$\bar{J}$是$\mathscr{A}$的理想. 由J的极大性知$J=\bar{J}$. 故J闭. 至此, 引理2.2.13得证. □

定理2.2.14 设$\mathscr{A}$是一个有单位元的交换Banach代数, J是它的一个极大理想, 则$\mathscr{B}:=\mathscr{A}/J$等距同构于复数域$\mathbb{C}$, 记作$\mathscr{A}/J\cong\mathbb{C}$.

证明 由引理2.2.13知J是闭的, 又由$\mathscr{A}$为Banach空间可知$\mathscr{B}:=\mathscr{A}/J$也是一个Banach空间, 带有商模: 对$\forall a\in\mathscr{B}$,

$$\|[a]\|_* := \inf_{x\in[a]} \|x\|$$

(为证$\|[a]\|_*$为范数, 需J闭; 详见文献[7]定理1.4.32). 注意到$\mathscr{B}$为商代数且, 对任意$[a],[b]\in\mathscr{B}$, 有

$$\|[a][b]\|_* = \|[ab]\|_* = \inf_{z\in[ab]} \|z\|.$$

注意到, 若$x\in[a]$且$y\in[b]$, 由J为理想知$xy-ab=(x-a)y+a(y-b)\in J$. 从而$xy\in[ab]$. 由此及定义2.2.1(iii)进一步知

$$\|[a][b]\|_* \leqslant \inf_{x\in[a],\,y\in[b]} \|xy\| \leqslant \inf_{x\in[a],\,y\in[b]} \|x\|\|y\|$$
$$= \inf_{x\in[a]} \|x\| \inf_{y\in[b]} \|y\| = \|[a]\|_*\|[b]\|_*,$$

故$\mathscr{B}$也为Banach代数.

由 $\|\cdot\|_*$ 的定义有 $\|[e]\|_* \leqslant \|e\| = 1$. 又因 J 为 $\mathscr{A}$ 的极大理想, 故由命题2.1.13 知 $e \notin J$. 从而 $[e] \neq [\theta]$. 故 $\|[e]\|_* \neq 0$. 由此及

$$\|[e]\|_* = \|[ee]\|_* \leqslant \|[e]\|_* \cdot \|[e]\|_*$$

进一步知 $\|[e]\|_* \geqslant 1$. 因此, $\|[e]\|_* = 1$.

又由定理2.1.23(ii)知 $\mathscr{B}$ 可除, 故由Gelfand–Mazur定理2.2.11可知 $\mathscr{B} \cong \mathbb{C}$. 至此, 定理2.2.14得证. □

定理2.2.14有什么应用? 由定理2.1.23(i)知具有单位元可交换Banach代数 $\mathscr{A}$ 中元素 a 的可逆性与 $\mathscr{A}$ 的理想, 从而与 $\mathscr{A}$ 的极大理想有关, 而 a 的谱本质上是由 $\lambda e - a$ 的可逆性来决定的. 因此, 有理由期待 a 的谱可以由 $\mathscr{A}$ 的极大理想来决定. 事实的确如此, 见定理2.2.33. 为此, 我们需要研究 $\mathscr{A}$ 的Gelfand表示. 现在我们就应用定理2.2.14来定义什么是 $\mathscr{A}$ 的Gelfand表示.

设 $\mathscr{A}$ 为有单位元的交换Banach代数且 J 为代数 $\mathscr{A}$ 的极大理想, φ 为 $\mathscr{A}$ 到商空间 $\mathscr{A}/J$ 上的自然映射, I 为商空间 $\mathscr{A}/J$ 到 $\mathbb{C}$ 上的等距同构. 定义

$$\varphi_J : \begin{cases} \mathscr{A} \xrightarrow{\varphi} \mathscr{A}/J \xrightarrow{\mathrm{I}} \mathbb{C}, \\ a \longmapsto [a] =: z[e] \longmapsto z, \end{cases} \tag{2.2.6}$$

其中 $z \in \mathbb{C}$ 且 $|z| = \|[a]\|_*$.

命题2.2.15 设 φ_J 如(2.2.6), 则 φ_J 为 $\mathscr{A} \to \mathbb{C}$ 的非零连续同态, $\varphi_J(e) = 1$ 且

$$|\varphi_J(a)| \leqslant \|a\|.$$

证明 设 $[a] =: z_a[e]$ 且 $[b] =: z_b[e]$, 其中 $z_a, z_b \in \mathbb{C}$, 则由(2.1.1)知

$$[a] = [z_a e] \text{ 且 } [b] = [z_b e].$$

从而, 对 $\forall \lambda, \mu \in \mathbb{C}$, 有

$$\varphi_J(\lambda a + \mu b) = \mathrm{I}([\lambda a + \mu b]) = \mathrm{I}(\lambda[a] + \mu[b])$$
$$= \mathrm{I}(\lambda z_a[e] + \mu z_b[e]) = \mathrm{I}((\lambda z_a + \mu z_b)[e])$$
$$= \lambda z_a + \mu z_b = \lambda \varphi_J(a) + \mu \varphi_J(b).$$

§2.2 Banach代数

又

$$\varphi_J(ab) = \mathrm{I}([a][b]) = \mathrm{I}([z_ae][z_be]) = \mathrm{I}([z_aez_be])$$
$$= \mathrm{I}([z_az_be]) = \mathrm{I}(z_az_b[e]) = z_az_b = \varphi_J(a)\varphi_J(b).$$

故 φ_J 为同态. 注意到 $\varphi_J(e) = \mathrm{I}([e]) = 1$, 从而 φ_J 为非零同态. 又由(2.2.6)知

$$|\varphi_J(a)| = |z| = \|[a]\|_* \leqslant \|a\|,$$

从而 φ_J 连续. 至此, 命题2.2.15得证. $\square$

设 $\mathscr{A}$ 是有单位元的交换Banach代数, 记 $\mathfrak{M}$ 为它的一切极大理想组成的集合, 于是对于任意固定的元 $a \in \mathscr{A}$, 记 $\widehat{a}(J) := \varphi_J(a)$, 则 $\{\widehat{a}(\cdot): \mathfrak{M} \longrightarrow \mathbb{C}\}$ 构成 $\mathfrak{M}$ 上复值函数代数. 定义:

$$\varGamma: \begin{cases} \mathscr{A} \longrightarrow \{\widehat{a}(\cdot): \mathfrak{M} \longrightarrow \mathbb{C}\}, \\ a \longmapsto \widehat{a}(\cdot). \end{cases} \tag{2.2.7}$$

命题2.2.16 (2.2.7)中的 $\varGamma$ 是一个同态映射.

证明 由 $\varGamma$ 的定义(2.2.7)和命题2.2.15知, 对 $\forall \lambda, \mu \in \mathbb{C}, a, b \in \mathscr{A}$ 及 $J \in \mathfrak{M}$, 有

$$\varGamma(\lambda a + \mu b)(J) = (\widehat{\lambda a + \mu b})(J) = \varphi_J(\lambda a + \mu b)$$
$$= \lambda \varphi_J(a) + \mu \varphi_J(b) = \lambda \widehat{a}(J) + \mu \widehat{b}(J)$$
$$= \lambda \varGamma(a)(J) + \mu \varGamma(b)(J)$$

以及

$$\varGamma(ab)(J) = \widehat{(ab)}(J) = \varphi_J(ab) = \varphi_J(a)\varphi_J(b)$$
$$= \widehat{a}(J)\widehat{b}(J) = \varGamma(a)(J)\varGamma(b)(J).$$

从而 $\varGamma$ 为一个同态. 至此, 命题2.2.16得证. $\square$

下文中，将(2.2.7)中的同态映射Γ称为有单位元可交换Banach代数的Gelfand表示.

回顾一个拓扑空间X称为是**Hausdorff**空间(或T_2空间)，若，对$\forall x,y \in X$且$x \neq y$，均存在X中互不相交的开集U和V使得$x \in U$且$y \in V$.

以下将在$\mathfrak{M}$上赋予一种拓扑使得

(i) $\mathfrak{M}$成为一个紧的Hausdorff拓扑空间;

(ii) 对于每一个$a \in \mathscr{A}$，Gelfand表示$\Gamma(a)(\cdot) = \hat{a}(\cdot)$成为$\mathfrak{M}$上的连续函数.

这样做的目的是可以使我们能考查Gelfand表示Γ的分析性质. 为此首先证明如下的引理.

引理2.2.17 若$J \in \mathfrak{M}$，则$\ker \varphi_J = J$，其中φ_J同(2.2.6).

证明 若$a \in J$，则$[a] = [\theta] = 0[e]$，从而，由φ_J定义知$\varphi_J(a) = 0$，即$J \subset \ker \varphi_J$. 又由命题2.1.12知$\ker \varphi_J$为理想. 由此及$J \in \mathfrak{M}$知$J = \ker \varphi_J$. 至此，引理2.2.17得证. $\square$

命题2.2.18 设$\mathscr{A}$是一个有单位元的Banach代数.

(i) 若φ是$\mathscr{A} \longrightarrow \mathbb{C}$的一个非零同态，则$\varphi(e) = 1$且，对$\forall a \in \mathscr{A}$，有

$$|\varphi(a)| \leqslant \|a\|;$$

(ii) 若$\mathscr{A}$是交换的，则$a \in \mathscr{A}$可逆当且仅当对每一个从$\mathscr{A}$到$\mathbb{C}$的非零同态φ有$\varphi(a) \neq 0$.

证明 (i) 因φ为同态，故，对$\forall a \in \mathscr{A}$，$\varphi(a) = \varphi(ae) = \varphi(a)\varphi(e)$. 又因$\varphi$非零，故存在$a \in \mathscr{A}$使得$\varphi(a) \neq 0$，所以$\varphi(e) = 1$.

注意到，对$\forall a \in \mathscr{A}$，由$\varphi(e) = 1$有

$$\varphi(\varphi(a)e - a) = \varphi(a) - \varphi(a) = 0,$$

故由命题2.1.9(ii)知$\varphi(a)e - a$不可逆. 下证$|\varphi(a)| \leqslant \|a\|$. 若$|\varphi(a)| > \|a\|$，则

$$\varphi(a) \neq 0$$

且 $\|\frac{a}{\varphi(a)}\| < 1$. 从而, 由引理2.2.10(i)知$e - \frac{a}{\varphi(a)}$可逆, 又$\varphi(a) \neq 0$, 从而

$$\varphi(a)e - a = \varphi(a)\left\{e - \frac{a}{\varphi(a)}\right\}$$

可逆, 这与$\varphi(a)e - a$不可逆矛盾. 故有$|\varphi(a)| \leqslant \|a\|$.

(ii) 若a可逆, 则$aa^{-1} = e$, 从而, 由(i)有

$$1 = \varphi(e) = \varphi(a)\varphi(a^{-1}),$$

这说明$\varphi(a) \neq 0$ [也可由命题2.1.9(ii)直接推出]. 反之, 假设存在a不可逆, 但对每一个从$\mathscr{A}$到$\mathbb{C}$的非零同态φ均有$\varphi(a) \neq 0$. 由定理2.1.23(i)知a属于$\mathscr{A}$的某个理想. 又因$\mathscr{A}$有单位元, 由定理2.1.22知存在$J_0 \in \mathfrak{M}$使得$a \in J_0$, 故由引理2.2.17知$\varphi_{J_0}(a) = 0$. 这与假设矛盾. 故a可逆. 至此, 命题2.2.18得证. □

注记2.2.19 由命题2.2.18(i)知有单位元的Banach代数$\mathscr{A}$的所有复同态均是连续的且算子范数不超过1. 即$\varphi \in \mathscr{A}^*$. 若进一步设$\|e\| = 1$, 则$\|\varphi\|_{\mathscr{A}^*} = 1$.

事实上, 因对$\forall a \in \mathscr{A}$, 由命题2.2.18(i)有$|\varphi(a)| \leqslant \|a\|$, 故$\|\varphi\|_{\mathscr{A}^*} \leqslant 1$. 又若$\|e\| = 1$, 则

$$\|\varphi\|_{\mathscr{A}^*} := \sup_{\|a\|=1} |\varphi(a)| \geqslant |\varphi(e)| = 1.$$

因此, $\|\varphi\|_{\mathscr{A}^*} = 1$. 故所证断言成立.

引理2.2.20 设$\mathscr{A}$是一个有单位元的可交换Banach代数, φ是$\mathscr{A} \longrightarrow \mathbb{C}$的一个非零同态, 则$J := \ker\varphi$是$\mathscr{A}$的一个极大理想.

证明 由命题2.2.18(i)知φ连续. 因φ为非退化, 由此及命题2.1.12知

$$J := \ker\varphi$$

是$\mathscr{A}$的一个理想.

现证J是闭的. 为此, 若任取$a \in \overline{\ker\varphi}$, 则由命题1.1.3知存在$\{a_n\}_{n \in \mathbb{N}_+} \subset \ker\varphi$使得$a_n \to a, n \to \infty$. 从而, 由$\varphi$的连续性进一步有

$$\varphi(a) = \varphi\left(\lim_{n \to \infty} a_n\right) = \lim_{n \to \infty} \varphi(a_n) = 0,$$

故 $a \in \ker\varphi$. 因此, $\overline{\ker\varphi} \subset \ker\varphi$. 又显然有 $\ker\varphi \subset \overline{\ker\varphi}$. 故 $\ker\varphi = \overline{\ker\varphi}$. 因此, J 是闭的.

为证 J 为极大理想, 由定理2.1.23(ii), 只要证明 $\mathscr{A}/J$ 是可除代数. 事实上, 若对任意的 $[a] \in \mathscr{A}/J$ 且 $[a] \neq [\theta]$, 则有 $\varphi(a) \neq 0$. 又由 $\varphi(e) = 1$ 知

$$\varphi(a - \varphi(a)e) = 0.$$

因此, $a - \varphi(a)e \in J$, 故 $[a] = \varphi(a)[e]$, 从而 $[a]$ 可逆且

$$[a]^{-1} = [\varphi(a)]^{-1}[e].$$

故 $\mathscr{A}/J$ 可除. 因此, J 是 $\mathscr{A}$ 的极大理想.

J 是极大理想的另一种证法 定义映射

$$\widetilde{\varphi}: \begin{cases} \mathscr{A}/J \longrightarrow \mathbb{C}, \\ [a] \longmapsto \varphi(a). \end{cases}$$

下证 $\widetilde{\varphi}$ 定义合理. 事实上, 对 $\forall b \in [a]$, 因 $b - a \in J$, 故 $\varphi(b-a) = 0$. 从而 $\varphi(b) = \varphi(a)$. 因此, $\widetilde{\varphi}([a])$ 不依赖于 $[a]$ 的代表元的选取, 故其定义合理. 又对 $\forall \lambda, \mu \in \mathbb{C}$ 及 $[a], [b] \in \mathscr{A}/J$, 有

$$\widetilde{\varphi}([a][b]) = \widetilde{\varphi}([ab]) = \varphi(ab) = \varphi(a)\varphi(b) = \widetilde{\varphi}([a])\widetilde{\varphi}([b])$$

以及

$$\widetilde{\varphi}(\lambda[a] + \mu[b]) = \widetilde{\varphi}([\lambda a + \mu b])$$
$$= \varphi(\lambda a + \mu b) = \lambda\varphi(a) + \mu\varphi(b)$$
$$= \lambda\widetilde{\varphi}([a]) + \mu\widetilde{\varphi}([b]).$$

从而 $\widetilde{\varphi}$ 是同态映射. 注意到, 若 $\widetilde{\varphi}([a]) = 0$, 则 $\varphi(a) = 0$, 从而 $a \in \ker\varphi =: J$, 故 $[a] = [\theta]$. 从而 $\widetilde{\varphi}$ 为单射. 又由命题2.2.18(i)知 $\varphi(e) = 1$. 因此, 对 $\forall [a] \in \mathscr{A}/J$ 有

$$\widetilde{\varphi}(\widetilde{\varphi}([a])[e]) = \widetilde{\varphi}([a])\widetilde{\varphi}([e]) = \widetilde{\varphi}([a])\varphi(e) = \widetilde{\varphi}([a]).$$

故由 $\widetilde{\varphi}$ 单知 $[a] = \widetilde{\varphi}([a])[e]$. 从而, 当 $[a] \neq [\theta]$ 时, $\widetilde{\varphi}([a]) \neq 0$, 故 $[a]$ 可逆, 它的逆元是 $[a]^{-1} = \{\widetilde{\varphi}([a])\}^{-1}[e]$. 因此, $\mathscr{A}/J$ 是可除代数. 再由定理2.1.23(ii)知 J 为极大理想. 至此, 引理2.2.20得证. □

记 $\mathscr{A}$ 为有单位元的可交换的Banach代数且

$$\Delta := \{\varphi \in \mathscr{A}^* : \forall a, b \in \mathscr{A}, \varphi(ab) = \varphi(a)\varphi(b), \varphi(e) = 1\} \quad (2.2.8)$$

为 $\mathscr{A} \longrightarrow \mathbb{C}$ 上的非零连续同态全体.

注记2.2.21 关于 Δ 的定义, 我们有如下注记.

(i) 由以上命题2.2.18(i)知, 在 Δ 的定义中, 可不要求 φ 连续. 因 φ 的连续性可以由 φ 为同态自动保证.

(ii) $\varphi(e) = 1$ 可换为 φ 非零(或非退化, 或非平凡). 事实上, 若 $\varphi(e) = 1$, 则 φ 非零. 若 φ 非零, 则由命题2.2.18(i)知 $\varphi(e) = 1$.

(iii) 若 $\varphi \in \Delta$, 则 φ 必为满射. 事实上, 对 $\forall z \in \mathbb{C}$, 因 $z = z\varphi(e) = \varphi(ze)$, 故 φ 为满射. 因此, 所证结论成立.

根据定理2.2.14, 存在映射

$$i : \begin{cases} \mathfrak{M} \longrightarrow \Delta, \\ J \longmapsto \varphi_J, \end{cases} \quad (2.2.9)$$

其中 φ_J 同(2.2.6). 下证 i 为双射.

引理2.2.22 设 i 如(2.2.9), 则 i 为双射.

证明 先证 i 为满射. 任取 $\varphi \in \Delta$, 令 $J := \ker \varphi$, 则由引理2.2.20知 J 是一个极大理想. 从而再由引理2.2.17知

$$\ker \varphi_J = J = \ker \varphi.$$

因此, 对 $\forall a \in \mathscr{A}$, 由 $\varphi(a - \varphi(a)e) = 0$ [此处用到了 $\varphi(e) = 1$]知

$$\varphi_J(a - \varphi(a)e) = 0.$$

从而, 由 $\varphi_J(e) = 1$ 进一步知

$$\varphi_J(a) = \varphi(a)\varphi_J(e) = \varphi(a).$$

即 $\varphi = \varphi_J$. 故 i 为满射.

下面证 i 单. 若 $J_1, J_2 \in \mathfrak{M}$ 且 $i(J_1) = i(J_2)$, 则 $\varphi_{J_1} = \varphi_{J_2}$. 从而, 由引理2.2.17知

$$J_1 = \ker \varphi_{J_1} = \ker \varphi_{J_2} = J_2,$$

即 i 单. 故我们得到了 $\mathfrak{M}$ 到 Δ 上的一个一一对应 i. 至此, 引理2.2.22得证. □

假设 $\mathscr{X}$ 是一个线性赋范空间, 在它的共轭空间 $\mathscr{X}^*$ 上可以有三种不同的拓扑结构: 强拓扑 (由范数给出的拓扑)、弱拓扑与 *弱拓扑. 设 $\mathscr{X}$ 是一个线性赋范空间, 对任意的 $n \in \mathbb{N}_+, \varepsilon \in (0, \infty)$ 及 $\{x_1, \cdots, x_n\} \subset \mathscr{X}$, 定义

$$U(\varepsilon, x_1, \cdots, x_n) := \{\varphi \in \mathscr{X}^* : |\langle \varphi, x_i \rangle| < \varepsilon, \ i \in \{1, \cdots, n\}\}.$$

若 $\mathscr{X}^*$ 的一个集合含有形如 $U(\varepsilon, x_1, \cdots, x_n)$ 的子集, 则称该集合为 $\mathscr{X}^*$ 中零泛函的一个**邻域**. 所有这样的邻域构成 $\mathscr{X}^*$ 的零泛函的**邻域系**且这些邻域系及其平移唯一确定 $\mathscr{X}^*$ 的 *弱拓扑(详见本节习题2.2.6).

我们称一个带有拓扑 τ 的线性空间 $\mathscr{Y}$ 为**拓扑线性空间**, 若 $\mathscr{Y}$ 的线性运算关于 τ 连续. 可证, $\mathscr{X}^*$ 依此 *弱拓扑构成拓扑线性空间(详见本节习题2.2.6). 更进一步, 我们有如下结论.

命题2.2.23 设 $\mathscr{X}$ 为线性赋范空间, 则 $\mathscr{X}^*$ 依 *弱拓扑构成Hausdorff拓扑线性空间.

证明 只需证明 $\mathscr{X}^*$ 依 *弱拓扑构成Hausdorff拓扑空间. 若 $\varphi, \psi \in \mathscr{X}^*$ 满足 $\varphi \neq \psi$, 则必有 $x_0 \in \mathscr{X}$ 使得

$$\langle \varphi, x_0 \rangle \neq \langle \psi, x_0 \rangle.$$

取 ε 满足 $0 < \varepsilon < \frac{1}{2}|\langle \varphi, x_0 \rangle - \langle \psi, x_0 \rangle|$, 则

$$(\varphi + U(\varepsilon, x_0)) \cap (\psi + U(\varepsilon, x_0)) = \varnothing.$$

若不然, $\exists \varphi_1, \varphi_2 \in U(\varepsilon, x_0)$ 使得 $\varphi + \varphi_1 = \psi + \varphi_2$, 则

$$\varphi - \psi = \varphi_2 - \varphi_1.$$

但是
$$|\langle \varphi - \psi, x_0 \rangle| > 2\varepsilon$$
且
$$|\langle \varphi_1 - \varphi_2, x_0 \rangle| \leqslant |\langle \varphi_1, x_0 \rangle| + |\langle \varphi_2, x_0 \rangle| < 2\varepsilon,$$

相互矛盾. 综上, $\mathscr{X}^*$依$*$弱拓扑构成Hausdorff拓扑线性空间. 至此, 命题2.2.23得证. □

此外, 有以下重要的结论.

定理2.2.24 (Alaoglu) 设$\mathscr{X}$为线性赋范空间,
$$S := \{f \in \mathscr{X}^* : \|f\|_{\mathscr{X}^*} \leqslant 1\}$$
为$\mathscr{X}^*$的闭单位球, 则S是$*$弱紧的.

注记2.2.25 在定理2.2.24中, 若进一步设$\mathscr{X}$是可分的, 则S是$*$弱列紧的(见文献[20]Theorem 3.17).

为证明此定理, 首先回顾乘积拓扑的定义. 设$\mathscr{X}_\lambda$为拓扑空间, $\lambda \in \Lambda$, 记其乘积空间为
$$\mathscr{X} := \prod_{\lambda \in \Lambda} \mathscr{X}_\lambda.$$
$\mathscr{X}$中的元素x有形式$x := \{x_\lambda\}_{\lambda \in \Lambda}$, 其中$x_\lambda \in \mathscr{X}_\lambda$, $\lambda \in \Lambda$. $\mathscr{X}$上的拓扑基定义为如下形式的集合全体:
$$\bigcap_{i=1}^n P_{\lambda_i}^{-1}(U_{\lambda_i}), \quad n \in \mathbb{N}_+, \lambda_i \in \Lambda, i \in \{1, \cdots, n\},$$
其中U_{λ_i}为$\mathscr{X}_{\lambda_i}$中开集, P_{λ_i}为$\mathscr{X}$到$\mathscr{X}_{\lambda_i}$的投影, 即
$$P_{\lambda_i} : \begin{cases} \mathscr{X} \longrightarrow \mathscr{X}_{\lambda_i}, \\ \{x_\lambda\}_{\lambda \in \Lambda} \longmapsto x_{\lambda_i}. \end{cases}$$
$\mathscr{X}$中的开集即为上述拓扑基中任意多个元素(不一定可数)的并.

例2.2.26 设 $\mathscr{X}_1, \mathscr{X}_2$ 为拓扑空间且

$$\mathscr{X} := \mathscr{X}_1 \times \mathscr{X}_2.$$

则 $x \in \mathscr{X}$ 当且仅当 $x = (x_1, x_2)$, 其中 $x_1 \in \mathscr{X}_1$ 且 $x_2 \in \mathscr{X}_2$. 此时, 对 $\forall i \in \{1,2\}$, 投影算子

$$P_i : \begin{cases} \mathscr{X} \longrightarrow \mathscr{X}_i, \\ x = (x_1, x_2) \longmapsto x_i. \end{cases}$$

若 U_1 为 $\mathscr{X}_1$ 中开集, 则 $P_1^{-1}(U_1) = U_1 \times \mathscr{X}_2$. 若 U_2 为 $\mathscr{X}_2$ 中开集, 则

$$P_2^{-1}(U_2) = \mathscr{X}_1 \times U_2.$$

此时,

$$\bigcap_{i=1}^{2} P_i^{-1}(U_i) = U_1 \times U_2.$$

$\mathscr{X}$ 中拓扑基的元素均具有上述三种形式之一.

为证明定理2.2.24, 下面回顾一些映射与集合运算的基本性质(见文献[19]第4页).

引理2.2.27 设 $f: X \longrightarrow Y$ 是一个映射, 则对 $\forall A, B \subset Y$, 有

$$f^{-1}(A \cap B) = f^{-1}(A) \cap f^{-1}(B). \tag{2.2.10}$$

若 f 为单射, 则对 $\forall C, D \subset X$, 有

$$f(C \cap D) = f(C) \cap f(D). \tag{2.2.11}$$

证明 对 $\forall A, B \subset Y$, 由原像集的定义有

$$\begin{aligned} y \in f^{-1}(A \cap B) &\iff f(y) \in A \cap B \\ &\iff f(y) \in A \text{ 且 } f(y) \in B \\ &\iff y \in f^{-1}(A) \text{ 且 } y \in f^{-1}(B) \\ &\iff y \in f^{-1}(A) \cap f^{-1}(B). \end{aligned}$$

因此, (2.2.10)成立.

现设f为单射. 对任意$C, D \subset X$及任意$y \in f(C \cap D)$, 由像集的定义知存在$x \in C \cap D$使得$y = f(x)$. 故$y \in f(C) \cap f(D)$. 因此,

$$f(C \cap D) \subset f(C) \cap f(D).$$

反之, 设$y \in f(C) \cap f(D)$, 则由像集的定义知存在$x_1 \in C$及$x_2 \in D$使得

$$y = f(x_1) = f(x_2).$$

因f为单射, 故$x_1 = x_2$. 从而$y \in f(C \cap D)$. 因此,

$$f(C) \cap f(D) \subset f(C \cap D).$$

故(2.2.11)成立. 至此, 引理2.2.27得证. □

定理2.2.24的证明 对$\forall x \in \mathscr{X}$, 令$Y_x := \mathbb{C}$且$Y := \prod_{x \in \mathscr{X}} Y_x$. 定义嵌入映射

$$\tau : \begin{cases} \mathscr{X}^* \longrightarrow Y, \\ \varphi \longmapsto \{\langle \varphi, x \rangle\}_{x \in \mathscr{X}}. \end{cases}$$

若$\tau(\varphi_1) = \tau(\varphi_2)$, 则, 对$\forall x \in \mathscr{X}$, 有$\langle \varphi_1, x \rangle = \langle \varphi_2, x \rangle$. 故$\varphi_1 = \varphi_2$. 从而$\tau$为单射.

在$\tau(\mathscr{X}^*)$上赋予由Y中乘积拓扑诱导的子拓扑, 则$\tau : \mathscr{X}^* \longrightarrow \tau(\mathscr{X}^*)$为双射. 下证$\tau$为$\mathscr{X}^*$到$\tau(\mathscr{X}^*)$的同胚.

先证$\tau : \mathscr{X}^* \longrightarrow \tau(\mathscr{X}^*)$连续. 为此, 只需证$\tau(\mathscr{X}^*)$中零点邻域基在$\tau$下的原像为$\mathscr{X}^*$中零点邻域基. 为此, 对$\forall x_0 \in \mathscr{X}$, 定义投影算子$P_{x_0}$:

$$P_{x_0} : \begin{cases} Y \longrightarrow Y_{x_0} := \mathbb{C}, \\ \{y_x\}_{x \in \mathscr{X}} \longmapsto y_{x_0}; \end{cases}$$

且, 对$\forall \varepsilon_{x_0} \in (0, \infty)$, 记$B(0, \varepsilon_{x_0})$为$\mathbb{C}$中以原点$0$为中心, ε_{x_0}为半径的开球. 则由原像和P_{x_0}的定义有

$$P_{x_0}^{-1}(B(0, \varepsilon_{x_0})) := \{\{y_x\}_{x \in \mathscr{X}} \in Y : y_{x_0} \in B(0, \varepsilon_{x_0})\}$$

$$= \{\{y_x\}_{x \in \mathscr{X}} \in Y : |y_{x_0}| < \varepsilon_{x_0}\}. \tag{2.2.12}$$

现对$\forall n \in \mathbb{N}_+, \forall i \in \{1,\cdots,n\}, \forall \varepsilon_i \in (0,\infty)$及$\forall x_i \in \mathscr{X}$, 记$B(0,\varepsilon_i)$为$Y_{x_i} := \mathbb{C}$中的以原点为中心, ε_i为半径的开球. 注意到, 由原像和τ的定义知, 对$\forall i \in \{1,\cdots,n\}$,

$$\begin{aligned}
& \phi \in \tau^{-1}(\{\{y_x\}_{x \in \mathscr{X}} \in Y : |y_{x_i}| < \varepsilon_i\}) \\
\iff & \phi \in \mathscr{X}^* \text{ 且 } \tau(\phi) := \{\langle \phi, x \rangle\}_{x \in \mathscr{X}} \\
& \in \{\{y_x\}_{x \in \mathscr{X}} \in Y : |y_{x_i}| < \varepsilon_i\} \\
\iff & \phi \in \{\varphi \in \mathscr{X}^* : |\langle \varphi, x_i \rangle| < \varepsilon_i\}. \tag{2.2.13}
\end{aligned}$$

由此及(2.2.12)可知

$$\begin{aligned}
& \tau^{-1}\left(\tau(\mathscr{X}^*) \cap \left[\bigcap_{i=1}^n P_{x_i}^{-1}(B(0,\varepsilon_i))\right]\right) \\
=& \bigcap_{i=1}^n \tau^{-1}\left(P_{x_i}^{-1}(B(0,\varepsilon_i))\right) \\
=& \bigcap_{i=1}^n \tau^{-1}(\{\{y_x\}_{x \in \mathscr{X}} \in Y : |y_{x_i}| < \varepsilon_i\}) \\
=& \bigcap_{i=1}^n \{\varphi \in \mathscr{X}^* : |\langle \varphi, x_i \rangle| < \varepsilon_i\} \\
=& \bigcap_{i=1}^n U(\varepsilon_i, x_i)
\end{aligned}$$

为$\mathscr{X}^*$中零点的开邻域. 故τ连续.

下证τ^{-1}连续. 只需证τ映$\mathscr{X}^*$中零点邻域基为$\tau(\mathscr{X}^*)$中的零点邻域基. 由(2.2.11)及(2.2.12)知, 对$\forall \varepsilon \in (0,\infty), \forall n \in \mathbb{N}_+$及$\forall \{x_i\}_{i=1}^n \subset \mathscr{X}$, 有

$$\begin{aligned}
& \tau(U(\varepsilon, x_1, \cdots, x_n)) \\
=& \tau(\{\varphi \in \mathscr{X}^* : |\langle \varphi, x_i \rangle| < \varepsilon, i \in \{1,\cdots,n\}\}) \\
=& \tau\left(\bigcap_{i=1}^n \{\varphi \in \mathscr{X}^* : |\langle \varphi, x_i \rangle| < \varepsilon\}\right) \\
=& \bigcap_{i=1}^n \tau(\{\varphi \in \mathscr{X}^* : |\langle \varphi, x_i \rangle| < \varepsilon\})
\end{aligned}$$

$$= \bigcap_{i=1}^{n} [\{\{y_x\}_{x \in \mathscr{X}} \in Y : |y_{x_i}| < \varepsilon\} \cap \tau(\mathscr{X}^*)]$$

$$= \left[\bigcap_{i=1}^{n} \{\{y_x\}_{x \in \mathscr{X}} \in Y : |y_{x_i}| < \varepsilon\}\right] \cap \tau(\mathscr{X}^*)$$

$$= \left[\bigcap_{i=1}^{n} P_{x_i}^{-1}(B(0,\varepsilon))\right] \cap \tau(\mathscr{X}^*)$$

为 $\tau(\mathscr{X}^*)$ 中的开集. 从而 τ^{-1} 连续. 故 $\tau : \mathscr{X}^* \longrightarrow \tau(\mathscr{X}^*)$ 为同胚.

有了以上结论, 为证 S 在 $*$ 弱拓扑下紧, 只需证 $\tau(S)$ 在 Y 的乘积拓扑诱导拓扑下紧. 记 $\|\cdot\|_{\mathscr{X}}$ 为 $\mathscr{X}$ 的范数. 注意到, 对任意 $x \in \mathscr{X}$, $\overline{B(0,\|x\|_{\mathscr{X}})}$ 为 $\mathbb{C}$ 中紧集, 由 Tychonoff 定理(紧拓扑空间的乘积空间仍紧, 见文献[25]第6页)知

$$\widetilde{Y} := \prod_{x \in \mathscr{X}} \overline{B(0,\|x\|_{\mathscr{X}})}$$

在乘积拓扑下紧. 注意到

$$\tau(S) = \{\langle \varphi, x \rangle : x \in \mathscr{X}, \varphi \in \mathscr{X}^* \text{ 且 } \|\varphi\|_{\mathscr{X}^*} \leqslant 1\}$$

且 $|\langle \varphi, x \rangle| \leqslant \|x\|_{\mathscr{X}}$, 对 $\forall x \in \mathscr{X}, \forall \varphi \in \mathscr{X}^*$ 且 $\|\varphi\|_{\mathscr{X}^*} \leqslant 1$ 成立. 因此,

$$\tau(S) \subset \prod_{x \in \mathscr{X}} \overline{B(0,\|x\|_{\mathscr{X}})}.$$

故由此及引理1.3.4知只需证 $\tau(S)$ 为 $\widetilde{Y}$ 中乘积拓扑下的闭集. 又因 τ 为同胚, 故只需说明 S 为 $*$ 弱拓扑下的闭集. 为此, 令 $\overline{S}^{*w}$ 表示 S 在 $\mathscr{X}^*$ 中 $*$ 弱拓扑下的闭包. 任取 $\varphi_0 \in \overline{S}^{*w}$, 则, 对任意 $\varepsilon \in (0, \infty)$ 及任意 $x \in \mathscr{X}$, 存在

$$\varphi \in S \cap [\varphi_0 + U(\varepsilon, x)].$$

从而, 对上述 $x \in \mathscr{X}$ 有

$$|\langle \varphi_0, x \rangle| \leqslant |\langle \varphi_0, x \rangle - \langle \varphi, x \rangle| + |\langle \varphi, x \rangle|$$
$$< \varepsilon + \|x\|_{\mathscr{X}}.$$

由 ε 的任意性知 $|\langle \varphi_0, x \rangle| \leqslant \|x\|_{\mathscr{X}}$. 即 $\varphi_0 \in S$. 故 $\overline{S}^{*w} \subset S$. 又对 $\forall \varphi \in S, \forall \varepsilon \in (0, \infty)$, $\forall n \in \mathbb{N}_+$ 及 $\forall \{x_i\}_{i=1}^{n} \subset \mathscr{X}$, 显然有

$$\varphi \in S \cap [\varphi + U(\varepsilon, x_1, \cdots, x_n)] \neq \varnothing.$$

故 $\varphi \in \overline{S}^{*w}$. 因此, $S \subset \overline{S}^{*w}$. 从而 $\overline{S}^{*w} = S$, 即 S 为 *弱拓扑下的闭集. 至此, 定理2.2.24得证. □

推论 2.2.28 若 $\mathscr{A}$ 为一个有单位元的Banach代数, 则依 $\mathscr{A}^*$ 上的 *弱拓扑, Δ 是一个紧Hausdorff拓扑空间, 其中 Δ 如(2.2.8).

证明 由命题2.2.18(i)知 $\Delta \subset S$. 再由定理2.2.24知 S 为 *弱紧. 由此可知, 为证 Δ *弱紧, 只需证 Δ *弱闭即可.

令 $\overline{\Delta}^{*w}$ 为 Δ 在 *弱拓扑下的闭包. 下证

$$\overline{\Delta}^{*w} = \Delta.$$

设 $\varphi_0 \in \overline{\Delta}^{*w}$. 由 $\overline{\Delta}^{*w} \subset \overline{S}^{*w} = S$ 知 $\varphi_0 \in S \subset \mathscr{A}^*$. 下证 $\varphi_0(e) = 1$. 由 $\varphi_0 \in \overline{\Delta}^{*w}$ 知, 对任意 $\varepsilon \in (0, \infty)$,

$$\Delta \cap [\varphi_0 + U(\varepsilon, e)] \neq \varnothing.$$

取 $\varphi \in \Delta \cap [\varphi_0 + U(\varepsilon, e)]$, 则 $\varphi(e) = 1$ 且 $|\varphi_0(e) - 1| = |\varphi_0(e) - \varphi(e)| < \varepsilon$. 由 ε 任意性知 $\varphi_0(e) = 1$.

下证对任意 $a, b \in \mathscr{A}$,

$$\varphi_0(ab) = \varphi_0(a)\varphi_0(b).$$

由 $\varphi_0 \in \overline{\Delta}^{*w}$ 知, 对任意 $\varepsilon \in (0, \infty)$, 存在 $\varphi \in \Delta \cap [\varphi_0 + U(\varepsilon, a, b, ab)]$ 且

$$\varphi(ab) = \varphi(a)\varphi(b),$$

由此及 $\varphi, \varphi_0 \in S$ 和命题2.2.18(i)可得

$$\begin{aligned}
&|\varphi_0(ab) - \varphi_0(a)\varphi_0(b)| \\
&\leqslant |\varphi_0(ab) - \varphi(ab)| + |\varphi(a)\varphi(b) - \varphi_0(a)\varphi(b)| \\
&\quad + |\varphi_0(a)\varphi(b) - \varphi_0(a)\varphi_0(b)| \\
&< \varepsilon + \|b\|\varepsilon + \|a\|\varepsilon.
\end{aligned}$$

由 ε 任意性知 $\varphi_0(ab) = \varphi_0(a)\varphi_0(b)$, 故 $\varphi_0 \in \Delta$. 因此, $\overline{\Delta}^{*w} \subset \Delta$. 又对 $\forall \varphi \in \Delta$, $\forall \varepsilon \in (0, \infty)$, $\forall n \in \mathbb{N}_+$ 及 $\forall \{x_i\}_{i=1}^n \subset \mathscr{X}$, 显然有

$$\varphi \in \Delta \cap [\varphi + U(\varepsilon, x_1, \cdots, x_n)] \neq \varnothing.$$

故 $\varphi \in \overline{\Delta}^{*w}$. 因此, $\Delta \subset \overline{\Delta}^{*w}$. 从而 $\overline{\Delta}^{*w} = \Delta$, 即 Δ 为 *弱闭, 故 *弱紧.

此外, Δ 的 Hausdorff 性质见命题 2.2.23. 至此, 推论 2.2.28 得证. □

在引理 2.2.22 中, 已证明映射

$$i : \begin{cases} \mathfrak{M} \longrightarrow \Delta, \\ J \longmapsto \varphi_J \end{cases}$$

为双射. 我们现在用 Δ 上的拓扑来定义 $\mathfrak{M}$ 上的拓扑. 对于任意 $J_0 \in \mathfrak{M}$, 它的邻域基定义为

$$N(J_0; \varepsilon, A) := \{J \in \mathfrak{M} : |\widehat{a}(J) - \widehat{a}(J_0)| < \varepsilon, \forall a \in A\},$$

其中 $\varepsilon \in (0, \infty)$, A 是 $\mathscr{A}$ 中任意有限集. 因为 $\widehat{a}(J) = \varphi_J(a)$, 故

$$N(J_0; \varepsilon, A) = \{J \in \mathfrak{M} : |\varphi_J(a) - \varphi_{J_0}(a)| < \varepsilon, \forall a \in A\}$$
$$= i^{-1} U(\varphi_{J_0}; \varepsilon, A)$$

且有

$$iN(J_0; \varepsilon, A) = U(\varphi_{J_0}; \varepsilon, A)$$
$$:= \{\varphi_J \in \Delta : |\varphi_J(a) - \varphi_{J_0}(a)| < \varepsilon, \forall a \in A\}$$
$$= \{\varphi_J \in \Delta : |\langle \varphi_J - \varphi_{J_0}, a \rangle| < \varepsilon, \forall a \in A\}$$
$$= \varphi_{J_0} + U(\varepsilon, A),$$

其中 $U(\varphi_{J_0}; \varepsilon, A)$ 是 φ_{J_0} 的 *弱拓扑邻域基. 在此拓扑下, i 成为 $\mathfrak{M} \longrightarrow \Delta$ 的一个同胚. 由推论 2.2.28 知 Δ 依 $\mathscr{A}^*$ 的 *弱拓扑为紧 Hausdorff 空间, 又因 i 是 $\mathfrak{M} \longrightarrow \Delta$ 的一个同胚, 故 $\mathfrak{M}$ 也为紧 Hausdorff 拓扑空间. 这个拓扑称为 $\mathfrak{M}$ 的 **Gelfand 拓扑**, 记作 $\tau_{\mathfrak{M}}$, 于是 $\mathfrak{M}$ 上的全体取值于复数域的连续函数 $C(\mathfrak{M})$ 构成一个 Banach 代数 (见例 2.2.5). 我们有如下进一步的结论.

定理2.2.29 设 $\mathscr{A}$ 是一个交换的有单位元的Banach代数，则Gelfand表示

$$\Gamma: \begin{cases} \mathscr{A} \longrightarrow C(\mathfrak{M}), \\ a \longmapsto \hat{a}, \hat{a}(J) := \varphi_J(a), \forall J \in \mathfrak{M} \end{cases}$$

是一个连续同态且

$$\|\Gamma a\|_{C(\mathfrak{M})} \leqslant \|a\|.$$

证明 先证 $\mathscr{A}$ 的Gelfand表示 $\Gamma a = \hat{a}$ 定义合理，即要证，对 $\forall a \in \mathscr{A}, J \longmapsto \hat{a}(J)$ 是 $\mathfrak{M}$ 上的连续函数.

事实上，取定 $J_0 \in \mathfrak{M}$，则，对 $\forall \varepsilon > 0$，当 $J \in N(J_0; \varepsilon, a)$ 时，必有

$$\varphi_J \in U(\varphi_{J_0}; \varepsilon, a) = \varphi_{J_0} + U(\varepsilon, a),$$

从而有

$$|\hat{a}(J) - \hat{a}(J_0)| = |\varphi_J(a) - \varphi_{J_0}(a)| < \varepsilon.$$

故 $\hat{a} \in C(\mathfrak{M})$.

因此，Γ 的定义合理.

又由命题2.2.16知 Γ 为同态.

此外，由命题2.2.15知

$$\|\Gamma a\|_{C(\mathfrak{M})} = \max_{J \in \mathfrak{M}} |\varphi_J(a)| \leqslant \|a\|.$$

由此即知 Γ 也连续. 至此，定理2.2.29得证. □

Gelfand表示可以用来刻画一个元素 $a \in \mathscr{A}$ 的谱集.

定义2.2.30 设 $\mathscr{A}$ 是有单位元的Banach代数，令 $G(\mathscr{A})$ 表示 $\mathscr{A}$ 中可逆元组成的集合. 对任意 $a \in \mathscr{A}$，令

$$\sigma(a) := \{\lambda \in \mathbb{C} : \lambda e - a \notin G(\mathscr{A})\};$$

$$\rho(a) := \mathbb{C} \setminus \sigma(a) \quad [\text{即}\rho(a)\text{为}\sigma(a)\text{在}\mathbb{C}\text{中的余集}].$$

我们分别称 $\sigma(a)$ 和 $\rho(a)$ 为 a 的**谱集**和**预解集**; 并记

$$r(a) := \sup\{|\lambda| : \lambda \in \sigma(a)\},$$

称之为 a 的**谱半径**[下面定理2.2.31将说明 $\sigma(a) \neq \varnothing$, 从而 $r(a)$ 定义合理].

关于谱集和预解集有以下结论.

定理2.2.31 设 $\mathscr{A}$ 是有单位元的Banach代数. 对 $\forall a \in \mathscr{A}$, 以下结论成立:

(i) $\rho(a)$ 为开集;

(ii) $\sigma(a)$ 为紧集;

(iii) $\sigma(a)$ 不空.

证明 (i) 设 $\lambda_0 \in \rho(a)$, 则 $\lambda_0 e - a$ 可逆. 对 $\forall \lambda \in \mathbb{C}$, 有

$$\begin{aligned}\lambda e - a &= (\lambda_0 e - a) - (\lambda_0 - \lambda) e \\ &= (\lambda_0 e - a)[e - (\lambda_0 - \lambda)(\lambda_0 e - a)^{-1}].\end{aligned}$$

所以, 当 $|\lambda - \lambda_0| < \frac{1}{\|(\lambda_0 e - a)^{-1}\|}$ 时, 由引理2.2.10(i)知 $e - (\lambda_0 - \lambda)(\lambda_0 e - a)^{-1}$ 可逆, 从而 $\lambda e - a$ 可逆, 于是得到 $\lambda \in \rho(a)$. 这说明 $\rho(a)$ 为开集.

(ii) 由(i)知 $\sigma(a)$ 为闭集. 另外, 对 $\forall \lambda \in \sigma(a)$, 可以断言 $|\lambda| \leqslant \|a\|$. 若不然, 则 $\lambda \neq 0$ 且由引理2.2.10(i)知 $e - \frac{a}{\lambda}$ 可逆, 从而 $\lambda e - a$ 可逆, 故 $\lambda \in \rho(a)$, 产生矛盾. 从而 $\sigma(a) \subset \overline{B(0, \|a\|)}$. 可见, $\sigma(a)$ 为紧集.

(iii) 若 $\sigma(a) = \varnothing$, 则 $\rho(a) = \mathbb{C}$. 对任意 $z \in \mathbb{C}$, 令 $r(z) := (ze - a)^{-1}$. 由定理2.2.11的证明可知 $r(z)$ 弱解析, 而且, 当 $|z| > \|a\|$ 时, 由引理2.2.10(i)进一步知, 当 $|z| \to \infty$ 时,

$$\begin{aligned}\|r(z)\| &= |z|^{-1} \|(e - z^{-1} a)^{-1}\| \\ &\leqslant |z|^{-1} \sum_{n=0}^{\infty} |z|^{-n} \|a\|^n \\ &= \frac{1}{|z| - \|a\|} \to 0.\end{aligned}$$

对 $\forall f \in \mathscr{A}^*$ 及 $z \in \mathbb{C}$, 记

$$F(z) := \langle f, r(z) \rangle.$$

首先证明 $\|r(z)\|$ 关于 z 在 $\mathbb{C}$ 上有界. 事实上, 由 $ze - a$ 关于 z 在 $\mathbb{C}$ 上连续及引理 2.2.10(ii) 知 $r(z)$ 关于 z 在 $\mathbb{C}$ 上连续, 从而 $\|r(z)\|$ 关于 z 也在 $\mathbb{C}$ 上连续, 故 $\|r(z)\|$ 在 $B(0, 2\|a\|)$ 上有界. 当 $|z| > 2\|a\|$ 时, 因 $\|z^{-1}a\| < 1$, 从而, 由引理 2.2.10(i) 知

$$\|r(z)\| = |z|^{-1} \left\| (e - z^{-1}a)^{-1} \right\|$$

$$\leqslant |z|^{-1} \sum_{n=0}^{\infty} \left(|z|^{-1} \|a\| \right)^n$$

$$= |z|^{-1} \frac{1}{1 - |z|^{-1}\|a\|} = \frac{1}{|z| - \|a\|} < \frac{1}{\|a\|},$$

且有 $\|r(z)\| \leqslant \frac{1}{|z|-\|a\|} \to 0$, 当 $|z| \to \infty$. 由此知 $\|r(z)\|$ 在 $\mathbb{C}$ 上有界, 从而, 对 $\forall f \in \mathscr{A}^*$ 及 $z \in \mathbb{C}$, F 在 $\mathbb{C}$ 上有界且, 当 $|z| \to \infty$ 时,

$$|F(z)| \leqslant \|f\|_{\mathscr{A}^*} \|r(z)\| \to 0.$$

由此及 Liouville 定理知 $F \equiv 0$. 再由 Hahn–Banach 定理的推论 (见文献 [7] 推论 2.4.6) 知 $r(z) = \theta$, 与 $z \in \rho(a)$ 矛盾. 故 $\sigma(a)$ 不为空. 至此, 定理 2.2.31 得证. $\square$

注记 2.2.32 关于定理 2.2.31, 我们有如下注记.

(i) 定理 2.2.31(iii) 的证明的某些想法类似于定理 1.2.17.

(ii) 定理 2.2.31 可用来证明 Gelfand–Mazur 定理 2.2.11. 事实上, 设 $\mathscr{A}$ 为有单位元的可除 Banach 代数且任取 $a \in \mathscr{A}$. 由定理 2.2.31(iii) 知 $\sigma(a) \neq \varnothing$, 故存在 $\lambda_a \in \sigma(a)$, $\lambda_a e - a \notin G(\mathscr{A})$. 因 $\mathscr{A}$ 可除, 故 $\lambda_a e - a = \theta$, 即 $a = \lambda_a e$. 若另有 $\lambda_b \in \sigma(a)$, 则也有 $\lambda_b e = a$. 故 $\lambda_b = \lambda_a$. 因此, $\sigma(a)$ 为非空单点集. 定义

$$i: \begin{cases} \mathscr{A} \longrightarrow \mathbb{C}, \\ a \longmapsto \lambda_a. \end{cases}$$

下面证明i为等距同构. 事实上, 已证对$\forall a \in \mathscr{A}$, 存在唯一的$\lambda_a \in \mathbb{C}$使得$a = \lambda_a e$. 因此, 由$i$的定义进一步知, 对$\forall a \in \mathscr{A}$,

$$[i(a)]e = \lambda_a e = a. \tag{2.2.14}$$

由此进一步知, 对$\forall \mu, \nu \in \mathbb{C}$及$a, b \in \mathscr{A}$有

$$[i(\mu a + \nu b)]e = \mu a + \nu b = \mu i(a)e + \nu i(b)e$$
$$= [\mu i(a) + \nu i(b)]e.$$

从而$i(\mu a + \nu b) = \mu i(a) + \nu i(b)$. 进一步, 由(2.2.14)有

$$[i(ab)]e = ab = [i(a)]e[i(b)]e = [i(a)i(b)]e.$$

由此知$i(ab) = i(a)i(b)$. 综上所证i为同态映射.

若$a \in \mathscr{A}$且$i(a) = 0$, 则由(2.2.14)知$a = [i(a)]e = \theta$. 故i为单射.

现任取$z \in \mathbb{C}$, 由(2.2.14)有$[i(ze)]e = ze$知$i(ze) = z$. 故i为满射.

因此, 综上所证i为同构映射.

下证i等距. 任取$a \in \mathscr{A}$, 由(2.2.14)有$a = [i(a)]e$. 由此及$\|e\| = 1$有

$$|i(a)| = |i(a)|\|e\| = \|i(a)e\| = \|a\|.$$

故i为等距映射.

综上所证i为等距同构. 即所证定理2.2.11的结论成立.

定理2.2.33 设$\mathscr{A}$是一个有单位元的交换Banach代数, 则, 对$\forall a \in \mathscr{A}$,

$$\sigma(a) = \{\hat{a}(J) : J \in \mathfrak{M}\} \quad (a\text{的Gelfand表示的值域}).$$

从而有

$$\|\Gamma a\|_{C(\mathfrak{M})} = \max\{|\lambda| : \lambda \in \sigma(a)\} = r(a).$$

证明 事实上, 由定理2.1.22及2.1.23(i)知

$$\lambda \in \sigma(a) \Longleftrightarrow \lambda e - a \notin G(\mathscr{A})$$

$$\Longleftrightarrow \exists J \in \mathfrak{M}, \lambda e - a \in J$$
$$\Longleftrightarrow \exists J \in \mathfrak{M}, \varphi_J(\lambda e - a) = 0.$$

即 $\lambda = \varphi_J(a) = \widehat{a}(J)$[此处用到了 $\varphi_J(e) = 1$, 见命题2.2.15], 所以有 $\sigma(a) = \{\widehat{a}(J) : J \in \mathfrak{M}\}$ 且

$$\|\Gamma a\|_{C(\mathfrak{M})} = \sup_{J \in \mathfrak{M}} |\Gamma a(J)| = \sup_{J \in \mathfrak{M}} |\widehat{a}(J)| = \sup_{\lambda \in \sigma(a)} |\lambda| = r(a).$$

至此, 定理2.2.33得证. □

我们还要进一步探讨, 对于交换Banach代数 $\mathscr{A}$,

(i) 何时 Γ 是一个同构(单射)映射?

(ii) 何时 Γ 是一个等距同构(单射)映射?

(iii) 何时 Γ 是一个等距在上同构映射?

首先看同构问题. 因为

$$\Gamma a = 0 \Longleftrightarrow \widehat{a}(J) = \varphi_J(a) = 0, \forall J \in \mathfrak{M}$$
$$\Longleftrightarrow a \in \ker \varphi_J = J, \forall J \in \mathfrak{M}$$
$$\Longleftrightarrow a \in \bigcap_{J \in \mathfrak{M}} J,$$

故 Γ 为同构(单射)当且仅当 $\bigcap_{J \in \mathfrak{M}} J = \{\theta\}$. 称满足 $\bigcap_{J \in \mathfrak{M}} J = \{\theta\}$ 的代数为半单的. 从而 Γ 是一个同构映射(单射)当且仅当 $\mathscr{A}$ 是半单的.

引理2.2.34 设 $\mathscr{A}$ 是有单位元的交换Banach代数, 则, 对于每一个 $a \in \mathscr{A}$, 有

$$\|\Gamma a\|_{C(\mathfrak{M})} = \lim_{n \to \infty} \|a^n\|^{\frac{1}{n}}.$$

证明 因为 Γ 是 $\mathscr{A} \longrightarrow C(\mathfrak{M})$ 的同态映射, 所以对任意 $n \in \mathbb{N}_+$ 及 $a \in \mathscr{A}$, 有

$$\Gamma a^n = (\Gamma a)^n. \tag{2.2.15}$$

下面断言
$$\left[\max_{J\in\mathfrak{M}}|\Gamma(a)(J)|\right]^n = \max_{J\in\mathfrak{M}}[|\Gamma(a)(J)|]^n. \tag{2.2.16}$$

事实上, 显然对 $\forall J \in \mathfrak{M}$, 有
$$|\Gamma(a)(J)| \leqslant \max_{J\in\mathfrak{M}}|\Gamma(a)(J)|.$$

故 $|\Gamma(a)(J)|^n \leqslant [\max_{J\in\mathfrak{M}}|\Gamma(a)(J)|]^n$. 从而
$$\max_{J\in\mathfrak{M}}|\Gamma(a)(J)|^n \leqslant [\max_{J\in\mathfrak{M}}|\Gamma(a)(J)|]^n.$$

又显然, 对 $\forall J \in \mathfrak{M}$, 有
$$|\Gamma(a)(J)|^n \leqslant \max_{J\in\mathfrak{M}}[|\Gamma(a)(J)|^n].$$

从而 $|\Gamma(a)(J)| \leqslant \{\max_{J\in\mathfrak{M}}[|\Gamma(a)(J)|^n]\}^{\frac{1}{n}}$. 故
$$\max_{J\in\mathfrak{M}}|\Gamma(a)(J)| \leqslant \left\{\max_{J\in\mathfrak{M}}[|\Gamma(a)(J)|^n]\right\}^{\frac{1}{n}},$$

即
$$\left[\max_{J\in\mathfrak{M}}|\Gamma(a)(J)|\right]^n \leqslant \max_{J\in\mathfrak{M}}[|\Gamma(a)(J)|^n],$$

因此, 所证断言成立.

由此断言, (2.2.15) 及定理 2.2.29 有
$$\begin{aligned}\|\Gamma a\|_{C(\mathfrak{M})}^n &= \left[\max_{J\in\mathfrak{M}}|\Gamma(a)(J)|\right]^n \\ &= \max_{J\in\mathfrak{M}}[|\Gamma(a)(J)|]^n = \max_{J\in\mathfrak{M}}|\Gamma(a^n)(J)| \\ &= \|\Gamma a^n\|_{C(\mathfrak{M})} \leqslant \|a^n\|.\end{aligned}$$

即得
$$\|\Gamma a\|_{C(\mathfrak{M})} \leqslant \varliminf_{n\to\infty}\|a^n\|^{\frac{1}{n}}.$$

此外, 还需证对 $\forall \varepsilon \in (0,\infty)$, 成立
$$\varlimsup_{n\to\infty}\|a^n\|^{\frac{1}{n}} \leqslant \|\Gamma a\|_{C(\mathfrak{M})} + \varepsilon.$$

若$a=\theta$,则由$\Gamma a=\theta$知此式成立. 故以下不妨设$a\neq\theta$. 当$|\lambda|>\|\Gamma a\|_{C(\mathfrak{M})}$时, 由定理2.2.33知$\lambda\notin\sigma(a)$, 故$(\lambda e-a)^{-1}\in\mathscr{A}$. 下证$(\lambda e-a)^{-1}$关于$\lambda\in\mathbb{C}\setminus\overline{B(0,\|\Gamma a\|_{C(\mathfrak{M})})}$连续. 事实上, 对任意的$\lambda_0,\lambda\in\mathbb{C}\setminus\overline{B(0,\|\Gamma a\|_{C(\mathfrak{M})})}$, 由定理2.2.33知$(\lambda_0 e-a)^{-1}$和$(\lambda e-a)^{-1}$存在. 又若$\lambda\to\lambda_0$, 则有

$$\lambda e - a \to \lambda_0 e - a.$$

由此及引理2.2.10(ii)进一步知$(\lambda e-a)^{-1}\to(\lambda_0 e-a)^{-1}$. 因此, $(\lambda e-a)^{-1}$关于$\lambda\in\mathbb{C}\setminus\overline{B(0,\|\Gamma a\|_{C(\mathfrak{M})})}$连续. 对任意$\varepsilon\in(0,\infty)$, 令

$$C_\varepsilon:=\{\lambda\in\mathbb{C}:|\lambda|=\|\Gamma a\|_{C(\mathfrak{M})}+\varepsilon\} \tag{2.2.17}$$

且记

$$M_\varepsilon:=\max_{\lambda\in C_\varepsilon}\|(\lambda e-a)^{-1}\|.$$

由$(\lambda e-a)^{-1}$在C_ε上连续知$M_\varepsilon<\infty$.

下证$(\lambda e-a)^{-1}$关于λ在区域$\mathbb{C}\setminus\overline{B(0,\|\Gamma a\|_{C(\mathfrak{M})})}$内是弱解析的. 事实上, 任取$\varphi\in\mathscr{A}^*$, 对$\forall\lambda\in\mathbb{C}$, 令

$$F(\lambda):=\varphi\left((\lambda e-a)^{-1}\right).$$

下证F在$\mathbb{C}\setminus\overline{B(0,\|\Gamma a\|_{C(\mathfrak{M})})}$内解析. 对$\forall\lambda_0,\lambda\in\mathbb{C}\setminus\overline{B(0,\|\Gamma a\|_{C(\mathfrak{M})})}$, 因

$$\begin{aligned}&(\lambda_0 e-a)^{-1}-(\lambda e-a)^{-1}\\&=\left[(\lambda_0 e-a)^{-1}(\lambda e-a)-I\right](\lambda e-a)^{-1}\\&=(\lambda-\lambda_0)(\lambda_0 e-a)^{-1}(\lambda e-a)^{-1}.\end{aligned}$$

由此, $\varphi\in\mathscr{A}^*$及上面已证的$(\lambda e-a)^{-1}$关于λ在$\mathbb{C}\setminus\overline{B(0,\|\Gamma a\|_{C(\mathfrak{M})})}$上连续知

$$\begin{aligned}&\lim_{\lambda\to\lambda_0}\frac{F(\lambda_0)-F(\lambda)}{\lambda_0-\lambda}\\&=\lim_{\lambda\to\lambda_0}\frac{\varphi((\lambda_0 e-a)^{-1})-\varphi((\lambda e-a)^{-1})}{\lambda_0-\lambda}\\&=\lim_{\lambda\to\lambda_0}\frac{(\lambda-\lambda_0)\varphi((\lambda_0 e-a)^{-1}(\lambda e-a)^{-1})}{\lambda_0-\lambda}\end{aligned}$$

$$= -\varphi((\lambda_0 e - a)^{-2}).$$

故F在$\lambda_0 \in \mathbb{C} \setminus \overline{B(0, \|\Gamma a\|_{C(\mathfrak{M})})}$处可微. 再由$\lambda_0$的任意性知$F$在上述区域中解析. 从而$(\lambda e - a)^{-1}$关于$\lambda$在区域$\mathbb{C} \setminus \overline{B(0, \|\Gamma a\|_{C(\mathfrak{M})})}$内是弱解析的.

对$\forall \lambda \in \mathbb{C} \setminus \overline{B(0, \|\Gamma a\|_{C(\mathfrak{M})})}$, 令$w := \frac{1}{\lambda}$, 则$w \in B(0, \frac{1}{\|\Gamma a\|_{C(\mathfrak{M})}})$[此处需要$a \neq \theta$, 从而$\Gamma a \neq \theta$, 所以$\|\Gamma a\|_{C(\mathfrak{M})} > 0$]. 从而

$$F(\lambda) := \varphi((\lambda e - a)^{-1}) = \varphi(w(e - wa)^{-1}) =: T(w). \tag{2.2.18}$$

下证T在$B(0, \|\Gamma a\|_{C(\mathfrak{M})}^{-1})$上解析. 事实上, 若$0 < |w| < \|\Gamma a\|_{C(\mathfrak{M})}^{-1}$, 则由(2.2.18)及已证$F$在$\mathbb{C} \setminus \overline{B(0, \|\Gamma a\|_{C(\mathfrak{M})})}$内解析易知$T$在$w$处可微. 现设$w = 0$. 任取$h \in \mathbb{C}$且$|h| < \frac{1}{2\|a\|}$, 则由引理2.2.10(i)知

$$(e - ha)^{-1} = \sum_{n=0}^{\infty} (ha)^n = e + ha \sum_{n=0}^{\infty} (ha)^n.$$

由此及$|h|\|a\| < \frac{1}{2}$知, 当$h \to 0$时,

$$\|(e - ha)^{-1} - e\| \leqslant \|ha\| \sum_{n=0}^{\infty} \|ha\|^n = \|ha\| \frac{1}{1 - |h|\|a\|}$$
$$\leqslant 2|h|\|a\| \to 0.$$

故有

$$\lim_{h \to 0} (e - ha)^{-1} = e. \tag{2.2.19}$$

此外, 由定理2.2.29知$\|\Gamma a\|_{C(\mathfrak{M})} \leqslant \|a\|$, 故, 当$|h| < \frac{1}{2\|a\|}$时, $T(h)$有定义. 由此, $\varphi \in \mathscr{A}^*$, (2.2.18)和(2.2.19)有

$$\lim_{h \to 0} \frac{T(h) - T(0)}{h} = \lim_{h \to 0} \varphi((e - ha)^{-1}) = \varphi(e).$$

故T在0处可微. 因此, T在$B(0, \|\Gamma a\|_{C(\mathfrak{M})}^{-1})$解析.

下证断言, 对$\forall \lambda \in \mathbb{C} \setminus \overline{B(0, \|\Gamma a\|_{C(\mathfrak{M})})}$, 如下Laurent展式成立

$$\varphi((\lambda e - a)^{-1}) = \sum_{n=0}^{\infty} \frac{\lambda^{-(n+1)}}{2\pi i} \int_{C_\varepsilon} z^n \varphi((ze - a)^{-1}) \, dz,$$

其中$\varepsilon\in(0,\infty)$且C_ε如(2.2.17). 事实上, 由T在$B(0,\|\Gamma a\|_{C(\mathfrak{M})}^{-1})$内解析和Taylor定理(见文献[9]定理4.14)知, 对$\forall w\in B(0,\|\Gamma a\|_{C(\mathfrak{M})}^{-1})$,

$$\varphi(w(e-wa)^{-1})=T(w)=\sum_{n=0}^{\infty}c_nw^n, \qquad (2.2.20)$$

其中, 对$\forall n\in\mathbb{N}_+$,

$$c_n:=\frac{1}{2\pi\mathrm{i}}\int_{\partial B(0,\rho)}\frac{\varphi(\xi(e-\xi a)^{-1})}{\xi^{n+1}}\mathrm{d}\xi,$$

这里$\rho:=\frac{1}{\|\Gamma a\|_{C(\mathfrak{M})}+\varepsilon}$且$\varepsilon\in(0,\infty)$. 注意到, 由(2.2.20)有

$$c_0=T(0)=\varphi(\theta)=0.$$

从而, 由此及(2.2.20)知, 对$\forall w\in B(0,\|\Gamma a\|_{C(\mathfrak{M})}^{-1})$,

$$\varphi(w(e-wa)^{-1})=\sum_{n=1}^{\infty}c_nw^n. \qquad (2.2.21)$$

又对任意的$\lambda\in\mathbb{C}\setminus\overline{B(0,\|\Gamma a\|_{C(\mathfrak{M})})}$, 有$w:=\frac{1}{\lambda}\in B(0,\|\Gamma a\|_{C(\mathfrak{M})}^{-1})\setminus\{0\}$. 由此及(2.2.21)有

$$\begin{aligned}\varphi((\lambda e-a)^{-1})&=\varphi\left(\frac{1}{\lambda}\left(e-\frac{a}{\lambda}\right)^{-1}\right)=\varphi\left(w(e-wa)^{-1}\right)\\&=\sum_{n=1}^{\infty}c_nw^n=\sum_{n=1}^{\infty}\frac{c_n}{\lambda^n}.\end{aligned} \qquad (2.2.22)$$

注意到, 对$\forall n\in\mathbb{N}_+$, 利用极坐标公式$\xi:=\rho\mathrm{e}^{\mathrm{i}\theta}$及$\mathrm{e}^{2\pi\mathrm{i}}=1$有

$$\begin{aligned}c_n&=\frac{1}{2\pi\mathrm{i}}\int_{\partial B(0,\rho)}\frac{\varphi(\xi(e-\xi a)^{-1})}{\xi^{n+1}}\mathrm{d}\xi\\&=\frac{1}{2\pi}\int_0^{2\pi}\frac{\varphi(\rho\mathrm{e}^{\mathrm{i}\theta}(e-\rho\mathrm{e}^{\mathrm{i}\theta}a)^{-1})}{(\rho\mathrm{e}^{\mathrm{i}\theta})^n}\mathrm{d}\theta\\&=-\frac{1}{2\pi}\int_0^{-2\pi}\frac{\varphi(\rho\mathrm{e}^{-\mathrm{i}\theta}(e-\rho\mathrm{e}^{-\mathrm{i}\theta}a)^{-1})}{(\rho\mathrm{e}^{-\mathrm{i}\theta})^n}\mathrm{d}\theta\\&=\frac{1}{2\pi}\int_{-2\pi}^0(\rho^{-1}\mathrm{e}^{\mathrm{i}\theta})^n\varphi((\rho^{-1}\mathrm{e}^{\mathrm{i}\theta}e-a)^{-1})\mathrm{d}\theta\\&=\frac{1}{2\pi\mathrm{i}}\int_0^{2\pi}(\rho^{-1}\mathrm{e}^{\mathrm{i}\theta})^{n-1}\varphi((\rho^{-1}\mathrm{e}^{\mathrm{i}\theta}e-a)^{-1})(\rho^{-1}\mathrm{e}^{\mathrm{i}\theta})'\mathrm{d}\theta\end{aligned}$$

$$= \frac{1}{2\pi\mathrm{i}} \int_{\partial B(0,\rho^{-1})} z^{n-1} \varphi((ze-a)^{-1}) \,\mathrm{d}z.$$

由此, (2.2.22)及C_ε的定义知, 对$\forall \lambda \in \mathbb{C} \setminus \overline{B(0, \|\varGamma a\|_{C(\mathfrak{M})})}$, 成立

$$\varphi((\lambda e-a)^{-1}) = \sum_{n=1}^{\infty} \frac{\lambda^{-n}}{2\pi\mathrm{i}} \int_{C_\varepsilon} z^{n-1} \varphi((ze-a)^{-1}) \,\mathrm{d}z$$

$$= \sum_{n=0}^{\infty} \frac{\lambda^{-(n+1)}}{2\pi\mathrm{i}} \int_{C_\varepsilon} z^n \varphi((ze-a)^{-1}) \,\mathrm{d}z,$$

即所证断言成立.

又由引理2.2.10(i)知, 当$|\lambda| > \|a\|$时,

$$(\lambda e - a)^{-1} = \sum_{n=0}^{\infty} \lambda^{-(n+1)} a^n.$$

因此, 当$|\lambda| > \|a\|$时, 由$\varphi \in \mathscr{A}^*$有

$$\varphi((\lambda e-a)^{-1}) = \sum_{n=0}^{\infty} \varphi(a^n) \lambda^{-(n+1)}.$$

由Laurent展式的唯一性, 对$\forall n \in \mathbb{N}_+$, 得到

$$\varphi(a^n) = \frac{1}{2\pi\mathrm{i}} \int_{C_\varepsilon} z^n \varphi((ze-a)^{-1}) \,\mathrm{d}z.$$

于是, 对$\forall n \in \mathbb{N}_+$及对$\forall \varphi \in \mathscr{A}^*$有

$$|\varphi(a^n)| \leqslant \|\varphi\|_{\mathscr{A}^*} M_\varepsilon \left[\varepsilon + \|\varGamma a\|_{C(\mathfrak{M})}\right]^{n+1}.$$

又由$a^n \in \mathscr{A} \subset \mathscr{A}^{**}$, 故, 对$\forall n \in \mathbb{N}_+$, 由引理1.2.21有

$$\|a^n\| = \|a^n\|_{\mathscr{A}^{**}}$$

$$:= \sup_{\varphi \in \mathscr{A}^*,\ \varphi \neq \theta} \frac{|\varphi(a^n)|}{\|\varphi\|_{\mathscr{A}^*}} \leqslant M_\varepsilon \left[\varepsilon + \|\varGamma a\|_{C(\mathfrak{M})}\right]^{n+1},$$

从而

$$\varlimsup_{n \to \infty} \|a^n\|^{\frac{1}{n}} \leqslant \|\varGamma a\|_{C(\mathfrak{M})} + \varepsilon.$$

再由$\varepsilon \in (0, \infty)$的任意性得

$$\varlimsup_{n \to \infty} \|a^n\|^{\frac{1}{n}} \leqslant \|\varGamma a\|_{C(\mathfrak{M})}.$$

综合以上两个方面得$\|\varGamma a\|_{C(\mathfrak{M})} = \lim\limits_{n \to \infty} \|a^n\|^{\frac{1}{n}}$. 至此, 引理2.2.34得证. □

定理2.2.35 设 $\mathscr{A}$ 为有单位元的交换Banach代数，则以下三条等价：

(i) $\mathscr{A}$ 是半单的；

(ii) Γ 是 $\mathscr{A}$ 到 $C(\mathfrak{M})$ 内的一个同构映射(单射) (不一定为满射)；

(iii) 若 $\lim\limits_{n\to\infty}\|a^n\|^{\frac{1}{n}}=0$, 则 $a=\theta$.

证明 已证(i)与(ii)等价.

现设(ii)成立. 若 Γ 是同构(单射)且 $\lim\limits_{n\to\infty}\|a^n\|^{\frac{1}{n}}=0$, 则由引理2.2.34知

$$\|\Gamma a\|_{C(\mathfrak{M})}=0.$$

由此及 Γ 为同构进一步知 $a=\theta$. 故(iii)成立. 因此, (ii) $\Longrightarrow$ (iii).

而(iii) $\Longrightarrow$ (ii)由引理2.2.34可得. 事实上, 若 $\Gamma a=\theta$, 则由引理2.2.34知

$$\lim_{n\to\infty}\|a^n\|^{\frac{1}{n}}=\|\Gamma a\|_{C(\mathfrak{M})}=0.$$

从而, 由(iii)知 $a=\theta$. 故 Γ 为单射. 即(ii)成立. 至此, 定理2.2.35得证. □

定理2.2.36 设 $\mathscr{A}$ 为有单位元的交换Banach代数，则 Γ 为从 $\mathscr{A}$ 到 $C(\mathfrak{M})$ 内的等距同构(单射)当且仅当

$$\|a^2\|=\|a\|^2 \tag{2.2.23}$$

对每个 $a\in\mathscr{A}$ 成立.

证明 **必要性**. 设 Γ 是等距同构(单射). 由此及(2.2.16)知, 对 $\forall a\in\mathscr{A}$,

$$\|a^2\|=\|\Gamma a^2\|_{C(\mathfrak{M})}=\|(\Gamma a)^2\|_{C(\mathfrak{M})}=\|\Gamma a\|^2_{C(\mathfrak{M})}=\|a\|^2.$$

充分性. 注意到, 由假设(2.2.23)知, 对 $\forall k\in\mathbb{N}_+$,

$$\|a^{2^k}\|=\|(a^{2^{k-1}})^2\|=\|a^{2^{k-1}}\|^2=\cdots=\|a\|^{2^k}.$$

由此及引理2.2.34知

$$\|\Gamma a\|_{C(\mathfrak{M})}=\lim_{n\to\infty}\|a^n\|^{\frac{1}{n}}=\lim_{k\to\infty}\|a^{2^k}\|^{2^{-k}}=\|a\|.$$

至此, 定理2.2.36得证. □

关于问题(iii)将在2.4节 C^* 代数中讨论.

习题2.2

习题2.2.1 证明例2.2.6中$\mathscr{A}$完备, 其中

$$\mathscr{A} := \left\{ u \in C(S^1) : u(e^{i\theta}) = \sum_{n \in \mathbb{Z}} c_n e^{in\theta}, \|u\| := \sum_{n \in \mathbb{Z}} |c_n| < \infty \right\}.$$

习题2.2.2 设$\mathscr{X}$为线性赋范空间且φ和ψ为$\mathscr{X}$上的线性泛函. 若存在$x_0 \in \mathscr{X}$使得$\varphi(x_0) = \psi(x_0) \neq 0$且$\ker \varphi = \ker \psi$, 证明$\varphi = \psi$.

习题2.2.3 设所有记号同定理2.2.14, 证明

$$\inf_{x \in [a], y \in [b]} \|xy\| = \inf_{x \in [a]} \|x\| \inf_{y \in [b]} \|y\|.$$

习题2.2.4 设$\mathscr{A}$是有单位元的Banach代数且$a, b \in \mathscr{A}$. 证明

(i) 若$e - ab$可逆, 则$e - ba$可逆.

(ii) 若非零复数$\lambda \in \sigma(ab)$, 则$\lambda \in \sigma(ba)$.

(iii) 若a可逆, 则$\sigma(ab) = \sigma(ba)$.

习题2.2.5 设$\mathscr{A}$和$\mathscr{B}$是两个有单位元的可交换Banach代数, $\mathscr{B}$是半单的且φ是$\mathscr{A}$到$\mathscr{B}$上的一个同态. 证明φ是连续的.

习题2.2.6 设$\mathscr{X}$是一个集合, 又设对于每一点$x \in \mathscr{X}$指定了$\mathscr{X}$的一个集族$\mathscr{U}_x$, 它们满足:

(i) 对任意$x \in \mathscr{X}$, $\mathscr{U}_x \neq \varnothing$; 若$U \in \mathscr{U}_x$, 则$x \in \mathscr{U}_x$;

(ii) 若$U, V \in \mathscr{U}_x$, 则$U \cap V \in \mathscr{U}_x$;

(iii) 若$U \in \mathscr{U}_x$, 并且$U \subset V$, 则$V \in \mathscr{U}_x$;

(iv) 若$U \in \mathscr{U}_x$, 则存在$V \in \mathscr{U}_x$满足$V \subset U$且, 对任意$y \in V$, 有$V \in \mathscr{U}_y$.

则$\mathscr{X}$有唯一的拓扑τ使得, 对$\forall x \in \mathscr{X}$, 子集族$\mathscr{U}_x$恰是$x$在拓扑空间$(\mathscr{X}, \tau)$中的邻域系. 设$\mathscr{X}$是一个线性赋范空间, 对$\forall \varepsilon \in (0, \infty), \forall n \in \mathbb{N}_+$及$\forall \{x_1, \cdots, x_n\} \subset \mathscr{X}$, 令

$$V(\varepsilon, x_1, \cdots, x_n) := \{\varphi \in \mathscr{X}^* : |\varphi(x_i)| < \varepsilon, i \in \{1, \cdots, n\}\}. \tag{2.2.24}$$

称$\mathscr{X}^*$的任一个含有一个形如(2.2.24)的集合的子集为$\mathscr{X}^*$中零泛函的一个邻域.

证明所有这样的邻域构成$\mathscr{X}^*$原点的邻域系且该邻域系及其平移唯一确定$\mathscr{X}^*$的*弱拓扑, 并且$\mathscr{X}^*$依此*弱拓扑构成拓扑线性空间.

习题2.2.7 证明以下两个命题等价:

(i) 设$\mathscr{X}$为Banach空间, 则, 对任意$A \in \mathscr{L}(\mathscr{X})$, A的谱集非空;

(ii) 设$\mathscr{A}$为有单位元的Banach代数, 则, 对任意$a \in \mathscr{A}$, a的谱集非空.

习题2.2.8 证明引理2.2.20证明中的$\widetilde{\varphi}$为从$\mathscr{A}/J$到$\mathbb{C}$上的等距同构映射.

习题2.2.9 设$\mathscr{X}$为线性赋范空间, 若S为$\mathscr{X}^*$的*弱闭集且有界, 证明S是*弱紧的.

习题2.2.10 设$\mathscr{A}$是Banach代数, 证明对任意$x \in \mathscr{A}$, 极限$\lim\limits_{n \to \infty} \sqrt[n]{\|x^n\|}$存在且等于$\inf\limits_{n \in \mathbb{N}_+} \sqrt[n]{\|x^n\|}$.

习题2.2.11 设$\mathscr{A}$是有单位元e的Banach代数, $x \in \mathscr{A}$且Ω是$\mathbb{C}$中的开集满足$\sigma(x) \subset \Omega$. 证明存在$\delta \in (0, \infty)$使得, 对任意$y \in \mathscr{A}$, 当$\|y\| < \delta$时, 有
$$\sigma(x+y) \subset \Omega.$$

习题2.2.12 设$\mathscr{A}$是有单位元e的交换Banach代数且f是$\mathscr{A}$上的线性泛函满足, 对$\mathscr{A}$中的任意可逆元a, 均有$f(a) \neq 0$. 令
$$N(f) := \{a \in \mathscr{A} : f(a) = 0\}.$$

证明

(i) f有界;

(ii) 若f还满足$f(e) = 1$且满足, 对$\forall a \in N(f)$,
$$f(a^2) = 0,$$

则$N(f)$是$\mathscr{A}$的极大理想.

§2.3 例子与应用

在这一节将研究一些具体的Banach代数以及其极大理想空间$\mathfrak{M}$的结构,给出2.2节中提到的几个重要Banach代数的极大理想空间的结构,并利用例2.2.6中Banach代数的极大理想空间的结构,得到了Wiener定理.

首先为了讨论的方便,给出下面一个引理.

引理2.3.1 设τ_1与τ_2是集合Y上两个给定的拓扑,若Y按τ_1是Hausdorff的,而按τ_2是紧的且拓扑τ_1比拓扑τ_2弱,即$\tau_1 \subset \tau_2$,则τ_1与τ_2等价.

证明 因$\tau_1 \subset \tau_2$,故τ_1的开集必为τ_2的开集. 由此及Y按τ_1为Hausdorff的知Y按τ_2也为Hausdorff的.

为证$\tau_2 \subset \tau_1$,只要证明每个τ_2闭集必是τ_1闭集就可以了. 这是因为若设$A \in \tau_2$,则A^C为τ_2闭集. 从而A^C为τ_1闭集. 故$A = (A^C)^C \in \tau_1$为所证. 下证每个τ_2闭集必是τ_1闭集. 事实上,设$C \subset Y$是τ_2闭集,因Y按τ_2为紧Hausdorff空间,从而,由引理1.3.4知C是τ_2紧集. 由$\tau_1 \subset \tau_2$知C按τ_1的任意开覆盖都是一种τ_2开覆盖,因C是τ_2紧集,故有有限覆盖. 这表明C也是τ_1紧集,又因Y按τ_1是Hausdorff的,故,对$\forall x \in C$和$\forall y \notin C$,存在分别含x及y的开邻域V_x^y和V_y^x使得

$$V_x^y \cap V_y^x = \varnothing.$$

又$\{V_x^y : x \in C\}$为C的开覆盖且C紧,故存在$n \in \mathbb{N}_+$及$\{V_{x_i}^y\}_{i=1}^n \subset \{V_x^y : x \in C\}$使得$C \subset \bigcup\limits_{i=1}^n V_{x_i}^y$. 从而$\widetilde{V}_y^x := \bigcap\limits_{i=1}^n V_y^{x_i}$为$y$的开邻域且$\widetilde{V}_y^x \cap (\bigcup\limits_{i=1}^n V_{x_i}^y) = \varnothing$. 故也有

$$\widetilde{V}_y^x \cap C = \varnothing.$$

即$y \in \widetilde{V}_y^x \subset C$的余集且$\widetilde{V}_y^x$开. 因此,$C$的余集为开集,故$C$还是$\tau_1$闭集. 从而$\tau_2 \subset \tau_1$,因此,所证结论成立. 至此,引理2.3.1得证. $\square$

例2.3.2 连续函数代数$C(M)$. 设M是一个紧Hausdorff拓扑空间,$\mathscr{A} := C(M)$,由2.2节内容可知$\mathscr{A}$是一个交换的有单位元的Banach代数,其中范数

$$\|f\| := \max_{x \in M} |f(x)|.$$

定理2.3.3 设$\mathfrak{M}$为$C(M)$的极大理想全体,则$\mathfrak{M}$与M同胚.

证明 (i) 首先建立 $\mathfrak{M}$ 与 M 的一一对应. 对任意 $x_0 \in M$, 令

$$J_{x_0} := \{f \in C(M) : f(x_0) = 0\}.$$

我们现证 J_{x_0} 为 $C(M)$ 的一个极大理想. 显然 $J_{x_0} \subsetneq C(M)$. 定义

$$\varphi_{J_{x_0}} : \begin{cases} C(M) \longrightarrow \mathbb{C}, \\ f \longmapsto f(x_0). \end{cases}$$

则

$$\ker \varphi_{J_{x_0}} = J_{x_0}. \tag{2.3.1}$$

下证 $\varphi_{J_{x_0}}$ 是 $C(M)$ 上一个非零连续复同态. 事实上, 对 $\forall \alpha, \beta \in \mathbb{C}$ 和 $\forall f, g \in C(M)$, 显然有

$$\varphi_{J_{x_0}}(\alpha f + \beta g) = \alpha \varphi_{J_{x_0}}(f) + \beta \varphi_{J_{x_0}}(g),$$

$$\varphi_{J_{x_0}}(fg) = \varphi_{J_{x_0}}(f)\varphi_{J_{x_0}}(g),$$

$$|\varphi_{J_{x_0}}(f)| = |f(x_0)| \leqslant \|f\|_{C(M)},$$

且 $\varphi_{J_{x_0}}(\mathbf{1}_M) = 1$. 故 $\varphi_{J_{x_0}}$ 是 $C(M)$ 上的一个非零连续复同态.

由引理 2.2.20 知 $J_{x_0} \in \mathfrak{M}$. 定义

$$j : \begin{cases} M \longrightarrow \mathfrak{M}, \\ x_0 \longmapsto J_{x_0}. \end{cases}$$

先证 j 单. 对任意 $x_1, x_2 \in M$, $x_1 \neq x_2$, 由 M 为紧 Hausdorff 空间, 易知 $\{x_1\}^\complement$ 和 $\{x_2\}^\complement$ 为开集, 故 $\{x_1\}$ 和 $\{x_2\}$ 均为 M 中的闭集. 从而, 由 Urysohn 引理(见文献[3]推论 2.1.3 和定理 2.1.4)知存在 $f \in C(M)$ 使得 $f(x_1) = 1$ 且

$$f(x_2) = 0.$$

故 $f \in J_{x_2}$ 但 $f \notin J_{x_1}$. 从而 $J_{x_1} \neq J_{x_2}$. 故 j 为单射.

下证 j 满. 即证对任意 $J \in \mathfrak{M}$, 存在 $x_0 \in M$ 使得

$$J = J_{x_0}.$$

若不然, 则, 对$\forall x \in M$, $\exists f_x \in J$, 但$f_x \notin J_x$. 否则$\exists x \in M$使得, 对$\forall f_x \in J$, 均有$f_x \in J_x$. 从而$J \subsetneq J_x$, 而这与J为极大理想矛盾. 所以$f_x(x) \neq 0$, 从而有x的邻域U_x使得$f_x(y) \neq 0$在$y \in U_x$上成立(连续性). 因邻域族$\{U_x : x \in M\}$将M覆盖住, 由M的紧致性, 故可选出有限个邻域, 记为$\{U_{x_i}\}_{i=1}^n$ (其中$n \in \mathbb{N}_+$), 将M覆盖, 即$M = \bigcup_{i=1}^n U_{x_i}$. 对任意$x \in M$, 令

$$f(x) := \sum_{i=1}^n \overline{f_{x_i}(x)} f_{x_i}(x),$$

则$f \in J$且$f(x) \neq 0, \forall x \in M$. 从而$g := f^{-1} \in C(M)$为$f$的逆元. 这与$J$是理想矛盾[见命题2.1.13(ii)], 故$j$为满射.

(ii) 下面证明$\mathfrak{M}$与M同胚.

首先证明$\mathfrak{M}$上的Gelfand拓扑$\tau_{\mathfrak{M}}$是使得$\widehat{f}(\cdot)$成为连续函数最弱的拓扑, 其中$f \in C(M)$, $\widehat{f}$为f的Gelfand表示. 为此, 只需证对$\mathfrak{M}$上任意使得$\widehat{f}$连续的拓扑τ, 均有$\tau_{\mathfrak{M}} \subset \tau$.

事实上, 对任意$J_0 \in \mathfrak{M}, \varepsilon \in (0, \infty)$及$A := \{f_1, \cdots, f_n\} \subset C(M)$, $\tau_{\mathfrak{M}}$中邻域基

$$\begin{aligned} N(J_0, \varepsilon, A) &:= \left\{J \in \mathfrak{M} : \left|\widehat{f_i}(J) - \widehat{f_i}(J_0)\right| < \varepsilon, i \in \{1, \cdots, n\}\right\} \\ &= \bigcap_{i=1}^n \left\{J \in \mathfrak{M} : \left|\widehat{f_i}(J) - \widehat{f_i}(J_0)\right| < \varepsilon\right\} \\ &= \bigcap_{i=1}^n \widehat{f_i}^{-1}\left(U\left(\widehat{f_i}(J_0), \varepsilon\right)\right), \end{aligned}$$

其中$U(\widehat{f_i}(J_0), \varepsilon)$为$\widehat{f_i}(J_0)$在$\mathbb{C}$中的开邻域. 又因为$\widehat{f_i}$在$\tau$下连续, 因此,

$$\widehat{f_i}^{-1}\left(U\left(\widehat{f_i}(J_0), \varepsilon\right)\right)$$

为τ中开集, 从而$N(J_0, \varepsilon, A)$为τ中开集, 故$\tau_{\mathfrak{M}} \subset \tau$.

记M的拓扑为τ_M. 下证$j : (M, \tau_M) \longrightarrow (\mathfrak{M}, \tau_{\mathfrak{M}})$为同胚. 注意到

$$j : (M, \tau_M) \longrightarrow (\mathfrak{M}, j\tau_M)$$

为同胚, 其中$j\tau_M$为$\mathfrak{M}$上由τ_M诱导出的拓扑[即$U \subset \mathfrak{M}$开$\iff j^{-1}(U) \subset M$开]. 先证$\tau_{\mathfrak{M}} \subset j\tau_M$. 由前证结论, 只需证对任意$f \in C(M)$, $\widehat{f}$在$j\tau_M$下连续. 事实上,

对任意 $J \in \mathfrak{M}$, 由 j 为双射知存在唯一的 $x_0 \in M$ 使得 $j(x_0) = J_{x_0} \equiv J \in \mathfrak{M}$, 因此, $J_{x_0} \in \mathfrak{M}$. 记 $\widetilde{\varphi}_{J_{x_0}}$ 如(2.2.6). 下证 $\widetilde{\varphi}_{J_{x_0}} = \varphi_{J_{x_0}}$. 事实上, 由(2.3.1)及引理2.2.17知

$$\ker \varphi_{J_{x_0}} = J_{x_0} = \ker \widetilde{\varphi}_{J_{x_0}}.$$

从而, 对 $\forall f \in C(M)$, 因

$$\varphi_{J_{x_0}}(f - f(x_0)) = f(x_0) - f(x_0) = 0,$$

故 $f - f(x_0) \in \ker \varphi_{J_{x_0}} = \ker \widetilde{\varphi}_{J_{x_0}}$. 从而 $\widetilde{\varphi}_{J_{x_0}}(f - f(x_0)) = 0$. 故

$$\widetilde{\varphi}_{J_{x_0}}(f) - \widetilde{\varphi}_{J_{x_0}}(f(x_0)) = 0.$$

即 $\widetilde{\varphi}_{J_{x_0}}(f) = f(x_0)\widetilde{\varphi}_{J_{x_0}}(\mathbf{1}_M)$. 又因 $\widetilde{\varphi}_{J_{x_0}}(\mathbf{1}_M) = 1$, 故 $\widetilde{\varphi}_{J_{x_0}}(f) = f(x_0) = \varphi_{J_{x_0}}(f)$. 即

$$\widetilde{\varphi}_{J_{x_0}} = \varphi_{J_{x_0}}.$$

所证断言成立. 由此进一步可知

$$\begin{aligned}\widehat{f}(J) &= \widehat{f}(J_{x_0}) = \varphi_{J_{x_0}}(f) = f(x_0)\\ &= f(j^{-1}J_{x_0}) = f(j^{-1}J) = f \circ j^{-1}(J).\end{aligned}$$

由此及 f 连续且

$$j^{-1}: (\mathfrak{M}, j\tau_M) \longrightarrow (M, \tau_M)$$

连续, 进一步知 $\widehat{f}$ 在 $j\tau_M$ 下连续, 故 $\tau_{\mathfrak{M}} \subset j\tau_M$.

注意到 $\mathfrak{M}$ 在 $\tau_{\mathfrak{M}}$ 下为Hausdorff的, 又因 M 在 τ_M 下紧, j 连续且为满射知 $\mathfrak{M}$ 在 $j\tau_M$ 下紧且 $\tau_{\mathfrak{M}} \subset j\tau_M$, 故由引理2.3.1有 $\tau_{\mathfrak{M}} = j\tau_M$, 从而 $\mathfrak{M}$ 与 M 同胚. 至此, 定理2.3.3得证. □

例2.3.4 绝对收敛的Fourier级数与Wiener定理.

在2.2节中考查过下列函数代数:

$$\mathscr{A} := \left\{ f \in C(S^1) : f(e^{i\theta}) = \sum_{n \in \mathbb{Z}} c_n e^{in\theta}, \quad \sum_{n \in \mathbb{Z}} |c_n| < \infty \right\},$$

其中S^1是平面$\mathbb{R}^2$上的单位圆周,它按模

$$\|f\| := \sum_{n \in \mathbb{Z}} |c_n|$$

构成一个有单位元的交换Banach代数.

定理2.3.5 $\mathscr{A}$的极大理想全体$\mathfrak{M}$与S^1同胚.

证明 对任意$e^{i\theta_0} \in S^1$,令

$$\varphi_{\theta_0} : \begin{cases} \mathscr{A} \longrightarrow \mathbb{C}, \\ f \longmapsto f(e^{i\theta_0}) := \sum_{n \in \mathbb{Z}} c_n e^{in\theta_0}. \end{cases}$$

显然φ_{θ_0}是线性的且,对任意$f, g \in \mathscr{A}$,有

$$\varphi_{\theta_0}(fg) = f(e^{i\theta_0})g(e^{i\theta_0}) = \varphi_{\theta_0}(f)\varphi_{\theta_0}(g)$$

以及

$$|\varphi_{\theta_0}(f) - \varphi_{\theta_0}(g)| \leqslant \sum_{n \in \mathbb{Z}} |c_n - d_n| = \|f - g\|,$$

其中

$$f(e^{i\theta}) = \sum_{n \in \mathbb{Z}} c_n e^{in\theta}, \quad g(e^{i\theta}) = \sum_{n \in \mathbb{Z}} d_n e^{in\theta}.$$

于是φ_{θ_0}是$\mathscr{A}$上的非零连续线性同态且$\varphi_{\theta_0}(1) = 1$,从而,由引理2.2.20知

$$J_{\theta_0} := \ker \varphi_{\theta_0} \in \mathfrak{M}$$

是$\mathscr{A}$的一个极大理想. 定义

$$j : \begin{cases} S^1 \longrightarrow \mathfrak{M}, \\ e^{i\theta} \longmapsto J_\theta. \end{cases}$$

下证j单. 事实上,设$f(e^{i\theta}) := c_0 + c_1 e^{i\theta}$,则,对$e^{i\theta_1}, e^{i\theta_2} \in S^1$且$e^{i\theta_1} \neq e^{i\theta_2}$,考查

$$\begin{cases} c_0 + c_1 e^{i\theta_1} = 0, \\ c_0 + c_1 e^{i\theta_2} = 1. \end{cases}$$

满足上述方程组的c_0, c_1存在且唯一. 故存在$f \in \mathscr{A}$使得$f \in J_{\theta_1}$但$f \notin J_{\theta_2}$. 从而j单.

下证j满, 即证对任意$J \in \mathfrak{M}$, 若φ_J是$\mathscr{A}$上的如(2.2.6)中的连续复同态, 则存在$e^{i\theta_0} \in S^1$使得$\varphi_J = \varphi_{\theta_0}$, 即, 对$\forall f \in \mathscr{A}$,

$$\varphi_J(f) = f(e^{i\theta_0}).$$

事实上, 若令

$$\tau_0 : \begin{cases} S^1 \longrightarrow \mathbb{C}, \\ e^{i\theta} \longmapsto e^{i\theta}, \end{cases}$$

则$\tau_0 \in \mathscr{A} \subset C(S^1)$且$\tau_0(e^{i\theta}) = e^{i\theta}$, 故$\|\tau_0\| = 1$. 又对$\forall n \in \mathbb{Z}$,

$$\varphi_J(\tau_0^n) = [\varphi_J(\tau_0)]^n.$$

[此处及以下$\tau_0^n(e^{i\theta}) = [\tau_0(e^{i\theta})]^n = e^{in\theta}$, 而不是$\tau_0$复合$n$次(还是$\tau_0$).] 若

$$|\varphi_J(\tau_0)| \neq 1 (> 1 \text{或} < 1),$$

则必有

$$|\varphi_J(\tau_0^n)| = |\varphi_J(\tau_0)|^n \to \infty \quad (n \to \infty \text{或} n \to -\infty).$$

但是由命题2.2.18(i)知

$$|\varphi_J(\tau_0^n)| \leqslant \|\tau_0^n\| = 1.$$

这与当$n \to \infty$或$n \to -\infty$时, $|\varphi_J(\tau_0^n)| \to \infty$矛盾. 故$|\varphi_J(\tau_0)| = 1$, 从而存在$e^{i\theta_0} \in S^1$使得$\varphi_J(\tau_0) = e^{i\theta_0}$. 对任意$f \in \mathscr{A}$,

$$f(e^{i\theta}) := \sum_{n \in \mathbb{Z}} c_n e^{in\theta} = \sum_{n \in \mathbb{Z}} c_n \tau_0^n(e^{i\theta}),$$

再由φ_J在$\mathscr{A}$上的连续性导出

$$\varphi_J(f) = \sum_{n \in \mathbb{Z}} c_n \varphi_J(\tau_0^n) = \sum_{n \in \mathbb{Z}} c_n [\varphi_J(\tau_0)]^n$$

$$= \sum_{n \in \mathbb{Z}} c_n e^{in\theta_0} = f(e^{i\theta_0}) = \varphi_{\theta_0}(f),$$

故 $\varphi_J = \varphi_{\theta_0}$, 从而 j 满.

下证 $j: (S^1, \tau_{S^1}) \longrightarrow (\mathfrak{M}, \tau_{\mathfrak{M}})$ 为同胚, 其中 τ_{S^1} 为 S^1 作为 $\mathbb{R}^2$ 空间的子空间的诱导拓扑. 注意到 $j: (S^1, \tau_{S^1}) \longrightarrow (\mathfrak{M}, j\tau_{S^1})$ 为同胚, 其中 $j\tau_{S^1}$ 为 $\mathfrak{M}$ 上由 j 及 τ_{S^1} 诱导的拓扑, 只需证 $j\tau_{S^1} = \tau_{\mathfrak{M}}$. 注意到, 类似于定理2.3.3的证明, 对 $\forall f \in \mathscr{A}$, 有 $\hat{f} = f \circ j^{-1}$, 其中 $\hat{f}$ 为 f 的Gelfand表示. 因 f 和 j^{-1} 均连续, 故 $\hat{f}$ 按 $j\tau_{S^1}$ 连续, 从而, 由 $\tau_{\mathfrak{M}}$ 为使 $\hat{f}$ 连续的最弱拓扑进一步知

$$\tau_{\mathfrak{M}} \subset j\tau_{S^1}.$$

注意到 $(\mathfrak{M}, \tau_{\mathfrak{M}})$ 为Hausdorff的, 又由 (S^1, τ_{S^1}) 紧且 j 连续满知 $(\mathfrak{M}, j\tau_{S^1})$ 紧. 从而, 由引理2.3.1知 $j\tau_{S^1} = \tau_{\mathfrak{M}}$, 即 $\mathfrak{M}$ 与 S^1 同胚. 至此, 定理2.3.5得证. □

作为这个定理的应用, 我们有以下结论.

定理2.3.6 (Wiener) 设 $f \in \mathscr{A}$ 满足, 对任意 $e^{i\theta} \in S^1$, $f(e^{i\theta}) \neq 0$, 则

$$1/f \in \mathscr{A},$$

即 $1/f$ 的Fourier级数也是绝对收敛的.

证明 因 $f(e^{i\theta}) \neq 0$, $\forall e^{i\theta} \in S^1$, 故, 对任意 $J \in \mathfrak{M}$, $f \notin J$. 若不然, 则存在 $J \in \mathfrak{M}$ 使得 $f \in J$. 由定理2.3.5的证明知存在 $e^{i\theta} \in S^1$ 使得 $J = \ker \varphi_\theta$. 从而

$$f(e^{i\theta}) = \varphi_\theta(f) = 0,$$

这与 $f(e^{i\theta}) \neq 0$ 矛盾. 故由定理2.1.22和定理2.1.23(i), 知 f 在 $\mathscr{A}$ 中可逆, 即存在 $g \in \mathscr{A}$ 使得 $fg = 1$, 即 $1/f = g \in \mathscr{A}$. 至此, 定理2.3.6得证. □

例2.3.7 在例2.2.8中考查过下列解析函数代数:

$$A_0(\mathbb{D}) := \{f: f \text{ 为 } \mathbb{D} \text{ 上的复函数且在 } \mathbb{D} \text{ 内解析, 在 } \overline{\mathbb{D}} \text{ 上连续}\},$$

其中 $\mathbb{D}$ 是 $\mathbb{C}$ 上的单位开圆盘, 它按范数

$$\|f\| := \max_{|z| \leqslant 1} |f(z)|$$

构成一个有单位元的交换Banach代数.

定理2.3.8 $\mathfrak{M}$ 与 $\overline{\mathbb{D}}$ 同胚.

证明 (i) 首先建立 $\mathfrak{M}$ 与 $\overline{\mathbb{D}}$ 上的一一对应. 为此, 对任意的 $\Omega_0 \in \overline{\mathbb{D}}$, 考查连续同态

$$\varphi_{\Omega_0}: f \longmapsto f(\Omega_0)$$

以及对应的极大理想 $J_{\Omega_0} := \ker \varphi_{\Omega_0}$, $\Omega_0 \longrightarrow J_{\Omega_0}$ 是一一对应的. 事实上, 定义

$$j: \begin{cases} \overline{\mathbb{D}} \longrightarrow \mathfrak{M}, \\ re^{i\theta} \longmapsto J_{re^{i\theta}}. \end{cases}$$

下证 j 是从 $\overline{\mathbb{D}}$ 到 $\mathfrak{M}$ 上的一一映射.

首先证明 j 是单射. 事实上, 对 $\forall re^{i\theta} \in \overline{\mathbb{D}}$, 定义 $f(re^{i\theta}) := c_0 + c_1 re^{i\theta}$, 则 $f \in A_0(\mathbb{D})$. 对 $\forall r_1 e^{i\theta_1}, r_2 e^{i\theta_2} \in \overline{\mathbb{D}}$ 且 $r_1 e^{i\theta_1} \neq r_2 e^{i\theta_2}$, 考查

$$\begin{cases} c_0 + c_1 r_1 e^{i\theta_1} = 0, \\ c_0 + c_1 r_2 e^{i\theta_2} = 1. \end{cases}$$

易证满足上述方程组的 c_0, c_1 存在唯一. 故存在 $f \in A_0(\mathbb{D})$ 使得 $f \in J_{r_1 e^{i\theta_1}}$, 但 $f \notin J_{r_2 e^{i\theta_2}}$. 从而 j 为单射.

下证 j 为满射. 即证对 $\forall J \in \mathfrak{M}$, 若 φ_J [如(2.2.6)所定义] 是 $A_0(\mathbb{D})$ 上的连续同态, 则存在 $r_0 e^{i\theta_0} \in \overline{\mathbb{D}}$ 使得 $\varphi_J = \varphi_{r_0 e^{i\theta_0}}$, 即对 $\forall f \in A_0(\mathbb{D})$, 成立

$$\varphi_J(f) = f(r_0 e^{i\theta_0}).$$

事实上, 令

$$\tau_0: \begin{cases} \overline{\mathbb{D}} \longrightarrow \mathbb{C}, \\ re^{i\theta} \longmapsto re^{i\theta}, \end{cases}$$

则 $\tau_0 \in A_0(\mathbb{D})$ 且由命题2.2.18知 $|\varphi_J(\tau_0)| \leqslant \|\tau_0\| = 1$. 从而存在 $r_0 e^{i\theta_0} \in \overline{\mathbb{D}}$ 使得

$$\varphi_J(\tau_0) = r_0 e^{i\theta_0}. \qquad (2.3.2)$$

又对 $\forall f \in A_0(\mathbb{D})$, 由文献[2]第238页 定理6.2.3[Mergelyan定理: 设 $K \subset \mathbb{C}$ 为紧集且 $\mathbb{C} \setminus K$ 连通. 如果 $f \in C(K)$ 且 f 在 $\mathring{K}$ (K 的所有内点的集合)解析, 那么,

对$\forall \varepsilon > 0$, 存在多项式P使得, 对$\forall z \in K$, 有$|f(z) - p(z)| < \varepsilon$]知, 对$\forall \varepsilon > 0$, 存在复多项式

$$P_\varepsilon(re^{i\theta}) := \sum_{n=1}^{N_\varepsilon} a_n(\varepsilon)(re^{i\theta})^n, \quad \forall re^{i\theta} \in \overline{\mathbb{D}}$$

使得, 对$\forall re^{i\theta} \in \overline{\mathbb{D}}$,

$$\left|P_\varepsilon(re^{i\theta}) - f(re^{i\theta})\right| < \varepsilon. \tag{2.3.3}$$

注意到$P_\varepsilon(re^{i\theta}) = \sum_{n=1}^{N_\varepsilon} a_n(\varepsilon)[\tau_0(re^{i\theta})]^n$, 从而, 由$\varphi_J$为连续同态及(2.3.2)知

$$\varphi_J(P_\varepsilon) = \sum_{n=1}^{N_\varepsilon} a_n(\varepsilon)\varphi_J(\tau_0^n) = \sum_{n=1}^{N_\varepsilon} a_n(\varepsilon)[\varphi_J(\tau_0)]^n$$
$$= \sum_{n=1}^{N_\varepsilon} a_n(\varepsilon)\left(r_0 e^{i\theta_0}\right)^n = P_\varepsilon(r_0 e^{i\theta_0}).$$

由此, φ_J连续及(2.3.3)知, 对$\forall f \in A_0(\mathbb{D})$, 有

$$\varphi_J(f) = f(r_0 e^{i\theta_0}) = \varphi_{r_0 e^{i\theta_0}}(f).$$

从而j为满射. 综上所证, j是从$\overline{\mathbb{D}}$到$\mathfrak{M}$上的一一映射.

反之, 对$J_0 \in \mathfrak{M}$, 若φ_{J_0}为从$A_0(\mathbb{D})$到$\mathbb{C}$的如(2.2.6)中的连续复同态, 则若令

$$\Omega_0 := \langle \varphi_{J_0}, z \rangle$$

(此处把z看成是$A_0(\mathbb{D})$中的一个函数, 即是把$\overline{\mathbb{D}}$中的点映为$\overline{\mathbb{D}}$中的同一点的复函数, 在$\mathbb{D}$内解析且在$\overline{\mathbb{D}}$上连续), 由命题2.2.18(i)知$|\langle \varphi_{J_0}, z \rangle| \leqslant \|z\| \leqslant 1$, 故$\Omega_0 \in \overline{\mathbb{D}}$. 再由$\varphi_{J_0}$的线性性和同态性可得, 对于一切多项式$P$, 有$\langle \varphi_{J_0}, P \rangle = P(\Omega_0)$. 由此及$\varphi_{J_0}$的连续性和Weierstrass的紧集上的连续函数关于多项式的一致逼近定理进一步知对一切$f \in A_0(\mathbb{D})$, 有

$$\langle \varphi_{J_0}, f \rangle = f(\Omega_0) =: \langle \varphi_{\Omega_0}, f \rangle.$$

因此, $J_0 = J_{\Omega_0} := \ker \varphi_{\Omega_0}$. 故我们得到了$\mathfrak{M}$与$\overline{\mathbb{D}}$之间的一一在上对应.

(ii) 类似于定理2.3.3(或定理2.3.5)的证明, 由引理2.3.1可推得$\tau_{\mathfrak{M}} = \tau_{\overline{\mathbb{D}}}$. 从而$\mathfrak{M}$与$\overline{\mathbb{D}}$同胚. 至此, 定理2.3.8得证. □

作为推论和应用有以下结论.

定理2.3.9 设$\{f_1,\cdots,f_n\}\subset A_0(\mathbb{D})$, 若$f_1,\cdots,f_n$没有公共的零点, 则必存在
$$\{g_1,\cdots,g_n\}\subset A_0(\mathbb{D}),$$
使得$g_1f_1+\cdots+g_nf_n\equiv 1$.

证明 若不然, 考虑由$\{f_1,\cdots,f_n\}$生成的集合
$$J:=\{h_1f_1+\cdots+h_nf_n:\ h_1,\cdots,h_n\in A_0(\mathbb{D})\}.$$
由于单位元$1\notin J$, 故J为理想. 再由定理2.1.22知J必含于某个极大理想J_0内. 由定理2.3.8及其证明知J_0对应$\overline{\mathbb{D}}$上某点Ω_0使得$J_0=\ker\varphi_{\Omega_0}$, 其中
$$\varphi_{\Omega_0}:f\longmapsto f(\Omega_0).$$
这表明
$$f_i(\Omega_0)=0,\quad i\in\{1,\cdots,n\}.$$
即Ω_0是$f_1,\cdots,f_n$的公共零点, 与假设矛盾. 所以$1\in J$. 至此, 定理2.3.9得证. $\square$

习题2.3

习题2.3.1 设
$$\mathscr{A}:=\left\{f:\mathbb{Z}\longrightarrow\mathbb{C}:\ \|f\|:=\sum_{n\in\mathbb{Z}}|f(n)|2^{|n|}<\infty\right\}.$$
按函数的加法和数乘定义线性运算, 并定义乘法: 对$\forall f,g\in\mathscr{A}$和$\forall n\in\mathbb{Z}$, 令
$$f*g(n):=\sum_{k\in\mathbb{Z}}f(n-k)g(k).$$
证明

(i) $\mathscr{A}$是可交换Banach代数;

(ii) 令$K := \{z \in \mathbb{C} : 1/2 \leqslant |z| \leqslant 2\}$. 则$K$与$\mathscr{M}$一一对应且$\mathscr{A}$的Gelfand表示是$K$上绝对收敛的Laurent级数.

习题2.3.2 设M是紧的Hausdorff拓扑空间, 证明M的全体非空闭子集与$C(M)$的全体闭理想间有一一对应.

习题2.3.3 设$\mathscr{A}$是半单且有单位元的交换Banach代数, 证明$\mathscr{A}$的Gelfand表示的值域$\Gamma(\mathscr{A})$是$C(\mathfrak{M})$的闭集 $\iff$ 存在$k \in (0,\infty)$使得, 对任意$a \in \mathscr{A}$, 有
$$\|a\|^2 \leqslant k\|a^2\|.$$

习题2.3.4 设$\mathscr{A}$是有单位元的交换Banach代数, $m \in \mathbb{N}_+ \cap [3,\infty)$且$k \in (0,\infty)$. 并设, 对任意$x \in \mathscr{A}$, 有$\|x\|^m \leqslant k\|x^m\|$. 证明, 对任意$n \in \mathbb{N}_+$, 存在$k_n \in (0,\infty)$使得, 对任意$x \in \mathscr{A}$, 有
$$\|x\|^n \leqslant k_n\|x^n\|.$$

习题2.3.5 设$\mathscr{A}$是有单位元的交换Banach代数且$a \in \mathscr{A}$. 证明a在$\mathscr{A}$中可逆当且仅当a的Gelfand表示$\Gamma(a)$在$C(\mathfrak{M})$中可逆.

习题2.3.6 设$\mathscr{A}$为有单位元的Banach代数且存在正常数M使得, 对任意$x, y \in \mathscr{A}$, 有
$$\|x\|\|y\| \leqslant M\|xy\|.$$
证明$\mathscr{A}$等距同构于复数域$\mathbb{C}$.

习题2.3.7 设$\mathscr{A}$为有单位元e的Banach代数. 记$r : \mathscr{A} \longrightarrow \mathbb{C}$为$\mathscr{A}$上的谱半径函数. 证明, 若$a \in \mathscr{A}$且$r(a) = 0$, 则$r$在$a$处连续.

习题2.3.8 设$\mathscr{X}$为有单位元的交换Banach代数, 对任意$x \in \mathscr{X}$, 令
$$r(x) := \sup\{|\lambda| : \lambda \in \sigma(x)\}.$$
设$x, y \in \mathscr{X}$, 证明

(i) $r(xy) \leqslant r(x)r(y)$;

(ii) $r(x+y) \leqslant r(x)+r(y)$.

习题2.3.9 设$\mathscr{A}$为有单位元e的交换Banach代数且存在$n \in \mathbb{N}_+$及$\mathscr{A}$中点列$\{x_k\}_{k=1}^n$使得由$\{x_1,\cdots,x_n\}$所生成的多项式全体在$\mathscr{A}$中稠密. 定义

$$\phi: \begin{cases} \mathfrak{M} \longrightarrow \mathbb{C}^n, \\ J \longmapsto (\widehat{x_1}(J),\cdots,\widehat{x_n}(J)). \end{cases}$$

证明

(i) ϕ是单射;

(ii) ϕ是$\mathfrak{M}$到$\mathbb{C}^n$中某个紧集的同胚.

§2.4　C^*代数

本节给出C^*代数的定义及其基本性质, 并得到限制在交换C^*代数下的Gelfand–Naimark定理.

定义2.4.1　设$\mathscr{A}$是一个代数, 映射$*: \mathscr{A} \longrightarrow \mathscr{A}$称为一个**对合**, 是指对任意的$a, b \in \mathscr{A}$和任意的$\lambda \in \mathbb{C}$,

(i) $(a+b)^* = a^* + b^*$;

(ii) $(\lambda a)^* = \overline{\lambda} a^*$;

(iii) $(ab)^* = b^* a^*$;

(iv) $(a^*)^* = a$.

具有如定义2.4.1(iii)性质的$\mathscr{A}$到自身的同构称为**反自同构**. 因此, 对合是$\mathscr{A}$上一个周期为2的共轭线性反自同构, 并且易知

$$\theta^* = \theta \quad \text{且} \quad (a-b)^* = a^* - b^*.$$

事实上, 由定义2.4.1(i)可知

$$\theta^* = (\theta + \theta)^* = \theta^* + \theta^*,$$

故$\theta^* = \theta$. 由定义2.4.1(ii)有$(-a)^* = -a^*$. 再由定义2.4.1(i)知

$$(a-b)^* = a^* + (-b)^* = a^* - b^*.$$

故所证结论成立.

下证对合为反自同构.

事实上, 若$a^* = b^*$, 则$(a-b)^* = 0$, 从而

$$a - b = (a-b)^{**} = 0,$$

故对合为单射. 而对任意$c \in \mathscr{A}$有$(c^*)^* = c$, 故对合为满射. 因此, 对合是$\mathscr{A}$上的共轭线性反自同构.

例2.4.2 设 $\mathscr{A} = C(M)$，其中M是一个Hausdorff紧拓扑空间. 定义

$$* : \varphi \longmapsto \overline{\varphi},$$

即$C(M)$上的共轭运算，则$*$是$\mathscr{A}$上的一个对合.

例2.4.3 设 $\mathscr{A} = \mathscr{L}(\mathscr{H})$，其中$\mathscr{H}$是一个Hilbert空间. 对$\forall A \in \mathscr{L}(\mathscr{H})$，定义

$$* : A \longmapsto A^*,$$

其中A^*为A的伴随(共轭)算子[定义见注记1.5.2(i)]，则$*$是$\mathscr{A}$上一个对合. 这由$\mathscr{H}^* = \mathscr{H}$易得.

定义2.4.4 设$\mathscr{A}$是一个带有对合映射$*$的代数，$a \in \mathscr{A}$. 若$a^* = a$，则称a为$\mathscr{A}$的**Hermite元**(或自伴元).

引理2.4.5 设$\mathscr{A}$是一个有对合运算$*$的有单位元的Banach代数，$a \in \mathscr{A}$，则

(i) $a + a^*$, $\mathrm{i}(a - a^*)$, $\mathrm{i}(a^* - a)$和aa^*均为Hermite元；

(ii) a有唯一分解$a = u + \mathrm{i}v$，其中u, v均为$\mathscr{A}$的Hermite元；

(iii) 单位元e是Hermite元；

(iv) a在$\mathscr{A}$中可逆当且仅当a^*可逆，此时$(a^*)^{-1} = (a^{-1})^*$；

(v) $\lambda \in \sigma(a) \Longleftrightarrow \overline{\lambda} \in \sigma(a^*)$.

证明 (i) 由定义2.4.1有

$$(a + a^*)^* = a^* + (a^*)^* = a + a^*.$$

其余同理可验证.

(ii) 令

$$u := (a + a^*)/2 \text{ 且 } v := \mathrm{i}(a^* - a)/2,$$

则由(i)知u, v均为Hermite元且$a = u + iv$. 设$a = u_1 + iv_1$是另一个分解, 其中u_1, v_1是Hermite元. 令$\Omega := v_1 - v$, 由于$u + iv = u_1 + iv_1$, 故$u - u_1 = i(v_1 - v)$. 所以有$i\Omega = u - u_1$, 从而Ω与$i\Omega$都是Hermite元. 故

$$i\Omega = (i\Omega)^* = -i\Omega^* = -i\Omega.$$

因此, $\Omega = 0$, 由此得到分解的唯一性.

(iii) 因为$e^* = ee^*$, 由(i)可知e^*为Hermite元. 由此及定义2.4.1(iv)知$e = (e^*)^* = e^*$, 即e也为Hermite元.

(iv) 设a可逆且a^{-1}为其逆元. 因为$aa^{-1} = e = a^{-1}a$, 所以由(iii)及定义2.4.1(iii)有

$$(a^{-1})^* a^* = (aa^{-1})^* = e^* = e = e^* = (a^{-1}a)^* = a^* (a^{-1})^*,$$

即有$(a^*)^{-1} = (a^{-1})^*$. 反之, 设a^*可逆且其逆元为$(a^*)^{-1}$. 则

$$a^*(a^*)^{-1} = e = (a^*)^{-1} a^*.$$

故由(iii)及定义2.4.1(iii)和(iv)有

$$\left[(a^*)^{-1}\right]^* a = e^* = e = e^* = a \left[(a^*)^{-1}\right]^*.$$

因此, 知a可逆且$a^{-1} = [(a^*)^{-1}]^*$. 再由定义2.4.1(iv)有$(a^{-1})^* = (a^*)^{-1}$.

(v) 由定义2.2.30及已证(iv)的逆否命题可知

$$\lambda \in \sigma(a) \Longleftrightarrow \lambda e - a \notin G(\mathscr{A})$$
$$\Longleftrightarrow \overline{\lambda} e - a^* \notin G(\mathscr{A}) \Longleftrightarrow \overline{\lambda} \in \sigma(a^*).$$

至此, 引理2.4.5得证. $\square$

注记2.4.6 由引理2.4.5(ii)及定义2.4.1的(i)和(ii)可看出, 对合运算*类似于复数域中的共轭运算.

事实上, 对$\forall a \in \mathscr{A}$, 由引理2.4.5(ii)知$a = u + iv$, 其中$u$和$v$均为Hermite元. 从而, 再由定义2.4.1的(i)和(ii)有

$$a^* = (u + iv)^* = u^* - iv^* = u - iv.$$

故所证断言成立.

定义2.4.7 一个带有对合 $*$ 的有单位元的Banach代数 $\mathscr{A}$，如果满足，对 $\forall a \in \mathscr{A}$，

$$\|a^*a\| = \|a\|^2.$$

那么称 $\mathscr{A}$ 为一个 C^* 代数.

注记2.4.8 定义2.4.7中的条件"对 $\forall a \in \mathscr{A}, \|a^*a\| = \|a\|^2$"可以换为

"对 $\forall a \in \mathscr{A}, \|a^*a\| = \|a^*\|\|a\|$".

详见文献[16].

定义2.4.9 设 $\mathscr{A}_1$ 和 $\mathscr{A}_2$ 是两个 C^* 代数. 称 $\varphi: \mathscr{A}_1 \longrightarrow \mathscr{A}_2$ 为一个 $*$ 同态，若对任意的 $\lambda, \mu \in \mathbb{C}$ 及 $a, b \in \mathscr{A}_1$，有

(i) $\varphi(\lambda a + \mu b) = \lambda \varphi(a) + \mu \varphi(b)$ (保线性运算);

(ii) $\varphi(ab) = \varphi(a)\varphi(b)$ (保乘法运算);

(iii) $\varphi(a^*) = [\varphi(a)]^*$ (保 $*$ 运算);

(iv) $\|\varphi(a)\|_{\mathscr{A}_2} \leqslant \|a\|_{\mathscr{A}_1}$ (φ 连续).

引理2.4.10 设 $\mathscr{A}$ 是 C^* 代数，则

(i) $\|a^*\| = \|a\|, a \in \mathscr{A}$;

(ii) 若 a 是Hermite元，则 $\|a^2\| = \|a\|^2$.

证明 (i) 由定义，得 $\|a\|^2 = \|a^*a\| \leqslant \|a^*\|\|a\|$，所以 $\|a\| \leqslant \|a^*\|$. 反之，

$$\|a^*\| \leqslant \|a^{**}\| = \|a\|.$$

于是对 $\forall a \in \mathscr{A}$，有 $\|a\| = \|a^*\|$.

(ii) 当 a 是Hermite元时，有 $a = a^*$. 由此及定义2.4.7知 $\|a^2\| = \|a^*a\| = \|a\|^2$. 至此，引理2.4.10得证. □

命题2.4.11 设 $\mathscr{H}$ 为Hilbert空间，则 $\mathscr{L}(\mathscr{H})$ 的所有对算子共轭运算 $*$ 封闭的闭子代数均为 C^* 代数.

证明　只需说明对任意$L \in \mathscr{L}(\mathscr{H})$,

$$\|L^*L\|_{\mathscr{L}(\mathscr{H})} = \|L\|_{\mathscr{L}(\mathscr{H})}^2.$$

事实上, 由对称算子的定义, (2.2.16)(将其中max换为sup仍成立)和命题1.5.5(v)有

$$\begin{aligned}\|L^*L\|_{\mathscr{L}(\mathscr{H})} &= \sup_{\|x\|_{\mathscr{H}}=1} |(L^*Lx,x)| \\ &= \sup_{\|x\|_{\mathscr{H}}=1} |(Lx,Lx)| \\ &= \sup_{\|x\|_{\mathscr{H}}=1} \|Lx\|_{\mathscr{H}}^2 = \|L\|_{\mathscr{L}(\mathscr{H})}^2.\end{aligned}$$

至此, 命题2.4.11得证. □

它的逆命题是一个深刻的定理, 这就是:

Gelfand–Naimark定理　每个C^*代数$*$等距同构于$\mathscr{L}(\mathscr{H})$的某个对算子共轭运算$*$封闭的闭子代数.

关于该定理的证明可参看文献[12]. 而对于交换的C^*代数, 我们有以下结论.

定理2.4.12 (Gelfand–Naimark)　设$\mathscr{A}$是可交换的C^*代数, 则其Gelfand表示$\Gamma: \mathscr{A} \longrightarrow C(\mathfrak{M})$是一个$*$等距在上同构, 即

(i) $\widehat{a^*}(J) = \overline{\widehat{a}(J)}, \forall a \in \mathscr{A}, J \in \mathfrak{M}$ (Γ保对合);

(ii) $\|\Gamma a\|_{C(\mathfrak{M})} = \|a\|, \forall a \in \mathscr{A}$ (Γ为等距映射$\Longrightarrow \Gamma$为单射);

(iii) Γ是在上映射.

在证明定理之前, 我们先证明以下要用到的两个结论.

引理2.4.13 (Arens引理)　设$\mathscr{A}$是一个交换的C^*代数且$a \in \mathscr{A}$是Hermite元, 则Γa是$\mathfrak{M}$上的实值函数.

证明　根据定义, 对$\forall J \in \mathfrak{M}$, 有

$$\Gamma a(J) = \widehat{a}(J) = \langle \varphi_J, a \rangle$$

且 $\varphi_J \in \Delta$,其中Δ如(2.2.8). 于是只需证,对$\forall \varphi \in \Delta$, $\langle \varphi, a \rangle$是实值的. 设

$$\varphi(a) := \alpha + \mathrm{i}\beta,$$

其中$\alpha, \beta \in \mathbb{R}$,则,对$\forall t \in \mathbb{R}$,由命题2.2.18(i)以及$a$是Hermite元有

$$\begin{aligned}
|\langle \varphi, a+\mathrm{i}te \rangle|^2 &\leqslant \|a+\mathrm{i}te\|^2 \\
&= \|(a+\mathrm{i}te)^*(a+\mathrm{i}te)\| \\
&= \|(a^* - \mathrm{i}te^*)(a+\mathrm{i}te)\| \\
&= \|(a-\mathrm{i}te)(a+\mathrm{i}te)\| \\
&= \|a^2 + t^2 e\| \leqslant \|a^2\| + t^2.
\end{aligned}$$

而上式左边等于

$$\begin{aligned}
|\varphi(a) + \mathrm{i}t\varphi(e)|^2 &= |\varphi(a) + \mathrm{i}t|^2 \\
&= |\alpha + \mathrm{i}(\beta+t)|^2 \\
&= \alpha^2 + (\beta+t)^2,
\end{aligned}$$

故有

$$\alpha^2 + \beta^2 + 2\beta t \leqslant \|a\|^2.$$

若$\beta \neq 0$,则取$t = \lambda\beta$,并令$\lambda \to \infty$,便导出矛盾. 故$\beta = 0$. 从而$\varphi(a)$是实值的. 至此,引理2.4.13得证. □

定理2.4.14 (Stone–Weierstrass) 设$\mathscr{A}$是$C(M)$的闭子代数[即$\mathscr{A}$为$C(M)$的子代数且为$C(M)$的闭子集],其中M是一个紧空间,满足

(i) $\mathscr{A}$有单位元,即$1 \in \mathscr{A}$;

(ii) $\mathscr{A}$对复共轭运算是封闭的,即$f \in \mathscr{A} \implies \bar{f} \in \mathscr{A}$;

(iii) $\mathscr{A}$分离M中的点,即若$x, y \in M$, $x \neq y$,则必存在$f \in \mathscr{A}$使$f(x) \neq f(y)$,

那么有$\mathscr{A} = C(M)$.

证明 首先考虑实的情形. 设$C(M)_r$为实值$C(M)$子代数, $\mathscr{B}$是$C(M)_r$的一个闭子代数, 满足(i)和(iii). 下证$\mathscr{B} = C(M)_r$.

首先证明, 若$f \in \mathscr{B}$, 则$|f| \in \mathscr{B}$. 事实上, 由Weierstrass定理, 设$[a,b]$为$\mathbb{R}$上有界闭区间, 则存在多项式列$\{P_n(t)\}_{n \in \mathbb{N}_+}$使得, 对任意$\varepsilon \in (0, \infty)$, 存在$N \in \mathbb{N}_+$使得, 对任意$n > N$及$t \in [a,b]$成立$|P_n(t) - |t|| < \varepsilon$. 现取

$$a := -\|f\|_{C(M)} \text{ 且 } b := \|f\|_{C(M)},$$

则, 对任意$x \in M$, $f(x) \in [-\|f\|_{C(M)}, \|f\|_{C(M)}]$, 故, 当$n > N$时, 对$\forall x \in M$成立

$$|P_n(f(x)) - |f(x)|| < \varepsilon,$$

$\{P_n(f)\}_{n \in \mathbb{N}_+}$在$C(M)$中收敛到$|f|$. 由$f \in \mathscr{B}$且$\mathscr{B}$为闭子代数知对任意的$n \in \mathbb{N}_+$, 有$P_n(f) \in \mathscr{B}$. 由$\mathscr{B}$闭知$|f| \in \mathscr{B}$, 故所证断言成立. 由此进一步可得, 对任意$f, g \in \mathscr{B}$,

$$\max\{f, g\} = \frac{1}{2}(f + g + |f - g|) \in \mathscr{B}$$

及

$$\min\{f, g\} = \frac{1}{2}(f + g - |f - g|) \in \mathscr{B}.$$

下证断言, 对任意$x, y \in M$, $x \neq y$, 存在$g \in \mathscr{B}$使得$0 = g(x) \neq g(y)$.

事实上, 由$\mathscr{B}$满足(iii)知必存在$\widetilde{g} \in \mathscr{B}$使得$\widetilde{g}(x) \neq \widetilde{g}(y)$. 对$\forall z \in M$, 令

$$g(z) := \widetilde{g}(z) - \widetilde{g}(x),$$

则由(i)及$\mathscr{B}$为闭子代数知$g \in \mathscr{B}$且$0 = g(x) \neq g(y)$, 故所证断言成立.

对任意$h \in C(M)_r$, 令$\alpha := h(x)$,

$$\beta := \frac{h(y) - h(x)}{g(y)}$$

且, 对任意$z \in M$,

$$f_{xy}(z) := \alpha + \beta g(z).$$

则$f_{xy}(x) = h(x)$, $f_{xy}(y) = h(y)$且$f_{xy} \in \mathscr{B}$. 若$x = y$, 则, 对任意$z \in M$, 令

$$f_{xy}(z) := h(x).$$

因$f_{xy}(y) - h(y) = 0$且$f_{xy}(z) - h(z)$关于z连续, 故, 对任意$\varepsilon \in (0,\infty)$, 存在$y$的开邻域$N(y)$使得, 对任意$u \in N(y)$,
$$f_{xy}(u) > h(u) - \varepsilon.$$
因$\{N(y): y \in M\}$为M的开覆盖且M紧, 故存在$\{y_1,\cdots,y_n\} \subset M$使得
$$M = \bigcup_{i=1}^{n} N(y_i).$$
令
$$f_x := \max_{1 \leqslant i \leqslant n} f_{xy_i},$$
则$f_x \in \mathscr{B}$且满足$f_x(x) = h(x)$, $f_x(u) > h(u) - \varepsilon$对任意$u \in M$成立. 又因$f_x(x) - h(x) = 0$且$f_x(z) - h(z)$关于$z$连续, 故存在$x$邻域$V(x)$使得, 对任意$u \in V(x)$, $f_x(u) < h(u) + \varepsilon$. 同理, 存在$\{x_1,\cdots,x_m\} \subset M$使得$M = \bigcup_{i=1}^{m} V(x_i)$. 令
$$f := \min_{1 \leqslant i \leqslant m} f_{x_i},$$
则$f \in \mathscr{B}$且满足
$$h(u) - \varepsilon < f(u) < h(u) + \varepsilon$$
对任意$u \in M$. 由此即知, 对任意$h \in C(M)_r$及$\varepsilon \in (0,\infty)$, 存在$f \in \mathscr{B}$使得
$$\|f - h\|_{C(M)} < \varepsilon,$$
即$\mathscr{B}$在$C(M)_r$中稠密. 又由$\mathscr{B}$闭知$\mathscr{B} = C(M)_r$. 因此, 定理的结论对$C(M)_r$成立.

现令$\mathscr{B} := \mathscr{A} \cap C(M)_r$, 则$\mathscr{B}$为$C(M)_r$的闭子代数, 显然$\mathscr{B}$满足(i), 下证$\mathscr{B}$满足(iii).

设$x,y \in M$且$x \neq y$. 因$\mathscr{A}$分离M, 故存在$f \in \mathscr{A}$使得$f(x) \neq f(y)$. 令
$$g := \frac{1}{2}(f + \overline{f}) \quad \text{且} \quad h := \frac{\mathrm{i}}{2}(f - \overline{f}).$$
由$\mathscr{A}$满足(ii)知$g,h \in \mathscr{A}$. 又由g,h均为实值函数, 知$g,h \in \mathscr{B}$. 因
$$f = g - \mathrm{i}h, \tag{2.4.1}$$

§2.4 C^*代数

故由$f(x) \neq f(y)$知$g(x) \neq g(y)$或$h(x) \neq h(y)$，从而$\mathscr{B}$分离M，故由已证$\mathscr{B} = C(M)_r$，又由(2.4.1)知$\mathscr{A} = \mathscr{B} - \mathrm{i}\mathscr{B}$，从而

$$\mathscr{A} = C(M)_r - \mathrm{i}C(M)_r = C(M).$$

至此，定理2.4.14得证. □

注记2.4.15 与文献[8]定理5.4.10相比，定理2.4.14中没有假设M是T_2空间(也称为Hausdorff空间). 事实上这个假设是多余的. 更进一步，我们断言定理2.4.14中的假设(iii)保证了M实际上是Hausdorff空间. 为证此断言，对$\forall x, y \in M$且$x \neq y$，由定理2.4.14中的假设(iii)知存在$f \in \mathscr{A}$使得$f(x) \neq f(y)$. 因此，存在开集$U, V \subset \mathbb{K}$使得$f(x) \in U, f(y) \in V$且$U \cap V = \varnothing$. 又因为$f \in \mathscr{A} \subset C(M)$，故$f^{-1}(U)$和$f^{-1}(V)$为$M$中的开集且由$U \cap V = \varnothing$可以推出

$$f^{-1}(U) \cap f^{-1}(V) = \varnothing.$$

又显然有$x \in f^{-1}(U)$且$y \in f^{-1}(V)$. 故M是Hausdorff空间. 因此，所证断言成立.

现在利用上面的两个结论来证明Gelfand–Naimark定理.

定理2.4.12的证明 (i) 由引理2.4.5(ii)知任意$a \in \mathscr{A}$均有唯一分解$a = u + \mathrm{i}v$，其中u, v为Hermite元. 显然$a^* = u - \mathrm{i}v$，利用Arens引理2.4.13有

$$\Gamma a^* = \Gamma u - \mathrm{i}\Gamma v = \overline{\Gamma u + \mathrm{i}\Gamma v} = \overline{\Gamma a}.$$

便得(i)成立.

(ii) 因为$\mathscr{A}$是交换的，所以由定义2.4.7，定义2.4.1(iii)，a^*a是Hermite元[见引理2.4.5(i)]和引理2.4.10，得到

$$\|a^2\|^2 = \|(a^2)^*a^2\| = \|(a^*)^2 a^2\|$$
$$= \|(a^*a)(a^*a)\| = \|a^*a\|^2 = \|a\|^4.$$

从而$\|a^2\| = \|a\|^2$，根据定理2.2.36知Γ是一个等距同构，即得(ii)成立.

(iii) 下面利用Stone–Weierstrass定理来证明(iii). 因为Γ是连续同态, 首先证明$\Gamma\mathscr{A}$是$C(\mathfrak{M})$的一个闭子代数. 设$\{a_n\}_{n\in\mathbb{N}_+}\subset\mathscr{A}$, $\Gamma a_n\to b$, $n\to\infty$. 因, 当$m,n\to\infty$时,
$$\|\Gamma a_n - \Gamma a_m\|_{C(\mathfrak{M})}\to 0,$$
故由(ii)知$\|a_n - a_m\|\to 0$. 由$\mathscr{A}$完备知存在$a\in\mathscr{A}$使得$a_n\to a$, $n\to\infty$. 又因Γ连续, 故$\Gamma a_n\to\Gamma a$, $n\to\infty$, 从而$b = \Gamma a \in \Gamma\mathscr{A}$, 故$\Gamma\mathscr{A}$闭.

此外, 若记e为$\mathscr{A}$的单位元, 则由命题2.2.15显然有, 对$\forall J\in\mathfrak{M}$,
$$1 = \varphi_J(e) = \widehat{e}(J) = \Gamma(e)(J),$$
因此, $1 = \Gamma(e)\in\Gamma\mathscr{A}$. 由该定理的结论(i)知$\Gamma\mathscr{A}$对复共轭是封闭的, 即对$\forall a\in\mathscr{A}$, 有
$$\overline{\Gamma(a)} = \overline{\widehat{a}} = \widehat{a^*} = \Gamma(a^*)\in\Gamma\mathscr{A}.$$

余下只需证明$\Gamma\mathscr{A}$分离$\mathfrak{M}$中的点. 设
$$J_1,J_2\in\mathfrak{M} \quad\text{且}\quad J_1\neq J_2,$$
则可取$a\in J_1\setminus J_2$(或$a\in J_2\setminus J_1$), 从而, 由引理2.2.17知
$$\widehat{a}(J_1) = \varphi_{J_1}(a) = 0 \quad\text{但}\quad \widehat{a}(J_2) = \varphi_{J_2}(a)\neq 0$$
(或$\widehat{a}(J_2) = 0$但$\widehat{a}(J_1)\neq 0$), 故$\Gamma\mathscr{A}$能分离$\mathfrak{M}$中的点J_1和J_2. 由此, 并应用Stone–Weierstrass定理2.4.14, 得$C(\mathfrak{M}) = \overline{\Gamma\mathscr{A}}$. 即$\Gamma$是在上映射. 因此, (iii)成立. 至此, 定理2.4.12得证. □

容易看出, 定理2.4.14是经典Weierstrass定理的一个推广, 它在研究一般Hausdorff紧拓扑空间上的连续函数中起着重要作用, 其中空间M紧致的条件是本质的. 当M非紧致时, Stone–Weierstrass定理有如下推广.

回忆拓扑空间中关于局部紧的定义, 设$\mathscr{X}$为拓扑空间, 称$A\subset\mathscr{X}$为$x\in\mathscr{X}$(或$E\subset\mathscr{X}$)的**紧邻域**, 如果A为$\mathscr{X}$中的紧集且$x\in\mathring{A}$(A的内点组成的集合)(或$E\subset\mathring{A}$); 称$\mathscr{X}$是**局部紧拓扑空间**, 如果任意$x\in\mathscr{X}$有一个紧邻域.

设$\mathscr{X}$是局部紧拓扑空间, 令$C_\infty(\mathscr{X})$表示$\mathscr{X}$上无穷远处为零的全体实值连续函数. 即具有如下性质的$C(\mathscr{X})$中子集:
$$\text{对}\forall\varepsilon\in(0,\infty), \exists\text{紧集}D_\varepsilon\subset\mathscr{X}\text{使得当}x\notin D_\varepsilon\text{时}, |f(x)|<\varepsilon,.$$

定理2.4.16 设$\mathscr{X}$是一个局部紧拓扑空间, $\mathscr{A}$是$C_\infty(\mathscr{X})$的闭子代数. 如果$\mathscr{A}$分离$\mathscr{X}$中的点, 并且, 对于每个$x \in \mathscr{X}$, 存在$f \in \mathscr{A}$使得$f(x) \neq 0$, 那么$\mathscr{A} = C_\infty(\mathscr{X})$.

注记2.4.17 在定理2.4.16中, 假设$\mathscr{A}$分离$\mathscr{X}$中的点保证了$\mathscr{X}$实际上是Hausdorff空间, 其证明完全类似于注记2.4.15的证明.

为证定理2.4.16, 首先引入紧化的概念, 具体参见文献[24].

拓扑空间$\mathscr{X}$作为稠密子集到紧空间$\mathscr{Y}$的嵌入称为$\mathscr{X}$的一个**紧化**, $\mathscr{Y}$称为$\mathscr{X}$的一个**紧化空间**. 一个非紧的Hausdorff拓扑空间$(\mathscr{X}, \tau)$的单点紧化空间定义为$\mathscr{Y} := \mathscr{X} \cup \{\partial\}$, 其上拓扑定义为

$$\tau_{\mathscr{Y}} := \tau \cup \{(\mathscr{X} \setminus K) \cup \{\partial\} : K\text{为}\mathscr{X}\text{的紧集}\}.$$

注记2.4.18 非紧的Hausdorff拓扑空间$(\mathscr{X}, \tau)$的单点紧化空间$(\mathscr{Y}, \tau_{\mathscr{Y}})$上的拓扑是良定义的. 事实上, 只需验证任取$\mathscr{X}$中的紧集$\{K_n\}_{n \in \mathbb{N}_+}$,

$$\bigcup_{n \in \mathbb{N}_+} (\mathscr{X} \setminus K_n) \cup \{\partial\}$$

是一个$\tau_{\mathscr{Y}}$开集. 为此, 因$\mathscr{X}$是Hausdorff的, 故$\{K_n\}_{n \in \mathbb{N}_+}$为$\mathscr{X}$中的闭集, 从而$\bigcap_{n \in \mathbb{N}_+} K_n$是$\mathscr{X}$中的闭集. 再由引理1.3.4知$\bigcap_{n \in \mathbb{N}_+} K_n$是$\mathscr{X}$中的紧集, 故

$$\bigcup_{n \in \mathbb{N}_+} (\mathscr{X} \setminus K_n) \cup \{\partial\} = \mathscr{X} \setminus \left(\bigcap_{n \in \mathbb{N}_+} K_n \right) \cup \{\partial\}$$

是$\tau_{\mathscr{Y}}$开集. 若去掉$\mathscr{X}$是Hausdorff的前提, 则不能保证$\tau_{\mathscr{Y}}$是良定义的, 这是因为非Hausdorff空间中紧集的交不一定是紧集(见文献[24]第123页).

命题2.4.19 设$(\mathscr{X}, \tau)$是非紧的Hausdorff拓扑空间, 则其单点紧化空间$(\mathscr{Y}, \tau_{\mathscr{Y}})$是一个紧空间, 并且$(\mathscr{X}, \tau)$是$(\mathscr{Y}, \tau_{\mathscr{Y}})$的稠密子空间; 进一步, 若设$(\mathscr{X}, \tau)$是局部紧但非紧的Hausdorff空间, 则$(\mathscr{Y}, \tau_{\mathscr{Y}})$是紧的Hausdorff空间.

证明 设$(\mathscr{X}, \tau)$是非紧的Hausdorff拓扑空间. 先证$(\mathscr{Y}, \tau_{\mathscr{Y}})$是一个紧空间. 设$\mathscr{U} := \{U_\alpha : \alpha \in J\}$是$(\mathscr{Y}, \tau_{\mathscr{Y}})$的一族开覆盖. 因$\mathscr{U}$包含$\partial$, 故存在

某个 $U_{\alpha_0} := (\mathscr{X} \setminus K) \cup \{\partial\} \in \mathscr{U}$, 其中 K 是 $\mathscr{X}$ 的紧子集, 并且 $\mathscr{U} \setminus U_{\alpha_0}$ 必然覆盖 K. 由于 K 为紧集, 所以可以在其中找到 K 的有限子覆盖, 加上 U_{α_0}, 便得到了 $(\mathscr{Y}, \tau_{\mathscr{Y}})$ 的有限子覆盖, 故 $(\mathscr{Y}, \tau_{\mathscr{Y}})$ 是紧空间.

显然 $\mathscr{X}$ 是 $\mathscr{Y}$ 的子空间. 下证 $\mathscr{X}$ 在 $\mathscr{Y}$ 中稠密. 为此, 只需证 ∂ 是 $\mathscr{X}$ 的聚点. 注意到, ∂ 的任意开邻域含有形如 $(\mathscr{X} \setminus K) \cup \{\partial\}$ 的开集, 其中 K 为 $\mathscr{X}$ 的某个紧子集. 由 $\mathscr{X}$ 非紧知 $\mathscr{X} \setminus K$ 非空, 从而包含 $\mathscr{X}$ 中的点, 故 ∂ 为 $\mathscr{X}$ 的聚点, 从而 $(\mathscr{X}, \tau)$ 是 $(\mathscr{Y}, \tau_{\mathscr{Y}})$ 的稠密子空间.

现设 $(\mathscr{X}, \tau)$ 是局部紧但非紧的 Hausdorff 空间, 为完成本命题的证明, 还需证明 $(\mathscr{Y}, \tau_{\mathscr{Y}})$ 是 Hausdorff 空间. 事实上, 由于 $\mathscr{X}$ 是 Hausdorff 空间, 故只需证明任意 $x \in \mathscr{X}$ 与 ∂ 有互不相交的开邻域即可. 为此, 因 $\mathscr{X}$ 是局部紧的, 故, 对任意 $x \in \mathscr{X}$, 存在紧邻域 K, 再取 ∂ 的开邻域 $(\mathscr{X} \setminus K) \cup \{\partial\}$ 即有

$$\{\mathring{K} \cap [(\mathscr{X} \setminus K) \cup \{\partial\}]\} \subset \{K \cap [(\mathscr{X} \setminus K) \cup \{\partial\}]\} = \varnothing.$$

因此, $\mathring{K}$ 与 $(\mathscr{X} \setminus K) \cup \{\partial\}$ 分别为包含 x 与 ∂ 的互不相交的开邻域. 至此, 命题 2.4.19 得证. □

定理 2.4.16 的证明 设 $\mathscr{Y} = \mathscr{X} \cup \{\partial\}$ 为 $\mathscr{X}$ 的单点紧化空间, 定义

$$\widetilde{\mathscr{A}} := \{f + r : f \in \mathscr{A}, r \in \mathbb{R}\}.$$

下证, 对任意 $f \in C_\infty(\mathscr{X})$, 当 $\{x_n\}_{n \in \mathbb{N}_+} \subset \mathscr{X} (\Longrightarrow x_n \neq \partial, \forall n \in \mathbb{N}_+)$ 且, 当 $n \to \infty$ 时, x_n 在 $\mathscr{Y}$ 中收敛到 ∂ 时, 均有

$$\lim_{n \to \infty} f(x_n) = 0.$$

事实上, 由 $f \in C_\infty(\mathscr{X})$ 知, 对 $\forall \varepsilon \in (0, \infty)$, 存在紧集 $D_\varepsilon \subset \mathscr{X}$ 使得, 对 $\forall x \in \mathscr{X} \setminus D_\varepsilon$,

$$|f(x)| < \varepsilon.$$

又由 x_n 在 $\mathscr{Y}$ 中收敛到 ∂ 知对 ∂ 的邻域 $(\mathscr{X} \setminus D_\varepsilon) \cup \{\partial\}$, 存在一个 $N_\varepsilon \in \mathbb{N}_+$ 使得, 当 $n > N_\varepsilon$ 时, $x_n \in (\mathscr{X} \setminus D_\varepsilon) \cup \{\partial\}$. 故, 对任意 $n > N_\varepsilon$, $|f(x_n)| < \varepsilon$. 因此,

$$\lim_{n \to \infty} f(x_n) = 0,$$

故所证断言成立.

从而可定义 $f(\partial) := 0$, 故

$$f \in C(\mathscr{Y})_r. \tag{2.4.2}$$

易证 $\widetilde{\mathscr{A}}$ 为 $C(\mathscr{Y})_r$ 的实值子代数. 即 $\widetilde{\mathscr{A}} \subset C(\mathscr{Y})_r$.

下证 $\widetilde{\mathscr{A}}$ 闭. 设 $\{\widetilde{f_n}\}_{n \in \mathbb{N}_+} \subset \widetilde{\mathscr{A}}, f_0 \in C(\mathscr{Y})$ 且在 $\mathscr{Y}$ 上 $\widetilde{f_n} \to f_0, n \to \infty$. 希望证 $f_0 \in \widetilde{\mathscr{A}}$. 设

$$\widetilde{f_n} = f_n + r_n,$$

其中 $f_n \in \mathscr{A}, r_n \in \mathbb{R}$. 因

$$\max_{x \in \mathscr{Y}} |\widetilde{f_n}(x) - f_0(x)| \to 0, \quad n \to \infty,$$

故 $|\widetilde{f_n}(\partial) - f_0(\partial)| \to 0, n \to \infty$. 因对任意 $n \in \mathbb{N}_+, f_n(\partial) = 0$, 故 $|r_n - f_0(\partial)| \to 0$, $n \to \infty$. 由此知 $f_0(\partial) \in \mathbb{R}$. 对任意 $x \in \mathscr{X}$, 令 $g(x) := f_0(x) - f_0(\partial)$, 则由 $f_0 \in C(\mathscr{Y})$ 知

$$\lim_{x \to \partial} g(x) = 0.$$

即对任意 $\varepsilon \in (0, \infty)$, 存在紧集 $D_\varepsilon \subset \mathscr{X}$ 使得, 对任意 $x \in \mathscr{X} \setminus D_\varepsilon, |g(x)| < \varepsilon$. 故 $g \in C_\infty(\mathscr{X})$. 下证 $g \in \mathscr{A}$. 注意到, 当 $n \to \infty$ 时,

$$\|f_n - g\|_{C(\mathscr{X})} \leqslant \|f_n - g\|_{C(\mathscr{Y})}$$
$$\leqslant \|f_n + r_n - g - f_0(\partial)\|_{C(\mathscr{Y})} + |r_n - f_0(\partial)|$$
$$= \left\|\widetilde{f_n} - f_0\right\|_{C(\mathscr{Y})} + |r_n - f_0(\partial)| \to 0.$$

由 $\mathscr{A}$ 闭知 $g \in \mathscr{A}$, 从而 $f_0 = g + f_0(\partial) \in \widetilde{\mathscr{A}}$. 即知 $\widetilde{\mathscr{A}}$ 闭.

因 $0 \in \mathscr{A}$, 故 $1 \in \widetilde{\mathscr{A}}$.

下证 $\widetilde{\mathscr{A}}$ 分离 $\mathscr{Y}$ 中的点. 任取 $x, y \in \mathscr{Y}$ 且 $x \neq y$. 若 $x, y \in \mathscr{X}$, 则由 $\mathscr{A}$ 分离 $\mathscr{X}$ 知存在 $f \in \mathscr{A}$ 使得 $f(x) \neq f(y)$; 令 $f(\partial) = 0$, 则 $f \in \widetilde{\mathscr{A}}$ 为所求 (见本证明的第一段). 若 $x \in \mathscr{X}$ 且 $y = \partial$, 则由假设, 存在 $f \in \mathscr{A}$ 使得 $f(x) \neq 0$, 但我们总可以令 $f(\partial) := 0$, 故 f 为所求. 因此, $\widetilde{\mathscr{A}}$ 分离 $\mathscr{Y}$. 从而, 由定理 2.4.14 知 $\widetilde{\mathscr{A}} = C(\mathscr{Y})_r$. 又类似于 $g \in C_\infty(\mathscr{X})$ 的证明可证, 对任意 $\widetilde{f} \in C(\mathscr{Y})_r$,

$$f := \widetilde{f} - \widetilde{f}(\partial) \in C_\infty(\mathscr{X}).$$

因此,
$$C(\mathscr{Y})_r \subset \{f+r: f \in C_\infty(\mathscr{X}), r \in \mathbb{R}\}.$$
由(2.4.2)的证明知$C_\infty(\mathscr{X}) \subset C(\mathscr{Y})_r$. 从而
$$\{f+r: f \in C_\infty(\mathscr{X}), r \in \mathbb{R}\} \subset C(\mathscr{Y})_r.$$
故
$$C(\mathscr{Y})_r = \{f+r: f \in C_\infty(\mathscr{X}), r \in \mathbb{R}\}. \tag{2.4.3}$$

最后证明$\mathscr{A} = C_\infty(\mathscr{X})$. 事实上, 由假设知$\mathscr{A} \subset C_\infty(\mathscr{X})$. 下证$C_\infty(\mathscr{X}) \subset \mathscr{A}$. 任取$f \in C_\infty(\mathscr{X})$, 因
$$\{g+r: g \in \mathscr{A}, r \in \mathbb{R}\} = \widetilde{\mathscr{A}} = C(\mathscr{Y})_r$$
$$= \{g+r: g \in C_\infty(\mathscr{X}), r \in \mathbb{R}\}$$

且$0 \in \mathbb{R}$, 故$f \in \{g+r: g \in \mathscr{A}, r \in \mathbb{R}\}$. 即存在$g \in \mathscr{A}$及$r \in \mathbb{R}$使得$f = g+r$. 从而$r = f - g \in C_\infty(\mathscr{X})$. 故, 对$\forall \varepsilon > 0$, 存在紧集$D_\varepsilon \subset \mathscr{X}$使得, 当$x \notin D_\varepsilon$时, 有
$$|r| = |f(x) - g(x)| < \varepsilon.$$

由ε的任意性即知$r = 0$. 从而$f = g \in \mathscr{A}$. 故$C_\infty(\mathscr{X}) \subset \mathscr{A}$. 因此, $\mathscr{A} = C_\infty(\mathscr{X})$. 至此, 定理2.4.16得证. □

注记2.4.20 由定理2.4.16的证明知
$$f \in C_\infty(\mathscr{X}) \text{当且仅当} f \in C(\mathscr{Y})_r \text{且} f(\partial) = 0.$$

事实上, 若$f \in C_\infty(\mathscr{X})$, 则由(2.4.2)的证明知可令$f(\partial) := 0$, 由此进一步可证$f \in C(\mathscr{Y})_r$.

反之, 若$f \in C(\mathscr{Y})_r$且$f(\partial) = 0$, 则
$$\lim_{x \to \partial} f(x) = f(\partial) = 0.$$
从而, 对$\forall \varepsilon > 0$, 存在紧集$D_\varepsilon \subset \mathscr{X}$使得, 当$x \notin D_\varepsilon$时, 有
$$|f(x)| = |f(x) - f(\partial)| < \varepsilon.$$

故$f \in C_\infty(\mathscr{X})$. 因此, 所证断言成立.

习题2.4

习题2.4.1 设所有记号同定理2.4.16的证明，证明$\widetilde{\mathscr{A}}$为$C(\mathscr{Y})$的实值子代数.

习题2.4.2 证明有单位元的交换半单Banach代数上的任意对合运算均连续.

习题2.4.3 设$\mathscr{A}$为一个交换的C^*代数且$x \in \mathscr{A}$. 若x为$\mathscr{A}$的Hermite元且$\sigma(x) \subset [0, \infty)$，则称$x$是**正的**，记为$x \geqslant 0$. 证明

(i) $x \geqslant 0$当且仅当存在Hermite元$h \in \mathscr{A}$使得$x = h^2$;

(ii) 若$\mathscr{A}$有单位元e，则$x \geqslant 0$当且仅当x为Hermite元且$\|\|x\|e - x\| \leqslant \|x\|$.

习题2.4.4 设$\mathscr{H}$为Hilbert空间且$\mathscr{A}$为$\mathscr{L}(\mathscr{H})$上的C^*代数. 称

$$\mathscr{A}^c := \{T \in \mathscr{L}(\mathscr{H}) : TA = AT, \forall A \in \mathscr{A}\}$$

为$\mathscr{A}$的**中心**. 证明

(i) $\mathscr{A}^c$是C^*代数;

(ii) $\mathscr{A}^c$在算子弱拓扑意义下是闭的.

习题2.4.5 设$\mathscr{A}$为有单位元的Banach代数.

(i) 对$\forall x \in \mathscr{A}$，令$P$为复系数多项式，证明$\sigma(P(x)) = P(\sigma(x))$.

(ii) 若$\mathscr{A}$中对合运算$*$满足，对$\forall a \in \mathscr{A}$，

$$\|a^*a\| = \|a^*\|\|a\|.$$

证明$* \in \mathscr{L}(\mathscr{A})$.

习题2.4.6 设$\mathscr{A}$是有单位元e的可交换C^*代数，f为$\mathscr{A}$上的线性泛函且满足，对任意$x \in \mathscr{A}$，有$f(xx^*) \geqslant 0$. 证明

(i) 对任意$x, y \in \mathscr{A}$，$|f(xy^*)|^2 \leqslant f(xx^*)f(yy^*)$.

(ii) 对任意Hermite元$x \in \mathscr{A}$, 存在Hermite元$y \in \mathscr{A}$使得$\|x\|e - x = y^2$.

(iii) $\|f\|_{\mathscr{A}^*} = f(e)$.

习题2.4.7 设$\mathscr{A}$是一个交换的C^*代数, 记其单位元为e. 对任意$x \in \mathscr{A}$, 若x为$\mathscr{A}$的Hermite元且$\sigma(x) \subset [0, \infty)$, 则称$x$是**正的**, 记作$x \geqslant 0$(也见习题2.4.3). 证明, 若$x, y \in \mathscr{A}, x \geqslant 0$且$y \geqslant 0$, 则$x + y \geqslant 0$.

习题2.4.8 设$\mathscr{A}$是一个C^*代数, B是$\mathscr{A}$的一个闭子代数, $e \in B$且, 对任意$x \in B$, 有$x^* \in B$. 证明, 对任意的$x \in B$, 有

$$\sigma_{\mathscr{A}}(x) = \sigma_B(x),$$

其中$\sigma_{\mathscr{A}}(x)$和$\sigma_B(x)$分别为x在$\mathscr{A}$和B中的谱集.

§2.5 Hilbert空间上的正常算子

在本节中我们将着重于建立Hilbert空间上正常算子的谱分解理论. 我们首先在2.5.1节中构造了与Hilbert空间上的正常算子N有关的有单位元的交换C^*代数, 并在此基础上得到了关于N的连续算符演算. 其后, 在2.5.2节中, 通过投影算子的性质, 给出了谱族的概念并构造了正常算子的谱族, 由此进一步获得了正常算子的谱分解定理. 最后, 在2.5.3节中我们利用正常算子的谱分解定理研究了正常算子的谱集的性质.

§2.5.1 Hilbert空间上的正常算子的连续算符演算

在这一小节, 对Hilbert空间上的正常算子N, 构造由N生成的有单位元的交换C^*代数$\mathscr{A}_N$. 利用C^*代数的一些性质得到N的谱集与$\mathscr{A}_N$的极大理想空间$\mathfrak{M}$同胚且$\mathscr{A}_N$与$C(\sigma(N))$等距*在上同构, 其中$C(\sigma(N))$表示$\sigma(N)$上所有连续函数的全体; 再利用此结果得到关于N的连续算符演算.

定义2.5.1 设$\mathscr{H}$是Hilbert空间且$N \in \mathscr{L}(\mathscr{H})$, 则由

$$(Nx, y) = (x, N^*y), \quad \forall x, y \in \mathscr{H},$$

所确定的算子$N^* : \mathscr{H} \longrightarrow \mathscr{H}$叫作$N$的**伴随算子**. 如果它满足$N^*N = NN^*$, 那么就称$N$是$\mathscr{H}$上的**正常算子**; 如果它满足$N = N^*$, 那么就称$N$是$\mathscr{H}$上的**自伴算子**; 如果它满足$N^{-1} = N^*$, 那么就称$N$是$\mathscr{H}$上的**酉算子**.

显然, 自伴算子和酉算子都是正常算子.

由定义2.5.1易知, 若$\mathscr{H}$为Hilbert空间且$N \in \mathscr{L}(\mathscr{H})$, 则$N^{**} = N$.

对于给定的正常算子N, 用$\mathscr{A}_N$表示$\mathscr{L}(\mathscr{H})$中包含恒同算子I与正常算子N的最小闭C^*代数. 令

$$\mathscr{B}_N := \{P(N, N^*) : P(x, y) \text{为二元多项式}\},$$

则有

$$\mathscr{A}_N = \overline{\mathscr{B}_N}, \tag{2.5.1}$$

其中$\overline{\mathscr{B}_N}$表示$\mathscr{B}_N$在$\mathscr{L}(\mathscr{H})$中的闭包. 为证明此结论, 首先证$\overline{\mathscr{B}_N}$是$\mathscr{L}(\mathscr{H})$的闭C^*代数. 为此, 由命题1.5.5(v)和(2.2.16)将max换为sup可知, 对$\forall A \in \overline{\mathscr{B}_N}$,

$$\begin{aligned}
\|A^*A\|_{\mathscr{L}(\mathscr{X})} &= \sup_{\|x\|_{\mathscr{X}}=1} |(A^*Ax,x)| \\
&= \sup_{\|x\|_{\mathscr{X}}=1} |(Ax,Ax)| \\
&= \sup_{\|x\|_{\mathscr{X}}=1} \|Ax\|^2 = \|A\|^2_{\mathscr{L}(\mathscr{X})}.
\end{aligned} \tag{2.5.2}$$

故$\overline{\mathscr{B}_N}$为$\mathscr{L}(\mathscr{H})$的闭C^*代数且注意到$I, N \in \overline{\mathscr{B}_N}$, 由此及$\mathscr{A}_N$的最小性知$\mathscr{A}_N \subset \overline{\mathscr{B}_N}$. 又因为$\mathscr{A}_N$为$C^*$代数且$I, N, N^* \in \mathscr{A}_N$, 所以对任意二元多项式$P(x,y)$有

$$P(N, N^*) \in \mathscr{A}_N.$$

由此及$\mathscr{A}_N$闭知$\overline{\mathscr{B}_N} \subset \mathscr{A}_N$. 因此, $\mathscr{A}_N = \overline{\mathscr{B}_N}$, 即所证断言成立. 在这个代数中对合是

$$* : P(N, N^*) \longrightarrow \overline{P}(N^*, N) \Longleftrightarrow *: N \longrightarrow N^*.$$

易见$\mathscr{A}_N$是一个有单位元的交换C^*代数且$\mathscr{A}_N$中所有算子均为正常算子. 之后将要研究$\mathscr{A}_N$的极大理想空间$\mathfrak{M}$, 并将证明$\mathfrak{M}$与$\sigma(N)$同胚. 为此先证明以下结论.

引理2.5.2 (Shilov) 设$\mathscr{A}$是一个有单位元的Banach代数且$\mathscr{B}$是$\mathscr{A}$的一个有单位元的闭子代数, 则, 对于每一个$a \in \mathscr{B}$, 有

$$\partial \sigma_{\mathscr{B}}(a) \subset \partial \sigma_{\mathscr{A}}(a),$$

其中$\sigma_{\mathscr{A}}, \sigma_{\mathscr{B}}$分别表示$a$在$\mathscr{A}$和$\mathscr{B}$中的谱集, 而$\partial$表示集合的边界.

证明 由$\mathscr{B} \subset \mathscr{A}$知$G(\mathscr{B}) \subset G(\mathscr{A})$, 故由谱集的定义, 对$\forall a \in \mathscr{B}$, 有

$$\sigma_{\mathscr{B}}(a) \supset \sigma_{\mathscr{A}}(a). \tag{2.5.3}$$

因此, 为证明该引理, 只需证明

$$\partial \sigma_{\mathscr{B}}(a) \subset \sigma_{\mathscr{A}}(a).$$

事实上, 若 $\partial\sigma_{\mathscr{B}}(a) \subset \sigma_{\mathscr{A}}(a)$, 但 $\partial\sigma_{\mathscr{B}}(a) \nsubseteq \partial\sigma_{\mathscr{A}}(a)$, 则 $\exists b \in \partial\sigma_{\mathscr{B}}(a)$ 使得

$$b \in (\sigma_{\mathscr{A}}(a))^{\circ} \subset (\sigma_{\mathscr{B}}(a))^{\circ},$$

这与 $b \in \partial\sigma_{\mathscr{B}}(a)$ 矛盾. 故所证断言成立. 其中 $(\sigma_{\mathscr{A}}(a))^{\circ}, (\sigma_{\mathscr{B}}(a))^{\circ}$ 分别表示 $\sigma_{\mathscr{A}}(a)$ 与 $\sigma_{\mathscr{B}}(a)$ 的内部.

现设 $\lambda_0 \in \partial\sigma_{\mathscr{B}}(a)$. 由定理2.2.31知存在 $\{\lambda_n\}_{n\in\mathbb{N}_+} \subset \rho_{\mathscr{B}}(a)$ 使得 $\lambda_n \neq \lambda_0$ 且, 当 $n \to \infty$ 时, $\lambda_n \to \lambda_0$ (其中 $\rho_{\mathscr{B}}(a)$ 表示 a 在 $\mathscr{B}$ 中的预解集). 假若存在某个正整数 n 使得

$$\|(\lambda_n e - a)^{-1}\| < 1/|\lambda_n - \lambda_0|,$$

则由

$$\begin{aligned}\lambda_0 e - a &= (\lambda_0 - \lambda_n)e + (\lambda_n e - a) \\ &= (\lambda_n e - a)[(\lambda_n e - a)^{-1}(\lambda_0 - \lambda_n) + e]\end{aligned}$$

和引理2.2.10(i)可推得

$$(\lambda_0 e - a)^{-1} = (\lambda_n e - a)^{-1} \sum_{k=0}^{\infty} (\lambda_n - \lambda_0)^k (\lambda_n e - a)^{-k} \in \mathscr{B}.$$

这说明 $\lambda_0 \in \rho_{\mathscr{B}}(a)$. 由此及定理2.2.31(i)知 $\rho_{\mathscr{B}}(a)$ 开且

$$\lambda_0 \in (\rho_{\mathscr{B}}(a))^{\circ}.$$

这与 $\lambda_0 \in \partial\sigma_{\mathscr{B}}(a)$ 矛盾. 故, 对 $\forall n \in \mathbb{N}_+$,

$$\|(\lambda_n e - a)^{-1}\| \geqslant \frac{1}{|\lambda_n - \lambda_0|}.$$

因此, $\lim\limits_{\lambda_n \to \lambda_0} \|(\lambda_n e - a)^{-1}\| = \infty$, 故 $\lambda_0 \in \sigma_{\mathscr{A}}(a)$. 否则, $\lambda_0 \in \rho_{\mathscr{A}}(a)$. 由 $\rho_{\mathscr{A}}(a)$ 为开集且 $\lambda_n \to \lambda_0$, $n \to \infty$ 知 $\lambda_n e - a \to \lambda_0 e - a$, $n \to \infty$, 再由此及引理2.2.10(ii)进一步知, 当 $n \to \infty$ 时,

$$(\lambda_n e - a)^{-1} \to (\lambda_0 e - a)^{-1}$$

故

$$\|(\lambda_0 e - a)^{-1}\| = \lim_{n \to \infty} \|(\lambda_n e - a)^{-1}\| = \infty.$$

与 $\lambda_0 \in \rho_{\mathscr{A}}(a)$ 矛盾, 所以 $\partial\sigma_{\mathscr{B}}(a) \subset \sigma_{\mathscr{A}}(a)$. 至此, 引理2.5.2得证. □

引理2.5.3 设$\mathscr{A}$是一个C^*代数, $\mathscr{B}$是$\mathscr{A}$的一个关于*对合封闭的且有单位元的闭交换子代数, 则, 对任意$a \in \mathscr{B}$,

(i) a在$\mathscr{B}$中可逆当且仅当a在$\mathscr{A}$中可逆;

(ii) $\sigma_{\mathscr{B}}(a) = \sigma_{\mathscr{A}}(a)$.

证明 (i) 给定$a \in \mathscr{B}$, 如果a在$\mathscr{B}$中可逆, 那么显然有$a^{-1} \in \mathscr{B} \subset \mathscr{A}$. 故$a$在$\mathscr{A}$中可逆. 因此, 只需证明: 若$a \in \mathscr{B}$且$a$在$\mathscr{A}$中可逆, 则$a$也在$\mathscr{B}$中可逆. 因为由引理2.4.5(i)知$a^*a$是Hermite元, 再由定理2.2.33和引理2.4.13, 进一步知

$$\sigma_{\mathscr{B}}(a^*a) = \{\Gamma(a^*a)(J) : J \in \mathfrak{M}\} \subset \mathbb{R},$$

其中$\mathfrak{M}$为$\mathscr{B}$的所有极大理想组成的集合. 从而, 由(2.5.3)有

$$\sigma_{\mathscr{A}}(a^*a) \subset \sigma_{\mathscr{B}}(a^*a) \subset \mathbb{R}.$$

因此, $\sigma_{\mathscr{A}}(a^*a) = \partial \sigma_{\mathscr{A}}(a^*a)$且$\sigma_{\mathscr{B}}(a^*a) = \partial \sigma_{\mathscr{B}}(a^*a)$ (此处∂A表示A作为$\mathbb{C}$中集合的边界). 于是由引理2.5.2, 进一步有

$$\sigma_{\mathscr{B}}(a^*a) \supset \sigma_{\mathscr{A}}(a^*a) = \partial \sigma_{\mathscr{A}}(a^*a)$$
$$\supset \partial \sigma_{\mathscr{B}}(a^*a) = \sigma_{\mathscr{B}}(a^*a).$$

从而

$$\sigma_{\mathscr{B}}(a^*a) = \sigma_{\mathscr{A}}(a^*a).$$

现在设$a^{-1} \in \mathscr{A}$, 则由引理2.4.5(iv)知$(a^*)^{-1} \in \mathscr{A}$. 于是有$(a^*a)^{-1} \in \mathscr{A}$. 故

$$0 \notin \sigma_{\mathscr{A}}(a^*a),$$

从而$0 \notin \sigma_{\mathscr{B}}(a^*a)$, 因此, $(a^*a)^{-1} \in \mathscr{B}$, 由$\mathscr{B}$交换, 进一步有

$$e = (a^*a)^{-1}a^*a = a(a^*a)^{-1}a^*.$$

由此及$(a^*a)^{-1}a^* \in \mathscr{B}$知$a$在$\mathscr{B}$中可逆且$a^{-1} = (a^*a)^{-1}a^*$.

(ii) 由(2.5.3), 为证(ii), 只需证明, 对$\forall a \in \mathscr{B}$, 有$\sigma_{\mathscr{B}}(a) \subset \sigma_{\mathscr{A}}(a)$, 即

$$\rho_{\mathscr{A}}(a) \subset \rho_{\mathscr{B}}(a).$$

若 $\lambda \in \rho_{\mathscr{A}}(a)$, 则 $\lambda e - a$ 在 $\mathscr{A}$ 中可逆. 由(i)知 $\lambda e - a$ 在 $\mathscr{B}$ 中可逆, 从而 $\lambda \in \rho_{\mathscr{B}}(a)$. 故 $\rho_{\mathscr{A}}(a) \subset \rho_{\mathscr{B}}(a)$. 从而 $\sigma_{\mathscr{A}}(a) = \sigma_{\mathscr{B}}(a)$. 至此, 引理2.5.2得证. □

由引理2.5.3, 我们得到, 对于正常算子 $N \in \mathscr{L}(\mathscr{H})$, 有

$$\sigma_{\mathscr{L}(\mathscr{H})}(N)[=: \sigma(N)] = \sigma_{\mathscr{A}_N}(N). \tag{2.5.4}$$

定理2.5.4 设 N 是 $\mathscr{H}$ 上的正常算子, $\mathscr{A}_N$ 是 $\mathscr{L}(\mathscr{H})$ 中由恒同算子 I 与 N 生成的最小闭 C^* 代数且 $\mathfrak{M}$ 为 $\mathscr{A}_N$ 的极大理想空间, 则 $\sigma(N)$ 与 $\mathfrak{M}$ 同胚.

证明 记 Γ 是 $\mathscr{A}_N$ 到 $C(\mathfrak{M})$ 的 Gelfand 表示. 定义

$$\psi_0 : \begin{cases} \mathfrak{M} \longrightarrow \sigma_{\mathscr{A}_N}(N) = \sigma(N), \\ J \longmapsto (\Gamma N)(J). \end{cases}$$

由定理2.2.33及 $\sigma(N) = \sigma_{\mathscr{A}_N}(N)$ 知 $\psi_0(J)$ 是一个从极大理想空间 $\mathfrak{M}$ 到 $\sigma(N)$ 上的满射. 以下证明 ψ_0 是单射. 事实上, 如果 $J_1, J_2 \in \mathfrak{M}$ 且 $\psi_0(J_1) = \psi_0(J_2)$, 那么由 Gelfand 表示的定义知存在连续同态 $\varphi_{J_1}, \varphi_{J_2} : \mathscr{A}_N \longrightarrow \mathbb{C}$ 使得

$$\begin{aligned}\langle \varphi_{J_1}, N \rangle &= (\Gamma N)(J_1) = \psi_0(J_1) \\ &= \psi_0(J_2) = (\Gamma N)(J_2) = \langle \varphi_{J_2}, N \rangle.\end{aligned}$$

进而由定理2.4.12有

$$\begin{aligned}\langle \varphi_{J_1}, N^* \rangle &= (\Gamma(N^*))(J_1) \\ &= \overline{\Gamma N}(J_1) = \overline{\Gamma N}(J_2) \\ &= (\Gamma(N^*))(J_2) = \langle \varphi_{J_2}, N^* \rangle.\end{aligned}$$

再由 $\varphi_{J_1}, \varphi_{J_2}$ 的连续性及 $\mathscr{A}_N = \overline{\mathscr{B}_N}$, 上面两等式可以扩充到整个 $\mathscr{A}_N$ 上. 于是对 $\forall a \in \mathscr{A}_N$, 有

$$\langle \varphi_{J_1}, a \rangle = \langle \varphi_{J_2}, a \rangle.$$

即 $\varphi_{J_1} = \varphi_{J_2}$. 再由引理2.2.17知 $J_1 = J_2$. 故 ψ_0 为单射.

下证

$$\psi_0^{-1}(\tau_{\sigma(N)}) = \tau_{\mathfrak{M}},$$

其中$\tau_{\sigma(N)}$是$\sigma(N)$关于复平面$\mathbb{C}$的诱导拓扑. 令i为$\sigma(N)$到$\mathbb{C}$上的自然嵌入, 即

$$i: \begin{cases} \sigma(N) \longrightarrow \mathbb{C}, \\ x \longmapsto x. \end{cases}$$

注意到, 对任意开集$U \subset \mathbb{C}$,

$$i^{-1}U = U \cap \sigma(N)$$

为$\sigma(N)$中的开集. 因ψ_0关于$\psi_0^{-1}(\tau_{\sigma(N)})$是连续的且

$$(\Gamma N)(J) = i \circ \psi_0(J),$$

故ΓN在$\mathfrak{M}$上关于$\psi_0^{-1}(\tau_{\sigma(N)})$是连续的. 由$\tau_{\mathfrak{M}}$为使得$\Gamma N$连续的最弱拓扑知

$$\tau_{\mathfrak{M}} \subset \psi_0^{-1}(\tau_{\sigma(N)}). \tag{2.5.5}$$

又由定理2.2.31(ii)可知$(\sigma(N), \tau_{\sigma(N)})$紧, 从而, 由$(\mathfrak{M}, \psi_0^{-1}(\tau_{\sigma(N)}))$与

$$(\sigma(N), \tau_{\sigma(N)})$$

拓扑同胚知$(\mathfrak{M}, \psi_0^{-1}(\tau_{\sigma(N)}))$也紧. 由此及$(\mathfrak{M}, \tau_{\mathfrak{M}})$为Hausdorff的, (2.5.5)和引理2.3.1进一步知

$$(\mathfrak{M}, \tau_{\mathfrak{M}}) = (\mathfrak{M}, \psi_0^{-1}(\tau_{\sigma(N)}))$$

与$(\sigma(N), \tau_{\sigma(N)})$拓扑同胚. 至此, 定理2.5.4得证. □

推论2.5.5 若N为Hilbert空间$\mathscr{H}$上的正常算子, 则$\mathscr{A}_N$与$C(\sigma(N))$等距*在上同构.

证明 由定理2.4.12知Gelfand表示Γ是$\mathscr{A}_N$到$C(\mathfrak{M})$上的一个*等距在上同构. 又由定理2.5.4及其证明知

$$\psi_0 := \Gamma N \tag{2.5.6}$$

是$\mathfrak{M}$到$\sigma(N)$上的一个同胚对应. 令

$$\widetilde{\Gamma}: \begin{cases} \mathscr{A}_N \longrightarrow C(\sigma(N)), \\ a \longmapsto \widetilde{\Gamma}a, \end{cases} \tag{2.5.7}$$

其中, 对任意 $z \in \sigma(N)$,

$$\left(\widetilde{\Gamma}a\right)(z) := (\Gamma a)(\psi_0^{-1}(z)) := (\Gamma a)((\Gamma N)^{-1}(z)).$$

下证 $\widetilde{\Gamma}$ 为 * 等距在上同构.

事实上, 由 Γ 为同态知 $\widetilde{\Gamma}$ 也为同态. 又对任意 $a \in \mathscr{A}_N$ 及 $z \in \sigma(N)$, 由定理 2.4.12(i) 知

$$\begin{aligned}\left(\widetilde{\Gamma}a^*\right)(z) &= (\Gamma a^*)(\psi_0^{-1}(z)) \\ &= \overline{(\Gamma a)(\psi_0^{-1}(z))} = \overline{(\widetilde{\Gamma}a)(z)}.\end{aligned}$$

即 $\widetilde{\Gamma}a^* = \overline{\widetilde{\Gamma}a}$. 故 $\widetilde{\Gamma}$ 为 * 同态.

下证 $\widetilde{\Gamma}$ 等距. 为此, 根据 ψ_0 为同胚(见定理 2.5.4 之证明)以及 Γ 等距[见定理 2.4.12(ii)]知

$$\begin{aligned}\left\|\widetilde{\Gamma}a\right\|_{C(\sigma(N))} &= \sup_{z \in \sigma(N)} |(\Gamma a)(\psi_0^{-1}(z))| \\ &= \sup_{J \in \mathfrak{M}} |(\Gamma a)(J)| \\ &= \|\Gamma a\|_{C(\mathfrak{M})} = \|a\|_{\mathscr{L}(\mathscr{H})}.\end{aligned}$$

即 $\widetilde{\Gamma}$ 为等距映射.

最后证明 $\widetilde{\Gamma}$ 为满射. 任取 $g \in C(\sigma(N))$, 因 ψ_0 为同胚, 故 $h := g \circ \psi_0 \in C(\mathfrak{M})$. 从而, 由定理 2.4.12(iii) 知存在 $\Gamma^{-1}h \in \mathscr{A}_N$ 使得 $\Gamma(\Gamma^{-1}h) = h$. 由此, 对任意 $z \in \sigma(N)$, 有

$$\left(\widetilde{\Gamma}(\Gamma^{-1}h)\right)(z) = \Gamma(\Gamma^{-1}h)(\psi_0^{-1}(z)) = h(\psi_0^{-1}(z)) = g(z).$$

从而 $\widetilde{\Gamma}$ 为满射. 至此, 推论 2.5.5 得证. □

回顾对任意 $z \in \sigma(N)$, $\psi_0^{-1}(z) = (\Gamma N)^{-1}(z) \in \mathfrak{M}$. 从而

$$\left(\widetilde{\Gamma}N\right)(z) = (\Gamma N)\left((\Gamma N)^{-1}(z)\right) = z, \tag{2.5.8}$$

$$\left(\widetilde{\Gamma}(N^*)\right)(z) = (\Gamma(N^*))((\Gamma N)^{-1}(z)) = \overline{(\Gamma N)((\Gamma N)^{-1}(z))} = \bar{z}, \tag{2.5.9}$$

$$\left(\widetilde{\Gamma} I\right)(z) = \Gamma I(\psi_0^{-1}(z))$$
$$= \varphi_{\psi_0^{-1}(z)}(I) = 1 \ [见定理2.2.29, (2.2.6)和命题2.2.15]$$

且
$$\left(\widetilde{\Gamma}(N^n)\right)(z) = \left(\widetilde{\Gamma} N(z)\right)^n = z^n.$$

命题2.5.6 对任意$\varphi \in C(\sigma(N))$, 定义连续算符演算

$$\varphi(N) := \widetilde{\Gamma}^{-1}\varphi. \tag{2.5.10}$$

则该算符演算满足, 对任意$\alpha, \beta \in \mathbb{C}$及任意$\varphi, \psi \in C(\sigma(N))$,

(i) $(\alpha\varphi + \beta\psi)(N) = \alpha\varphi(N) + \beta\psi(N)$;

(ii) $(\varphi\psi)(N) = \varphi(N)\psi(N) = \psi(N)\varphi(N)$ (因$\mathscr{A}_N$可交换);

(iii) $[\varphi(N)]^* = \overline{\varphi}(N)$;

(iv) $1(N) = I$;

(v) $z(N) = N$;

(vi) $\overline{z}(N) = N^*$.

证明 (i) 由Γ的线性显然.

(ii) 对$\forall z \in \sigma(N)$,

$$\widetilde{\Gamma}((\varphi\psi)(N))(z) = \widetilde{\Gamma}\left(\widetilde{\Gamma}^{-1}(\varphi\psi)\right)(z)$$
$$= (\varphi\psi)(z) = \varphi(z)\psi(z)$$
$$= \widetilde{\Gamma}(\varphi(N))(z)\widetilde{\Gamma}(\psi(N))(z)$$
$$= \widetilde{\Gamma}(\varphi(N)\psi(N))(z).$$

故由$\widetilde{\Gamma}$为同构知$(\varphi\psi)(N) = \varphi(N)\psi(N)$. 由此和$\mathscr{A}_N$可交换进一步知(ii)成立.

(iii) 事实上, 由(2.5.10)知

$$\widetilde{\Gamma}([\varphi(N)]^*)(z) = \overline{\widetilde{\Gamma}(\varphi(N))(z)} = \overline{\widetilde{\Gamma}(\widetilde{\Gamma}^{-1}\varphi)(z)}$$

$$= \overline{\varphi(z)} = \overline{\varphi}(z) = \widetilde{\Gamma}\left(\widetilde{\Gamma}^{-1}\overline{\varphi}\right)(z)$$
$$= \widetilde{\Gamma}(\overline{\varphi}(N))(z).$$

故由$\widetilde{\Gamma}$为同构知$[\varphi(N)]^* = \overline{\varphi}(N)$. 即(iii)成立.

(iv) 由$\widetilde{\Gamma}I = 1$及$\widetilde{\Gamma}$为同构可得.

(v) 由$\widetilde{\Gamma}N(z) = z$及$\widetilde{\Gamma}$为同构可得.

(vi) 由(iii)和(v)可得.

至此, 命题2.5.6得证. □

命题2.5.7 设N为Hilbert空间$\mathscr{H}$上的正常算子,

(i) 若$\varphi \in C(\sigma(N))$, 则$\sigma(\varphi(N)) = \varphi(\sigma(N))$;

(ii) 若$\varphi \in C(\sigma(N))$且$\psi \in C(\varphi(\sigma(N)))$, 则

$$(\psi \circ \varphi)(N) = \psi(\varphi(N)).$$

证明 (i) 由$\varphi(N) = \widetilde{\Gamma}^{-1}\varphi$知$\varphi = \widetilde{\Gamma}\varphi(N)$. 由此及定理2.2.29和(2.2.6)进一步知, 对任意$z \in \sigma(N)$,

$$\varphi(z) = \widetilde{\Gamma}\varphi(N)(z) = \Gamma\varphi(N)\psi_0^{-1}(z) = \varphi_{\psi_0^{-1}(z)}(\varphi(N)), \qquad (2.5.11)$$

其中ψ_0见(2.5.6)且φ_J和$J \in \mathfrak{M}$见(2.2.6). 由定理2.2.33有

$$\sigma(\varphi(N)) = \{\varphi_J(\varphi(N)) : J \in \mathfrak{M}\}.$$

由此及$\psi_0^{-1}(z) \in \mathfrak{M}$知$\varphi(z) \in \sigma(\varphi(N))$, 从而$\varphi(\sigma(N)) \subset \sigma(\varphi(N))$.

下证$\sigma(\varphi(N)) \subset \varphi(\sigma(N))$. 对任意$z_0 \in \sigma(\varphi(N))$, 由定理2.2.31知存在$J_0 \in \mathfrak{M}$使得

$$\varphi_{J_0}(\varphi(N)) = z_0.$$

又由$\psi_0: \mathfrak{M} \longrightarrow \sigma(N)$为同胚, 故存在$z_1 \in \sigma(N)$使得

$$J_0 = \psi_0^{-1}(z_1) = (\Gamma N)^{-1}(z_1).$$

所以有

$$z_0 = \varphi_{J_0}(\varphi(N)) = \varphi_{(\Gamma N)^{-1}(z_1)}(\varphi(N)).$$

由此及类似于(2.5.11)的证明知
$$z_0 = \varphi(z_1) \in \varphi(\sigma(N)),$$
从而$\sigma(\varphi(N)) \subset \varphi(\sigma(N))$. 至此, (i)得证.

(ii) 由$\varphi \in C(\sigma(N))$及$\psi \in C(\varphi(\sigma(N)))$知$\psi \circ \varphi \in C(\sigma(N))$. 故
$$(\psi \circ \varphi)(N) = \widetilde{\varGamma}^{-1}(\psi \circ \varphi).$$
从而, 对任意$z \in \sigma(N)$,
$$\widetilde{\varGamma}((\psi \circ \varphi)(N))(z) = \widetilde{\varGamma}(\widetilde{\varGamma}^{-1}(\psi \circ \varphi))(z) = \psi(\varphi(z)). \tag{2.5.12}$$
令$M := \varphi(N)$且$\widetilde{\varGamma_1}: \mathscr{A}_M \longrightarrow C(\sigma(M))$为推论2.5.5所确定的*等距在上同构. 现对任意$z \in \sigma(N)$, 令$\lambda := \varphi(z)$. 则由(i)知
$$\lambda \in \varphi(\sigma(N)) = \sigma(\varphi(N)) = \sigma(M)$$
且由(2.5.8)及(2.5.10)知
$$\left(\widetilde{\varGamma_1}\varphi(N)\right)(\lambda) = (\widetilde{\varGamma_1}M)(\lambda) = \lambda = \varphi(z) = \widetilde{\varGamma}(\varphi(N))(z).$$
由此及$\widetilde{\varGamma}, \widetilde{\varGamma_1}$均为同态知, 对任意$n \in \mathbb{N}$,
$$\left(\widetilde{\varGamma_1}([\varphi(N)]^n)\right)(\lambda) = [\varphi(z)]^n = \widetilde{\varGamma}([\varphi(N)]^n)(z).$$
从而, 对任意多项式P, 有
$$\left(\widetilde{\varGamma_1}(P(\varphi(N)))\right)(\lambda) = P(\varphi(z)) = \widetilde{\varGamma}(P(\varphi(N)))(z). \tag{2.5.13}$$
由定理2.2.31(ii)知$\sigma(\varphi(N))$紧, 而由(i)知$\psi \in C(\varphi(\sigma(N))) = C(\sigma(\varphi(N)))$, 故由Weierstrass定理知存在多项式列$\{P_n\}_{n \in \mathbb{N}_+}$使得, 当$n \to \infty$时,
$$\|P_n - \psi\|_{C(\sigma(\varphi(N)))} \to 0. \tag{2.5.14}$$
由此及$\widetilde{\varGamma}, \widetilde{\varGamma_1}$均为等距同构知, 当$n \to \infty$时,
$$\left\|\widetilde{\varGamma}(P_n(\varphi(N)) - \psi(\varphi(N)))\right\|_{C(\sigma(N))}$$

$$= \|P_n(\varphi(N)) - \psi(\varphi(N))\|_{\mathscr{L}(\mathscr{H})}$$
$$= \left\|\widetilde{\Gamma}_1^{-1}(P_n - \psi)\right\|_{\mathscr{L}(\mathscr{H})}$$
$$= \|P_n - \psi\|_{C(\sigma(\varphi(N)))} \to 0. \tag{2.5.15}$$

类似地, 由$P_n(\varphi(N)) - \psi(\varphi(N)) = \widetilde{\Gamma}_1^{-1}(P_n - \psi)$知, 当$n \to \infty$时,

$$\left\|\widetilde{\Gamma}_1(P_n(\varphi(N)) - \psi(\varphi(N)))\right\|_{C(\sigma(\varphi(N)))}$$
$$= \|P_n - \psi\|_{C(\sigma(\varphi(N)))} \to 0. \tag{2.5.16}$$

由(2.5.14), (2.5.15)和(2.5.16)及(2.5.13)对P_n成立取极限知, 对$\forall z \in \sigma(N)$,

$$\psi(\varphi(z)) = \widetilde{\Gamma}_1(\psi(\varphi(N)))(\lambda) = \widetilde{\Gamma}(\psi(\varphi(N)))(z).$$

由此及(2.5.12)和$\widetilde{\Gamma}$为同构可得$(\psi \circ \varphi)(N) = \psi(\varphi(N))$. 至此, 命题2.5.7得证.
$\square$

称$\mathscr{H}$上线性算子T是正算子, 若T自伴且$(Tx,x) \geqslant 0, \forall x \in \mathscr{H}$. 利用连续算符演算的规则, 我们得到如下几个有用的结论.

定理2.5.8 设N是$\mathscr{H}$上的一个正常算子, 则

(i) N是自伴的当且仅当$\sigma(N) \subset \mathbb{R}$;

(ii) N是正的当且仅当$\sigma(N) \subset \mathbb{R}_+ := [0, \infty)$.

证明 先证(i). 设N自伴, 则由(2.5.4)及定理2.2.33知

$$\sigma(N) = \sigma_{\mathscr{A}_N}(N) = \left\{\widehat{N}(J) : J \in \mathfrak{M}\right\}.$$

又由引理2.4.13知, 对任意$J \in \mathfrak{M}, \widehat{N}(J) \in \mathbb{R}$, 故$\sigma(N) \subset \mathbb{R}$. 反之, 若$N$是正常算子且$\sigma(N) \subset \mathbb{R}$, 则, 对$\forall z \in \sigma(N) \subset \mathbb{R}$, 有$z = \bar{z}$. 从而, 由(2.5.9)知

$$\left(\widetilde{\Gamma}(N^*)\right)(z) = \bar{z} = z.$$

故由(2.5.10)有

$$\bar{z}(N) = \widetilde{\Gamma}^{-1}(\bar{z}) = \widetilde{\Gamma}^{-1}(z) = z(N).$$

从而
$$N^* = \bar{z}(N) = z(N) = N,$$

所以N自伴. 故(i)成立.

下面证明(ii). 设N为正常算子, 并且$\sigma(N) \subset \mathbb{R}_+$. 由(i)知$N$是自伴的. 又因为$z^{1/2}$是$C(\sigma(N))$上的元素, 记$N^{1/2} := z^{1/2}(N)$, 则由算符演算规则[见命题2.5.6的(ii)和(iii)]知

$$N^{1/2} = z^{1/2}(N) = \overline{z^{1/2}}(N) = (N^{1/2})^*,$$

并且$N = z(N) = z^{1/2}(N)z^{1/2}(N) = N^{1/2}N^{1/2}$. 因而对$\forall x \in \mathscr{H}$, 有

$$(Nx, x) = ((N^{1/2})^* N^{1/2} x, x)$$
$$= (N^{1/2}x, N^{1/2}x) = \|N^{1/2}x\|_{\mathscr{H}}^2 \geq 0,$$

即N为正算子.

反之, 设N是正算子, 欲证$\sigma(N) \subset \mathbb{R}_+$. 由(i)知$\sigma(N) \subset \mathbb{R}$, 且由定理2.2.29进一步知$\widehat{N}(J)$是$\mathfrak{M}$上的连续实值函数. 对任意$J \in \mathfrak{M}$, 定义

$$f(J) := \max\left\{\widehat{N}(J), 0\right\}$$

且

$$g(J) := \max\left\{\widehat{N}(J), 0\right\} - \widehat{N}(J),$$

则f, g是$\mathfrak{M}$上的连续函数. 由定理2.4.12知$\Gamma: \mathscr{A}_N \longmapsto C(\mathfrak{M})$为*等距在上同构, 故存在$N_1, N_2 \in \mathscr{A}_N$使得$\Gamma N_1 = f$且$\Gamma N_2 = g$. 注意到, 由定理2.2.33有

$$\sigma(N_1) = \{f(J) : J \in \mathfrak{M}\} \subset \mathbb{R}_+$$

且

$$\sigma(N_2) = \{g(J) : J \in \mathfrak{M}\} \subset \mathbb{R}_+.$$

因$N_1, N_2 \in \mathscr{A}_N$, 故$N_1, N_2$均为正常算子. 再由上面的证明知$N_1, N_2$都是正算子且由

$$\Gamma N_2 = g = f - \widehat{N} = \Gamma N_1 - \Gamma N = \Gamma(N_1 - N)$$

及 Γ 为同构知 $N_2 = N_1 - N$.

下证
$$N_1 N_2 = \theta.$$

注意到, 当 $\widehat{N}(J) \geqslant 0$ 时, $g(J) = 0$, 从而 $f(J)g(J) = 0$; 当 $\widehat{N}(J) < 0$ 时, $f(J) = 0$, 从而 $f(J)g(J) = 0$. 故 $f(J)g(J) = 0$ 对 $\forall J \in \mathfrak{M}$ 成立. 由

$$\Gamma(\theta) = 0 = \Gamma N_1 \Gamma N_2 = \Gamma(N_1 N_2)$$

及 Γ 为同构知 $N_1 N_2 = \theta$, 其中 θ 表示 $\mathscr{L}(\mathscr{H})$ 中的零算子. 因 $\sigma(N_2) \subset \mathbb{R}_+$, 故由(i)知 N_2 自伴. 由此及 N, N_2 均为正算子知, 对 $\forall x \in \mathscr{H}$,

$$\begin{aligned} 0 &\leqslant (NN_2 x, N_2 x) = ((N_1 - N_2)N_2 x, N_2 x) \\ &= -(N_2^2 x, N_2 x) = -(N_2^3 x, x) \\ &= -(N_2 N_2 x, N_2 x) \leqslant 0, \end{aligned}$$

因而有 $(N_2^3 x, x) = 0$. 故由命题1.5.5(v)知

$$\|N_2^3\|_{\mathscr{L}(\mathscr{H})} = 0,$$

从而 $N_2^3 = \theta$. 由此及 Γ 为 $\mathscr{A}_N$ 到 $C(\mathfrak{M})$ 上的 $*$ 等距在上同构(见定理2.4.12)和引理2.2.34有

$$\|N_2\|_{\mathscr{L}(\mathscr{H})} = \|\Gamma N_2\|_{C(\mathfrak{M})} = \lim_{n \to \infty} \|N_2^n\|_{\mathscr{L}(\mathscr{H})}^{1/n} = 0.$$

从而得到 $N_2 = \theta$. 故 $\sigma(N) = \sigma(N_1) \subset \mathbb{R}_+$. 至此, 定理2.5.8得证. □

注意到自伴算子与对称算子一致, 故 $\sigma(N) \subset \mathbb{R}$ 已经由命题1.5.5(ii)得到. 但两种证法不同.

推论2.5.9 设 N 是一个正算子, 则必存在唯一的有界正平方根 Q 使得

$$Q^2 = N,$$

且若 $A \in \mathscr{L}(\mathscr{H})$ 满足 $AN = NA$, 则必有 $AQ = QA$.

证明 由定理2.5.8的证明知$Q := z^{1/2}(N)$满足$Q^2 = N$且为正算子. 下证, 若$AN = NA$, 则$AQ = QA$.

因N为正算子, 故由定理2.2.31(ii)和定理2.5.8(ii)知$\sigma(N)$为$\mathbb{R}_+$中一个紧集. 从而, 由Weierstrass定理知存在实多项式列$\{P_n\}_{n \in \mathbb{N}_+}$使得, 当$n \to \infty$时,

$$\sup_{z \in \sigma(N)} |P_n(z) - z^{1/2}| \to 0,$$

故由推论2.5.5进一步有

$$\|P_n(N) - Q\|_{\mathscr{L}(\mathscr{H})} = \left\|\widetilde{\Gamma}^{-1} P_n - \widetilde{\Gamma}^{-1} z^{\frac{1}{2}}\right\|_{\mathscr{L}(\mathscr{H})}$$
$$= \left\|P_n - z^{\frac{1}{2}}\right\|_{C(\sigma(N))} \to 0.$$

又注意到, 当$n \to \infty$时,

$$\|AQ - QA\|_{\mathscr{L}(\mathscr{H})}$$
$$\leqslant \|A(Q - P_n(N))\|_{\mathscr{L}(\mathscr{H})} + \|(P_n(N) - Q)A\|_{\mathscr{L}(\mathscr{H})} \to 0,$$

即$AQ = QA$.

下证唯一性. 设Q_1为N的另一正平方根, 则

$$Q_1 N = Q_1 Q_1^2 = Q_1^2 Q_1 = N Q_1,$$

即Q_1与N可交换. 类似可证Q与N也可交换. 由Q_1与N可交换及已证的结论, 进一步知Q_1与Q可交换. 令

$$\mathscr{A} := \overline{\text{span}\{I, N, Q, Q_1\}}^{\mathscr{L}(\mathscr{H})},$$

则$\mathscr{A}$为交换C^*代数. 由定理2.4.12知其Gelfand表示$\Gamma : \mathscr{A} \longrightarrow C(\mathfrak{M})$为$*$等距在上同构. 由此有

$$(\Gamma Q)^2 = \Gamma(Q^2) = \Gamma(N) = (\Gamma Q_1)^2.$$

又因Q, Q_1为正算子, 故由定理2.5.8(ii)有$\sigma(Q), \sigma(Q_1) \subset \mathbb{R}_+$. 从而, 由定理2.2.33知$\Gamma Q \geqslant 0$且$\Gamma Q_1 \geqslant 0$. 因此, $\Gamma Q = \Gamma Q_1$, 进而由Γ为同构知$Q = Q_1$. 至此, 推论2.5.9得证. □

§2.5.2 正常算子的谱族与谱分解定理

在本小节将给出投影算子的一些性质,这主要是为谱族的定义及性质做准备;并且利用Riesz表示定理将正常算子的算符演算扩张到有界Borel可测函数类上;另外,将给出谱族的概念,进一步构造正常算子的谱族,并且结合算符演算的性质得到谱分解定理.

在2.5.1节,已经把正常算子N的算符演算扩充到了一切$\sigma(N)$上的连续函数,即对$\forall \varphi \in C(\sigma(N))$,定义了

$$\varphi(N) := \widetilde{\Gamma}^{-1}\varphi \in \mathscr{A}_N \subset \mathscr{L}(\mathscr{H})$$

(见命题2.5.6). 现在还要把这种演算规则扩张到更广泛的一类函数——有界Borel可测函数类$B(\sigma(N))$——上去. 之所以要做这种扩张是因为: 当$\sigma(N)$是一个连通集时,

$$\mathscr{A}_N := \widetilde{\Gamma}^{-1}C(\sigma(N))$$

中实际上不包含任何真正的投影算子P $(P \neq I$或$\theta)$. 事实上, 如果存在投影算子$P \in \mathscr{A}_N$, 那么由$P^2 = P$可知$\varphi := \widetilde{\Gamma}P \in C(\sigma(N))$应满足$\varphi^2 = \varphi$, 由此可推得$\varphi \equiv 1$或为$0$. 故$P = 1(N) = I$或$P = 0(N) = \theta$.

下面讨论的谱分解定理是线性代数中对称矩阵$\mathbf{A}$对角化定理的推广:

$$\mathbf{A} = \sum_i \lambda_i \mathbf{P}_i,$$

其中,对$\forall i$, $\mathbf{P}_i$是投影矩阵且λ_i为$\mathbf{A}$的特征值. 换句话说,想把正常算子分解为一些投影算子的倍数之和. 因此,将遇到许多与N相联系的投影算子. 首先来讨论投影算子的代数运算.

设M是Hilbert空间$\mathscr{H}$的闭子空间,对于$x \in \mathscr{H}$,由正交分解定理(见文献[7]推论1.6.37)知可以唯一地分解为$x = y + z$,其中$y \in M$且$z \perp M$. 记$Px := y$,于是P是M上的**投影算子**. 易知投影算子P具有以下性质:

(i) P自伴,而且,当$M \neq \{\theta\}$时,$\|P\|_{\mathscr{L}(\mathscr{H})} = 1$;

(ii) $P^2 = P$.

事实上, 对任意 $x, y \in \mathscr{H}$, 有正交分解

$$x = x_M + x_{M^\perp} \quad \text{和} \quad y = y_M + y_{M^\perp},$$

其中 $x_M, y_M \in M$ 且 $x_{M^\perp}, y_{M^\perp} \in M^\perp$. 于是有

$$(Px, y) = (x_M, y_M + y_{M^\perp}) = (x_M, y_M) = (x, Py) = (P^*x, y),$$

从而 $P = P^*$, 即 P 自伴.

又对任意 $x \in \mathscr{H}$, 有

$$\|Px\|_{\mathscr{H}}^2 = (x_M, x_M) = (x, x) - (x_{M^\perp}, x_{M^\perp}) \leqslant \|x\|_{\mathscr{H}}^2.$$

从而 $\|P\|_{\mathscr{L}(\mathscr{H})} \leqslant 1$. 因 $M \neq \{\theta\}$, 取 $x \in M \setminus \{\theta\}$, 则 $Px = x$. 因此,

$$\|P\|_{\mathscr{L}(\mathscr{H})} := \sup_{x \in \mathscr{H}, x \neq \theta} \frac{\|Px\|_{\mathscr{H}}}{\|x\|_{\mathscr{H}}} \geqslant 1.$$

故 $\|P\|_{\mathscr{L}(\mathscr{H})} = 1$.

现对任意 $x \in \mathscr{H}$, 由 $P^2 x = P(Px) = Px_M = x_M = Px$ 知 $P^2 = P$.

反之, 若有界线性算子 P 满足: $P^2 = P$ 且 P 自伴, 则 P 是它的值域 $P(\mathscr{H})$ 上的投影算子. 为证明此断言, 先证明 $M := P(\mathscr{H})$ 闭. 设 $x_0 \in \mathscr{H}$, $\{x_n\}_{n \in \mathbb{N}_+} \subset \mathscr{H}$ 且, 当 $n \to \infty$ 时, $Px_n \to x_0$. 则, 当 $n \to \infty$ 时,

$$\|x_0 - Px_0\|_{\mathscr{H}} \leqslant \|x_0 - Px_n\|_{\mathscr{H}} + \|Px_n - Px_0\|_{\mathscr{H}}$$
$$= \|x_0 - Px_n\|_{\mathscr{H}} + \|P^2 x_n - Px_0\|_{\mathscr{H}}$$
$$\leqslant (1 + \|P\|_{\mathscr{L}(\mathscr{H})}) \|x_0 - Px_n\|_{\mathscr{H}} \to 0.$$

从而

$$x_0 = Px_0 \in M.$$

从而 M 闭. 暂记 T 为从 $\mathscr{H}$ 到 $P(\mathscr{H})$ 上的投影算子. 则, 对 $\forall x \in \mathscr{H}$, 根据正交分解定理, 存在唯一的分解 $x = P(\widetilde{x}) + \widetilde{z}$, 其中 $\widetilde{x} \in \mathscr{H}$ 且 $\widetilde{z} \perp P(\mathscr{H})$. 从而 $T(x) = P(\widetilde{x})$. 又任取 $y \in \mathscr{H}$, 则根据正交分解定理知 y 有唯一分解 $P(x_0) + z_0$, 其中 $x_0 \in \mathscr{H}$ 且 $z_0 \perp P(\mathscr{H})$. 由此, 我们进一步有

$$(T(x), y) = (P(\widetilde{x}), y) = (P(\widetilde{x}), P(x_0)) + (P(\widetilde{x}), z_0)$$

$$= (P(\widetilde{x}), P(x_0)) = (x - \widetilde{z}, P(x_0))$$
$$= (x, P(x_0)) = (x, P^2(x_0))$$
$$= (P(x), P(x_0)) = (P(x), y - z_0)$$
$$= (P(x), y).$$

因此, 对 $\forall x \in \mathscr{H}, T(x) = P(x)$. 故 P 是从 $\mathscr{H}$ 到 $P(\mathscr{H})$ 上的投影算子. 由此引出如下定义.

定义2.5.10 $P \in \mathscr{L}(\mathscr{H})$ 称为**投影算子**, 若

(i) P 是自伴算子;

(ii) $P^2 = P$.

定义2.5.10所定义的投影算子实际上是如前所定义的 $P(\mathscr{H})$ 上的投影算子的**另一种证法**. 已证 $M := P(\mathscr{H})$ 闭, 下证 P 为 M 上的投影算子. 为此, 对任意 $x \in \mathscr{H}$, 令

$$y := Px \in M \quad \text{且} \quad z := x - y.$$

则 $x = y + z$. 下证 $z \in M^\perp$. 对任意 $y_1 \in M$, 由 $M = P(\mathscr{H})$ 知存在 $x_1 \in \mathscr{H}$ 使得 $y_1 = Px_1$. 故

$$(y_1, z) = (Px_1, x - Px) = (Px_1, x) - (Px_1, Px)$$
$$= (Px_1, x) - (P^2 x_1, x) = 0.$$

即得 $z \in M^\perp$. 由正交分解的唯一性即知 $x_M = y$ 且 $x_{M^\perp} = z$. 故 P 为 M 上的投影算子.

命题2.5.11 若 P 为投影算子, 则

(i) $\|P\|_{\mathscr{L}(\mathscr{H})} = 1$ 或 $\|P\|_{\mathscr{L}(\mathscr{H})} = 0$;

(ii) 若 $x \in P(\mathscr{H})$, 则 $Px = x$.

证明 (i) 对 $\forall x \in \mathscr{H}$, 因 $Px = x - z$ 且 $z \perp P(\mathscr{H})$, 故

$$\|Px\|^2 = \|x\|^2 - \|z\|^2 \leqslant \|x\|^2.$$

从而 $\|P\|_{\mathscr{L}(\mathscr{H})} \leqslant 1$. 若 $P \equiv 0$, 则 $\|P\|_{\mathscr{L}(\mathscr{H})} = 0$. 否则, 必存在 $x_0 \in \mathscr{H}$ 使得 $Px_0 \neq 0$. 从而

$$\|P\|_{\mathscr{L}(\mathscr{H})} \geqslant \frac{\|P^2 x_0\|}{\|Px_0\|} = 1.$$

故 $\|P\|_{\mathscr{L}(\mathscr{H})} = 1$. 因此, (i) 得证.

(ii) 若 $x \in P(\mathscr{H})$, 则存在 $x_0 \in \mathscr{H}$ 使得 $x = Px_0$. 从而

$$Px = P^2 x_0 = Px_0 = x.$$

故 (ii) 成立. 至此, 命题 2.5.11 得证. □

一般来说, 两个投影算子的和、差、积不一定仍是投影算子, 但是如果加适当的条件, 那么仍然可以使它们成为投影算子.

定理 2.5.12 设 P_1 和 P_2 为投影算子, 则两者的乘积 $P_1 P_2$ 是投影算子当且仅当 P_1 和 P_2 可交换.

证明 设 P_1, P_2 是投影算子, 若 P_1, P_2 可交换, 则

$$(P_1 P_2)^* = P_2^* P_1^* = P_2 P_1 = P_1 P_2,$$

故 $P_1 P_2$ 是自伴的. 又

$$(P_1 P_2)^2 = P_1 P_2 P_1 P_2 = (P_1)^2 (P_2)^2 = P_1 P_2,$$

故 $P_1 P_2$ 是投影算子.

反之, 设 $P_1 P_2$ 是投影算子, 由

$$P_2 P_1 = P_2^* P_1^* = (P_1 P_2)^* = P_1 P_2,$$

知 P_1, P_2 是可交换的. 至此, 定理 2.5.12 得证. □

定理 2.5.13 设 P_1 和 P_2 为投影算子, 则以下命题等价:

(i) $P_1 + P_2$ 是投影算子;

(ii) $P_1 P_2 = \theta$ (或 $P_2 P_1 = \theta$);

(iii) $P_1(\mathscr{H}) \perp P_2(\mathscr{H})$ [即对 $\forall x \in P_1(\mathscr{H})$ 和 $y \in P_2(\mathscr{H})$, 有 $x \perp y$].

证明 (i) $\Longrightarrow$ (ii). 设 P_1, P_2 是投影算子, 若 $P_1 + P_2$ 也是投影算子, 则

$$P_1 + P_2 = (P_1 + P_2)^2 = P_1 + P_1 P_2 + P_2 P_1 + P_2.$$

因此, 有 $P_1 P_2 + P_2 P_1 = \theta$, 从左、右两方向分别乘 P_1, 得

$$P_1 P_2 = -P_1 P_2 P_1 = P_2 P_1.$$

故有 $P_1 P_2 = P_2 P_1$. 从而 (ii) 成立.

(ii) $\Longrightarrow$ (iii). 任取 $y_1 \in P_1(\mathscr{H})$ 且 $y_2 \in P_2(\mathscr{H})$, 存在 $x_1, x_2 \in \mathscr{H}$ 使得

$$P_1 x_1 = y_1$$

且 $P_2 x_2 = y_2$. 因此,

$$(y_1, y_2) = (P_1 x_1, P_2 x_2) = (x_1, P_1 P_2 x_2) = 0.$$

即 (iii) 成立.

(iii) $\Longrightarrow$ (i). 记

$$M := \{y_1 + y_2 : y_1 \in P_1(\mathscr{H}), y_2 \in P_2(\mathscr{H})\},$$

则 $M = P_1(\mathscr{H}) \bigoplus P_2(\mathscr{H})$.

下面断言 M 闭. 事实上, 设存在 $\{y_1^{(n)} + y_2^{(n)}\}_{n \in \mathbb{N}_+}$ 为 M 中的基本列, 则由 $P_1(\mathscr{H}) \perp P_2(\mathscr{H})$ 可知, 当 $n, m \to \infty$ 时,

$$\left\| y_1^{(n)} + y_2^{(n)} - [y_1^{(m)} + y_2^{(m)}] \right\|^2$$
$$= \left\| y_1^{(n)} - y_1^{(m)} \right\|^2 + \left\| y_2^{(n)} - y_2^{(m)} \right\|^2 \to 0.$$

故 $\{y_1^{(n)}\}_{n\in\mathbb{N}_+}$ 和 $\{y_2^{(m)}\}_{m\in\mathbb{N}_+}$ 分别为 $P_1(\mathscr{H})$ 及 $P_2(\mathscr{H})$ 的基本列. 从而由 $P_1(\mathscr{H})$ 与 $P_2(\mathscr{H})$ 的完备性即知存在 $y_1 \in P_1(\mathscr{H})$ 及 $y_2 \in P_2(\mathscr{H})$ 使得, 当 $n \to \infty$ 时,

$$\left\|y_1^{(n)} - y_1\right\| \to 0 \text{ 且 } \left\|y_2^{(n)} - y_2\right\| \to 0.$$

故, 当 $n \to \infty$ 时,

$$\left\|y_1^{(n)} + y_2^{(n)} - [y_1 + y_2]\right\| \to 0.$$

又 $y_1 + y_2 \in M$, 因此, M 闭. 从而所证断言成立.

下证 $P_1 + P_2$ 是 M 上的投影算子. 对 $\forall x \in \mathscr{H}$, 作正交分解 $x = y + z$, 其中 $y \in M$ 且 $z \in M^\perp$. 再将 y 分解为 $y = y_1 + y_2$, 其中 $y_1 \in P_1(\mathscr{H})$ 且 $y_2 \in P_2(\mathscr{H})$. 显然 $P_1 x = y_1$ [因 $(y_2 + z) \perp P_1(\mathscr{H})$] 且 $P_2 x = y_2$ [因 $(y_1 + z) \perp P_2(\mathscr{H})$], 从而

$$(P_1 + P_2)x = P_1 x + P_2 x = y_1 + y_2 = y.$$

于是 $P_1 + P_2$ 是 M 上的投影算子. 故 (i) 成立. 至此, 定理得证. □

定义 2.5.14 设 P_1 和 P_2 是投影算子, 如果 $P_1(\mathscr{H}) \subset P_2(\mathscr{H})$, 那么称 P_1 是 P_2 的**部分算子**.

注记 2.5.15 P_1 是 P_2 的部分算子的充要条件是 $P_2 x = P_1 x$, $\forall x \in P_1(\mathscr{H})$.

事实上, 若 $P_1(\mathscr{H}) \subset P_2(\mathscr{H})$, 则, 对任意 $x \in P_1(\mathscr{H})$, 有 $x \in P_2(\mathscr{H})$. 从而 $P_2 x = x = P_1 x$ [见命题 2.5.11(ii)]. 反之, 对任意 $x \in P_1(\mathscr{H})$, 有

$$x = P_1 x = P_2 x \in P_2(\mathscr{H}),$$

故 $P_1(\mathscr{H}) \subset P_2(\mathscr{H})$. 从而所证结论成立.

引理 2.5.16 设 P_1 和 P_2 为投影算子, 则以下命题等价:

(i) P_1 是 P_2 的部分算子;

(ii) $P_1 P_2 = P_2 P_1 = P_1$;

(iii) 对 $\forall x \in \mathscr{H}$, $\|P_1 x\|_{\mathscr{H}} \leqslant \|P_2 x\|_{\mathscr{H}}$.

证明 (i) $\implies$ (ii). 对$\forall x \in \mathcal{H}$, 由于$P_1 x \in P_1(\mathcal{H}) \subset P_2(\mathcal{H})$, 因此, $P_2 P_1 x = P_1 x$, 故$P_2 P_1 = P_1$. 进一步,

$$P_1 P_2 = P_1^* P_2^* = (P_2 P_1)^* = P_1^* = P_1.$$

故(ii)成立.

(ii) $\implies$ (iii). 任取$x \in \mathcal{H}$, 则

$$\|P_1 x\|_{\mathcal{H}} = \|P_1 P_2 x\|_{\mathcal{H}} \leqslant \|P_1\|_{\mathscr{L}(\mathcal{H})} \|P_2 x\|_{\mathcal{H}} \leqslant \|P_2 x\|_{\mathcal{H}}.$$

即(iii)成立.

(iii) $\implies$ (i). 用反证法. 设P_1不是P_2的部分算子, 则存在$x_0 \in P_1(\mathcal{H})$, 但$x_0 \notin P_2(\mathcal{H})$. 令$x_0$在$P_2(\mathcal{H})$中的正交投影为$\widehat{x_0}$, 则

$$\|\widehat{x_0}\|_{\mathcal{H}} < \|x_0\|_{\mathcal{H}}$$

且$P_1 x_0 = x_0$[由命题2.5.11(ii)]. 故

$$\|P_2 x_0\|_{\mathcal{H}} = \|\widehat{x_0}\|_{\mathcal{H}} < \|x_0\|_{\mathcal{H}} = \|P_1 x_0\|_{\mathcal{H}},$$

与假设矛盾, 所以P_1为P_2的部分算子, 从而(i)成立. 至此, 引理2.5.16得证. □

定理2.5.17 投影算子P_1和P_2的差$P_2 - P_1$仍是投影算子的充分必要条件是P_1为P_2的部分算子.

证明 必要性. 设$P_2 - P_1$是投影算子, 记$P_3 := P_2 - P_1$, 则$P_2 = P_3 + P_1$. 从而由定理2.5.13有

$$P_2 P_1 = (P_3 + P_1) P_1 = P_1^2 = P_1$$

且

$$P_1 P_2 = P_1(P_3 + P_1) = P_1^2 + P_1 P_3 = P_1^2 = P_1.$$

由引理2.5.16可知P_1为P_2的部分算子.

充分性. 设P_1为P_2的部分算子, 则由引理2.5.16知

$$(P_2 - P_1)^2 = P_2^2 - P_2 P_1 - P_1 P_2 + P_1^2 = P_2 - P_1.$$

又$(P_2 - P_1)^* = P_2^* - P_1^* = P_2 - P_1$, 故由定义2.5.10知$P_2 - P_1$为投影算子. 至此, 定理2.5.17得证. □

现在回到正常算子算符演算的扩张. 记 $B(\sigma(N))$ 为 $\sigma(N)$ 上所有有界Borel可测函数全体. 对任意 $\psi \in B(\sigma(N))$, 令

$$\|\psi\|_{B(\sigma(N))} := \sup\{|\psi(z)| : z \in \sigma(N)\},$$

则 $(B(\sigma(N)), \|\cdot\|_{B(\sigma(N))})$ 为Banach空间. 事实上, 设

$$\{\psi_n\}_{n\in\mathbb{N}_+} \subset B(\sigma(N))$$

且, 当 $n,m \to \infty$ 时,

$$\|\psi_n - \psi_m\|_{B(\sigma(N))} \to 0.$$

对任意 $z \in \sigma(N)$, 当 $n,m \to \infty$ 时, $|\psi_n(z) - \psi_m(z)| \to 0$. 由复数的完备性知存在Borel可测函数 ψ_0 使得, 对任意 $z \in \sigma(N)$, 当 $n \to \infty$ 时, $\psi_n(z) \to \psi_0(z)$. 因此, $\psi_0 \in B(\sigma(N))$ 且, 对任意 $z \in \sigma(N)$,

$$|\psi_n(z) - \psi_0(z)| = \lim_{m\to\infty} |\psi_n(z) - \psi_m(z)| \leqslant \lim_{m\to\infty} \|\psi_n - \psi_m\|_{B(\sigma(N))}.$$

由此知, 当 $n \to \infty$ 时,

$$\|\psi_n - \psi_0\|_{B(\sigma(N))} \leqslant \lim_{m\to\infty} \|\psi_n - \psi_m\|_{B(\sigma(N))} \to 0.$$

从而 $(B(\sigma(N)), \|\cdot\|_{B(\sigma(N))})$ 完备.

现对 $\forall x, y \in \mathscr{H}$, 令

$$T_{x,y} : \begin{cases} C(\sigma(N)) \longrightarrow \mathbb{C}, \\ \varphi \longmapsto (\varphi(N)x, y), \end{cases}$$

其中 $\varphi(N)$ 如(2.5.10). 因 $\varphi(N) \in \mathscr{A}_N$ 且 $\widetilde{\Gamma}\varphi(N) = \varphi$, 故由推论2.5.5有

$$\|\varphi\|_{C(\sigma(N))} = \|\widetilde{\Gamma}\varphi(N)\|_{C(\sigma(N))} = \|\varphi(N)\|_{\mathscr{L}(\mathscr{H})}.$$

由此及Cauchy–Schwarz不等式可知

$$|T_{x,y}(\varphi)| = |(\varphi(N)x, y)|$$
$$\leqslant \|\varphi(N)\|_{\mathscr{L}(\mathscr{H})} \|x\|_{\mathscr{H}} \|y\|_{\mathscr{H}}$$

$$= \|\varphi\|_{C(\sigma(N))} \|x\|_{\mathscr{H}} \|y\|_{\mathscr{H}}.$$

故$T_{x,y} \in [C(\sigma(N))]^*$. 再由Riesz表示定理(见[7, 定理2.5.4])知存在$\sigma(N)$上的复Borel测度$m_{x,y}$使得

$$(\varphi(N)x, y) = T_{x,y}(\varphi) = \int_{\sigma(N)} \varphi(z) m_{x,y}(\mathrm{d}z). \tag{2.5.17}$$

将$m_{x,y}$称为与$x, y \in \mathscr{H}$相关联的正常算子N的**谱测度**. 显然作为测度$m_{x,y}$是复值集函数, 即对于任意$\sigma(N)$上的Borel可测集Ω, 有

$$m_{x,y}(\Omega) := \int_{\Omega} m_{x,y}(\mathrm{d}z),$$

它具有完全可加性: 对于$\sigma(N)$中互不相交的Borel可测集$\{\Omega_n\}_{n=1}^{\infty}$, 有

$$m_{x,y}\left(\bigcup_{n=1}^{\infty} \Omega_n\right) = \sum_{n=1}^{\infty} m_{x,y}(\Omega_n).$$

以下记$\mathscr{M}(\sigma(N))$为$\sigma(N)$上所有复Borel测度的全体且对$\mu \in \mathscr{M}(\sigma(N))$, 记

$$\|\mu\|_{\mathscr{M}(\sigma(N))} := |\mu|(\sigma(N)),$$

其中$|\mu|$为μ的全变差; $(\mathbb{C}, \mathscr{B})$上复测度$\mu$的全变差$|\mu|$定义为, 对$\forall E \in \mathscr{B}$,

$$|\mu|(E) := \sup \left\{ \sum_{i=1}^{\infty} |\mu(E_i)| \right\},$$

其中$\mathscr{B}$是$\mathbb{C}$上的σ-代数且上确界取遍E的所有分划$\{E_i\}_{i=1}^{\infty}$.

命题2.5.18 设N是正常算子, 则关于N的谱测度$m_{x,y}$具有以下性质:

(i) 对任意$x, y \in \mathscr{H}$,

$$\int_{\sigma(N)} |m_{x,y}(\mathrm{d}z)| \leqslant \|x\|_{\mathscr{H}} \|y\|_{\mathscr{H}}.$$

(ii) $m_{x,y}$关于x, y是共轭双线性的, 即对任意Borel集

$$\Omega \subset \sigma(N)$$

和任意 $\alpha_1, \alpha_2 \in \mathbb{C}$ 及任意 $x, y, x_1, y_1, x_2, y_2 \in \mathscr{H}$, 有

$$m_{\alpha_1 x_1 + \alpha_2 x_2, y}(\Omega) = \alpha_1 m_{x_1, y}(\Omega) + \alpha_2 m_{x_2, y}(\Omega)$$

且

$$m_{x, \alpha_1 y_1 + \alpha_2 y_2}(\Omega) = \overline{\alpha_1} m_{x, y_1}(\Omega) + \overline{\alpha_2} m_{x, y_2}(\Omega).$$

(iii) 对任意 $x, y \in \mathscr{H}$, $m_{x,y} = \overline{m_{y,x}}$.

证明　(i) 由 Radon–Nikodym 定理(见文献[3]推论1.5.5)知存在 $\sigma(N)$ 上的可测函数 $\mathscr{H}$ 使得 $|h| \equiv 1$ 且

$$m_{x,y}(\mathrm{d}z) = h(z)\mathrm{d}|m_{x,y}|(z).$$

由此有

$$\int_{\sigma(N)} |m_{x,y}(\mathrm{d}z)| = \int_{\sigma(N)} \mathrm{d}|m_{x,y}|(z) = |m_{x,y}|(\sigma(N)).$$

又由 Riesz 表示定理及(2.5.17)知

$$\begin{aligned}
|m_{x,y}|(\sigma(N)) &= \|m_{x,y}\|_{\mathscr{M}(\sigma(N))} = \|T_{x,y}\|_{[C(\sigma(N))]^*} \\
&= \sup_{\substack{\|\varphi\|_{C(\sigma(N))}=1 \\ \varphi \in C(\sigma(N))}} \left| \int_{\sigma(N)} \varphi(z) m_{x,y}(\mathrm{d}z) \right| \\
&= \sup_{\substack{\|\varphi\|_{C(\sigma(N))}=1 \\ \varphi \in C(\sigma(N))}} |(\varphi(N)x, y)| \leqslant \|x\|_{\mathscr{H}} \|y\|_{\mathscr{H}}.
\end{aligned}$$

故(i)得证.

(ii) 由(2.5.17), 对任意 $\varphi \in C(\sigma(N))$, 有

$$\begin{aligned}
\int_{\sigma(N)} \varphi(z) m_{\alpha_1 x_1 + \alpha_2 x_2, y}(\mathrm{d}z) &= (\varphi(N)(\alpha_1 x_1 + \alpha_2 x_2), y) \\
&= \alpha_1 (\varphi(N) x_1, y) + \alpha_2 (\varphi(N) x_2, y) \\
&= \int_{\sigma(N)} \varphi(z) [\alpha_1 m_{x_1, y} + \alpha_2 m_{x_2, y}](\mathrm{d}z)
\end{aligned}$$

且

$$\int_{\sigma(N)} \varphi(z) m_{x, \alpha_1 y_1 + \alpha_2 y_2}(\mathrm{d}z) = (\varphi(N)x, \alpha_1 y_1 + \alpha_2 y_2)$$

$$= \overline{\alpha_1}(\varphi(N)x, y_1) + \overline{\alpha_2}(\varphi(N)x, y_2)$$
$$= \overline{\alpha_1}\int_{\sigma(N)}\varphi(z)m_{x,y_1}(\mathrm{d}z) + \overline{\alpha_2}\int_{\sigma(N)}\varphi(z)m_{x,y_2}(\mathrm{d}z)$$
$$= \int_{\sigma(N)}\varphi(z)[\overline{\alpha_1}m_{x,y_1} + \overline{\alpha_2}m_{x,y_2}](\mathrm{d}z).$$

由谱测度的唯一性即得结论. 故(ii)得证.

(iii) 对任意$\varphi \in C(\sigma(N))$, 注意到$[\varphi(N)]^* = \overline{\varphi}(N)$[见命题2.5.6(iii)], 从而, 由(2.5.17)有

$$\int_{\sigma(N)}\varphi(z)m_{x,y}(\mathrm{d}z) = (\varphi(N)x, y) = (x, [\varphi(N)]^*y)$$
$$= (x, \overline{\varphi}(N)y) = \overline{(\overline{\varphi}(N)y, x)}$$
$$= \int_{\sigma(N)}\varphi(z)\overline{m_{y,x}}(\mathrm{d}z).$$

再由谱测度的唯一性即得$m_{x,y} = \overline{m_{y,x}}$. 即(iii)成立.

至此, 命题2.5.18得证. $\square$

现对任意$\psi \in B(\sigma(N))$及$x, y \in \mathscr{H}$, 定义

$$a_\psi(x,y) := \int_{\sigma(N)}\psi(z)m_{x,y}(\mathrm{d}z), \tag{2.5.18}$$

则由命题2.5.18(ii)的证明知, 对$\forall \alpha_1, \alpha_2 \in \mathbb{C}$及$\forall x, y, x_1, y_1, x_2, y_2 \in \mathscr{H}$, 有

$$m_{\alpha_1 x_1 + \alpha_2 x_2, y}(\mathrm{d}z) = \alpha_1 m_{x_1, y}(\mathrm{d}z) + \alpha_2 m_{x_2, y}(\mathrm{d}z)$$

和

$$m_{x, \alpha_1 y_1 + \alpha_2 y_2}(\mathrm{d}z) = \overline{\alpha_1}m_{x, y_1}(\mathrm{d}z) + \overline{\alpha_2}m_{x, y_2}(\mathrm{d}z).$$

由此进一步知a_ψ为$\mathscr{H} \times \mathscr{H}$上的一个共轭双线性泛函(细节留作练习)且由命题2.5.18(i)知

$$|a_\psi(x,y)| \leqslant \|\psi\|_{B(\sigma(N))}\int_{\sigma(N)}|m_{x,y}(\mathrm{d}z)| \leqslant \|\psi\|_{B(\sigma(N))}\|x\|_{\mathscr{H}}\|y\|_{\mathscr{H}}.$$

因此, 由Riesz定理(见文献[7]定理2.2.2)知存在唯一的有界线性算子, 记为$\psi(N)$, 满足: 对任意$x, y \in \mathscr{H}$,

$$(\psi(N)x, y) = a_\psi(x, y) = \int_{\sigma(N)}\psi(z)m_{x,y}(\mathrm{d}z). \tag{2.5.19}$$

故可定义映射
$$\tau:\begin{cases} B(\sigma(N)) \longrightarrow \mathscr{L}(\mathscr{H}), \\ \psi \longmapsto \psi(N), \end{cases} \tag{2.5.20}$$

则 $\tau|_{C(\sigma(N))}$ 即为 $C(\sigma(N))$ 上的连续算符演算.

事实上, 对任意的 $\psi \in C(\sigma(N))$, 若记 $\widetilde{\psi(N)}$ 为(2.5.10)所定义的 ψ 的算符演算且 $\psi(N)$ 为(2.5.19)所定义的 $\mathscr{L}(\mathscr{H})$ 中的算子, 则由(2.5.17)和(2.5.19)知, 对 $\forall x, y \in \mathscr{H}$, 有
$$(\widetilde{\psi(N)}x, y) = (\psi(N)x, y).$$

因此, $\widetilde{\psi(N)} = \psi(N)$. 故所证断言成立.

命题2.5.19 对任意 $\phi \in B(\sigma(N))$, 存在 $\{\phi_n\}_{n \in \mathbb{N}_+} \subset C(\sigma(N))$ 使得, 对任意 $n \in \mathbb{N}_+$, $\|\phi_n\|_{C(\sigma(N))} \leqslant \|\phi\|_{B(\sigma(N))}$ 且, 对任意 $\mu \in \mathscr{M}(\sigma(N))$, 当 $n \to \infty$ 时,
$$\int_{\sigma(N)} \phi_n(z) \, \mathrm{d}\mu(z) \to \int_{\sigma(N)} \phi(z) \, \mathrm{d}\mu(z).$$

证明 首先证
$$B(\sigma(N)) \subset [\mathscr{M}(\sigma(N))]^* = [C(\sigma(N))]^{**}.$$

对任意 $\psi \in B(\sigma(N))$, 定义
$$L_\psi: \begin{cases} \mathscr{M}(\sigma(N)) \longrightarrow \mathbb{C}, \\ \mu \longmapsto \int_{\sigma(N)} \psi(z) \, \mathrm{d}\mu(z), \end{cases}$$

则 L_ψ 线性且 $|L_\psi(\mu)| \leqslant \|\psi\|_{B(\sigma(N))} \|\mu\|_{\mathscr{M}(\sigma(N))}$. 即 $L_\psi \in [\mathscr{M}(\sigma(N))]^*$ 且
$$\|L_\psi\|_{[\mathscr{M}(\sigma(N))]^*} \leqslant \|\psi\|_{B(\sigma(N))}.$$

因此, $B(\sigma(N)) \subset [\mathscr{M}(\sigma(N))]^*$. 并且由此进一步知, 当 $\|\psi\|_{B(\sigma(N))} \leqslant 1$ 时,
$$\|L_\psi\|_{[C(\sigma(N))]^{**}} \leqslant 1.$$

即 L_ψ 包含于 $[C(\sigma(N))]^{**}$ 的闭单位球. 由于Banach空间 $\mathscr{X}$ 中闭单位球依 $\mathscr{X}^{**}$ 的*弱拓扑在 $\mathscr{X}^{**}$ 的闭单位球中稠密(见文献[25]第114页), 故 $\exists \{\phi_n\}_{n \in \mathbb{N}_+} \subset$

$C(\sigma(N))$, 对 $\forall n \in \mathbb{N}_+$, $\|\phi_n\|_{C(\sigma(N))} \leqslant 1$ 使得, 对 $\forall \mu \in [C(\sigma(N))]^* = \mathscr{M}(\sigma(N))$, 当 $n \to \infty$ 时, $\phi_n(\mu) \to L_\psi(\mu)$. 即, 当 $n \to \infty$ 时,

$$\int_{\sigma(N)} \phi_n(z) \,\mathrm{d}\mu(z) \to \int_{\sigma(N)} \psi(z) \,\mathrm{d}\mu(z).$$

对 $\forall \psi \in B(\sigma(N))$, 令 $M := \|\psi\|_{B(\sigma(N))}$. 若 $M = 0$, 则结论自动成立(取 $\phi_n \equiv 0$, $\forall n \in \mathbb{N}_+$ 即可). 若 $M \neq 0$, 令 $\widetilde{\psi} := \frac{\psi}{M}$, 则 $\|\widetilde{\psi}\|_{B(\sigma(N))} \leqslant 1$. 故存在 $\{\widetilde{\phi}_n\}_{n \in \mathbb{N}_+} \subset C(\sigma(N))$ 满足, 对 $\forall n \in \mathbb{N}_+$, 有

$$\|\widetilde{\phi}_n\|_{C(\sigma(N))} \leqslant 1,$$

且, 对

$$\forall \mu \in [C(\sigma(N))]^* = \mathscr{M}(\sigma(N)),$$

当 $n \to \infty$ 时,

$$\int_{\sigma(N)} \widetilde{\phi}_n(z) \,\mathrm{d}\mu(z) \to \int_{\sigma(N)} \widetilde{\psi}(z) \,\mathrm{d}\mu(z).$$

对 $\forall n \in \mathbb{N}_+$, 令 $\phi_n := M\widetilde{\phi}_n$, 则 $\{\phi_n\}_{n \in \mathbb{N}_+}$ 即为所求序列. 至此, 命题2.5.19得证. □

定理2.5.20 映射

$$\tau : \begin{cases} B(\sigma(N)) \longrightarrow \mathscr{L}(\mathscr{H}), \\ \psi \longmapsto \psi(N) \end{cases}$$

是一个 *同态且满足

(i) $\tau|_{C(\sigma(N))} = \widetilde{\Gamma}^{-1}$, 其中 $\widetilde{\Gamma}$ 如(2.5.7);

(ii) 若 $A \in \mathscr{L}(\mathscr{H})$ 使得 $AN = NA$, 则 $A\psi(N) = \psi(N)A$;

(iii) 若 $\psi \in B(\sigma(N))$ 且 $\{\psi_n\}_{n \in \mathbb{N}_+} \subset B(\sigma(N))$ 满足, 对取定的 $x \in \mathscr{H}$, 当 $n \to \infty$ 时,

$$\psi_n \to \psi, \quad m_{x,x} - \text{a.e.},$$

且存在 $M > 0$ 使得 $\|\psi_n\|_{B(\sigma(N))} \leqslant M$ 对 $\forall n \in \mathbb{N}_+$ 成立, 则

$$\lim_{n \to \infty} \psi_n(N)x = \psi(N)x.$$

为证定理2.5.20, 我们先回顾如下引理(见文献[21]Theorem 6.12).

引理2.5.21 设μ是集$\mathscr{X}$上的σ-代数$\mathscr{M}$上的一个复测度, 则存在一个可测函数h使得, 对任意$x \in \mathscr{X}$, $|h(x)| = 1$且$\mathrm{d}\mu = h\mathrm{d}|\mu|$.

作为引理2.5.21的一个简单的推论, 我们有如下结论:

推论2.5.22 设μ如引理2.5.21. 若$f \in L^1(\mathscr{X}, \mathrm{d}|\mu|)$, 则
$$\left| \int_{\mathscr{X}} f \mathrm{d}\mu \right| \leqslant \int_{\mathscr{X}} |f| \mathrm{d}|\mu|.$$

证明 由引理2.5.21知存在一个可测函数h使得, 对任意$x \in \mathscr{X}$, $|h(x)| = 1$且$\mathrm{d}\mu = h\mathrm{d}|\mu|$. 从而, 由积分的基本性质有
$$\left| \int_{\mathscr{X}} f \mathrm{d}\mu \right| = \left| \int_{\mathscr{X}} fh \mathrm{d}|\mu| \right| \leqslant \int_{\mathscr{X}} |f| \mathrm{d}|\mu|.$$

至此, 推论得证. $\square$

定理2.5.20的证明 (i)的证明已在命题2.5.19之前给出. 现证τ是$*$同态. 为此, 先证τ满足定义2.4.9(i). 事实上, 对$\forall \varphi, \psi \in B(\sigma(N))$及$\forall x, y \in \mathscr{H}$, 由(2.5.19)可知

$$\begin{aligned}
&((\alpha\varphi + \beta\psi)(N)x, y) \\
&= \int_{\sigma(N)} (\alpha\varphi + \beta\psi)(z) m_{x,y}(\mathrm{d}z) \\
&= \alpha \int_{\sigma(N)} \varphi(z) m_{x,y}(\mathrm{d}z) + \beta \int_{\sigma(N)} \psi(z) m_{x,y}(\mathrm{d}z) \\
&= ([\alpha\varphi(N) + \beta\psi(N)]x, y).
\end{aligned}$$

即$(\alpha\varphi + \beta\psi)(N) = \alpha\varphi(N) + \beta\psi(N)$. 故$\tau$满足定义2.4.9(i).

又对$\forall x, y \in \mathscr{H}$, 由$m_{x,y} = \overline{m_{y,x}}$ [见命题2.5.18(iii)]及(2.5.19)知

$$\begin{aligned}
([\varphi(N)]^*x, y) &= (x, \varphi(N)y) = \overline{(\varphi(N)y, x)} \\
&= \overline{\int_{\sigma(N)} \varphi(z) m_{y,x}(\mathrm{d}z)} \\
&= \int_{\sigma(N)} \overline{\varphi}(z) m_{x,y}(\mathrm{d}z) = (\overline{\varphi}(N)x, y).
\end{aligned}$$

故有
$$[\tau(\varphi)]^* = [\varphi(N)]^* = \overline{\varphi}(N) = \tau(\overline{\varphi}).$$

因此, τ 满足定义2.4.9(iii).

又由文献[7]定理2.2.2、(2.5.19)及命题2.5.18(i)知, 对 $\forall \psi \in B(\sigma(N))$, 有

$$\begin{aligned}\|\psi(N)\|_{\mathscr{L}(\mathscr{H})} &= \sup_{x,y \neq \theta} \frac{|(\psi(N)x,y)|}{\|x\|_{\mathscr{H}}\|y\|_{\mathscr{H}}} \\ &= \sup_{x,y \neq \theta} \frac{|\int_{\sigma(N)} \psi(z) m_{x,y}(\mathrm{d}z)|}{\|x\|_{\mathscr{H}}\|y\|_{\mathscr{H}}} \\ &\leqslant \|\psi\|_{B(\sigma(N))}.\end{aligned}$$

故 τ 满足定义2.4.9(iv).

下证 τ 满足定义2.4.9(ii). 首先证明, 对 $\forall \psi \in B(\sigma(N))$ 和 $\forall \varphi \in C(\sigma(N))$, 有

$$(\psi\varphi)(N) = \psi(N)\varphi(N) = \varphi(N)\psi(N).$$

为此, 对 $\forall \mu \in \mathscr{M}(\sigma(N))$, 有 $\varphi \mathrm{d}\mu \in \mathscr{M}(\sigma(N))$ 且由文献[21]第116页(3)式全变差测度的定义可知

$$\|\varphi \mathrm{d}\mu\|_{\mathscr{M}(\sigma(N))} = \sup_{\substack{\{\Omega_i\}_i \text{两两不交} \\ \bigcup_i \Omega_i = \sigma(N)}} \sum_i \left|\int_{\Omega_i} \varphi(z) \mathrm{d}\mu(z)\right|.$$

由此及推论2.5.22可知

$$\begin{aligned}\|\varphi \mathrm{d}\mu\|_{\mathscr{M}(\sigma(N))} &\leqslant \|\varphi\|_{C(\sigma(N))} \sup_{\substack{\{\Omega_i\}_i \text{两两不交} \\ \bigcup_i \Omega_i = \sigma(N)}} \sum_i \int_{\Omega_i} \mathrm{d}|\mu|(z) \\ &= \|\varphi\|_{C(\sigma(N))} \|\mu\|_{\mathscr{M}(\sigma(N))}.\end{aligned}$$

从这及对 $\forall x,y \in \mathscr{H}$, $m_{x,y} \in \mathscr{M}(\sigma(N))$ 进一步推知 $\varphi m_{x,y} \in \mathscr{M}(\sigma(N))$. 利用该事实和命题2.5.19知存在 $\{\psi_n\}_{n \in \mathbb{N}_+} \subset C(\sigma(N))$ 使得, 对任意 $n \in \mathbb{N}_+$,

$$\|\psi_n\|_{C(\sigma(N))} \leqslant \|\psi\|_{B(\sigma(N))}$$

且, 对任意 $x,y \in \mathscr{H}$, 当 $n \to \infty$ 时,

$$\int_{\sigma(N)} \psi_n(z)\varphi(z) m_{x,y}(\mathrm{d}z) \to \int_{\sigma(N)} \psi(z)\varphi(z) m_{x,y}(\mathrm{d}z).$$

再由(2.5.17)和(2.5.19)进一步有,当$n \to \infty$时,

$$((\psi_n \varphi)(N)x, y) \to ((\psi \varphi)(N)x, y).$$

又由$\psi_n, \varphi \in C(\sigma(N))$及命题2.5.6(ii)知

$$(\psi_n \varphi)(N) = \psi_n(N)\varphi(N) = \varphi(N)\psi_n(N).$$

另外,对任意$x, y \in \mathscr{H}$,由(2.5.17)、命题2.5.19及(2.5.19)知,当$n \to \infty$时,

$$\begin{aligned}(\psi_n(N)\varphi(N)x, y) &= (\psi_n(N)(\varphi(N)x), y) \\ &= \int_{\sigma(N)} \psi_n(z) m_{\varphi(N)x, y}(\mathrm{d}z) \\ &\to \int_{\sigma(N)} \psi(z) m_{\varphi(N)x, y}(\mathrm{d}z) \\ &= (\psi(N)(\varphi(N)x), y) \\ &= (\psi(N)\varphi(N)x, y).\end{aligned}$$

从而,对$\forall x, y \in \mathscr{H}$有

$$((\psi\varphi)(N)x, y) = (\psi(N)\varphi(N)x, y),$$

故$(\psi\varphi)(N) = \psi(N)\varphi(N)$. 又因$N$与$\varphi(N)$均属于$\mathscr{A}_N$且$\mathscr{A}_N$是一个交换$C^*$代数[见(2.5.2)],故$N\varphi(N) = \varphi(N)N$. 由此及$\varphi(N) \in \mathscr{L}(\mathscr{H})$和本定理的(ii)[其证明没有用到$\tau$为*同态]进一步有$\psi(N)\varphi(N) = \varphi(N)\psi(N)$. 因此,所证断言成立.

现设$\psi, \varphi \in B(\sigma(N))$,则由命题2.5.19知存在$\{\psi_n\}_{n \in \mathbb{N}_+} \subset C(\sigma(N))$使得,对$\forall \mu \in \mathscr{M}(\sigma(N))$,当$n \to \infty$时,

$$\int_{\sigma(N)} \psi_n(z)\,\mathrm{d}\mu(z) \to \int_{\sigma(N)} \psi(z)\,\mathrm{d}\mu(z).$$

由前证知,对$\forall n \in \mathbb{N}_+$,

$$(\psi_n \varphi)(N) = (\varphi \psi_n)(N) = \varphi(N)\psi_n(N) = \psi_n(N)\varphi(N).$$

注意到,对任意$x, y \in \mathscr{H}$,

$$\varphi m_{x,y} \in \mathscr{M}(\sigma(N)),$$

故由(2.5.19)、命题2.5.19和(2.5.17) 进一步有

$$\begin{aligned}((\psi\varphi)(N)x,y) &= \int_{\sigma(N)} \psi(z)\varphi(z)m_{x,y}(\mathrm{d}z)\\ &= \lim_{n\to\infty} \int_{\sigma(N)} \psi_n(z)\varphi(z)m_{x,y}(\mathrm{d}z)\\ &= \lim_{n\to\infty} ((\psi_n\varphi)(N)x,y)\\ &= \lim_{n\to\infty} (\psi_n(N)(\varphi(N)x),y)\\ &= \lim_{n\to\infty} \int_{\sigma(N)} \psi_n(z)m_{\varphi(N)x,y}(\mathrm{d}z)\\ &= \int_{\sigma(N)} \psi(z)m_{\varphi(N)x,y}(\mathrm{d}z)\\ &= (\psi(N)\varphi(N)x,y),\end{aligned}$$

即得

$$(\psi\varphi)(N) = \psi(N)\varphi(N), \tag{2.5.21}$$

故τ满足定义2.4.9(ii). 因此, τ为*同态且由$\widetilde{\Gamma}$和τ的定义易知(i)成立. 再由(2.5.21)及$(\psi\varphi)(N) = (\varphi\psi)(N)$进一步知

$$\psi(N)\varphi(N) = \varphi(N)\psi(N).$$

下证(ii)成立. 设$A \in \mathscr{L}(\mathscr{H})$满足$AN = NA$, 则, 对任意多项式$P$,

$$AP(N) = P(N)A.$$

若$\psi \in C(\sigma(N))$, 由Weierstrass定理知存在多项式列$\{P_n\}_{n\in\mathbb{N}_+}$使得, 当$n \to \infty$时,

$$\|P_n - \psi\|_{C(\sigma(N))} \to 0.$$

故由(i)及推论2.5.5知, 当$n \to \infty$时,

$$\begin{aligned}&\|A\psi(N) - \psi(N)A\|_{\mathscr{L}(\mathscr{H})}\\ &\leqslant \|A[\psi(N) - P_n(N)]\|_{\mathscr{L}(\mathscr{H})} + \|[P_n(N) - \psi(N)]A\|_{\mathscr{L}(\mathscr{H})}\\ &\leqslant 2\|A\|_{\mathscr{L}(\mathscr{H})}\|P_n(N) - \psi(N)\|_{\mathscr{L}(\mathscr{H})}\\ &= 2\|A\|_{\mathscr{L}(\mathscr{H})}\|P_n - \psi\|_{C(\sigma(N))} \to 0.\end{aligned}$$

即有
$$A\psi(N) = \psi(N)A. \qquad (2.5.22)$$

当 $\psi \in B(\sigma(N))$ 时,由命题2.5.19知存在 $\{\psi_n\}_{n\in\mathbb{N}_+} \subset C(\sigma(N))$ 使得,对任意 $\mu \in \mathscr{M}(\sigma(N))$,当 $n \to \infty$ 时,
$$\int_{\sigma(N)} \psi_n(z)\,\mathrm{d}\mu(z) \to \int_{\sigma(N)} \psi(z)\,\mathrm{d}\mu(z).$$

由此及(2.5.19)、(2.5.17)和(2.5.22)进一步知,对任意 $x,y \in \mathscr{H}$,有
$$\begin{aligned}
(\psi(N)Ax,y) &= \int_{\sigma(N)} \psi(z) m_{Ax,y}(\mathrm{d}z) \\
&= \lim_{n\to\infty} \int_{\sigma(N)} \psi_n(z) m_{Ax,y}(\mathrm{d}z) \\
&= \lim_{n\to\infty} (\psi_n(N)Ax,y) = \lim_{n\to\infty} (A\psi_n(N)x,y) \\
&= \lim_{n\to\infty} (\psi_n(N)x, A^*y) \\
&= \lim_{n\to\infty} \int_{\sigma(N)} \psi_n(z) m_{x,A^*y}(\mathrm{d}z) \\
&= (\psi(N)x, A^*y) = (A\psi(N)x, y),
\end{aligned}$$

故有 $A\psi(N) = \psi(N)A$. 因此, (ii)成立.

最后证明(iii)成立. 为此, 对任意 $\varphi \in B(\sigma(N))$ 及 $x \in \mathscr{H}$, 由 τ 为 $*$ 同态和(2.5.19)可知
$$\begin{aligned}
\|\varphi(N)x\|_{\mathscr{H}}^2 &= (\varphi(N)x, \varphi(N)x) \\
&= ([\varphi(N)]^*\varphi(N)x, x) \\
&= (\overline{\varphi}(N)\varphi(N)x, x) = (|\varphi|^2(N)x, x) \\
&= \int_{\sigma(N)} |\varphi(z)|^2 m_{x,x}(\mathrm{d}z). \qquad (2.5.23)
\end{aligned}$$

因 $\sigma(N)$ 紧且,当 $n \to \infty$ 时, $\psi_n \to \psi\ m_{x,x}$-a.e., $\|\psi_n\|_{B(\sigma(N))} \leqslant M$ 对 $\forall n \in \mathbb{N}_+$ 成立,在(2.5.17)中取 $\varphi \equiv 1$,并利用命题2.5.6(iv)即知有
$$|m_{x,x}(\sigma(N))| = |(\mathbf{1}(N)x,x)| = |(x,x)| = \|x\|_{\mathscr{H}}^2.$$

由命题2.5.18(iii)知$m_{x,x} = \overline{m_{x,x}}$. 故$m_{x,x}$为实的符号测度. 由关于实符号测度的Hahn分解定理(见文献[3]第20页定理1.4.3)知存在$m_{x,x}$的Borel正集P, 它的余集$P^{\complement} := \sigma(N) \setminus P$为负集. 因此, 在(2.5.23)中, 若令$\varphi = \mathbf{1}_{P^{\complement}}$, 则有

$$0 \leqslant \|\mathbf{1}_{P^{\complement}}(N)x\|_{\mathscr{H}}^2 = \int_{P^{\complement}} m_{x,x}(\mathrm{d}z) \leqslant 0.$$

故$m_{x,x}(P^{\complement}) = 0$. 因此, $m_{x,x}$为非负测度. 故由非负测度的控制收敛定理知, 当$n \to \infty$时,

$$\|\psi_n(N)x - \psi(N)x\|_{\mathscr{H}}^2 = \int_{\sigma(N)} |\psi_n(z) - \psi(z)|^2 m_{x,x}(\mathrm{d}z) \to 0,$$

即对任意$x \in \mathscr{H}$,

$$\lim_{n \to \infty} \psi_n(N)x = \psi(N)x.$$

因此, (iii)成立. 至此, 定理2.5.20得证. □

注记2.5.23 (Fuglede–Putnam–Rosenblum定理) 设$M, N, T \in \mathscr{L}(\mathscr{H})$, 其中$M$和$N$是正常算子, 且$MT = TN$, 则$M^*T = TN^*$(定理及证明可参见文献[20]Theorem 12.16).

下面将导出谱分解定理, 首先给出谱族的一般定义. 设$\mathscr{X}$是局部紧拓扑空间(即对$\forall x \in \mathscr{X}$, 存在$x$的邻域, 其闭包紧), $\mathscr{B}(\mathscr{X})$是由$\mathscr{X}$上的一切Borel子集组成的集合类; 设$\mathscr{H}$是一个Hilbert空间, 记$\mathscr{P}(\mathscr{H})$为由$\mathscr{H}$上的投影算子全体组成的集合.

定义2.5.24 设E是$\mathscr{B}(\mathscr{X})$到$\mathscr{P}(\mathscr{H})$的映射, 称三元组$(\mathscr{X}, \mathscr{B}(\mathscr{X}), E)$为相关于$\mathscr{H}$的**谱族**, 若$E$满足条件:

(i) $E(\mathscr{X}) = I$;

(ii) 对任意$\mathscr{B}(\mathscr{X})$中互不相交的Borel集序列$\{A_i\}_{i \in \mathbb{N}_+}$,

$$E\left(\bigcup_{i=1}^{\infty} A_i\right) = s-\lim_{n \to \infty} \sum_{i=1}^{n} E(A_i),$$

其中$s-\lim$表示算子的**强极限**, 即对任意$x \in \mathscr{H}$,

$$E\left(\bigcup_{i=1}^{\infty} A_i\right)x = \lim_{n \to \infty} \sum_{i=1}^{n} E(A_i)x.$$

命题2.5.25 设$(\mathscr{X},\mathscr{B}(\mathscr{X}),E)$是一个谱族,那么有下列性质:

(i) $E(\varnothing)=\theta$;

(ii) 若$\{A_i\}_{i=1}^n\subset\mathscr{B}(\mathscr{X})$且, 当$i\neq j\in\{1,\cdots,n\}$时, $A_i\cap A_j=\varnothing$, 则
$$E\left(\bigcup_{i=1}^n A_i\right)=\sum_{i=1}^n E(A_i);$$

(iii) 若$A_1,A_2\in\mathscr{B}(\mathscr{X})$, 则$E(A_1\cap A_2)=E(A_1)E(A_2)$;

(iv) 若$A_1,A_2\in\mathscr{B}(\mathscr{X})$, $A_1\subset A_2$且$E(A_2)=\theta$, 则$E(A_1)=\theta$;

(v) 若$\{A_i\}_{i=1}^\infty\subset\mathscr{B}(\mathscr{X})$且, 对$\forall i\in\mathbb{N}_+$, $E(A_i)=\theta$, 则$E(\bigcup_{i=1}^\infty A_i)=\theta$.

证明 (i) 设$A:=E(\varnothing)$, 因$\bigcup_{i=1}^\infty\varnothing=\varnothing$, 故
$$A=E(\varnothing)=E\left(\bigcup_{i=1}^\infty\varnothing\right)=s-\lim_{n\to\infty}(nE(\varnothing))=s-\lim_{n\to\infty}(nA),$$
即对任意$x\in\mathscr{H}$, 有
$$Ax=\lim_{n\to\infty}nAx.$$
故, 对任意$\varepsilon\in(0,\infty)$, 存在$N\in\mathbb{N}_+$使得, 当$n>N$时,
$$\|(n-1)Ax\|_{\mathscr{H}}<\varepsilon,$$
即$\|Ax\|_{\mathscr{H}}<\frac{\varepsilon}{n-1}$. 从而, 对任意$x\in\mathscr{H}$, $Ax=\theta$, 即$E(\varnothing)=\theta$. 故(i)得证.

(ii) 当$i\in\{1,\cdots,n\}$时, 令$\widetilde{A}_i:=A_i$; 当$i\in\{n+1,n+2,\cdots\}$时, 令$\widetilde{A}_i:=\varnothing$. 则, 对任意$x\in\mathscr{H}$, 有
$$E\left(\bigcup_{i=1}^n A_i\right)x=E\left(\bigcup_{i=1}^\infty\widetilde{A}_i\right)x=\lim_{m\to\infty}\sum_{i=1}^m E(\widetilde{A}_i)x=\sum_{i=1}^n E(A_i)x.$$
即(ii)成立.

(iii) 因$E(A_1)$为投影算子, 故$[E(A_1)]^2=E(A_1)$. 由此及(ii)知
$$E(A_1)E(A_2)=E(A_1)\left[E(A_1\cap A_2)+E(A_2\setminus A_1)\right]$$

$$= E(A_1)E(A_1 \cap A_2) + [E(A_1)]^2 E(A_2 \setminus A_1)$$
$$= E(A_1) [E(A_1 \cap A_2) + E(A_1)E(A_2 \setminus A_1)].$$

因为$E(A_2 \setminus A_1) + E(A_1) = E(A_1 \cup A_2)$为投影算子[见(ii)],则由定理2.5.13知

$$E(A_1)E(A_2 \setminus A_1) = \theta.$$

又因

$$E(A_1 \setminus A_2) = E(A_1) - E(A_1 \cap A_2)$$

为投影算子[见(ii)],则由定理2.5.17知$E(A_1 \cap A_2)$为$E(A_1)$的部分算子. 所以, 由引理2.5.16进一步有

$$E(A_1)E(A_1 \cap A_2) = E(A_1 \cap A_2),$$

由此有

$$E(A_1 \cap A_2) = E(A_1)E(A_2).$$

故(iii)成立.

(iv) 由(iii)知$E(A_1) = E(A_1 \cap A_2) = E(A_1)E(A_2) = \theta$. 即(iv)成立.

(v) 令$\widetilde{A}_1 := A_1$且, 对$i \in \{2, 3, \cdots\}$, 令

$$\widetilde{A}_i := A_i \setminus \bigcup_{k=1}^{i-1} A_k,$$

则由(iv)知, 对$\forall i \in \mathbb{N}_+$, $E(\widetilde{A}_i) = \theta$, $\{\widetilde{A}_i\}_{i=1}^{\infty}$互不相交且$\bigcup\limits_{i=1}^{\infty} A_i = \bigcup\limits_{i=1}^{\infty} \widetilde{A}_i$. 由此及定义2.5.24(ii)知

$$E\left(\bigcup_{i=1}^{\infty} A_i\right) = E\left(\bigcup_{i=1}^{\infty} \widetilde{A}_i\right) = s-\lim_{n \to \infty} \sum_{i=1}^{n} E\left(\widetilde{A}_i\right) = \theta.$$

故(v)成立. 至此, 命题2.5.25得证. □

注记2.5.26 由定义2.5.24和命题2.5.25知E是测度空间$(\mathscr{X}, \mathscr{B}(\mathscr{X}))$上一个取值于某Hilbert空间投影算子族的测度, 定义中条件(ii)是可列可加性.

为了得到有界正常算子的谱分解, 我们首先需要以下概念.

定义2.5.27 设 $\mathscr{H}$ 是一个 Hilbert 空间, 称 $\mathscr{N}(\mathscr{H})$ 为 $\mathscr{L}(\mathscr{H})$ 的一个正常子代数, 若

(i) $\mathscr{N}(\mathscr{H})$ 为 $\mathscr{L}(\mathscr{H})$ 的可交换子代数;

(ii) 对 $\forall A \in \mathscr{N}(\mathscr{H})$, 均有 $A^* \in \mathscr{N}(\mathscr{H})$.

命题2.5.28 对 $\forall z \in \mathbb{C}$, 令
$$\Omega_z := \{s + \mathrm{i}t \in \mathbb{C}: -\infty < s \leqslant \Re z, -\infty < t \leqslant \Im z\}.$$

设 μ 为 $\mathbb{C}$ 上的复测度 [即 μ 为 $\mathscr{B}(\mathbb{C})$ 上满足可列可加性的复值函数] 且, 对 $\forall z \in \mathbb{C}$,
$$g_\mu(z) := \mu(\Omega_z).$$

则 g_μ 右连续, 即对 $\forall z \in \mathbb{C}$,
$$\lim_{\substack{z_1 \to z \\ \Re z_1 \geqslant \Re z \\ \Im z_1 \geqslant \Im z}} g_\mu(z_1) = g_\mu(z),$$

且 g_μ 具有有界变差.

证明 先证 g_μ 右连续. 事实上, 对 $\forall z, z_1 \in \mathbb{C}$ 满足 $\Re z_1 \geqslant \Re z$ 且 $\Im z_1 \geqslant \Im z$, 有
$$g_\mu(z_1) - g_\mu(z) = \mu(\Omega_{z_1} \setminus \Omega_z).$$

因此,
$$\lim_{\substack{z_1 \to z \\ \Re z_1 \geqslant \Re z \\ \Im z_1 \geqslant \Im z}} [g_\mu(z_1) - g_\mu(z)] = \lim_{\substack{z_1 \to z \\ \Re z_1 \geqslant \Re z \\ \Im z_1 \geqslant \Im z}} \mu(\Omega_{z_1} \setminus \Omega_z) = \mu(\varnothing) = 0,$$

即 g_μ 右连续.

又由文献 [21] Theorem 6.4 知复测度的全变差是有限正测度, 即 $|\mu|(\mathbb{C}) < \infty$. 由此进一步有
$$V_{\mathbb{C}}(g_\mu) := \sup_{\substack{\{(a_j, a_{j+1}] \times (b_j, b_{j+1}]\}_j \\ \text{为} \mathbb{R}^2 \text{上的分划}}} \sum_j \left| g_\mu(a_{j+1} + \mathrm{i}b_{j+1}) + g_\mu(a_j + \mathrm{i}b_j) \right.$$

$$\begin{aligned}&\quad -g_\mu(a_{j+1}+\mathrm{i}b_j)-g_\mu(a_j+\mathrm{i}b_{j+1})\Big|\\&=\sup_{\substack{\{(a_j,a_{j+1})\times(b_j,b_{j+1})\}_j\\ \text{为}\mathbb{R}^2\text{上的分划}}}\sum_j\Big|\mu\left(\{s+\mathrm{i}t\in\mathbb{C}\colon a_j<s\leqslant a_{j+1},\right.\\&\qquad\qquad b_j<t\leqslant b_{j+1}\})\Big|\\&\leqslant|\mu|(\mathbb{C})<\infty.\end{aligned}$$

至此, 命题2.5.28得证. □

设μ为$\mathbb{C}$上的复测度, 对$\forall$Borel可测集$\Omega\subset\mathbb{R}^2$, 定义

$$(\Re\mu)(\Omega):=\Re(\mu(\Omega))\quad\text{且}\quad(\Im\mu)(\Omega):=\Im(\mu(\Omega)),$$

则$\Re\mu$和$\Im\mu$均为$\mathbb{C}$上的实值测度. 令

$$\mu_1:=(\Re\mu)_+:=\frac{|\Re\mu|+\Re\mu}{2},$$

$$\mu_2:=(\Re\mu)_-:=\frac{|\Re\mu|-\Re\mu}{2},$$

$$\mu_3:=(\Im\mu)_+:=\frac{|\Im\mu|+\Im\mu}{2}$$

且

$$\mu_4:=(\Im\mu)_-:=\frac{|\Im\mu|-\Im\mu}{2},$$

其中$|\nu|$表示测度ν的全变差测度, 则μ_1,μ_2,μ_3和μ_4均为非负测度.

令$\mathscr{E}$为$\mathbb{C}$上左开右闭方体的全体, 对$\forall Q\in\mathscr{E}$, 记

$$Q:=\{s+\mathrm{i}t\in\mathbb{C}\colon A<s\leqslant B, C<t\leqslant D\},$$

其中A,B,C和D均为实数, 且, 对$\forall j\in\{1,2,3,4\}$, 定义

$$\rho_{g_{\mu_j}}(Q):=g_{\mu_j}(B+\mathrm{i}D)+g_{\mu_j}(A+\mathrm{i}C)-g_{\mu_j}(A+\mathrm{i}D)-g_{\mu_j}(B+\mathrm{i}C),$$

其中, 对$\forall z\in\mathbb{C}, g_{\mu_j}(z):=\mu_j(\Omega_z)$. 显然有

$$g_\mu=g_{\mu_1}-g_{\mu_2}+\mathrm{i}(g_{\mu_3}-g_{\mu_4}).$$

对任意 $j \in \{1,2,3,4\}$ 和 $\mathbb{C}$ 中任意集合 Ω，定义外测度

$$\mu_{g_{\mu_j}}^*(\Omega) := \inf\left\{\sum_{k=1}^{\infty} \rho_{g_{\mu_j}}(Q_k) : \Omega \subset \bigcup_{k=1}^{\infty} Q_k, Q_k \in \mathscr{E}\right\},$$

则称

$$\mu_g^* := \left(\mu_{g_{\mu_1}}^* - \mu_{g_{\mu_2}}^*\right) + \mathrm{i}(\mu_{g_{\mu_3}}^* - \mu_{g_{\mu_4}}^*)$$

为 g_μ 诱导的 **Lebesgue–Stieltjes 外测度**.

进一步, 对 $\forall$ Borel 可测函数 f, 其 **Lebesgue–Stieltjes 积分**定义为

$$\int_{\mathbb{C}} f(z)\,\mathrm{d}g_\mu(z) := \int_{\mathbb{C}} f(z)\,\mathrm{d}\mu_g^*(z).$$

其定义的合理性由以下命题 2.5.29 保证 (见文献 [19]).

命题 2.5.29 设 μ 为复平面 $\mathbb{C}$ 上的有界复测度且 μ_g^* 为 g_μ 诱导的 Lebesgue–Stieltjes 外测度. 则, 对 $\forall \Omega \in \mathscr{B}(\mathbb{C})$, $\mu(\Omega) = \mu_g^*(\Omega)$.

证明 由 μ 为复测度及 μ_g^* 的定义可证, 对 $\forall j \in \{1,2,3,4\}$ 和 $\forall Q \in \mathscr{E}$, 有

$$\mu_j(Q) = \rho_{g_{\mu_j}}(Q). \tag{2.5.24}$$

事实上, 对 $\forall j \in \{1,2,3,4\}$ 及 $\forall Q \in \mathscr{E}$, 有

$$\begin{aligned}\rho_{g_{\mu_j}}(Q) &= g_{\mu_j}(B+\mathrm{i}D) + g_{\mu_j}(A+\mathrm{i}C) - g_{\mu_j}(A+\mathrm{i}D) - g_{\mu_j}(B+\mathrm{i}C) \\ &= \mu_j(\Omega_{B+\mathrm{i}D}) + \mu_j(\Omega_{A+\mathrm{i}C}) - \mu_j(\Omega_{A+\mathrm{i}D}) - \mu_j(\Omega_{B+\mathrm{i}C}) \\ &= \mu_j(Q).\end{aligned}$$

故 (2.5.24) 成立.

由此及文献 [10] 定理 1.19(ii) 知, 对任意开集 $\Omega \subset \mathbb{C}$ 有

$$\mu_j(\Omega) = \mu_{g_{\mu_j}}^*(\Omega). \tag{2.5.25}$$

现设 $\Omega \in \mathscr{B}$. 对 Ω 的任意覆盖 $\{Q_k\}_{k=1}^{\infty}$, 其中, 对 $\forall k \in \mathbb{N}_+$, $Q_k \in \mathscr{E}$, 由 (2.5.24) 有

$$\mu_j(\Omega) \leqslant \mu_j\left(\bigcup_{k=1}^{\infty} Q_k\right)$$

$$\leqslant \sum_{k=1}^{\infty} \mu_j(Q_k) = \sum_{k=1}^{\infty} \rho_{g_{\mu_j}}(Q_k).$$

由此并对所有上述覆盖取下确界知

$$\mu_j(\Omega) \leqslant \mu^*_{g_{\mu_j}}(\Omega). \tag{2.5.26}$$

再由μ_j的正则性知, 对$\forall n \in \mathbb{N}_+$, 存在开集$\Omega_n \supset \Omega$使得

$$\mu_j(\Omega_n) < \mu_j(\Omega) + \frac{1}{n}.$$

由此, $\mu^*_{g_{\mu_j}}$的定义及(2.5.25)进一步有

$$\mu^*_{g_{\mu_j}}(\Omega) \leqslant \mu^*_{g_{\mu_j}}(\Omega_n) = \mu_j(\Omega_n) < \mu_j(\Omega) + \frac{1}{n}.$$

令$n \to \infty$即得$\mu^*_{g_{\mu_j}}(\Omega) \leqslant \mu_j(\Omega_n)$. 由此及(2.5.26)知所证命题结论成立. □

由命题2.5.29可导出如下结论.

推论2.5.30 设μ为$\mathbb{C}$上的复测度且f为Borel可积函数, 则

$$\int_{\mathbb{C}} f(z) \, \mathrm{d} g_\mu(z) = \int_{\mathbb{C}} f(z) \, \mathrm{d}\mu(z).$$

证明 由命题2.5.29知, 为证目前的推论, 只需证明以下断言成立: 设μ_1, μ_2为$\mathbb{C}$上的两个复测度且, 对任意$\Omega \in \mathscr{B}(\mathbb{C})$, $\mu_1(\Omega) = \mu_2(\Omega)$, 则, 对任意关于$\mu_1$-Borel可积的函数$f$, f关于μ_2也Borel可积且进一步有

$$\int_{\mathbb{C}} f \, \mathrm{d}\mu_1 = \int_{\mathbb{C}} f \, \mathrm{d}\mu_2.$$

事实上, 因$\mu_1 = \mu_2$, 故$|\mu_1| = |\mu_2|$. 从而

f关于μ_1-Borel可积

$\iff \int_{\mathbb{C}} |f(z)| \, \mathrm{d}|\mu_1|(z) < \infty$

$\iff \int_{\mathbb{C}} |f(z)| \, \mathrm{d}|\mu_2|(z) < \infty$ (因$\mu_1 = \mu_2 \implies |\mu_1| = |\mu_2|$)

$\iff f$关于μ_2-Borel可积.

又由引理2.5.21知, 对任意$i \in \{1,2\}$, 存在可测函数h_i, $|h_i| = 1$ a.e. 使得
$$\mathrm{d}\mu_i = h_i \mathrm{d}|\mu_i| \tag{2.5.27}$$
且, 对任意$\Omega \in \mathscr{B}(\mathbb{C})$, 有
$$\mu_i(\Omega) = \int_\Omega h_i \mathrm{d}|\mu_i|. \tag{2.5.28}$$
注意到f可积, 由文献[19]Theorem 2.10(b)知存在一列简单函数$\{f_n\}_{n \in \mathbb{N}_+}$, 不妨设
$$\{f_n\}_{n \in \mathbb{N}_+} := \left\{ \sum_{k=1}^{N_n} a_k^{(n)} \mathbf{1}_{E_k^{(n)}} \right\}_{n \in \mathbb{N}_+},$$
其中$\{a_k^{(n)}\}_{n \in \mathbb{N}_+, k \in \{1, \cdots, N_n\}} \subset \mathbb{C}$且$\{E_k^{(n)}\}_{n \in \mathbb{N}_+, k \in \{1, \cdots, N_n\}} \subset \mathscr{B}(\mathbb{C})$使得$f_n \to f$ a.e. 且, 当$n \to \infty$时, $|f_n| \uparrow |f|$. 由此及(2.5.27)、(2.5.28)和控制收敛定理知, 对任意Borel可积函数f,
$$\begin{aligned}
\int_\mathbb{C} f(z) \mathrm{d}\mu_1(z) &= \int_\mathbb{C} f(z) h_1(z) \mathrm{d}|\mu_1|(z) \\
&= \lim_{n \to \infty} \int_\mathbb{C} f_n(z) h_1(z) \mathrm{d}|\mu_1|(z) \\
&= \lim_{n \to \infty} \sum_{k=1}^{N_n} a_k^{(n)} \int_{E_k^{(n)}} h_1(z) \mathrm{d}|\mu_1|(z) \\
&= \lim_{n \to \infty} \sum_{k=1}^{N_n} a_k^{(n)} \mu_1\left(E_k^{(n)}\right) \\
&= \lim_{n \to \infty} \sum_{k=1}^{N_n} a_k^{(n)} \mu_2\left(E_k^{(n)}\right) = \int_\mathbb{C} f(z) \mathrm{d}\mu_2(z).
\end{aligned}$$
故所证断言成立. 至此, 推论2.5.30得证. □

下面我们建立$\mathbb{C}$上的有界Borel可测函数到$\mathscr{L}(\mathscr{H})$中一个正常子代数之间的一个$*$等距同构. 为此首先研究$\mathbb{C}$上的有界Borel可测函数空间的基本性质. 设$\mathscr{H}$为Hilbert空间且$(\mathbb{C}, \mathscr{B}(\mathbb{C}), E)$为相关于$\mathscr{H}$的谱族. 记$B_E(\mathbb{C})$为$\mathbb{C}$上的有界Borel可测函数全体且, 对$\forall f \in B_E(\mathbb{C})$, 定义
$$\|f\|_{B_E(\mathbb{C})} := \inf_{\substack{\Omega \in \mathscr{B}(\mathbb{C}) \\ E(\Omega) = \theta}} \sup_{x \in \mathbb{C} \setminus \Omega} |f(x)|. \tag{2.5.29}$$
关于$B_E(\mathbb{C})$, 我们有如下命题.

命题2.5.31 $B_E(\mathbb{C})$是一个Banach空间.

证明 先证, 对$\forall f \in B_E(\mathbb{C})$, $\exists Z \subset \mathbb{C}$且$E(Z) = \theta$使得, 对$\forall x \in \mathbb{C} \setminus Z$, 有

$$|f(x)| \leqslant \|f\|_{B_E(\mathbb{C})}. \tag{2.5.30}$$

为此, 对$\forall n \in \mathbb{N}$, 令

$$Z_n := \left\{ x \in \mathbb{C} : \|f\|_{B_E(\mathbb{C})} + \frac{1}{n+1} \leqslant |f(x)| < \|f\|_{B_E(\mathbb{C})} + \frac{1}{n} \right\}.$$

下证, 对$\forall n \in \mathbb{N}$, 有$E(Z_n) = \theta$. 为此, 固定$n \in \mathbb{N}$. 若对$\forall \Omega \in \mathscr{B}(\mathbb{C})$且$E(\Omega) = \theta$均有$E(Z_n \setminus \Omega) \neq \theta$. 从而$Z_n \setminus \Omega \neq \emptyset$且由(2.5.29)有

$$\|f\|_{B_E(\mathbb{C})} = \inf_{\substack{\Omega \in B_E(\mathbb{C}) \\ E(\Omega) = \theta}} \sup_{x \in \mathbb{C} \setminus \Omega} |f(x)|$$

$$\geqslant \inf_{\substack{\Omega \in B_E(\mathbb{C}) \\ E(\Omega) = \theta}} \sup_{x \in Z_n \setminus \Omega} |f(x)| \geqslant \|f\|_{B_E(\mathbb{C})} + \frac{1}{n+1}.$$

这是不可能的. 因此, 必存在$\Omega_0 \in \mathscr{B}(\mathbb{C})$且$E(\Omega_0) = \theta$使得$E(Z_n \setminus \Omega_0) = \theta$. 由此及命题2.5.25(iii)进一步有

$$E(Z_n) = E(Z_n \setminus \Omega_0) + E(Z_n \cap \Omega_0) = E(Z_n)E(\Omega_0) = \theta.$$

故所证断言成立.

令

$$Z := \bigcup_{n \in \mathbb{N}} Z_n,$$

则

$$Z = \{ x \in \mathbb{C} : |f(x)| > \|f\|_{B_E(\mathbb{C})} \}.$$

由定义2.5.24(ii)及$\{Z_n\}_{n \in \mathbb{N}}$互不相交知

$$E(Z) = s-\lim_{N \to \infty} \sum_{n=0}^{N} E(Z_n) = \theta.$$

故(2.5.30)成立.

下证完备性. 任取 $\{f_n\}_{n\in\mathbb{N}_+} \subset B_E(\mathbb{C})$ 为基本列, 即

$$\lim_{\substack{j,k\in\mathbb{N}_+ \\ j,k\to\infty}} \|f_j - f_k\|_{B_E(\mathbb{C})} = 0. \tag{2.5.31}$$

由(2.5.30)知, 对 $\forall j,k \in \mathbb{N}_+$, $\exists Z_{j,k} \subset \mathbb{C}$ 且 $E(Z_{j,k}) = \theta$ 使得, 对 $\forall x \in \mathbb{C} \setminus Z_{j,k}$, 有

$$|f_j(x) - f_k(x)| \leq \|f_j - f_k\|_{B_E(\mathbb{C})}.$$

令

$$Z_0 := \bigcup_{j,k\in\mathbb{N}_+} Z_{j,k},$$

并将 $\{Z_{j,k}\}_{j,k\in\mathbb{N}_+}$ 重新排列为 $\{W_k\}_{k\in\mathbb{N}_+}$. 令 $V_1 := W_1$, 并对 $\ell \in \{2,3,\cdots\}$, 令

$$V_\ell := W_\ell \setminus \bigcup_{k=1}^{\ell-1} W_k.$$

则 $\{V_\ell\}_{\ell\in\mathbb{N}_+}$ 互不相交且 $Z_0 = \bigcup_{\ell\in\mathbb{N}_+} V_\ell$. 由命题2.5.25(iii)和, 对任意的 $\ell \in \mathbb{N}_+$, $E(W_\ell) = \theta$ 知

$$E(V_\ell) = E(V_\ell \cap W_\ell) = E(V_\ell)E(W_\ell) = \theta.$$

从而对 $\forall j,k \in \mathbb{N}_+$ 和 $\forall x \in \mathbb{C} \setminus Z_0$ 有

$$|f_j(x) - f_k(x)| \leq \|f_j - f_k\|_{B_E(\mathbb{C})}. \tag{2.5.32}$$

故由(2.5.31)知, 对 $\forall x \in \mathbb{C} \setminus Z_0$, 存在 $f(x) \in \mathbb{C}$ 使得 $\lim_{k\to\infty} f_k(x) = f(x)$. 若 $x \in Z_0$, 则令 $f(x) := 0$. 下证 $f \in B_E(\mathbb{C})$ 且

$$\lim_{k\to\infty} \|f_k - f\|_{B_E(\mathbb{C})} = 0.$$

事实上, 对 $\forall \varepsilon \in (0,\infty)$, $\exists N \in \mathbb{N}_+$ 使得, 当 $k,j \in (N,\infty) \cap \mathbb{N}_+$ 时, 有

$$\|f_j - f_k\|_{B_E(\mathbb{C})} < \varepsilon.$$

则, 当 $k > N$ 时, 由(2.5.32), 对 $\forall x \in \mathbb{C} \setminus Z_0$, 有

$$|f_k(x) - f(x)| = \lim_{j\to\infty} |f_k(x) - f_j(x)|$$

$$\leqslant \lim_{j\to\infty}\|f_k-f_j\|_{B_E(\mathbb{C})}\leqslant \varepsilon.$$

由此及$f_k \in B_E(\mathbb{C})$知$f \in B_E(\mathbb{C})$且, 当$k > N$时, 有$\|f_k - f\|_{B_E(\mathbb{C})} \leqslant \varepsilon$. 故$f \in B_E(\mathbb{C})$且

$$\lim_{k\to\infty}\|f_k-f\|_{B_E(\mathbb{C})}=0.$$

因此, $B_E(\mathbb{C})$完备. 至此, 命题2.5.31得证. □

记$B(\mathbb{C})$为$\mathbb{C}$上的有界Borel可测函数全体且, 对$\forall f \in B(\mathbb{C})$, 定义

$$\|f\|_{B(\mathbb{C})} := \sup_{x\in\mathbb{C}}|f(x)|.$$

显然, $\|f\|_{B_E(\mathbb{C})} \leqslant \|f\|_{B(\mathbb{C})}$且类似于命题2.5.31, 可证$(B(\mathbb{C}), \|\cdot\|_{B(\mathbb{C})})$也是完备的. 但$\|f\|_{B_E(\mathbb{C})}$与$\|f\|_{B(\mathbb{C})}$可以不相等. 如对任意的$x \in \mathbb{R}$, 令

$$f(x) := \begin{cases} 1, & x \in \mathbb{Q}, \\ 0, & x \in \mathbb{R}\setminus\mathbb{Q}, \end{cases}$$

则$\|f\|_{B_E(\mathbb{C})} = 0$但$\|f\|_{B(\mathbb{C})} = 1$.

定理2.5.32 设$\mathscr{H}$为Hilbert空间, $(\mathbb{C}, \mathscr{B}(\mathbb{C}), E)$为相关于$\mathscr{H}$的谱族且集合$B_E(\mathbb{C})$如上定义, 则存在$\mathscr{L}(\mathscr{H})$的一个闭的正常子代数$\mathscr{N}(\mathscr{H})$及从集合$B_E(\mathbb{C})$到$\mathscr{N}(\mathscr{H})$上的一个*等距同构$\Phi$满足:

(i) 对$\forall f \in B_E(\mathbb{C})$和$\forall x, y \in \mathscr{H}$, 有

$$(\Phi(f)x, y) = \int_{\mathbb{C}} f(z)\,\mathrm{d}(E(z)x, y). \tag{2.5.33}$$

其中, 对$\forall z \in \mathbb{C}$,

$$\Omega_z := \{s + \mathrm{i}t \in \mathbb{C}: -\infty < s \leqslant \Re z, -\infty < t \leqslant \Im z\} \tag{2.5.34}$$

且

$$E(z) := E(\Omega_z). \tag{2.5.35}$$

(ii) 对$\forall f \in B_E(\mathbb{C})$和$\forall x \in \mathscr{H}$, 有

$$\|\Phi(f)x\|_{\mathscr{H}}^2 = \int_{\mathbb{C}} |f(z)|^2\,\mathrm{d}\|E(z)x\|_{\mathscr{H}}^2.$$

(iii) 设 $T \in \mathscr{L}(\mathscr{H})$,则,对每一个Borel集$\Delta \subset \mathbb{C}$,有$TE(\Delta) = E(\Delta)T$当且仅当

$$T\Phi(f) = \Phi(f)T, \quad \forall f \in B_E(\mathbb{C}).$$

[$E(\Delta)$相当于$N(\mathscr{H})$中的特征函数,而$\Phi(f)$相当于$N(\mathscr{H})$中的一般可测函数.]

证明 令$n \in \mathbb{N}_+$,$\{\alpha_1, \cdots, \alpha_n\} \subset \mathbb{C}$且$\{C_1, \cdots, C_n\} \subset \mathscr{B}(\mathbb{C})$为$\mathbb{C}$的一个分划,并令

$$h := \sum_{i=1}^{n} \alpha_i \mathbf{1}_{C_i}$$

为$\mathbb{C}$上的一个简单函数(其中,对$\forall i \in \{1, \cdots, n\}$,$C_i$的Lebesgue测度可以为$\infty$). 记$\mathscr{S}(\mathbb{C})$为$\mathbb{C}$上的简单函数全体. 定义

$$\Phi: \begin{cases} \mathscr{S}(\mathbb{C}) \longrightarrow \mathscr{L}(\mathscr{H}), \\ h \longmapsto \Phi(h) := \sum_{i=1}^{n} \alpha_i E(C_i). \end{cases}$$

首先证明Φ在$\mathscr{S}(\mathbb{C})$上定义的合理性. 设$h = \sum_{i=1}^{n} \alpha_i \mathbf{1}_{C_i}$有另一表示

$$h = \sum_{j=1}^{m} \beta_j \mathbf{1}_{D_j},$$

其中$\{\beta_1, \cdots, \beta_m\} \subset \mathbb{C}$且$\{D_1, \cdots, D_m\} \subset \mathscr{B}(\mathbb{C})$为$\mathbb{C}$的另一个分划,则,对$\forall i \in \{1, \cdots, n\}$和$\forall j \in \{1, \cdots, m\}$,有

$$C_i = \bigcup_{j=1}^{m} (C_i \cap D_j) \quad \text{和} \quad D_j = \bigcup_{i=1}^{n} (C_i \cap D_j),$$

且由分划中集合互不相交进一步知,若$C_i \cap D_j \neq \varnothing$,则$\alpha_i = \beta_j$. 由此结合$E(\varnothing) = \theta$及谱族的可列可加性有

$$\Phi(h) = \sum_{i=1}^{n} \alpha_i E(C_i) = \sum_{i=1}^{n} \sum_{j=1}^{m} \alpha_i E(C_i \cap D_j)$$

$$= \sum_{i=1}^{n} \sum_{\substack{j \in \{1,2,\cdots,m\} \\ C_i \cap D_j \neq \varnothing}} \alpha_i E(C_i \cap D_j)$$

$$= \sum_{j=1}^{m} \sum_{\substack{i\in\{1,2,\cdots,n\}\\ C_i\cap D_j\neq\varnothing}} \beta_j E(C_i\cap D_j)$$

$$= \sum_{j=1}^{m}\sum_{i=1}^{n} \beta_j E(C_i\cap D_j) = \sum_{j=1}^{m} \beta_j E(D_j).$$

从而Φ的定义合理.

下证上述定义的Φ在$\mathscr{S}(\mathbb{C})$上满足定义2.4.9的(i)、(ii)和(iii). 事实上, 由于, 对$\forall i\in\{1,\cdots,n\}$, $E(C_i)$为投影算子, 故自伴. 因此,

$$[\Phi(h)]^* = \left[\sum_{i=1}^{n} \alpha_i E(C_i)\right]^* = \sum_{i=1}^{n} \overline{\alpha_i} E(C_i) = \Phi(\bar{h}), \tag{2.5.36}$$

故Φ在$\mathscr{S}(\mathbb{C})$上满足定义2.4.9(iii).

另外, 设$m\in\mathbb{N}_+$, $\{\beta_1,\cdots,\beta_m\}\subset\mathbb{C}$, $\{\widetilde{C}_1,\cdots,\widetilde{C}_m\}\subset\mathscr{B}(\mathbb{C})$为$\mathbb{C}$的另一个分划且

$$k := \sum_{j=1}^{m} \beta_j \mathbf{1}_{\widetilde{C}_j}.$$

由此及谱族的性质[命题2.5.25(iii)]即知

$$\begin{aligned}\Phi(h)\Phi(k) &= \left[\sum_{i=1}^{n} \alpha_i E(C_i)\right]\left[\sum_{j=1}^{m} \beta_j E(\widetilde{C}_j)\right]\\ &= \sum_{i=1}^{n}\sum_{j=1}^{m} \alpha_i\beta_j E(C_i)E(\widetilde{C}_j)\\ &= \sum_{i=1}^{n}\sum_{j=1}^{m} \alpha_i\beta_j E\left(C_i\cap\widetilde{C}_j\right)\\ &= \Phi\left(\sum_{i=1}^{n}\sum_{j=1}^{m} \alpha_i\beta_j \mathbf{1}_{(C_i\cap\widetilde{C}_j)}\right) = \Phi(hk). \end{aligned} \tag{2.5.37}$$

故Φ在$\mathscr{S}(\mathbb{C})$上满足定义2.4.9(ii).

易证, 对$\forall \alpha,\beta\in\mathbb{C}$和$\forall h,k\in\mathscr{S}(\mathbb{C})$, 有

$$\Phi(\alpha h+\beta k) = \alpha\Phi(h)+\beta\Phi(k). \tag{2.5.38}$$

因此, Φ在$\mathscr{S}(\mathbb{C})$上满足定义2.4.9(i).

下证(i)在$\mathscr{S}(\mathbb{C})$上成立. 为此, 先证, 对$\forall$Borel可测集M和$\forall x,y \in \mathscr{H}$, 有

$$\int_M \mathrm{d}(E(z)x,y) = (E(M)x,y). \tag{2.5.39}$$

为证(2.5.39), 对$\forall \Omega \in \mathscr{B}(\mathbb{C})$, 令$\mu(\Omega) := (E(\Omega)x,y)$. 下证$\mu$是$\mathscr{B}(\mathbb{C})$上的复测度. 为此, 只需证$\mu$具有可列可加性. 事实上, 若设$\{\Omega_i\}_{i=1}^{\infty} \subset \mathscr{B}(\mathbb{C})$且互不相交, 则由谱分解的性质[定义2.5.24(ii)]和内积的连续性与线性性有

$$\mu\left(\bigcup_{i=1}^{\infty} \Omega_i\right) = \left(E\left(\bigcup_{i=1}^{\infty} \Omega_i\right)x,y\right)$$
$$= \left(\lim_{n\to\infty} \sum_{i=1}^{n} E(\Omega_i)x, y\right)$$
$$= \lim_{n\to\infty} \left(\sum_{i=1}^{n} E(\Omega_i)x, y\right)$$
$$= \lim_{n\to\infty} \sum_{i=1}^{n} (E(\Omega_i)x, y)$$
$$= \sum_{i=1}^{\infty} (E(\Omega_i)x, y) = \sum_{i=1}^{\infty} \mu(\Omega_i).$$

因此, μ具有可列可加性, 故μ为$\mathscr{B}(\mathbb{C})$上的复测度. 对此μ及$f := \mathbf{1}_M$应用推论2.5.30有

$$(E(M)x,y) = \mu(M) = \int_{\mathbb{C}} \mathbf{1}_M(z) \, \mathrm{d}\mu(z)$$
$$= \int_{\mathbb{C}} \mathbf{1}_M(z) \, \mathrm{d}g_\mu(z) = \int_M \mathrm{d}g_\mu(z).$$

又注意到

$$g_\mu(z) := \mu(\Omega_z) = (E(\Omega_z)x,y) = (E(z)x,y).$$

因此, (2.5.39)成立.

进一步可证, 对$\forall x,y \in \mathscr{H}$, 有

$$|(E(\cdot)x,y)|(\mathbb{C}) \leqslant \|x\|_{\mathscr{H}} \|y\|_{\mathscr{H}}. \tag{2.5.40}$$

为此, 任取$\mathbb{C}$的一个分划$\Delta := \{\Delta_k\}_{k=1}^{\infty}$. 由谱族的性质, Cauchy–Schwarz不等式及Hölder不等式知

$$\sum_{k=1}^{\infty} |(E(\Delta_k)x,y)| = \sum_{k=1}^{\infty} |(E(\Delta_k)x, E(\Delta_k)y)|$$

$$\leqslant \sum_{k=1}^{\infty} \|E(\Delta_k)x\|_{\mathscr{H}} \|E(\Delta_k)y\|_{\mathscr{H}}$$
$$\leqslant \left[\sum_{k=1}^{\infty} \|E(\Delta_k)x\|_{\mathscr{H}}^2\right]^{\frac{1}{2}} \left[\sum_{k=1}^{\infty} \|E(\Delta_k)y\|_{\mathscr{H}}^2\right]^{\frac{1}{2}}.$$

注意到, 由$\{E(\Delta_k)\}_{k=1}^{\infty}$的正交性[由命题2.5.25(i)&(iii)]和$E(\mathbb{C}) = I$知, 对$\forall x \in \mathscr{H}$, 有

$$\sum_{k=1}^{\infty} \|E(\Delta_k)x\|_{\mathscr{H}}^2 = \left(\sum_{k=1}^{\infty} E(\Delta_k)x, \sum_{k=1}^{\infty} E(\Delta_k)x\right)$$
$$= \left\|E\left(\bigcup_{k=1}^{\infty} \Delta_k\right)x\right\|_{\mathscr{H}}^2$$
$$= \|E(\mathbb{C})x\|_{\mathscr{H}}^2 = \|x\|_{\mathscr{H}}^2.$$

因此,

$$\sum_{k=1}^{\infty} |(E(\Delta_k)x, y)| \leqslant \|x\|_{\mathscr{H}} \|y\|_{\mathscr{H}}.$$

由此进一步可知(2.5.40)成立.

从而, 对$h \in \mathscr{S}(\mathbb{C})$, 由(2.5.39)知, 对$\forall x, y \in \mathscr{H}$,

$$\int_{\mathbb{C}} h(z) \,\mathrm{d}(E(z)x, y) = \sum_{i=1}^{n} \alpha_i (E(C_i)x, y)$$
$$= (\Phi(h)x, y), \tag{2.5.41}$$

即(i)在$\mathscr{S}(\mathbb{C})$上成立.

下证(ii)关于$\mathscr{S}(\mathbb{C})$成立. 事实上, 注意到, 对任意$h \in \mathscr{S}(\mathbb{C})$, 由(2.5.36)、(2.5.37)和(2.5.41)即知

$$\|\Phi(h)x\|_{\mathscr{H}}^2 = (\Phi(h)x, \Phi(h)x)$$
$$= (\Phi(\overline{h})\Phi(h)x, x) = (\Phi(|h|^2)x, x)$$
$$= \int_{\mathbb{C}} |h(z)|^2 \,\mathrm{d}(E(z)x, x)$$
$$= \int_{\mathbb{C}} |h(z)|^2 \,\mathrm{d}(E(z)x, E(z)x)$$

$$= \int_{\mathbb{C}} |h(z)|^2 \mathrm{d}\|E(z)x\|_{\mathscr{H}}^2. \tag{2.5.42}$$

故(ii)在 $\mathscr{S}(\mathbb{C})$ 上成立.

再证 Φ 在 $\mathscr{S}(\mathbb{C})$ 上为等距映射. 事实上, 由(2.5.42)的证明有

$$\|\Phi(h)x\|_{\mathscr{H}}^2 = \int_{\mathbb{C}} |h(z)|^2 \,\mathrm{d}(E(z)x, x). \tag{2.5.43}$$

令

$$Z := \{z \in \mathbb{C} : |f(z)| > \|f\|_{B_E(\mathbb{C})}\},$$

则 $E(Z) = \theta$. 由此及 $(E(\cdot)x, x)$ 为正测度进一步有

$$\begin{aligned}
&\int_{\mathbb{C}} |h(z)|^2 \,\mathrm{d}(E(z)x, x) \\
&= \left(\int_{\mathbb{C}\setminus Z} + \int_{Z}\right) |h(z)|^2 \,\mathrm{d}(E(z)x, x) \\
&\leqslant \|h\|_{B_E(\mathbb{C})}^2 \left[\int_{\mathbb{C}\setminus Z} \mathrm{d}(E(z)x, x) + \int_{Z} \mathrm{d}(E(z)x, x)\right] \\
&\leqslant \|h\|_{B_E(\mathbb{C})}^2 \left[(E(\mathbb{C})x, x) + (E(Z)x, x)\right] \\
&= \|h\|_{B_E(\mathbb{C})}^2 (E(\mathbb{C})x, x).
\end{aligned}$$

从这及(2.5.43)、$E(\mathbb{C}) = I$ 可得

$$\|\Phi(h)x\|_{\mathscr{H}}^2 \leqslant \|h\|_{B_E(\mathbb{C})}^2 (E(\mathbb{C})x, x) = \|h\|_{B_E(\mathbb{C})}^2 \|x\|_{\mathscr{H}}^2.$$

即 $\|\Phi(h)\|_{\mathscr{L}(\mathscr{H})} \leqslant \|h\|_{B_E(\mathbb{C})}$. 此外, 存在 $i_0 \in \{1, \cdots, n\}$ 使得

$$\|h\|_{B_E(\mathbb{C})} = |\alpha_{i_0}| \quad \text{且} \quad E(C_{i_0}) \neq \theta.$$

则, 对 $\forall x \in R(E(C_{i_0}))$, 不妨设 $x = E(C_{i_0})y$, 有

$$E(C_{i_0})x = E(C_{i_0})E(C_{i_0})y = E(C_{i_0})y = x.$$

由此, 命题2.5.25(iii), $\{C_i\}_{i \in \{1,2,\cdots,n\}}$ 互不相交和 $E(\varnothing) = \theta$ 知

$$\Phi(h)x = \sum_{i=1}^{n} \alpha_i E(C_i)x = \sum_{i=1}^{n} \alpha_i E(C_i)E(C_{i_0})x$$

$$= \sum_{i=1}^{n} \alpha_i E\left(C_i \cap C_{i_0}\right) x = \alpha_{i_0} x.$$

故
$$\|\Phi(h)x\|_{\mathscr{H}} = |\alpha_{i_0}| \|x\|_{\mathscr{H}} = \|h\|_{B_E(\mathbb{C})} \|x\|_{\mathscr{H}}.$$

由此可知 $\|h\|_{B_E(\mathbb{C})} \leqslant \|\Phi(h)\|_{\mathscr{L}(\mathscr{H})}$. 从而

$$\|\Phi(h)\|_{\mathscr{L}(\mathscr{H})} = \|h\|_{B_E(\mathbb{C})}. \tag{2.5.44}$$

下面考虑一般的Borel可测函数. 对 $\forall f \in B_E(\mathbb{C})$, 令 $\{f_n\}_{n \in \mathbb{N}_+} \subset \mathscr{S}(\mathbb{C})$ 一致收敛于 f (见文献[10]定理3.9(ii)), 并在 $\mathscr{L}(\mathscr{H})$ 中定义

$$\Phi(f) := \lim_{n \to \infty} \Phi(f_n). \tag{2.5.45}$$

我们首先证明(2.5.45)中极限存在. 事实上, 由等距同构性[见(2.5.44)]及 $\{f_n\}_{n \in \mathbb{N}_+}$ 一致收敛知, 对 $\forall \varepsilon \in (0, \infty)$, 由(2.5.44)知存在 $N \in \mathbb{N}_+$ 使得, 对任意 $n, m \geqslant N$, 有

$$\|\Phi(f_n) - \Phi(f_m)\|_{\mathscr{L}(\mathscr{H})} = \|f_n - f_m\|_{B_E(\mathbb{C})} \leqslant \|f_n - f_m\|_{B(\mathbb{C})} < \varepsilon.$$

即 $\{\Phi(f_n)\}_{n \in \mathbb{N}_+}$ 为 $\mathscr{L}(\mathscr{H})$ 中的Cauchy列. 由此及 $\mathscr{L}(\mathscr{H})$ 完备知(2.5.45)中极限在 $\mathscr{L}(\mathscr{H})$ 意义下存在.

下证(2.5.45)中定义合理. 设

$$\{g_n\}_{n \in \mathbb{N}_+} \subset \mathscr{S}(\mathbb{C})$$

也一致收敛于 f. 则由(2.5.44) 知, 当 $n \to \infty$ 时,

$$\|\Phi(f_n) - \Phi(g_n)\|_{\mathscr{L}(\mathscr{H})}$$
$$= \|f_n - g_n\|_{B_E(\mathbb{C})}$$
$$\leqslant \|f_n - f\|_{B_E(\mathbb{C})} + \|f - g_n\|_{B_E(\mathbb{C})}$$
$$\leqslant \|f_n - f\|_{B(\mathbb{C})} + \|f - g_n\|_{B(\mathbb{C})} \to 0.$$

故
$$\lim_{n \to \infty} \Phi(g_n) = \lim_{n \to \infty} \Phi(f_n) = \Phi(f).$$

因此, (2.5.45)中定义合理.

下证对定义在$B_E(\mathbb{C})$上的Φ, (2.5.36)至(2.5.38)以及(2.5.41)至(2.5.44)仍成立. 设$f \in B_E(\mathbb{C})$, 记$\{f_n\}_{n \in \mathbb{N}_+} \subset \mathscr{S}(\mathbb{C})$如上且$x, y \in \mathscr{H}$, 则由内积的连续性和(2.5.36)有

$$(\Phi(f)x, y) = \lim_{n \to \infty} (\Phi(f_n)x, y)$$
$$= \lim_{n \to \infty} (x, \Phi(\overline{f_n})y) = (x, \Phi(\overline{f})y), \quad (2.5.46)$$

即(2.5.36)对$\forall f \in B_E(\mathbb{C})$成立. 而(2.5.37)和(2.5.38)对$\forall f \in B_E(\mathbb{C})$成立的证明类似, 留作习题.

下证(2.5.41)对任意的$f \in B_E(\mathbb{C})$成立. 事实上, 对任意的$f \in B_E(\mathbb{C})$, 记$\{f_n\}_{n \in \mathbb{N}_+} \subset \mathscr{S}(\mathbb{C})$如上. 则因(2.5.41)对$\forall f_n \in \mathscr{S}(\mathbb{C})$及$x, y \in \mathscr{H}$成立, 其中$n \in \mathbb{N}_+$, 故由内积的连续性进一步有

$$(\Phi(f)x, y) = \lim_{n \to \infty} (\Phi(f_n)x, y) = \lim_{n \to \infty} \int_{\mathbb{C}} f_n(z) \, \mathrm{d}(E(z)x, y).$$

注意到, 由(2.5.40)有

$$\int_{\mathbb{C}} (1 + |f(z)|) \, \mathrm{d} |(E(z)x, y)| \leqslant [1 + \|f\|_{B_E(\mathbb{C})}] \|x\|_{\mathscr{H}} \|y\|_{\mathscr{H}} < \infty.$$

因$\{f_n\}_{n \in \mathbb{N}_+} \subset \mathscr{S}(\mathbb{C})$一致收敛于$f$, 故, 对所有充分大的$n \in \mathbb{N}_+$, 均有

$$|f_n| \leqslant |f| + 1.$$

由此及控制收敛定理进一步得

$$(\Phi(f)x, y) = \int_{\mathbb{C}} f(z) \, \mathrm{d}(E(z)x, y),$$

即知(2.5.41)对$\forall f \in B_E(\mathbb{C})$成立. 类似可证(2.5.42)和(2.5.43)对$\forall f \in B_E(\mathbb{C})$成立, 留作习题.

又对$\forall f \in B_E(\mathbb{C})$, 记$\{f_n\}_{n \in \mathbb{N}_+} \subset \mathscr{S}(\mathbb{C})$如上. 因(2.5.44)对于$\mathscr{S}(\mathbb{C})$中的函数成立, 故

$$\|\Phi(f)\|_{\mathscr{L}(\mathscr{H})} = \lim_{n \to \infty} \|\Phi(f_n)\|_{\mathscr{L}(\mathscr{H})}$$
$$= \lim_{n \to \infty} \|f_n\|_{B_E(\mathbb{C})} = \|f\|_{B_E(\mathbb{C})},$$

即(2.5.44)对$\forall f \in B_E(\mathbb{C})$成立.

综上即知(2.5.36)至(2.5.38)及(2.5.41)至(2.5.44)对$\forall f \in B_E(\mathbb{C})$成立. 令
$$\mathcal{N}(\mathcal{H}) := \Phi(B_E(\mathbb{C})).$$

由(2.5.36)至(2.5.38)及(2.5.44)知Φ为$B_E(\mathbb{C})$到$\mathcal{N}(\mathcal{H})$的一个*等距同构.

下证$\mathcal{N}(\mathcal{H})$为$\mathscr{L}(\mathcal{H})$中的闭正常子代数. 由Φ为等距同构且$B_E(\mathbb{C})$完备知$\mathcal{N}(\mathcal{H})$在$\mathscr{L}(\mathcal{H})$中闭. 又由(2.5.37)对$B_E(\mathbb{C})$中的函数成立知$\mathcal{N}(\mathcal{H})$可交换. 进一步, 对任意
$$A \in \mathcal{N}(\mathcal{H}) = \Phi(B_E(\mathbb{C}))$$
知$\exists g \in B_E(\mathbb{C})$使得$A = \Phi(g)$. 由(2.5.36)知
$$A^* = \Phi(\bar{g}) \in \mathcal{N}(\mathcal{H}).$$

故$\mathcal{N}(\mathcal{H})$为$\mathscr{L}(\mathcal{H})$中闭正常子代数.

最后证(iii). 首先断言, 对$T \in \mathscr{L}(\mathcal{H})$, 有
$$TE(\Delta) = E(\Delta)T, \ \forall \Delta \in \mathscr{B}$$
$$\Longleftrightarrow T\Phi(h) = \Phi(h)T, \ \forall h \in \mathscr{S}(\mathbb{C}), \tag{2.5.47}$$

即(iii)限制在$\mathscr{S}(\mathbb{C})$中成立. 事实上, 若对$\forall h \in \mathscr{S}(\mathbb{C})$, 有$T\Phi(h) = \Phi(h)T$, 则取$h := \mathbf{1}_\Delta$, $\Delta \in \mathscr{B}$, 即知(2.5.47)左端成立; 反之, 若(2.5.47)左端成立, 则, 对$\forall h := \sum\limits_{i=1}^{n} \alpha_i \mathbf{1}_{C_i} \in \mathscr{S}(\mathbb{C})$, 有
$$T\Phi(h) = \sum_{i=1}^{n} \alpha_i TE(C_i) = \left[\sum_{i=1}^{n} \alpha_i E(C_i)\right] T = \Phi(h)T.$$

由此可知上述断言(2.5.47)成立.

一般地, 若对$\forall f \in B_E(\mathbb{C})$, 有$T\Phi(f) = \Phi(f)T$, 则取$f := \mathbf{1}_\Delta$仍可得
$$TE(\Delta) = E(\Delta)T, \quad \forall \Delta \in \mathscr{B};$$

反之, 对$\forall \Delta \in \mathscr{B}$, 设
$$TE(\Delta) = E(\Delta)T.$$

对 $\forall f \in B_E(\mathbb{C})$, 取 $\{f_n\}_{n\in\mathbb{N}_+} \subset \mathscr{S}(\mathbb{C})$ 如上, 则由(2.5.45)和T的连续性有

$$T\Phi(f) = \lim_{n\to\infty} T\Phi(f_n) = \lim_{n\to\infty} \Phi(f_n)T = \Phi(f)T.$$

至此, 定理2.5.32得证. □

注记2.5.33 设$\mathscr{H}$为Hilbert空间, $(\mathbb{C}, \mathscr{B}(\mathbb{C}), E)$为相关于$\mathscr{H}$的谱族且

$$f \in B_E(\mathbb{C}).$$

则由(2.5.40)知, 对$\forall x, y \in \mathscr{H}$, 有

$$|(E(\cdot)x, y)|(\mathbb{C}) \leqslant \|x\|_{\mathscr{H}} \|y\|_{\mathscr{H}}.$$

由此, 定理2.5.32(i)、Cauchy–Schwarz不等式和Φ的等距性(见定理2.5.32)进一步可得

$$\left|\int_{\mathbb{C}} f(z)\,\mathrm{d}(E(z)x, y)\right| = |(\Phi(f)x, y)|$$
$$\leqslant \|\Phi(f)x\|_{\mathscr{H}} \|y\|_{\mathscr{H}}$$
$$= \|f\|_{B_E(\mathbb{C})} \|x\|_{\mathscr{H}} \|y\|_{\mathscr{H}}. \tag{2.5.48}$$

进一步, 对$\forall x, y \in \mathscr{H}$, 令

$$a_f(y, x) := \overline{\int_{\mathbb{C}} f(z)\,\mathrm{d}(E(z)x, y)}$$

(a_f的定义中之所以取共轭, 是因为由文献[7]定理2.2.2所确定的算子$\widetilde{\Phi}(f)$只能在第二个变量上). 因此, 由(2.5.48)知a_f为$\mathscr{H} \times \mathscr{H}$上的有界共轭双线性泛函. 故由文献[7]定理2.2.2知唯一存在$\widetilde{\Phi}(f) \in \mathscr{L}(\mathscr{H})$使得

$$a_f(y, x) = \left(y, \widetilde{\Phi}(f)x\right).$$

故由定理2.5.32(i)知, 对$\forall f \in B_E(\mathbb{C})$及$\forall x, y \in \mathscr{H}$, 有

$$(\Phi(f)x, y) = \int_{\mathbb{C}} f(z)\,\mathrm{d}(E(z)x, y)$$
$$= \overline{\left(y, \widetilde{\Phi}(f)x\right)} = \left(\widetilde{\Phi}(f)x, y\right).$$

因此, $\Phi = \tilde{\Phi}$. 此即说明了对于给定的谱族$(\mathbb{C}, B(\mathbb{C}), E)$, Φ是唯一确定的. 也说明了以上定义的$\tilde{\Phi}$可以有具体的构造形式Φ. 另外, Φ的唯一性也可以由(2.5.33) 直接推出. 事实上, 若另有Φ_1也满足(2.5.33), 则, 对$\forall f \in B_E(\mathbb{C})$及$\forall x, y \in \mathscr{H}$, 有

$$(\Phi(f)x, y) = \int_{\mathbb{C}} f(z) \mathrm{d}(E(z)x, y) = (\Phi_1(f)x, y).$$

从而

$$([\Phi(f) - \Phi_1(f)]x, y) = 0.$$

由f, x和y的任意性即知$\Phi = \Phi_1$. 因此, 所证断言成立.

定理2.5.34 设N是Hilbert空间$\mathscr{H}$上的一个正常算子, 则存在唯一的谱族$(\mathbb{C}, \mathscr{B}(\mathbb{C}), E)$使得, 对$\forall \psi \in B(\sigma(N))$及$\forall x, y \in \mathscr{H}$,

$$(\psi(N)x, y) = \int_{\sigma(N)} \psi(z) \mathrm{d}(E(z)x, y), \tag{2.5.49}$$

其中$\psi(N)$如(2.5.19). 并将(2.5.49)记成

$$\psi(N) = \int_{\sigma(N)} \psi(z) \mathrm{d}E(z), \tag{2.5.50}$$

称之为$\psi(N)$的**谱分解**.

证明 为证明本定理, 对于给定的正常算子N, 定义

$$E : \begin{cases} \mathscr{B}(\mathbb{C}) \longrightarrow \mathscr{P}(\mathscr{H}), \\ \Omega \longmapsto E(\Omega) = \tau \mathbf{1}_{\Omega \cap \sigma(N)}, \end{cases} \tag{2.5.51}$$

其中τ如(2.5.20). 下证$(\mathbb{C}, \mathscr{B}(\mathbb{C}), E)$为相关于$\mathscr{H}$的谱族.

事实上, 对任意$\Omega \in \mathscr{B}(\mathbb{C})$, 由$\tau$为*同态(见定理2.5.20)有

$$[E(\Omega)]^2 = \left[\tau \mathbf{1}_{\Omega \cap \sigma(N)}\right]^2 = \tau \mathbf{1}^2_{\Omega \cap \sigma(N)} = \tau \mathbf{1}_{\Omega \cap \sigma(N)} = E(\Omega)$$

及

$$[E(\Omega)]^* = \left[\tau \mathbf{1}_{\Omega \cap \sigma(N)}\right]^* = \tau \overline{\mathbf{1}_{\Omega \cap \sigma(N)}} = \tau \mathbf{1}_{\Omega \cap \sigma(N)} = E(\Omega).$$

故由定义2.5.10知$E(\Omega)$为投影算子.

当$\Omega \cap \sigma(N) = \varnothing$时,$\mathbf{1}_{\Omega\cap\sigma(N)} = 0$,故由$\tau 0 = \theta$(因$\tau$为$*$同态)知$E(\Omega) = \theta$.
当$\Omega = \mathbb{C}$时,$\mathbf{1}_{\Omega\cap\sigma(N)} = \mathbf{1}_{\sigma(N)}$,故由$\tau\mathbf{1}_{\sigma(N)} = I$[由命题2.5.6(iv)知$\tau$为$*$同态]知
$$E(\Omega) = I.$$

下证E满足可列可加性. 设$\{\Omega_i\}_{i\in\mathbb{N}_+} \subset \mathscr{B}(\mathbb{C})$且两两不交,则由$\tau$为$*$同态知,对$\forall n \in \mathbb{N}_+$,
$$\sum_{i=1}^{n} E(\Omega_i) = \sum_{i=1}^{n} \tau\mathbf{1}_{\Omega_i\cap\sigma(N)} = \tau\mathbf{1}_{(\bigcup_{i=1}^{n}\Omega_i)\cap\sigma(N)}.$$

注意到,当$n \to \infty$时,
$$\mathbf{1}_{(\bigcup_{i=1}^{n}\Omega_i)\cap\sigma(N)} \to \mathbf{1}_{(\bigcup_{i=1}^{\infty}\Omega_i)\cap\sigma(N)},$$

故,对$\forall x \in \mathscr{H}$,由定理2.5.20(iii)有
$$\begin{aligned}
\lim_{n\to\infty}\sum_{i=1}^{n} E(\Omega_i)x &= \lim_{n\to\infty} \tau\mathbf{1}_{(\bigcup_{i=1}^{n}\Omega_i)\cap\sigma(N)} x \\
&= \lim_{n\to\infty} \mathbf{1}_{(\bigcup_{i=1}^{n}\Omega_i)\cap\sigma(N)}(N)x \\
&= \mathbf{1}_{(\bigcup_{i=1}^{\infty}\Omega_i)\cap\sigma(N)}(N)x \\
&= \tau\mathbf{1}_{(\bigcup_{i=1}^{\infty}\Omega_i)\cap\sigma(N)} x = E\left(\bigcup_{i=1}^{\infty}\Omega_i\right)x.
\end{aligned}$$

因此,由定义2.5.24知$(\mathbb{C}, \mathscr{B}(\mathbb{C}), E)$为相关于$\mathscr{H}$的谱族.

对$\forall \Omega \in \mathscr{B}(\mathbb{C})$,由$E(\Omega)$定义、(2.5.39)、(2.5.20)和(2.5.19)知,对$\forall x, y \in \mathscr{H}$,有
$$\int_\Omega \mathrm{d}(E(z)x, y) = (E(\Omega)x, y) = (\tau\mathbf{1}_{\Omega\cap\sigma(N)}x, y)$$
$$= (\mathbf{1}_{\Omega\cap\sigma(N)}(N)x, y) = \int_{\Omega\cap\sigma(N)} m_{x,y}(\mathrm{d}z),$$

其中$m_{x,y}$如(2.5.17)所定义. 对$\forall \Omega \in B(\mathbb{C})$,令
$$\mu_1(\Omega) := \int_\Omega \mathrm{d}(E(z)x, y)$$

且

$$\mu_2(\Omega) := \int_{\Omega \cap \sigma(N)} m_{x,y}(\mathrm{d}z).$$

易知μ_1和μ_2为$\mathbb{C}$上的两个复测度且由(2.5.52)知$\mu_1(\Omega) = \mu_2(\Omega)$. 注意到, 对$\forall \psi \in B(\sigma(N))$, $\psi \mathbf{1}_{\sigma(N)}$关于$\mu_1$和$\mu_2$均Borel可积, 从而, 由推论2.5.30的证明知

$$\int_{\sigma(N)} \psi(z)\mathrm{d}(E(z)x,y) = \int_{\sigma(N)} \psi(z) m_{x,y}(\mathrm{d}z).$$

由此及(2.5.19)进一步知, 对$\forall \psi \in B(\sigma(N))$, 有

$$\int_{\sigma(N)} \psi(z)\mathrm{d}(E(z)x,y) = \int_{\sigma(N)} \psi(z) m_{x,y}(\mathrm{d}z) = (\psi(N)x,y).$$

即(2.5.49)成立.

下证满足(2.5.49)的谱族唯一. 设$(\mathbb{C}, \mathscr{B}(\mathbb{C}), \widetilde{E})$为相关于$\mathscr{H}$的满足(2.5.49)的任意谱族, 则, 对$\forall x, y \in \mathscr{H}$, 有

$$(\widetilde{E}(\mathbb{C})x, y) = (x, y). \tag{2.5.52}$$

在(2.5.49)中令$\psi \equiv 1 \in C(\sigma(N))$, 并由(2.5.39)和(2.5.52)知

$$(\widetilde{E}(\mathbb{C})x,y) = (x,y) = \int_{\sigma(N)} \mathrm{d}(\widetilde{E}(z)x,y) = (\widetilde{E}(\sigma(N))x,y).$$

由此及命题2.5.25(ii)有$\widetilde{E}(\mathbb{C} \setminus \sigma(N)) = \theta$. 因此, 由此及命题2.5.25的(ii)和(iii)及(2.5.39)知, 对$\forall \Omega \in \mathscr{B}(\mathbb{C})$及$\forall x, y \in \mathscr{H}$, 有

$$\begin{aligned}(\widetilde{E}(\Omega)x,y) &= (\widetilde{E}(\Omega \cap \sigma(N))x,y) + (\widetilde{E}(\Omega \cap [\mathbb{C} \setminus \sigma(N)])x,y) \\ &= (\widetilde{E}(\Omega \cap \sigma(N))x,y) + (\widetilde{E}(\Omega)\widetilde{E}(\mathbb{C} \setminus \sigma(N))x,y) \\ &= (\widetilde{E}(\Omega \cap \sigma(N))x,y) = \int_{\Omega \cap \sigma(N)} \mathrm{d}(\widetilde{E}(z)x,y) \\ &= \int_{\sigma(N)} \mathbf{1}_{\Omega \cap \sigma(N)}(z)\, \mathrm{d}(\widetilde{E}(z)x,y) \\ &= (\mathbf{1}_{\Omega \cap \sigma(N)}(N)x,y). \end{aligned} \tag{2.5.53}$$

现设$(\mathbb{C}, \mathscr{B}(\mathbb{C}), E_i)$, $i \in \{1, 2\}$, 是满足(2.5.49)的任意两个谱族, 则由(2.5.53)知, 对$\forall \Omega \in \mathscr{B}(\mathbb{C})$和$\forall x, y \in \mathscr{H}$, 有

$$(E_1(\Omega)x, y) = (\mathbf{1}_{\Omega \cap \sigma(N)}(N)x, y) = (E_2(\Omega)x, y).$$

再由x和y的任意性知$E_1(\Omega) = E_2(\Omega)$. 即$E_1 = E_2$. 因此, 满足(2.5.49)的谱族是唯一的. 至此, 定理2.5.34得证. □

注记2.5.35 (2.5.50)右端积分$\int_{\sigma(N)} \psi(z) \,\mathrm{d}E(z)$是按弱的意义来理解, 即: 对$\forall x, y \in \mathscr{H}$, 积分$\int_{\sigma(N)} \psi(z) \,\mathrm{d}(E(z)x, y)$存在且(2.5.50)等号也是按此弱的意义来理解的. 因此, 定理2.5.34是正常算子N的谱分解的弱形式. 用分划求和的办法可以证明(2.5.50)右端积分可以按"一致的"意义来理解, 即按范数在Lebesgue积分意义下(2.5.50)右端积分收敛且恰好等于$\psi(N)$. 此即为以下定理的内容.

定理2.5.36 设N是$\mathscr{H}$上的正常算子, 则, 对于任意的$\psi \in B(\sigma(N))$, 积分

$$\int_{\sigma(N)} \psi(z) \,\mathrm{d}E(z)$$

在一致意义[即在$\mathscr{L}(\mathscr{H})$范数意义]下收敛且

$$\psi(N) = \int_{\sigma(N)} \psi(z) \,\mathrm{d}E(z)$$

在一致意义[即在$\mathscr{L}(\mathscr{H})$范数意义]下成立.

证明 回顾, 对任意的复数z, 用$\Re z$和$\Im z$分别表示z的实部和虚部. 记

$$u := \Re \psi \quad \text{且} \quad v := \Im \psi.$$

因$\psi \in B(\sigma(N))$, 故存在$m, M, l, L \in \mathbb{R}$使得$m \leqslant u < M$且$l \leqslant v < L$. 考虑分划

$$m =: a_0 < a_1 < \cdots < a_n := M$$

和

$$l =: b_0 < b_1 < \cdots < b_k := L.$$

令

$$\delta := \max_{p \in \{1,2,\cdots,n\},\, q \in \{1,2,\cdots,k\}} \{|a_p - a_{p-1}| + |b_q - b_{q-1}|\},$$

$$\xi_p \in [a_{p-1}, a_p), \quad \eta_q \in [b_{q-1}, b_q)$$

且
$$S_\delta := \sum_{p=1}^{n}\sum_{q=1}^{k}(\xi_p + \mathrm{i}\eta_q)E(\Delta_{p,q}), \tag{2.5.54}$$

其中
$$\Delta_{p,q} := \{z \in \sigma(N) : u(z) \in [a_{p-1}, a_p] \text{ 且 } v(z) \in [b_{q-1}, b_q]\}.$$

对任意 $\varepsilon \in (0, \infty)$, 当 $\delta \in (0, \varepsilon)$ 时, 由 E 和 τ 的定义及 (2.5.19) 知, 对 $\forall x, y \in \mathscr{H}$, 有

$$(E(\Delta_{p,q})x, y) = (\tau \mathbf{1}_{\Delta_{p,q}} x, y) = \int_{\Delta_{p,q}} m_{x,y}(\mathrm{d}z).$$

注意到, 由此及 (2.5.54) 知, 对 $\forall x, y \in \mathscr{H}$,

$$\begin{aligned}(S_\delta x, y) &= \left(\sum_{p=1}^{n}\sum_{q=1}^{k}[\xi_p + \mathrm{i}\eta_q]E(\Delta_{p,q})x, y\right) \\ &= \sum_{p=1}^{n}\sum_{q=1}^{k}(\xi_p + \mathrm{i}\eta_q)(E(\Delta_{p,q})x, y) \\ &= \sum_{p=1}^{n}\sum_{q=1}^{k}(\xi_p + \mathrm{i}\eta_q)\int_{\Delta_{p,q}} m_{x,y}(\mathrm{d}z) \\ &= \sum_{p=1}^{n}\sum_{q=1}^{k}\int_{\Delta_{p,q}}(\xi_p + \mathrm{i}\eta_q)m_{x,y}(\mathrm{d}z).\end{aligned}$$

由此, (1.5.4) 及引理 2.5.21 进一步得

$$\begin{aligned}&\|\psi(N) - S_\delta\|_{\mathscr{L}(\mathscr{H})} \\ &= \sup_{x,y \in \mathscr{H}, \|x\|_{\mathscr{H}} \leqslant 1, \|y\|_{\mathscr{H}} \leqslant 1} |((\psi(N) - S_\delta)x, y)| \\ &= \sup_{x,y \in \mathscr{H}, \|x\|_{\mathscr{H}} \leqslant 1, \|y\|_{\mathscr{H}} \leqslant 1} \left|\sum_{p=1}^{n}\sum_{q=1}^{k}\int_{\Delta_{p,q}}[\psi(z) - (\xi_p + \mathrm{i}\eta_q)]m_{x,y}(\mathrm{d}z)\right| \\ &\leqslant \delta \sup_{x,y \in \mathscr{H}, \|x\|_{\mathscr{H}} \leqslant 1, \|y\|_{\mathscr{H}} \leqslant 1} \sum_{p=1}^{n}\sum_{q=1}^{k} |m_{x,y}|(\Delta_{p,q}) \\ &= \delta \sup_{x,y \in \mathscr{H}, \|x\|_{\mathscr{H}} \leqslant 1, \|y\|_{\mathscr{H}} \leqslant 1} |m_{x,y}|(\sigma(N)). \tag{2.5.55}\end{aligned}$$

再由 (2.5.52) 知, 对 $\forall \Omega \in \mathscr{B}(\mathbb{C})$, 有

$$(E(\Omega)x, y) = \int_{\Omega \cap \sigma(N)} m_{x,y}(\mathrm{d}z) =: m_{x,y}(\Omega \cap \sigma(N)).$$

故, 对$\forall x,y \in \mathscr{X}$, 测度$(E(\cdot)x,y) = m_{x,y}(\cdot \cap \sigma(N))$. 由此和(2.5.40)得

$$|m_{x,y}|(\sigma(N)) = |m_{x,y}|(\sigma(N) \cap \mathbb{C})$$
$$= |(E(\cdot)x,y)|(\mathbb{C}) \leqslant \|x\|\|y\|.$$

从这和(2.5.55)可进一步推出

$$\|\psi(N) - S_\delta\|_{\mathscr{L}(\mathscr{H})} \leqslant \delta < \varepsilon.$$

故, 在$\mathscr{L}(\mathscr{H})$范数意义下, 当$\delta \in (0,\infty)$且$\delta \to 0$时,

$$S_\delta \to \psi(N).$$

至此, 定理2.5.36得证. □

注记2.5.37 设所有记号同定理2.5.36.

(i) 由定理2.5.36的证明可知

$$\int_{\sigma(N)} \psi(z)\,\mathrm{d}E(z)$$

是(2.5.54)中S_δ当$\delta \in (0,\infty)$且$\delta \to 0$时在$\mathscr{L}(\mathscr{H})$范数意义下的极限.

(ii) 特别地, 对$\forall x \in \mathscr{H}$, 有

$$\psi(N)x = \left[\int_{\sigma(N)} \psi(z)\,\mathrm{d}E(z)\right]x.$$

(iii) 若取$\psi(z) := z$, 对$\forall z \in \sigma(N)$, 因$\sigma(N)$为紧集, 则$\psi \in B(\sigma(N))$. 由此, 定理2.5.36、命题2.5.6(v)和(2.5.49)知

$$N = \int_{\sigma(N)} z\,\mathrm{d}E(z),$$

$$Nx = \int_{\sigma(N)} z\,\mathrm{d}E(z)x \quad \text{对}\forall x \in \mathscr{H}\text{成立},$$

和, 对$\forall x,y \in \mathscr{H}$, 有

$$(Nx,y) = \left(\int_{\sigma(N)} z\,\mathrm{d}E(z)x,y\right) = \int_{\sigma(N)} z\,\mathrm{d}(E(z)x,y).$$

(iv) 对$\Omega \in \mathscr{B}(\sigma(N))$及$z \in \mathbb{C}$, 若取$\psi(z) := \mathbf{1}_{\Omega \cap \sigma(N)}(z)$, 则

$$\mathbf{1}_{\Omega \cap \sigma(N)}(N) = E(\Omega \cap \sigma(N)). \tag{2.5.56}$$

事实上, 由(2.5.51)和τ的定义有

$$E(\Omega \cap \sigma(N)) = \tau \mathbf{1}_{\Omega \cap \sigma(N)} = \tau \mathbf{1}_{\Omega \cap \sigma(N)} = \mathbf{1}_{\Omega \cap \sigma(N)}(N).$$

因此, (2.5.56)成立.

(2.5.56)的另一种证法 对$\forall \varepsilon \in (0, \infty)$, 考虑分划

$$0 < \varepsilon < 1 < 1 + \varepsilon.$$

任取$\xi_1 \in [0, \varepsilon)$和$\xi_2 \in [1, 1 + \varepsilon)$, 则相应于(2.5.54)的部分和为

$$S_\varepsilon := \xi_1 E(\sigma(N) \setminus \Omega) + \xi_2 E(\Omega \cap \sigma(N)).$$

由注记2.5.37(i)知, 在$\mathscr{L}(\mathscr{H})$范数意义下, 有

$$\int_{\sigma(N)} \mathbf{1}_{\Omega \cap \sigma(N)}(z)\, \mathrm{d}E(z) = \lim_{\varepsilon \to 0^+} S_\varepsilon = E(\Omega \cap \sigma(N)),$$

其中$\varepsilon \to 0^+$意味着$\varepsilon \in (0, \infty)$且$\varepsilon \to 0$, 此时$\xi_1 \to 0$且$\xi_2 \to 1$. 由此及定理2.5.36进一步知(2.5.56)成立. 此即给出了(2.5.56)的另一个证明.

推论2.5.38 设N是Hilbert空间$\mathscr{H}$上的正常算子且$\psi \in B(\sigma(N))$, 则, 对任意$x \in \mathscr{H}$, 有

$$\|\psi(N)x\|_{\mathscr{H}}^2 = \int_{\sigma(N)} |\psi(z)|^2\, \mathrm{d}\|E(z)x\|_{\mathscr{H}}^2.$$

证明 因$\psi \in B(\sigma(N))$, 故有$|\psi|^2 \in B(\sigma(N))$. 由此及$\tau$为*同态(见定理2.5.20)和(2.5.49)知, 对任意$x \in \mathscr{H}$, 有

$$\begin{aligned}
\|\psi(N)x\|_{\mathscr{H}}^2 &= (\psi(N)x, \psi(N)x) = ([\psi(N)]^*\psi(N)x, x) \\
&= (\overline{\psi}(N)\psi(N)x, x) = (|\psi|^2(N)x, x) \\
&= \int_{\sigma(N)} |\psi(z)|^2\, \mathrm{d}\|E(z)x\|_{\mathscr{H}}^2.
\end{aligned}$$

至此, 推论2.5.38得证. $\square$

注记2.5.39 对$\forall x \in \mathscr{H}$, $m_{x,x}$为$\sigma(N)$上的非负测度. 事实上, 对$\forall \Omega \in \mathscr{B}(\sigma(N))$, 由(2.5.19)、(2.5.20)中$\tau$的定义、(2.5.51)中$E$的定义和$E$为谱族有

$$\begin{aligned} m_{x,x}(\Omega) &= \int_{\sigma(N)} \mathbf{1}_\Omega(z)\, m_{x,x}(\mathrm{d}z) = (\mathbf{1}_\Omega(N)x, x) \\ &= (\tau \mathbf{1}_\Omega x, x) = (E(\Omega)x, x) \\ &= (E(\Omega)x, [E(\Omega)]^* x) \\ &= \|E(\Omega)x\|_{\mathscr{H}}^2 \geqslant 0, \end{aligned}$$

其中$(\tau \mathbf{1}_\Omega x, x) = (E(\Omega)x, x)$用到了因$E(\Omega)$为投影算子, 故

$$E(\Omega) = (E(\Omega))^2 \quad \text{且} \quad [E(\Omega)]^* = E(\Omega).$$

从而$m_{x,x}$为$\sigma(N)$上的非负测度.

例2.5.40 设A是Hilbert空间$\mathscr{H}$上自伴算子, 则

$$\sigma(A) \subset \mathbb{R}$$

[见定理2.5.8(i)]且A有谱分解

$$A = \int_{\sigma(A)} \lambda \, \mathrm{d}E_\lambda,$$

其中, 对$\lambda \in \mathbb{R}$, 令$E_\lambda = E_{\lambda+\mathrm{i}0} := E((-\infty, \lambda] \cap \sigma(A))$.

事实上, 由定理2.5.36有

$$A = \int_{\sigma(A)} \lambda \, \mathrm{d}E(\lambda).$$

因$\sigma(A) \subset \mathbb{R}$, 故, 对$\forall \lambda \in \sigma(A)$, 由(2.5.35)和(2.5.51)有

$$\begin{aligned} E(\lambda) &= E(\lambda + \mathrm{i}0) = E(\Omega_{\lambda+\mathrm{i}0}) \\ &= \tau \mathbf{1}_{\Omega_{\lambda+\mathrm{i}0} \cap \sigma(A)} = \tau \mathbf{1}_{\Omega_{\lambda+\mathrm{i}0} \cap \sigma(A) \cap \sigma(A)} \\ &= E(\Omega_{\lambda+\mathrm{i}0} \cap \sigma(A)) \\ &= E((-\infty, \lambda] \cap \sigma(A)) = E_\lambda, \end{aligned}$$

其中$\Omega_{\lambda+i0}$如(2.5.35)所定义且被看成复数集(而不是复平面)的子集[若把集合$\sigma(A)$看成复平面的子集,则应记成$\sigma(A)\times\{0\}$]. 故A有上述谱分解且进一步可证$\{E_\lambda\}_{\lambda\in\mathbb{R}}$具有以下性质.

(i) 当$\lambda\leqslant\lambda_1$时,$E_\lambda\leqslant E_{\lambda_1}$,即$E_{\lambda_1}-E_\lambda\geqslant 0$,也即$E_{\lambda_1}-E_\lambda$为正算子;

事实上,对任意$x\in\mathscr{H}$,由E_λ的定义及E是相关于$\mathscr{H}$的谱族的性质有

$$((E_{\lambda_1}-E_\lambda)x,x) = (E((\lambda,\lambda_1]\cap\sigma(A))x,x)$$
$$= (E((\lambda,\lambda_1]\cap\sigma(A))x, E((\lambda,\lambda_1]\cap\sigma(A))x)$$
$$= \|E((\lambda,\lambda_1]\cap\sigma(A))x\|_{\mathscr{H}}^2 \geqslant 0.$$

因此,(i)成立.

(i)的另一种证法 由$\lambda\leqslant\lambda_1$知$\Omega_{\lambda+i0}\subset\Omega_{\lambda_1+i0}$. 由此及命题2.5.25(ii)知

$$E_{\lambda_1}-E_\lambda = E((-\infty,\lambda_1]\cap\sigma(A)) - E((-\infty,\lambda]\cap\sigma(A))$$
$$= E((\lambda,\lambda_1]\cap\sigma(A))$$

为投影算子,从而其为正算子. 故(i)成立.

(ii) 若$\lambda < a := \inf\{\lambda\in\mathbb{R}: \lambda\in\sigma(A)\}$,则

$$E_\lambda = E((-\infty,\lambda]\cap\sigma(A)) = E(\varnothing) = \theta;$$

若$\lambda\geqslant b := \sup\{\lambda\in\mathbb{R}^1: \lambda\in\sigma(A)\}$,则

$$E_\lambda = E((-\infty,\lambda]\cap\sigma(A)) = E(\sigma(A)) = I.$$

注意到$\sigma(A)$为紧集,故$a,b\in\sigma(A)$. 此时E_a可能非θ. 例如,取$\mathscr{H}:=\mathbb{R}^2$,

$$\mathbf{T} := \begin{pmatrix} -1 & 0 \\ 0 & 1 \end{pmatrix},$$

则,对任意$\mathbf{x} = (x_1,x_2)\in\mathbb{R}^2$,有$\mathbf{T}\mathbf{x} = (-x_1,x_2)$. 因

$$\mathbf{T}((1,0)) = (-1,0) = -(1,0) \quad \text{且} \quad \mathbf{T}((0,1)) = (0,1),$$

故±1均为$\mathbf{T}$的特征值. 而当$\lambda \neq \pm 1$时, $\lambda\mathbf{I} - \mathbf{T}$可逆, 故$\sigma(\mathbf{T}) = \sigma_p(\mathbf{T}) = \{-1, 1\}$ (这个结论也可由

$$|\lambda\mathbf{I} - \mathbf{T}| = 0 \iff \lambda^2 - 1 = 0 \iff \lambda \in \{-1, 1\}$$

直接得出). 从而$a = -1$且$b = 1$, 此时$E_a = E(\{-1\}) \neq \theta$且$E_b = E(\{1\}) \neq \theta$(见定理2.5.56). (关于矩阵的谱分解理论的细节, 也可详见本小节最后的讨论.)

(iii) E_λ关于λ右强连续, 即

$$E_\lambda = s - \lim_{\tilde{\lambda} \to \lambda + 0} E_{\tilde{\lambda}}.$$

事实上, 若$\lambda < a$, 则由(ii)知, 对任意$\lambda \leqslant \tilde{\lambda} < a$, $E_\lambda = E_{\tilde{\lambda}} = \theta$, 结论成立. 若$\lambda \geqslant b$, 则由(ii)知, 对任意$\tilde{\lambda} \geqslant \lambda$, $E_\lambda = E_{\tilde{\lambda}} = I$, 结论也成立. 若$a \leqslant \lambda < b$, 对任意$n \in \mathbb{N}_+$, 令$\lambda_n := \frac{b - \lambda}{n + 1} + \lambda$及$\lambda_0 := b$. 则$\{\lambda_n\}_{n \in \mathbb{N}_+}$单减且, 当$n \to \infty$时, $\lambda_n \to \lambda$. 对$\forall n \in \mathbb{N}$, 令

$$\Omega_n := (\lambda, \lambda_n] \cap \sigma(A),$$

则$\Omega_0 \supset \Omega_1 \supset \cdots$且$\lim_{n \to \infty} \Omega_n = \varnothing$. 对任意$x \in \mathscr{H}$, 因$m_{x,x}$为非负测度(见注记2.5.39), 由此及注记2.5.39、(2.5.40)有

$$m_{x,x}(\Omega_0) \leqslant m_{x,x}(\sigma(A)) = \int_{\mathbb{C} \cap \sigma(A)} m_{x,x}(\mathrm{d}z)$$
$$= (E(\sigma(A))x, x) \leqslant \|x\|_{\mathscr{H}}^2 < \infty.$$

从而

$$\lim_{n \to \infty} m_{x,x}(\Omega_n) = m_{x,x}\left(\lim_{n \to \infty} \Omega_n\right) = m_{x,x}(\varnothing) = 0.$$

因此, 对任意$\varepsilon \in (0, \infty)$, 存在$N \in \mathbb{N}_+$使得, 对任意$n > N$, 有$m_{x,x}(\Omega_n) < \varepsilon$. 从而, 当$\tilde{\lambda} \in (\lambda, \lambda_n]$时,

$$m_{x,x}\left(\left(\lambda, \tilde{\lambda}\right] \cap \sigma(A)\right) \leqslant m_{x,x}(\Omega_n) < \varepsilon.$$

故有

$$\lim_{\tilde{\lambda} \to \lambda + 0} m_{x,x}\left(\left(\lambda, \tilde{\lambda}\right] \cap \sigma(A)\right) = 0.$$

§2.5 Hilbert空间上的正常算子

由此及注记2.5.39的证明知

$$\lim_{\widetilde{\lambda}\to\lambda+0}\left\|E_{\widetilde{\lambda}}x-E_{\lambda}x\right\|_{\mathscr{H}}^{2}$$
$$=\lim_{\widetilde{\lambda}\to\lambda+0}\left\|E\left((\lambda,\widetilde{\lambda}]\right)x\right\|_{\mathscr{H}}^{2}$$
$$=\lim_{\widetilde{\lambda}\to\lambda+0}m_{x,x}\left((\lambda,\widetilde{\lambda}]\cap\sigma(A)\right)=0,$$

即所证结论成立.

例2.5.41 设U是Hilbert空间$\mathscr{H}$上的酉算子($\iff U^{-1}=U^{*}$), 则$\sigma(U)\subset S^{1}$且

$$U=\int_{0}^{2\pi}\mathrm{e}^{\mathrm{i}\theta}\mathrm{d}F_{\theta},$$

其中, 对$\theta\in[0,2\pi]$, $F_{\theta}:=E\left(\sigma(U)\cap\mathrm{e}^{\mathrm{i}[0,\theta]}\right)$且$\mathrm{e}^{\mathrm{i}[0,\theta]}:=\{\mathrm{e}^{\mathrm{i}\alpha}:0\leqslant\alpha\leqslant\theta\}$.

证明 因$UU^{*}=I$, 故, 对任意$J\in\mathfrak{M}$, 其中$\mathfrak{M}$为$\mathscr{A}_{U}$的极大理想全体[这里$\mathscr{A}_{U}$表示$\mathscr{L}(\mathscr{H})$中包含恒同算子I与U的最小闭C^{*}代数], 由定理2.4.12有

$$1=\varphi_{J}(I)=\varphi_{J}(UU^{*})=\Gamma(UU^{*})(J)=\Gamma(U)(J)\Gamma(U^{*})(J)$$
$$=\Gamma(U)(J)\overline{\Gamma(U)(J)}=|\Gamma(U)(J)|^{2}.$$

故$\{\Gamma(U)(J):J\in\mathfrak{M}\}\subset S^{1}$, 从而, 由定理2.2.33知

$$\sigma(U)=\{\Gamma(U)(J):J\in\mathfrak{M}\}\subset S^{1}.$$

又因U为正常算子, 故由定理2.5.36知$U=\int_{\sigma(U)}z\mathrm{d}E(z)$. 为证例题中的结论, 只需证

$$\int_{\sigma(U)}z\mathrm{d}E(z)=\int_{0}^{2\pi}\mathrm{e}^{\mathrm{i}\theta}\mathrm{d}F_{\theta}.$$

由F_{θ}定义知, 当$0\leqslant\theta_{1}<\theta_{2}\leqslant 2\pi$时,

$$F_{\theta_{2}}-F_{\theta_{1}}=E\left(\sigma(U)\cap\mathrm{e}^{\mathrm{i}(\theta_{1},\theta_{2}]}\right).$$

考虑$[0,2\pi]$的分划

$$0=:\theta_{1}<\cdots<\theta_{n+1}:=2\pi.$$

令 Δ_k 为边平行于坐标轴且由 $\mathrm{e}^{\mathrm{i}\theta_k}$ 和 $\mathrm{e}^{\mathrm{i}\theta_{k+1}}$ 为两对角顶点的半开半闭矩形, 且满足 $\mathrm{e}^{\mathrm{i}\theta_{k+1}} \in \Delta_k$, 但 $\mathrm{e}^{\mathrm{i}\theta_k} \notin \Delta_k$, 则

$$\{\Delta_1 \cap \sigma(U), \cdots, \Delta_n \cap \sigma(U)\}$$

构成了 $\sigma(U)$ 的一个分划. 取 $\xi_k \in (\theta_k, \theta_{k+1}]$, 则

$$\begin{aligned} S_\Delta &:= \sum_{k=1}^n \mathrm{e}^{\mathrm{i}\xi_k} E\left(\sigma(U) \cap \Delta_k\right) \\ &= \sum_{k=1}^n \mathrm{e}^{\mathrm{i}\xi_k} E\left(\sigma(U) \cap \mathrm{e}^{\mathrm{i}(\theta_k, \theta_{k+1}]}\right) \\ &= \sum_{k=1}^n \mathrm{e}^{\mathrm{i}\xi_k} (F_{\theta_{k+1}} - F_{\theta_k}). \end{aligned} \qquad (2.5.57)$$

注意到

$$\max\{\theta_{k+1} - \theta_k : k \in \{1, \cdots, n\}\} =: \nu \to 0$$

当且仅当

$$\max\{|\Delta_k| : k \in \{1, \cdots, n\}\} =: \delta \to 0,$$

且由定理2.5.36的证明知, 当 $\delta \to 0^+$ 时,

$$S_\Delta \to \int_{\sigma(U)} z\, \mathrm{d}E(z).$$

由此及(2.5.57)进一步有

$$\begin{aligned} U &= \int_{\sigma(U)} z\, \mathrm{d}E(z) = \lim_{\delta \to 0} S_\Delta = \lim_{\nu \to 0} \sum_{k=1}^n \mathrm{e}^{\mathrm{i}\xi_k} \left(F_{\theta_{k+1}} - F_{\theta_k}\right) \\ &= \int_0^{2\pi} \mathrm{e}^{\mathrm{i}\theta}\, \mathrm{d}F_\theta. \end{aligned}$$

至此, 例题得证. □

命题2.5.42 设 U 为酉算子, 则, 对 $\forall \phi \in B(S^1)$ 及 $\forall x, y \in \mathscr{H}$, 有

$$\begin{aligned} \int_0^{2\pi} \phi\left(\mathrm{e}^{\mathrm{i}\theta}\right) \mathrm{d}(F_\theta x, y) &= \int_{\sigma(U)} \phi(z)\, \mathrm{d}(E(z)x, y) \\ &= (\phi(U)x, y). \end{aligned} \qquad (2.5.58)$$

其中, 对 $\theta \in [0, 2\pi]$, F_θ 如例2.5.41.

§2.5 Hilbert空间上的正常算子

证明 先证, 对$\forall \phi \in C(S^1)$及$\forall x,y \in \mathscr{H}$, 有

$$\int_0^{2\pi} \phi\left(e^{i\theta}\right) d(F_\theta x, y) = \int_{\sigma(U)} \phi(z) d(E(z)x, y). \tag{2.5.59}$$

为此, 考虑分划: $0 =: \theta_1 < \cdots < \theta_{n+1} := 2\pi$. 对$\forall k \in \{1, \cdots, n\}$, 令

$$\Delta_k := \sigma(U) \cap e^{i(\theta_k, \theta_{k+1}]}$$

及

$$\delta := \max\{|\theta_{k+1} - \theta_k| : k \in \{1, \cdots, n\}\}.$$

对$\forall k \in \{1, \cdots, n\}$, 取$\eta_k \in (\theta_k, \theta_{k+1}]$且$z_k := e^{i\eta_k}$. 则有

$$\int_0^{2\pi} \phi\left(e^{i\theta}\right) d(F_\theta x, y)$$
$$= \lim_{\delta \to 0} \sum_{k=1}^n \phi\left(e^{i\eta_k}\right) \left((F_{\theta_{k+1}} - F_{\theta_k})x, y\right)$$
$$= \lim_{\delta \to 0} \sum_{k=1}^n \phi(z_k) \left(E\left(\sigma(U) \cap e^{i(\theta_k, \theta_{k+1}]}\right)x, y\right)$$
$$= \lim_{\delta \to 0} \sum_{k=1}^n \phi(z_k) \left(E(\Delta_k)x, y\right).$$

为证(2.5.59), 由定理2.5.34, 我们只需进一步证明

$$\lim_{\delta \to 0} \sum_{k=1}^n \phi(z_k)(E(\Delta_k)x, y) = (\phi(U)x, y).$$

事实上, 对$\phi \in C(S^1)$, 我们进一步有, 在算子范数意义下,

$$\Phi(U) = \int_0^{2\pi} \phi(e^{i\theta}) dF_\theta = \lim_{\delta \to 0} \sum_{k=1}^n \phi(e^{i\eta_k})(F_{\theta_{k+1}} - F_{\theta_k}).$$

为此, 令

$$S_\Delta := \sum_{k=1}^n \phi(e^{i\eta_k})(F_{\theta_{k+1}} - F_{\theta_k}).$$

则, 对任意的$\phi \in C(S^1)$, 由(1.5.4)及定理2.5.34有

$$\|\phi(U) - S_\Delta\|_{\mathscr{L}(\mathscr{H})}$$

$$= \sup_{\|x\|_{\mathscr{H}}=\|y\|_{\mathscr{H}}=1} |((\phi(U)-S_\Delta)x,y)|$$

$$= \sup_{\|x\|_{\mathscr{H}}=\|y\|_{\mathscr{H}}=1} \left|\sum_{k=1}^n \int_{\Delta_k} \phi(z)\,\mathrm{d}(E(z)x,y) - \sum_{k=1}^n \phi(\mathrm{e}^{\mathrm{i}\eta_k})(E(\Delta_k)x,y)\right|.$$

因 $\phi \in C(S^1)$, 故, 对任意的 $\varepsilon \in (0,\infty)$, 存在 $\delta \in (0,\infty)$ 使得, 当 $d_{S^1}(z,\xi) < \delta$ 时,

$$|\phi(z)-\phi(\xi)| < \varepsilon,$$

其中 $d_{S^1}(z,\xi)$ 表示圆周上两点 z,ξ 之间最短的弧长. 由此, 若

$$\max_{i\in\{1,2,\cdots,n\}} \{\theta_{i+1}-\theta_i\} < \delta,$$

则由

$$(E(\Delta_k)x,y) = \int_{\Delta_k} \mathrm{d}(E(z)x,y) \quad [见(2.5.39)]$$

和 (2.5.40) 有

$$\|\phi(U)-S_\Delta\|_{\mathscr{L}(\mathscr{H})}$$

$$= \sup_{\|x\|_{\mathscr{H}}=\|y\|_{\mathscr{H}}=1} \left|\sum_{k=1}^n \int_{\Delta_k} [\phi(z)-\phi(\mathrm{e}^{\mathrm{i}\eta_k})]\,\mathrm{d}(E(z)x,y)\right|$$

$$\leqslant \varepsilon \sup_{\|x\|_{\mathscr{H}}=\|y\|_{\mathscr{H}}=1} \sum_{k=1}^n \int_{\Delta_k} \mathrm{d}|(E(z)x,y)| \leqslant \varepsilon.$$

因此, 所证断言成立.

下证, 当 $\phi \in B(S^1)$ 时, (2.5.59) 仍然成立, 等价地, 只需证 (2.5.58) 对 $\forall \phi \in B(S^1)$ 仍成立. 由命题 2.5.19 知存在 $\{\phi_n\}_{n\in\mathbb{N}_+} \subset C(S^1)$ 使得, 对

$$\forall \mu \in \mathscr{M}(S^1) = [C(S^1)]^*$$

及 $\forall n \in \mathbb{N}_+$, 有 $\|\phi_n\|_{C(S^1)} \leqslant \|\phi\|_{B(S^1)} =: M$ 且

$$\lim_{n\to\infty} \int_{S^1} \phi_n(z)\,\mathrm{d}\mu(z) = \int_{S^1} \phi(z)\,\mathrm{d}\mu(z), \tag{2.5.60}$$

其中 $\mathscr{M}(S^1)$ 为 S^1 上全体复值 Radon 测度. 现设 δ_{x_0} 为 $x_0 \in S^1$ 的 Dirac 测度, 即, 对 $\forall E \in \mathscr{B}(S^1)$, 有

$$\delta_{x_0}(E) := \begin{cases} 1, & x_0 \in E, \\ 0, & x_0 \notin E, \end{cases}$$

且, 对 S^1 上的任意的 Borel 可测函数 f, 有

$$\int_{S^1} f(x)\,\mathrm{d}\delta_{x_0}(x) = f(x_0).$$

注意到, 对 $\forall f \in C(S^1)$ 及 $\forall x_0 \in S^1$, 成立

$$|\langle \delta_{x_0}, f\rangle| = \left|\int_{S^1} f(x)\,\mathrm{d}\delta_{x_0}(x)\right| = |f(x_0)| \leqslant \|f\|_{C(S^1)},$$

故 $\delta_{x_0} \in [C(S^1)]^* = \mathscr{M}(S^1)$. 由此及 (2.5.60) 可知, 对 $\forall x_0 \in S^1$,

$$\lim_{n\to\infty} \phi_n(x_0) = \lim_{n\to\infty} \int_{S^1} \phi_n(z)\,\mathrm{d}\delta_{x_0}(z) = \int_{S^1} \phi(z)\,\mathrm{d}\delta_{x_0}(z) = \phi(x_0).$$

注意到, 由 F_θ 为投影算子知, 对 $\forall x, y \in \mathscr{H}$, 有

$$\int_0^{2\pi} \mathrm{d}|(F_\theta x, y)| = \int_0^{2\pi} \mathrm{d}|(F_\theta x, F_\theta y)|. \tag{2.5.61}$$

又由极化恒等式知

$$(F_\theta x, F_\theta y) = \frac{1}{4}\left[\|F_\theta x + F_\theta y\|_\mathscr{H}^2 - \|F_\theta x - F_\theta y\|_\mathscr{H}^2 \right.$$
$$\left. + \mathrm{i}\|F_\theta x + \mathrm{i}F_\theta y\|_\mathscr{H}^2 - \mathrm{i}\|F_\theta x - \mathrm{i}F_\theta y\|_\mathscr{H}^2\right].$$

注意到, 若复测度 $\lambda_1, \lambda_2, \lambda_3$ 满足 $\lambda_1 = \lambda_2 + \lambda_3$, 则由全变差定义有

$$|\lambda_1| \leqslant |\lambda_2| + |\lambda_3|.$$

由此进一步知

$$\int_0^{2\pi} \mathrm{d}|(F_\theta x, F_\theta y)|$$
$$\leqslant \frac{1}{4}\int_0^{2\pi}\left[\mathrm{d}\|F_\theta(x+y)\|_\mathscr{H}^2 + \mathrm{d}\|F_\theta(x-y)\|_\mathscr{H}^2\right.$$
$$\left. + \mathrm{d}\|F_\theta(x+\mathrm{i}y)\|_\mathscr{H}^2 + \mathrm{d}\|F_\theta(x-\mathrm{i}y)\|_\mathscr{H}^2\right]. \tag{2.5.62}$$

又由 (2.5.59) 对 $\Phi(\mathrm{e}^{\mathrm{i}\theta}) := 1, \forall \theta \in [0, 2\pi]$ 成立和推论 2.5.38 有

$$\int_0^{2\pi} \mathrm{d}\|F_\theta x\|_\mathscr{H}^2 = \int_0^{2\pi} \mathrm{d}(F_\theta x, F_\theta x) = \int_0^{2\pi} \mathrm{d}(F_\theta x, x)$$
$$= \int_{\sigma(U)} \mathrm{d}(E(z)x, x)$$

$$= \int_{\sigma(U)} \mathrm{d}\|E(z)x\|_{\mathscr{H}}^2 = \|x\|_{\mathscr{H}}^2.$$

由此及(2.5.62)进一步知

$$\int_0^{2\pi} \mathrm{d}|(F_\theta x, F_\theta y)| \leqslant \frac{1}{4}\left[\|x+y\|_{\mathscr{H}}^2 + \|x-y\|_{\mathscr{H}}^2 + \|x+\mathrm{i}y\|_{\mathscr{H}}^2 + \|x-\mathrm{i}y\|_{\mathscr{H}}^2\right].$$

结合此式与(2.5.61)有

$$\int_0^{2\pi} \mathrm{d}|(F_\theta x, y)| < \infty. \tag{2.5.63}$$

此外, 由(2.5.40)有

$$\int_{\sigma(U)} \mathrm{d}|(E(z)x, y)| \leqslant \|x\|_{\mathscr{H}} \|y\|_{\mathscr{H}}. \tag{2.5.64}$$

又注意到

$$\left|\int_0^{2\pi} \phi(\mathrm{e}^{\mathrm{i}\theta})\mathrm{d}(F_\theta x, y) - \int_0^{2\pi} \phi_n(\mathrm{e}^{\mathrm{i}\theta})\mathrm{d}(F_\theta x, y)\right|$$

$$\leqslant \int_0^{2\pi} |\phi(\mathrm{e}^{\mathrm{i}\theta}) - \phi_n(\mathrm{e}^{\mathrm{i}\theta})|\mathrm{d}|(F_\theta x, y)|. \tag{2.5.65}$$

由此, $\phi \in C(S^1)$, $\|\phi_n\|_{C(S^1)} \leqslant \|\phi\|_{B(S^1)} =: M$ 对任意 $n \in \mathbb{N}_+$ 成立, (2.5.63)和控制收敛定理知

$$\int_0^{2\pi} \phi(\mathrm{e}^{\mathrm{i}\theta})\,\mathrm{d}(F_\theta x, y) = \lim_{n\to\infty} \int_0^{2\pi} \phi_n(\mathrm{e}^{\mathrm{i}\theta})\,\mathrm{d}(F_\theta x, y).$$

注意到 E 支在 $\sigma(U)$ 上, 从而, 由(2.5.59),

$$\|\phi_n\|_{C(S^1)} \leqslant M$$

对任意 $n \in \mathbb{N}_+$ 成立, (2.5.64)及控制收敛定理, 类似于(2.5.65)的证明有

$$\int_0^{2\pi} \phi(\mathrm{e}^{\mathrm{i}\theta})\,\mathrm{d}(F_\theta x, y) = \lim_{n\to\infty} \int_{\sigma(U)} \phi_n(z)\,\mathrm{d}(E(z)x, y)$$

$$= \int_{\sigma(U)} \phi(z)\,\mathrm{d}(E(z)x, y).$$

至此, 命题2.5.42得证. $\square$

注记2.5.43 由命题2.5.42的证明知,若$\phi \in C(S^1)$,则在算子范数意义下成立

$$\phi(U) = \int_0^{2\pi} \phi\left(e^{i\theta}\right) dF_\theta.$$

例2.5.44 令$\mathscr{H} := L^2(\mathbb{R})$且

$$T: \begin{cases} L^2(\mathbb{R}) \longrightarrow L^2(\mathbb{R}), \\ y(s) \longmapsto e^{is} y(s). \end{cases}$$

显然$T \in \mathscr{L}(L^2(\mathbb{R}))$, $\|T\|_{\mathscr{L}(L^2(\mathbb{R}))} = 1$且, 对$\forall y \in L^2(\mathbb{R})$及$\forall s \in \mathbb{R}$, 有

$$T^* y(s) = e^{-is} y(s).$$

因此, $TT^* = T^*T = I$, 即T为酉算子. 对任意$\theta \in [0, 2\pi]$, 令

$$F_\theta : \begin{cases} L^2(\mathbb{R}) \longrightarrow L^2(\mathbb{R}), \\ y(s) \longmapsto (F_\theta y)(s), \end{cases}$$

其中, 当$n \in \mathbb{Z}$且$s \in (2n\pi, \theta + 2n\pi]$时,

$$(F_\theta y)(s) := y(s);$$

当$n \in \mathbb{Z}$且$s \in (\theta + 2n\pi, 2(n+1)\pi]$时, $(F_\theta y)(s) := 0$.

下证F_θ为$L^2(\mathbb{R})$上的投影算子. 为此, 先证F_θ是幂等的. 事实上, 注意到, 对$\forall s \in \mathbb{R}$, 有

$$F_\theta^2 y(s) = \begin{cases} F_\theta y(s), & \forall s \in (2n\pi, \theta + 2n\pi], \forall n \in \mathbb{Z} \\ 0, & \forall s \in (\theta + 2n\pi, 2(n+1)\pi], \forall n \in \mathbb{Z} \end{cases}$$
$$= F_\theta y(s).$$

故$F_\theta^2 = F_\theta$, 即F_θ是幂等的. 再证F_θ自伴. 事实上, 对$\forall x, y \in L^2(\mathbb{R})$, 有

$$(F_\theta y, x) = \int_{\mathbb{R}} F_\theta y(s) \overline{x(s)} ds$$
$$= \sum_{n \in \mathbb{Z}} \int_{2n\pi}^{2n\pi + \theta} y(s) \overline{x(s)} ds = (y, F_\theta x).$$

故 F_θ 自伴. 从而 F_θ 为投影算子.

下证
$$T = \int_0^{2\pi} e^{i\theta}\, dF_\theta.$$

为此, 考虑 $[0,2\pi]$ 的分划 $0 =: \theta_1 < \cdots < \theta_{\tilde{n}+1} := 2\pi$. 对 $\forall k \in \{1,\cdots,\tilde{n}\}$, 取 $\xi_k \in (\theta_k, \theta_{k+1}]$ 并, 对 $\forall s \in \mathbb{R}$, 令

$$S_\Delta y(s) := \sum_{k=1}^{\tilde{n}} e^{i\xi_k}(F_{\theta_{k+1}} - F_{\theta_k})y(s),$$

其中 $y \in L^2(\mathbb{R})$. 显然, 对任意 $s \in \mathbb{R}$, 存在 $n \in \mathbb{Z}$ 使得 $s - 2n\pi \in (0, 2\pi]$. 由此进一步知存在唯一的 $m \in \{1, \cdots, \tilde{n}\}$ 使得 $s - 2n\pi \in (\theta_m, \theta_{m+1}]$ 且

$$S_\Delta y(s) = e^{i\xi_m} y(s). \tag{2.5.66}$$

为证此结论, 考虑如下三种情况.

若 $m = 1$, 则此时 $s \in (2n\pi, \theta_2 + 2n\pi]$. 从而, 对 $\forall k \in \{2, \cdots, \tilde{n}+1\}$, 有

$$s \in (2n\pi, \theta_2 + 2n\pi] \subset (2n\pi, \theta_k + 2n\pi].$$

故, 当 $s \in (2n\pi, \theta_2 + 2n\pi]$ 时, 有 $F_{\theta_1} y(s) = 0$; 当 $k \in \{2, \cdots, \tilde{n}+1\}$ 时, 有 $F_{\theta_k} y(s) = y(s)$. 从而

$$S_\Delta y(s) = \sum_{k=1}^{\tilde{n}} e^{i\xi_k}(F_{\theta_{k+1}} - F_{\theta_k})y(s) = e^{i\xi_1} y(s)$$

为所证.

若 $m = \tilde{n}$, 则此时 $s \in (2n\pi + \theta_{\tilde{n}}, 2(n+1)\pi]$. 故, 当 $k \in \{1, \cdots, \tilde{n}-1\}$ 时, 有

$$s \in (2n\pi + \theta_k, 2(n+1)\pi].$$

于是由 F_θ 的定义知 $F_{\theta_{\tilde{n}+1}} y(s) = y(s)$ 且, 对 $\forall k \in \{1, \cdots, \tilde{n}\}$, 有 $F_{\theta_k} y(s) = 0$. 从而

$$S_\Delta y(s) = \sum_{k=1}^{\tilde{n}} e^{i\xi_k}(F_{\theta_{k+1}} - F_{\theta_k})y(s) = e^{i\xi_{\tilde{n}}} y(s)$$

也为所证.

若 $m \in \{2, \cdots, \tilde{n}-1\}$, 则, 当 $k \in \{1, \cdots, m-1\}$ 时,

$$\theta_k + 2n\pi < \theta_{k+1} + 2n\pi \leqslant \theta_m + 2n\pi < s \leqslant 2(n+1)\pi,$$

故 $F_{\theta_k}y(s) = F_{\theta_{k+1}}y(s) = 0$. 从而

$$\sum_{k=1}^{m-1} \mathrm{e}^{\mathrm{i}\xi_k}(F_{\theta_{k+1}} - F_{\theta_k})y(s) = 0.$$

又, 当 $k = m$ 时,

$$2n\pi < \theta_m + 2n\pi < s \leqslant \theta_{m+1} + 2n\pi < 2(n+1)\pi,$$

故 $F_{\theta_{m+1}}y(s) = y(s)$ 且 $F_{\theta_m}y(s) = 0$. 从而

$$\mathrm{e}^{\mathrm{i}\xi_m}(F_{\theta_{m+1}} - F_{\theta_m})y(s) = \mathrm{e}^{\mathrm{i}\xi_m}y(s).$$

当 $k \in \{m+1, \cdots, \widetilde{n}\}$ 时,

$$2n\pi < s \leqslant \theta_{m+1} + 2n\pi \leqslant \theta_k + 2n\pi \leqslant \theta_{k+1} + 2n\pi,$$

故 $F_{\theta_{k+1}}y(s) = y(s)$ 且 $F_{\theta_k}y(s) = y(s)$. 从而

$$\sum_{k=m+1}^{\widetilde{n}} \mathrm{e}^{\mathrm{i}\xi_k}(F_{\theta_{k+1}} - F_{\theta_k})y(s) = 0.$$

综上即得 $S_\Delta y(s) = \mathrm{e}^{\mathrm{i}\xi_m}y(s)$.

又, 当 $\max\{\theta_{k+1} - \theta_k : k = \{1, \cdots, \widetilde{n}\}\} \to 0$ 时, $\mathrm{e}^{\mathrm{i}\xi_m} \to \mathrm{e}^{\mathrm{i}s}$, 从而

$$S_\Delta y(s) \to \mathrm{e}^{\mathrm{i}s}y(s) = Ty(s).$$

故

$$Ty(s) = \int_0^{2\pi} \mathrm{e}^{\mathrm{i}\theta}\,\mathrm{d}F_\theta y(s).$$

类似于定理2.5.36可得, 在 $\mathscr{L}(L^2(\mathbb{R}))$ 范数意义下成立

$$T = \int_0^{2\pi} \mathrm{e}^{\mathrm{i}\theta}\,\mathrm{d}F_\theta.$$

事实上, 对 $[0, 2\pi]$ 的如上分划 $\{\theta_k\}_{k=1}^{\widetilde{n}+1}$, 记

$$S_\Delta := \sum_{k=1}^{\widetilde{n}} \mathrm{e}^{\mathrm{i}\xi_k}(F_{\theta_{k+1}} - F_{\theta_k}).$$

对 $\forall s \in \mathbb{R}$, 记 $n \in \mathbb{Z}$ 及 $m \in \{1, \cdots, \widetilde{n}\}$ 如上, 并令 $\widetilde{s} := s - 2n\pi$. 则 $\widetilde{s} \in (\theta_m, \theta_{m+1}]$. 注意到 $\mathrm{e}^{\mathrm{i}s} = \mathrm{e}^{\mathrm{i}\widetilde{s}}$, 由此及中值定理可知, 对 $\forall \varepsilon \in (0, \infty)$, 若

$$\delta := \max\{\theta_{k+1} - \theta_k : k \in \{1, \cdots, \widetilde{n}\}\} < \varepsilon,$$

则, 对 $\forall y \in L^2(\mathbb{R})$, 由 T 的定义、$\mathrm{e}^{\mathrm{i}\widetilde{s}} = \mathrm{e}^{\mathrm{i}s}$、(2.5.66)、中值定理以及 $|\widetilde{s} - \xi_m| \leqslant \delta < \varepsilon$ 有

$$\begin{aligned}
\|Ty - S_\Delta y\|_{L^2(\mathbb{R})}^2 &= \int_{\mathbb{R}} |Ty(s) - S_\Delta y(s)|^2 \, \mathrm{d}s \\
&= \int_{\mathbb{R}} |\mathrm{e}^{\mathrm{i}s} y(s) - S_\Delta y(s)|^2 \, \mathrm{d}s \\
&= \int_{\mathbb{R}} |\mathrm{e}^{\mathrm{i}\widetilde{s}} y(s) - \mathrm{e}^{\mathrm{i}\xi_m} y(s)|^2 \, \mathrm{d}s \\
&= \int_{\mathbb{R}} |\mathrm{e}^{\mathrm{i}\widetilde{s}} - \mathrm{e}^{\mathrm{i}\xi_m}|^2 |y(s)|^2 \, \mathrm{d}s \\
&= \int_{\mathbb{R}} |(\widetilde{s} - \xi_m) \mathrm{e}^{\mathrm{i}s_m}|^2 |y(s)|^2 \, \mathrm{d}s < \varepsilon^2 \|y\|_{L^2(\mathbb{R})}^2,
\end{aligned}$$

其中 $\xi_m \in (\theta_m, \theta_{m+1}]$ 如上且 $s_m \in (\theta_m, \theta_{m+1}]$. 由此进一步知

$$\|T - S_\Delta\|_{\mathscr{L}(L^2(\mathbb{R}))} < \varepsilon.$$

从而

$$\lim_{\delta \to 0} \|T - S_\Delta\|_{\mathscr{L}(L^2(\mathbb{R}))} = 0. \tag{2.5.67}$$

故所证结论成立.

例2.5.45 令 $\mathscr{H} := L^2(\mathbb{R})$ 且

$$T_1 : \begin{cases} L^2(\mathbb{R}) \longrightarrow L^2(\mathbb{R}), \\ f(\cdot) \longmapsto f(\cdot + 1). \end{cases}$$

显然, $T_1 \in \mathscr{L}(L^2(\mathbb{R}))$,

$$\|T_1\|_{\mathscr{L}(L^2(\mathbb{R}))} = 1$$

且, 对 $\forall f \in L^2(\mathbb{R})$ 及 $\forall x \in \mathbb{R}$, 有 $T_1^* f(x) = f(x - 1)$, 故 $T_1 T_1^* = T_1^* T_1 = I$, 即 T_1 为酉算子.

记T为例2.5.44中所定义的算子且$\mathscr{F}$为$L^2(\mathbb{R})$上的Fourier变换, 即, 对任意$f \in L^2(\mathbb{R})$, 在$L^2(\mathbb{R})$范数意义下, 成立

$$(\mathscr{F}f)(x) := \lim_{n\to\infty}(2\pi)^{-1/2}\int_{-n}^{n}e^{-isx}f(s)\,ds.$$

从而

$$\mathscr{F}(T_1 f)(x) = \mathscr{F}(f(\cdot+1))(x) = e^{ix}\mathscr{F}f(x) = T(\mathscr{F}f)(x),$$

故$T_1 = \mathscr{F}^{-1}T\mathscr{F}$. 对$\forall \theta \in [0, 2\pi]$, 令$\widetilde{F}_\theta := \mathscr{F}^{-1}F_\theta\mathscr{F}$, 其中$F_\theta$为例2.5.44中所定义的算子, 则, 在$\mathscr{L}(L^2(\mathbb{R}))$范数意义下, 成立

$$T_1 = \int_0^{2\pi} e^{i\theta}\,d\widetilde{F}_\theta.$$

事实上, 设记号同例2.5.44, 则由$\mathscr{F}$和$\mathscr{F}^{-1}$在$L^2(\mathbb{R})$上等距同构(见文献[23]第17页Theorem 2.3])及(2.5.67)可得

$$\lim_{\delta\to 0}\left\|T_1 - \sum_{k=1}^{\tilde{n}} e^{i\xi_k}(\mathscr{F}^{-1}F_{\theta_{k+1}}\mathscr{F} - \mathscr{F}^{-1}F_{\theta_k}\mathscr{F})\right\|_{\mathscr{L}(L^2(\mathbb{R}))}$$

$$= \lim_{\delta\to 0}\left\|\mathscr{F}^{-1}T\mathscr{F} - \sum_{k=1}^{\tilde{n}} e^{i\xi_k}(\mathscr{F}^{-1}F_{\theta_{k+1}}\mathscr{F} - \mathscr{F}^{-1}F_{\theta_k}\mathscr{F})\right\|_{\mathscr{L}(L^2(\mathbb{R}))}$$

$$= \lim_{\delta\to 0}\left\|T - \sum_{k=1}^{\tilde{n}} e^{i\xi_k}(F_{\theta_{k+1}} - F_{\theta_k})\right\|_{\mathscr{L}(L^2(\mathbb{R}))} = 0.$$

故所证断言成立.

我们现在回顾如下著名的Banach逆算子定理(见文献[7]定理2.3.8).

引理2.5.46 设$\mathscr{X}, \mathscr{Y}$为B空间. 若$T \in \mathscr{L}(\mathscr{X}, \mathscr{Y})$既是单射又是满射, 则$T^{-1} \in \mathscr{L}(\mathscr{Y}, \mathscr{X})$.

例2.5.47 令

$$\mathscr{H} := L^2(\mathbb{R})$$

且$\mathscr{F}$为$L^2(\mathbb{R})$上的Fourier变换, 即, 对$\forall f \in L^2(\mathbb{R})$和$\forall x \in \mathbb{R}$, 在$L^2(\mathbb{R})$范数意义下有

$$\mathscr{F}f(x) := \lim_{n\to\infty}(2\pi)^{-1/2}\int_{-n}^{n}e^{-isx}f(s)\,ds;$$

其逆为
$$\mathscr{F}^{-1}f(x) := \lim_{n\to\infty}(2\pi)^{-1/2}\int_{-n}^{n} e^{isx}f(s)\,ds$$
在 $L^2(\mathbb{R})$ 范数意义下成立(详见文献[23]Section 1.2). 则, 对任意 $x \in \mathbb{R}$,
$$\mathscr{F}f(x) = \mathscr{F}^{-1}f(-x).$$
由此有
$$\mathscr{F}^2 f(x) = \mathscr{F}^{-1}(\mathscr{F}f)(-x) = f(-x).$$
从而
$$\mathscr{F}^4 f(x) = \mathscr{F}^2(\mathscr{F}^2 f)(x) = \mathscr{F}^2(f(-\cdot))(x) = f(x).$$
故, 对任意 $k \in \mathbb{Z}$, $\mathscr{F}^{k+4} = \mathscr{F}^k$.

下证 $\mathscr{F}$ 为酉算子, 即 $\mathscr{F}^* = \mathscr{F}^{-1}$. 事实上, 我们证明如下更一般的断言, 即, 在Hilbert空间 $\mathscr{H}$ 中, T 为酉算子(见定义2.5.1)当且仅当 T 是等距满射的.

先证其必要性. 设 T 为酉算子. 则由酉算子的定义知 T 是满射. 下证 T 是等距的. 事实上, 由 T 为酉算子的定义知 $T^*T = I$, 从而, 对 $\forall x \in \mathscr{H}$, 有
$$\|Tx\|_{\mathscr{H}}^2 = (Tx, Tx) = (T^*Tx, x) = (x, x) = \|x\|_{\mathscr{H}}^2.$$
即 T 是等距的. 必要性得证.

现证其充分性. 由 T 是等距的可知 T 是单射. 又由 T 是满射及引理2.5.46知 $T^{-1} \in \mathscr{L}(\mathscr{H})$. 下证 $T^* = T^{-1}$. 为此, 由 T 是等距的可知, 对 $\forall x \in \mathscr{H}$, 有
$$(x, x) = \|x\|_{\mathscr{H}}^2 = \|Tx\|_{\mathscr{H}}^2 = (Tx, Tx) = (T^*Tx, x).$$
于是由文献[20]Theorem 12.7知 $I = T^*T$. 又由 T^{-1} 存在知 $T^* = T^{-1}$. 即 T 是酉算子. 因此, 所证断言成立.

因 $\mathscr{F}$ 是等距满射的(见文献[23]Section 1.2), 故 $\mathscr{F}$ 是酉算子. 由这些事实进一步可证算子
$$P_0 := \frac{1}{4}(I + \mathscr{F} + \mathscr{F}^2 + \mathscr{F}^3),$$
$$P_1 := \frac{1}{4}(I - i\mathscr{F} - \mathscr{F}^2 + i\mathscr{F}^3),$$

$$P_2 := \frac{1}{4}(I - \mathscr{F} + \mathscr{F}^2 - \mathscr{F}^3)$$

和

$$P_3 := \frac{1}{4}(I + \mathrm{i}\mathscr{F} - \mathscr{F}^2 - \mathrm{i}\mathscr{F}^3)$$

为两两正交的投影算子且

$$I = P_0 + P_1 + P_2 + P_3. \tag{2.5.68}$$

事实上, 容易验证(2.5.68)成立. 下证 $\{P_k\}_{k \in \{0,1,2,3\}}$ 是两两正交的投影算子. 为此, 先证 $\{P_k\}_{k \in \{0,1,2,3\}}$ 为投影算子. 事实上, 对 $\forall k \in \{0,1,2,3\}$, 有

$$P_k = \frac{1}{4}\left[I + (-\mathrm{i})^k \mathscr{F} + (-1)^k \mathscr{F}^2 + \mathrm{i}^k \mathscr{F}^3\right]. \tag{2.5.69}$$

i) 对 $\forall k \in \{0,1,2,3\}$, P_k 幂等. 事实上, 有

$$\begin{aligned}
P_k^2 &= \frac{1}{16}\left[I + (-\mathrm{i})^k \mathscr{F} + (-1)^k \mathscr{F}^2 + \mathrm{i}^k \mathscr{F}^3\right]^2 \\
&= \frac{1}{16}\Big\{\left[1 + 1 + 2(-\mathrm{i})^k \mathrm{i}^k\right] I + \left[2(-\mathrm{i})^k + 2(-1)^k \mathrm{i}^k\right] \mathscr{F} \\
&\quad + \left[2(-1)^k + (-\mathrm{i})^{2k} + \mathrm{i}^{2k}\right] \mathscr{F}^2 + \left[2(-\mathrm{i})^k(-1)^k + 2\mathrm{i}^k\right] \mathscr{F}^3\Big\} \\
&= \frac{1}{16}\left[4I + 4(-\mathrm{i})^k \mathscr{F} + 4(-1)^k \mathscr{F}^2 + 4\mathrm{i}^k \mathscr{F}^3\right] = P_k.
\end{aligned}$$

故, 对 $\forall k \in \{0,1,2,3\}$, P_k 幂等.

ii) 对 $\forall k \in \{0,1,2,3\}$, P_k 自伴. 事实上, 由对 $\forall k \in \{0,1,2,3\}$, $\mathscr{F}^{k+4} = \mathscr{F}^4$ 知

$$\begin{aligned}
P_k^* &= \left(\frac{1}{4}\left[I + (-\mathrm{i})^k \mathscr{F} + (-1)^k \mathscr{F}^2 + \mathrm{i}^k \mathscr{F}^3\right]\right)^* \\
&= \frac{1}{4}\left[I + \mathrm{i}^4 \mathscr{F}^{-1} + (-1)^k \mathscr{F}^{-2} + (-\mathrm{i})^k \mathscr{F}^{-3}\right] \\
&= \frac{1}{4}\left[I + (-1)^k \mathscr{F} + (-1)^k \mathscr{F}^2 + \mathrm{i}^k \mathscr{F}^3\right] = P_k.
\end{aligned}$$

故, 对 $\forall k \in \{0,1,2,3\}$, P_k 自伴. 因此, $\{P_k\}_{k \in \{0,1,2,3\}}$ 是投影算子. 下证, 当 $k, j \in \{0,1,2,3\}$ 且 $k \neq j$ 时, P_k 与 P_j 正交. 事实上,

$$P_k P_j = \frac{1}{16}\left[I + (-\mathrm{i})^k \mathscr{F} + (-1)^k \mathscr{F}^2 + \mathrm{i}^k \mathscr{F}^3\right]\left[I + (-\mathrm{i})^j \mathscr{F} + (-1)^j \mathscr{F}^2 + \mathrm{i}^j \mathscr{F}^3\right]$$

$$= \frac{1}{16}\Big\{ \Big[I + (-\mathrm{i})^k \mathrm{i}^j + (-1)^{k+j} + (-\mathrm{i})^j \mathrm{i}^k\Big] I$$
$$+ \Big[(-\mathrm{i})^j + (-\mathrm{i})^k + (-1)^k \mathrm{i}^j + \mathrm{i}^k (-1)^j\Big] \mathscr{F}$$
$$+ \Big[(-1)^j + (-1)^k + (-\mathrm{i})^k (-\mathrm{i})^j + \mathrm{i}^{k+j}\Big] \mathscr{F}^2$$
$$+ \Big[\mathrm{i}^j + \mathrm{i}^k + (-1)^k (-\mathrm{i})^j + (-1)^k (-\mathrm{i})^j\Big] \mathscr{F}^3 \Big\}$$
$$=: \frac{1}{16} \sum_{\ell=0}^{3} M_\ell \mathscr{F}^\ell.$$

由计算易知有

$$\begin{aligned} M_0 &= 1 + (-\mathrm{i})^k \mathrm{i}^j + (-1)^{k+j} + (-\mathrm{i})^j \mathrm{i}^k \\ &= \Big[1 + (-1)^{k+j}\Big] + \Big[(-\mathrm{i})^k \mathrm{i}^j + (-\mathrm{i})^j \mathrm{i}^k\Big] \\ &= (-1)^k \Big[(-1)^k + (-1)^j\Big] + \mathrm{i}^{k+j} \Big[(-1)^k + (-1)^j\Big] \\ &= \Big[(-1)^k + (-1)^j\Big] \Big[(-1)^k + \mathrm{i}^{k+j}\Big] \\ &= \Big[(-1)^k + (-1)^j\Big] (\mathrm{i}^k + \mathrm{i}^j) \mathrm{i}^k = 0, \end{aligned}$$

类似地, 有

$$M_1 = (\mathrm{i}^k + \mathrm{i}^j) \Big[(-1)^j + (-1)^k\Big] 1^k = 0,$$
$$M_2 = (\mathrm{i}^k + \mathrm{i}^j) \Big[(-1)^j + (-1)^k\Big] (-\mathrm{i})^k = 0$$

且

$$M_3 = (\mathrm{i}^k + \mathrm{i}^j) \Big[(-1)^j + (-1)^k\Big] (-1)^k = 0.$$

故 $P_k P_j = \theta$. 即 P_k 与 P_j 正交. 因此, $\{P_k\}_{k \in \{0,1,2,3\}}$ 是两两正交的投影算子. 故所证断言成立.

此外, 对任意 $k \in \{0, 1, 2, 3\}$, 断言

$$\mathscr{F} P_k = \mathrm{i}^k P_k. \tag{2.5.70}$$

事实上, 由 (2.5.69) 有

$$\mathscr{F} P_k = \frac{1}{4} \Big[\mathscr{F} + (-\mathrm{i})^k \mathscr{F}^2 + (-1)^k \mathscr{F}^3 + \mathrm{i}^k \mathscr{F}^4\Big]$$

$$= \frac{1}{4}\left[\mathrm{i}^k I + \mathscr{F} + (-\mathrm{i})^k \mathscr{F}^2 + (-1)^k \mathscr{F}^3\right]$$
$$= \frac{1}{4}\mathrm{i}^k\left[I + (-\mathrm{i})^k \mathscr{F} + (-1)^k \mathscr{F}^2 + \mathrm{i}^k \mathscr{F}^3\right] = \mathrm{i}^k P_k.$$

即所证断言(2.5.70)成立.

因此, $\mathscr{F}$ 有特征值 $\{1, \mathrm{i}, -1, -\mathrm{i}\}$.

下证, 若 $\lambda \notin \{1, \mathrm{i}, -1, -\mathrm{i}\}$, 则 λ 是 $\mathscr{F}$ 的正则值. 为此, 先证

$$\ker(\lambda I - \mathscr{F}) = \{\theta\}.$$

若不然, 则存在 $f \neq \theta$ 且 $f \in L^2(\mathbb{R})$ 使得 $\mathscr{F}f = \lambda f$. 由(2.5.68)和(2.5.70)知

$$\mathscr{F} = \mathscr{F}(P_0 + P_1 + P_2 + P_3) = P_0 + \mathrm{i}P_1 - P_2 - \mathrm{i}P_3, \tag{2.5.71}$$

故 $P_0 f + \mathrm{i}P_1 f - P_2 f - \mathrm{i}P_3 f = \lambda f$. 因 $\{P_k\}_{k=0}^3$ 两两正交且为投影算子, 两边作用 P_0 有

$$P_0 f = P_0^2 f = \lambda P_0 f,$$

而 $\lambda \neq 1$, 故 $P_0 f = \theta$. 同理可得, 对 $\forall k \in \{1,2,3\}$, $P_k f = \theta$, 由此及(2.5.68)知

$$f = (P_0 + P_1 + P_2 + P_3)f = \theta,$$

与 $f \neq \theta$ 矛盾. 故 λ 不为 $\mathscr{F}$ 特征值. 因此,

$$\ker(\lambda I - \mathscr{F}) = \{\theta\}.$$

下证

$$(\lambda I - \mathscr{F})L^2(\mathbb{R}) = L^2(\mathbb{R}).$$

事实上, 若 $f \in L^2(\mathbb{R})$, 因 $\lambda \notin \{1, \mathrm{i}, -1, -\mathrm{i}\}$, 可令

$$g := \frac{P_0 f}{\lambda - 1} + \frac{P_1 f}{\lambda - \mathrm{i}} + \frac{P_2 f}{\lambda + 1} + \frac{P_3 f}{\lambda + \mathrm{i}},$$

则 $g \in L^2(\mathbb{R})$ 且由(2.5.68), (2.5.71)及 $\{P_k\}_{k=0}^3$ 为两两正交的投影有

$$(\lambda I - \mathscr{F})g = \lambda g - P_0 g - \mathrm{i}P_1 g + P_2 g + \mathrm{i}P_3 g$$
$$= \lambda(P_0 + P_1 + P_2 + P_3)g - P_0 g - \mathrm{i}P_1 g + P_2 g + \mathrm{i}P_3 g$$

$$= (\lambda-1)P_0 g + (\lambda-\mathrm{i})P_1 g + (\lambda+1)P_2 g + (\lambda+\mathrm{i})P_3 g$$
$$= (P_0 + P_1 + P_2 + P_3)f = f.$$

因此,
$$R(\lambda I - \mathscr{F}) = L^2(\mathbb{R}).$$

从而, 由引理2.5.46知$(\lambda I - \mathscr{F})^{-1} \in \mathscr{L}(L^2(\mathbb{R}))$. 即知$\lambda$为$\mathscr{F}$正则值. 由此进一步有
$$\sigma(\mathscr{F}) = \sigma_p(\mathscr{F}) = \{1, \mathrm{i}, -1, -\mathrm{i}\}.$$

现令
$$E_\lambda := \begin{cases} \theta, & \forall \lambda \in \left[0, \dfrac{\pi}{2}\right), \\ P_1, & \forall \lambda \in \left[\dfrac{\pi}{2}, \pi\right), \\ P_1 + P_2, & \forall \lambda \in \left[\pi, \dfrac{3}{2}\pi\right), \\ P_1 + P_2 + P_3, & \forall \lambda \in \left[\dfrac{3}{2}\pi, 2\pi\right), \\ I, & \lambda = 2\pi, \end{cases}$$

则在$\mathscr{L}(L^2(\mathbb{R}))$范数意义下成立
$$\mathscr{F} = \int_0^{2\pi} \mathrm{e}^{\mathrm{i}\lambda} \,\mathrm{d}E_\lambda.$$

事实上, 考虑$[0, 2\pi]$的分划$0 =: \theta_0 < \cdots < \theta_k := 2\pi$. 当分划足够细时, 总存在$k_1, k_2, k_3 \in \{1, \cdots, k-1\}$使得$\theta_{k_1-1} < \frac{\pi}{2} \leqslant \theta_{k_1}$, $\frac{\pi}{2} \leqslant \theta_{k_2-1} < \pi \leqslant \theta_{k_2}$, $\pi \leqslant \theta_{k_3-1} < \frac{3}{2}\pi \leqslant \theta_{k_3}$且$\frac{3}{2}\pi \leqslant \theta_{k-1} < \theta_k = 2\pi$. 对$\ell \in \{1, \cdots, k\}$, 取$\xi_\ell \in (\theta_{\ell-1}, \theta_\ell]$, 则

$$\begin{aligned} S_\Delta &:= \sum_{\ell=1}^k \mathrm{e}^{\mathrm{i}\xi_\ell}(E_{\theta_\ell} - E_{\theta_{\ell-1}}) \\ &= \mathrm{e}^{\mathrm{i}\xi_{k_1}}(E_{\theta_{k_1}} - E_{\theta_{k_1-1}}) + \mathrm{e}^{\mathrm{i}\xi_{k_2}}(E_{\theta_{k_2}} - E_{\theta_{k_2-1}}) \\ &\quad + \mathrm{e}^{\mathrm{i}\xi_{k_3}}(E_{\theta_{k_3}} - E_{\theta_{k_3-1}}) + \mathrm{e}^{\mathrm{i}\xi_k}(E_{\theta_k} - E_{\theta_{k-1}}) \\ &= \mathrm{e}^{\mathrm{i}\xi_{k_1}}P_1 + \mathrm{e}^{\mathrm{i}\xi_{k_2}}P_2 + \mathrm{e}^{\mathrm{i}\xi_{k_3}}P_3 + \mathrm{e}^{\mathrm{i}\xi_k}P_0. \end{aligned}$$

当
$$|\Delta| := \max\{\theta_\ell - \theta_{\ell-1} : \ell \in \{1, \cdots, k\}\} \to 0$$
时, $\xi_{k_1} \to \frac{\pi}{2}$, $\xi_{k_2} \to \pi$, $\xi_{k_3} \to \frac{3}{2}\pi$ 且 $\xi_k \to 2\pi$, 故在 $\mathscr{L}(L^2(\mathbb{R}))$ 范数意义下有
$$S_\Delta \to P_0 + \mathrm{i}P_1 - P_2 - \mathrm{i}P_3 = \mathscr{F}.$$
因此, 所证结论成立.

在本小节最后, 我们来介绍关于矩阵的谱分解理论. 首先, 回顾一些矩阵的概念和记号.

定义2.5.48 记 $M_n(\mathbb{C})$ 表示 $n \times n$ 阶复值矩阵的全体. 对任意的 $\mathbf{A} \in M_n(\mathbb{C})$, 定义 $\mathbf{A}^* := \overline{\mathbf{A}}^{\mathrm{T}}$.

(i) 若 $\mathbf{A} \in M_n(\mathbb{C})$ 满足 $\mathbf{A}^*\mathbf{A} = \mathbf{A}\mathbf{A}^*$, 则称 $\mathbf{A}$ 为**正规矩阵**;

(ii) 若 $\mathbf{A} \in M_n(\mathbb{C})$ 满足 A 是正规矩阵且 $\mathbf{A}^{-1} = \mathbf{A}^*$, 则称 $\mathbf{A}$ 为**酉矩阵**;

(iii) 若 $\mathbf{A} \in M_n(\mathbb{C})$ **可对角化**, 即存在可逆矩阵 $\mathbf{P} \in M_n(\mathbb{C})$ 使得
$$\mathbf{A} = \mathbf{P}\operatorname{diag}\{\lambda_1 \mathbf{I}_{n_1}, \cdots, \lambda_s \mathbf{I}_{n_s}\}\mathbf{P}^{-1},$$
其中 $\mathbf{I}_{n_i}$, $i \in \{1, \cdots, s\}$, 为 $n_i \times n_i$ 阶单位矩阵且 $\mathbf{A}$ 的特征值全体 $\sigma(\mathbf{A}) = \{\lambda_1, \cdots, \lambda_s\}$, $s \in \{1, \cdots, n\}$, 则称 $\mathbf{A}$ 为**简单矩阵**.

设 $\mathbf{A}$ 为简单矩阵并设 f 是定义在 $\sigma(\mathbf{A})$ 上的函数, 定义
$$f(\mathbf{A}) := \mathbf{P}\operatorname{diag}\{f(\lambda_1)\mathbf{I}_{n_1}, \cdots, f(\lambda_s)\mathbf{I}_{n_s}\}\mathbf{P}^{-1}. \tag{2.5.72}$$

命题2.5.49 (2.5.72)定义的 $f(\mathbf{A})$ 是良定义的.

证明 因 $\mathbf{A}$ 为简单矩阵, 故存在可逆矩阵 $\mathbf{P}$ 使得
$$\mathbf{A}\mathbf{P} = \mathbf{P}\operatorname{diag}\{\lambda_1 \mathbf{I}_{n_1}, \cdots, \lambda_s \mathbf{I}_{n_s}\}.$$
设
$$\mathbf{P} := (\xi_{11}, \cdots, \xi_{1n_1}, \cdots, \xi_{s1}, \cdots, \xi_{sn_s})$$

为 **P** 的列向量表示, 从而, 对 $\forall i \in \{1, \cdots, s\}$,

$$\mathbf{A}(\xi_{i1}, \cdots, \xi_{in_i}) = \lambda_i(\xi_{i1}, \cdots, \xi_{in_i}).$$

由此及 **P** 的可逆性进一步知 $\xi_{i1}, \cdots, \xi_{in_i}$ 为对应于特征值 λ_i 的 n_i 个线性无关的向量. 因此, 对 $\forall i \in \{1, \cdots, s\}$, $\{\xi_{i1}, \cdots, \xi_{in_i}\}$ 为 V_{λ_i} 的一组基, 其中 V_{λ_i} 表示对应于 λ_i 的特征子空间.

设 $\mathbf{Q} \in M_n(\mathbb{C})$ 可逆且也满足 $\mathbf{A} = \mathbf{Q} \operatorname{diag}\{\lambda_1 \mathbf{I}_{n_1}, \cdots, \lambda_s \mathbf{I}_{n_s}\} \mathbf{Q}^{-1}$. 记

$$\mathbf{Q} := (\eta_{11}, \cdots, \eta_{1n_1}, \cdots, \eta_{s1}, \cdots, \eta_{sn_s})$$

为 **Q** 的列向量表示. 则类似可证, 对 $\forall i \in \{1, \cdots, s\}$, $\{\eta_{i1}, \cdots, \eta_{in_i}\}$ 也为 V_{λ_i} 的一组基. 对 $\forall i \in \{1, \cdots, s\}$, 设

$$(\xi_{i1}, \cdots, \xi_{in_i}) = (\eta_{i1}, \cdots, \eta_{in_i}) \mathbf{T}_i,$$

其中 $\mathbf{T}_i \in M_{n_i}(\mathbb{C})$, 因 $\{\xi_{i1}, \cdots, \xi_{in_i}\}$ 与 $\{\eta_{i1}, \cdots, \eta_{in_i}\}$ 均为 V_{λ_i} 的基, 故 $\mathbf{T}_i$ 可逆. 由此及

$$\mathbf{P} = \mathbf{Q} \operatorname{diag}\{\mathbf{T}_1, \cdots, \mathbf{T}_s\}$$

得

$$\begin{aligned}
f(\mathbf{A}) &= \mathbf{P} \operatorname{diag}\{f(\lambda_1)\mathbf{I}_{n_1}, \cdots, f(\lambda_s)\mathbf{I}_{n_s}\} \mathbf{P}^{-1} \\
&= \mathbf{Q} \operatorname{diag}\{\mathbf{T}_1, \cdots, \mathbf{T}_s\} \operatorname{diag}\{f(\lambda_1)\mathbf{I}_{n_1}, \cdots, f(\lambda_s)\mathbf{I}_{n_s}\} \\
&\quad \times \operatorname{diag}\{\mathbf{T}_1^{-1}, \cdots, \mathbf{T}_s^{-1}\} \mathbf{Q}^{-1} \\
&= \mathbf{Q} \operatorname{diag}\{f(\lambda_1)\mathbf{I}_{n_1}, \cdots, f(\lambda_s)\mathbf{I}_{n_s}\} \mathbf{Q}^{-1}.
\end{aligned}$$

因此, $f(\mathbf{A})$ 的定义不依赖于 **P** 的选取, 即 $f(\mathbf{A})$ 是良定义的. 至此, 命题 2.5.49 得证. □

设 $\mathbf{A} \in M_n(\mathbb{C})$ 为简单矩阵, 现对 $\sigma(\mathbf{A}) = \{\lambda_1, \cdots, \lambda_s\}$, $\forall i \in \{1, \cdots, s\}$ 和 $\forall z \in \sigma(\mathbf{A})$, 定义

$$\varphi_i(z) := \frac{\prod\limits_{j \neq i}(z - \lambda_j)}{\prod\limits_{j \neq i}(\lambda_i - \lambda_j)}. \tag{2.5.73}$$

则, 对 $\forall i \in \{1, \cdots, s\}$, $\varphi_i(\lambda_i) = 1$; 对 $\forall i \neq j \in \{1, \cdots, s\}$, $\varphi_i(\lambda_j) = 0$; $\{\varphi_i\}_{i=1}^s$ 线性无关.

命题2.5.50 设$\mathbf{N} \in M_n(\mathbb{C})$为简单矩阵且, 对$\forall i \in \{1, \cdots, s\}$, 记$\widetilde{\mathbf{E}}_i := \varphi_i(\mathbf{N})$, 并令$\varphi_i$同(2.5.73), 则有

(i) $\{\widetilde{\mathbf{E}}_i\}_{i=1}^s$线性无关;

(ii) $\widetilde{\mathbf{E}}_1 + \cdots + \widetilde{\mathbf{E}}_s = \mathbf{I}$;

(iii) 对$\forall i \in \{1, \cdots, s\}$, $\widetilde{\mathbf{E}}_i^2 = \widetilde{\mathbf{E}}_i$且, 对$\forall i \neq j \in \{1, \cdots, s\}$, $\widetilde{\mathbf{E}}_i\widetilde{\mathbf{E}}_j = 0$.

从而, 对任意定义在$\sigma(\mathbf{N}) := \{\lambda_1, \cdots, \lambda_s\}$上的函数$f$, 有

$$f(\mathbf{N}) = \sum_{i=1}^s f(\lambda_i)\widetilde{\mathbf{E}}_i.$$

特别地, 若对$\forall z \in \sigma(\mathbf{N})$, 令$f(z) := z$, 则

$$\mathbf{N} = \sum_{i=1}^s \lambda_i \widetilde{\mathbf{E}}_i. \tag{2.5.74}$$

(2.5.74)称为**简单矩阵$\mathbf{N}$的谱分解**.

证明 因

$$\mathbf{N} = \mathbf{P}\,\mathrm{diag}\{\lambda_1\mathbf{I}_{n_1}, \cdots, \lambda_s\mathbf{I}_{n_s}\}\mathbf{P}^{-1},$$

故, 对任意$i \in \{1, \cdots, s\}$, 由(2.5.72)有

$$\varphi_i(\mathbf{N}) = \mathbf{P}\,\mathrm{diag}\{0\mathbf{I}_{n_1}, \cdots, 0\mathbf{I}_{n_{i-1}}, \mathbf{I}_{n_i}, 0\mathbf{I}_{n_{i+1}}, \cdots, 0\mathbf{I}_{n_s}\}\mathbf{P}^{-1}, \tag{2.5.75}$$

其中φ_i同(2.5.73). 若$\sum_{i=1}^s \alpha_i \varphi_i(\mathbf{N}) = 0$, 则, 对$\forall i \in \{1, \cdots, s\}$, 有

$$\alpha_i = 0.$$

故$\{\widetilde{\mathbf{E}}_i\}_{i=1}^s$线性无关, 即(i)成立.

由(2.5.75)知$\sum_{i=1}^s \varphi_i(\mathbf{N}) = \mathbf{PIP}^{-1} = \mathbf{I}$, 即(ii)成立.

(iii)及其他结论均可由(2.5.75)立即可得, 留作练习. 至此, 命题2.5.50得证. $\square$

命题2.5.51 (**谱分解的唯一性**) 若$\{\widetilde{\mathbf{E}}_i\}_{i=1}^s$及$\{\widetilde{\mathbf{F}}_i\}_{i=1}^s$均满足命题2.5.50中的(ii)、(iii)和(2.5.74), 则, 对$\forall i \in \{1, \cdots, s\}$, 有$\widetilde{\mathbf{E}}_i = \widetilde{\mathbf{F}}$.

证明 由(2.5.74)可知

$$\sum_{i=1}^{s}\lambda_i\widetilde{\mathbf{E}}_i = N = \sum_{i=1}^{s}\lambda_i\widetilde{\mathbf{F}}_i.$$

由此及命题2.5.50(iii)进一步知, 对$\forall i \in \{1,\cdots,s\}$, 有

$$\mathbf{N}\widetilde{\mathbf{E}}_i = \left(\sum_{k=1}^{s}\lambda_k\widetilde{\mathbf{E}}_k\right)\widetilde{\mathbf{E}}_i = \lambda_i\widetilde{\mathbf{E}}_i.$$

同理, 对$\forall j \in \{1,\cdots,s\}$, 有$\widetilde{\mathbf{F}}_j\mathbf{N} = \lambda_j\widetilde{\mathbf{F}}_j$. 将此式两边分别乘$\widetilde{\mathbf{F}}_j$和$\widetilde{\mathbf{E}}_j$, 得

$$\widetilde{\mathbf{F}}_j\mathbf{N}\widetilde{\mathbf{E}}_i = \lambda_i\widetilde{\mathbf{F}}_j\widetilde{\mathbf{E}}_i \text{ 且 } \widetilde{\mathbf{F}}_j\mathbf{N}\widetilde{\mathbf{E}}_i = \lambda_j\widetilde{\mathbf{F}}_j\widetilde{\mathbf{E}}_i.$$

当$i \neq j \in \{1,\cdots,s\}$时, 由于$\lambda_i \neq \lambda_j$, 故$\widetilde{\mathbf{F}}_j\widetilde{\mathbf{E}}_i = 0$. 由此及(ii), 进一步知, 对$\forall i \in \{1,\cdots,s\}$,

$$\widetilde{\mathbf{E}}_i = \mathbf{I}\widetilde{\mathbf{E}}_i = \left(\sum_{k=1}^{s}\widetilde{\mathbf{F}}_k\right)\widetilde{\mathbf{E}}_i = \widetilde{\mathbf{F}}_i\widetilde{\mathbf{E}}_i.$$

且类似地, 对$\forall i \in \{1,\cdots,s\}$, 有

$$\widetilde{\mathbf{F}}_i = \widetilde{\mathbf{F}}_i\mathbf{I} = \widetilde{\mathbf{F}}_i\left(\sum_{k=1}^{s}\widetilde{\mathbf{E}}_k\right) = \widetilde{\mathbf{F}}_i\widetilde{\mathbf{E}}_i.$$

故, 对$\forall i \in \{1,\cdots,s\}$, 有$\widetilde{\mathbf{F}}_i = \widetilde{\mathbf{E}}_i$. 至此, 命题2.5.51得证. □

如下引理是正规矩阵的等价刻画, 详见文献[1].

引理2.5.52 设$\mathbf{A} \in M_n(\mathbb{C})$, 则$\mathbf{A}$是正规矩阵当且仅当存在酉矩阵$\mathbf{U}$使得

$$\mathbf{A} = \mathbf{U} \operatorname{diag}\{\lambda_1\mathbf{I}_{n_1},\cdots,\lambda_s\mathbf{I}_{n_s}\}\mathbf{U}^*.$$

命题2.5.53 设$\mathbf{A} \in M_n(\mathbb{C})$, $\mathbf{A}$为正规矩阵, $\sigma(\mathbf{A}) = \{\lambda_1,\cdots,\lambda_s\}$且$\{\widetilde{\mathbf{E}}_i\}_{i=1}^{s}$如命题2.5.50, 则, 对$\forall i \in \{1,\cdots,s\}$, 有$\widetilde{\mathbf{E}}_i^* = \widetilde{\mathbf{E}}_i$.

证明 设$\sigma(\mathbf{A}) = \{\lambda_1,\cdots,\lambda_s\}$, 则, 对$\forall i \in \{1,\cdots,s\}$, 由引理2.5.52及命题2.5.50知

$$\widetilde{\mathbf{E}}_i = \varphi_i(\mathbf{A})$$

$$= \mathbf{U}\,\mathrm{diag}\,\{\varphi_i(\lambda_1)\mathbf{I}_{n_1},\cdots,\varphi_i(\lambda_s)\mathbf{I}_{n_s}\}\mathbf{U}^*$$
$$= \mathbf{U}\,\mathrm{diag}\,\{0,\cdots,0,\mathbf{I}_{n_i},0,\cdots,0\}\mathbf{U}^*,$$

故

$$\widetilde{\mathbf{E}}_i^* = [\mathbf{U}\,\mathrm{diag}\,\{0,\cdots,0,\mathbf{I}_{n_i},0,\cdots,0\}\mathbf{U}^*]^*$$
$$= \mathbf{U}\,\mathrm{diag}\,\{0,\cdots,0,\mathbf{I}_{n_i},0,\cdots,0\}\mathbf{U}^* = \widetilde{\mathbf{E}}_i$$

为所证. 至此, 命题2.5.53得证. □

对于正规矩阵$\mathbf{N}$, 不妨设$\sigma(\mathbf{N}) = \{\lambda_1,\cdots,\lambda_s\}$. 由定理2.5.36可知

$$\mathbf{N} = z(\mathbf{N}) = \int_{\sigma(\mathbf{N})} z\,\mathrm{d}E(z) = \sum_{i=1}^{s} \lambda_i E(\{\lambda_i\}).$$

由谱族的定义2.5.24及其性质(见命题2.5.25)进一步有

$$\sum_{i=1}^{s} E(\{\lambda_i\}) = E(\sigma(\mathbf{N})) = \mathbf{I},$$

对$\forall i,j \in \{1,\cdots,s\}$且$i \neq j$, 有

$$E(\{\lambda_i\})E(\{\lambda_j\}) = E(\varnothing) = 0$$

且, 对$\forall i \in \{1,\cdots,s\}$, 因$E(\{\lambda_i\})$为投影算子, 故$[E(\{\lambda_i\})]^2 = E(\{\lambda_i\})$. 从而, 由命题2.5.51知, 对$\forall i \in \{1,\cdots,s\}$,

$$E(\{\lambda_i\}) = \widetilde{\mathbf{E}}_i. \tag{2.5.76}$$

由此知命题2.5.50中的$\{\widetilde{\mathbf{E}}_i\}_{i=1}^{s}$唯一确定了正规矩阵$\mathbf{N}$作为算子对应于定理2.5.34的谱族.

例2.5.54 取$\mathscr{H} := \mathbb{R}^2$,

$$\mathbf{T} := \begin{pmatrix} -1 & 0 \\ 0 & 1 \end{pmatrix},$$

易证 **T** 的特征值全体为 $\lambda_1 = -1$ 和 $\lambda_2 = 1$. 对应于 λ_1 的特征向量为 $\alpha_1 = (1,0)^{\mathrm{T}}$ 且对应于 λ_2 的特征向量为 $\alpha_2 = (0,1)^{\mathrm{T}}$. 故

$$\mathbf{U} = (\alpha_1, \alpha_2) = \begin{pmatrix} 1 & 0 \\ 0 & 1 \end{pmatrix}.$$

从而, 对 $\forall z \in \{-1,1\}$, $\varphi_1(z) := -\frac{1}{2}(z-1)$ 且 $\varphi_2(z) := \frac{1}{2}(z+1)$. 由此进一步有

$$\mathbf{E}_{\lambda_1} = \widetilde{\mathbf{E}}_1 = \mathbf{U} \begin{pmatrix} 1 & 0 \\ 0 & 0 \end{pmatrix} \mathbf{U}^* = \begin{pmatrix} 1 & 0 \\ 0 & 0 \end{pmatrix} = E(\{-1\})$$

且

$$\mathbf{E}_{\lambda_2} = \widetilde{\mathbf{E}}_2 = \mathbf{U} \begin{pmatrix} 0 & 0 \\ 0 & 1 \end{pmatrix} \mathbf{U}^* = \begin{pmatrix} 0 & 0 \\ 0 & 1 \end{pmatrix} = E(\{1\}).$$

§2.5.3 正常算子的谱集

本小节首先回顾线性算子谱集的定义和分类, 然后利用正常算子的谱分解定理及谱集的一些性质给出正常算子谱集的性质.

设 T 是 Hilbert 空间 $\mathscr{H}$ 上的有界线性算子, 那么

$$\rho(T) := \{\lambda \in \mathbb{C} : (\lambda I - T)^{-1} \in \mathscr{L}(\mathscr{H})\}$$

是 T 的**预解集**且 $\rho(T)$ 中的元素称为 T 的**正则值**. 它的余集

$$\sigma(T) := \mathbb{C} \setminus \rho(T)$$

是 T 的**谱集**且 $\sigma(T)$ 中的元素称为 T 的**谱点** [若在定义2.2.30中取 $\mathscr{A} = \mathscr{L}(\mathscr{H})$, 则这里的定义与定义2.2.30一致]. 谱集由三个互不相交的集合组成:

$$\sigma(T) = \sigma_p(T) \cup \sigma_c(T) \cup \sigma_r(T),$$

其中
$$\sigma_p(T) := \{\lambda \in \mathbb{C} : \ker(\lambda I - T) \neq \{\theta\}\},$$

$$\sigma_c(T) := \Big\{\lambda \in \mathbb{C} : \ker(\lambda I - T) = \{\theta\},$$
$$\overline{R(\lambda I - T)} = \mathscr{H}, \text{但}(\lambda I - T)^{-1} \text{无界}\Big\} \tag{2.5.77}$$

且
$$\sigma_r(T) := \Big\{\lambda \in \mathbb{C} : \ker(\lambda I - T) = \{\theta\}, \overline{R(\lambda I - T)} \neq \mathscr{H}\Big\}.$$

这里$\sigma_p(T)$是T的所有特征值组成的集合，叫作T的**点谱集**，$\sigma_c(T)$叫作T的**连续谱集**，而$\sigma_r(T)$叫作T的**剩余谱集**.

关于T的连续谱集$\sigma_c(T)$，有以下三个等价刻画.

命题2.5.55 设T是Hilbert空间$\mathscr{H}$上的有界线性算子，则以下三个命题等价：

(i) $\lambda \in \sigma_c(T)$，其中$\sigma_c(T)$如(2.5.77)所定义；

(ii) $\lambda \in \sigma_c(T)$，此处$\sigma_c(T)$如定义1.2.4所定义；

(iii) $\lambda \in \sigma_c(T)$，其中$\sigma_c(T)$的定义是将(2.5.77)中"$(\lambda I - T)^{-1}$无界"换为

$$"(\lambda I - T)^{-1} \notin \mathscr{L}(\mathscr{H})".$$

证明 (iii) $\Longrightarrow$ (ii). 用反证法. 若$R(\lambda I - T) = \mathscr{H}$，则由引理2.5.46知

$$(\lambda I - T)^{-1} \in \mathscr{L}(\mathscr{H}).$$

这与假设$(\lambda I - T)^{-1} \notin \mathscr{L}(\mathscr{H})$矛盾. 故$R(\lambda I - T) \neq \mathscr{H}$. 即若$\lambda$属于这里定义的$\sigma_c(T)$，则$\lambda$也属于定义1.2.4中所定义的$\sigma_c(T)$. 因此，所证结论成立.

(ii) $\Longrightarrow$ (iii). 用反证法. 若$(\lambda I - T)^{-1} \in \mathscr{L}(\mathscr{H})$，则有

$$(\lambda I - T)(\lambda I - T)^{-1} = I.$$

从而显然有$R(\lambda I - T) = \mathscr{H}$. 矛盾! 故$(\lambda I - T)^{-1} \notin \mathscr{L}(\mathscr{H})$. 因此，(ii) $\Longrightarrow$ (iii)成立. 故(ii) $\Longleftrightarrow$ (iii).

(i) $\Longrightarrow$ (ii). 这个证明完全类似于(iii) $\Longrightarrow$ (ii)的证明.

(ii) $\Longrightarrow$ (i). 用反证法. 若$(\lambda I - T)^{-1}$有界, 则由$\overline{R(\lambda I - T)} = \mathscr{H}$及文献[7]定理2.3.13知存在延拓$\widetilde{(\lambda I - T)}^{-1} \in \mathscr{L}(\mathscr{H})$且, 当$x \in R(\lambda I - T)$时, 有
$$\widetilde{(\lambda I - T)}^{-1} x = (\lambda I - T)^{-1} x.$$

现证
$$R(\lambda I - T) = \mathscr{H}.$$

事实上, 因$\overline{R(\lambda I - T)} = \mathscr{H}$, 故, 对$\forall x \in \mathscr{H}$, 存在$\{x_n\}_{n \in \mathbb{N}_+} \subset R(\lambda I - T)$使得
$$\lim_{n \to \infty} x_n = x.$$

注意到$\widetilde{(\lambda I - T)}^{-1}$及$T$均有界, 从而有
$$\begin{aligned}(\lambda I - T)\widetilde{(\lambda I - T)}^{-1} x &= \lim_{n \to \infty} (\lambda I - T)\widetilde{(\lambda I - T)}^{-1} x_n \\ &= \lim_{n \to \infty} (\lambda I - T)(\lambda I - T)^{-1} x_n \\ &= \lim_{n \to \infty} x_n = x.\end{aligned}$$

故$x \in R(\lambda I - T)$. 因此, $\mathscr{H} \subset R(\lambda I - T)$. 从而$R(\lambda I - T) = \mathscr{H}$, 即所证断言成立.

但这与定义1.2.4中所设$R(\lambda I - T) \neq \mathscr{H}$矛盾! 因此, $(\lambda I - T)^{-1}$无界. 故(ii) $\Longrightarrow$ (i). 因此, (ii) $\Longleftrightarrow$ (i).

综上, 即知有(i) $\Longleftrightarrow$ (ii) $\Longleftrightarrow$ (iii). 至此, 命题2.5.55得证. $\square$

定理2.5.56 设N是Hilbert空间$\mathscr{H}$上的正常算子且$(\mathbb{C}, \mathscr{B}(\mathbb{C}), E)$为$N$相应的谱族, 则
$$\lambda_0 \in \sigma_p(N) \Longleftrightarrow E(\{\lambda_0\}) \neq \theta.$$

证明 先证"$\Longrightarrow$". 因为$\lambda_0 \in \sigma_p(N)$, 故$\exists x_0 \in \mathscr{H}$, $x_0 \neq \theta$, 使得$N x_0 = \lambda_0 x_0$. 对$\forall n \in \mathbb{N}_+$, 令
$$f_n(z) := \begin{cases} \dfrac{1}{(\lambda_0 - z)}, & \forall z \notin B\left(\lambda_0, \dfrac{1}{n}\right) \cap \sigma(N), \\ 0, & \forall z \in B\left(\lambda_0, \dfrac{1}{n}\right) \cap \sigma(N), \end{cases}$$

其中$B(\lambda_0, \frac{1}{n})$是圆心在$\lambda_0$且半径为$\frac{1}{n}$的圆盘, 于是

$$f_n \in B(\sigma(N)).$$

由命题2.5.6的(iv)和(v)、定理2.5.20和(2.5.51)知, 对$\forall n \in \mathbb{N}_+$, 进一步有

$$\begin{aligned}
f_n(N)(\lambda_0 I - N) &= f_n(N)[\lambda_0(N) - z(N)] \\
&= f_n(\cdot)(\lambda_0 - \cdot)(N) \\
&= \mathbf{1}_{[\mathbb{C} \setminus B(x_0, \frac{1}{n})] \cap \sigma(N)}(N) \\
&= E\left(\mathbb{C} \setminus B\left(\lambda_0, \frac{1}{n}\right)\right),
\end{aligned}$$

从而$E(\mathbb{C} \setminus B(\lambda_0, \frac{1}{n}))x_0 = \theta$. 注意到

$$\begin{aligned}
\mathbb{C} \setminus \{\lambda_0\} &= \bigcup_{n=1}^{\infty} \left[\mathbb{C} \setminus B\left(\lambda_0, \frac{1}{n}\right)\right] \\
&= \{\mathbb{C} \setminus B(\lambda_0, 1)\} \\
&\quad \cup \left\{\bigcup_{n=1}^{\infty} \left[\mathbb{C} \setminus B\left(\lambda_0, \frac{1}{n+1}\right)\right] \setminus \left[\mathbb{C} \setminus B\left(\lambda_0, \frac{1}{n}\right)\right]\right\}.
\end{aligned}$$

从而, 由定义2.5.24(ii)和命题2.5.25(ii)有

$$\begin{aligned}
&E(\mathbb{C} \setminus \{\lambda_0\})x_0 \\
&= E(\mathbb{C} \setminus B(\lambda_0, 1))x_0 \\
&\quad + \sum_{n=1}^{\infty} E\left(\left[\mathbb{C} \setminus B\left(\lambda_0, \frac{1}{n+1}\right)\right] \setminus \left[\mathbb{C} \setminus B\left(\lambda_0, \frac{1}{n}\right)\right]\right)x_0 \\
&= \sum_{n=1}^{\infty} \left\{E\left(\mathbb{C} \setminus B\left(\lambda_0, \frac{1}{n+1}\right)\right)x_0 - E\left(\mathbb{C} \setminus B\left(\lambda_0, \frac{1}{n}\right)\right)x_0\right\} \\
&= \theta.
\end{aligned}$$

但$E(\mathbb{C})x_0 = x_0$, 从而推得$E(\{\lambda_0\})x_0 = x_0$. 故$E(\{\lambda_0\}) \neq \theta$, 即必要性得证.

再证"$\Longleftarrow$". 因$E(\{\lambda_0\}) \neq \theta$, 故存在$x_0 \in E(\{\lambda_0\})\mathscr{H}$使得$x_0 \neq \theta$. 对$\forall y \in \mathscr{H}$, 由(2.5.49)有

$$(Nx_0, y) = \int_{\sigma(N)} z \, \mathrm{d}(E(z)x_0, y)$$

$$= \lambda_0 \int_{\{\lambda_0\}} \mathrm{d}(E(z)x_0, y) + \int_{\sigma(N)\setminus\{\lambda_0\}} z\, \mathrm{d}(E(z)x_0, y)$$
$$=: \mathrm{I} + \mathrm{II}.$$

因 $x_0 \in E(\{\lambda_0\})\mathscr{H}$, 故存在 $y_0 \in \mathscr{H}$ 使得 $x_0 = E(\{\lambda_0\})y_0$. 从而, 由 $E(\{\lambda_0\})$ 为投影算子有

$$E(\{\lambda_0\})x_0 = E(\{\lambda_0\})E(\{\lambda_0\})y_0 = E(\{\lambda_0\})y_0 = x_0. \tag{2.5.78}$$

由此及(2.5.39)知

$$\mathrm{I} = \lambda_0(E(\{\lambda_0\})x_0, y) = \lambda_0(x_0, y) = (\lambda_0 x_0, y).$$

又由(2.5.78)、文献[21]第116页(3)式、全变差测度的定义和命题2.5.25(iii)知

$$|(E(\cdot)x_0, y)|(\sigma(N) \setminus \{\lambda_0\})$$
$$= |(E(\cdot)E(\{\lambda_0\})x_0, y)|(\sigma(N) \setminus \{\lambda_0\})$$
$$= \sup_{\substack{\sigma(N)\setminus\{\lambda_0\}=\bigcup_{j=1}^{\infty} E_j \\ E_j \cap E_k = \varnothing, j \neq k}} \sum_{j=1}^{\infty} |(E(E_j)E(\{\lambda_0\})x_0, y)|$$
$$= \sup_{\substack{\sigma(N)\setminus\{\lambda_0\}=\bigcup_{j=1}^{\infty} E_j \\ E_j \cap E_k = \varnothing, j \neq k}} \sum_{j=1}^{\infty} |(E(E_j \cap \{\lambda_0\})x_0, y)|$$
$$= \sup_{\substack{\sigma(N)\setminus\{\lambda_0\}=\bigcup_{j=1}^{\infty} E_j \\ E_j \cap E_k = \varnothing, j \neq k}} \sum_{j=1}^{\infty} |(E(\varnothing)x_0, y)| = 0.$$

由此及 $\sigma(N)$ 紧[见定理2.2.31(ii)]进一步知

$$|\mathrm{II}| \leqslant \int_{\sigma(N)\setminus\{\lambda_0\}} |z|\, \mathrm{d}|(E(z)x_0, y)|$$
$$\leqslant \left[\max_{z \in \sigma(N)} |z|\right] |(E(\cdot)x_0, y)|(\sigma(N) \setminus \{\lambda_0\}) = 0.$$

因此, 对 $\forall y \in \mathscr{H}$, 有

$$(Nx_0, y) = (\lambda_0 x_0, y).$$

再由 y 的任意性知 $Nx_0 = \lambda_0 x_0$. 故 $\lambda_0 \in \sigma_p(N)$, 即充分性成立. 至此, 定理2.5.56得证. □

注记2.5.57 设所有记号同定理2.5.56, 则有如下注记.

(i) 对任意 $\lambda_0 \in \sigma_p(N)$, 有

$$E(\{\lambda_0\})\mathscr{H} = \ker(\lambda_0 I - N). \tag{2.5.79}$$

事实上, 若 $x_0 \in \ker(\lambda_0 I - N)$ 且 $x_0 \neq \theta$, 则由定理2.5.56 "$\Longrightarrow$" 的证明有

$$x_0 = E(\{\lambda_0\})x_0 \in E(\{\lambda_0\})\mathscr{H}.$$

若 $x_0 = \theta$, 则显然有 $x_0 \in E(\{\lambda_0\})\mathscr{H}$. 因此, $\ker(\lambda_0 I - N) \subset E(\{\lambda_0\})\mathscr{H}$.

反之, 若 $x_0 \in E(\{\lambda_0\})\mathscr{H}$ 且 $x_0 \neq \theta$, 则由 $E(\{\lambda_0\})$ 为投影算子有

$$x_0 = E(\{\lambda_0\})x_0,$$

从而, 由定理2.5.56 "$\Longleftarrow$" 的证明知 $x_0 \in \ker(\lambda_0 I - N)$. 若 $x_0 = \theta$, 则显然有 $x_0 \in \ker(\lambda_0 I - N)$. 因此, $E(\{\lambda_0\})\mathscr{H} \subset \ker(\lambda_0 I - N)$. 故所证断言(2.5.79)成立.

(ii) 若 N 为正规矩阵, 则, 对 $\forall \lambda_0 \in \sigma_p(N)$, $\dim E(\{\lambda_0\})\mathscr{H}$ 就是 λ_0 作为 N 的特征多项式的根的重数.

事实上, 记 $\{\lambda_1, \cdots, \lambda_s\}$ 为 N 的全体特征值, 并记所对应的特征多项式的根的重数分别为 $\{n_1, \cdots, n_s\}$, 则由命题2.5.50、(2.5.75)和(2.5.76)知, 对 $\forall i \in \{1, \cdots, s\}$,

$$E(\{\lambda_i\})\mathscr{H} = \varphi_i(N)\mathscr{H}$$
$$= P \operatorname{diag}\{0I_{n_1}, \cdots, 0I_{n_{i-1}}, I_{n_i}, 0I_{n_{i+1}}, \cdots, 0I_{n_s}\}P^{-1}\mathscr{H}.$$

从而, 对 $\forall i \in \{1, \cdots, s\}$,

$$\dim(E(\{\lambda_i\})\mathscr{H})$$
$$= \dim I_{n_i} = n_i$$
$$= \lambda_i \text{在} N \text{的特征多项式} |\lambda I - N| \text{作为根的重数}.$$

因此, 由(2.5.79)知, 对$\forall i \in \{1,\cdots,s\}$, $E(\{\lambda_i\})\mathscr{H} = \ker(\lambda_i I - N)$. 由此进一步有, 对$\forall i \in \{1,\cdots,s\}$,

$$\dim E(\{\lambda_i\})\mathscr{H} = \dim \ker(\lambda_i I - N),$$

即λ_i在N的特征多项式$|\lambda I - N|$作为根的重数与$\ker(\lambda_i I - N)$的维数一致. 因此, 所证结论成立.

(iii) 若N不是正规矩阵, 则, 对任意$\lambda_0 \in \sigma_p(N)$, $\dim \ker(\lambda_0 I - N)$可能严格小于$\lambda_0$作为$N$的特征多项式$|\lambda I - N|$的根的重数.

例如, 取

$$N := \begin{pmatrix} 1 & 1 & 0 \\ 0 & 1 & 0 \\ 0 & 0 & 1 \end{pmatrix},$$

则

$$N^* = \begin{pmatrix} 1 & 0 & 0 \\ 1 & 1 & 0 \\ 0 & 0 & 1 \end{pmatrix}.$$

易证$NN^* \neq N^*N$. 即N不是正规矩阵. 又$|\lambda I - N| = (\lambda - 1)^3$, 即1是$N$的特征多项式$|\lambda I - N|$的3重根. 但若记$\mathbf{x} := (x_1, x_2, x_3)$, 则

$$(I - N)\mathbf{x}^{\mathrm{T}} = 0 \Longleftrightarrow x_2 = 0,$$

其中$\mathbf{x}^{\mathrm{T}}$表示向量$\mathbf{x}$的转置. 因此,

$$\ker(I - N) = \{\mathbf{x} := (x_1, x_2, x_3) \in \mathbb{R}^3 : x_2 = 0\}.$$

故

$$\dim \ker(I - N) = 2 < 3.$$

因此, 所证断言成立.

引理2.5.58 设N为正常算子且$\Omega \subset \sigma(N)$为Borel集. 定义$\widetilde{\Omega} := \{\bar{z}: z \in \Omega\}$, 则$\widetilde{\Omega} \subset \sigma(N^*)$且
$$E_{N^*}(\widetilde{\Omega}) = E_N(\Omega),$$
其中N^*为N的伴随算子且E_N和E_{N^*}分别为N和N^*的谱族.

证明 先证断言
$$\sigma(N^*) = \widetilde{\sigma(N)}. \tag{2.5.80}$$

事实上, 由(2.5.4)有$\sigma(N^*) = \sigma_{\mathscr{A}_{N^*}}(N^*)$. 又由引理2.5.2的上面一段关于$\mathscr{A}_N$的构造的讨论知$\mathscr{A}_N = \mathscr{A}_{N^*}$. 从而, 由定理2.2.33及定理2.4.12(i)进一步有

$$\begin{aligned}
\sigma(N^*) &= \sigma_{\mathscr{A}_{N^*}}(N^*) = \sigma_{\mathscr{A}_N}(N^*) \\
&= \left\{\widehat{N^*}(J): J \in \mathfrak{M}, \mathfrak{M}\text{为}\mathscr{A}_N\text{的一切极大理想的全体}\right\} \\
&= \left\{\overline{\widehat{N}(J)}: J \in \mathfrak{M}\right\} \\
&= \widetilde{\{\widehat{N}(J): J \in \mathfrak{M}\}} = \widetilde{\sigma(N)}.
\end{aligned}$$

因此, 所证断言(2.5.80)成立.

由此及$\widetilde{\Omega}$的定义和(2.5.80)易知$\widetilde{\Omega} \subset \sigma(N^*)$. 再次由$\widetilde{\Omega}$定义知, 对任意$z \in \sigma(N)$, 有
$$\mathbf{1}_{\widetilde{\Omega}}(\bar{z}) = \mathbf{1}_{\Omega}(z). \tag{2.5.81}$$

为证$E_{N^*}(\widetilde{\Omega}) = E_N(\Omega)$, 我们先证断言:
$$\mathbf{1}_{\widetilde{\Omega}}(N^*) = \mathbf{1}_{\Omega}(N). \tag{2.5.82}$$

事实上, 由命题2.5.19知存在
$$\{\phi_n\}_{n\in\mathbb{N}_+} \subset C(\sigma(N^*))$$
使得, 对$\forall \mu \in \mathscr{M}(\sigma(N^*))$, 当$n \to \infty$时, 有
$$\int_{\sigma(N^*)} \phi_n(z)\,\mathrm{d}\mu(z) \to \int_{\sigma(N^*)} \mathbf{1}_{\widetilde{\Omega}}(z)\,\mathrm{d}\mu(z) \tag{2.5.83}$$

且, 对任意 $n \in \mathbb{N}_+$,

$$\|\phi_n\|_{C(\sigma(N^*))} \leqslant \|\mathbf{1}_{\widetilde{\Omega}}\|_{B(\sigma(N^*))} = 1.$$

由此及(2.5.19)、命题2.5.6(vi)、命题2.5.7知, 对 $\forall x, y \in \mathscr{H}$, 有

$$\begin{aligned}
(\mathbf{1}_{\widetilde{\Omega}}(N^*)x, y) &= \int_{\sigma(N^*)} \mathbf{1}_{\widetilde{\Omega}}(z) m_{x,y}^{N^*}(\mathrm{d}z) \\
&= \lim_{n \to \infty} \int_{\sigma(N^*)} \phi_n(z) m_{x,y}^{N^*}(\mathrm{d}z) \\
&= \lim_{n \to \infty} (\phi_n(N^*)x, y) = \lim_{n \to \infty} (\phi_n(\bar{z}(N))x, y) \\
&= \lim_{n \to \infty} ([\phi_n(\bar{z})](N)x, y) \\
&= \lim_{n \to \infty} \int_{\sigma(N)} \phi_n(\bar{z}) m_{x,y}^{N}(\mathrm{d}z). \qquad (2.5.84)
\end{aligned}$$

又对 $\forall z \in \sigma(N^*)$, 在(2.5.83)中取 $\mu := \delta_z$, 则 $\mu \in \mathscr{M}(\sigma(N^*))$, 从而

$$\lim_{n \to \infty} \phi_n(z) = \mathbf{1}_{\widetilde{\Omega}}.$$

注意到, 对 $\forall z \in \sigma(N)$, 有 $\bar{z} \in \widetilde{\sigma(N)} = \sigma(N^*)$ 且, 对任意 $n \in \mathbb{N}_+$, 有

$$\|\phi_n\|_{C(\sigma(N^*))} \leqslant 1.$$

又由著名的Radon–Nikodym定理(见文献[21]Theorem 6.12)知存在 $\sigma(N)$ 上的可测函数 $\mathscr{H}$ 使得 $|h| = 1$ 且

$$m_{x,y}^{N}(\mathrm{d}z) = h|m_{x,y}^{N}|(\mathrm{d}z).$$

于是由此及控制收敛定理和(2.5.81)有

$$\begin{aligned}
\lim_{n \to \infty} &\int_{\sigma(N)} \phi_n(\bar{z}) m_{x,y}^{N}(\mathrm{d}z) \\
&= \lim_{n \to \infty} \int_{\sigma(N)} \phi_n(\bar{z}) h(z) |m_{x,y}^{N}|(\mathrm{d}z) \\
&= \int_{\sigma(N)} \mathbf{1}_{\widetilde{\Omega}}(\bar{z}) h(z) |m_{x,y}^{N}|(\mathrm{d}z) \\
&= \int_{\sigma(N)} \mathbf{1}_{\Omega}(z) m_{x,y}^{N}(\mathrm{d}z) = (\mathbf{1}_{\Omega}(N)x, y).
\end{aligned}$$

由此及(2.5.84)知, 对$\forall x,y \in \mathscr{H}$, 有
$$(\mathbf{1}_{\widetilde{\Omega}}(N^*)x,y) = (\mathbf{1}_{\Omega}(N)x,y).$$

因此, 由x和y的任意性, 上式进一步暗示了断言(2.5.82)成立.

由此断言及(2.5.47)中E的定义进一步有
$$E_{N^*}(\widetilde{\Omega}) = \mathbf{1}_{\widetilde{\Omega}}(N^*) = \mathbf{1}_{\Omega}(N) = E_N(\Omega).$$

即所证引理结论成立. 至此, 引理2.5.58得证. □

定理2.5.59 设N是Hilbert空间$\mathscr{H}$上的正常算子, 则$\sigma_r(N) = \varnothing$.

证明 若不然, 设存在$\lambda_0 \in \sigma_r(N)$, 则$\overline{R(\lambda_0 I - N)} \neq \mathscr{H}$且$\ker(\lambda_0 I - N) = \{\theta\}$. 现断言$\ker(\overline{\lambda}_0 I - N^*) = [R(\lambda_0 I - N)]^{\perp}$.

事实上, 对$\forall x \in \ker(\overline{\lambda}_0 I - N^*)$及对$\forall y \in \mathscr{H}$, 由$\overline{\lambda}_0 I - N^* = (\lambda_0 I - N)^*$有
$$0 = ((\lambda_0 I - N)^* x, y) = (x, (\lambda_0 I - N)y).$$

所以$x \in [R(\lambda_0 I - N)]^{\perp}$. 故$\ker(\overline{\lambda}_0 I - N^*) \subset [R(\lambda_0 I - N)]^*$. 同理可证其反包含关系成立, 从而所证断言成立.

由以上断言进一步可证
$$\ker(\overline{\lambda}_0 I - N^*) \neq \{\theta\}.$$

事实上, 由断言只需证$[R(\lambda_0 I - N)]^{\perp} \neq \{\theta\}$. 由于$\overline{R(\lambda_0 I - N)} \neq \mathscr{H}$, 故存在$x_0 \in \mathscr{H}$使得
$$x_0 \notin \overline{R(\lambda_0 I - N)}.$$

由正交分解定理(见文献[7]推论1.6.37)知存在$y \in \overline{R(\lambda_0 I - N)}$及
$$z \in \left[\overline{R(\lambda_0 I - N)}\right]^{\perp} = [R(\lambda_0 I - N)]^{\perp}$$

使得$x_0 = y + z$且$z \neq \theta$. 故$[R(\lambda_0 I - N)]^{\perp} \neq \{\theta\}$. 因此, 所证结论成立. 由此及断言进一步知$\overline{\lambda}_0 \in \sigma_p(N^*)$. 记$E_{N^*}$为与$N^*$相关的谱族, 由定理2.5.56知
$$E_{N^*}(\{\overline{\lambda}_0\}) \neq \theta.$$

又由引理2.5.58知$E_N(\{\lambda_0\}) = E_{N^*}(\{\overline{\lambda}_0\})$. 由此及定理2.5.56知$\lambda_0 \in \sigma_p(N)$, 这与$\lambda_0 \in \sigma_r(N)$矛盾. 故$\sigma_r(N) = \varnothing$. 至此, 定理2.5.59得证. □

定理2.5.60 设N是Hilbert空间$\mathscr{H}$上的正常算子且$(\mathbb{C}, \mathscr{B}(\mathbb{C}), E)$是与$N$相关联的谱族，则

$$\lambda_0 \in \sigma(N) \iff \text{对}\lambda_0\text{的任意邻域}U, E(U) \neq \theta.$$

证明 **充分性**. 设对λ_0的任意邻域U, $E(U) \neq \theta$，但$\lambda_0 \in \rho(N)$. 则由$\rho(N)$为开集(见推论1.2.14)知必有λ_0的某个开邻域U_1使得$U_1 \cap \sigma(N) = \varnothing$，从而，由(2.5.51)知

$$E(U_1) = \tau \mathbf{1}_{U_1 \cap \sigma(N)} = 0(N) = \theta,$$

与假设对λ_0的任意邻域U, $E(U) \neq \theta$矛盾. 故必有$\lambda_0 \in \sigma(N)$.

必要性. 设$\lambda_0 \in \sigma(N)$，但存在λ_0的某个邻域U_1使得$E(U_1) = \theta$. 由此及命题2.5.25(iii)知

$$E(\{\lambda_0\}) = E(\{\lambda_0\} \cap U_1) = E(\{\lambda_0\}) E(U_1) = \theta.$$

故由定理2.5.56进一步知$\lambda_0 \notin \sigma_p(N)$. 又由定理2.5.59知$\sigma_r(N) = \varnothing$，于是

$$\lambda_0 \notin \sigma_r(N).$$

因此，$\lambda_0 \in \sigma_c(N)$，从而$(\lambda_0 I - N)^{-1}$无界. 故，对任意的$n \in \mathbb{N}_+$，存在$y_n \in \mathscr{H}$使得$\|y_n\|_{\mathscr{H}} = 1$且，当$n \to \infty$时, $\|(\lambda_0 I - N)^{-1} y_n\|_{\mathscr{H}} \to \infty$. 对$\forall n \in \mathbb{N}_+$，令

$$x_n := \frac{(\lambda_0 I - N)^{-1} y_n}{\|(\lambda_0 I - N)^{-1} y_n\|_{\mathscr{H}}},$$

则$\|x_n\|_{\mathscr{H}} = 1$且，当$n \to \infty$时，

$$(\lambda_0 I - N) x_n \to \theta. \tag{2.5.85}$$

但由推论2.5.38知，对任意$n \in \mathbb{N}_+$，有

$$\begin{aligned}
&\|(\lambda_0 I - N) x_n\|_{\mathscr{H}}^2 \\
&= \int_{\sigma(N)} |\lambda_0 - z|^2 \, \mathrm{d}\|E(z) x_n\|_{\mathscr{H}}^2 \\
&= \left[\int_{\sigma(N) \cap U_1} + \int_{\sigma(N) \setminus U_1}\right] |\lambda_0 - z|^2 \, \mathrm{d}\|E(z) x_n\|_{\mathscr{H}}^2
\end{aligned}$$

$$=: \mathrm{I} + \mathrm{II}.$$

由$\sigma(N)$紧[见定理2.2.31(ii)]、(2.5.39)及命题2.5.25(iii)知, 对任意$n \in \mathbb{N}_+$,

$$\begin{aligned}
\mathrm{I} &\leqslant \max_{z \in \sigma(N)} |\lambda_0 - z|^2 \int_{\sigma(N) \cap U_1} \mathrm{d}(E(z)x_n, x_n) \\
&\leqslant \left[\max_{z \in \sigma(N)} |\lambda_0 - z|^2 \right] (E(\sigma(N) \cap U_1)x_n, x_n) \\
&= \left[\max_{z \in \sigma(N)} |\lambda_0 - z|^2 \right] (E(\sigma(N))E(U_1)x_n, x_n) = 0.
\end{aligned}$$

又显然$\mathrm{I} \geqslant 0$, 故$\mathrm{I} = 0$.

注意到, 因$E(z)$为投影算子, 故, 对任意$n \in \mathbb{N}_+$, 有

$$\|E(z)x_n\|_{\mathscr{H}}^2 = (E(z)x_n, E(x)x_n) = (E(z)x_n, x_n).$$

由此及(2.5.39)、命题2.5.25(ii)、$E(U_1) = \theta$和$E(\sigma(N)) = I$进一步知, 对任意$n \in \mathbb{N}_+$,

$$\begin{aligned}
\mathrm{II} &\geqslant \delta^2 \int_{\sigma(N) \setminus U_1} \mathrm{d}\|E(z)x_n\|_{\mathscr{H}}^2 \\
&= \delta^2 \int_{\sigma(N) \setminus U_1} \mathrm{d}(E(z)x_n, x_n) \\
&= \delta^2 (E(\sigma(N) \setminus U_1)x_n, x_n) \\
&= \delta^2 ([E(\sigma(N)) - E(U_1)]x_n, x_n) \\
&= \delta^2 \|x_n\|_{\mathscr{H}}^2 = \delta^2,
\end{aligned}$$

其中$\delta < \mathrm{dist}(\lambda_0, \partial U_1)$(注意到$\lambda_0 \in U_1$且$U_1$开). 因此,

$$\|(\lambda_0 I - N)x_n\|_{\mathscr{H}}^2 \geqslant \delta^2.$$

这与(2.5.85)矛盾. 故, 对λ_0的任意邻域U, $E(U) \neq \theta$. 至此, 定理2.5.60得证. $\square$

正常算子的谱集除了分解成点谱、连续谱和剩余谱外, 还可以根据谱点邻域上谱投影算子值域的维数来分类.

定义2.5.61 记N与$(\mathbb{C}, \mathscr{B}(\mathbb{C}), E)$的定义同定理2.5.60, 对$\forall \lambda \in \sigma(N)$, 如果对$\lambda$的任意Borel邻域$U$(即$\lambda \in \mathring{U}$[$U$的内点组成的集合]且$U$为Borel集), 有$\dim E(U)\mathscr{H} = \infty$, 则称$\lambda$为$N$的**本质谱点**; 否则称$\lambda$为$N$的**离散谱点**. 全体本质谱点组成的集合记为$\sigma_{\text{ess}}(N)$, 一切离散谱点组成的集合记为$\sigma_d(N)$, 它们分别称为$N$的**本质谱集**和**离散谱集**.

根据定义2.5.61, 显然有
$$\sigma(N) = \sigma_{\text{ess}}(N) \cup \sigma_d(N).$$

命题2.5.62 设N是Hilbert空间$\mathscr{H}$上的正常算子.

(i) 若λ是$\sigma(N)$的孤立点, 即存在λ的邻域U使得
$$U \cap \sigma(N) = \{\lambda\},$$
则$\lambda \in \sigma_p(N)$.

(ii) $\sigma_{\text{ess}}(N)$是$\mathbb{C}$中闭集, 从而紧.

证明 (i) 因$\lambda \in \sigma(N)$, 由定理2.5.60知, 对λ的任意邻域U, $E(U) \neq \theta$. 又由λ是$\sigma(N)$的孤立点知存在λ邻域U_1使得$U_1 \cap \sigma(N) = \{\lambda\}$, 故由命题2.5.25(iii)和$E(\sigma(N)) = I$有
$$E(\{\lambda\}) = E(U_1 \cap \sigma(N))$$
$$= E(U_1)E(\sigma(N)) = E(U_1) \neq \theta.$$

从而, 由定理2.5.56知$\lambda \in \sigma_p(N)$. 故(i)得证.

(ii) 设$\{\lambda_n\}_{n \in \mathbb{N}_+} \subset \sigma_{\text{ess}}(N)$且, 当$n \to \infty$时, $\lambda_n \to \lambda$. 故, 对λ的任一Borel邻域U, $\exists n_0 \in \mathbb{N}_+$使得$U$也为$\lambda_{n_0}$的邻域. 又由$\lambda_{n_0} \in \sigma_{\text{ess}}(N)$知$\dim E(U)\mathscr{H} = \infty$. 从而$\lambda \in \sigma_{\text{ess}}(N)$, 因此, $\sigma_{\text{ess}}(N)$是$\mathbb{C}$中闭集. 又由注记1.2.19(ii)知$\sigma(N)$是$\mathbb{C}$中的有界集. 由此进一步知$\sigma_{\text{ess}}(N)$为$\mathbb{C}$中的有界闭集, 从而紧. 至此, 命题2.5.62得证. □

定理2.5.63 设N为Hilbert空间$\mathscr{H}$上的正常算子, 则$\lambda_0 \in \sigma_d(N)$当且仅当下列两条同时成立:

(i) λ_0是$\sigma(N)$的孤立点, 即存在λ_0的某个邻域U使得$U\cap\sigma(N)=\{\lambda_0\}$;

(ii) λ_0是有限重次的特征值, 即$\dim\ker(\lambda_0 I-N)\in(0,\infty)$.

证明　**充分性**. 当λ_0是有限重次孤立特征值时, 则存在Borel邻域U_1使得$U_1\cap\sigma(N)=\{\lambda_0\}$且由定义2.5.24(i)和命题2.5.25(iii)知

$$E(U_1\cap\sigma(N))=E(U_1)E(\sigma(N))=E(U_1).$$

由此及注记2.5.57知

$$E(U_1)\mathscr{H}=E(U_1\cap\sigma(N))\mathscr{H}=E(\{\lambda_0\})\mathscr{H}=\ker(\lambda_0 I-N),$$

故$\dim E(U_1)\mathscr{H}<\infty$. 因此, $\lambda_0\in\sigma_d(N)$. 充分性得证.

必要性. 设$\lambda_0\in\sigma_d(N)$, 则由定义2.5.61知存在U为λ_0的Borel邻域使得

$$\dim E(U)\mathscr{H}<\infty. \tag{2.5.86}$$

若λ_0不是$\sigma(N)$的孤立点, 则存在$\{\lambda_n\}_{n\in\mathbb{N}_+}\subset\sigma(N)$使得, 当$n\to\infty$时, $\lambda_n\to\lambda_0$, 而且$\{\lambda_n\}_{n\in\mathbb{N}_+}$两两不等. 不妨设$\{\lambda_n\}_{n\in\mathbb{N}_+}\subset U$. 对$\forall n\in\mathbb{N}_+$, 取$\lambda_n$的开邻域$G_n$使得诸$G_n$互不相交且$G_n\subset U$. 由定理2.5.60知, 对$\forall n\in\mathbb{N}_+$, $E(G_n)\neq\theta$. 显然, 当$n\neq m$时, $E(G_n)\mathscr{H}$与$E(G_m)\mathscr{H}$正交. 事实上, 由$E(G_m)$为投影算子及命题2.5.25(iii)知, 对$\forall x,y\in\mathscr{H}$, 有

$$\begin{aligned}(E(G_n)x,E(G_m)y)&=([E(G_m)]^*E(G_n)x,y)\\&=(E(G_m)E(G_n)x,y)\\&=(E(G_m\cap G_n)x,y)\\&=(E(\varnothing)x,y)=0.\end{aligned}$$

故所证断言成立.

下证

$$\dim E\left(\bigcup_{n=1}^{\infty}G_n\right)\mathscr{H}=\infty. \tag{2.5.87}$$

为此, 首先断言: 对$\forall G_1,G_2\in\mathscr{B}(\mathbb{C})$且$G_1\cap G_2=\varnothing$, 有

$$E(G_1\cup G_2)\mathscr{H}=E(G_1)\mathscr{H}\oplus E(G_2)\mathscr{H}. \tag{2.5.88}$$

我们先证$E(G_1)\mathcal{H}$与$E(G_2)\mathcal{H}$正交. 事实上, 对$\forall x,y \in \mathcal{H}$, 由$E(G_2)$为投影算子及命题2.5.25(iii)有

$$\begin{aligned}(E(G_1)x, E(G_2)y) &= ([E(G_2)]^* E(G_1)x, y) \\ &= (E(G_2)E(G_1)x, y) \\ &= (E(G_2 \cap G_1)x, y) \\ &= (E(\varnothing)x, y) = 0.\end{aligned}$$

故$E(G_1)\mathcal{H}$与$E(G_2)\mathcal{H}$正交. 从而所证断言成立.

现证$E(G_1 \cup G_2)\mathcal{H} \subset E(G_1)\mathcal{H} \oplus E(G_2)\mathcal{H}$. 注意到$G_1 \cap G_2 = \varnothing$, 故由命题2.5.25(ii)知

$$\begin{aligned}E(G_1 \cup G_2)\mathcal{H} &= (E(G_1) + E(G_2))\mathcal{H} \\ &\subset E(G_1)\mathcal{H} + E(G_2)\mathcal{H}. \end{aligned} \quad (2.5.89)$$

即所证结论成立.

反之, 对$\forall x,y \in \mathcal{H}$, 下证$E(G_1)x + E(G_2)y \in E(G_1 \cup G_2)\mathcal{H}$. 事实上, 由命题2.5.25(ii)及$G_1 \cap G_2 = \varnothing$有

$$E(G_1 \cup G_2) = E(G_1) + E(G_2). \quad (2.5.90)$$

令

$$z := E(G_1)x + E(G_2)y,$$

则由(2.5.90)、$E(G_1)$和$E(G_2)$为投影算子[从而, 对$\forall i \in \{1,2\}$, $\{E(G_i)\}^2 = E(G_i)$]、命题2.5.25(iii)和$G_1 \cap G_2 = \varnothing$进一步有

$$\begin{aligned}E(G_1 \cup G_2)z &= E(G_1)z + E(G_2)z \\ &= E(G_1)[E(G_1)x + E(G_2)y] \\ &\quad + E(G_2)[E(G_1)x + E(G_2)y] \\ &= E(G_1)x + E(G_1)E(G_2)y + E(G_1)E(G_2)x + E(G_2)y \\ &= E(G_1)x + E(G_2)y + E(G_1 \cap G_2)y + E(G_1 \cap G_2)x \\ &= E(G_1)x + E(G_2)y.\end{aligned}$$

于是 $E(G_1)x+E(G_2)y \in E(G_1\cup G_2)x$. 由 x,y 的任意性知

$$E(G_1)\mathscr{H}+E(G_2)\mathscr{H} \subset E(G_1\cup G_2)\mathscr{H}.$$

由此及(2.5.89)知所证断言(2.5.88)成立.

由(2.5.88)有, 对 $\forall m \in \mathbb{N}_+$,

$$\dim E\left(\bigcup_{n=1}^{\infty} G_n\right)\mathscr{H}$$

$$=\dim E\left(\bigcup_{n=1}^{M} G_n \cup \bigcup_{n=M+1}^{\infty} G_n\right)\mathscr{H}$$

$$=\dim\left[E\left(\bigcup_{n=1}^{M} G_n\right)\mathscr{H} \oplus E\left(\bigcup_{n=M+1}^{\infty} G_n\right)\mathscr{H}\right]$$

$$=\dim E\left(\bigcup_{n=1}^{M} G_n\right)\mathscr{H} + \dim E\left(\bigcup_{n=M+1}^{\infty} G_n\right)\mathscr{H}$$

$$\geqslant \dim E\left(\bigcup_{n=1}^{M} G_n\right)\mathscr{H} = \sum_{n=1}^{M} \dim E(G_n)\mathscr{H} \geqslant M.$$

令 $M \to \infty$, 即知(2.5.87)成立.

注意到, 由命题2.5.25(iii)有

$$E\left(\bigcup_{n=1}^{\infty} G_n\right)\mathscr{H} = E\left(U \cap \bigcup_{n=1}^{\infty} G_n\right)\mathscr{H}$$

$$= E(U)E\left(\bigcup_{n=1}^{\infty} G_n\right)\mathscr{H}.$$

从而, 由(2.5.86)知

$$\dim E\left(\bigcup_{n=1}^{\infty} G_n\right)\mathscr{H} = \dim E(U)E\left(\bigcup_{n=1}^{\infty} G_n\right)\mathscr{H}$$

$$\leqslant \dim E(U)\mathscr{H} < \infty.$$

这与(2.5.87)矛盾. 因此, λ_0 必为 $\sigma(N)$ 的孤立点, 从而, 由命题2.5.62(i)知 $\lambda_0 \in \sigma_p(N)$. 由此知存在 λ_0 的邻域 V 使得 $V\cap\sigma(N)=\{\lambda_0\}$. 从而, 由(2.5.86)和命题2.5.25(iii)进一步有

$$\dim E(U\cap V)\mathscr{H} = \dim E(U)E(V)\mathscr{H} < \infty.$$

又由定理2.5.60知$\dim E(U\cap V)\mathscr{H} > 0$. 再由注记2.5.57, 命题2.5.25(iii), $U\cap V\cap \sigma(N) = \{\lambda_0\}$及$E(\sigma(N)) = I$知

$$\begin{aligned}\dim\ker(\lambda_0 I - N) &= \dim E(\{\lambda_0\})\mathscr{H} \\ &= \dim E(U\cap V\cap \sigma(N))\mathscr{H} \\ &= \dim E(U\cap V)\mathscr{H} \in (0,\infty).\end{aligned}$$

从而λ_0是N的有限重次特征值. 至此, 定理2.5.63得证. □

推论2.5.64 设N为Hilbert空间$\mathscr{H}$上的正常算子, 则有

$$\sigma_d(N) \subset \sigma_p(N)$$

及

$$\sigma_c(N) \subset \sigma_{\mathrm{ess}}(N).$$

证明 由定理2.5.63知$\sigma_d(N) \subset \sigma_p(N)$. 由此进一步有

$$\sigma_c(N) = [\sigma(N)\setminus \sigma_p(N)] \subset [\sigma(N)\setminus \sigma_d(N)] = \sigma_{\mathrm{ess}}(N).$$

至此, 推论2.5.64得证. □

推论2.5.65 设N为Hilbert空间$\mathscr{H}$上的正常算子, 则$\lambda_0 \in \sigma_{\mathrm{ess}}(N)$当且仅当下列三条中某一条成立:

(i) $\lambda_0 \in \sigma_c(N)$;

(ii) λ_0是$\sigma(N)$的极限点;

(iii) λ_0是无限重次的特征值.

证明 先证充分性. 若λ_0满足(i), 则由推论2.5.64知结论成立. 若λ_0满足(ii)和(iii)之一, 则λ_0不同时满足定理2.5.63中条件(i)和(ii), 从而$\lambda_0 \notin \sigma_d(N)$, 故$\lambda_0 \in \sigma_{\mathrm{ess}}(N)$. 充分性得证.

下证必要性. 若$\lambda_0 \in \sigma_{\mathrm{ess}}(N)$, 则$\lambda_0$必不同时满足定理2.5.63中的(i)和(ii). 当λ_0不满足定理2.5.63中的(i)时, 则λ_0必是$\sigma(N)$的极限点, 而当λ_0不满足定

理2.5.63 中的(ii)时, 此时λ_0或是无限重次的特征值, 从而(iii)成立, 或为非特征值, 由此及定理2.5.59进一步知$\lambda_0 \in \sigma_c(N)$, 从而(i)成立. 故必要性成立. 至此, 推论2.5.65得证. □

注记2.5.66 需要指出的是推论2.5.65中(ii)不能换为$\sigma_p(N)$的极限点.

为此, 令$\mathscr{H} := \mathbb{C} \times L^2[0,1]$, 即$\langle \alpha, f \rangle \in \mathscr{H} \iff \alpha \in \mathbb{C}$且$f \in L^2[0,1]$. 对任意$\langle \alpha, f \rangle, \langle \beta, g \rangle \in \mathscr{H}$, 定义内积和范数分别为

$$(\langle \alpha, f \rangle, \langle \beta, g \rangle) := \alpha \overline{\beta} + (f, g)$$

和

$$\|\langle \alpha, f \rangle\|_{\mathscr{H}} := \left(|\alpha|^2 + \|f\|_{L^2[0,1]}^2 \right)^{\frac{1}{2}}.$$

由$\mathbb{C}$及$L^2[0,1]$完备性知$\mathscr{H}$为Hilbert空间. 定义算子

$$A : \begin{cases} \mathscr{H} \longrightarrow \mathscr{H}, \\ \langle \alpha, f \rangle \longmapsto \left\langle \dfrac{1}{2}\alpha, Tf \right\rangle, \end{cases}$$

其中, 对$\forall x \in [0,1], Tf(x) := xf(x)$. 则$A \in \mathscr{L}(\mathscr{H})$. 注意到, 对$\forall \langle \alpha, f \rangle, \langle \beta, g \rangle \in \mathscr{H}$,

$$\begin{aligned}(Tf, g) &= \int_0^1 Tf(x)\overline{g(x)}\,\mathrm{d}x = \int_0^1 xf(x)\overline{g(x)}\,\mathrm{d}x \\ &= \int_0^1 f(x)\overline{xg(x)}\,\mathrm{d}x = (f, Tg).\end{aligned}$$

由此进一步有

$$\begin{aligned}(\langle \alpha, f \rangle, A^*\langle \beta, g \rangle) &= (A\langle \alpha, f \rangle, \langle \beta, g \rangle) \\ &= \left(\left\langle \dfrac{1}{2}\alpha, Tf \right\rangle, \langle \beta, g \rangle \right) \\ &= \dfrac{1}{2}\alpha\overline{\beta} + (Tf, g) \\ &= \dfrac{1}{2}\alpha\overline{\beta} + (f, Tg) \\ &= \left(\langle \alpha, f \rangle, \left\langle \dfrac{1}{2}\beta, Tg \right\rangle \right)\end{aligned}$$

$$= (\langle\alpha,f\rangle, A\langle\beta,g\rangle),$$

故 $A = A^*$, 即 A 自伴. 从而, 由定理2.5.8(i)有 $\sigma(A) \subset \mathbb{R}$. 又对任意 $\alpha \in \mathbb{C} \setminus \{0\}$,

$$A\langle\alpha, 0\rangle = \frac{1}{2}\langle\alpha, 0\rangle,$$

故 $\frac{1}{2} \in \sigma_p(A)$. 若存在 $\langle\alpha, g\rangle \in \mathscr{H}$ 使得 $A\langle\alpha, g\rangle = \frac{1}{2}\langle\alpha, g\rangle$, 则, 对任意 $x \in [0,1]$,

$$xg(x) = \frac{1}{2}g(x),$$

故 g 为 $L^2[0,1]$ 中 θ 元. 从而 $\frac{1}{2}$ 所对应的特征向量只能为 $\langle\alpha, 0\rangle$ 且 $\alpha \neq 0$, 故

$$\dim\ker\left(\frac{1}{2}I - A\right) = 1.$$

因此, $\frac{1}{2}$ 为 A 的1重特征值.

下证 $\sigma_c(A) = [0,1] \setminus \{1/2\}$. 为此, 先证 $\sigma(A) \subset [0,1]$. 当 $\lambda \notin [0,1]$ 时, 若存在 $\langle\alpha, f\rangle \in \mathscr{H}$ 使得 $(\lambda I - A)\langle\alpha, f\rangle = \theta$, 即

$$\left\langle \left(\lambda - \frac{1}{2}\right)\alpha, (\lambda I - T)f \right\rangle = \theta,$$

则 $\alpha = 0$ 且 $f = \theta$. 故 $\lambda I - A$ 为单射. 又对任意 $\langle\alpha, f\rangle \in \mathscr{H}$, 因 $\lambda \notin [0,1]$, 故

$$\left\langle \frac{\alpha}{\lambda - 1/2}, \frac{f(\cdot)}{\lambda - \cdot} \right\rangle \in \mathscr{H}$$

且

$$(\lambda I - A)\left\langle \frac{\alpha}{\lambda - 1/2}, \frac{f(\cdot)}{\lambda - \cdot} \right\rangle = \langle\alpha, f\rangle.$$

由此知 $\lambda I - A$ 满. 故由引理2.5.46知

$$(\lambda I - A)^{-1} \in \mathscr{L}(\mathscr{H}).$$

因此, $\lambda \in \rho(A)$, 从而 $\sigma(A) \subset [0,1]$.

现设 $\lambda \in [0,1] \setminus \{1/2\}$, 则 $\frac{1}{\lambda - \cdot} \notin L^2[0,1]$. 从而 $\langle 0, \frac{1}{\lambda - \cdot}\rangle \notin \mathscr{H}$. 而 $\langle 0, 1\rangle \in \mathscr{H}$. 若 $\langle 0, 1\rangle \in R(\lambda I - A)$, 则存在 $\alpha \in \mathbb{C}$ 且 $f \in L^2[0,1]$ 使得 $(\lambda I - A)\langle\alpha, f\rangle = \langle 0, 1\rangle$, 故 $\alpha = 0$ 且, 对 $\forall x \in [0,1]$, $f(x) = \frac{1}{\lambda - x}$, 这与 $f \in L^2[0,1]$ 矛盾, 故

$$\langle 0, 1\rangle \notin R(\lambda I - A).$$

若$\lambda I-A$非单, 则
$$\lambda \in \sigma_p(A) \subset \sigma(A).$$

若$\lambda I-A$单, 则由谱的定义知$\lambda \in \sigma_c(A)$或$\lambda \in \sigma_r(A)$. 但$\sigma_r(A) = \varnothing$. 故$\lambda \in \sigma_c(A) \subset \sigma(A)$. 从而$\sigma(A) = [0,1]$.

下证若$\lambda \in [0,1] \setminus \{\frac{1}{2}\}$, 则
$$\lambda \notin \sigma_p(A).$$

反设, 若$\lambda \in \sigma_p(A)$, 则存在$\langle \alpha, f \rangle \in \mathscr{H}$且$\langle \alpha, f \rangle \neq \theta$使得$(\lambda I - A)\langle \alpha, f \rangle = \theta$, 由此得$\alpha = 0$且$f = \theta$, 这与$\langle \alpha, f \rangle \neq \theta$矛盾. 从而$\lambda \notin \sigma_p(A)$. 由此及$\lambda \in \sigma(A)$和定理2.5.59知$\lambda \in \sigma_c(A)$.

综上可知$\rho(A) = [0,1]^{\complement}$, $\sigma_p(A) = \{\frac{1}{2}\}$,
$$\sigma_c(A) = [0,1] \setminus \left\{\frac{1}{2}\right\} \quad \text{且} \quad \sigma_r(A) = \varnothing.$$

故$\frac{1}{2}$不是$\sigma_p(A)$的极限点. 又因$\frac{1}{2}$不是$\sigma(A)$的孤立点, 故由定理2.5.63知
$$\frac{1}{2} \notin \sigma_d(A),$$

从而$\frac{1}{2} \in \sigma_{\text{ess}}(A)$. 但$\frac{1}{2}$不满足推论2.5.65中的(i)和(iii)且$\frac{1}{2}$不是$\sigma_p(A)$的极限点. 从而所证断言成立.

习题2.5

习题2.5.1 对任意$f \in B_E(\mathbb{C})$, 证明存在$\widetilde{f} \in B(\mathbb{C})$使得
$$E\left(\left\{x \in \mathbb{C} : f(x) \neq \widetilde{f}(x)\right\}\right) = \theta$$
且
$$\left\|\widetilde{f}\right\|_{B(\mathbb{C})} = \|f\|_{B_E(\mathbb{C})}.$$

习题2.5.2 证明N为Hilbert空间$\mathscr{H}$上的正常算子当且仅当, 对$\forall x \in \mathscr{H}$, $\|Nx\|_{\mathscr{H}} = \|N^*x\|_{\mathscr{H}}$.

习题2.5.3 证明Hilbert空间上两个可交换正算子的积仍为正算子.

习题2.5.4 设N为Hilbert空间$\mathscr{H}$上的正常算子. 证明存在唯一正算子$P \in \mathscr{L}(\mathscr{H})$及酉算子$Q \in \mathscr{L}(\mathscr{H})$使得$N = PQ = QP$.

习题2.5.5 设N为正常算子. 证明N是酉算子当且仅当$\sigma(N) \subset S^1$.

习题2.5.6 证明(2.5.18)中的a_ψ为$\mathscr{H} \times \mathscr{H}$上的共轭双线性泛函, 其中$\mathscr{H}$为Hilbert空间.

习题2.5.7 试举例说明定理2.5.32中的Φ不是从$\mathscr{B}(\mathbb{C})$到$\mathscr{L}(\mathscr{H})$的*等距同态映射.

习题2.5.8 证明(2.5.37)、(2.5.38)、(2.5.42)和(2.5.43)对$\forall f \in B_E(\mathbb{C})$成立.

习题2.5.9 设$\mathscr{H}$为Hilbert空间且$U \in \mathscr{L}(\mathscr{H})$. 证明以下三个论述等价:

(i) U是酉算子;

(ii) $R(U) = H$且, 对$\forall x, y \in \mathscr{H}$,
$$(Ux, Uy) = (x, y);$$

(iii) $R(U) = H$且, 对$\forall x \in \mathscr{H}$,
$$\|Ux\|_{\mathscr{H}} = \|x\|_{\mathscr{H}}.$$

习题2.5.10 设$\mathscr{H}$为可分的Hilbert空间且$\{\mu_k\}_{k \in \mathbb{N}_+} \subset \mathbb{C}$是任意的有界复数列. 证明在$\mathscr{H}$上存在一个以$\{\mu_k\}_{k \in \mathbb{N}_+}$为特征值的正常算子$T$满足
$$\|T\|_{\mathscr{L}(\mathscr{H})} = \sup_{k \in \mathbb{N}_+} |\mu_k|.$$

习题2.5.11 设$\mathscr{H}$为Hilbert空间且$T \in \mathscr{L}(\mathscr{H})$. 证明

(i) T^*T的平方根$P \in \mathscr{L}(\mathscr{H})$是唯一满足
$$\|Px\|_{\mathscr{H}} = \|Tx\|_{\mathscr{H}}, \quad \forall x \in \mathscr{H}$$

的正算子.

(ii) 若T可逆, 则T有唯一极分解$T = UP$, 其中U为酉算子, P为正算子.

习题2.5.12 补齐命题2.5.50的证明细节.

第3章 无界算子

在前两章中我们主要讨论的大多是有界线性算子, 但是在分析学和数学物理学中许多重要而且很基本的线性算子并不是有界的. 例如, $L^2(\Omega)$上的微分算子, 其中$\Omega \subset \mathbb{R}^n$; 量子力学中的Schrödinger算子$-\Delta + V(x)$, 其中$\Delta$是$\mathbb{R}^3$中的Laplace微分算子, V是一个位势函数, 它们都是无界算子. 所以一个自然且重要的问题是能否对无界算子建立谱分解理论. 在这一章中, 我们将主要考虑无界算子的谱理论, 其中包括闭算子及其基本性质, Cayley变换与自伴算子的谱分解及无界正常算子的谱分解. 在本章中, 如果没有特别说明, $\mathscr{H}$均表示Hilbert空间.

本章主要参考了文献[8]的第六章.

§3.1 闭算子

在本节中, 给出闭算子的定义及基本性质; 另外, 还引入了稠定算子及其共轭算子的定义, 讨论了它们的基本性质; 在此基础上, 给出对称算子、自伴算子的定义, 并讨论了它们的一些基本性质.

在Banach空间上的有界线性算子的研究中, 算子范数的概念起了十分重要的作用. 但是Banach空间上的无界线性算子的算子范数并不存在, 这就迫使我们从另外的角度入手来研究无界算子. 一个重要的替代工具是算子的图, 由此可引入闭算子的概念.

设$\mathscr{X}$和$\mathscr{Y}$是B^*空间(线性赋范空间), 则乘积空间$\mathscr{X} \times \mathscr{Y}$也是$B^*$空间, 它的范数定义为

$$\|(x,y)\| := \|x\|_{\mathscr{X}} + \|y\|_{\mathscr{Y}}, \quad \forall (x,y) \in \mathscr{X} \times \mathscr{Y}.$$

定义3.1.1 设$\mathscr{X}$和$\mathscr{Y}$是B^*空间且$T: \mathscr{X} \longrightarrow \mathscr{Y}$是一个线性算子, 其定义域$D(T)$为$\mathscr{X}$的线性子空间且其值域记为$R(T) \subset \mathscr{Y}$. 称乘积空间$\mathscr{X} \times \mathscr{Y}$的线性子空间

$$\Gamma(T) := \{(x,Tx) \in \mathscr{X} \times \mathscr{Y} : x \in D(T)\}$$

为算子 T 的**图**.

利用图的概念我们可以给出定义1.2.1中闭算子的一个等价定义.

命题3.1.2 设 $\mathscr{X}$ 和 $\mathscr{Y}$ 是 B^* 空间且 $T: \mathscr{X} \longrightarrow \mathscr{Y}$ 是一个线性算子, 其定义域为 $D(T)$ 且值域为 $R(T)$. 则 T 为闭算子当且仅当 T 的图 $\Gamma(T)$ 在 $\mathscr{X} \times \mathscr{Y}$ 中闭.

证明 **充分性**. 设 $\Gamma(T)$ 在 $\mathscr{X} \times \mathscr{Y}$ 中闭. 为证 T 为闭算子, 令
$$\{x_n\}_{n \in \mathbb{N}_+} \subset D(T),$$
且, 当 $n \to \infty$ 时, x_n 和 Tx_n 分别在 $\mathscr{X}$ 和 $\mathscr{Y}$ 中收敛到 x 和 y. 则易知 $\{(x_n, Tx_n)\}_{n \in \mathbb{N}_+}$ 为 $\Gamma(T)$ 中Cauchy列, 从而由 $\Gamma(T)$ 闭知存在 $(\tilde{x}, T\tilde{x}) \in \Gamma(T)$ 使得, 当 $n \to \infty$ 时,
$$(x_n, Tx_n) \to (\tilde{x}, T\tilde{x}).$$
故由极限的唯一性知 $x = \tilde{x} \in D(T)$ 且 $y = Tx$ 即为所证.

必要性. 设 T 为闭算子. 下证 $\Gamma(T)$ 闭. 任取 $(x, y) \in \overline{\Gamma(T)}$, 则有 $\Gamma(T)$ 中的基本列 $\{(x_n, Tx_n)\}_{n \in \mathbb{N}_+}$ 满足, 当 $n \to \infty$ 时,
$$\|(x_n, Tx_n) - (x, y)\| \to 0.$$
从而, 当 $n \to \infty$ 时,
$$\|x_n - x\|_{\mathscr{X}} \to 0 \quad \text{且} \quad \|Tx_n - y\|_{\mathscr{Y}} \to 0.$$
故由 T 为闭算子进一步知 $x \in D(T)$ 且 $y = Tx$. 即 $(x, y) \in \Gamma(T)$. 因此, $\overline{\Gamma(T)} \subset \Gamma(T)$. 又显然有 $\Gamma(T) \subset \overline{\Gamma(T)}$. 故 $\Gamma(T) = \overline{\Gamma(T)}$, 即 $\Gamma(T)$ 闭. 至此, 命题证毕. □

定义3.1.3 设 $\mathscr{X}$ 和 $\mathscr{Y}$ 均为 B^* 空间且 T_1 和 T_2 均为 $\mathscr{X}$ 到 $\mathscr{Y}$ 的线性算子. 若两者的图满足 $\Gamma(T_1) \subset \Gamma(T_2)$, 则称 T_2 是 T_1 的一个**扩张**, 记为 $T_1 \subset T_2$. 若 $T_1 \subset T_2$ 且 $\Gamma(T_2) = \overline{\Gamma(T_1)}$, 则称 T_1 **可闭化**且称 T_2 为 T_1 的**闭包**, 记为 $T_2 = \overline{T_1}$.

注记3.1.4 (i) 设 $\mathscr{X}$ 为 B^* 空间且 $\mathscr{Y}$ 为 B 空间. 则有界线性算子
$$T: D(T) \subset \mathscr{X} \longrightarrow \mathscr{Y}$$
可唯一保范延拓到 $D(T)$ 的闭包上, 从而为 $\overline{D(T)}$ 上的闭算子(见文献[7]第112页定理2.3.13).

(ii) 闭算子的定义域未必闭且未必能扩张至其定义域的闭包上, 其反例如下. 令

$$A: \begin{cases} D(A) \subset \ell^1 \longrightarrow \ell^1, \\ \{x_k\}_{k \in \mathbb{N}_+} \longmapsto \{kx_k\}_{k \in \mathbb{N}_+}, \end{cases}$$

其中

$$D(A) := \{\{x_k\}_{k \in \mathbb{N}_+} \in \ell^1 : \{kx_k\}_{k \in \mathbb{N}_+} \in \ell^1\}.$$

显然, $D(A) \subsetneq \ell^1$; 例如, $\{k^{-2}\}_{k \in \mathbb{N}_+} \in \ell^1 \setminus D(A)$. 又注意到, 对任意的 $\{x_k\}_{k \in \mathbb{N}_+} \in \ell^1$ 和 $\forall m \in \mathbb{N}_+$, 若令

$$x^m := \{x_1, \cdots, x_m, 0, 0, \cdots\}.$$

则当 $m \to \infty$ 时, x^m 在 ℓ^1 中收敛到 $\{x_k\}_{k \in \mathbb{N}_+}$. 显然 $\{x^m\}_{m \in \mathbb{N}_+} \subset D(A)$. 故

$$\overline{D(A)} = \ell^1.$$

下证 A 闭, 即证图 $\Gamma(A)$ 在 $\ell^1 \times \ell^1$ 中闭. 为此, 设 $\{(x^n, Ax^n)\}_{n \in \mathbb{N}_+}$ 为 $\Gamma(A)$ 中的 Cauchy 列, 则 $\{x^n\}_{n \in \mathbb{N}_+}$ 和 $\{Ax^n\}_{n \in \mathbb{N}_+}$ 均为 ℓ^1 中的 Cauchy 列. 由此及 ℓ^1 闭知存在 $x, y \in \ell^1$ 使得, 当 $n \to \infty$ 时,

$$x^n \to x \quad \text{且} \quad Ax^n \to y.$$

对任意的 $n \in \mathbb{N}_+$, 若记 $x^n := \{x_k^n\}_{k \in \mathbb{N}_+}$, $x := \{x_k\}_{k \in \mathbb{N}_+}$ 且 $y := \{y_k\}_{k \in \mathbb{N}_+}$, 则, 当 $n \to \infty$ 时,

$$\sum_{k \in \mathbb{N}_+} |x_k^n - x_k| \to 0 \quad \text{且} \quad \sum_{k \in \mathbb{N}_+} |kx_k^n - y_k| \to 0.$$

从而, 当 $n \to \infty$ 时,

$$\sum_{k \in \mathbb{N}_+} |x_k^n - x_k| \to 0 \quad \text{且} \quad \sum_{k \in \mathbb{N}_+} |x_k^n - k^{-1}y_k| \to 0,$$

故有

$$\sum_{k \in \mathbb{N}_+} |x_k - k^{-1}y_k| \leqslant \sum_{k \in \mathbb{N}_+} |x_k - x_k^n| + \sum_{k \in \mathbb{N}_+} |x_k^n - k^{-1}y_k| \to 0.$$

即知对任意的$k \in \mathbb{N}_+$, $y_k = kx_k$. 从而$x \in D(A)$且$y = Ax$. 由此知$(x,y) \in \Gamma(A)$且, 当$n \to \infty$时, $(x^n, Ax^n) \to (x,y)$. 从而A闭.

由上述讨论知不存在A的闭扩张S使得$D(S) = \ell^1$. 事实上, 若存在这样的S, 则由闭图像定理知S有界, 从而$A = S|_{D(A)}$有界. 但, 对$\forall k \in \mathbb{N}_+$, 若取
$$I^k := \{0, \cdots, 0, 1, 0, \cdots\},$$
即I^k的第k个分量为1, 而其余分量为0, 则$\|I^k\|_{\ell^1} = 1$但$\|AI^k\|_{\ell^1} = k$. 故知A无界, 矛盾! 从而所证断言成立.

注记3.1.5 对任意的$x \in D(T)$, 令
$$\|x\|_T := \|x\|_{\mathscr{X}} + \|Tx\|_{\mathscr{Y}},$$
且称之为T的**图模**, 则线性算子T是闭的当且仅当空间$(D(T), \|\cdot\|_T)$是一个Banach空间. 换句话说, T是闭的充分必要条件是它的定义域$D(T)$关于T的图模$\|\cdot\|_T$是完备的.

事实上, 为证明此断言, 只需注意到$\{x_n\}_{n \in \mathbb{N}_+}$依$\|\cdot\|_T$收敛到$x$当且仅当$\{(x_n, Tx_n)\}_{n \in \mathbb{N}_+}$在$\Gamma(T)$中收敛到$(x, Tx)$. 从而所证断言成立.

注记3.1.6 (i) 线性算子T未必都可以闭化, 因为$\overline{\Gamma(T)}$未必是一个算子的图. 例如, 令
$$T : \begin{cases} D(T) \subset \ell^1 \longrightarrow \mathbb{C}, \\ \{x_k\}_{k \in \mathbb{N}_+} \longmapsto \sum_{k \in \mathbb{N}_+} kx_k, \end{cases}$$
其中
$$D(T) := \{\{x_k\}_{k \in \mathbb{N}_+} \in \ell^1 : \text{只有有限个} x_k \text{非}0\}.$$
下证T不可闭化. 为此, 若对$\forall k \in \mathbb{N}_+$, 令
$$I^k := \{0, \cdots, 0, 1, 0, \cdots\}$$

(其中第k个分量为1, 其余分量为0)及$x^k := k^{-1}I^k$, 则, 对$\forall k \in \mathbb{N}_+, x^k \in D(T)$且$Tx^k = 1$且, 当$k \to \infty$时, x^k在ℓ^1中收敛于0. 因此, 当$k \to \infty$时, $(x^k, Tx^k) \to (0, 1)$. 由此即知$(0, 1) \in \overline{\Gamma(T)}$. 若$T$可闭化, 即存在线性算子$S$使得

$$\Gamma(S) = \overline{\Gamma(T)}.$$

则由$(0, 1) \in \overline{\Gamma(T)}$知$S0 = 1$, 这与$S$线性矛盾! 故$T$不可闭化.

(ii) 可证线性算子T可闭化当且仅当, 若$\{x_n\}_{n \in \mathbb{N}_+} \subset D(T)$满足, 当$n \to \infty$时,

$$x_n \to 0 \quad 且 \quad Tx_n \to y,$$

则$y = 0$[即若$(0, y) \in \overline{\Gamma(T)}$, 则$y = 0$].

为证必要性, 注意到, 若T可闭化, 则存在线性算子S使得

$$\Gamma(S) = \overline{\Gamma(T)}.$$

故若$(0, y) \in \overline{\Gamma(T)}$, 则$y = S0 = 0$. 从而, 必要性成立.

为证充分性, 因为T是线性算子, 故$\Gamma(T)$及$\overline{\Gamma(T)}$均为$\mathscr{X} \times \mathscr{Y}$的线性子空间. 设$(x, y) \in \overline{\Gamma(T)}$. 则存在$\{(x_n, Tx_n)\}_{n \in \mathbb{N}_+} \subset \Gamma(T)$使得, 当$n \to \infty$时, $x_n \to x$且$Tx_n \to y$. 定义$Sx := y$. 下面说明S的定义合理. 若另有$(x, \tilde{y}) \in \overline{\Gamma(T)}$, 则需证$y = \tilde{y}$. 事实上, 由$\overline{\Gamma(T)}$的线性性知

$$(0, y - \tilde{y}) = (x, y) - (x, \tilde{y}) \in \overline{\Gamma(T)},$$

由此及假设知$y = \tilde{y}$. 故S的定义合理. 又由$\overline{\Gamma(T)}$为线性子空间知S线性. 事实上, 设$(x_1, y_1), (x_2, y_2) \in \overline{\Gamma(T)}$且$\alpha_1, \alpha_2 \in \mathbb{K}$. 则由$\overline{\Gamma(T)}$线性知

$$(\alpha_1 x_1 + \alpha_2 x_2, \alpha_1 y_1 + \alpha_2 y_2) \in \overline{\Gamma(T)}.$$

由S的定义知

$$S(\alpha_1 x_1 + \alpha_2 x_2) = \alpha_1 S(x_1) + \alpha_2 S(x_2).$$

故S为线性的. 而由定义显然有$\Gamma(S) = \overline{\Gamma(T)}$. 因此, S闭. 故$S = \overline{T}$. 从而, 充分性得证. 故所证结论成立.

命题3.1.7 设 $\mathscr{X}$ 和 $\mathscr{Y}$ 均为 B^* 空间.

(i) 若 $T: D(T) \subset \mathscr{X} \longrightarrow R(T) \subset \mathscr{Y}$ 是一个一一的闭算子, 则

$$T^{-1}: R(T) \longrightarrow D(T)$$

也是闭的.

(ii) 若 T 是闭的, 则 T 的核 $N(T) := \{x \in \mathscr{X} : Tx = \theta\}$ 是 $\mathscr{X}$ 中的闭集.

(iii) 若 T 可闭化, S 是一个闭算子且 $T \subset S$, 则 $\overline{T} \subset S$, 即 T 的闭包为 T 的最小闭扩张.

(iv) 若进一步设 $\mathscr{X}$ 和 $\mathscr{Y}$ 均为 B 空间, T 闭且 $D(T) = \mathscr{X}$, 则 T 是有界的.

证明 首先证明(i). 设 $\{y_n\}_{n \in \mathbb{N}_+} \subset R(T)$ 使得存在 $x \in \mathscr{X}$ 和 $y \in \mathscr{Y}$ 满足, 当 $n \to \infty$ 时, $y_n \to y$ 且 $T^{-1}y_n \to x$. 对任意的 $n \in \mathbb{N}_+$, 令 $x_n := T^{-1}y_n$. 则, 当 $n \to \infty$ 时, $x_n \to x$ 且 $Tx_n \to y$. 由 T 闭知

$$x \in D(T) \quad 且 \quad y = Tx.$$

因此, $y \in R(T)$ 且 $x = T^{-1}y$. 故由定义1.2.1知 T^{-1} 闭.

下面证明(ii). 若 $\{x_n\}_{n \in \mathbb{N}_+} \in N(T)$ 且 $x_n \to x, n \to \infty$, 则, 对任意的 $n \in \mathbb{N}_+$, $Tx_n = \theta$. 由 T 闭知 $x \in D(T)$ 且 $Tx = \theta$, 即 $x \in N(T)$.

现在证明(iii). 由 S 闭知 $\Gamma(S)$ 闭. 因为 $T \subset S$, 所以 $\Gamma(T) \subset \Gamma(S)$. 从而

$$\Gamma(\overline{T}) = \overline{\Gamma(T)} \subset \Gamma(S),$$

即知 $\overline{T} \subset S$.

(iv)的结论由闭图像定理(定理1.2.2)知显然成立. 至此, 命题得证. □

定义3.1.8 设 $\mathscr{X}$ 和 $\mathscr{Y}$ 均为 B^* 空间且 T 为 $D(T) \subset \mathscr{X}$ 到 $\mathscr{Y}$ 的线性算子. 若

$$\overline{D(T)} = \mathscr{X},$$

则称线性算子 T 为**稠定的**.

定义3.1.9 设 $\mathscr{X}$ 和 $\mathscr{Y}$ 均为 B^* 空间且 T 是 $\mathscr{X} \longrightarrow \mathscr{Y}$ 的稠定算子，$D(T)$ 是其定义域. 记

$$D(T^*) := \{y^* \in \mathscr{Y}^* : \exists x^* \in \mathscr{X}^*, \text{使得}, \forall x \in D(T), \quad (3.1.1)$$
$$\langle y^*, Tx \rangle = \langle x^*, x \rangle \},$$

其中 $\mathscr{X}^*$ 和 $\mathscr{Y}^*$ 分别表示 $\mathscr{X}$ 和 $\mathscr{Y}$ 的对偶空间. 令

$$T^* y^* := x^*, \quad \forall y^* \in D(T^*).$$

称 T^* 为 T 的**共轭算子**，$D(T^*)$ 为 T^* 的定义域.

注记3.1.10 (i) T^* 定义合理且是线性的.

事实上，若存在 $x_1^* \in \mathscr{X}^*$ 使得，对任意的 $x \in D(T)$，$\langle y^*, Tx \rangle = \langle x_1^*, x \rangle$，则

$$\langle T^* y^*, x \rangle = \langle x^*, x \rangle = \langle y^*, Tx \rangle = \langle x_1^*, x \rangle.$$

从而，对任意的 $x \in D(T)$，$\langle T^* y^* - x_1^*, x \rangle = 0$. 故由 $D(T)$ 稠进一步知对 $\forall x \in \mathscr{X}$，$\langle T^* y^* - x_1^*, x \rangle = 0$，从而 $x^* = T^* y^* = x_1^*$. 故 T^* 定义合理. 而 T^* 的线性性由 T 及连续线性泛函的线性性可得.

(ii) 当 $T \in \mathscr{L}(\mathscr{X}, \mathscr{Y})$ 时，T^* 定义与文献[7]第136页定义2.5.9中有界线性算子的共轭算子的定义等价. 也就是说，若定义算子 $\widetilde{T^*} : \mathscr{Y}^* \longrightarrow \mathscr{X}^*$ 如下：

$$\langle y^*, Tx \rangle = \langle \widetilde{T^*} y^*, x \rangle, \quad \forall y^* \in \mathscr{Y}^*, \forall x \in \mathscr{X}.$$

则 $\widetilde{T^*} = T^*$.

事实上，因 $T \in \mathscr{L}(\mathscr{X}, \mathscr{Y})$，故 $D(T) = \mathscr{X}$. 下证 $D(T^*) = \mathscr{Y}^*$. 显然

$$D(T^*) \subset \mathscr{Y}^*.$$

注意到，对任意 $y^* \in \mathscr{Y}^*$，由 T 的有界性知 $x \longmapsto \langle y^*, Tx \rangle$ 为 $\mathscr{X}$ 上的有界线性泛函. 故存在 $x^* \in \mathscr{X}^*$ 使得，对任意 $x \in \mathscr{X}$，

$$\langle y^*, Tx \rangle = \langle x^*, x \rangle.$$

因此,$y^* \in D(T^*)$,即得$\mathscr{Y}^* \subset D(T^*)$. 从而$\mathscr{Y}^* = D(T^*)$.

进一步,对$\forall y^* \in \mathscr{Y}^*$及$\forall x \in \mathscr{X}$,有

$$\langle \widetilde{T^*} y^*, x \rangle = \langle y^*, Tx \rangle = \langle T^* y^*, x \rangle.$$

故$\widetilde{T^*} = T^*$. 即所证断言成立.

(iii) 若$\mathscr{H}$为一个Hilbert空间且$\mathscr{X} = \mathscr{Y} = \mathscr{H}$,则(3.1.1)可以改写为

$$D(T^*) = \{y \in \mathscr{H} : \exists M_y > 0 使得, 对\forall x \in D(T), |\langle y, Tx \rangle| \leqslant M_y \|x\|\}.$$

事实上,当$\mathscr{X} = \mathscr{Y} = \mathscr{H}$时,定义3.1.9中$D(T^*)$可延拓为

$$\{y \in \mathscr{H} : \exists M_y > 0 使得, 对\forall x \in D(T), |\langle y, Tx \rangle| \leqslant M_y \|x\|\},$$

(见文献[7]第112页定理2.3.13). 由于T稠定,由Riesz表示定理知

$$|\langle y, Tx \rangle| \leqslant M_y \|x\|, \forall x \in D(T)$$
$$\Longleftrightarrow x \longmapsto \langle y, Tx \rangle 为 D(T) 上的有界线性泛函$$
$$\Longleftrightarrow x \longmapsto \langle y, Tx \rangle 可延拓为 \mathscr{H} 上的有界线性泛函$$
$$\Longleftrightarrow 存在 x^* \in \mathscr{H} 使得, 对任意的 x \in \mathscr{H},$$
$$\langle y, Tx \rangle = \langle x^*, x \rangle.$$

即所证断言成立.

定理3.1.11 设所有记号同定义3.1.3和定义3.1.8,则以下结论成立:

(i) 稠定算子T的共轭算子T^*总是闭的.

(ii) 若$T_1 \subset T_2$,则$T_2^* \subset T_1^*$.

为证此定理,我们需以下引理. 其中引理3.1.12可见文献[7]推论2.4.8.

引理3.1.12 设M是B^*空间$\mathscr{X}$的一个子集,又设x_0是$\mathscr{X}$中的一个非零元素. 那么$x_0 \in \overline{\mathrm{span} M}$的充分且必要条件是: 对任意的$x^* \in \mathscr{X}^*$,若对一切$x \in M$,有$\langle x^*, x \rangle = 0$,则$\langle x^*, x_0 \rangle = 0$.

引理3.1.13 设 $\mathscr{X}$ 为 B^* 空间, 对 $M \subset \mathscr{X}$ 定义

$$^{\perp}M := \{x^* \in \mathscr{X}^* : \langle x^*, x \rangle = 0, \ \forall x \in M\},$$

并记 $M_0 := \overline{\mathrm{span} M}$. 则

(i) $^{\perp}M$ 在 $\mathscr{X}^*$ 中按强拓扑闭;

(ii) $^{\perp}M_0 = {}^{\perp}M$;

(iii) 当 $\mathscr{X}$ 自反时, $^{\perp\perp}M = M_0$.

证明 (i) 设 $\{x_n^*\}_{n \in \mathbb{N}_+} \subset {}^{\perp}M$ 且在 $\mathscr{X}^*$ 中收敛于 x^*. 则对 $\forall n \in \mathbb{N}_+$ 及 $x \in M$, $\langle x_n^*, x \rangle = 0$. 故, 对任意的 $x \in D(T)$,

$$\langle x^*, x \rangle = \lim_{n \to \infty} \langle x_n^*, x \rangle = 0,$$

即 $x^* \in {}^{\perp}M$. 故(i)成立.

(ii) 因 $M \subset M_0$, 故 $^{\perp}M_0 \subset {}^{\perp}M$.

反之, 设 $x^* \in {}^{\perp}M$. 若 $x \in M_0$, 则存在 $\{x_n\}_{n \in \mathbb{N}_+} \subset \mathrm{span} M$ 使得 x_n 在 $\mathscr{X}$ 中收敛于 x. 注意到, 对任意的 $n \in \mathbb{N}_+$, $\langle x^*, x_n \rangle = 0$. 故由 x^* 的连续性知 $\langle x^*, x \rangle = 0$. 从而 $x^* \in {}^{\perp}M_0$. 综上即知 $^{\perp}M_0 = {}^{\perp}M$. 即(ii)成立.

(iii) 一方面, 设 $x \in M_0$, 则存在 $\{x_n\}_{n \in \mathbb{N}_+} \subset \mathrm{span} M$ 使得 x_n 在 $\mathscr{X}$ 中收敛于 x. 注意到, 对 $\forall n \in \mathbb{N}_+$ 及 $\forall x^* \in {}^{\perp}M$, 有 $\langle x^*, x_n \rangle = 0$. 故由 x^* 的连续性知, 对任意的 $x^* \in {}^{\perp}M$, $\langle x^*, x \rangle = 0$.

令

$$x^{**} := \mathscr{F}_{\mathscr{X}} x,$$

其中 $\mathscr{F}_{\mathscr{X}}$ 表示 $\mathscr{X} \longrightarrow \mathscr{X}^{**}$ 的自然映射. 则, 对任意的 $x^* \in {}^{\perp}M$, 有

$$\langle x^{**}, x^* \rangle = \langle x^*, x \rangle = 0.$$

故 $M_0 \subset {}^{\perp\perp}M$.

另一方面, 设 $x^{**} \in {}^{\perp\perp}M$. 由 $\mathscr{X}$ 自反知

$$x := \mathscr{F}_{\mathscr{X}}^{-1} x^{**} \in \mathscr{X}$$

且, 对任意的 $x^* \in {}^\perp M = {}^\perp M_0$ [见引理3.1.13(ii)], 有

$$\langle x^*, x \rangle = \langle x^{**}, x^* \rangle = 0.$$

下证 $x \in M_0$. 若 $x \notin M_0$, 由引理3.1.12知存在 $x^* \in {}^\perp M_0$ 使得 $\langle x^*, x \rangle \neq 0$, 矛盾! 故 $x \in M_0$. 从而 ${}^\perp{}^\perp M \subset M_0$. 因此, ${}^\perp{}^\perp M = M_0$, 即(iii)成立. 至此, 引理得证. □

引理3.1.14 设 $\mathscr{X}$ 和 $\mathscr{Y}$ 均为 B^* 空间. 对 $\forall (y^*, x^*) \in \mathscr{Y}^* \times \mathscr{X}^*$ 及 $\forall (y, x) \in \mathscr{Y} \times \mathscr{X}$, 定义

$$\langle (y^*, x^*), (y, x) \rangle := \langle y^*, y \rangle + \langle x^*, x \rangle,$$

则在此对偶关系下, $\mathscr{Y}^* \times \mathscr{X}^* = (\mathscr{Y} \times \mathscr{X})^*$.

证明 设 $(y^*, x^*) \in \mathscr{Y}^* \times \mathscr{X}^*$. 则, 对任意的 $(y, x) \in \mathscr{Y} \times \mathscr{X}$,

$$\begin{aligned}
|\langle (y^*, x^*), (y, x) \rangle| &= |\langle y^*, y \rangle + \langle x^*, x \rangle| \\
&\leqslant \|y^*\|_{\mathscr{Y}^*} \|y\|_{\mathscr{Y}} + \|x^*\|_{\mathscr{X}^*} \|x\|_{\mathscr{X}} \\
&\leqslant (\|y^*\|_{\mathscr{Y}^*} + \|x^*\|_{\mathscr{X}^*})(\|y\|_{\mathscr{Y}} + \|x\|_{\mathscr{X}}) \\
&= \|(y^*, x^*)\|_{\mathscr{Y}^* \times \mathscr{X}^*} \|(y, x)\|_{\mathscr{Y} \times \mathscr{X}}.
\end{aligned}$$

故 $(y^*, x^*) \in (\mathscr{Y} \times \mathscr{X})^*$. 从而 $\mathscr{Y}^* \times \mathscr{X}^* \subset (\mathscr{Y} \times \mathscr{X})^*$.

反之, 设 $f \in (\mathscr{Y} \times \mathscr{X})^*$. 对任意的 $y \in \mathscr{Y}$ 及 $x \in \mathscr{X}$, 定义

$$\langle f_1, y \rangle := \langle f, (y, \theta) \rangle \quad \text{及} \quad \langle f_2, x \rangle := \langle f, (\theta, x) \rangle.$$

易证 $f_1 \in \mathscr{Y}^*, f_2 \in \mathscr{X}^*$,

$$\|f_1\|_{\mathscr{Y}^*} \leqslant \|f\|_{(\mathscr{Y} \times \mathscr{X})^*} \quad \text{且} \quad \|f_2\|_{\mathscr{X}^*} \leqslant \|f\|_{(\mathscr{Y} \times \mathscr{X})^*}.$$

注意到, 对任意的 $(y, x) \in \mathscr{Y} \times \mathscr{X}$,

$$\langle f, (y, x) \rangle = \langle f_1, y \rangle + \langle f_2, x \rangle = \langle (f_1, f_2), (y, x) \rangle,$$

即 $f = (f_1, f_2) \in \mathscr{Y}^* \times \mathscr{X}^*$. 故 $(\mathscr{Y} \times \mathscr{X})^* \subset \mathscr{Y}^* \times \mathscr{X}^*$. 因此,

$$\mathscr{Y}^* \times \mathscr{X}^* = (\mathscr{Y} \times \mathscr{X})^*.$$

至此, 引理得证. □

定理3.1.11的证明　令
$$V:\begin{cases} \mathscr{X}\times\mathscr{Y} \longrightarrow \mathscr{Y}\times\mathscr{X}, \\ (x,y) \longmapsto (-y,x). \end{cases}$$

则V为等距在上线性映射,称之为转动映射. 因$\Gamma(T)$是$\mathscr{X}\times\mathscr{Y}$的线性子空间,则$V\Gamma(T)$为$\mathscr{Y}\times\mathscr{X}$中的线性子空间.

下证
$$\Gamma(T^*) = {}^\perp(V\Gamma(T)), \tag{3.1.2}$$

其中由引理3.1.14知
$$\begin{aligned}{}^\perp(V\Gamma(T)) &:= \{f\in(\mathscr{Y}\times\mathscr{X})^* : \langle f,(-Tx,x)\rangle = 0,\ \forall x\in D(T)\} \\ &= \{(y^*,x^*)\in\mathscr{Y}^*\times\mathscr{X}^* : \\ & \qquad \langle(y^*,x^*),(-Tx,x)\rangle = 0,\ \forall x\in D(T)\}.\end{aligned}$$

若$(y^*,x^*)\in\Gamma(T^*)$,则,对任意的$x\in D(T)$,$\langle y^*,Tx\rangle = \langle x^*,x\rangle$,即
$$\langle(y^*,x^*),(-Tx,x)\rangle = \langle y^*,-Tx\rangle + \langle x^*,x\rangle = 0.$$

故$(y^*,x^*)\in{}^\perp V\Gamma(T)$. 从而$\Gamma(T^*)\subset {}^\perp V\Gamma(T)$.

反之,若$(y^*,x^*)\in{}^\perp V\Gamma(T)$,则,对任意的$x\in D(T)$,有
$$\langle(y^*,x^*),(-Tx,x)\rangle = 0,$$

即对$\forall x\in D(T)$,有$\langle y^*,Tx\rangle = \langle x^*,x\rangle$. 由$D(T^*)$的定义知$y^*\in D(T^*)$且$x^* = T^*y^*$,即$(y^*,x^*)\in\Gamma(T^*)$. 从而
$${}^\perp V\Gamma(T) = \Gamma(T^*),$$

即(3.1.2)成立. 故由引理3.1.13(i)知$\Gamma(T^*)$闭. 从而T^*闭. 故(i)成立.

若$T_1\subset T_2$,则$\Gamma(T_1)\subset\Gamma(T_2)$. 从而$V\Gamma(T_1)\subset V\Gamma(T_2)$. 由此可知
$${}^\perp V\Gamma(T_1)\supset {}^\perp V\Gamma(T_2).$$

故$\Gamma(T_2^*)\subset\Gamma(T_1^*)$. 因此,$T_2^*\subset T_1^*$. 从而(ii)成立. 至此,定理得证. □

此外,我们进一步有如下定理.

定理3.1.15 设 $\mathscr{H}$ 是一个Hilbert空间且 $T: \mathscr{H} \longrightarrow \mathscr{H}$ 为稠定线性算子. 则

$$T\text{可闭化} \iff T^*\text{稠定}.$$

此时, $\overline{T} = T^{**}$.

为证此定理, 我们先证明下面的引理.

引理3.1.16 设 $\mathscr{X}$ 和 $\mathscr{Y}$ 为 B^* 空间且 $T: \mathscr{X} \longrightarrow \mathscr{Y}$ 为线性算子. 则

$$^{\perp}V\Gamma(T) = V^{\perp}\Gamma(T).$$

证明 若 $(y^*, x^*) \in {}^{\perp}V\Gamma(T)$, 则, 对任意的 $x \in D(T)$, 有

$$\langle (y^*, x^*), V(x, Tx) \rangle = 0,$$

即

$$-\langle y^*, Tx \rangle + \langle x^*, x \rangle = 0.$$

故 $\langle (-x^*, y^*), (x, Tx) \rangle = 0$. 因为 $(-x^*, y^*) = V(y^*, x^*)$, 故

$$\langle V(y^*, x^*), (x, Tx) \rangle = 0.$$

从而 $V(y^*, x^*) \in {}^{\perp}\Gamma(T)$. 因此, $(y^*, x^*) \in V^{\perp}\Gamma(T)$. 由此可知 ${}^{\perp}V\Gamma(T) \subset V^{\perp}\Gamma(T)$. 因上述过程可逆, 故

$$^{\perp}V\Gamma(T) \supset V^{\perp}\Gamma(T).$$

因此, ${}^{\perp}V\Gamma(T) = V^{\perp}\Gamma(T)$. 至此, 引理得证. □

定理3.1.15的证明 **充分性**. 设 T^* 稠定. 则由定理3.1.11知 T^{**} 是 $\mathscr{H} \longrightarrow \mathscr{H}$ 的闭算子, 并且由(3.1.2)可知

$$\Gamma(T^{**}) = {}^{\perp}V\Gamma(T^*) = {}^{\perp}(V^{\perp}V\Gamma(T)). \tag{3.1.3}$$

又由引理3.1.16知 ${}^{\perp}V\Gamma(T) = V^{\perp}\Gamma(T)$. 从而, 由(3.1.3)及引理3.1.13(iii) [回顾由Riesz表示定理(见文献[7]定理2.2.1)知Hilbert空间 $\mathscr{H}$ 总是自反的]知

$$\Gamma(T^{**}) = {}^{\perp}(V^2{}^{\perp}\Gamma(T)) = {}^{\perp}({}^{\perp}\Gamma(T)) = \overline{\Gamma(T)}.$$

由此即知 T 可闭且 $\overline{T} = T^{**}$.

必要性. 设 T 可闭. 假若 T^* 不稠定, 则根据文献[7]定理2.4.7知必存在 $y_0 \in \mathscr{H}$, $y_0 \neq \theta$ 使得 $y_0 \in {}^\perp D(T^*)$. 从而 $\langle y_0, \theta\rangle \in {}^\perp \Gamma(T^*)$. 故由引理3.1.16知

$$\langle \theta, y_0\rangle \in V^\perp \Gamma(T^*) = {}^\perp V \Gamma(T^*).$$

因为 $y_0 \neq \theta$, 故 ${}^\perp V \Gamma(T^*)$ 不能为某个线性算子的图.

但是, 由(3.1.2)有

$$\Gamma(T^*) = {}^\perp V \Gamma(T),$$

故由引理3.1.16、引理3.1.13(iii)及 T 可闭得

$$\begin{aligned}{}^\perp V \Gamma(T^*) &= {}^\perp V {}^\perp V \Gamma(T) = {}^\perp V^2 {}^\perp \Gamma(T) \\ &= {}^{\perp\perp} \Gamma(T) = \overline{\Gamma(T)} = \Gamma(\overline{T}),\end{aligned}$$

这与 ${}^\perp V \Gamma(T^*)$ 不能为某个线性算子的图矛盾! 由此知 T^* 稠定. 至此, 定理得证. □

命题3.1.17 设 T 是自反Banach空间 $\mathscr{X}$ 的子集 $D(T)$ 到另一自反Banach空间 $\mathscr{Y}$ 的稠定算子. 则 T 可闭当且仅当 T^* 稠定. 此时

$$\overline{T} = \mathscr{F}_\mathscr{Y}^{-1} T^{**} \mathscr{F}_\mathscr{X},$$

其中 $\mathscr{F}_\mathscr{X}$ 和 $\mathscr{F}_\mathscr{Y}$ 分别是 $\mathscr{X} \longrightarrow \mathscr{X}^{**}$ 及 $\mathscr{Y} \longrightarrow \mathscr{Y}^{**}$ 的自然映射.

证明 **充分性**. 因为 T^* 是稠定的, 则由定理3.1.11知 T^{**} 为闭算子. 类似于定理3.1.15充分性的证明可得 $\Gamma(T^{**}) = {}^{\perp\perp} \Gamma(T)$. 令

$$S := \mathscr{F}_\mathscr{Y}^{-1} T^{**} \mathscr{F}_\mathscr{X} : \mathscr{X} \longrightarrow \mathscr{Y}.$$

由 T^{**} 闭及 $\mathscr{F}_\mathscr{X}$ 和 $\mathscr{F}_\mathscr{Y}$ 均为自然嵌入易知 S 闭.

事实上, 设 $\{x_n\}_{n \in \mathbb{N}_+} \subset D(S)$, $x_n \to x$ 且 $Sx_n \to y$, $n \to \infty$. 即, 当 $n \to \infty$ 时,

$$\mathscr{F}_\mathscr{Y}^{-1} T^{**} \mathscr{F}_\mathscr{X} x_n \to y.$$

则, 当 $n \to \infty$ 时, 在 $\mathscr{Y}^{**}$ 中

$$T^{**} \mathscr{F}_\mathscr{X} x_n \to \mathscr{F}_\mathscr{Y} y$$

及在 $\mathscr{X}^{**}$ 中 $\mathscr{F}_{\mathscr{X}} x_n \to \mathscr{F}_{\mathscr{X}} x$. 故由 T^{**} 闭知 $\mathscr{F}_{\mathscr{X}} x \in D(T^{**})$ 且

$$T^{**}\mathscr{F}_{\mathscr{X}} x = \mathscr{F}_{\mathscr{Y}} y \in R(\mathscr{F}_{\mathscr{Y}}).$$

从而 $x \in D(\mathscr{F}_{\mathscr{Y}}^{-1} T^{**} \mathscr{F}_{\mathscr{X}}) = D(S)$ 且

$$Sx = \mathscr{F}_{\mathscr{Y}}^{-1} T^{**} \mathscr{F}_{\mathscr{X}} x = y,$$

即知 S 闭.

下证 $\Gamma(S) = \overline{\Gamma(T)}$.

"$\subset$". 设 $(x_0, y_0) \in \Gamma(S)$. 则 $y_0 = Sx_0 = \mathscr{F}_{\mathscr{Y}}^{-1} T^{**} \mathscr{F}_{\mathscr{X}} x_0$. 从而

$$\mathscr{F}_{\mathscr{Y}} y_0 = T^{**} \mathscr{F}_{\mathscr{X}} x_0,$$

即

$$(\mathscr{F}_{\mathscr{X}} x_0, \mathscr{F}_{\mathscr{Y}} y_0) \in \Gamma(T^{**}) = {}^{\perp\perp}\Gamma(T).$$

故, 对任意的 $(x^*, y^*) \in {}^{\perp}\Gamma(T) = {}^{\perp}\overline{\Gamma(T)}$, 有

$$0 = \langle (\mathscr{F}_{\mathscr{X}} x_0, \mathscr{F}_{\mathscr{Y}} y_0), (x^*, y^*) \rangle$$
$$= \langle \mathscr{F}_{\mathscr{X}} x_0, x^* \rangle + \langle \mathscr{F}_{\mathscr{Y}} y_0, y^* \rangle$$
$$= \langle x^*, x_0 \rangle + \langle y^*, y_0 \rangle = \langle (x^*, y^*), (x_0, y_0) \rangle.$$

从而 $(x_0, y_0) \in \overline{\Gamma(T)}$. 事实上, 若 $(x_0, y_0) \notin \overline{\Gamma(T)}$, 则

$$d\left((x_0, y_0), \overline{\Gamma(T)}\right) > 0.$$

于是由文献[7]定理2.4.7可知存在 $(x^*, y^*) \in {}^{\perp}\overline{\Gamma(T)}$ 使得

$$\langle (x^*, y^*), (x_0, y_0) \rangle \neq 0,$$

矛盾! 故 $\Gamma(S) \subset \overline{\Gamma(T)}$.

"$\supset$". 设 $(x_0, y_0) \in \Gamma(T)$. 则 $y_0 = Tx_0$. 从而, 对任意的 $y^* \in \mathscr{Y}^*$,

$$\langle \mathscr{F}_{\mathscr{Y}} y_0 - T^{**} \mathscr{F}_{\mathscr{X}} x_0, y^* \rangle = \langle \mathscr{F}_{\mathscr{Y}}(y_0 - \mathscr{F}_{\mathscr{Y}}^{-1} T^{**} \mathscr{F}_{\mathscr{X}} x_0), y^* \rangle$$
$$= \langle y^*, y_0 - \mathscr{F}_{\mathscr{Y}}^{-1} T^{**} \mathscr{F}_{\mathscr{X}} x_0 \rangle$$

$$= \langle y^*, (T - \mathscr{F}_{\mathscr{Y}}^{-1} T^{**} \mathscr{F}_{\mathscr{X}}) x_0 \rangle.$$

当$x_0 \in D(T)$时,对任意的$y^* \in D(T^*)$,

$$\langle y^*, T x_0 \rangle = \langle T^* y^*, x_0 \rangle = \langle \mathscr{F}_{\mathscr{X}} x_0, T^* y^* \rangle$$
$$= \langle T^{**} \mathscr{F}_{\mathscr{X}} x_0, y^* \rangle$$
$$= \langle y^*, \mathscr{F}_{\mathscr{Y}}^{-1} T^{**} \mathscr{F}_{\mathscr{X}} x_0 \rangle.$$

从而$\langle \mathscr{F}_{\mathscr{Y}} y_0 - T^{**} \mathscr{F}_{\mathscr{X}} x_0, y^* \rangle = 0$. 由$T^*$稠定, 即得$\mathscr{F}_{\mathscr{Y}} y_0 = T^{**} \mathscr{F}_{\mathscr{X}} x_0$. 因此,

$$y_0 = \mathscr{F}_{\mathscr{Y}}^{-1} T^{**} \mathscr{F}_{\mathscr{X}} x_0 = S x_0,$$

即有$(x_0, y_0) \in \Gamma(S)$. 故$\Gamma(T) \subset \Gamma(S)$. 因为$S$闭, 故$\Gamma(S)$闭. 从而$\overline{\Gamma(T)} \subset \Gamma(S)$. 综上可知$\Gamma(S) = \overline{\Gamma(T)}$, 即有$S = \overline{T}$. 从而$T$可闭化.

必要性. 设T可闭化. 若T^*不稠定, 则根据文献[7]第128页定理2.4.7知存在$y_0^{**} \in {}^{\perp} D(T^*) \subset \mathscr{Y}^{**}$且$y_0^{**} \neq 0$. 因$\mathscr{Y}$自反且$\mathscr{F}_{\mathscr{Y}}: \mathscr{Y} \longrightarrow \mathscr{Y}^{**}$为等距满射, 故$y_0 := \mathscr{F}_{\mathscr{Y}}^{-1} y_0^{**} \in \mathscr{Y}$且非零. 由此, 对任意的$y^* \in D(T^*)$,

$$\langle (y_0^{**}, \theta), (y^*, T^* y^*) \rangle = \langle y_0^{**}, y^* \rangle = 0.$$

故$(y_0^{**}, \theta) \in {}^{\perp} \Gamma(T^*)$. 由(3.1.2)及引理3.1.16知, 对任意的$y^* \in D(T^*)$,

$$(-T^* y^*, y^*) \in V \Gamma(T^*) = V^{\perp} V \Gamma(T) = V^{2\perp} \Gamma(T)$$
$$= {}^{\perp} \Gamma(T) = {}^{\perp} \overline{\Gamma(T)}$$

且

$$\langle (-T^* y^*, y^*), (\theta, y_0) \rangle = \langle y^*, y_0 \rangle = \langle y_0^{**}, y^* \rangle = 0.$$

故由引理3.1.13(iii)知

$$(\theta, y_0) \in {}^{\perp}({}^{\perp}\overline{\Gamma(T)}) = \overline{\Gamma(T)} = \Gamma(\overline{T}),$$

矛盾! 从而T^*稠定. 至此, 命题得证. □

定义3.1.18 设$\mathscr{H}$是一个Hilbert空间且$T: D(T) \subset \mathscr{H} \longrightarrow \mathscr{H}$为线性稠定算子.

(i) 若$T \subset T^*$, 则称T是**对称算子**;

(ii) 若$T = T^*$, 则称T是**自伴算子**;

(iii) 若T是可闭化且$\overline{T}$是自伴的, 则称T是**本质自伴的**.

注记3.1.19 设$\mathscr{H}$为Hilbert空间且$T: D(T) \subset \mathscr{H} \longrightarrow \mathscr{H}$为线性稠定算子.

(i) 若T有界, 则T对称当且仅当$\overline{T}$自伴. 事实上, 若T对称, 由T稠定有界及文献[7]定理2.3.13知T可保范延拓到$\overline{D(T)} = \mathscr{H}$上, 记为$\widetilde{T}$. 由算子闭包的定义和文献[7]定理2.3.13的证明易得

$$\widetilde{T} = \overline{T} \quad 且 \quad D(\overline{T}) = \mathscr{H}.$$

因T对称, 故$T \subset T^*$. 由定理3.1.15有$T^* \supset T^{**} = \overline{T}$. 由此及$D(\overline{T}) = \mathscr{H}$知

$$\overline{T} = T^*.$$

再次由定理3.1.15知$(\overline{T})^* = T^{**} = \overline{T}$, 即$\overline{T}$自伴. 反之, 若$\overline{T}$自伴, 则$\overline{T} = (\overline{T})^*$. 因$T \subset \overline{T}$, 故$(\overline{T})^* \subset T^*$. 从而$T \subset \overline{T} = (\overline{T})^* \subset T^*$, 即知$T$对称. 因此, 所证断言成立.

(ii) 由定理3.1.11知自伴算子必为闭算子.

(iii) 自伴算子必本质自伴. 此时, $T = \overline{T}$. 事实上, 因为T自伴, 由(ii)知T闭, 故T可闭化且$\overline{T} = T$自伴.

注记3.1.20 Hilbert空间$\mathscr{H}$上的线性稠定算子T对称等价于: 对$\forall x, y \in D(T)$, 有$(Tx, y) = (x, Ty)$. 在此意义下, T对称定义合理(参见有界算子的对称算子的定义1.5.1).

事实上, 必要性由定义易得.

为证充分性, 若对任意的$x, y \in D(T)$, 有$(Tx, y) = (x, Ty)$, 因为T稠定, 故由注记3.1.10知T^*唯一确定且有$(Tx, y) = (x, T^*y)$.

下证$D(T) \subset D(T^*)$. 由注记3.1.10(iii)知

$$D(T^*) = \{x \in \mathscr{H}: 存在 M_x > 0,$$

使得, 对任意的 $y \in D(T)$, $|(x,Ty)| \leqslant M_x\|y\|_{\mathscr{H}}\}$.

若 $x \in D(T)$, 则, 对任意的 $y \in D(T)$, 由 Cauchy–Schwarz 不等式有

$$|(x,Ty)| = |(Tx,y)| \leqslant \|Tx\|_{\mathscr{H}}\|y\|_{\mathscr{H}},$$

即有 $x \in D(T^*)$. 从而

$$D(T) \subset D(T^*).$$

下证 $T^*|_{D(T)} = T$. 对任意的 $x \in D(T) \subset D(T^*)$ 及任意的 $y \in D(T)$,

$$(Tx,y) = (x,Ty) = (T^*x,y).$$

又由 $\overline{D(T)} = \mathscr{H}$ 知 $T^*x = Tx$. 由此可知 $T \subset T^*$, 即 T 对称. 因此, 所证断言成立.

注记3.1.21 设 $\mathscr{H}$ 为 Hilbert 空间且 $T: D(T) \subset \mathscr{H} \longrightarrow \mathscr{H}$ 为线性稠定算子.

(i) 对称算子总是可闭化的. 事实上, 若 T 对称, 则 $T \subset T^*$. 从而 $D(T) \subset D(T^*)$. 由此及 T 稠定知 T^* 稠定. 从而, 由定理3.1.15知 T 可闭化.

(ii) 若 T 可闭化, 则 T 对称当且仅当 $\overline{T}$ 对称. 事实上, 若 T 对称, 即 $T \subset T^*$, 则由定理3.1.15知 $\overline{T} = T^{**} \subset T^*$. 进一步有 $\overline{T} = T^{**} \subset \overline{T}^*$. 因此, $\overline{T}$ 对称. 反之, 若 $\overline{T}$ 对称, 则 $T \subset \overline{T} \subset \overline{T}^* \subset T^*$. 因此, T 对称.

此外, 由定义易得以下结论, 其证明显然.

命题3.1.22 设 $\mathscr{H}$ 为 Hilbert 空间且 $T: D(T) \subset \mathscr{H} \longrightarrow \mathscr{H}$ 为线性稠定算子. 则 T 自伴当且仅当 T 对称且 $D(T) = D(T^*)$.

注记3.1.23 设 $\mathscr{H}$ 为 Hilbert 空间且 $T: D(T) \subset \mathscr{H} \longrightarrow \mathscr{H}$ 为线性稠定算子.

(i) 自伴算子是其自身的极大对称扩张.

事实上, 若 T 自伴, S 对称且 $T \subset S$, 则 $T \subset S \subset S^* \subset T^* = T$. 即知 $S = T$.

(ii) 本质自伴算子T只有唯一的自伴扩张$\overline{T}$.

事实上, 若存在自伴算子$S \supset T$, 由注记3.1.19(ii)知S闭, 则$S \supset \overline{T}$. 因T本质自伴, 故$\overline{T}$自伴. 从而, 由(i)知$S = \overline{T}$.

命题3.1.24 设$\mathscr{X}$和$\mathscr{Y}$均为B^*空间且$T: D(T) \subset \mathscr{X} \longrightarrow \mathscr{Y}$为线性算子. 若$T$是可闭化的, 则$\overline{T}^* = T^*$.

证明 因为$T \subset \overline{T}$, 所以$T^* \supset \overline{T}^*$. 故只需证$T^* \subset \overline{T}^*$. 为此, 只需证
$$\Gamma(T^*) \subset \Gamma(\overline{T}^*).$$

由(3.1.2)知$\Gamma(T^*) = {}^{\perp}V\Gamma(T)$, 从而, 对$\forall (y^*, x^*) \in \Gamma(T^*)$及$\forall x \in D(T)$有
$$\langle (y^*, x^*), V(x, Tx) \rangle = 0,$$
此即
$$-\langle y^*, Tx \rangle + \langle x^*, x \rangle = 0. \tag{3.1.4}$$

再由(3.1.2)得
$$\Gamma(\overline{T}^*) = {}^{\perp}V\Gamma(\overline{T}).$$

故要证$(y^*, x^*) \in \Gamma(\overline{T}^*)$, 只需证对任意的$(x_0, y_0) \in \Gamma(\overline{T}) := \overline{\Gamma(T)}$, 有
$$-\langle y^*, y_0 \rangle + \langle x^*, x_0 \rangle = 0.$$

现对$\forall (x_0, y_0) \in \Gamma(\overline{T})$, 则存在$\{x_n\}_{n \in \mathbb{N}_+} \subset D(T)$使得, 当$n \to \infty$时,
$$(x_n, Tx_n) \to (x_0, y_0).$$

由此, 进一步有, 当$n \to \infty$时, $\langle y^*, Tx_n \rangle \to \langle y^*, y_0 \rangle$及$\langle x^*, x_n \rangle \to \langle x^*, x_0 \rangle$. 所以由(3.1.4)有
$$-\langle y^*, y_0 \rangle + \langle x^*, x_0 \rangle = 0.$$

从而可知$(y^*, x^*) \in {}^{\perp}V\Gamma(\overline{T})$, 故$\Gamma(T^*) \subset \Gamma(\overline{T}^*)$. 综上可知$\overline{T}^* = T^*$. 至此, 命题得证. □

例3.1.25 令$\mathscr{H} := L^2(0,1)$, $T := -\frac{d^2}{dt^2}$且$D(T) := C_c^\infty(0,1)$[区间$(0,1)$上具有紧支集的光滑函数全体]. 则有

(i) T稠定对称;

(ii) T非闭算子但可闭化;

(iii) T非自伴亦非本质自伴.

证明 (i) 由于$\overline{D(T)} = \overline{C_c^\infty(0,1)} = \mathscr{H}$, 故$T$稠定. 另外, 对任意的$u,v \in C_c^\infty(0,1)$, 由分部积分有

$$\begin{aligned}(Tu,v) &= \left(-\frac{\mathrm{d}^2 u}{\mathrm{d}t^2}, v\right) = -\int_0^1 \frac{\mathrm{d}^2 u(t)}{\mathrm{d}t^2}\overline{v(t)}\,\mathrm{d}t \\ &= -u'(t)\overline{v(t)}\Big|_0^1 + \int_0^1 u'(t)\overline{v'(t)}\,\mathrm{d}t \\ &= u(t)\overline{v'(t)}\Big|_0^1 - \int_0^1 u(t)\overline{\frac{\mathrm{d}^2 v(t)}{\mathrm{d}t^2}}\,\mathrm{d}t \\ &= (u, Tv).\end{aligned}$$

因此, 由注记3.1.20知T对称.

(ii) 由Poincaré不等式, 即对任意的$m \in \mathbb{N}_+$及$\mathbb{R}^n$中的有界区域Ω, 存在一个正常数C, 依赖于m使得, 对任意的

$$u \in C_c^m(\Omega) := \{u \in C^m(\overline{\Omega}): u(x) = 0, x \in \partial\Omega \text{的某邻域}\},$$

有

$$\sum_{|\alpha|<m}\int_\Omega |\partial^\alpha u(t)|^2\,\mathrm{d}t \leqslant C\sum_{|\alpha|=m}\int_\Omega |\partial^\alpha u(t)|^2\,\mathrm{d}t$$

(见文献[7]引理1.6.15), 可知在$D(T)$上T的图模

$$\|u\|_T := \|u\|_{L^2(0,1)} + \|u''\|_{L^2(0,1)}$$

等价于Sobolev范数

$$\|u\|_{H_c^2(0,1)} := \left\|\widetilde{\partial}^2 u\right\|_{L^2(0,1)},$$

其中$\widetilde{\partial}$表示广义导数. 令$H_c^2(0,1)$为$D(T)$依范数$\|\cdot\|_{H_c^2(0,1)}$的完备化空间. 则有$D(T) \subsetneqq H_c^2(0,1)$. 事实上, 若对$\forall t \in (0,1)$, 令

$$u(t) := \left[\max\left\{\left(t-\frac{1}{3}\right)^3, 0\right\}\right]\max\left\{\left(\frac{1}{2}-t\right)^3, 0\right\},$$

则 $u \in C_c^2(0,1) \subset H_c^2(0,1)$(见文献[23]第10页Theorem 1.18), 但 $u \notin D(T)$. 故

$$\left(D(T), \|\cdot\|_{H_c^2(0,1)}\right)$$

非Banach空间. 从而 $(D(T), \|\cdot\|_T)$ 非Banach空间. 由此及注记3.1.5可知 T 不闭.

下证 T 可闭化. 令

$$\widetilde{T}: \begin{cases} H_c^2(0,1) \longrightarrow L^2(0,1), \\ u \longmapsto -\widetilde{\partial}^2 u. \end{cases}$$

现证 $(H_c^2(0,1), \|\cdot\|_{\widetilde{T}})$ 完备, 其中, 对 $\forall u \in H_c^2(0,1)$,

$$\|u\|_{\widetilde{T}} := \|u\|_{L^2(0,1)} + \left\|\widetilde{\partial}^2 u\right\|_{L^2(0,1)}.$$

为此, 设 $\{u_n\}_{n \in \mathbb{N}_+}$ 为 $H_c^2(0,1)$ 中的基本列, 则 $\{u_n\}_{n \in \mathbb{N}_+}$ 和 $\{\widetilde{\partial}^2 u_n\}_{n \in \mathbb{N}_+}$ 均为 $L^2(0,1)$ 中的基本列, 故由 $L^2(0,1)$ 完备知存在 $u, v \in L^2(0,1)$ 使得

$$\lim_{n \to \infty} u_n = u \quad 且 \quad \lim_{n \to \infty} \widetilde{\partial}^2 u_n = v$$

在 $L^2(0,1)$ 意义下成立.

下证 $v = \widetilde{\partial}^2 u$. 注意到, 对 $\forall w \in C_c^\infty(0,1)$,

$$\left(\widetilde{\partial}^2 u_n, w\right) = (u_n, w'').$$

由此及Hölder不等式有 $(v, w) = (u, w'')$. 故

$$v = \widetilde{\partial}^2 u.$$

现证 $u \in H_c^2(0,1)$. 因对 $\forall n \in \mathbb{N}_+$, $u_n \in H_c^2(0,1)$, 故存在 $\widetilde{u}_n \in C_c^\infty(0,1)$ 使得

$$\|u_n - \widetilde{u}_n\|_{H_c^2(0,1)} < 1/n.$$

从而, 当 $n \to \infty$ 时,

$$\|u - \widetilde{u}_n\|_{H_c^2(0,1)} \leqslant \|u - u_n\|_{H_c^2(0,1)} + \|u_n - \widetilde{u}_n\|_{H_c^2(0,1)}$$

$$< \left\| v - \widetilde{\partial}^2 u_n \right\|_{L^2(0,1)} + 1/n \to 0,$$

故 $u \in H_c^2(0,1)$ 且为 $\{u_n\}_{n\in\mathbb{N}_+}$ 在 $\|\cdot\|_{\widetilde{T}}$ 下的极限. 因此, $(H_c^2(0,1), \|\cdot\|_{\widetilde{T}})$ 完备. 故由注记3.1.5知 $\widetilde{T}$ 为闭算子.

又注意到 $\widetilde{T}|_{D(T)} = T$. 故 T 可闭化且闭包为 $\widetilde{T}$. 事实上, 只需说明 $\Gamma(\widetilde{T}) = \overline{\Gamma(T)}$. 因 $\widetilde{T}|_{D(T)} = T$, 故 $\Gamma(T) \subset \Gamma(\widetilde{T})$. 从而, 由 $\widetilde{T}$ 闭知 $\overline{\Gamma(T)} \subset \overline{\Gamma(\widetilde{T})} = \Gamma(\widetilde{T})$. 反之, 设 $(u, \widetilde{T}u) \in \Gamma(\widetilde{T})$. 则存在 $\{u_n\}_{n\in\mathbb{N}_+} \subset D(T)$ 使得, 当 $n \to \infty$ 时,

$$\|u_n - u\|_{L^2(0,1)} + \|u_n - u\|_{H_c^2(0,1)} \to 0.$$

从而, 当 $n \to \infty$ 时,

$$\left\|\widetilde{T}u - \widetilde{T}u_n\right\|_{L^2(0,1)} = \left\|\widetilde{\partial}^2 u - \widetilde{\partial}^2 u_n\right\|_{L^2(0,1)} = \|u - u_n\|_{H_c^2(0,1)} \to 0.$$

而, 对 $\forall n \in \mathbb{N}_+$, $(u_n, \widetilde{T}u_n) = (u_n, Tu_n) \in \Gamma(T)$ 且, 当 $n \to \infty$ 时,

$$\begin{aligned}\left\|(u_n, \widetilde{T}u_n) - (u, \widetilde{T}u)\right\|_{\widetilde{T}} &= \left\|(u_n - u, \widetilde{T}(u_n - u))\right\|_{\widetilde{T}} \\ &= \|u_n - u\|_{L^2(0,1)} + \left\|\widetilde{\partial}^2 u_n - \widetilde{\partial}^2 u\right\|_{L^2(0,1)} \\ &\to 0,\end{aligned}$$

即得 $\Gamma(\widetilde{T}) \subset \overline{\Gamma(T)}$. 综上即有 $\Gamma(\widetilde{T}) = \overline{\Gamma(T)}$. 故所证结论成立.

(iii) 因 T 非闭, 故由注记3.1.19(ii)知 T 不自伴. 下证 T 不本质自伴, 即 $\overline{T}$ 不自伴. 为此, 设 T^* 为 T 的共轭算子, 有

$$D(T^*) = \{u \in L^2(0,1) : \exists w \in L^2(0,1), \text{ 使得 } \forall v \in D(T),$$
$$(u, Tv) = (w, v)\}.$$

下证

$$D(T^*) = \left\{u \in L^2(0,1) : \widetilde{\partial}^2 u \in L^2(0,1)\right\}.$$

"$\supset$". 若 $u \in L^2(0,1)$ 且 $\widetilde{\partial}^2 u \in L^2(0,1)$, 则, 对任意的 $v \in D(T)$, 由广义导数的定义知

$$(u, Tv) = \left(-\widetilde{\partial}^2 u, v\right).$$

故取$w := -\widetilde{\partial}^2 u$即知$u \in D(T^*)$. 故所证结论成立.

"$\subset$". 若$u \in D(T^*)$, 则存在$w \in L^2(0,1)$使得, 对任意的$v \in D(T)$,
$$(u, Tv) = (w, v).$$

由广义导数定义知$\widetilde{\partial}^2 u = -w \in L^2(0,1)$. 故所证结论, 从而所证断言成立.

为证$\overline{T}$不自伴, 由命题3.1.24及注记3.1.21(ii), 只需证
$$H_c^2(0,1) = D(\overline{T}) \subsetneq D(\overline{T}^*) = D(T^*).$$

为此, 令$H_c^1(0,1)$为$C_c^1(0,1)$依以下范数
$$\|u\|_{H_c^1(0,1)} := \left\|\widetilde{\partial} u\right\|_{L^2(0,1)}$$

的完备化. 则由Poincaré不等式知$H_c^2(0,1) \subset H_c^1(0,1)$. 事实上, 若$u \in H_c^2(0,1)$, 则存在$\{u_n\}_{n \in \mathbb{N}_+} \subset C_c^\infty(0,1)$使得
$$\lim_{n \to \infty} \|u - u_n\|_{H_c^2(0,1)} = \lim_{n \to \infty} \left\|\widetilde{\partial}^2 u - \widetilde{\partial}^2 u_n\right\|_{L^2(0,1)} = 0.$$

显然$\{u_n\}_{n \in \mathbb{N}_+} \subset C_c^1(0,1)$且由Poincaré不等式知存在正的常数$C$使得
$$\lim_{n \to \infty} \|u - u_n\|_{H_c^1(0,1)} = \lim_{n \to \infty} \left\|\widetilde{\partial} u - \partial u_n\right\|_{L^2(0,1)}$$
$$\leqslant C \lim_{n \to \infty} \left\|\widetilde{\partial}^2 u - \partial^2 u_n\right\|_{L^2(0,1)} = 0,$$

即得$u \in H_c^1(0,1)$.

下面说明$1 \notin H_c^1(0,1)$. 注意到, 对$\forall f \in H_c^1(0,1)$, 由完备化空间的定义知f对应于$C_c^1(0,1)$中依$\|\cdot\|_{H_c^1(0,1)}$的基本列所在的等价类. 记$f = [\{f_n\}_{n \in \mathbb{N}_+}]$, 其中$\{f_n\}_{n \in \mathbb{N}_+} \subset C_c^1(0,1)$且依范数$\|\cdot\|_{H_c^1(0,1)}$为基本列, $[\{f_n\}_{n \in \mathbb{N}_+}]$表示$f$所在的等价类(详见文献[7]定理1.2.6). 由此知$\{\partial f_n\}_{n \in \mathbb{N}_+}$为$L^2(0,1)$中的基本列. 故存在$g \in L^2(0,1)$使得当$n \to \infty$时, f_n'在$L^2(0,1)$中收敛到g. 注意到, 对$\forall x \in (0,1)$, $f_n(x) = \int_0^x f_n'(t)\,dt$. 故由Hölder不等式有

$$|f_n(x) - f_m(x)| = \left|\int_0^x [f_n'(t) - f_m'(t)]\,dt\right| \leqslant \|f_n' - f_m'\|_{L^2(0,1)}. \tag{3.1.5}$$

因为
$$\{f_n\}_{n\in\mathbb{N}_+} \subset C_c^1(0,1) \subset C^1[0,1],$$
故(3.1.5)对任意$x \in [0,1]$均成立, 从而$\{f_n\}_{n\in\mathbb{N}_+}$在$[0,1]$上一致收敛, 记其极限为$\widetilde{f}$. 则$\widetilde{f}$在$[0,1]$上连续且由对$\forall n \in \mathbb{N}_+, f_n(0) = 0 = f_n(1)$知$\widetilde{f}(0) = 0 = \widetilde{f}(1)$. 由(3.1.5)进一步可知
$$\lim_{n\to\infty} \left\|f_n - \widetilde{f}\right\|_{L^2(0,1)} = 0.$$
易证$g = \widetilde{\partial}\widetilde{f}$. 事实上, 对任意的$\phi \in C_c^\infty(0,1)$, 由Hölder不等式知
$$\left(\widetilde{\partial}\widetilde{f}, \phi\right) = -(f, \phi') = -\lim_{n\to\infty}(f_n, \phi') = \lim_{n\to\infty}(f_n', \phi) = (g, \phi).$$
故有$\widetilde{\partial}\widetilde{f} = g \in L^2(0,1)$.

令
$$\mathscr{X} := \left\{u \in C[0,1] : \partial u \in L^2(0,1), u(0) = 0 = u(1)\right\}$$
且, 对$\forall u \in \mathscr{X}, \|u\|_{\mathscr{X}} := \|\widetilde{\partial}u\|_{L^2(0,1)}$. 显然上述$\widetilde{f} \in \mathscr{X}$. 进一步, 令
$$i: \begin{cases} H_c^1(0,1) \longrightarrow \mathscr{X}, \\ \\ f \longmapsto \widetilde{f}. \end{cases}$$
下证i为一个等距同构映射. 首先说明定义合理. 若$\{h_n\}_{n\in\mathbb{N}_+} \in f$, 则
$$\lim_{n\to\infty} \|h_n - f_n\|_{H_c^1(0,1)} = 0.$$
记$\{h_n\}_{n\in\mathbb{N}_+}$依上述过程所得的$\mathscr{X}$中的元素为$\widetilde{h}$. 注意到, 对$\forall n \in \mathbb{N}_+$和$\forall x \in (0,1)$, 由
$$f_n(x) = \int_0^x f_n'(t)\,\mathrm{d}t,$$
$h_n(x) = \int_0^x h_n'(t)\,\mathrm{d}t$以及Hölder不等式有
$$|f_n(x) - h_n(x)| = \left|\int_0^x \left[f_n'(t) - h_n'(t)\right]\mathrm{d}t\right|$$
$$\leqslant \|f_n' - h_n'\|_{L^2(0,1)} = \|f_n - h_n\|_{H_c^1(0,1)}.$$

故, 对$\forall x \in [0,1]$, 有$\widetilde{f}(x) = \widetilde{h}(x)$, 即知$i$的定义合理.

再证i等距. 对$\forall f = [\{f_n\}_{n\in\mathbb{N}_+}] \in H_c^1(0,1)$,

$$\|if\|_{\mathscr{X}} = \left\|\widetilde{f}\right\|_{\mathscr{X}} = \left\|\widetilde{\partial f}\right\|_{L^2(0,1)} = \lim_{n\to\infty} \|f_n'\|_{L^2(0,1)} = \|f\|_{H_c^1(0,1)}.$$

故i等距.

一方面, 注意到$1 \notin \mathscr{X}$. 因此, 在上述等距同构意义下, $1 \notin H_c^1(0,1)$, 从而

$$1 \notin H_c^2(0,1).$$

另一方面, $1 \in D(T^*)$. 故有$H_c^2(0,1) \subsetneq D(T^*)$. 从而$\overline{T}$不本质自伴. 至此, 例题得证. □

我们现在回顾一般Sobolev空间的一些相关知识, 详见文献[11]Chapter 3. 定义

$$\mathbb{N} := \mathbb{N}_+ \cup \{0\}.$$

设Ω为$\mathbb{R}^D$中的一个区域(连通开集), 对$\forall m \in \mathbb{N}$及$\forall p \in [1,\infty)$, 定义

$$\|u\|_{W^{m,p}(\Omega)} := \left[\sum_{|\alpha|\leqslant m} \|D^\alpha u\|_{L^p(\Omega)}^p\right]^{\frac{1}{p}}$$

及

$$\|u\|_{W^{m,\infty}(\Omega)} := \max_{|\alpha|\leqslant m} \|D^\alpha u\|_{L^\infty(\Omega)},$$

其中$u \in C^m(\Omega)$且, 对$\forall \alpha := (\alpha_1, \cdots, \alpha_D) \in \mathbb{N}^D$,

$$D^\alpha := (-1)^{|\alpha|} \partial_1^{\alpha_1} \cdots \partial_D^{\alpha_D} := (-1)^{|\alpha|} \left(\frac{\partial}{\partial x_1}\right)^{\alpha_1} \cdots \left(\frac{\partial}{\partial x_D}\right)^{\alpha_D}$$

且

$$|\alpha| := \alpha_1 + \cdots + \alpha_D.$$

记$H^{m,p}(\Omega)$为$\{u \in C^m(\Omega) : \|u\|_{W^{m,p}(\Omega)} < \infty\}$关于$\|\cdot\|_{W^{m,p}(\Omega)}$的完备化. 特别地, 记$H^m(\Omega) := H^{m,2}(\Omega)$. 令

$$W^{m,p}(\Omega) := \left\{u \in L^p(\Omega) : \widetilde{D}^\alpha u \in L^p(\Omega), |\alpha| \leqslant m\right\}$$

且, 对 $\forall u \in W^{m,p}(\Omega)$, 令

$$\|u\|_{W^{m,p}(\Omega)} := \left[\sum_{|\alpha| \leqslant m} \left\| \widetilde{D}^\alpha u \right\|_{L^p(\Omega)}^p \right]^{\frac{1}{p}},$$

其中 $\widetilde{D}$ 为弱导数, 及

$$W_c^{m,p}(\Omega) := \{C_c^\infty(\Omega) \text{在} W^{m,p}(\Omega) \text{中的闭包并赋予} \|\cdot\|_{W^{m,p}(\Omega)} \text{范数}\}.$$

显然有

$$W^{0,p}(\Omega) = L^p(\Omega), \quad \forall p \in [1, \infty]$$

及

$$W_c^{0,p}(\Omega) = L^p(\Omega), \quad \forall p \in [1, \infty).$$

以下结论分别来自文献[11]Theorems 3.3, 3.17和3.22.

定理3.1.26 (文献[11]Theorem 3.3) 对任意 $m \in \mathbb{N}$ 及 $p \in [1, \infty]$, $W^{m,p}(\Omega)$ 均是Banach空间.

定理3.1.27 (文献[11]Theorem 3.17) 对任意 $m \in \mathbb{N}$ 及 $p \in [1, \infty)$, 有

$$H^{m,p}(\Omega) = W^{m,p}(\Omega).$$

定理3.1.28 (文献[11]Theorem 3.22) 设 $p \in [1, \infty)$. 如果 Ω 具有线段性质, 即对 $\forall x \in \partial \Omega$, 存在 x 的开邻域 U_x 及方向 y_x 使得, 对 $\forall z \in \partial \Omega \cap U_x$, 都有

$$z + t y_x \in \Omega, \quad \forall t \in (0, 1),$$

那么 $C_c^\infty(\mathbb{R}^D)$ 中的函数在 Ω 上的限制构成的集合在 $W^{m,p}(\Omega)$ 中稠.

由定理3.1.26及文献[11]Corollary 3.23可得出以下结论.

推论3.1.29 设 Ω 具有线段性质. 则, 对任意的 $p \in [1, \infty)$ 和任意的 $m \in \mathbb{N}$, 集合 $C^m(\overline{\Omega})$ 在 $W^{m,p}(\Omega)$ 中稠. 特别地,

$$W_c^{m,p}(\mathbb{R}^D) = W^{m,p}(\mathbb{R}^D).$$

设 Ω 为 $\mathbb{R}^D$ 中的有界光滑区域. 对 $\forall m \in \mathbb{N}$ 和 $\forall u \in C_c^\infty(\Omega)$, 定义

$$\|u\|_{H_c^m(\Omega)} := \left\{ \sum_{|\alpha|=m} \int_\Omega |\partial^\alpha u(x)|^2 \,\mathrm{d}x \right\}^{\frac{1}{2}},$$

并令 $H_c^m(\Omega)$ 为 $C_c^\infty(\Omega)$ 依 $\|\cdot\|_{H_c^m(\Omega)}$ 的闭包, 则有下面的结论.

推论3.1.30 (文献[5]定理2.4.3) 令 $m \in \mathbb{N}_+$, Ω 为 $\mathbb{R}^D$ 中的有界光滑区域且 $u \in H_c^m(\Omega)$. 则, 对 $\forall \alpha \in \mathbb{N}^D$ 且 $|\alpha| \leqslant m-1$, 有

$$\partial^\alpha u|_{\partial\Omega} = 0.$$

下面我们来考查关于Sobolev空间的一个更一般的例子.

例3.1.31 设 $\Omega \subset \mathbb{R}^D$ 是边界光滑的有界区域, 考查Hilbert空间 $L^2(\Omega)$ 上的偏微分算子 $T = P_m(D)$, 其中 $D := (\mathrm{i}\partial_1, \cdots, \mathrm{i}\partial_D)$ 且

$$D^\alpha = \mathrm{i}^{|\alpha|}\partial_1^{\alpha_1} \cdots \partial_D^{\alpha_D}, \quad \forall \alpha := (\alpha_1, \cdots, \alpha_D) \in \mathbb{N}^D,$$

其中 $|\alpha| := \alpha_1 + \cdots + \alpha_D$ 且 $P_m(z_1, \cdots, z_D)$ 是常系数椭圆型多项式, 即对任意的 $\xi \in \mathbb{C}^D$,

$$a|\xi|^m \leqslant |P_m(\xi)| \leqslant M|\xi|^m,$$

其中 $a, M \in (0, \infty)$. 令 $D(T) = C_c^\infty(\Omega)$. 则

(i) T 是稠定对称算子. 事实上, 由 $\overline{D(T)} = L^2(\Omega)$ 知 T 稠定. 另外, 对任意的 $u, v \in C_c^\infty(\Omega)$, 由散度定理有

$$(Tu, v) = \int_\Omega P_m(D)u(x)\overline{v(x)} \,\mathrm{d}x$$
$$= \int_\Omega u(x)\overline{P_m(D)v(x)} \,\mathrm{d}x = (u, Tv),$$

故 T 对称.

(ii) T 非闭但可闭化. 事实上, 利用Poincaré不等式(见例3.1.25的证明)可知, 在 $D(T)$ 上 T 的图模

$$\|u\|_T := \|u\|_{L^2(\Omega)} + \|P_m(D)u\|_{L^2(\Omega)}$$

等价于Sobolev范数$\|u\|_{H_c^m(\Omega)}$. 又由$D(T) \subsetneq H_c^m(\Omega)$[类似例3.1.25(ii)中的证明]可知$(D(T), \|\cdot\|_T)$非Banach空间, 从而$T$不闭. 令

$$\widetilde{T}: \begin{cases} H_c^m(\Omega) \longrightarrow L^2(\Omega), \\ u \longmapsto P_m(\widetilde{D})u, \end{cases}$$

其中$\widetilde{D}$为广义导数. 显然, $\widetilde{T}$闭且$\widetilde{T}|_{D(T)} = T$. 故$\widetilde{T}$为$T$的闭包[类似于例3.1.25(ii)中的证明].

(iii) T非自伴亦非本质自伴. 事实上, 根据自伴算子必为闭算子[见注记3.1.19(ii)]及(ii)知T不自伴. 下证T非本质自伴. 为此, 令T^*为T的共轭算子且

$$D(T^*) = \{u \in L^2(\Omega) : \exists w \in L^2(\Omega), 使得, 对\forall v \in D(T), (u, Tv) = (w, v)\}.$$

类似于例3.1.25证明, 由命题3.1.24知

$$D(\overline{T}^*) = D(T^*) = \{u \in L^2(\Omega) : P_m(\widetilde{D})u \in L^2(\Omega)\}.$$

由此及Ω有界知$1 \in D(\overline{T}^*)$. 此外, 由推论3.1.30知

$$1 \notin H_c^m(\Omega) = D(\overline{T}).$$

从而$D(\overline{T}) \subsetneq D(\overline{T}^*)$. 故$T$不本质自伴. 因此, 所证结论成立.

注记3.1.32 在例3.1.31中, 若$\Omega = \mathbb{R}^D$, 则T是本质自伴的.

事实上, 由定理3.1.27及推论3.1.29知

$$D(\overline{T}) = H_c^m(\mathbb{R}^D) = H^m(\mathbb{R}^D)$$
$$:= \{u \in L^2(\mathbb{R}^D) : \widetilde{D}^\alpha u \in L^2(\mathbb{R}^D), \forall |\alpha| = m\}.$$

由此及$D(\overline{T}^*) = D(T^*) \subset H^m(\mathbb{R}^D)$知

$$D(\overline{T}) = D(\overline{T}^*).$$

此外, 因T对称, 故$T \subset T^*$. 由此及定理3.1.15有$T^* \supset T^{**} = \overline{T}$, 从而

$$\overline{T} = T^{**} \subset \overline{T}^*.$$

由此及$D(\overline{T}) = D(\overline{T}^*)$进一步可知$\overline{T} = \overline{T}^*$, 故$\overline{T}$自伴, 即$T$本质自伴.

习题3.1

习题3.1.1 试举例说明存在Hilbert空间$\mathscr{H}$上的稠定算子T, 但其共轭算子T^*非稠定.

习题3.1.2 设T是Hilbert空间$\mathscr{H}$上的稠定算子. 证明

$$D(T^*) = \{0\} \iff \Gamma(T) \text{ 在 } \mathscr{H} \times \mathscr{H} \text{ 中稠}.$$

习题3.1.3 设$T \in \mathscr{L}(\mathscr{H})$. 定义$N(T) := \{x \in D(T) : Tx = 0\}$. 证明

(i) 若T在$\mathscr{H}$中稠, 则$N(T^*) = R(T)^{\perp} \cap D(T^*)$;

(ii) 若T是闭算子, 则$N(T) = R(T^*)^{\perp} \cap D(T)$.

习题3.1.4 补齐例题3.1.31(ii)中的证明细节.

§3.2 Cayley变换与自伴算子的谱分解

在本节中我们将建立自伴算子的谱分解理论. 首先, 我们在3.2.1节中给出了闭对称算子的一些基本性质, 在此基础上给出闭对称算子的Cayley变换. 特别地, 当算子A为自伴算子时, 它的Cayley变换为酉算子. 进一步, 在3.2.2节中利用酉算子的谱族构造了自伴算子的谱族, 由此得到自伴算子的谱分解定理, 即von Neumann定理, 以及自伴算子谱集的性质.

§3.2.1 Cayley变换

设A是Hilbert空间$\mathscr{H}$上的闭对称算子, 在本节中, 我们研究A的Cayley变换

$$U = (A - iI)(A + iI)^{-1},$$

以及U的Cayley反变换

$$A = i(I + U)(I - U)^{-1}.$$

设A是Hilbert空间$\mathscr{H}$上的一个对称算子. 注意到, 对$\forall x \in D(A)$, 有

$$\begin{aligned}
\|(A \pm iI)x\|_{\mathscr{H}}^2 &= ((A \pm iI)x, (A \pm iI)x) \\
&= \|Ax\|_{\mathscr{H}}^2 + \|x\|_{\mathscr{H}}^2 \pm [(Ax, ix) + (ix, Ax)] \\
&= \|Ax\|_{\mathscr{H}}^2 + \|x\|_{\mathscr{H}}^2 \pm [(x, iAx) + i(x, Ax)] \\
&= \|Ax\|_{\mathscr{H}}^2 + \|x\|_{\mathscr{H}}^2 \pm [-i(x, Ax) + i(x, Ax)] \\
&= \|Ax\|_{\mathscr{H}}^2 + \|x\|_{\mathscr{H}}^2. \tag{3.2.1}
\end{aligned}$$

由此得到如下命题.

命题3.2.1 若A为Hilbert空间$\mathscr{H}$上对称算子, 则$\ker(A \pm iI) = \{\theta\}$.

命题3.2.2 当A是Hilbert空间$\mathscr{H}$上的闭对称算子时, 值域$R(A \pm iI)$必是闭的.

证明 设$\{y_n\}_{n \in \mathbb{N}_+} \subset R(A \pm iI)$且$y_n \to y$, $n \to \infty$, 则存在

$$\{x_n\}_{n \in \mathbb{N}_+} \subset D(A \pm iI)$$

使得, 当 $n \to \infty$ 时,
$$(A \pm iI)x_n = y_n \to y. \tag{3.2.2}$$

由(3.2.1)及 $\{y_n\}_{n\in\mathbb{N}_+}$ 收敛知, 当 $n, m \to \infty$ 时,
$$\|x_n - x_m\|_{\mathscr{H}} \leqslant \|(A \pm iI)(x_n - x_m)\|_{\mathscr{H}} = \|y_n - y_m\|_{\mathscr{H}} \to 0.$$

即知 $\{x_n\}_{n\in\mathbb{N}_+}$ 为 $\mathscr{H}$ 中的基本列. 从而 $\{x_n\}_{n\in\mathbb{N}_+}$ 收敛. 不妨设存在 $x \in \mathscr{H}$ 使得 $x_n \to x, n \to \infty$. 由此及(3.2.2)知, 当 $n \to \infty$ 时,
$$x_n \to x \quad 且 \quad Ax_n \to y \mp ix.$$

由于 A 闭, 故有 $x \in D(A)$ 且 $Ax = y \mp ix$. 所以 $y \in R(A \pm iI)$ 且 $y = Ax \pm ix$. 因此, $R(A \pm iI)$ 闭. 至此, 命题得证. $\square$

命题3.2.3 若 A 是 Hilbert 空间 $\mathscr{H}$ 上的稠定算子, 则
$$\ker(A^* \pm iI) = R(A \mp iI)^\perp.$$

证明 设 $y \in \ker(A^* \pm iI)$, 则 $y \in D(A^*)$ 且, 对 $\forall x \in D(A)$,
$$((A \mp iI)x, y) = (x, (A^* \pm iI)y) = 0.$$

从而 $y \in R(A \mp iI)^\perp$, 所以 $\ker(A^* \pm iI) \subset R(A \mp iI)^\perp$.

反之, 设 $y \in R(A \mp iI)^\perp$, 则, 对 $\forall x \in D(A)$, 有
$$((A \mp iI)x, y) = 0.$$

从而 $(Ax, y) + (\mp ix, y) = 0$, 即
$$(y, Ax) = -(y, \mp ix) = (\mp iy, x).$$

因此, $y \in D(A^*)$ 且 $A^*y = \mp iy$. 故
$$y \in \ker(A^* \pm iI).$$

由此知
$$\ker(A^* \pm iI) \supset R(A \mp iI)^\perp.$$

于是证明了 $\ker(A^* \pm iI) = R(A \mp iI)^\perp$. 至此, 命题得证. $\square$

特别地, 若 $\ker(A^*\mp iI) = \{\theta\}$, 则由文献[7]习题1.6.5及命题3.2.3有

$$\overline{R(A\mp iI)} = ((R(A\mp iI))^\perp)^\perp = (\ker(A^*\pm iI))^\perp = \mathscr{H}.$$

联合命题3.2.1、命题3.2.2及命题3.2.3可以推得下列自伴算子判别准则.

定理3.2.4 设 A 是 Hilbert 空间 $\mathscr{H}$ 上的对称算子, 则以下三个命题等价:

(i) A 是自伴算子;

(ii) A 是闭算子且 $\ker(A^*\pm iI) = \{\theta\}$;

(iii) $R(A\mp iI) = \mathscr{H}$.

证明 (i) $\Longrightarrow$ (ii). 设 A 是自伴算子, 故 $A^* = A$, 从而 A^* 对称. 再由命题3.2.1知 $\ker(A^*\pm iI) = \{\theta\}$. 又由定理3.1.11知 A 闭, 于是(ii)成立.

(ii) $\Longrightarrow$ (iii). 现设(ii)成立, 则由命题3.2.2知 $R(A\pm iI)$ 是闭的. 又由命题3.2.3知

$$R(A\mp iI)^\perp = \ker(A^*\pm iI) = \{\theta\}.$$

因此,
$$R(A\mp iI) = \mathscr{H}.$$

事实上, 若 $R(A\mp iI) \subsetneq \mathscr{H}$, 则存在 $z \in \mathscr{H} \setminus R(A\mp iI)$. 因 $R(A\mp iI)$ 闭, 故由正交分解知存在 $x \in R(A\mp iI)$ 及 $y \in R(A\mp iI)^\perp$ 使得

$$z = x+y.$$

由 $R(A\mp iI)^\perp = \{\theta\}$ 知 $y = \theta$. 从而 $z = x \in R(A\mp iI)$. 矛盾! 因此, $R(A\mp iI) = \mathscr{H}$, 即(iii)成立.

(iii) $\Longrightarrow$ (i). 现设(iii)成立. 由命题3.2.3知 $\ker(A^*\pm iI) = \{\theta\}$. 由于 A 对称, 要证 A 自伴, 只需证明 $D(A^*) \subset D(A)$. 设 $y \in D(A^*)$, 由 $R(A\mp iI) = \mathscr{H}$ 知存在 $z \in D(A)$ 使得

$$(A^*\mp iI)y = (A\mp iI)z.$$

但 $A \subset A^*$, 所以 $(A^*\mp iI)(y-z) = 0$. 这便推得 $y = z \in D(A)$, 故 A 自伴. 至此, 定理得证. $\square$

推论3.2.5 设A是Hilbert空间$\mathscr{H}$上的对称算子,则以下三个命题等价:

(i) A是本质自伴算子;

(ii) $\ker(A^* \pm iI) = \{\theta\}$;

(iii) $\overline{R(A \mp iI)} = \mathscr{H}$.

证明 (i) $\Longrightarrow$ (ii). 设(i)成立,则由命题3.1.24知$\overline{A} = \overline{A}^* = A^*$. 故由命题3.2.1知
$$\ker(A^* \pm iI) = \ker(\overline{A} \pm iI) = \{\theta\}.$$

(ii) $\Longrightarrow$ (iii). 设(ii)成立. 由命题3.2.3知$\ker(A^* \pm iI) = R(A \mp iI)^\perp$. 而
$$\ker(A^* \pm iI) = \{\theta\},$$
故有
$$\overline{R(A \mp iI)} = (R(A \mp iI)^\perp)^\perp = \mathscr{H}.$$

(iii) $\Longrightarrow$ (i). 设(iii)成立, 即$\overline{R(A \mp iI)} = \mathscr{H}$, 则
$$R(A \mp iI)^\perp = \overline{R(A \mp iI)}^\perp = \{\theta\},$$
从而, 由命题3.2.3知
$$\ker(A^* \pm iI) = \{\theta\}.$$

因为A对称, 所以由注记3.1.21及定理3.1.15知A可闭化且A^*稠定. 又由命题3.1.24知$\overline{A}^* = A^*$. 因此,
$$\ker(\overline{A}^* \pm iI) = \ker(A^* \pm iI) = \{\theta\}.$$

由此及定理3.2.4知$\overline{A}$自伴, 即A本质自伴. 至此, 推论得证. □

定理3.2.6 设A是Hilbert空间$\mathscr{H}$上一个闭对称算子, 令
$$U := (A - iI)(A + iI)^{-1},$$
则U是$R(A+iI)$到$R(A-iI)$的等距在上闭线性算子. 特别地, 若A是自伴算子, 则U是$\mathscr{H}$上的酉算子, 即$UU^* = U^*U = I$.

证明 由命题3.2.1知$A \pm iI$为单射，从而$(A \pm iI)^{-1}$存在且U定义合理. 设

$$z \in R(A - iI).$$

因$A - iI$单，故存在唯一的$x \in D(A)$使得$(A - iI)x = z$. 令

$$y := (A + iI)x \in R(A + iI).$$

则$Uy = z$. 联合(3.2.1)得

$$\|y\|_{\mathscr{H}}^2 = \|(A + iI)x\|_{\mathscr{H}}^2 = \|Ax\|_{\mathscr{H}}^2 + \|x\|_{\mathscr{H}}^2$$

及

$$\|z\|_{\mathscr{H}}^2 = \|(A - iI)x\|_{\mathscr{H}}^2 = \|Ax\|_{\mathscr{H}}^2 + \|x\|_{\mathscr{H}}^2.$$

由此可知$\|y\|_{\mathscr{H}} = \|z\|_{\mathscr{H}}$. 因此，$U$是$R(A + iI)$到$R(A - iI)$的等距在上线性算子.

下面证明U是闭的. 设$\{y_n\}_{n \in \mathbb{N}_+} \subset R(A + iI)$，当$n \to \infty$时，$y_n \to y$且

$$z_n := Uy_n \to z.$$

要证明$y \in R(A + iI)$且$z = Uy$. 现在令$\{x_n\}_{n \in \mathbb{N}_+} \subset \mathscr{H}$满足方程

$$(A + iI)x_n = y_n.$$

则有

$$(A - iI)x_n = z_n,$$

故$x_n = \frac{1}{2i}(y_n - z_n)$. 记$x := \frac{1}{2i}(y - z)$，则有$x_n \to x, n \to \infty$. 又

$$Ax_n = \frac{1}{2}(y_n + z_n) \to \frac{1}{2}(y + z).$$

由A是闭的，知$x \in D(A)$且$Ax = \frac{1}{2}(y + z)$，由此得$y = (A + iI)x$和

$$z = (A - iI)x.$$

所以$y \in R(A + iI)$且$z = Uy$，故U是闭算子.

特别地，当A是自伴算子时，由定理3.2.4知$R(A \pm iI) = \mathscr{H}$. 故由此可知$U$为从$\mathscr{H}$到$\mathscr{H}$的闭在上等距线性算子.

为证 U 为酉算子, 我们断言 T 为 $\mathscr{H}$ 上的酉算子当且仅当 T 为 $\mathscr{H}$ 上等距算子. 进而可知 U 是酉算子. 下面我们来证明这个断言. 为此, 回忆 T 为 $\mathscr{H}$ 上的等距算子等价于, 对任意的 $y \in \mathscr{H}$, $\|Ty\|_{\mathscr{H}} = \|y\|_{\mathscr{H}}$, 即 $(Ty, Ty) = (y, y)$. 由极化恒等式, 即对任意的 $x, y \in \mathscr{H}$,

$$(x, y) = \frac{1}{4}\{\|x+y\|_{\mathscr{H}}^2 - \|x-y\|_{\mathscr{H}}^2 + \mathrm{i}\|x+\mathrm{i}y\|_{\mathscr{H}}^2 - \mathrm{i}\|x-\mathrm{i}y\|_{\mathscr{H}}^2\}$$

(见文献[7]第82页习题1.6.1), 可知上式等价于, 对任意的 $x, y \in \mathscr{H}$,

$$(Tx, Ty) = (x, y),$$

即有 $(T^*Tx, y) = (x, y)$. 由 $x, y \in \mathscr{H}$ 的任意性可知上式等价于 $T^*T = I$. 从而可知该断言得证. 至此, 定理得证. □

定义3.2.7 设 A 是 $\mathscr{H}$ 上一个对称闭算子, 等距算子

$$U := (A - \mathrm{i}I)(A + \mathrm{i}I)^{-1}$$

称为 A 的 **Cayley变换**.

若记 $\mathscr{A}$ 为 Hilbert 空间 $\mathscr{H}$ 上全体对称闭算子组成的集合, $\mathscr{V}$ 为 $\mathscr{H}$ 上全体等距闭线性算子组成的集合. 于是 Cayley 变换是从集合 $\mathscr{A}$ 到集合 $\mathscr{V}$ 内的映射, 并且该映射还是单的.

事实上, 从 U 可以解出 A. 设 $x \in D(A)$,

$$\begin{cases} (A+\mathrm{i}I)x = y, \\ (A-\mathrm{i}I)x = z. \end{cases} \tag{3.2.3}$$

则 $z = (A - \mathrm{i}I)(A + \mathrm{i}I)^{-1}y = Uy$ 且有

$$\begin{cases} Ax = \frac{1}{2}(I+U)y, \\ x = \frac{1}{2\mathrm{i}}(I-U)y. \end{cases} \tag{3.2.4}$$

因$\ker(A \pm iI) = \{\theta\}$, 故$x$与$y$是一一对应的. 因此, $(I-U)^{-1}$存在, 即

$$1 \notin \sigma_p(U),$$

并且$R(I-U) = D(A)$. 事实上, 设$x \in D(A)$, 则由(3.2.3)的第1式知

$$y = (A + iI)x \in R(A + iI).$$

而$R(A + iI) = D(U) = D(I-U)$, 由此及(3.2.4)的第2式知

$$x = \frac{1}{2i}(I-U)y \in R(I-U).$$

故$D(A) \subset R(I-U)$. 反之, 若$x \in R(I-U)$, 则存在

$$y \in D(I-U) = D(U) = R(A + iI)$$

使得$x = \frac{1}{2i}(I-U)y$. 又因$y \in R(A + iI)$, 故存在$\widetilde{x} \in D(A)$使得$y = (A + iI)\widetilde{x}$. 从而

$$\begin{aligned}x &= \frac{1}{2i}(I-U)(A+iI)\widetilde{x} \\ &= \frac{1}{2i}[(A+iI)\widetilde{x} - (A-iI)\widetilde{x}] = \widetilde{x} \in D(A).\end{aligned}$$

因此, $R(I-U) \subset D(A)$. 故$R(I-U) = D(A)$成立. 于是, $y = 2i(I-U)^{-1}x$, 代入(3.2.4)的第1式即得

$$Ax = i(I+U)(I-U)^{-1}x.$$

从而得到以下推论.

推论3.2.8 任意Cayley变换均是$\mathscr{A}$到$\mathscr{V}$内的单射且当U是A的Cayley变换时, $1 \notin \sigma_p(U)$, 并且

$$A = i(I+U)(I-U)^{-1}.$$

上式称为U的Cayley反变换.

推论3.2.9 设$A \in \mathscr{A}$且U是A的Cayley变换, 则$1 \in \rho(U)$的充分必要条件是A为有界自伴算子.

证明 由(3.2.4),易知

$$1 \in \rho(U) \iff \text{存在正常数}M\text{使得}\|y\|_{\mathscr{H}} \leqslant M\|x\|_{\mathscr{H}}, \qquad (3.2.5)$$

其中x, y如(3.2.3)及(3.2.4). 事实上, 若$1 \in \rho(U)$, 则$(I-U)^{-1} \in \mathscr{L}(\mathscr{H})$. 记

$$M := 2\left\|(I-U)^{-1}\right\|_{\mathscr{L}(\mathscr{H})},$$

则

$$\|y\|_{\mathscr{H}} = \left\|2\mathrm{i}(I-U)^{-1}x\right\|_{\mathscr{H}} \leqslant M\|x\|_{\mathscr{H}}.$$

反之, 若存在正常数M使得

$$\|y\|_{\mathscr{H}} \leqslant M\|x\|_{\mathscr{H}},$$

则, 当$x = \theta$时, $y = \theta$. 故$I-U$为单射. 从而$(I-U)^{-1}$存在. 另外, 对$\forall x \in D(A)$, 有

$$M\|x\|_{\mathscr{H}} \geqslant \|y\|_{\mathscr{H}} = \left\|2\mathrm{i}(I-U)^{-1}x\right\|_{\mathscr{H}},$$

故

$$\left\|(I-U)^{-1}\right\|_{\mathscr{L}(\mathscr{H})} \leqslant \frac{M}{2}.$$

由此及$\overline{D(A)} = \mathscr{H}$与文献[7]定理2.3.13知$(I-U)^{-1}$可保范延拓到$\mathscr{H}$. 故在此意义下$(I-U)^{-1} \in \mathscr{L}(\mathscr{H})$. 因此, $1 \in \rho(U)$. 故上述断言成立.

若$1 \in \rho(U)$, 由(3.2.4)、U等距及上述断言(3.2.5)知, 对$\forall x \in D(A)$, 有

$$\|Ax\|_{\mathscr{H}} = \frac{1}{2}\|(I+U)y\|_{\mathscr{H}} \leqslant \|y\|_{\mathscr{H}}$$
$$= \left\|2\mathrm{i}(I-U)^{-1}x\right\|_{\mathscr{H}} \leqslant M\|x\|_{\mathscr{H}},$$

故A有界. 由文献[7]定理2.3.13及$D(A)$的稠密性进一步可知A可保范延拓到$\mathscr{H}$. 在此意义下$D(A) = \mathscr{H}$. 又由A对称及注记1.5.2可知A自伴. 故在此意义下A是有界自伴的. 反之, 若A有界, 由(3.2.3)有

$$\|y\|_{\mathscr{H}} \leqslant (\|A\|_{\mathscr{L}(\mathscr{H})} + 1)\|x\|_{\mathscr{H}},$$

故再由断言(3.2.5)知$1 \in \rho(U)$. 至此, 推论得证. □

定义3.2.10 设 $\mathscr{H}$ 是一个Banach空间，A 是 $\mathscr{H}$ 上的一个闭算子，定义

$$\rho(A) := \Big\{ z \in \mathbb{C} : \ker(zI-A) = \{\theta\}, \overline{R(zI-A)} = \mathscr{H},$$
$$(zI-A)^{-1} \text{有界} \Big\}.$$

$\rho(A)$ 称为闭算子 A 的**预解集**，$\rho(A)$ 的点称为**正则点**. $\rho(A)$ 在 $\mathbb{C}$ 中的余集称为 A 的**谱集**，记为 $\sigma(A)$，$\sigma(A)$ 中的点称为 A 的**谱点**.

当 A 是 $\mathscr{H}$ 上可闭化算子时，定义 $\sigma(A) := \sigma(\overline{A})$ 且

$$\rho(A) := \mathbb{C} \setminus \sigma(A) := \mathbb{C} \setminus \sigma(\overline{A}) =: \rho(\overline{A}).$$

注记3.2.11 定义3.2.10中条件 $\overline{R(zI-A)} = \mathscr{H}$ 可替换为 $R(zI-A) = \mathscr{H}$，这是因为由 A 闭及 $(zI-A)^{-1}$ 有界可得 $R(zI-A)$ 为闭集. 事实上，一方面，设 $y \in \overline{R(zI-A)}$，则存在 $\{y_n\}_{n \in \mathbb{N}_+} \subset R(zI-A)$ 使得 $\lim\limits_{n \to \infty} y_n = y$. 另一方面，存在 $\{x_n\}_{n \in \mathbb{N}_+} \subset D(A)$ 使得，对 $\forall n \in \mathbb{N}_+$，$y_n = (zI-A)x_n$，从而

$$x_n = (zI-A)^{-1} y_n.$$

由 $(zI-A)^{-1}$ 有界及 $\lim\limits_{n \to \infty} y_n = y$ 知 $\{x_n\}_{n \in \mathbb{N}_+}$ 收敛. 由 $\mathscr{H}$ 的完备性进一步知存在 $x \in \mathscr{H}$ 使得 $\lim\limits_{n \to \infty} x_n = x$. 于是

$$\lim_{n \to \infty} Ax_n = \lim_{n \to \infty}(zx_n - y_n) = zx - y.$$

由此以及 A 闭可知 $Ax = zx - y$，即得 $y = (zI-A)x \in R(zI-A)$. 故 $R(zI-A)$ 为闭集. 由此知定义3.2.10中 $\rho(A)$ 的定义与定义1.2.4中 $\rho(A)$ 的定义一致.

定理3.2.12 若 A 是Hilbert空间 $\mathscr{H}$ 上的自伴算子，则 $\sigma(A) \subset \mathbb{R}$.

证明 因 A 自伴，故 $\mp i \in \rho(A)$. 事实上，由命题3.2.1知 $\ker(A \pm iI) = \{\theta\}$，即 $A \pm iI$ 为单射. 另外，由定理3.2.4知 $R(A \pm iI) = \mathscr{H}$. 又因为 A 自伴，故由注记3.1.19(ii)知 A 闭. 设当 $n \to \infty$ 时，

$$x_n \to x \quad \text{且} \quad (A \pm iI)x_n \to y,$$

则 $Ax_n \to y \mp ix$. 因 A 闭，故 $x \in D(A)$ 且 $Ax = y \mp ix$，即 $(A \pm iI)x = y$. 故 $A \pm iI$ 为闭算子. 从而，由命题3.1.7(i)知 $(A \pm iI)^{-1}$ 闭，再由 $D((A \pm iI)^{-1}) = R(A \pm iI) = \mathscr{H}$ 及命题3.1.7(iv)知 $(A \pm iI)^{-1} \in \mathscr{L}(\mathscr{H})$，即 $\mp i \in \rho(A)$.

一般地, 记 $z = \mu + \mathrm{i}\nu$, $\nu \neq 0$. 则
$$A - (\mu + \mathrm{i}\nu)I = \nu\left[\frac{A - \mu I}{\nu} - \mathrm{i}I\right]. \tag{3.2.6}$$
因为
$$\left(\frac{A - \mu I}{\nu}\right)^* = \frac{A^* - \mu I}{\nu} = \frac{A - \mu I}{\nu},$$
故 $(A - \mu I)/\nu$ 自伴. 从而, 由已证结论可知
$$\ker\left(\frac{A - \mu I}{\nu} - \mathrm{i}I\right) = \{\theta\}, \quad R\left(\frac{A - \mu I}{\nu} - \mathrm{i}I\right) = \mathscr{H}$$
且 $(\frac{A-\mu I}{\nu} - \mathrm{i}I)^{-1}$ 有界, 从而
$$(A - (\mu + \mathrm{i}\nu)I)^{-1} = \left(\nu\left[\frac{A - \mu I}{\nu} - \mathrm{i}I\right]\right)^{-1}$$
有界, 又由 (3.2.6) 知
$$\ker(A - (\mu + \mathrm{i}\nu)I) = \ker\left(\frac{A - \mu I}{\nu} - \mathrm{i}I\right) = \{\theta\}$$
且有
$$R(A - (\mu + \mathrm{i}\nu)I) = R\left(\frac{A - \mu I}{\nu} - \mathrm{i}I\right) = \mathscr{H}.$$
故 $z \in \rho(A)$. 由此可知 $\mathbb{C} \setminus \mathbb{R} \subset \rho(A)$, 故 $\sigma(A) \subset \mathbb{R}$. 至此, 定理得证. □

§3.2.2 自伴算子的谱分解

在这一节, 利用酉算子的谱族构造自伴算子的谱族, 进一步得到自伴算子的谱分解定理(即 von Neumann 定理)以及谱的性质.

现假设 A 为 Hilbert 空间 $\mathscr{H}$ 上的自伴算子且 U 为 A 的 Cayley 变换, 则由定理 3.2.6 知 U 为酉算子. 为了建立自伴算子 A 的谱分解, 首先构造与它对应的谱族. 为此, 利用它的 Cayley 变换 U 的谱族, 由例 2.5.41 知存在投影算子族 $\{F_\theta\}_{\theta \in [0, 2\pi]}$ 使得
$$U = \int_0^{2\pi} \mathrm{e}^{\mathrm{i}\theta} \, \mathrm{d}F_\theta.$$

作变换 $\lambda = -\cot\dfrac{\theta}{2}$. 令
$$E_\lambda := F_{\theta(\lambda)}, \tag{3.2.7}$$
其中 $\theta(\lambda) := 2\operatorname{arccot}(-\lambda)$. 这样利用酉算子的谱族来构造自伴算子的谱族.

命题3.2.13 利用 $\{F_\theta\}_{\theta\in[0,2\pi]}$ 的性质, 可得 E_λ 有如下性质:

(i) 对 $\forall \lambda \in \mathbb{R}$, E_λ 是投影算子;

(ii) 当 $\lambda \leqslant \lambda_1$ 时, $E_\lambda \leqslant E_{\lambda_1}$;

(iii) $E_{\lambda+0} := s-\lim\limits_{\lambda_1 \to \lambda} E_{\lambda_1} = E_\lambda$, 其中 $s-\lim$ 表示算子的强极限;

(iv) $E_{-\infty} := s-\lim\limits_{\lambda \to -\infty} E_\lambda = s-\lim\limits_{\theta \downarrow 0} F_\theta = 0$;

(v) $E_\infty := s-\lim\limits_{\lambda \to \infty} E_\lambda = s-\lim\limits_{\theta \uparrow 2\pi} F_\theta = I$.

证明 (i) 由 F_θ 的性质显然.

为证 (ii), 注意到
$$E_\lambda \leqslant E_{\lambda_1} \iff E_{\lambda_1} - E_\lambda \geqslant 0$$
$$\iff \forall x \in \mathscr{H},\ ((E_{\lambda_1} - E_\lambda)x, x) \geqslant 0.$$

而由 F_θ 及 E 的定义知, 对 $\forall x \in \mathscr{H}$,

$$\begin{aligned}
&((E_{\lambda_1} - E_\lambda)x, x) \\
&= \left(E\left(\sigma(U) \cap \mathrm{e}^{\mathrm{i}[0, \theta(\lambda_1)]}\right)x - E\left(\sigma(U) \cap \mathrm{e}^{\mathrm{i}[0, \theta(\lambda)]}\right)x, x\right) \\
&= \left(E\left(\sigma(U) \cap \mathrm{e}^{\mathrm{i}(\theta(\lambda), \theta(\lambda_1)]}\right)x, x\right) \\
&= \left\|E\left(\sigma(U) \cap \mathrm{e}^{\mathrm{i}(\theta(\lambda), \theta(\lambda_1)]}\right)x\right\|_\mathscr{H}^2 \geqslant 0.
\end{aligned}$$

故, 当 $\lambda \geqslant \lambda_1$ 时, $E_\lambda \geqslant E_{\lambda_1}$.

为证 (iii), 由 (3.2.7) 知只需证 $s-\lim\limits_{\widetilde{\theta} \to \theta^+} F_{\widetilde{\theta}} = F_\theta$, 即对 $\forall x \in \mathscr{H}$, 当 $\widetilde{\theta} \to \theta^+$ 时,
$$\|(F_{\widetilde{\theta}} - F_\theta)x\|_\mathscr{H} \to 0.$$

又由F_θ定义, 只需证, 当$\widetilde{\theta}\to\theta^+$时,

$$\left\|\left(\tau\mathbf{1}_{\mathrm{e}^{\mathrm{i}(\theta,\widetilde{\theta}]}}\right)x\right\|_{\mathscr{H}}=\left\|E\left(\mathrm{e}^{\mathrm{i}(\theta,\widetilde{\theta}]}\cap\sigma(U)\right)x\right\|_{\mathscr{H}}\to 0.$$

而这由, 当$\widetilde{\theta}\to\theta^+$时, $\mathbf{1}_{\mathrm{e}^{\mathrm{i}(\theta,\widetilde{\theta}]}}\to 0$及定理2.5.20(iii)可得. 因此, (iii)得证.

为证(iv), 记$F_0:=s-\lim\limits_{\theta\to 0^+}F_\theta$. 由$F_\theta$的定义及定理2.5.20(iii)知

$$\begin{aligned}F_0&=s-\lim_{\theta\to 0^+}E\left(\mathrm{e}^{\mathrm{i}[0,\theta]}\cap\sigma(U)\right)\\&=s-\lim_{\theta\to 0^+}\mathbf{1}_{\mathrm{e}^{\mathrm{i}[0,\theta]}\cap\sigma(U)}(U)=\mathbf{1}_{\{1\}}(U).\end{aligned}$$

又由推论3.2.8知$1\notin\sigma_p(U)$. 从而由定理2.5.56知

$$F_0=\mathbf{1}_{\{1\}\cap\sigma(U)}(U)=0.$$

故(iv)成立.

为证(v), 由定理2.5.20(iii)、$\sigma(U)\subset S^1$及命题2.5.6(iv)有

$$\begin{aligned}s-\lim_{\theta\to 2\pi^-}F_\theta&=s-\lim_{\theta\to 2\pi^-}\mathbf{1}_{\mathrm{e}^{\mathrm{i}[0,\theta]}\cap\sigma(U)}(U)\\&=\mathbf{1}_{\mathrm{e}^{\mathrm{i}[0,2\pi]}\cap\sigma(U)}(U)=I.\end{aligned}$$

故(v)成立. 至此, 命题得证. □

命题3.2.14 存在谱族$(\mathbb{R},\mathscr{B}(\mathbb{R}),\widetilde{E})$使得$E_\lambda=\widetilde{E}((-\infty,\lambda]),\forall\lambda\in\mathbb{R}$.

证明 设

$$\varphi:\begin{cases}(0,2\pi)\longrightarrow\mathbb{R},\\[4pt]\theta\longmapsto-\cot\dfrac{\theta}{2}.\end{cases}\qquad(3.2.8)$$

则有

$$\varphi^{-1}:\begin{cases}\mathbb{R}\longrightarrow(0,2\pi),\\[4pt]\lambda\longmapsto 2\mathrm{arccot}(-\lambda).\end{cases}$$

定义

$$h: \begin{cases} \mathbb{R} \longrightarrow S^1 \setminus \{1\}, \\ \lambda \longmapsto \mathrm{e}^{\mathrm{i}\varphi^{-1}(\lambda)}. \end{cases} \tag{3.2.9}$$

则h为同胚且为一一映射. 利用h可诱导$\mathscr{B}(\mathbb{R}) \longrightarrow \mathscr{B}(S^1 \setminus \{1\})$上的一个一一满射$\hbar$. 事实上, 若记$\mathbb{R}$中全体开集为$O(\mathbb{R})$且$S^1 \setminus \{1\}$中全体开集为$O(S^1 \setminus \{1\})$, 则

$$\hbar: \begin{cases} O(\mathbb{R}) \longrightarrow O(S^1 \setminus \{1\}), \\ A \longmapsto \hbar(A) := \{h(x) : x \in A\} \end{cases}$$

为一一的满射. 注意到Borel集为可数个开集作可数次并差余运算得到且h保持这些运算. 故$\hbar$为$\mathscr{B}(\mathbb{R}) \longrightarrow \mathscr{B}(S^1 \setminus \{1\})$的一一满射. 即对$\forall A \in \mathscr{B}(\mathbb{R})$, $\hbar(A) \in \mathscr{B}(S^1 \setminus \{1\})$. 对$\forall A \in \mathscr{B}(\mathbb{R})$, 若令

$$\widetilde{E}(A) := E(\hbar(A) \cap \sigma(U)), \tag{3.2.10}$$

其中E同例2.5.41, 则, 对$\forall \lambda \in \mathbb{R}$, $\widetilde{E}((-\infty, \lambda]) = E_\lambda$且由$E$为谱族易知

$$\left(\mathbb{R}, \mathscr{B}(\mathbb{R}), \widetilde{E}\right)$$

也为谱族. 事实上, 对$\forall \lambda \in \mathbb{R}$, 由$E_\lambda$定义、推论3.2.8及定理2.5.56知

$$\begin{aligned} E_\lambda = F_{\varphi^{-1}(\lambda)} &= E\left(\sigma(U) \cap \mathrm{e}^{\mathrm{i}[0,\varphi^{-1}(\lambda)]}\right) \\ &= E\left(\sigma(U) \cap \mathrm{e}^{\mathrm{i}\varphi^{-1}((-\infty,\lambda])} \cup \{1\}\right) \\ &= E\left(\sigma(U) \cap \mathrm{e}^{\mathrm{i}\varphi^{-1}((-\infty,\lambda])}\right) \\ &= E\left(\sigma(U) \cap \hbar((-\infty,\lambda])\right) \\ &= \widetilde{E}((-\infty, \lambda]). \end{aligned}$$

此外,

$$\widetilde{E}(\mathbb{R}) = E(\hbar(\mathbb{R}) \cap \sigma(U))$$

$$= E\left((S^1 \setminus \{1\}) \cap \sigma(U)\right) = E(\sigma(U)) = I,$$

而对 $\mathbb{R}$ 中互不相交的 Borel 集族 $\{A_i\}_{i=1}^\infty$ 及 $x \in \mathscr{H}$, 由 E 为谱族知

$$\widetilde{E}\left(\bigcup_{i=1}^\infty A_i\right)x = E\left(\hbar\left(\bigcup_{i=1}^\infty A_i\right) \cap \sigma(U)\right)x$$
$$= E\left(\bigcup_{i=1}^\infty \hbar(A_i) \cap \sigma(U)\right)x$$
$$= \sum_{i=1}^\infty E(\hbar(A_i) \cap \sigma(U))x$$
$$= \sum_{i=1}^\infty \widetilde{E}(A_i)x.$$

由此可知 $(\mathbb{R}, \mathscr{B}(\mathbb{R}), \widetilde{E})$ 为谱族. 至此, 命题得证. $\square$

因 $(\mathbb{R}, \mathscr{B}(\mathbb{R}), \widetilde{E})$ 是一个谱族, 根据定理2.5.36的证明, 对任意 $\phi \in B(\mathbb{R})$ 和任意 $n \in \mathbb{N}_+$, 积分

$$A_n := \int_{-n}^n \phi(\lambda) \, \mathrm{d}E_\lambda$$

依算子范数是有意义的.

命题3.2.15 设 $\phi \in B(\mathbb{R})$ 且 $n = \cot\frac{\theta_n}{2}$. 则

$$\int_{-n}^n \phi(\lambda) \, \mathrm{d}E_\lambda = \int_{\theta_n}^{2\pi - \theta_n} \phi\left(-\cot\frac{\theta}{2}\right) \mathrm{d}F_\theta. \tag{3.2.11}$$

证明 事实上, 此时 $n = -\cot(\frac{2\pi - \theta_n}{2})$. 设 $\phi := \mathbf{1}_{(-n,n]}$. 则 ϕ 取值为0或1. 令

$$\Delta_0 := \{\lambda \in \mathbb{R} : \phi(\lambda) = 0\}$$

且

$$\Delta_1 := \{\lambda \in \mathbb{R} : \phi(\lambda) = 1\}.$$

则 $\Delta_0 = (-n,n]^\complement$ 且 $\Delta_1 = (-n,n]$. 因 $\widetilde{E}$ 为谱族, 类似定理2.5.36的证明可得

$$\int_{-n}^n \phi(\lambda) \, \mathrm{d}E_\lambda = \widetilde{E}(\Delta_1) = \widetilde{E}((-n,n]). \tag{3.2.12}$$

§3.2 Cayley变换与自伴算子的谱分解

进一步由命题3.2.14知

$$\int_{-n}^{n} dE_\lambda = \int_{-n}^{n} \phi(\lambda) dE_\lambda$$
$$= E_n - E_{-n} = F_{2\pi-\theta_n} - F_{\theta_n}$$
$$= \int_{\theta_n}^{2\pi-\theta_n} dF_\theta. \tag{3.2.13}$$

对于一般的$\phi \in B(\mathbb{R})$, 类似命题2.5.42可证明(3.2.11). 至此, 命题得证. □

对任意$z \in S^1 \setminus \{1\}$, 定义

$$g(z) := 2\operatorname{arccot}\left(i\frac{z+1}{z-1}\right). \tag{3.2.14}$$

进一步, 对$\forall \phi \in B(\mathbb{R})$, $\forall n = \cot\frac{\theta_n}{2}$和$\forall x \in \mathscr{H}$, 由命题2.5.42及推论2.5.38知

$$\|A_n x\|_{\mathscr{H}}^2 = \left\|\int_{\theta_n}^{2\pi-\theta_n} \phi\left(-\cot\frac{\theta}{2}\right) dF_\theta x\right\|_{\mathscr{H}}^2$$
$$= \left\|\int_{\sigma(U)} \phi(\varphi(g(z))) \mathbf{1}_{e^{i(\theta_n, 2\pi-\theta_n]}}(z) dE(z) x\right\|_{\mathscr{H}}^2$$
$$= \int_{\sigma(U)} |\phi(\varphi(g(z))) \mathbf{1}_{e^{i(\theta_n, 2\pi-\theta_n]}}(z)|^2 d\|E(z)x\|_{\mathscr{H}}^2$$
$$= \int_{\sigma(U)} |\phi(\varphi(g(z))) \mathbf{1}_{e^{i(\theta_n, 2\pi-\theta_n]}}(z)|^2 d(E(z)x, x)$$
$$= \int_{\theta_n}^{2\pi-\theta_n} \left|\phi\left(-\cot\frac{\theta}{2}\right)\right|^2 d(F_\theta x, x)$$
$$= \int_{-n}^{n} |\phi(\lambda)|^2 d(E_\lambda x, x)$$
$$= \int_{-n}^{n} |\phi(\lambda)|^2 d\|E_\lambda x\|_{\mathscr{H}}^2,$$

其中φ如(3.2.8).

注意到, 由命题3.2.13, $\theta = E_{-\infty} = s\text{-}\lim_{\lambda \to -\infty} E_\lambda$且

$$I = E_\infty = s\text{-}\lim_{\lambda \to \infty} E_\lambda.$$

所以, 对$\forall x \in \mathscr{H}$, $\forall m, n \in \mathbb{N}_+$且$n < m$, 类似上式证明有, 当$m, n \to \infty$时,

$$\|(A_n - A_m)x\|_{\mathscr{H}}^2$$

$$= \left\| \int_{n \leq |\lambda| \leq m} \phi(\lambda) \, dE_\lambda x \right\|_{\mathcal{H}}^2$$

$$= \int_{n \leq |\lambda| \leq m} |\phi(\lambda)|^2 \, d\|E_\lambda x\|_{\mathcal{H}}^2$$

$$\leq \|\phi\|_{B(\mathbb{R})}^2 \int_{n \leq |\lambda| \leq m} d\|E_\lambda x\|_{\mathcal{H}}^2$$

$$\leq \|\phi\|_{B(\mathbb{R})}^2 \left(\|E_m x\|_{\mathcal{H}}^2 - \|E_n x\|_{\mathcal{H}}^2 + \|E_{-n} x\|_{\mathcal{H}}^2 - \|E_{-m} x\|_{\mathcal{H}}^2 \right)$$

$$\to 0.$$

故 $\{A_n x\}_{n \in \mathbb{N}_+}$ 为 $\mathcal{H}$ 中的Cauchy列. 于是可定义

$$\phi(A) := \int_{\mathbb{R}} \phi(\lambda) \, dE_\lambda := s - \lim_{n \to \infty} \int_{-n}^{n} \phi(\lambda) \, dE_\lambda,$$

即, 对 $\forall x \in \mathcal{H}$,

$$\phi(A) x = \lim_{n \to \infty} \int_{-n}^{n} \phi(\lambda) \, dE_\lambda x. \tag{3.2.15}$$

推论3.2.16 设 A 是 $\mathcal{H}$ 上的自伴算子. 则

$$\mathbf{1}_{\mathbb{R}}(A) = I_{\mathcal{H}},$$

其中 $I_{\mathcal{H}}$ 表示 $\mathcal{H}$ 上的恒等算子.

证明 由定理2.5.56有

$$\mathbf{1}_{\mathbb{R}}(A) = \mathbf{1}_{S^1 \setminus \{1\}}(U) = \mathbf{1}_{S^1}(U) = \mathbf{1}_{\sigma(U)}(U) = I_{\mathcal{H}}.$$

由此可知推论所证结论成立.

我们也可用(3.2.13)来证明该结论. 事实上, 对 $\forall x \in \mathcal{H}$, 由命题3.2.13知

$$\mathbf{1}_{\mathbb{R}}(A) x = \lim_{n \to \infty} \int_{-n}^{n} dE_\lambda x = \lim_{n \to \infty} (E_n x - E_{-n} x) = I_{\mathcal{H}} x.$$

即所证推论结论成立. 至此, 推论得证. □

由命题3.2.15和(3.2.15)进一步可得以下推论.

推论3.2.17 对 $\forall \phi \in B(\mathbb{R})$ 及 $\forall x \in \mathcal{H}$, 有

$$\int_0^{2\pi} \phi\left(-\cot \frac{\theta}{2}\right) dF_\theta x = \int_{-\infty}^{\infty} \phi(\lambda) \, dE_\lambda x = \phi(A) x.$$

命题3.2.18 设 $\mathscr{H}$ 为Hilbert空间, A 为 $\mathscr{H}$ 上的自伴算子. 定义

$$\tau : \begin{cases} B(\mathbb{R}) \longrightarrow \mathscr{L}(\mathscr{H}), \\ \phi \longmapsto \phi(A). \end{cases}$$

则 τ 为 $*$ 同态且满足

$$\|\phi(A)x\|_{\mathscr{H}}^2 = \int_{\mathbb{R}} |\phi(\lambda)|^2 \, d\|E_\lambda x\|_{\mathscr{H}}^2. \tag{3.2.16}$$

证明 事实上, τ 的线性性显然. 下证 $\overline{\phi}(A) = [\phi(A)]^*$. 由定理2.5.20知, 对任意的 $x, y \in \mathscr{H}$, 有

$$\begin{aligned}
(\overline{\phi}(A)x, y) &= \lim_{n \to \infty} \left(\int_{-n}^{n} \overline{\phi}(\lambda) \, dE_\lambda x, y \right) \\
&= \lim_{n \to \infty} \left(\int_{\theta_n}^{2\pi - \theta_n} \overline{\phi} \circ \varphi(\theta) \, dF_\theta x, y \right) \\
&= \lim_{n \to \infty} \left(\int_{\sigma(U)} \overline{\phi} \circ \varphi \circ g \mathbf{1}_{e^{i(\theta_n, 2\pi - \theta_n]}}(z) \, dE(z)x, y \right) \\
&= \lim_{n \to \infty} \left(\left[(\overline{\phi} \circ \varphi \circ g) \mathbf{1}_{e^{i(\theta_n, 2\pi - \theta_n]}} \right] (U) x, y \right) \\
&= \lim_{n \to \infty} \left(x, \left[(\overline{\phi} \circ \varphi \circ g) \mathbf{1}_{e^{i(\theta_n, 2\pi - \theta_n]}} \right] (U) y \right) \\
&= (x, \phi(A)y) = ([\phi(A)]^* x, y),
\end{aligned}$$

其中 φ 如(3.2.8)且 g 如(3.2.14). 故有 $\overline{\phi}(A) = [\phi(A)]^*$. 类似上述过程, 可得对任意的 $\phi, \psi \in B(\mathbb{R})$,

$$(\phi\psi)(A) = \phi(A)\psi(A). \tag{3.2.17}$$

由此可知 τ 为 $*$ 同态. 由 $\phi(A)$ 定义易知(3.2.16)成立. 至此, 命题得证. $\square$

命题3.2.19 命题3.2.18中的 τ 有如下性质:

(i) $\|\phi(A)\|_{\mathscr{L}(\mathscr{H})} \leqslant \|\phi\|_{B(\mathbb{R})}$;

(ii) 若 ϕ 为实函数, 则 $\phi(A)$ 是自伴的;

(iii) 对 $\forall j \in \mathbb{N}_+$, 设 $\phi_j \in B(\mathbb{R})$, $\|\phi_j\|_{B(\mathbb{R})} \leqslant M < \infty$ 且, 当 $j \to \infty$ 时, $\phi_j \to \phi$. 则有

$$s-\lim_{j \to \infty} \phi_j(A) = \phi(A).$$

证明 为证(i), 事实上, 由(3.2.16)知, 对 $\forall x \in \mathscr{H}$,

$$\|\phi(A)x\|_{\mathscr{H}}^2 = \int_{\mathbb{R}} |\phi(\lambda)|^2 \mathrm{d}\|E_\lambda x\|_{\mathscr{H}}^2$$
$$\leqslant \|\phi\|_{B(\mathbb{R})}^2 \int_{\mathbb{R}} \mathrm{d}\|E_\lambda x\|_{\mathscr{H}}^2 = \|\phi\|_{B(\mathbb{R})}^2 \|x\|_{\mathscr{H}}^2.$$

故

$$\|\phi(A)\|_{\mathscr{L}(\mathscr{H})} \leqslant \|\phi\|_{B(\mathbb{R})}.$$

即(i)成立.

为证(ii), 事实上, 由于 $\overline{\phi}(A) = \phi(A)^*$, 故, 当 ϕ 为实值时,

$$\phi(A) = \overline{\phi}(A) = [\phi(A)]^*,$$

即 $\phi(A)$ 自伴. 因此, (ii)成立.

为证(iii), 事实上, 对 $\forall x \in \mathscr{H}$, 由(3.2.16)及Lebesgue控制收敛定理有, 当 $j \to \infty$ 时,

$$\|\phi(A)x - \phi_j(A)x\|_{\mathscr{H}}^2 = \int_{\mathbb{R}} |\phi(\lambda) - \phi_j(\lambda)|^2 \mathrm{d}\|E_\lambda x\|_{\mathscr{H}}^2 \to 0.$$

故(iii)成立. 至此, 命题得证. $\square$

注记3.2.20 命题3.2.19(iii)中要求, 当 $j \to \infty$ 时, $\phi_j \to \phi$ 处处收敛. 若假设, 当 $j \to \infty$ 时, ϕ_j 依直线上的Lebesgue测度几乎处处收敛于 ϕ, 则结论未必成立. 因为Lebesgue零测集在 $\mathrm{d}\|E_\lambda x\|_{\mathscr{H}}^2$ 下不一定测度为零. 例如, 对 $\forall a \in \mathbb{R}$, $\forall j \in \mathbb{N}_+$ 及 $\forall \lambda \in \mathbb{R}$, 若令

$$\phi(\lambda) := \mathbf{1}_{\{a\}}(\lambda) \quad 且 \quad \phi_j(\lambda) := 0,$$

则, 对 $\forall j \in \mathbb{N}_+$, $\phi_j(A) = \theta$. 但类似于定理2.5.56可证, 当 $a \in \sigma_p(A)$ 时, $\phi(A) \neq \theta$.

为证明该结论, 先证断言

$$a \in \sigma_p(A) \Longleftrightarrow h(a) \in \sigma_p(U),$$

其中 h 如(3.2.9)且 U 是 A 的Cayley变换. 事实上, 由推论3.2.8知

$$a \in \sigma_p(A) \Longleftrightarrow \exists x \in \mathscr{H} \setminus \{\theta\}, \mathrm{i}(I+U)(I-U)^{-1}x = Ax = ax$$
$$\Longleftrightarrow \exists y := (I-U)^{-1}x \in \mathscr{H} \setminus \{\theta\}, \mathrm{i}(I+U)y = a(I-U)y$$
$$\Longleftrightarrow \exists y := (I-U)^{-1}x \in \mathscr{H} \setminus \{\theta\}, Uy = \frac{a-\mathrm{i}}{a+\mathrm{i}}y.$$

注意到

$$-\cot\frac{\theta}{2} = -\frac{\cos\frac{\theta}{2}}{\sin\frac{\theta}{2}} = -\frac{\frac{1}{2}(\mathrm{e}^{\mathrm{i}\theta/2}+\mathrm{e}^{-\mathrm{i}\theta/2})}{\frac{1}{2\mathrm{i}}(\mathrm{e}^{\mathrm{i}\theta/2}-\mathrm{e}^{-\mathrm{i}\theta/2})} = \mathrm{i}\frac{1+\mathrm{e}^{\mathrm{i}\theta}}{1-\mathrm{e}^{\mathrm{i}\theta}},$$

故有

$$\mathrm{e}^{\mathrm{i}\theta}\left(-\cot\frac{\theta}{2}+\mathrm{i}\right) = \mathrm{i}\mathrm{e}^{\mathrm{i}\theta}\left(\frac{1+\mathrm{e}^{\mathrm{i}\theta}}{1-\mathrm{e}^{\mathrm{i}\theta}}+1\right)$$
$$= \mathrm{i}\frac{2\mathrm{e}^{\mathrm{i}\theta}}{1-\mathrm{e}^{\mathrm{i}\theta}}$$
$$= \mathrm{i}\left(\frac{1+\mathrm{e}^{\mathrm{i}\theta}}{1-\mathrm{e}^{\mathrm{i}\theta}}-1\right)$$
$$= -\cot\frac{\theta}{2}-\mathrm{i}. \tag{3.2.18}$$

因此,

$$h(a) = \frac{a-\mathrm{i}}{a+\mathrm{i}}.$$

从而进一步有

$$a \in \sigma_p(A) \Longleftrightarrow \exists y := (I-U)^{-1}x \in \mathscr{H} \setminus \{\theta\}, Uy = h(a)y$$
$$\Longleftrightarrow h(a) \in \sigma_p(U).$$

故所证断言得证. 由此及定理2.5.56知

$$\phi(A) = \mathbf{1}_{\{a\}}(A) = \int_{\mathbb{R}} \mathbf{1}_{\{a\}}(\lambda)\,\mathrm{d}E_\lambda$$
$$= \int_{\sigma(U)} \mathbf{1}_{\{h(a)\}}(z)\,\mathrm{d}E(z)$$
$$= E(\{h(a)\}) \neq \theta.$$

故所证结论成立.

下面把这个∗同态扩张到无界Borel可测函数集合到(无界)闭算子集合之间的"同态"对应.

注意到,任意Borel可测函数ϕ是一列有界Borel可测函数

$$\phi_n(\lambda) = \begin{cases} \phi(\lambda), & \text{当}|\phi(\lambda)| \leqslant n\text{时}; \\ 0, & \text{其他} \end{cases} \quad (3.2.19)$$

的点点极限,其中$n \in \mathbb{N}_+$. 现希望通过$\{\phi_n(A)\}_{n \in \mathbb{N}_+}$的极限来定义$\phi(A)$,为此,需要确定$\phi(A)$的定义域及极限的具体意义. 下面来解决这些问题.

引理3.2.21 令

$$E_\phi = \left\{ x \in \mathscr{H} : \int_{-\infty}^{\infty} |\phi(\lambda)|^2 \, \mathrm{d}\|E_\lambda x\|_{\mathscr{H}}^2 < \infty \right\},$$

则E_ϕ是$\mathscr{H}$的稠子集,并且,对$\forall x \in E_\phi$,极限$\lim\limits_{n \to \infty} \phi_n(A)x$存在,其中,对$\forall n \in \mathbb{N}_+$,$\phi_n$同(3.2.19).

证明 (i) 对$\forall n \in \mathbb{N}_+$,令

$$F_n := \{\lambda \in \mathbb{R} : |\phi(\lambda)| \leqslant n\},$$

则$\mathbf{1}_{F_n}(A)\mathscr{H} \subset E_\phi$. 事实上,对$\forall x \in \mathbf{1}_{F_n}(A)\mathscr{H}$,因为$\mathbf{1}_{F_n}(A)$为投影算子,从而$x = \mathbf{1}_{F_n}(A)x$,所以

$$E_\lambda x = E_\lambda \mathbf{1}_{F_n}(A)x = E_\lambda E(F_n)x.$$

又因为$E_\lambda E(F_n)$仍为投影算子,由定理2.5.12知E_λ与$E(F_n)$可交换,故

$$E_\lambda E(F_n)\mathscr{H} = E(F_n)E_\lambda \mathscr{H} \subset E(F_n)\mathscr{H}.$$

任取$m > n$,由τ为$B(\mathbb{R})$上的$*$同态有

$$(\phi \mathbf{1}_{F_m})(A)(\mathbf{1}_{F_n}(A)x) = (\phi \mathbf{1}_{F_m} \mathbf{1}_{F_n})(A)x = (\phi \mathbf{1}_{F_n} \mathbf{1}_{F_m})(A)x$$
$$= (\phi \mathbf{1}_{F_n})(A)(\mathbf{1}_{F_m}(A)x),$$

从而再由(3.2.16)及$\mathbf{1}_{F_m}(A)$为投影算子进一步知

$$\int_{\mathbb{R}} |\phi(\lambda)|^2 \mathbf{1}_{F_m}(\lambda) \, \mathrm{d}\|E_\lambda \mathbf{1}_{F_n}(A)x\|_{\mathscr{H}}^2$$
$$= \int_{\mathbb{R}} |\phi(\lambda)|^2 \mathbf{1}_{F_n}(\lambda) \, \mathrm{d}\|E_\lambda \mathbf{1}_{F_m}(A)x\|_{\mathscr{H}}^2$$
$$\leqslant n^2 \int_{\mathbb{R}} \mathrm{d}\|E_\lambda \mathbf{1}_{F_m}(A)x\|_{\mathscr{H}}^2$$
$$= n^2 \|\mathbf{1}_{F_m}(A)x\|_{\mathscr{H}}^2 \leqslant n^2 \|x\|_{\mathscr{H}}^2.$$

令$m \to \infty$, 由Fatou引理有

$$\int_{\mathbb{R}} |\phi(\lambda)|^2 \, \mathrm{d}\|E_\lambda \mathbf{1}_{F_n}(A)x\|_{\mathscr{H}}^2 \leqslant n^2 \|x\|_{\mathscr{H}}^2.$$

因$x = \mathbf{1}_{F_n}(A)x$, 故

$$\int_{\mathbb{R}} |\phi(\lambda)|^2 \, \mathrm{d}\|E_\lambda x\|_{\mathscr{H}}^2 \leqslant n^2 \|x\|_{\mathscr{H}}^2.$$

由此可知$\mathbf{1}_{F_n}(A)x \in E_\phi$, 即$\mathbf{1}_{F_n}(A)\mathscr{H} \subset E_\phi$. 而当$n \to \infty$时, $\mathbf{1}_{F_n} \to 1$, 应用命题3.2.19(iii)得, 对$\forall x \in \mathscr{H}$,

$$\lim_{n \to \infty} \mathbf{1}_{F_n}(A)x = x,$$

从而E_ϕ在$\mathscr{H}$中稠密.

(ii) 对$\forall p \in \mathbb{N}_+$及$\forall x \in E_\phi$, 由(3.2.16)、(3.2.19)及

$$\int_{\mathbb{R}} |\phi(\lambda)|^2 \, \mathrm{d}\|E_\lambda x\|_{\mathscr{H}}^2 < \infty$$

知

$$\|\phi_n(A)x - \phi_{n+p}(A)x\|_{\mathscr{H}}^2 = \int_{\mathbb{R}} |\phi_n(\lambda) - \phi_{n+p}(\lambda)|^2 \, \mathrm{d}\|E_\lambda x\|_{\mathscr{H}}^2$$
$$= \int_{n < |\phi(\lambda)| \leqslant n+p} |\phi(\lambda)|^2 \, \mathrm{d}\|E_\lambda x\|_{\mathscr{H}}^2$$
$$\to 0, \quad n \to \infty.$$

从而, 由$\mathscr{H}$的完备性知极限$\lim\limits_{n \to \infty} \phi_n(A)x$存在. 至此, 引理得证. □

定义3.2.22 设ϕ是一处处有限的(无界)Borel可测函数, 由上面引理, 可定义

$$\phi(A) := s-\lim_{n\to\infty}\phi_n(A) \tag{3.2.20}$$

且

$$D(\phi(A)) := E_\phi,$$

其中$\{\phi_n\}_{n\in\mathbb{N}_+}$如(3.2.19). 并且将此极限记为

$$\phi(A) = \int_{\mathbb{R}}\phi(\lambda)\,dE_\lambda. \tag{3.2.21}$$

注记3.2.23 (i) 对上述ϕ及任意的$x\in E_\phi$, (3.2.16)仍然成立.

事实上, 对$\forall N\in\mathbb{N}_+$, 因$\phi_N\in B(\mathbb{R})$, 由(3.2.16)知

$$\|\phi_N(A)x\|_{\mathscr{H}}^2 = \int_{\mathbb{R}}|\phi_N(\lambda)|^2\,d\|E_\lambda x\|_{\mathscr{H}}^2.$$

再由

$$\phi(A)x = s-\lim_{N\to\infty}\phi_N(A)x$$

及Levi引理, 对上式两边令$N\to\infty$即得

$$\|\phi(A)x\|_{\mathscr{H}}^2 = \int_{\mathbb{R}}|\phi(\lambda)|^2\,d\|E_\lambda x\|_{\mathscr{H}}^2. \tag{3.2.22}$$

即所证断言成立.

(ii) 上面定义的算子$\phi(A)$是一个线性稠定算子, 并且$\phi(A)$是闭的. 这是因为$D(\phi(A))$按图模

$$\|x\|_T := \left[\|x\|_{\mathscr{H}}^2 + \|\phi(A)x\|_{\mathscr{H}}^2\right]^{\frac{1}{2}}, \quad \forall x\in E_\phi,$$

是完备的.

事实上, 设$\{x_n\}_{n\in\mathbb{N}_+}$是$D(\phi(A))$中依$\|\cdot\|_T$的基本列, 则, 对$\forall \varepsilon\in(0,\infty)$, 存在$n_0\in\mathbb{N}_+$使得, 当$n,m\geqslant n_0$时, $\|x_n-x_m\|_T<\varepsilon$. 故有$\|x_n-x_m\|_{\mathscr{H}}<\varepsilon$且

$$\|\phi(A)x_n-\phi(A)x_m\|_{\mathscr{H}}<\varepsilon.$$

由此及 $\mathscr{H}$ 的完备性可知存在 $x, y \in \mathscr{H}$ 使得

$$\lim_{n \to \infty} x_n = x \quad 且 \quad \lim_{n \to \infty} \phi(A) x_n = y.$$

注意到, 对 $\forall N \in \mathbb{N}_+$, $\phi_N(A)$ 有界[见命题3.2.19(i)], 故

$$\phi_N(A) x = \lim_{n \to \infty} \phi_N(A) x_n$$

且由 ϕ_N 定义及(3.2.22)可知

$$\begin{aligned}
\|\phi_N(A) x_n - \phi_N(A) x_m\|_{\mathscr{H}}^2 &= \int_{\mathbb{R}} |\phi_N(\lambda)|^2 \, d\|E_\lambda(x_n - x_m)\|_{\mathscr{H}}^2 \\
&\leqslant \int_{\mathbb{R}} |\phi(\lambda)|^2 \, d\|E_\lambda(x_n - x_m)\|_{\mathscr{H}}^2 \\
&= \|\phi(A) x_n - \phi(A) x_m\|_{\mathscr{H}}^2 < \varepsilon^2.
\end{aligned}$$

令 $m \to \infty$ 可得

$$\|\phi_N(A) x_n - \phi_N(A) x\|_{\mathscr{H}} \leqslant \varepsilon \tag{3.2.23}$$

关于 N 一致成立. 从而, 对上述 $n_0 \in \mathbb{N}_+$, 类似于前面的证明有

$$\|\phi_N(A) x\|_{\mathscr{H}} \leqslant \varepsilon + \|\phi_N(A) x_{n_0}\|_{\mathscr{H}} \leqslant \varepsilon + \|\phi(A) x_{n_0}\|_{\mathscr{H}}.$$

再令 $N \to \infty$, 由(3.2.16)及Levi引理即得

$$\int_{\mathbb{R}} |\phi(\lambda)|^2 \, d\|E_\lambda x\|_{\mathscr{H}}^2 < \infty.$$

故 $x \in D(\phi(A))$. 此外, 在(3.2.23)中令 $N \to \infty$, 则有

$$\|\phi(A) x_n - \phi(A) x\|_{\mathscr{H}} \leqslant \varepsilon.$$

故

$$\phi(A) x = \lim_{n \to \infty} \phi(A) x_n = y.$$

由此知 $(D(\phi(A)), \|\cdot\|_T)$ 闭, 即 $\phi(A)$ 闭. 因此, 所证结论成立.

命题3.2.24 对任意的 $\alpha_1, \alpha_2 \in \mathbb{C}$ 以及处处有限的(无界)Borel可测函数 ϕ_1, ϕ_2, 有

(i) $\alpha_1\phi_1(A) + \alpha_2\phi_2(A) \subset (\alpha_1\phi_1 + \alpha_2\phi_2)(A)$;

(ii) $\phi_1(A)\phi_2(A) \subset (\phi_1\phi_2)(A)$;

(iii) $\overline{\phi}(A) = [\phi(A)]^*$.

证明 (i) 不妨设 $\alpha_1 \neq 0 \neq \alpha_2$, 否则(i)自动成立. 首先, 注意到, 对

$$\forall x \in D(\alpha_1\phi_1(A) + \alpha_2\phi_2(A)) = D(\alpha_1\phi_1(A)) \cap D(\alpha_2\phi_2(A)),$$

存在正的常数 C 使得

$$\int_{\mathbb{R}} |\alpha_1\phi_1(\lambda) + \alpha_2\phi_2(\lambda)|^2 \, \mathrm{d}\|E_\lambda x\|_{\mathcal{H}}^2$$
$$\leqslant C|\alpha_1|^2 \int_{\mathbb{R}} |\phi_1(\lambda)|^2 \, \mathrm{d}\|E_\lambda x\|_{\mathcal{H}}^2 + |\alpha_2|^2 \int_{\mathbb{R}} |\phi_2(\lambda)|^2 \, \mathrm{d}\|E_\lambda x\|_{\mathcal{H}}^2$$
$$< \infty,$$

故 $D(\alpha_1\phi_1(A) + \alpha_2\phi_2(A)) \subset D((\alpha_1\phi_1 + \alpha_2\phi_2)(A))$.

下证, 当 $x \in D(\alpha_1\phi_1(A) + \alpha_2\phi_2(A))$ 时,

$$\alpha_1\phi_1(A)x + \alpha_2\phi_2(A)x = (\alpha_1\phi_1 + \alpha_2\phi_2)(A)x.$$

由 $(\alpha_1\phi_1 + \alpha_2\phi_2)(A)$ 定义, 对 $\forall \varepsilon \in (0, \infty)$, 存在 $N \in \mathbb{N}_+$ 使得, 当 $n \geqslant N$ 时,

$$\|(\alpha_1\phi_1 + \alpha_2\phi_2)(A)x - (\alpha_1\phi_1 + \alpha_2\phi_2)_n(A)x\|_{\mathcal{H}}^2 < \varepsilon, \tag{3.2.24}$$

$$\|\phi_i(A)x - (\phi_i)_n(A)x\|_{\mathcal{H}}^2 < \varepsilon \text{ 对 } \forall i \in \{1, 2\} \text{ 成立}, \tag{3.2.25}$$

且有

$$\|(\alpha_1\phi_1(A) + \alpha_2\phi_2(A))x - (\alpha_1(\phi_1)_n(A) + \alpha_2(\phi_2)_n(A))x\|_{\mathcal{H}}^2 < \varepsilon. \tag{3.2.26}$$

设 $m \in \mathbb{N}_+$. 则由(3.2.16)知存在正的常数 C 使得

$$\|(\alpha_1\phi_1 + \alpha_2\phi_2)_{mn}(A)x - [\alpha_1(\phi_1)_n(A) + \alpha_2(\phi_2)_n(A)]x\|_{\mathcal{H}}^2$$
$$= \int_{\mathbb{R}} \Big| (\alpha_1\phi_1 + \alpha_2\phi_2)(\lambda) \mathbf{1}_{\{\lambda \in \mathbb{R}: \, |\alpha_1\phi_1(\lambda) + \alpha_2\phi_2(\lambda)| \leqslant mn\}}(\lambda)$$
$$- \alpha_1\phi_1(\lambda) \mathbf{1}_{\{\lambda \in \mathbb{R}: \, |\phi_1(\lambda)| \leqslant n\}}(\lambda)$$

$$-\alpha_2\phi_2(\lambda)\mathbf{1}_{\{\lambda\in\mathbb{R}:\,|\phi_2(\lambda)|\leqslant n\}}(\lambda)\Big|^2\,\mathrm{d}\|E_\lambda x\|_{\mathscr{H}}^2$$

$$\leqslant C|\alpha_1|^2\int_{\mathbb{R}}\Big|\phi_1(\lambda)\Big[\mathbf{1}_{\{\lambda\in\mathbb{R}:\,|\alpha_1\phi_1(\lambda)+\alpha_2\phi_2(\lambda)|\leqslant mn\}}(\lambda)$$

$$-\mathbf{1}_{\{\lambda\in\mathbb{R}:\,|\phi_1(\lambda)|\leqslant n\}}(\lambda)\Big]\Big|^2\,\mathrm{d}\|E_\lambda x\|_{\mathscr{H}}^2$$

$$+|\alpha_2|^2\int_{\mathbb{R}}\Big|\phi_2(\lambda)\Big[\mathbf{1}_{\{\lambda\in\mathbb{R}:\,|\alpha_1\phi_1(\lambda)+\alpha_2\phi_2(\lambda)|\leqslant mn\}}(\lambda)$$

$$-\mathbf{1}_{\{\lambda\in\mathbb{R}:\,|\phi_2(\lambda)|\leqslant n\}}(\lambda)\Big]\Big|^2\,\mathrm{d}\|E_\lambda x\|_{\mathscr{H}}^2$$

$$=:C[\mathrm{I}+\mathrm{II}].$$

对 I, 存在正常数 c 使得

$$\mathrm{I}\leqslant c\int_{\mathbb{R}}|\phi_1(\lambda)|^2\Big[\mathbf{1}_{\{\lambda\in\mathbb{R}:\,|\alpha_1\phi_1(\lambda)+\alpha_2\phi_2(\lambda)|\leqslant mn,\,|\phi_1(\lambda)|>n\}}(\lambda)$$

$$+\mathbf{1}_{\{\lambda\in\mathbb{R}:\,|\alpha_1\phi_1(\lambda)+\alpha_2\phi_2(\lambda)|>mn,\,|\phi_1(\lambda)|\leqslant n\}}(\lambda)\Big]\,\mathrm{d}\|E_\lambda x\|_{\mathscr{H}}^2$$

$$\leqslant c\left\{\int_{\mathbb{R}}|\phi_1(\lambda)|^2\mathbf{1}_{\{|\phi_1|>n\}}(\lambda)\,\mathrm{d}\|E_\lambda x\|_{\mathscr{H}}^2\right.$$

$$\left.+\int_{\mathbb{R}}|\phi_1(\lambda)|^2\mathbf{1}_{\{\lambda\in\mathbb{R}:\,|\alpha_1\phi_1(\lambda)+\alpha_2\phi_2(\lambda)|>mn,\,|\phi_1(\lambda)|\leqslant n\}}(\lambda)\,\mathrm{d}\|E_\lambda x\|_{\mathscr{H}}^2\right\}$$

$$\leqslant c\varepsilon+c\int_{\mathbb{R}}|\phi_1(\lambda)|^2\mathbf{1}_{\{\lambda\in\mathbb{R}:\,|\alpha_1\phi_1(\lambda)+\alpha_2\phi_2(\lambda)|>mn,\,|\phi_1(\lambda)|\leqslant n\}}(\lambda)\,\mathrm{d}\|E_\lambda x\|_{\mathscr{H}}^2.$$

取 m 充分大使得, 当 $|\alpha_1\phi_1(\lambda)+\alpha_2\phi_2(\lambda)|>mn$ 且 $|\phi_1(\lambda)|\leqslant n$ 时, 有 $|\phi_2(\lambda)|>n$. 事实上, 取 $m>|\alpha_1|+|\alpha_2|$, 即有

$$|\phi_2(\lambda)|=\frac{1}{|\alpha_2|}|\alpha_2\phi_2(\lambda)+\alpha_1\phi_1(\lambda)-\alpha_1\phi_1(\lambda)|$$

$$\geqslant\frac{1}{|\alpha_2|}\big[|\alpha_2\phi_2(\lambda)+\alpha_1\phi_1(\lambda)|-|\alpha_1||\phi_1(\lambda)|\big]$$

$$>\frac{1}{|\alpha_2|}[mn-n|\alpha_1|]>n.$$

由此可知存在正常数 C 使得

$$\int_{\mathbb{R}}|\phi_1(\lambda)|^2\mathbf{1}_{\{\lambda\in\mathbb{R}:\,|\alpha_1\phi_1(\lambda)+\alpha_2\phi_2(\lambda)|>mn,\,|\phi_1(\lambda)|\leqslant n\}}(\lambda)\,\mathrm{d}\|E_\lambda x\|_{\mathscr{H}}^2$$

$$\leqslant Cn^2\int_{\mathbb{R}}\mathbf{1}_{\{\lambda\in\mathbb{R}:\,|\alpha_1\phi_1(\lambda)+\alpha_2\phi_2(\lambda)|>mn,\,|\phi_1(\lambda)|\leqslant n\}}(\lambda)\,\mathrm{d}\|E_\lambda x\|_{\mathscr{H}}^2$$

$$\leqslant C\int_{\mathbb{R}}|\phi_2(\lambda)|^2\mathbf{1}_{\{\lambda\in\mathbb{R}:\,|\alpha_1\phi_1(\lambda)+\alpha_2\phi_2(\lambda)|>mn,\,|\phi_1(\lambda)|\leqslant n\}}(\lambda)\,\mathrm{d}\|E_\lambda x\|_{\mathscr{H}}^2$$

$$\leqslant C\varepsilon,$$

从而, 由(3.2.25)有$\mathrm{I} \leqslant C\varepsilon$. 类似可得$\mathrm{II} \leqslant C\varepsilon$. 由此及(3.2.26)和(3.2.24)可知存在正常数C使得

$$\|[\alpha_1\phi_1(A)+\alpha_2\phi_2(A)]x-(\alpha_1\phi_1+\alpha_2\phi_2)(A)x\|_{\mathscr{H}}^2$$
$$\leqslant C\big\{\|[\alpha_1\phi_1(A)+\alpha_2\phi_2(A)]x-[\alpha_1(\phi_1)_n(A)+\alpha_2(\phi_2)_n(A)]x\|_{\mathscr{H}}^2$$
$$+\|[\alpha_1(\phi_1)_n(A)+\alpha_2(\phi_2)_n(A)]x-(\alpha_1\phi_1+\alpha_2\phi_2)_{mn}(A)x\|_{\mathscr{H}}^2$$
$$+\|(\alpha_1\phi_1+\alpha_2\phi_2)_{mn}(A)x-(\alpha_1\phi_1+\alpha_2\phi_2)(A)x\|_{\mathscr{H}}^2\big\}$$
$$\leqslant C\varepsilon.$$

因此,
$$\alpha_1\phi_1(A)x+\alpha_2\phi_2(A)x=(\alpha_1\phi_1+\alpha_2\phi_2)(A)x.$$

即(i)得证.

(ii) 证明$\phi_1(A)\phi_2(A) \subset (\phi_1\phi_2)(A)$.

首先设ϕ_1有界, 则由命题3.2.19有
$$D(\phi_1(A)) = \mathscr{H}.$$

对$\forall x \in D(\phi_2(A))$, 由于$\phi_2(A)x \in D(\phi_1(A))$, 故$x \in D(\phi_1(A)\phi_2(A))$, 从而有
$$D(\phi_2(A)) = D(\phi_1(A)\phi_2(A))$$

且, 对$\forall n \in \mathbb{N}_+$,
$$\int_{\mathbb{R}}|(\phi_1\phi_2)_n(\lambda)|^2\,\mathrm{d}\|E_\lambda x\|_{\mathscr{H}}^2$$
$$\leqslant \|\phi_1\|_{L^\infty(\mathbb{R})}\int_{\mathbb{R}}|\phi_2(\lambda)|^2\,\mathrm{d}\|E_\lambda x\|_{\mathscr{H}}^2 < \infty.$$

由此令$n \to \infty$, 由Levi引理知
$$\int_{\mathbb{R}}|(\phi_1\phi_2)(\lambda)|^2\,\mathrm{d}\|E_\lambda x\|_{\mathscr{H}}^2 < \infty.$$

故$x \in D((\phi_1\phi_2)(A))$, 因此, $D(\phi_2(A)) \subset D((\phi_1\phi_2)(A))$.

下证对 $\forall x \in D(\phi_2(A))$,

$$\phi_1(A)\phi_2(A)x = (\phi_1\phi_2)(A)x.$$

事实上, 对$\forall \varepsilon \in (0,\infty)$, 存在$N \in \mathbb{N}_+$使得, 当$n > N$时, 有

$$\|(\phi_1\phi_2)_n(A)x - (\phi_1\phi_2)(A)x\|_{\mathscr{H}}^2 < \varepsilon$$

及

$$\|(\phi_2)_n(A)x - \phi_2(A)x\|_{\mathscr{H}}^2 < \frac{\varepsilon}{\|\phi_1\|_{L^\infty(\mathbb{R})}^2}.$$

由此及命题3.2.19(i)有

$$\begin{aligned}
&\|\phi_1(A)(\phi_2)_n(A)x - \phi_1(A)\phi_2(A)x\|_{\mathscr{H}}^2\\
&\leqslant \|\phi_1(A)\|_{\mathscr{L}(\mathscr{H})}^2 \|(\phi_2)_n(A)x - \phi_2(A)x\|_{\mathscr{H}}^2\\
&< \|\phi_1\|_{L^\infty(\mathbb{R})}^2 \frac{\varepsilon}{\|\phi_1\|_{L^\infty(\mathbb{R})}^2} = \varepsilon.
\end{aligned}$$

从而, 由τ为有界Borel可测函数上的$*$同态知存在正的常数C使得

$$\begin{aligned}
&\|(\phi_1\phi_2)(A)x - \phi_1(A)\phi_2(A)x\|_{\mathscr{H}}^2\\
&\leqslant C\big\{\|(\phi_1\phi_2)(A)x - (\phi_1\phi_2)_n(A)x\|_{\mathscr{H}}^2\\
&\quad + \|(\phi_1\phi_2)_n(A)x - \phi_1(A)(\phi_2)_n(A)x\|_{\mathscr{H}}^2\\
&\quad + \|\phi_1(A)(\phi_2)_n(A)x - \phi_1(A)\phi_2(A)x\|_{\mathscr{H}}^2\big\}\\
&\leqslant C\big\{\varepsilon + \|(\phi_1\phi_2)_n(A)x - \phi_1(A)(\phi_2)_n(A)x\|_{\mathscr{H}}^2\big\}.
\end{aligned} \tag{3.2.27}$$

因

$$\begin{aligned}
&\int_{\mathbb{R}} |(\phi_1\phi_2)_n(\lambda) - \phi_1(\lambda)(\phi_2)_n(\lambda)|^2 \,\mathrm{d}\|E_\lambda x\|_{\mathscr{H}}^2\\
&\leqslant 4\int_{\mathbb{R}} |\phi_1\phi_2(\lambda)|^2 \,\mathrm{d}\|E_\lambda x\|_{\mathscr{H}}^2 < \infty,
\end{aligned}$$

故由Lebesgue控制收敛定理有

$$\lim_{n\to\infty} \int_{\mathbb{R}} |(\phi_1\phi_2)_n(\lambda) - \phi_1(\lambda)(\phi_2)_n(\lambda)|^2 \,\mathrm{d}\|E_\lambda x\|_{\mathscr{H}}^2 = 0.$$

从而,当 n 充分大时,

$$\|(\phi_1\phi_2)_n(A)x - \phi_1(A)(\phi_2)_n(A)x\|_{\mathscr{H}}^2 < \varepsilon.$$

由此及(3.2.27)知,对 $\forall x \in D(\phi_2(A))$,

$$\|(\phi_1\phi_2)(A)x - \phi_1(A)\phi_2(A)x\|_{\mathscr{H}}^2 < \varepsilon.$$

进一步由 ε 的任意性有

$$(\phi_1\phi_2)(A)x = \phi_1(A)\phi_2(A)x, \tag{3.2.28}$$

即,当 ϕ_1 有界时,

$$\phi_1(A)\phi_2(A) \subset (\phi_1\phi_2)(A).$$

当 ϕ_1 无界时,对 $\forall n \in \mathbb{N}_+$,$(\phi_1)_n$ 有界. 注意到,对 $\forall x \in D(\phi_1(A)\phi_2(A))$,

$$\int_{\mathbb{R}} |(\phi_1)_n(\lambda)|^2 \mathrm{d}\|E_\lambda \phi_2(A)x\|_{\mathscr{H}}^2$$
$$\leqslant \int_{\mathbb{R}} |\phi_1(\lambda)|^2 \mathrm{d}\|E_\lambda \phi_2(A)x\|_{\mathscr{H}}^2 < \infty,$$

故,对 $\forall n \in \mathbb{N}_+, x \in D((\phi_1)_n(A)\phi_2(A))$. 从而,由(3.2.28)知

$$((\phi_1)_n\phi_2)(A)x = (\phi_1)_n(A)\phi_2(A)x.$$

由此及Levi引理和(3.2.16)有

$$\int_{\mathbb{R}} |(\phi_1\phi_2)(\lambda)|^2 \mathrm{d}\|E_\lambda x\|_{\mathscr{H}}^2$$
$$= \lim_{n \to \infty} \int_{\mathbb{R}} |((\phi_1)_n\phi_2)(\lambda)|^2 \mathrm{d}\|E_\lambda x\|_{\mathscr{H}}^2$$
$$= \lim_{n \to \infty} \|((\phi_1)_n\phi_2)(A)x\|_{\mathscr{H}}^2$$
$$= \lim_{n \to \infty} \|(\phi_1)_n(A)\phi_2(A)x\|_{\mathscr{H}}^2 = \|\phi_1(A)\phi_2(A)x\|_{\mathscr{H}}^2.$$

因此,

$$D(\phi_1(A)\phi_2(A)) \subset D((\phi_1\phi_2)(A)).$$

现设 $x \in D(\phi_1(A)\phi_2(A))$,则由Lebesgue控制收敛定理有,当 $n \to \infty$ 时,

$$\|(\phi_1\phi_2)(A)x - ((\phi_1)_n\phi_2)(A)x\|_{\mathscr{H}}^2$$

$$= \int_{\mathbb{R}} |(\phi_1\phi_2)(\lambda) - (\phi_1)_n(\lambda)\phi_2(\lambda)|^2 \, \mathrm{d}\|E_\lambda x\|_{\mathscr{H}}^2$$
$$\to 0.$$

由此及 $\phi_2(A)x \in D(\phi_1(A))$ 和 (3.2.28) 有

$$(\phi_1\phi_2)(A)x = \lim_{n\to\infty}((\phi_1)_n\phi_2)(A)x$$
$$= \lim_{n\to\infty}(\phi_1)_n(A)\phi_2(A)x = \phi_1(A)\phi_2(A)x.$$

从而 $\phi_1(A)\phi_2(A) \subset (\phi_1\phi_2)(A)$. 因此, (ii) 得证.

(iii) 首先证明 $\overline{\phi}(A) \subset [\phi(A)]^*$.

设 $y \in D(\overline{\phi}(A))$ 且 $x \in D(\phi(A)) = D(\overline{\phi}(A))$, 则由 ϕ_n 有界及命题 3.2.18 有

$$(x, \overline{\phi}(A)y) = \lim_{n\to\infty}(x, \overline{\phi_n}(A)y)$$
$$= \lim_{n\to\infty}(x, [\phi_n(A)]^*y) = \lim_{n\to\infty}(\phi_n(A)x, y)$$
$$= (\phi(A)x, y) = (x, [\phi(A)]^*y).$$

故有 $y \in D[\phi(A)]^*$ 且 $[\phi(A)]^*y = \overline{\phi}(A)y$. 由此知 $\overline{\phi}(A) \subset [\phi(A)]^*$.

为证 $[\phi(A)]^* \subset \overline{\phi}(A)$, 只需证 $D([\phi(A)]^*) \subset D(\overline{\phi}(A))$. 设 $y \in D([\phi(A)]^*)$, 令 $v := [\phi(A)]^*y$ 且, 对 $\forall n \in \mathbb{N}_+, F_n := \{\lambda \in \mathbb{R}: |\phi(\lambda)| \leqslant n\}$. 则由 (ii) 知

$$\phi(A)\mathbf{1}_{F_n}(A) \subset \phi_n(A).$$

注意到, 由引理 3.2.21 的证明知 $\mathbf{1}_{F_n}\mathscr{H} \subset E_\phi = D(\phi(A))$. 故

$$D(\phi(A)\mathbf{1}_{F_n}(A)) = \mathscr{H}.$$

从而, 对 $\forall x \in D(\phi(A)) \subset \mathscr{H} = D(\phi(A)\mathbf{1}_{F_n}(A))$, 有

$$(\phi(A)\mathbf{1}_{F_n}(A)x, y) = (\mathbf{1}_{F_n}(A)x, [\phi(A)]^*y) = (x, \mathbf{1}_{F_n}(A)[\phi(A)]^*y).$$

同时由 (ii) 及命题 3.2.18 知

$$(\phi(A)\mathbf{1}_{F_n}(A)x, y) = (\phi_n(A)x, y) = (x, \overline{\phi_n}(A)y),$$

故由 $D(\phi(A)) = E_\phi$ 在 $\mathscr{H}$ 中的稠密性有

$$\mathbf{1}_{F_n}(A)v = \mathbf{1}_{F_n}(A)[\phi(A)]^*y = \overline{\phi_n}(A)y.$$

由此及(3.2.17)和命题3.2.19(i)知

$$\int_{\mathbb{R}} |\overline{\phi_n}(\lambda)|^2 \mathrm{d}\|E_\lambda y\|_{\mathscr{H}}^2 = \|\overline{\phi_n}(A)y\|_{\mathscr{H}}^2 = \|\mathbf{1}_{F_n}(A)v\|_{\mathscr{H}}^2$$
$$\leqslant \|\mathbf{1}_{F_n}\|_{L^\infty(\mathbb{R})}^2 \|v\|_{\mathscr{H}}^2 = \|v\|_{\mathscr{H}}^2.$$

令 $n \to \infty$, 由Levi引理即得

$$\int_{\mathbb{R}} |\overline{\phi}(\lambda)|^2 \mathrm{d}\|E_\lambda y\|_{\mathscr{H}}^2 \leqslant \|v\|_{\mathscr{H}}^2 < \infty.$$

从而 $y \in D(\overline{\phi}(A))$, 即 $D([\phi(A)]^*) \subset D(\overline{\phi}(A))$. 由

$$D([\phi(A)]^*) \subset D(\overline{\phi}(A))$$

及 $\overline{\phi}(A) \subset [\phi(A)]^*$ 知

$$\overline{\phi}(A) = [\phi(A)]^*,$$

从而(iii)得证. 至此, 命题得证. □

由于命题3.2.24的(i)和(ii)只是包含关系而不是等式关系, 所以无界Borel可测函数集合到无界算子集合之间的对应严格来说不是同态对应.

例3.2.25 下面举例说明命题3.2.24的(i)和(ii)的等式未必成立.

(i) 对 $\forall \lambda \in \mathbb{R}$, 令 $\phi_1(\lambda) := \lambda$ 且 $\phi_2(\lambda) := -\lambda$. 则 $\phi_1 + \phi_2 \equiv 0$. 从而

$$(\phi_1 + \phi_2)(A) = \theta$$

且 $D(\phi_1 + \phi_2)(A) = \mathscr{H}$. 但由后文定理3.2.28及其证明知

$$D(\phi_1(A)) = D(\phi_2(A)) = D(A).$$

故当 $D(A) \subsetneq \mathscr{H}$ 时,

$$(\phi_1 + \phi_2)(A) \supsetneq \phi_1(A) + \phi_2(A).$$

由此可见命题3.2.24(i)中等式未必成立.

(ii) 对 $\forall \lambda \in \mathbb{R}$, 令
$$\phi_1(\lambda) := \begin{cases} \dfrac{1}{\lambda}, & \lambda \neq 0, \\ 0, & \lambda = 0 \end{cases}$$

及 $\phi_2(\lambda) := \lambda$. 则
$$(\phi_1\phi_2)(\lambda) = \begin{cases} 1, & \lambda \neq 0, \\ 0, & \lambda = 0. \end{cases}$$

故 $\phi_1\phi_2$ 为有界Borel可测函数. 从而, 由有界Borel可测函数泛函演算的定义有 $D((\phi_1\phi_2)(A)) = \mathscr{H}$. 此外, 由定理3.2.28及其证明知

$$D(\phi_1(A)\phi_2(A)) \subset D(\phi_2(A)) = D(A).$$

故, 当 $D(A) \subsetneq \mathscr{H}$ 时,

$$\phi_1(A)\phi_2(A) \subsetneq (\phi_1\phi_2)(A).$$

由此可知命题3.2.24的(ii)中等式未必成立.

引理3.2.26 若 ϕ 是实值的Borel可测函数, 则 $\phi(A)$ 是自伴的.

证明 (i) 先证 $\phi(A) \subset [\phi(A)]^*$, 即证 $\phi(A)$ 对称. 由 ϕ 实值及对 $\forall n \in \mathbb{N}_+$,

$$\overline{\phi}_n(A) = [\phi_n(A)]^*$$

(见命题3.2.19)知 $\phi_n(A)$ 自伴. 故, 对 $\forall x, y \in D(\phi(A))$, 由 $\phi(A)$ 定义知

$$(\phi(A)x, y) = \lim_{n\to\infty} (\phi_n(A)x, y)$$
$$= \lim_{n\to\infty} (x, \phi_n(A)y) = (x, \phi(A)y).$$

从而, 由注记3.1.20有 $\phi(A) \subset [\phi(A)]^*$.

(ii) 再证 $D([\phi(A)]^*) \subset D(\phi(A))$. 任取 $y \in D([\phi(A)]^*)$, 由引理3.2.21的证明知, 对 $\forall n \in \mathbb{N}_+$,

$$x_n := \phi_n(A)y = \mathbf{1}_{F_n}(A)\phi_n(A)y \in D(\phi(A)).$$

事实上, 由 $\phi_n(A)y = \mathbf{1}_{F_n}(A)\phi_n(A)y$ 及引理3.2.21的证明知

$$\phi_n(A)y \in \mathbf{1}_{F_n}(A)\mathscr{H} \subset E_\phi = D(\phi(A)).$$

因此,
$$(\phi(A)x_n, y) = (x_n, [\phi(A)]^*y).$$

另外, 由命题3.2.24(ii)有 $\phi(A)\mathbf{1}(A) \subset (\phi\mathbf{1}_{F_n})(A) = \phi_n(A)$. 由此及 $\phi_n(A)$ 自伴知

$$(\phi(A)x_n, y) = (\phi(A)\mathbf{1}_{F_n}(A)x_n, y) = (\phi_n(A)x_n, y)$$
$$= (x_n, \phi_n(A)y) = \|x_n\|^2_{\mathscr{H}}.$$

因此,
$$\|x_n\|_{\mathscr{H}} \leqslant \|[\phi(A)]^*y\|_{\mathscr{H}}.$$

从而, 对 $\forall n \in \mathbb{N}_+$, $\|\phi_n(A)y\|_{\mathscr{H}} \leqslant \|[\phi(A)]^*y\|_{\mathscr{H}}$. 由此及Levi引理进一步导出

$$\int_{\mathbb{R}} |\phi(\lambda)|^2 \mathrm{d}\|E_\lambda y\|^2_{\mathscr{H}} < \infty,$$

即得 $y \in D(\phi(A))$. 所以

$$D([\phi(A)]^*) \subset D(\phi(A)).$$

因此, $\phi(A)$ 自伴. 至此, 引理得证. $\square$

命题3.2.27 设 ϕ 是处处有限的(无界)Borel可测函数. 令

$$E_{\phi,F} := \left\{ x \in \mathscr{H} : \int_0^{2\pi} \left|\phi\left(-\cot\frac{\theta}{2}\right)\right|^2 \mathrm{d}\|F_\theta x\|^2_{\mathscr{H}} < \infty \right\}.$$

则 $E_{\phi,F}$ 在 $\mathscr{H}$ 中稠且, 对 $\forall x \in E_{\phi,F}$, 极限

$$\lim_{n\to\infty} \int_0^{2\pi} \phi_n\left(-\cot\frac{\theta}{2}\right) \mathrm{d}F_\theta x$$

存在.

证明 注意到, 对$\forall n \in \mathbb{N}_+$及$\forall x \in \mathscr{H}$, 由推论3.2.17知

$$\int_0^{2\pi} \phi_n\left(-\cot\frac{\theta}{2}\right) dF_\theta x = \int_{\mathbb{R}} \phi_n(\lambda) dE_\lambda x.$$

又由(3.2.16)有

$$\int_0^{2\pi} \left|\phi_n\left(-\cot\frac{\theta}{2}\right)\right|^2 d\|F_\theta x\|_{\mathscr{H}}^2 = \int_{\mathbb{R}} |\phi_n(\lambda)|^2 d\|E_\lambda x\|_{\mathscr{H}}^2.$$

故由Levi引理可知$E_{\phi,F} = E_\phi$. 从而, 对$\forall x \in E_{\phi,F}$, 极限

$$\lim_{n\to\infty} \int_0^{2\pi} \phi_n\left(-\cot\frac{\theta}{2}\right) dF_\theta x$$

存在, 记为$\int_0^{2\pi} \phi\left(-\cot\frac{\theta}{2}\right) dF_\theta x$. 则

$$\int_0^{2\pi} \phi\left(-\cot\frac{\theta}{2}\right) dF_\theta x = \int_{\mathbb{R}} \phi(\lambda) dE_\lambda x = \phi(A).$$

至此, 命题得证. □

定理3.2.28 (von Neumann) 设A是$\mathscr{H}$上的自伴算子. 则存在唯一的谱族

$$(\mathbb{R}, \mathscr{B}(\mathbb{R}), \widetilde{E})$$

使得, 对$\forall \lambda \in \mathbb{R}$, 若令$E_\lambda := \widetilde{E}((-\infty, \lambda])$, 则

$$A = \int_{\mathbb{R}} \lambda\, dE_\lambda.$$

证明 (i) 由定理3.2.6知A的Cayley变换U为酉算子, 从而, 由例2.5.41知

$$U = \int_0^{2\pi} e^{i\theta}\, dF_\theta.$$

对$\forall \lambda \in \mathbb{R}$, 令$E_\lambda := F_{2\mathrm{arccot}(-\lambda)}$, 则由命题3.2.14知存在$(\mathbb{R}, \mathscr{B}(\mathbb{R}), \widetilde{E})$使得, 对任意的$\lambda \in \mathbb{R}, \widetilde{E}((-\infty, \lambda]) = E_\lambda$. 定义

$$B := \int_{\mathbb{R}} \lambda\, dE_\lambda$$

且
$$D(B) := \left\{ x \in \mathscr{H} : \int_{\mathbb{R}} \lambda^2 \, \mathrm{d}\|E_\lambda x\|_{\mathscr{H}}^2 < \infty \right\}.$$

由引理3.2.26知B自伴.

下证$A = B$. 为此, 记B的Cayley变换为$\widetilde{U}$, 则有
$$\widetilde{U} = (B - \mathrm{i}I)(B + \mathrm{i}I)^{-1}.$$

令
$$D(F) := \left\{ x \in \mathscr{H} : \int_0^{2\pi} \left|\cot\frac{\theta}{2}\right|^2 \mathrm{d}\|F_\theta x\|_{\mathscr{H}}^2 < \infty \right\}.$$

注意到, 对$\forall n \in \mathbb{N}_+$及$\forall x \in \mathscr{H}$, 有
$$\int_{-n}^n \lambda \, \mathrm{d}E_\lambda x = \int_{\theta_n}^{2\pi - \theta_n} \left(-\cot\frac{\theta}{2}\right) \mathrm{d}F_\theta x,$$

其中$\cot\frac{\theta_n}{2} = n$. 故由(3.2.16)知
$$\int_{-n}^n \lambda^2 \, \mathrm{d}\|E_\lambda x\|_{\mathscr{H}}^2 = \int_{\theta_n}^{2\pi - \theta_n} \left|-\cot\frac{\theta}{2}\right|^2 \mathrm{d}\|F_\theta x\|_{\mathscr{H}}^2.$$

从而, 由Levi引理有
$$\int_{-\infty}^{\infty} \lambda^2 \, \mathrm{d}\|E_\lambda x\|_{\mathscr{H}}^2 = \int_0^{2\pi} \left|-\cot\frac{\theta}{2}\right|^2 \mathrm{d}\|F_\theta x\|_{\mathscr{H}}^2.$$

因此, $D(B) = D(F)$. 由此及引理3.2.21知, 对任意$x \in D(F)$, 当$n \to \infty$时, 积分
$$\int_{\theta_n}^{2\pi - \theta_n} \left(-\cot\frac{\theta}{2}\right) \mathrm{d}F_\theta x$$

的极限存在. 故可令
$$\int_0^{2\pi} \left(-\cot\frac{\theta}{2}\right) \mathrm{d}F_\theta x := s - \lim_{n \to \infty} \int_{\theta_n}^{2\pi - \theta_n} \left(-\cot\frac{\theta}{2}\right) \mathrm{d}F_\theta x.$$

则, 对$\forall x \in D(B)$, 有
$$Bx = \int_{\mathbb{R}} \lambda \, \mathrm{d}E_\lambda x = \int_0^{2\pi} \left(-\cot\frac{\theta}{2}\right) \mathrm{d}F_\theta x$$

$$= i \int_0^{2\pi} \frac{1+e^{i\theta}}{1-e^{i\theta}} \, dF_\theta x.$$

从而, 对 $\forall x \in D(B)$, 有

$$(B+iI)x = i \int_0^{2\pi} \frac{2}{1-e^{i\theta}} \, dF_\theta x$$

且

$$(B-iI)x = i \int_0^{2\pi} \frac{2e^{i\theta}}{1-e^{i\theta}} \, dF_\theta x.$$

令 $\widetilde{\phi}, \widetilde{\phi}_1, \widetilde{\phi}_2 \in C(\mathbb{R}, \mathbb{C})$ 使得

$$\widetilde{\phi}\left(-\cot\frac{\theta}{2}\right) = \frac{2ie^{i\theta}}{1-e^{i\theta}}, \quad \widetilde{\phi}_1\left(-\cot\frac{\theta}{2}\right) = e^{i\theta}$$

且

$$\widetilde{\phi}_2\left(-\cot\frac{\theta}{2}\right) = \frac{2i}{1-e^{i\theta}}.$$

由 (3.2.18) 知 $\widetilde{\phi}_1 \widetilde{\phi}_2 = \widetilde{\phi}$. 再由命题 3.2.24(ii) 知, 对

$$\forall x \in D(U(B+iI)) = D(B-iI) = D(B),$$

有

$$\begin{aligned} U(B+iI)x &= \int_0^{2\pi} \widetilde{\phi}_1 \circ \varphi(\theta) \, dF_\theta \left(\int_0^{2\pi} \widetilde{\phi}_2 \circ \varphi(\theta) \, dF_\theta x \right) \\ &= \int_\mathbb{R} \widetilde{\phi}_1(\lambda) \, dE_\lambda \left(\int_\mathbb{R} \widetilde{\phi}_2(\lambda) \, dE_\lambda x \right) \\ &= \widetilde{\phi}_1(A) \widetilde{\phi}_2(A) x = \left(\widetilde{\phi}_1 \widetilde{\phi}_2 \right)(A) x \\ &= \int_0^{2\pi} \left(\widetilde{\phi}_1 \widetilde{\phi}_2 \right) \circ \varphi(\theta) \, dF_\theta x \\ &= \int_0^{2\pi} \widetilde{\phi} \circ \varphi(\theta) \, dF_\theta x = (B-iI)x. \end{aligned}$$

故

$$U(B+iI) = B-iI.$$

因此,

$$U = (B-iI)(B+iI)^{-1} = \widetilde{U}.$$

最后由推论3.2.8知$A = B$.

(ii) 唯一性. 假若有两个谱族$\{E_\lambda\}_{\lambda \in \mathbb{R}}$和$\{\widetilde{E}_\lambda\}_{\lambda \in \mathbb{R}}$都满足

$$A = \int_\mathbb{R} \lambda \, dE_\lambda = \int_\mathbb{R} \lambda \, d\widetilde{E}_\lambda.$$

对$\forall \theta \in [0, 2\pi]$, 令

$$F_\theta := E_{-\cot \theta/2} \quad \text{且} \quad \widetilde{F}_\theta := \widetilde{E}_{-\cot \theta/2},$$

则它们都是S^1上的谱族且

$$U := \int_0^{2\pi} e^{i\theta} \, dF_\theta = \int_0^{2\pi} e^{i\theta} \, d\widetilde{F}_\theta$$

是酉算子. 从而, 对$\forall n \in \mathbb{Z}_+$, 有

$$U^n = \int_0^{2\pi} e^{in\theta} \, dF_\theta = \int_0^{2\pi} e^{in\theta} \, d\widetilde{F}_\theta.$$

注意到, 对$\forall \varphi \in C(S^1)$, 存在多项式列$\{P_m\}_{m \in \mathbb{N}_+} \subset \mathscr{P}(S^1)$使得, 当$m \to \infty$时,

$$\|P_m - \varphi\|_{C(S^1)} \to 0.$$

故由定理2.5.20(iii)知, 对$\forall \varphi \in C(S^1)$及$\forall x, y \in \mathscr{H}$,

$$\int_0^{2\pi} \varphi(\theta) \, d(F_\theta x, y) = \int_0^{2\pi} \varphi(\theta) \, d(\widetilde{F}_\theta x, y).$$

从而, 由$C(S^1)$上连续泛函表示的唯一性(见文献[7]定理2.5.4)推得$F_\theta = \widetilde{F}_\theta$对任意$\theta \in [0, 2\pi]$成立, 故$E_\lambda = \widetilde{E}_\lambda, \forall \lambda \in \mathbb{R}$. 至此, 定理得证. □

下面我们给出无界自伴算子的谱的性质, 它们与有界正常算子的谱性质相同, 可以通过自伴算子的谱分解(3.2.20)及(3.2.21)证明.

定义3.2.29 设T是Hilbert空间上的闭算子, 其谱集$\sigma(T)$可分解为互不相交的集合$\sigma_p(T), \sigma_c(T)$和$\sigma_r(T)$之并集, 其定义如下

$$\sigma_p(T) := \{z \in \mathbb{C} : \ker(zI - T) \neq \{\theta\}\},$$

$$\sigma_c(T) := \left\{z \in \mathbb{C} : \ker(zI - T) = \{\theta\}, \overline{R(zI - T)} = \mathscr{H},\right.$$

$$\text{但}(zI-T)^{-1}\text{无界}\Big\}$$

且

$$\sigma_r(T) := \Big\{z \in \mathbb{C} : \ker(zI-T) = \{\theta\}, \overline{R(\lambda I - T)} \neq \mathscr{H}\Big\}.$$

它们分别称为T的**点谱**、**连续谱**和**剩余谱**.

注记3.2.30 定义3.2.29与定义1.2.4中连续谱的定义一致. 先证, 若z为定义3.2.29中的连续谱, 则

$$R(zI-T) \subsetneq \mathscr{H}.$$

若不然, 则由$(zI-T)^{-1}$为闭算子[见命题3.1.7(i)]及闭图像定理(见定理1.2.2)知$(zI-T)^{-1}$有界, 而这与连续谱的定义矛盾! 故所证结论成立.

此外, 若$(zI-T)^{-1}$存在, $R(zI-T) \subsetneq \mathscr{H}$且$\overline{R(zI-T)} = \mathscr{H}$, 则$(zI-T)^{-1}$无界. 否则, 由$T$闭及注记3.2.11可知$R(zI-T)$为闭集, 从而$R(zI-T) = \mathscr{H}$, 这与$R(zI-T) \subsetneq \mathscr{H}$矛盾! 故$(zI-T)^{-1}$无界. 因此, 定义3.2.29与定义1.2.4中连续谱的定义一致.

引理3.2.31 设A为Hilbert空间上的自伴算子. 则$\rho(A)$为开集.

证明 设$\lambda_0 \in \rho(A)$. 则$\lambda_0 I - A$可逆. 对$\forall \lambda \in \mathbb{C}$, 显然有

$$\lambda I - A = (\lambda_0 I - A)\left[I - (\lambda_0 - \lambda)(\lambda_0 I - A)^{-1}\right].$$

故, 当$|\lambda_0 - \lambda| < \|(\lambda_0 I - A)^{-1}\|^{-1}$时, 由引理1.2.12知$I - (\lambda_0 - \lambda)(\lambda_0 I - A)^{-1}$可逆. 从而$\lambda I - A$可逆, 即$\lambda \in \rho(A)$. 故$\rho(A)$开. 至此, 引理得证. □

引理3.2.32 设A是Hilbert空间$\mathscr{H}$上的自伴算子. 则, 对$\forall \lambda \in \mathbb{R}$,

$$\lambda \in \rho(A) \iff h(\lambda) \in \rho(U),$$

其中h如(3.2.9)且U为A的Cayley变换.

证明 由推论3.2.8知

$$A = \mathrm{i}(I+U)(I-U)^{-1}.$$

设 $x \in D(A) = D((I-U)^{-1})$ 且 $y := (I-U)^{-1}x$. 则

$$\begin{aligned}(\lambda I - A)x &= \lambda I x - \mathrm{i}(I+U)(I-U)^{-1}x \\ &= \lambda(I-U)y - \mathrm{i}(I+U)y \\ &= (\lambda - \mathrm{i})y - (\lambda + \mathrm{i})Uy \\ &= (\lambda + \mathrm{i})\left(\frac{\lambda - \mathrm{i}}{\lambda + \mathrm{i}}I - U\right)y. \end{aligned} \qquad (3.2.29)$$

若 $\lambda \in \rho(A)$, 则由 $\rho(A)$ 定义知 $R(\lambda I - A) = \mathscr{H}$ 且

$$\ker(\lambda I - A) = \{\theta\}.$$

由此及(3.2.29)进一步知

$$R\left(\frac{\lambda - \mathrm{i}}{\lambda + \mathrm{i}}I - U\right) = \mathscr{H} \quad \text{且} \quad \ker\left(\frac{\lambda - \mathrm{i}}{\lambda + \mathrm{i}}I - U\right) = \{\theta\}.$$

由引理2.5.46及U有界知

$$\left(\frac{\lambda - \mathrm{i}}{\lambda + \mathrm{i}}I - U\right)^{-1} \in \mathscr{L}(\mathscr{H}).$$

由此及(3.2.29)有

$$\ker\left(\frac{\lambda - \mathrm{i}}{\lambda + \mathrm{i}}I - U\right) = \{\theta\} \Longrightarrow \ker(\lambda I - A) = \{\theta\}$$

以及

$$(\lambda I - A)^{-1} = (\lambda + \mathrm{i})^{-1}(I - U)\left(\frac{\lambda - \mathrm{i}}{\lambda + \mathrm{i}}I - U\right)^{-1} \in \mathscr{L}(\mathscr{H}).$$

故 $\lambda \in \rho(A)$. 至此, 引理得证. □

推论3.2.33 设A是Hilbert空间$\mathscr{H}$上的自伴算子, $\lambda \in \mathbb{R}$ 且U为A的Cayley变换. 则

(i) $\lambda \in \sigma(A) \Longleftrightarrow h(\lambda) \in \sigma(U)$;

(ii) $\lambda \in \sigma_c(A) \Longleftrightarrow h(\lambda) \in \sigma_c(U)$,

其中h如(3.2.9).

证明 (i) 由引理3.2.32易得.

由注记3.2.20知

$$\lambda \in \sigma_p(A) \Longleftrightarrow h(\lambda) \in \sigma_p(U).$$

由此进一步有

$$\lambda \in \sigma_c(A) \Longleftrightarrow h(\lambda) \in \sigma_c(U).$$

从而(ii)成立. 至此, 推论得证. □

引理3.2.34 设A为Hilbert空间$\mathscr{H}$上的自伴算子且$\lambda \in \mathbb{R}$. 对$\forall \varepsilon \in (0, \infty)$, 令$I_\varepsilon := (\lambda - \varepsilon, \lambda + \varepsilon)$. 则$\widetilde{E}(I_\varepsilon \cap \sigma(A)) = \widetilde{E}(I_\varepsilon)$.

证明 令h如(3.2.9). 由(3.2.10)中$\widetilde{E}$的定义, 推论3.2.33及h是单射即知

$$\begin{aligned}
\widetilde{E}(I_\varepsilon \cap \sigma(A)) &= \widetilde{E}(h(I_\varepsilon \cap \sigma(A)) \cap \sigma(U)) \\
&= \widetilde{E}(h(I_\varepsilon) \cap h(\sigma(A)) \cap \sigma(U)) \\
&= \widetilde{E}(h(I_\varepsilon) \cap \sigma(U)) = \widetilde{E}(I_\varepsilon).
\end{aligned}$$

至此, 引理得证. □

定理3.2.35 设A是Hilbert空间$\mathscr{H}$上的自伴算子且$\{E_\lambda\}$为它的谱族. 则

(i) $\lambda_0 \in \sigma_p(A) \Longleftrightarrow E_{\lambda_0} - E_{\lambda_0 - 0} \neq \theta$;

(ii) $\sigma_r(A) = \varnothing$;

(iii) $\lambda_0 \in \sigma(A) \Longleftrightarrow \lambda_0 \in \mathbb{R}$且, 对$\forall \varepsilon \in (0, \infty), E(I_\varepsilon) \neq \theta$, 其中

$$I_\varepsilon = (\lambda_0 - \varepsilon, \lambda_0 + \varepsilon).$$

证明 (i) "$\Longrightarrow$". 设$\lambda_0 \in \sigma_p(A)$, 则存在$x_0 \in \mathscr{H}, x_0 \neq \theta$使得

$$(\lambda_0 I - A)x_0 = \theta.$$

对 $\forall n \in \mathbb{N}_+$, 令

$$f_n(\lambda) := \begin{cases} \dfrac{1}{\lambda_0 - \lambda}, & \forall \lambda \notin \left(\lambda_0 - \dfrac{1}{n}, \lambda_0 + \dfrac{1}{n}\right), \\ 0, & \forall \lambda \in \left(\lambda_0 - \dfrac{1}{n}, \lambda_0 + \dfrac{1}{n}\right). \end{cases}$$

则 $f_n \in B(\mathbb{R})$. 从而, 由定理3.2.28及

$$\int_{\mathbb{R}} |\lambda_0 - \lambda|^2 \, \mathrm{d}\|E_\lambda x\|_{\mathscr{H}}^2 < \infty \iff \int_{\mathbb{R}} \lambda^2 \, \mathrm{d}\|E_\lambda x\|_{\mathscr{H}}^2 < \infty$$

和命题3.2.24(ii)知

$$f_n(A)(\lambda_0 I - A) = f_n(A)(\lambda_0 - \cdot)(A) \subset (f_n(\cdot)(\lambda_0 - \cdot))(A)$$
$$= \mathbf{1}_{\mathbb{R} \setminus (\lambda_0 - 1/n, \lambda_0 + 1/n)}(A).$$

下证

$$\int_{\mathbb{R}} \mathbf{1}_{(-\infty, \lambda_0)}(\lambda) \, \mathrm{d} E_\lambda = E_{\lambda_0 - 0} \tag{3.2.30}$$

及

$$\int_{\mathbb{R}} \mathbf{1}_{(-\infty, \lambda_0]}(\lambda) \, \mathrm{d} E_\lambda = E_{\lambda_0}. \tag{3.2.31}$$

事实上, 对 $\forall \lambda \in (-\infty, \lambda_0]$, 令

$$\lambda =: -\cot\frac{\widetilde{\theta}}{2} \quad \text{及} \quad \lambda_0 =: -\cot\frac{\theta_0}{2},$$

则由命题2.5.42知

$$\mathbf{1}_{(-\infty, \lambda_0]}(A) = \int_{\mathbb{R}} \mathbf{1}_{(-\infty, \lambda_0]}(\lambda) \, \mathrm{d} E_\lambda = \int_0^{2\pi} \mathbf{1}_{(0, \theta_0]}(\widetilde{\theta}) \, \mathrm{d} F_{\widetilde{\theta}}$$
$$= \int_{\sigma(U)} \mathbf{1}_{\mathrm{e}^{\mathrm{i}(0, \theta_0]}}(z) \, \mathrm{d} E(z)$$
$$= E\left(\sigma(U) \cap \mathrm{e}^{\mathrm{i}(0, \theta_0]}\right) = F_{\theta_0} = E_{\lambda_0}.$$

由此及定理2.5.20(iii)知

$$\mathbf{1}_{(-\infty, \lambda_0)}(A) = s - \lim_{\lambda \uparrow \lambda_0} \mathbf{1}_{(-\infty, \lambda]}(A) = s - \lim_{\lambda \uparrow \lambda_0} E_\lambda =: E_{\lambda_0 - 0}.$$

因此, 由命题3.2.18知

$$\int_{\mathbb{R}} \mathbf{1}_{(\lambda_0-1/n,\lambda_0+1/n)}(\lambda)\,\mathrm{d}E_\lambda$$
$$= \mathbf{1}_{(\lambda_0-1/n,\lambda_0+1/n)}(A)$$
$$= \mathbf{1}_{(-\infty,\lambda_0+1/n)}(A) - \mathbf{1}_{(-\infty,\lambda_0-1/n]}(A)$$
$$= E_{\lambda_0+1/n-0} - E_{\lambda_0-1/n}. \tag{3.2.32}$$

又由命题3.2.13(iii)知

$$E_{\lambda_0} = s-\lim_{\lambda \to 0^+} E_{\lambda_0+\lambda}.$$

故, 对$\forall x \in \mathscr{H}$及$\varepsilon \in (0,\infty)$, 存在$\delta \in (0,\infty)$使得, 对$\forall \lambda \in (0,\delta)$有

$$\|(E_{\lambda_0} - E_{\lambda_0+\lambda})x\|_{\mathscr{H}} < \varepsilon.$$

显然存在$N \in \mathbb{N}_+$使得, 当$n \geqslant N$时, $1/n < \delta$且存在$k > n$使得

$$\|(E_{\lambda_0+1/n-0} - E_{\lambda_0+1/n-1/k})x\|_{\mathscr{H}} < \varepsilon.$$

从而

$$\|(E_{\lambda_0} - E_{\lambda_0+1/n-0})x\|_{\mathscr{H}} \leqslant \|(E_{\lambda_0} - E_{\lambda_0+1/n-1/k})x\|_{\mathscr{H}}$$
$$+ \|(E_{\lambda_0+1/n-1/k} - E_{\lambda_0+1/n-0})x\|_{\mathscr{H}}$$
$$< 2\varepsilon.$$

故, 对$\forall x \in \mathscr{H}$, 有

$$\lim_{n\to\infty} E_{\lambda_0+1/n-0}x = E_{\lambda_0}x. \tag{3.2.33}$$

由(3.2.30)、(3.2.32)和(3.2.33)及$x_0 \in D(f_n(A)(\lambda_0 I - A))$知

$$(E_{\lambda_0} - E_{\lambda_0-0})x_0 = \lim_{n\to\infty}(E_{\lambda_0+1/n-0} - E_{\lambda_0-1/n})x_0$$
$$= \lim_{n\to\infty} \mathbf{1}_{(\lambda_0-1/n,\lambda_0+1/n)}(A)x_0$$
$$= \lim_{n\to\infty}\left(I - \mathbf{1}_{\mathbb{R}\setminus(\lambda_0-1/n,\lambda_0+1/n)}(A)\right)x_0$$
$$= \lim_{n\to\infty}(I - f_n(A)(\lambda_0 I - A))x_0 = x_0,$$

即有$E_{\lambda_0} - E_{\lambda_0-0} \neq \theta$. 因此, (i)的必要性得证.

"⇐". 设 $E_{\lambda_0} - E_{\lambda_0-0} \neq \theta$. 任取 $x_0 \in R(E_{\lambda_0} - E_{\lambda_0-0})$ 且

$$x_0 \neq \theta.$$

则由 $E_{\lambda_0} - E_{\lambda_0-0}$ 为投影算子及(3.2.30)和(3.2.31)知

$$x_0 = (E_{\lambda_0} - E_{\lambda_0-0})x_0 = \mathbf{1}_{\{\lambda_0\}}(A)x_0.$$

下证 $x_0 \in D(A)$. 为此, 只需证

$$\int_{\mathbb{R}} |\lambda|^2 \mathrm{d}\|E_\lambda x_0\|_{\mathcal{H}}^2 < \infty.$$

由已证结论知

$$E_\lambda x_0 = E_\lambda \mathbf{1}_{\{\lambda_0\}}(A)x_0 = \mathbf{1}_{\{(-\infty,\lambda]\cap\{\lambda_0\}\}}(A)x_0.$$

因此, 当 $\lambda < \lambda_0$ 时, $\|E_\lambda x_0\|_{\mathcal{H}}^2 = 0$; 而当 $\lambda \geqslant \lambda_0$ 时,

$$\|E_\lambda x_0\|_{\mathcal{H}}^2 = \|\mathbf{1}_{\{\lambda_0\}}(A)x_0\|_{\mathcal{H}}^2 = \|x_0\|_{\mathcal{H}}^2.$$

故, 对 $\forall \varepsilon \in (0,\infty)$, 有

$$\int_{\mathbb{R}} |\lambda|^2 \mathrm{d}\|E_\lambda x_0\|_{\mathcal{H}}^2 = \int_{\lambda_0-\varepsilon}^{\lambda_0+\varepsilon} |\lambda|^2 \mathrm{d}\|E_\lambda x_0\|_{\mathcal{H}}^2.$$

注意到, 当 $\varepsilon \to 0^+$ 时,

$$\int_{\lambda_0-\varepsilon}^{\lambda_0+\varepsilon} |\lambda|^2 \mathrm{d}\|E_\lambda x_0\|_{\mathcal{H}}^2 \leqslant (\lambda_0+\varepsilon)^2 \int_{\lambda_0-\varepsilon}^{\lambda_0+\varepsilon} \mathrm{d}\|E_\lambda x_0\|_{\mathcal{H}}^2$$
$$= (\lambda_0+\varepsilon)^2 \int_{\mathbb{R}} \mathrm{d}\|E_\lambda x_0\|_{\mathcal{H}}^2$$
$$= (\lambda_0+\varepsilon)^2 \|x_0\|_{\mathcal{H}}^2 \to \lambda_0^2 \|x_0\|_{\mathcal{H}}^2.$$

类似有, 当 $\varepsilon \to 0^+$ 时,

$$\int_{\lambda_0-\varepsilon}^{\lambda_0+\varepsilon} |\lambda|^2 \mathrm{d}\|E_\lambda x_0\|_{\mathcal{H}}^2$$
$$\geqslant (\lambda_0-\varepsilon)^2 \int_{\lambda_0-\varepsilon}^{\lambda_0+\varepsilon} \mathrm{d}\|E_\lambda x_0\|_{\mathcal{H}}^2 \to \lambda_0^2 \|x_0\|_{\mathcal{H}}^2.$$

故
$$\int_{\mathbb{R}} |\lambda|^2 \, \mathrm{d}\|E_\lambda x_0\|_{\mathscr{H}}^2 = |\lambda_0|^2 \|x_0\|_{\mathscr{H}}^2 < \infty,$$
即知$x_0 \in D(A)$. 由此, 定理3.2.28及命题3.2.24(ii)知
$$Ax_0 = \int_{\mathbb{R}} \lambda \, \mathrm{d}E_\lambda x_0 = I(A)x_0 = I(A)\mathbf{1}_{\{\lambda_0\}}(A)x_0$$
$$= (I \cdot \mathbf{1}_{\{\lambda_0\}})(A)x_0 = \lambda_0 x_0.$$

即$\lambda_0 \in \sigma_p(A)$. 因此, (i)的充分性成立. 故(i)得证.

(ii) 设$\sigma_r(A) \neq \varnothing$, 则存在$\lambda_0 \in \sigma_r(A)$使得
$$\ker(\lambda_0 I - A) = \{\theta\} \quad \text{且} \quad \overline{R(\lambda_0 I - A)} \neq \mathscr{H}.$$

下证$\ker(\overline{\lambda_0}I - A^*) = [R(\lambda_0 I - A)]^\perp$. 若$x \in \ker(\overline{\lambda_0}I - A^*)$, 则, 对$\forall y \in D(A)$,
$$0 = ((\overline{\lambda_0}I - A^*)x, y) = (x, (\lambda_0 I - A)y).$$

故$x \in [R(\lambda_0 I - A)]^\perp$.

反之, 若$x \in [R(\lambda_0 I - A)]^\perp$, 则, 对$\forall y \in D(A)$, 有
$$((\overline{\lambda_0}I - A^*)x, y) = (x, (\lambda_0 I - A)y) = 0.$$

即知$x \in \ker(\overline{\lambda_0}I - A^*)$. 因此, 所证断言成立.

又因A自伴, 由定理3.2.12知$\lambda_0 \in \mathbb{R}$. 从而有$\lambda_0 I - A = \overline{\lambda_0}I - A^*$. 故由正交分解定理,
$$\ker(\lambda_0 I - A) = \ker(\overline{\lambda_0}I - A^*) = [R(\lambda_0 I - A)]^\perp \neq \{\theta\},$$

矛盾! 由此知$\sigma_r(A) = \varnothing$. 即(ii)成立.

(iii) "$\Longleftarrow$". 假设$\lambda_0 \in \rho(A) \cap \mathbb{R}$. 由引理3.2.31知$\rho(A)$开. 故存在$\varepsilon \in (0, \infty)$使得$B(\lambda_0, \varepsilon) \subset \rho(A)$. 因$\lambda_0 \in \mathbb{R}$, 故
$$I_\varepsilon := (\lambda_0 - \varepsilon, \lambda_0 + \varepsilon) \subset B(\lambda_0, \varepsilon) \subset \rho(A),$$

即$I_\varepsilon \cap \sigma(A) = \varnothing$. 由引理3.2.34知$\widetilde{E}(I_\varepsilon) = \widetilde{E}(I_\varepsilon \cap \sigma(A))$. 这与$E(I_\varepsilon) \neq \theta$矛盾! 故$\lambda_0 \in \sigma(A)$. 因此, (iii)的充分性成立.

"$\Longrightarrow$". 设$\lambda_0 \in \sigma(A)$, 但存在$I_\varepsilon := (\lambda_0 - \varepsilon, \lambda_0 + \varepsilon)$使得$\widetilde{E}(I_\varepsilon) = \theta$. 注意到

$$E_{\lambda_0} - E_{\lambda_0 - 0} = \lim_{\lambda \uparrow \lambda_0} \widetilde{E}((\lambda, \lambda_0]).$$

当$\lambda > \lambda_0 - \varepsilon$时, 由命题2.5.25(iii)知

$$\widetilde{E}((\lambda, \lambda_0]) = \widetilde{E}((\lambda, \lambda_0] \cap I_\varepsilon) = \widetilde{E}((\lambda, \lambda_0])\widetilde{E}(I_\varepsilon) = \theta.$$

故有

$$E_{\lambda_0} - E_{\lambda_0 - 0} = 0,$$

从而由(i)知$\lambda_0 \notin \sigma_p(A)$. 又由(ii)知$\lambda_0 \notin \sigma_r(A)$. 故$\lambda_0 \in \sigma_c(A)$. 从而

$$\overline{R(\lambda_0 I - A)} = \mathscr{H}$$

且$(\lambda_0 I - A)^{-1}$无界. 由此知存在$\{x_n\}_{n \in \mathbb{N}_+}$使得$\|x_n\|_\mathscr{H} = 1$且, 当$n \to \infty$时,

$$(\lambda_0 I - A)x_n \to 0.$$

另外, 由注记3.2.23(i)知

$$\|(\lambda_0 I - A)x_n\|_\mathscr{H}^2 = \int_\mathbb{R} |\lambda_0 - \lambda|^2 \, \mathrm{d}\|E_\lambda x_n\|_\mathscr{H}^2.$$

由引理3.2.32的证明, 命题3.2.18及$\widetilde{E}(I_\varepsilon) = \theta$,

$$\mathbf{1}_{I_\varepsilon}(A) = \mathbf{1}_{h(I_\varepsilon)}(U) = E(h(I_\varepsilon)) = \widetilde{E}(I_\varepsilon) = \theta,$$

从而

$$0 = \|\mathbf{1}_{I_\varepsilon}(A)x_n\|_\mathscr{H}^2 = \int_{I_\varepsilon} \mathrm{d}\|E_\lambda x_n\|_\mathscr{H}^2.$$

由此及(3.2.16)有

$$\int_{I_\varepsilon} |\lambda_0 - \lambda|^2 \, \mathrm{d}\|E_\lambda x_n\|_\mathscr{H}^2 \leqslant \varepsilon^2 \int_{I_\varepsilon} \mathrm{d}\|E_\lambda x_n\|_\mathscr{H}^2$$
$$= \varepsilon^2 \|\mathbf{1}_{I_\varepsilon}(A)x_n\|_\mathscr{H}^2 = 0.$$

故有

$$\|(\lambda_0 I - A)x_n\|_\mathscr{H}^2 = \int_{\mathbb{R} \setminus I_\varepsilon} |\lambda_0 - \lambda|^2 \, \mathrm{d}\|E_\lambda x_n\|_\mathscr{H}^2$$

$$\geqslant \varepsilon^2 \int_{\mathbb{R}\setminus I_\varepsilon} \mathrm{d}\|E_\lambda x_n\|_{\mathscr{H}}^2$$
$$= \varepsilon^2 \|x_n\|_{\mathscr{H}}^2 = \varepsilon^2,$$

矛盾! 故 $\widetilde{E}(I_\varepsilon) \neq \theta$. 因此, (iii) 的必要性成立. 至此, 定理得证. $\square$

注记3.2.36 定理3.2.35(i)的必要性可以有如下另一个证明: 设所有记号同定理3.2.35(i)的必要性证明. 由注记3.2.20及定理2.5.56有

$$\lambda_0 \in \sigma_p(A)$$
$$\iff g^{-1}(\varphi^{-1}(\lambda_0)) \in \sigma_p(U)$$
$$\iff E_U(\{g^{-1} \circ \varphi^{-1}(\lambda_0)\}) \neq \theta$$
$$\iff E_U\left(\mathrm{e}^{\mathrm{i}[0,\varphi^{-1}(\lambda_0)]} \cap \sigma(U)\right) - E_U\left(\mathrm{e}^{\mathrm{i}[0,\varphi^{-1}(\lambda_0))} \cap \sigma(U)\right) \neq \theta.$$

下证
$$F_{\varphi^{-1}(\lambda_0)-0}x = E_U(\mathrm{e}^{\mathrm{i}[0,\varphi^{-1}(\lambda_0))} \cap \sigma(U)).$$

由 F_θ 定义, 对 $\forall x \in \mathscr{H}$, 有

$$F_{\varphi^{-1}(\lambda_0)-0}x = \lim_{\theta \uparrow \varphi^{-1}(\lambda_0)} F_\theta x = \lim_{\theta \uparrow \varphi^{-1}(\lambda_0)} E_U(\mathrm{e}^{\mathrm{i}[0,\theta]} \cap \sigma(U))x.$$

另外, 由 E_U 定义、定理2.5.34及定理2.5.20(iii)知, 当 $\theta \uparrow \varphi^{-1}(\lambda_0)$ 时,

$$E_U(\mathrm{e}^{\mathrm{i}[0,\theta]} \cap \sigma(U))x - E_U(\mathrm{e}^{\mathrm{i}[0,\varphi^{-1}(\lambda_0))} \cap \sigma(U))x$$
$$= \int_{S^1} \mathbf{1}_{\mathrm{e}^{\mathrm{i}(\theta,\varphi^{-1}(\lambda_0))} \cap \sigma(U)}(z)\,\mathrm{d}E(z)x$$
$$= \mathbf{1}_{\mathrm{e}^{\mathrm{i}(\theta,\varphi^{-1}(\lambda_0))} \cap \sigma(U)}(U)x \to \theta.$$

故
$$F_{\varphi^{-1}(\lambda_0)-0}x = E_U(\mathrm{e}^{\mathrm{i}[0,\varphi^{-1}(\lambda_0))} \cap \sigma(U)).$$

从而
$$\lambda_0 \in \sigma_p(A) \iff F_{\varphi^{-1}(\lambda_0)-0} - F_{\varphi^{-1}(\lambda_0)} \neq \theta$$
$$\iff E_{\lambda_0-0} - E_{\lambda_0} \neq \theta.$$

由此定理3.2.35(i)的必要性得证.

有界算子本质谱的概念也可以推广至无界自伴算子的情形.

定义3.2.37 设A为自伴算子. 则$\lambda_0 \in \sigma_{\text{ess}}(A)$当且仅当下列三个命题之一成立：

(i) $\lambda_0 \in \sigma_c(A)$;

(ii) λ_0是$\sigma(A)$的极限点；

(iii) λ_0是无限重次的特征值.

注记3.2.38 设A是$\mathscr{H}$上的自伴算子. 记

$$\widetilde{\sigma_{\text{ess}}}(A) := \{z \in \sigma(A) : z \in \sigma_c(A), \text{ 或 } z \in \sigma_p(A) \text{ 且 } \dim \ker(zI - A) = \infty\};$$

则$\widetilde{\sigma_{\text{ess}}}(A)$不包含所有谱的聚点且, 对$\forall \varepsilon \in (0, \infty)$, $\dim R(\widetilde{E}(I_\varepsilon)) = \infty$无法推出$\lambda_0 \in \widetilde{\sigma_{\text{ess}}}(A)$.

例如, 令$\mathscr{H} := \ell^2$,

$$T : \begin{cases} \ell^2 \longrightarrow \ell^2, \\ \{x_1, x_2, x_3, \cdots\} \longmapsto \left\{0, \dfrac{x_2}{2}, \dfrac{x_3}{3}, \cdots\right\}. \end{cases}$$

则有

$$\begin{cases} Te_1 = 0e_1, \\ Te_k = \dfrac{1}{k}e_k, \quad \forall k \in \{2, 3, \cdots\}. \end{cases}$$

故$0 \in \sigma_p(T)$且$1/k \in \sigma_p(T)$, 但$0 \notin \sigma_c(T)$. 显然0是点谱的一个聚点. 又注意到$\ker(0 - T) = \mathbb{R}e_1$, 故$0 \in \sigma_d(T)$, 即存在谱的一个聚点0不属于$\widetilde{\sigma_{\text{ess}}}(T)$.

对$\forall \varepsilon \in (0, \infty)$, 令$I_\varepsilon := (-\varepsilon, \varepsilon)$. 则存在$N \in \mathbb{N}_+$使得, 对$\forall k > N$, $1/k \in I_\varepsilon$. 故由注记2.5.57知

$$\bigcup_{k>N} \mathbb{R}e_k = \bigcup_{k>N} R\left(\widetilde{E}\left(\left\{\dfrac{1}{k}\right\}\right)\right) \subset R\left(\widetilde{E}(I_\varepsilon)\right).$$

从而, 对$\forall \varepsilon \in (0, \infty)$, $\dim R(\widetilde{E}(I_\varepsilon)) = \infty$. 因此, 所证断言成立.

习题3.2

习题3.2.1 设T是Hilbert空间$\mathscr{H}$上的对称算子且A是$\mathscr{H}$上的线性算子, 满足$A \subset T$和$R(A+iI) = R(T+iI)$. 证明$A = T$.

习题3.2.2 补全命题3.2.15的证明的所有细节.

习题3.2.3 证明(3.2.19).

习题3.2.4 设A是Hilbert空间$\mathscr{H}$上的对称算子, $R(A+iI) = \mathscr{H}$且$R(A-iI) \neq \mathscr{H}$. 证明A没有自伴扩张.

习题3.2.5 设A是Hilbert空间$\mathscr{H}$上的稠定对称正算子. 证明

(i) 对$\forall x \in D(A)$, $\|(A+I)x\|_{\mathscr{H}}^2 \geq \|x\|_{\mathscr{H}}^2 + \|Ax\|_{\mathscr{H}}^2$;

(ii) A是闭算子当且仅当$R(A+I)$闭;

(iii) A是本质自伴的当且仅当$A^*y = -y$无非零解.

习题3.2.6 设T是Hilbert空间$\mathscr{H}$上的等距算子, 即, 对任意$x \in D(T)$, $\|Tx\|_{\mathscr{H}} = \|x\|_{\mathscr{H}}$. 证明

(i) 对$\forall x, y \in D(T)$, $(Tx, Ty) = (x, y)$;

(ii) 若$R(I-T)$在$\mathscr{H}$中稠, 则$I-T$是一一的;

(iii) 若$D(T), R(T)$和$\Gamma(T)$中有一个为闭集, 则另外两个也为闭集.

§3.3 无界正常算子的谱分解

在本节中我们建立无界正常算子的谱分解. 首先, 在3.3.1节中给出Borel可测函数的算子泛函演算及其基本性质. 在此基础之上, 进一步在3.3.2节中给出无界正常算子的谱分解定理, 并研究这类算子谱集的性质.

§3.3.1 Borel可测函数的算子表示

在本小节, 首先把有界Borel可测函数的算子表示推广到无界Borel可测函数, 并且得到一些该算子表示的性质; 最后给出此算子表示的谱的性质.

下面我们把(2.5.33)推广到无界Borel可测函数. 在本小节中, 我们用 $\mathbf{1}_E$ 表示集合 E 的特征函数.

引理3.3.1 设 f 是 $\mathbb{C}$ 上处处有限的Borel可测函数. 令

$$D_f := \left\{ x \in \mathscr{H} : \int_{\mathbb{C}} |f(z)|^2 \, \mathrm{d} \|E(z)x\|_{\mathscr{H}}^2 < \infty \right\},$$

则 D_f 是 $\mathscr{H}$ 中的稠集. 若 $x \in D_f$ 且 $y \in \mathscr{H}$, 则

$$\int_{\mathbb{C}} |f(z)| \, |\mathrm{d}(E(z)x,y)| \leqslant \|y\|_{\mathscr{H}} \left[\int_{\mathbb{C}} |f(z)|^2 \, \mathrm{d} \|E(z)x\|_{\mathscr{H}}^2 \right]^{\frac{1}{2}}. \tag{3.3.1}$$

又若 f 有界, $v = \Phi(f)y$, 则, 对 $\forall x, y \in \mathscr{H}$,

$$\mathrm{d}(E(z)x, v) = \overline{f(z)} \, \mathrm{d}(E(z)x, y). \tag{3.3.2}$$

为证明该引理, 我们需要以下性质和概念(参见文献[21]).

命题3.3.2 (文献[21]Theorem 6.2) 设 μ 为 $(\mathbb{C}, \mathscr{B})$ 上的复测度. 则它的全变差 $|\mu|$ 为 $(\mathbb{C}, \mathscr{B})$ 上的正测度.

命题3.3.3 (文献[21]Theorem 6.13) 设 ν 为 $(\mathbb{C}, \mathscr{B})$ 上的复测度, μ 为其上的正测度, $g \in L^1(\mu)$ 且满足, 对 $\forall E \in \mathscr{B}$,

$$\nu(E) = \int_E g \, \mathrm{d}\mu.$$

则, 对 $\forall E \in \mathscr{B}$,

$$|\nu|(E) = \int_E |g| \, \mathrm{d}\mu.$$

定义3.3.4 (文献[21]第120页(1)式) 设ν为$(\mathbb{C},\mathscr{B})$上的复测度且μ为其上的正测度. 若对$\forall E \in \mathscr{B}$, $\mu(E) = 0$, 均有$\nu(E) = 0$, 则称ν关于μ绝对连续, 记为$\nu \ll \mu$.

引理3.3.1的证明 对于$n \in \mathbb{N}_+$, 记

$$\Delta_n := \{z \in \mathbb{C} : |f(z)| \leqslant n\}.$$

若$x \in R(E(\Delta_n))$, 则, 对任意$\Delta \in \mathscr{B}$, 由$E(\Delta_n)$为投影算子及谱族的性质[命题2.5.25(iii)]知

$$E(\Delta)x = E(\Delta)E(\Delta_n)x = E(\Delta \cap \Delta_n)x. \tag{3.3.3}$$

所以$(E(\Delta)x,x) = (E(\Delta \cap \Delta_n)x,x)$. 因此, 由定理2.5.32有

$$\begin{aligned}\int_{\mathbb{C}} |f(z)|^2 \, \mathrm{d}(E(z)x,x) \\ = \int_{\Delta_n} |f(z)|^2 \, \mathrm{d}(E(z)x,x) \leqslant n^2 \|x\|_{\mathscr{H}}^2 < \infty.\end{aligned} \tag{3.3.4}$$

事实上, 由(2.5.39)和(3.3.3)知, 对任意的Borel可测集Δ, 有

$$\begin{aligned}\int_{\mathbb{C}} \mathbf{1}_\Delta(z) \, \mathrm{d}(E(z)x,x) &= (E(\Delta)x,x) \\ &= (E(\Delta \cap \Delta_n)x,x) \\ &= \int_{\Delta_n} \mathbf{1}_\Delta(z) \, \mathrm{d}(E(z)x,x).\end{aligned}$$

由此进一步知对任意的$\varphi \in \mathscr{S}(\mathbb{C})$, 有

$$\int_{\mathbb{C}} \varphi(z) \, \mathrm{d}(E(z)x,x) = \int_{\Delta_n} \varphi(z) \, \mathrm{d}(E(z)x,x).$$

再由文献[21]Theorems 1.17和1.26知存在$\{\varphi_k\}_{k \in \mathbb{N}_+} \subset \mathscr{S}(\mathbb{C})$使得

$$0 \leqslant \varphi_1 \leqslant \varphi_2 \leqslant \cdots \leqslant |f|^2,$$

$$\lim_{k \to \infty} \varphi_k(z) = |f(z)|^2 \quad 对\forall z \in \mathbb{C}成立,$$

且由Levi引理有

$$\int_{\mathbb{C}} |f(z)|^2 \, \mathrm{d}(E(z)x,x) = \lim_{k \to \infty} \int_{\mathbb{C}} \varphi_k(z) \, \mathrm{d}(E(z)x,x)$$

$$= \lim_{k\to\infty} \int_{\Delta_n} \varphi_k(z)\,\mathrm{d}(E(z)x,x)$$
$$= \int_{\Delta_n} |f(z)|^2\,\mathrm{d}(E(z)x,x).$$

由此及$|(E(\mathbb{C})x,x)| \leqslant \|x\|_{\mathscr{H}}^2$知(3.3.4)成立. 这说明$R(E(\Delta_n)) \subset D_f$.

下面证明, 对$\forall y \in \mathscr{H}$,
$$y = \lim_{n\to\infty} E(\Delta_n)y. \tag{3.3.5}$$

为此, 令
$$\widetilde{\Delta}_0 := \{z \in \mathbb{C}: |f(z)| \leqslant 1\}$$

以及, 对$\forall k \in \mathbb{N}_+$,
$$\widetilde{\Delta}_k := \{z \in \mathbb{C}: k < |f(z)| \leqslant k+1\}.$$

则$\mathbb{C} = \bigcup_{n=1}^{\infty} \Delta_n = \bigcup_{n=0}^{\infty} \widetilde{\Delta}_n$且, 对$\forall n \in \mathbb{N}_+$, $\Delta_n := \bigcup_{k=0}^{n-1} \widetilde{\Delta}_k$. 进一步, 对$\forall y \in \mathscr{H}$, 由定义2.5.24和命题2.5.25(ii)知

$$y = Iy = E(\mathbb{C})y$$
$$= E\left(\bigcup_{k=0}^{\infty} \widetilde{\Delta}_k\right)y = \lim_{n\to\infty} \sum_{k=0}^{n-1} E(\widetilde{\Delta}_k)y$$
$$= \lim_{n\to\infty} E\left(\bigcup_{k=0}^{n-1} \widetilde{\Delta}_k\right)y = \lim_{n\to\infty} E(\Delta_n)y,$$

即(3.3.5)成立. 由此及$R(E(\Delta_n)) \subset D_f$进一步知$D_f$是$\mathscr{H}$中的稠集.

现固定$x,y \in \mathscr{H}$且设f有界可测. 对$\forall A \in \mathscr{B}$, 记
$$\nu(A) := (E(A)x,y).$$

则由(2.5.39)知, 对$\forall A \in \mathscr{B}$,
$$\nu(A) = \int_A \mathrm{d}(E(z)x,y).$$

事实上, 对$\forall A \in \mathscr{B}$, 由测度全变差的定义有
$$\int_A \mathrm{d}|(E(z)x,y)| = \sup\left\{\sum_{i=1}^{\infty} \left|\int_{A_i} \mathrm{d}(E(z)x,y)\right|\right\}$$

$$= \sup\left\{\sum_{i=1}^{\infty}|v(A_i)|\right\} = |v|(A),$$

其中上确界取遍A的所有分划$\{A_i\}_{i=1}^{\infty}$.

由引理2.5.21知存在$|v|$-可测函数$h_{x,y}$使得$|h_{x,y}|\equiv 1$且

$$\mathrm{d}(E(\cdot)x,y) = h_{x,y}\mathrm{d}|(E(\cdot)x,y)|.$$

因此, 对任意有界Borel可测函数f, 有

$$f\mathrm{d}(E(\cdot)x,y) = fh_{x,y}\mathrm{d}|(E(\cdot)x,y)|.$$

从而, 由命题3.3.3知$fd(E(\cdot)x,y)$的全变差为

$$|fh_{x,y}|\mathrm{d}|(E(\cdot)x,y)| = |f|\mathrm{d}|(E(\cdot)x,y)|.$$

再由引理2.5.21知存在$|f|\mathrm{d}|(E(\cdot)x,y)|$-可测函数$\widetilde{u}_{x,y}$, $|\widetilde{u}_{x,y}|\equiv 1$且

$$f\mathrm{d}(E(\cdot)x,y) = \widetilde{u}_{x,y}|f|\mathrm{d}|(E(\cdot)x,y)|.$$

因此,

$$|f|\mathrm{d}|(E(\cdot)x,y)| = u_{x,y}f\mathrm{d}(E(\cdot)x,y),$$

其中$u_{x,y}:=\dfrac{1}{\widetilde{u}_{x,y}}$且$|u_{x,y}|\equiv 1$. 由此及(2.5.33)和关于$\mathscr{H}$的Cauchy–Schwarz不等式知

$$\int_{\mathbb{C}}|f(z)|\mathrm{d}|(E(z)x,y)|$$
$$= (\Phi(u_{x,y}f)x,y) \leqslant \|\Phi(u_{x,y}f)x\|_{\mathscr{H}}\|y\|_{\mathscr{H}}.$$

由定理2.5.32(ii)知

$$\|\Phi(u_{x,y}f)x\|_{\mathscr{H}}^2 = \int_{\mathbb{C}}|u_{x,y}(z)f(z)|^2\mathrm{d}\|E(z)x\|_{\mathscr{H}}^2$$
$$= \int_{\mathbb{C}}|f(z)|^2\mathrm{d}\|E(z)x\|_{\mathscr{H}}^2.$$

于是对于有界Borel可测函数, 不等式(3.3.1)成立.

当f是任意可测函数时, 对$\forall n \in \mathbb{N}_+$, $\mathbf{1}_{\Delta_n}f$是有界的. 于是由已证结论进一步有, 对$\forall x \in D_f$及$\forall y \in \mathscr{H}$,

$$\int_{\Delta_n} |f(z)| \mathrm{d}|(E(z)x,y)| = \int_{\mathbb{C}} |\mathbf{1}_{\Delta_n}f(z)| \mathrm{d}|(E(z)x,y)|$$
$$\leqslant \|y\|_{\mathscr{H}} \|\Phi(\mathbf{1}_{\Delta_n}f)x\|_{\mathscr{H}}$$
$$\leqslant \|y\|_{\mathscr{H}} \left[\int_{\mathbb{C}} |f(z)|^2 \mathrm{d}\|E(z)x\|_{\mathscr{H}}^2\right]^{\frac{1}{2}}.$$

由Δ_n的任意性及$\Delta_n \to \mathbb{C}$知(3.3.1)式成立.

最后证(3.3.2)式成立. 对于任意有界可测函数g, 由(2.5.33)、$v = \Phi(f)y$、(2.5.36)和(2.5.37)知

$$\int_{\mathbb{C}} g(z) \mathrm{d}(E(z)x,v) = (\Phi(g)x,v) = (\Phi(g)x, \Phi(f)y)$$
$$= (\Phi(\overline{f})\Phi(g)x,y) = (\Phi(\overline{f}g)x,y)$$
$$= \int_{\mathbb{C}} g(z)\overline{f}(z) \mathrm{d}(E(z)x,y).$$

所以$\mathrm{d}(E(z)x,v) = \overline{f}(z)\mathrm{d}(E(z)x,y)$成立. 至此, 命题得证. □

定理3.3.5 设$\mathscr{H}$是一个Hilbert空间且$(\mathbb{C}, \mathscr{B}(\mathbb{C}), E)$是一个谱族. 对于每一个复数域上Borel可测函数f, 对应着一个$\mathscr{H}$上的稠定闭算子$\Phi(f)$满足

$$D(\Phi(f)) := D_f,$$

$$(\Phi(f)x,y) = \int_{\mathbb{C}} f(z) \mathrm{d}(E(z)x,y) \quad \forall x \in D_f 和 \forall y \in \mathscr{H} 成立, \tag{3.3.6}$$

且, 对$\forall x \in D_f$, 有

$$\|\Phi(f)x\|_{\mathscr{H}}^2 = \int_{\mathbb{C}} |f(z)|^2 \mathrm{d}\|E(z)x\|_{\mathscr{H}}^2, \tag{3.3.7}$$

其中D_f如引理3.3.1.

证明 固定$x \in D_f$, 由引理3.3.1的不等式(3.3.1)知

$$y \longmapsto \int_{\mathbb{C}} f(z) \mathrm{d}(E(z)x,y)$$

是 $\mathscr{H}$ 上有界共轭线性泛函, 它的范数不超过

$$\left[\int_{\mathbb{C}}|f(z)|^2\mathrm{d}\|E(z)x\|_{\mathscr{H}}^2\right]^{\frac{1}{2}}.$$

所以, 由文献[7]定理2.2.1知存在唯一的元, 记作 $\Phi(f)x \in \mathscr{H}$, 使得

$$(\Phi(f)x,y)=\int_{\mathbb{C}}f(z)\mathrm{d}(E(z)x,y)$$

且有

$$\|\Phi(f)x\|_{\mathscr{H}}^2 \leqslant \int_{\mathbb{C}}|f(z)|^2\mathrm{d}\|E(z)x\|_{\mathscr{H}}^2. \tag{3.3.8}$$

显然 $\Phi(f)$ 在 D_f 上是线性的. 对 $\forall n \in \mathbb{N}_+$, 记 $f_n := f\mathbf{1}_{\Delta_n}$, 其中 Δ_n 如引理3.3.1的证明, 它是 f 的截断函数. 由于 f_n 有界, $D_{f-f_n} = D_f$, 故, 对 $\forall x \in D_f$ 及 $\forall y \in \mathscr{H}$, 有

$$\begin{aligned}([\Phi(f)x-\Phi(f_n)]x,y) &= (\Phi(f)x,y)-(\Phi(f_n)x,y)\\ &= \int_{\mathbb{C}}[f(z)-f_n(z)]\mathrm{d}(E(z)x,y)\\ &= (\Phi(f-f_n)x,y).\end{aligned}$$

由 y 的任意性知

$$\Phi(f)x - \Phi(f_n)x = \Phi(f-f_n)x.$$

由此及(3.3.8)和Lebesgue控制收敛定理知, 对 $\forall x \in D_f$, 当 $n \to \infty$ 时,

$$\|\Phi(f)x-\Phi(f_n)x\|_{\mathscr{H}}^2 \leqslant \int_{\mathbb{C}}|f(z)-f_n(z)|^2\mathrm{d}\|E(z)x\|_{\mathscr{H}}^2 \to 0. \tag{3.3.9}$$

由定理2.5.32知, 对 $\forall n \in \mathbb{N}_+$,

$$\|\Phi(f_n)x\|_{\mathscr{H}}^2 = \int_{\mathbb{C}}|f_n(z)|^2\mathrm{d}\|E(z)x\|_{\mathscr{H}}^2.$$

再令 $n \to \infty$, 得(3.3.7).

下证 $\Phi(f)$ 是闭算子, 首先利用下一个定理3.3.6(ii)中的结论 $[\Phi(f)]^* = \Phi(\overline{f})$ [其证明没有用到 $\Phi(f)$ 为闭算子]有

$$\left[\Phi\left(\overline{f}\right)\right]^* = \Phi\left(\overline{\overline{f}}\right) = \Phi(f).$$

由
$$D(\Phi(\overline{f})) = D_{\overline{f}} = D_f$$

及引理3.3.1知$\Phi(\overline{f})$是稠定算子,根据定理3.1.11(i)知$\Phi(f)$是闭算子. 至此, 定理得证. □

定理3.3.6 设Φ是由定理3.3.5所给出的从$\mathbb{C}$上的Borel可测函数到$\mathscr{H}$上的稠定线性算子的对应. 则, 对任意$\mathbb{C}$上的Borel可测函数f和g, 有

(i)
$$\Phi(f)\Phi(g) \subset \Phi(fg) \quad \text{且} \quad D(\Phi(f)\Phi(g)) = D_g \cap D_{fg}; \quad (3.3.10)$$

(ii)
$$\Phi(\overline{f}) = [\Phi(f)]^*.$$

证明 (i) 首先假定f是有界的, 则$D_g \subset D_{fg}$. 若$y \in \mathscr{H}$且$v := \Phi(\overline{f})y$, 则由定理2.5.32、(3.3.6)和(3.3.2)知, 对$\forall x \in D_g$,

$$\begin{aligned}(\Phi(f)\Phi(g)x, y) &= (\Phi(g)x, v) \\ &= \int_{\mathbb{C}} g(z)\,\mathrm{d}(E(z)x, v) \\ &= \int_{\mathbb{C}} f(z)g(z)\,\mathrm{d}(E(z)x, y) \\ &= (\Phi(fg)x, y).\end{aligned}$$

所以, 由y的任意性进一步知, 对$\forall x \in D_g$,

$$\Phi(f)\Phi(g)x = \Phi(fg)x. \quad (3.3.11)$$

由此及定理2.5.32(ii)和(3.3.7), 若设$u := \Phi(g)x$, 则, 对$\forall x \in D_g$及任意有界可测函数f, 有

$$\begin{aligned}\int_{\mathbb{C}} |f(z)|^2 \mathrm{d}\|E(z)u\|_{\mathscr{H}}^2 &= \|\Phi(f)u\|_{\mathscr{H}}^2 = \|\Phi(fg)x\|_{\mathscr{H}}^2 \\ &= \int_{\mathbb{C}} |f(z)g(z)|^2 \mathrm{d}\|E(z)x\|_{\mathscr{H}}^2.\end{aligned}$$

当f是任意可测函数时, 对$\forall n \in \mathbb{N}_+$, 令

$$f_n := f\mathbf{1}_{\Delta_n},$$

其中 Δ_n 如引理3.3.1的证明, 则, 当 $n \to \infty$ 时, $|f_n| \nearrow |f|$. 由Levi定理(见文献[3]定理1.2.7)知等式(3.3.11)对 $\forall x \in D_g$ 仍成立. 于是, 当 $x \in D_g$ 时, $u \in D_f$ 等价于 $x \in D_{fg}$. 因为

$$D(\Phi(f)\Phi(g)) := \{x \in D_g : \Phi(g)x = u \in D_f\},$$

所以

$$D(\Phi(f)\Phi(g)) = \{x \in D_g : x \in D_{fg}\} = D_{fg} \cap D_g.$$

现在任取 $x \in D(\Phi(f)\Phi(g)) = D_{fg} \cap D_g$, 记

$$u := \Phi(g)x.$$

对 $\forall n \in \mathbb{N}_+$, 取 f 的截断函数

$$f_n = f \mathbf{1}_{\Delta_n},$$

其中 $\mathbf{1}_{\Delta_n}$ 为 Δ_n 的特征函数. 于是由Lebesgue控制收敛定理知, 当 $n \to \infty$ 时, 有

$$\int_{\mathbb{C}} |f(z) - f_n(z)|^2 \mathrm{d}(E(z)u, u) \to 0$$

及

$$\int_{\mathbb{C}} |f(z)g(z) - f_n(z)g(z)|^2 \mathrm{d}(E(z)x, x) \to 0.$$

而由(3.3.7)进一步有

$$\lim_{n \to \infty} \Phi(f_n)u = \Phi(f)u$$

及

$$\lim_{n \to \infty} \Phi(f_n g)x = \Phi(fg)x.$$

由此及(3.3.11)知, 对 $\forall x \in D_g$, $\Phi(f_n)\Phi(g)x = \Phi(f_n g)x$. 综合起来, 得

$$\Phi(f)\Phi(g)x = \Phi(f)u = \lim_{n \to \infty} \Phi(f_n)u$$
$$= \lim_{n \to \infty} \Phi(f_n g)x = \Phi(fg)x.$$

这样证明了 $\Phi(f)\Phi(g) \subset \Phi(fg)$. 即(i)成立.

(ii) 先证明 $\Phi(\overline{f}) \subset [\Phi(f)]^*$. 事实上, 任取 $y \in D_{\overline{f}}$ 且 $x \in D_f$, 则由(3.3.9)及定理2.5.32证明中的(2.5.46)有

$$(\Phi(f)x, y) = \lim_{n\to\infty}(\Phi(f_n)x, y)$$
$$= \lim_{n\to\infty}(x, \Phi(\overline{f_n})y) = (x, \Phi(\overline{f})y).$$

所以由定义3.1.9知 $y \in D([\Phi(f)]^*)$. 因此, $D_{\overline{f}} \subset D([\Phi(f)]^*)$ 且 $\Phi(\overline{f}) \subset [\Phi(f)]^*$.

为证明 $\Phi(\overline{f}) \supset [\Phi(f)]^*$, 只需证 $D([\Phi(f)]^*) \subset D_{\overline{f}}$. 任取 $y \in D([\Phi(f)]^*)$, 令 $v := [\Phi(f)]^* y$. 因为对 $\forall n \in \mathbb{N}_+$, $f_n := f\mathbf{1}_{\Delta_n}$, 由(i)知

$$\Phi(f_n) = \Phi(f)\Phi(\mathbf{1}_{\Delta_n}). \tag{3.3.12}$$

又由(2.5.39)及(3.3.6)知, 对 $\forall x, y \in \mathcal{H}$,

$$(E(\Delta_n)x, y) = \int_{\Delta_n} \mathrm{d}(E(z)x, y) = (\Phi(\mathbf{1}_{\Delta_n})x, y).$$

从而, 由 x, y 的任意性知

$$\Phi(\mathbf{1}_{\Delta_n}) = E(\Delta_n)$$

是自伴的. 故, 一方面, 对 $\forall x \in D(\Phi(f)\Phi(\mathbf{1}_{\Delta_n}))$ 且 $\forall y \in D([\Phi(f)]^*)$, 有

$$(\Phi(f)\Phi(\mathbf{1}_{\Delta_n})x, y) = (\Phi(\mathbf{1}_{\Delta_n})x, [\Phi(f)]^* y)$$
$$= (x, \Phi(\mathbf{1}_{\Delta_n})[\Phi(f)]^* y).$$

另一方面, 由(3.3.12)及(2.5.46)知, 对 $\forall x \in D(\Phi(f)\Phi(\mathbf{1}_{\Delta_n}))$ 和 $y \in [D(\Phi(f))]^*$ 有

$$(\Phi(f)\Phi(\mathbf{1}_{\Delta_n})x, y) = (\Phi(f_n)x, y) = (x, \Phi(\overline{f_n})y).$$

因此, 由于 $D(\Phi(f_n)) = D_{f_n} = \mathcal{H}$, 故

$$\Phi(\mathbf{1}_{\Delta_n})v = \Phi(\overline{f_n})y.$$

所以由定理2.5.32(ii)及(2.5.48)有

$$\int_{\mathbb{C}} |f_n(z)|^2 \mathrm{d}\|E(z)y\|_{\mathcal{H}}^2 = \int_{\mathbb{C}} |\mathbf{1}_{\Delta_n}(z)|^2 \mathrm{d}\|E(z)v\|_{\mathcal{H}}^2 \leqslant \|v\|_{\mathcal{H}}^2.$$

令 $n \to \infty$, 由Levi引理得 $y \in D_f = D_{\overline{f}}$. 故所证断言成立. 至此, 定理得证. □

推论3.3.7 (i) $\Phi(f)\Phi(g) = \Phi(fg)$ 当且仅当 $D_{fg} \subset D_g$;

(ii) $\Phi(f)[\Phi(f)]^* = \Phi(|f|^2)$.

证明 先证(i). 事实上, 由(3.3.10)及定理3.3.6(i)知

$$D_{fg} \subset D_g \iff D(\Phi(f)\Phi(g)) = D_{fg} = D(\Phi(fg))$$
$$\iff \Phi(f)\Phi(g) = \Phi(fg).$$

故(i)得证.

再证(ii). 由定理3.3.6及推论3.3.7(i)知只需证 $D_{|f|^2} \subset D_{\bar{f}}$. 事实上, 对 $\forall x \in D_{|f|^2}$, 由(3.3.1)知

$$\int_{\mathbb{C}} |f(z)|^2 \mathrm{d}\|E(z)x\|_{\mathscr{H}}^2$$
$$= \int_{\mathbb{C}} |f(z)|^2 \mathrm{d}(E(z)x, x)$$
$$\leqslant \|x\|_{\mathscr{H}} \left[\int_{\mathbb{C}} |f(z)|^4 \mathrm{d}\|E(z)x\|_{\mathscr{H}}^2 \right]^{\frac{1}{2}} < \infty.$$

故 $x \in D_{\bar{f}}$. 因此, (ii)成立. 至此, 推论得证. □

下面的定理刻画了算子表示的谱的性质, 该定理及证明见文献[20]. 首先回顾以下定义.

定义3.3.8 设 $(\Omega, \mathscr{B}, E)$ 是一个谱族且 $f: \Omega \longrightarrow \mathbb{C}$ 为Borel可测函数. 令

$$G_f := \bigcup_G \{\text{开集}\, G \subset \mathbb{C}: E(f^{-1}(G)) = \theta\},$$

则称 $G_f^{\mathbb{C}} := \mathbb{C} \setminus G_f$ 为 f 的**本性值域**. 若 f 的本性值域有界, 则称 $f \in L^\infty(\Omega, E)$.

定理3.3.9 设 $(\Omega, \mathscr{B}, E)$ 是一个谱族, $f: \Omega \longrightarrow \mathbb{C}$ 是Borel可测的且, 对任意 $\alpha \in \mathbb{C}$, 令

$$\Omega_\alpha := \{p \in \Omega: f(p) = \alpha\}.$$

则

(i) 如果 α 在 f 的本性值域内且 $E(\Omega_\alpha) \neq \theta$, 那么 $\Phi(f) - \alpha I$ 不是一一映射;

(ii) 如果 α 在 f 的本性值域内且 $E(\Omega_\alpha) = \theta$, 那么 $\Phi(f) - \alpha I$ 是 D_f 到 $\mathscr{H}$ 的一个稠密真子空间上的一个一一映射且存在 $\{x_n\}_{n \in \mathbb{N}_+} \subset \mathscr{H}$ 使得, 对 $\forall n \in \mathbb{N}_+$, $\|x_n\|_\mathscr{H} = 1$ 且

$$\lim_{n \to \infty}\{\Phi(f)x_n - \alpha x_n\} = \theta;$$

(iii) $\sigma(\Phi(f))$ 是 f 的本性值域.

证明 我们先断言, 若该定理的结论对 $\alpha = 0$ 成立, 则对 $\alpha \neq 0$ 也成立. 事实上, 若 $\alpha \neq 0$, 对 $\forall p \in \Omega$, 令

$$g(p) := f(p) - \alpha$$

且

$$\widetilde{\Omega}_0 := \{p \in \Omega : g(p) = 0\},$$

则有 $\widetilde{\Omega}_0 = \Omega_\alpha$. 又对 $\forall \delta \in g(\Omega)$, δ 在 g 的本性值域内等价于 $\delta + \alpha$ 在 f 的本性值域内. 事实上,

δ 属于 g 的本性值域

$\iff \delta \in g(\Omega)$ 且, 对 $\forall$ 开集 $G \ni \delta$, $E\left(g^{-1}(G)\right) \neq \theta$

$\iff \delta \in g(\Omega)$ 且, 对 $\forall$ 开集 $G \ni \delta$, $E\left(f^{-1}(G+\alpha)\right) \neq \theta$

$\iff \delta + \alpha \in f(\Omega)$ 且, 对 $\forall$ 开集 $\widetilde{G} \ni \delta + \alpha$, $E\left(f^{-1}(\widetilde{G})\right) \neq \theta$

$\iff \delta + \alpha$ 属于 f 的本性值域.

对 (i), 若 α 属于 f 的本性值域且 $E(\Omega_\alpha) \neq \theta$, 则 0 属于 g 的本性值域且 $E(\widetilde{\Omega}_0) \neq \theta$, 故由 $\alpha = 0$ 时的结论知 $\Phi(g)$ 非一一映射, 从而

$$\Phi(f) - \alpha I = \Phi(f) - \alpha\Phi(1) = \Phi(f - \alpha) = \Phi(g)$$

也非一一映射. 相应的对 (ii) 和 (iii) 的结果证明类似.

现分别证明该定理的结论当 $\alpha = 0$ 时成立.

(i) 若 $E(\Omega_0) \neq \theta$, 则 $\exists x_0 \neq \theta$ 且 $x_0 \in R(E(\Omega_0))$. 令 $\phi_0 = \mathbf{1}_{\Omega_0}$, 则 $f \cdot \phi_0 = 0$. 容易证明

$$D_{f\phi_0} = \mathscr{H} = D_{\phi_0},$$

从而, 由推论3.3.7的(i)知$\Phi(f)\Phi(\phi_0) = \theta$. 又注意到, 由(2.5.39)知, 对$\forall x, y \in \mathscr{H}$, 有

$$(\Phi(\phi_0)x, y) = \int_{\mathbb{C}} \phi_0(z)\,\mathrm{d}(E(z)x, y)$$
$$= \int_{\mathbb{C}} \mathbf{1}_{\Omega_0}\,\mathrm{d}(E(z)x, y) = (E(\Omega_0)x, y).$$

故$\Phi(\phi_0) = E(\Omega_0)$且

$$\Phi(f)x_0 = \Phi(f)E(\Omega_0)x_0 = \Phi(f)\Phi(\phi_0)x_0 = \theta.$$

这说明$\Phi(f)$不是一一映射且$0 \in \sigma(\Phi(f))$. 即(i)当$\alpha = 0$时得证.

(ii) 若0在f的本性值域内且$E(\Omega_0) = \theta$, 则由0属于f的本性值域知对任意开集$G \ni 0$有$E(f^{-1}(G)) \neq \theta$. 又, 对$\forall n \in \mathbb{N}_+, 0 \in (-1/n, 1/n)$, 故

$$E(\Omega_n) = E\left(f^{-1}\left(-\frac{1}{n}, \frac{1}{n}\right)\right) \neq \theta,$$

其中

$$\Omega_n = \left\{ p \in \Omega : |f(p)| < \frac{1}{n} \right\}.$$

选择$x_n \in R(E(\Omega_n))$且$\|x_n\|_{\mathscr{H}} = 1$, 则

$$\Phi(f)x_n = \Phi(f)E(\Omega_n)x_n = \Phi(f)\Phi(\mathbf{1}_{\Omega_n})x_n = \Phi(f\mathbf{1}_{\Omega_n})x_n$$

且有

$$\|\Phi(f)x_n\|_{\mathscr{H}} = \|\Phi(f\mathbf{1}_{\Omega_n})x_n\|_{\mathscr{H}} \leqslant \|\Phi(f\mathbf{1}_{\Omega_n})\|_{\mathscr{L}(\mathscr{H})}$$
$$= \|f\mathbf{1}_{\Omega_n}\|_{L^\infty(\Omega, E)} < \frac{1}{n}.$$

从而$\Phi(f)x_n \to \theta$, $n \to \infty$. 若$\exists x \in D_f$使得$\Phi(f)x = \theta$, 则

$$\int_\Omega |f|^2\,\mathrm{d}\|E(z)x\|_{\mathscr{H}} = \|\Phi(f)x\|_{\mathscr{H}}^2 = 0.$$

因为$|f| > 0$ a.e., 则有$(E(\Omega)x, x) = 0$. 但$(E(\Omega)x, x) = \|x\|_{\mathscr{H}}^2$, 故$x = \theta$, 因此, $\Phi(f)$是一一的. 显然$[\Phi(f)]^* = \Phi(\bar{f})$也是一一的. 如果$y \perp R(\Phi(f))$, 那么

$$x \longmapsto (\Phi(f)x, y) = 0$$

在D_f内连续. 由Riesz表示定理, 存在$\widetilde{x} \in \mathscr{H}$使得$(\Phi(f)x,y) = (x,\widetilde{x})$. 从而, 由$D([\Phi(f)]^*)$的定义知$y \in D([\Phi(f)]^*)$且

$$(x,\Phi(\overline{f})y) = (\Phi(f)x,y) = 0, \quad \forall x \in D_f.$$

由此及D_f的稠密性知$\Phi(\overline{f})y = \theta$, 进一步由$\Phi(f)$是一一的推得$y = \theta$, 从而得到$R(\Phi(f))$在$\mathscr{H}$中稠.

由定理3.3.5知$\Phi(f)$是闭算子. 因此, 由命题3.1.7有$[\Phi(f)]^{-1}$也是闭算子. 若$R(\Phi(f)) = \mathscr{H}$, 那么由闭图像定理1.2.2知$[\Phi(f)]^{-1} \in \mathscr{L}(\mathscr{H})$. 但是从前面所构造出的序列$\{x_n\}_{n \in \mathbb{N}_+}$及其性质可知这是不可能的. 事实上, 由于存在$\{x_n\}_{n \in \mathbb{N}_+}$满足, 对$\forall n \in \mathbb{N}_+$, $\|x_n\|_{\mathscr{H}} = 1$且, 当$n \to \infty$时, $\|\Phi(f)x_n\|_{\mathscr{H}} \to 0$. 若, 对$\forall n \in \mathbb{N}_+$, 令$y_n := \Phi(f)x_n$, 则$x_n = [\Phi(f)]^{-1}(y_n)$. 若$[\Phi(f)]^{-1}$有界, 则, 当$n \to \infty$时, $x_n \to 0$, 矛盾. 因此, $R(\Phi(f))$是$\mathscr{H}$的一个真子空间. 故(ii)当$\alpha = 0$时得证.

(iii) 由该定理的(i)和(ii)知, 若0在f的本性值域中, 则0或为$\Phi(f)$的点谱或为$\Phi(f)$的连续谱, 故f的本性值域是$\sigma(\Phi(f))$的一个子集. 下证$\sigma(\Phi(f))$为f的本性值域的子集. 为此, 假定0不在f的本性值域中, 则

$$0 \in G_f,$$

故存在$\varepsilon \in (0, \infty)$使得

$$E\left(f^{-1}(B(0,\varepsilon))\right) = \theta,$$

即

$$E(\{p \in \Omega : |f(p)| < \varepsilon\}) = \theta. \tag{3.3.13}$$

令$\Omega_0 := \{p \in \Omega : f(p) = 0\}$及

$$\widetilde{f}(z) := \begin{cases} f(z), & \forall z \in \Omega_0^{\complement}, \\ \varepsilon, & \forall z \in \Omega_0. \end{cases}$$

则有

$$E(\Omega_0) = E(\Omega_0 \cap f^{-1}(B(0,\varepsilon)))$$

§3.3 无界正常算子的谱分解

$$= E(\Omega_0)E(f^{-1}(B(0,\varepsilon))) = \theta.$$

对$\forall x \in \mathscr{H}$, 由(2.5.39)及$E(\Omega_0) = \theta$知

$$\int_\Omega |\widetilde{f}(z)|^2 \mathrm{d}\|E(z)x\|_{\mathscr{H}}^2$$
$$= \int_{\Omega_0^\complement} |f(z)|^2 \mathrm{d}\|E(z)x\|_{\mathscr{H}}^2 + \int_{\Omega_0} \varepsilon^2 \mathrm{d}(E(z)x,x)$$
$$= \int_{\Omega_0^\complement} |f(z)|^2 \mathrm{d}\|E(z)x\|_{\mathscr{H}}^2 + \varepsilon^2(E(\Omega_0)x,x)$$
$$= \int_{\Omega_0^\complement} |f(z)|^2 \mathrm{d}\|E(z)x\|_{\mathscr{H}}^2 = \int_\Omega |f(z)|^2 \mathrm{d}\|E(z)x\|_{\mathscr{H}}^2.$$

由此知$D_f = D_{\widetilde{f}}$. 又对$\forall x \in D_f = D_{\widetilde{f}}$及$y \in \mathscr{H}$, 由(3.3.3)、(2.5.39)和$E(\Omega_0) = \theta$知

$$(\Phi(f)x,y) = \int_\Omega f(z)\mathrm{d}(E(z)x,y)$$
$$= \int_{\Omega_0^\complement} f(z)\mathrm{d}(E(z)x,y) + \int_{\Omega_0} f(z)\mathrm{d}(E(z)x,y)$$
$$= \int_{\Omega_0^\complement} f(z)\mathrm{d}(E(z)x,y)$$
$$= \int_{\Omega_0^\complement} f(z)\mathrm{d}(E(z)x,y) + \int_{\Omega_0} \varepsilon \mathrm{d}(E(z)x,y)$$
$$= \int_\Omega \widetilde{f}(z)\mathrm{d}(E(z)x,y) = \left(\Phi(\widetilde{f})x,y\right).$$

从而, 由y的任意性知$\Phi(f)x = \Phi(\widetilde{f})x$, 即$\Phi(f) = \Phi(\widetilde{f})$. 令$g := 1/\widetilde{f}$, 则由命题2.5.25(iii)及(3.3.13)有

$$E\left(\{p \in \Omega: |\widetilde{f}(p)| < \varepsilon\}\right)$$
$$= E\left(\{p \in \Omega_0^\complement: |f(p)| < \varepsilon\}\right)$$
$$= E\left(\{p \in \Omega_0^\complement: |f(p)| < \varepsilon\} \cap \{p \in \Omega: |f(p)| < \varepsilon\}\right)$$
$$= E\left(\{p \in \Omega_0^\complement: |f(p)| < \varepsilon\}\right)E(\{p \in \Omega: |f(p)| < \varepsilon\})$$
$$= \theta.$$

从而

$$\|g\|_{L^\infty(\Omega,E)} = \left\|\frac{1}{\widetilde{f}}\right\|_{L^\infty(\Omega,E)} \leqslant \sup_{x \notin f^{-1}(B(0,\varepsilon))} \left|\frac{1}{\widetilde{f}(x)}\right| \leqslant \frac{1}{\varepsilon}.$$

由此及 $\widetilde{f}g = 1$ 知 $D_g = \mathscr{H} = D_{\widetilde{f}g}$. 由推论3.3.7(i)知

$$\Phi(f)\Phi(g) = \Phi(\widetilde{f})\Phi(g) = \Phi(\widetilde{f}g) = \Phi(1) = I. \tag{3.3.14}$$

事实上, 对 $\forall x, y \in \mathscr{H}$, 由(3.3.3)及(2.5.39)有

$$(\Phi(1)x, y) = \int_\Omega \mathrm{d}(E(z)x, y) = (E(\Omega)x, y) = (x, y),$$

故 $\Phi(1) = I$, 即(3.3.14)成立. 由(3.3.14)进一步知

$$R(\Phi(f)) = \mathscr{H}.$$

又由定理3.3.6及(3.3.14)有

$$\Phi(g)\Phi(\widetilde{f}) \subset \Phi(g\widetilde{f}) = \Phi(1) = I.$$

从而 $\Phi(g)\Phi(\widetilde{f})$ 为一一的, 由此进一步可知 $\Phi(f) = \Phi(\widetilde{f})$ 为一一的. 由定理3.3.6及命题3.1.7知 $[\Phi(f)]^{-1}$ 闭. 由此,

$$D\left([\Phi(f)]^{-1}\right) = R(\Phi(f)) = \mathscr{H}$$

及闭图像定理可得 $[\Phi(f)]^{-1} \in \mathscr{L}(\mathscr{H})$. 从而 $0 \in \rho(\Phi(f)) = (\sigma(\Phi(f)))^{\complement}$. 从而(iii)当 $\alpha = 0$ 时成立. 至此, 定理得证. □

注记3.3.10 令所有记号同定理3.3.9.

(i) 由定理3.3.9(i)知, 若 α 属于 f 的本性值域且 $E(\Omega_\alpha) \neq \theta$, 则 α 为 $\Phi(f)$ 的点谱.

(ii) 若 α 属于 f 的本性值域且 $E(\Omega_\alpha) = \theta$, 则 α 为 $\Phi(f)$ 的连续谱. 事实上, 由定理3.3.9(ii)知 $\Phi(f) - \alpha I$ 为 D_f 到 $\mathscr{H}$ 一个稠密真子空间的一一映射, 故 $(\Phi(f) - \alpha I)^{-1}$ 存在. 由此及

$$R(\Phi(f) - \alpha I) \neq \mathscr{H}$$

且在 $\mathscr{H}$ 中稠知 α 为 $\Phi(f)$ 的连续谱.

(iii) $\Phi(f)$ 没有剩余谱. 事实上, 由定理3.3.9(iii)知 α 为 $\Phi(f)$ 的点谱或连续谱.

§3.3.2 无界正常算子的谱分解

在本小节, 首先给出无界正常算子的定义与基本性质, 然后利用有界正常算子的谱分解导出无界正常算子的谱分解, 最后给出其谱的性质.

为了导出无界正常算子的谱分解,需要下面的引理.

引理3.3.11 设T是Hilbert空间$\mathscr{H}$上的稠定闭算子, 令

$$Q := I + T^*T$$

且

$$D(Q) := D(T^*T) = \{x \in D(T) : Tx \in D(T^*)\}.$$

则

(i) Q是$D(Q)$到$\mathscr{H}$的一一在上映射;

(ii) 存在$B \in \mathscr{L}(\mathscr{H})$和$C \in \mathscr{L}(\mathscr{H})$使得$\|B\|_{\mathscr{L}(\mathscr{H})} \leqslant 1$, $\|C\|_{\mathscr{L}(\mathscr{H})} \leqslant 1$, B是正算子, $C = TB$且$BQ \subset QB = I$;

(iii) 记$T|_{D(T^*T)} =: T'$, 则$\overline{\Gamma(T')} = \Gamma(T)$.

证明 (i) 对$\forall x \in D(Q)$, 有$Tx \in D(T^*)$且

$$\begin{aligned}(Qx, Qx) &= (x + T^*Tx, x + T^*Tx) \\ &= (x, x) + (x, T^*Tx) + (T^*Tx, x) + (T^*Tx, T^*Tx) \\ &= (x, x) + 2(Tx, Tx) + (T^*Tx, T^*Tx).\end{aligned}$$

因此, $\|Qx\|_{\mathscr{H}} \geqslant \|x\|_{\mathscr{H}}$. 故$Q$是一一的.

下证Q是在上的. 首先断言

$$\mathscr{H} \times \mathscr{H} = \Gamma(T^*) \bigoplus V\Gamma(T),$$

其中$\Gamma(T) := \{(x, y) \in \mathscr{H} \times \mathscr{H} : x \in D(T), y = Tx\}$且

$$V : \begin{cases} \mathscr{H} \times \mathscr{H} \longrightarrow \mathscr{H} \times \mathscr{H}, \\ (x, y) \longmapsto (-y, x). \end{cases}$$

事实上, 由T闭知$\Gamma(T)$闭, 从而$V\Gamma(T)$闭. 又由(3.1.2)知

$$\Gamma(T^*) = {}^\perp(V\Gamma(T)).$$

从而, 由正交分解定理(见文献[7]推论1.6.37)知

$$\mathscr{H} \times \mathscr{H} = \Gamma(T^*) \bigoplus V\Gamma(T). \tag{3.3.15}$$

对$\forall h \in \mathscr{H}$, 存在唯一的$b \in D(T)$及$c \in D(T^*)$使得

$$(\theta, h) = (c, T^*c) + (-Tb, b). \tag{3.3.16}$$

故

$$Tb = c \tag{3.3.17}$$

且

$$h = T^*c + b = (T^*T + I)b = Qb,$$

即Q是在上的. 因此, (i)得证.

(ii) 由(3.3.16), 定义算子

$$B : \begin{cases} \mathscr{H} \longrightarrow D(T), \\ h \longmapsto b \end{cases}$$

和

$$C : \begin{cases} \mathscr{H} \longrightarrow D(T^*), \\ h \longmapsto c. \end{cases}$$

则由正交分解的唯一性易知B和C为线性算子. 由$(c, T^*c) \perp (-Tb, b)$进一步知

$$\|h\|_{\mathscr{H}}^2 = \|(\theta, h)\|_{\mathscr{H} \times \mathscr{H}}^2$$
$$= \|(c, T^*c)\|_{\mathscr{H} \times \mathscr{H}}^2 + \|(-Tb, b)\|_{\mathscr{H} \times \mathscr{H}}^2 \geq \|c\|_{\mathscr{H}}^2.$$

从而$\|B\|_{\mathscr{L}(\mathscr{H})} \leq 1$且$\|C\|_{\mathscr{L}(\mathscr{H})} \leq 1$.

由B的定义、(3.3.15)和(3.3.17)知, 对$\forall h \in \mathscr{H}$,

$$T(B(\mathscr{H})) = Tb = c \in D(T^*), \tag{3.3.18}$$

从而$B(\mathscr{H}) \subset D(Q)$. 又由(3.3.18)及$C$的定义知

$$TB(\mathscr{H}) = c = C(\mathscr{H}),$$

即$C = TB$. 故由B定义, 对$\forall h \in \mathscr{H}$有$h = Qb = QBh$, 即$QB = I$. 进一步知$B$是$\mathscr{H}$到$D(Q)$的一一映射. 下证$B$满. 事实上, 对任意$y \in D(Q) \subset \mathscr{H}$, 则$y \in D(T)$且$Ty \in D(T^*)$, 故由(3.3.15)有

$$(\theta, T^*Ty + y) = (Ty, T^*Ty) + (-Ty, y)$$
$$\in \Gamma(T^*) \bigoplus V\Gamma(T) = \mathscr{H} \times \mathscr{H}.$$

由此及正交分解的唯一性及B的定义知

$$BQy = B(T^*Ty + y) = y.$$

因此, B是在上的且$BQ \subset I = QB$.

下证B为正算子. 对$\forall x, y \in \mathscr{H}$, 由(i)知存在唯一的$y \in D(Q)$使得$Qy = x$, 故由$BQ = I$进一步知

$$(Bx, x) = (BQy, Qy) = (y, Qy)$$
$$= (y, y + T^*Ty)$$
$$= (y, y) + (Ty, Ty) \geqslant 0.$$

由此及$B \in \mathscr{L}(\mathscr{H})$, 应用命题1.5.5(i)知$B$为正算子. 故(ii)得证.

(iii) 由T是闭算子及命题3.1.2知$\Gamma(T)$为$\mathscr{H} \times \mathscr{H}$中闭子空间, 即$\Gamma(T)$也为Hilbert空间, 由$T'$定义知$\Gamma(T') \subset \Gamma(T)$. 故

$$\overline{\Gamma(T')} \subset \overline{\Gamma(T)} = \Gamma(T).$$

下证$\Gamma(T')$在$\Gamma(T)$中的正交补为$\{\theta\}$. 为此, 设$(z, Tz) \in \Gamma(T')^\perp$. 则, 对任意的$x \in D(T^*T) = D(Q)$, 有

$$0 = ((z, Tz), (x, Tx))$$

$$= (z,x) + (Tz,Tx) = (z,Qx).$$

又由(i)知$R(Q) = \mathscr{H}$. 因此, $z = \theta$, 即$\Gamma(T')^\perp = \{\theta\}$. 由此及正交分解定理([7, 推论1.6.37])知

$$\overline{\Gamma(T')} = \mathscr{H} \times \mathscr{H} = \Gamma(T).$$

故(iii)成立. 至此, 引理得证. $\square$

引理3.3.12 设$\mathscr{H}$上算子T稠定. 若T是自伴的一一映射, 则$R(T)$在$\mathscr{H}$中稠且

$$T^{-1}: R(T) \longrightarrow D(T)$$

自伴.

证明 先证$R(T)$在$\mathscr{H}$中稠. 设$y \in (R(T))^\perp$, 则, 对$\forall x \in D(T)$,

$$(Tx,y) = 0.$$

由$D(T^*)$的定义知$T^*y = \theta$. 由此及T自伴有$Ty = \theta$. 又因T为一一算子, 故

$$y = \theta.$$

从而, 由正交分解定理([7, 推论1.6.37])知$R(T)$在$\mathscr{H}$中稠.

由T为一一算子知T^{-1}存在. 又因$R(T)$在$\mathscr{H}$中稠, 故T^{-1}为稠定算子. 下证$(T^{-1})^* = T^{-1}$. 为此, 只需证$\Gamma((T^{-1})^*) = \Gamma(T^{-1})$. 事实上,

$$(x,y) \in \Gamma(T^{-1}) \iff (y,x) \in \Gamma(T)$$
$$\iff (y,-x) \in \Gamma(-T)$$
$$\iff (x,y) \in V\Gamma(-T),$$

其中

$$V: \begin{cases} \mathscr{H} \times \mathscr{H} \longrightarrow \mathscr{H} \times \mathscr{H}, \\ (x,y) \longmapsto (-y,x). \end{cases}$$

从而$\Gamma(T^{-1}) = V\Gamma(-T)$. 同理有

$$V\Gamma(T^{-1}) = \Gamma(-T).$$

由T自伴及注记3.1.19(ii)知T闭,故$-T$也为闭算子.由此及(3.3.15)知

$$\mathscr{H} \times \mathscr{H} = V\Gamma(T^{-1}) \bigoplus \Gamma((T^{-1})^*)$$

及

$$\mathscr{H} \times \mathscr{H} = V\Gamma(-T) \bigoplus \Gamma(-T^*).$$

由T自伴及V的定义进一步有

$$\mathscr{H} \times \mathscr{H} = V\Gamma(-T) \bigoplus \Gamma(-T) = \Gamma(T^{-1}) \bigoplus V\Gamma(T^{-1}).$$

从而,由正交分解的唯一性知$\Gamma((T^{-1})^*) = \Gamma(T^{-1})$,故$T^{-1}$自伴.至此,引理得证. □

推论3.3.13 设T是稠定闭算子,则T^*T是自伴的.

证明 由引理3.3.11(ii)知$QB = I$,从而B是一一的.又因B为正算子,故B自伴.由此及引理3.3.12知$Q = B^{-1}$也是自伴算子,从而$T^*T = Q - I$也是自伴算子.至此,推论得证. □

定义3.3.14 设T是Hilbert空间$\mathscr{H}$上的稠定闭算子.如果$T^*T = TT^*$,那么就称T是**无界正常算子**.

定理3.3.15 设N是$\mathscr{H}$上的无界正常算子.则

(i) $D(N) = D(N^*)$;

(ii) $\|Nx\|_{\mathscr{H}} = \|N^*x\|_{\mathscr{H}}, \forall x \in D(N)$;

(iii) 若$N \subset M$, M也是无界正常算子,则$N = M$. 因此,无界正常算子是极大的.

证明 对于任意 $y \in D(N^*N) = D(NN^*)$, 有

$$(Ny, Ny) = (y, N^*Ny).$$

又因为 N 是闭算子, 由定理 3.1.15 知 $N^{**} = N$, 故

$$(N^*y, N^*y) = (y, N^{**}N^*y) = (y, NN^*y). \tag{3.3.19}$$

因为 $N^*N = NN^*$, 所以当 $y \in D(N^*N)$ 时, $\|Ny\|_\mathscr{H} = \|N^*y\|_\mathscr{H}$. 任取 $x \in D(N)$, 由引理 3.3.11(iii) 知 $\langle x, Nx \rangle \in \overline{\Gamma(N')}$, 其中 N' 是 N 在 $D(N^*N)$ 上的限制, 所以, 对任意 $i \in \mathbb{N}_+$, 存在 $y_i \in D(N^*N)$ 使得, 当 $i \to \infty$ 时, $y_i \to x$ 且 $Ny_i \to Nx$. 考虑序列 $\{N^*y_i\}_{i \in \mathbb{N}_+}$, 由 (3.3.19) 知, 对 $\forall i, j \in \mathbb{N}_+$,

$$\|N^*y_i - N^*y_j\|_\mathscr{H} = \|Ny_i - Ny_j\|_\mathscr{H}.$$

从而 $\{N^*y_i\}_{i \in \mathbb{N}_+}$ 也是 $\mathscr{H}$ 中的 Cauchy 列. 于是 $\exists z \in \mathscr{H}$ 使得, 当 $i \to \infty$ 时, $N^*y_i \to z$. 又由定理 3.1.11(i) 知 N^* 是闭算子, 由此及, 对 $\forall i \in \mathbb{N}_+$,

$$y_i \in D(N^*N) = D(NN^*) \subset D(N^*)$$

知 $x \in D(N^*)$ 且 $z = N^*x$, 故 $D(N) \subset D(N^*)$ 且由 (3.3.19) 知

$$\|N^*x\|_\mathscr{H} = \|z\|_\mathscr{H} = \lim_{i \to \infty} \|N^*y_i\|_\mathscr{H}$$
$$= \lim_{i \to \infty} \|Ny_i\|_\mathscr{H} = \|Nx\|_\mathscr{H}.$$

因此, (ii) 成立.

又注意到 $N^{**} = N$, 故

$$N^{**}N^* = NN^* = N^*N = N^*N^{**},$$

于是 N^* 也是正常算子, 因此, 由前证知

$$D(N^*) \subset D(N^{**}) = D(N),$$

所以 $D(N^*) = D(N)$. 故 (i) 成立.

最后证 (iii), 由 $N \subset M$ 得 $M^* \subset N^*$. 由于 M 与 N 都是正常算子, 所以

$$D(M) = D(M^*) \subset D(N^*) = D(N),$$

这给出 $D(M) = D(N)$, 因此, $M = N$. 至此, 定理得证. $\square$

下面将利用有界正常算子的谱分解来导出无界正常算子的谱分解. 设N是$\mathscr{H}$上的无界正常算子, 将构造一列两两正交的投影算子$\{P_i\}_{i\in\mathbb{N}_+}$, 满足

$$\sum_{i=1}^{\infty} P_i = I,$$

并且, 对$\forall i \in \mathbb{N}_+$, $P_i N \subset N P_i$且$N P_i$是有界正常算子. 然后通过$\{N P_i\}_{i\in\mathbb{N}_+}$的谱族来构造$N$的谱族, 从而导出$N$的谱分解.

我们首先建立如下引理, 其为定理2.5.8和推论2.5.9关于无界算子的部分推广.

引理3.3.16 设A为$\mathscr{H}$上的自伴算子且, 对$\forall x \in D(A)$,

$$(Ax, x) \geqslant 0.$$

则$\sigma(A) \subset [0, \infty)$且存在唯一自伴算子$B$满足: 对任意的$x \in D(B)$, $(Bx, x) \geqslant 0$且$B^2 = A$.

证明 由定理3.2.12知$\sigma(A) \subset \mathbb{R}$. 下证$(-\infty, 0) \subset \rho(A)$. 事实上, 设$\lambda \in (-\infty, 0)$. 则, 对$\forall x \in D(A)$,

$$\begin{aligned} \|(\lambda I - A)x\|_{\mathscr{H}} \|x\|_{\mathscr{H}} &\geqslant |((\lambda I - A)x, x)| \\ &= |\lambda|(x, x) + (Ax, x) \\ &\geqslant |\lambda| \|x\|_{\mathscr{H}}^2. \end{aligned}$$

从而, 对$\forall x \in D(A)$,

$$\|(\lambda I - A)x\|_{\mathscr{H}} \geqslant |\lambda| \|x\|_{\mathscr{H}}. \tag{3.3.20}$$

故$\ker(\lambda I - A) = \{\theta\}$.

下证$R(\lambda I - A) = \mathscr{H}$. 对$\{y_n\}_{n\in\mathbb{N}_+} \subset R(\lambda I - A)$满足: $\exists y \in \mathscr{H}$使得, 当$n \to \infty$时, $y_n \to y$, 则$\exists \{x_n\}_{n\in\mathbb{N}_+} \subset D(\lambda I - A) = D(A)$使得, 当$n \to \infty$时,

$$(\lambda I - A) x_n = y_n \to y. \tag{3.3.21}$$

由(3.3.20)知, 对$\forall n, m \in \mathbb{N}_+$,

$$\|x_n - x_m\|_{\mathscr{H}} \leqslant \frac{1}{|\lambda|} \|(\lambda I - A)(x_n - x_m)\|_{\mathscr{H}}$$

$$= \frac{1}{|\lambda|} \|y_n - y_m\|_{\mathscr{H}} \to 0, \quad n, m \to \infty.$$

从而$\{x_n\}_{n \in \mathbb{N}_+}$为$\mathscr{H}$中的基本列. 故由$\mathscr{H}$的完备性知$\exists x \in \mathscr{H}$使得, 当$n \to \infty$时,

$$x_n \to x.$$

注意到A自伴, 从而$\lambda I - A$为闭算子[见注记3.1.19(ii)]. 由此及(3.3.21)知

$$x \in D(\lambda I - A) = D(A) \quad 且 \quad (\lambda I - A)x = y \in R(\lambda I - A).$$

从而$R(\lambda I - A)$闭. 又对$\forall y \in R(\lambda I - A)^\perp$和$\forall x \in D(\lambda I - A) = D(A)$, 有

$$((\lambda I - A)x, y) = 0.$$

从而

$$(Ax, y) = (\lambda x, y) = (x, \lambda y).$$

由此进一步知$y \in D(A^*) = D(A)$且$Ay = A^*y = \lambda y$. 从而$(\lambda I - A)y = \theta$. 故

$$(R(\lambda I - A))^\perp = \{\theta\}.$$

由正交分解定理(文献[7]推论1.6.37)及$R(\lambda I - A)$闭知$R(\lambda I - A) = \mathscr{H}$.

从而, 对$\forall y \in \mathscr{H}, \exists x \in D(\lambda I - A) = D(A)$使得

$$y = (\lambda I - A)x.$$

由此及(3.3.20)知

$$\|(\lambda I - A)^{-1} y\|_{\mathscr{H}} = \|x\|_{\mathscr{H}} \leqslant \frac{1}{|\lambda|} \|(\lambda I - A)x\|_{\mathscr{H}} = \frac{1}{\lambda} \|y\|_{\mathscr{H}}.$$

故$(\lambda I - A)^{-1} \in \mathscr{L}(\mathscr{H})$. 综上知$\lambda \in \rho(A)$, 从而$\sigma(A) \subset [0, \infty)$.

下证存在唯一的谱族$(\mathbb{C}, \mathscr{B}(\mathbb{C}), E)$使得, 对$\forall x \in D(A)$和$\forall y \in \mathscr{H}$, 有

$$(Ax, y) = \int_{\mathbb{C}} z \, \mathrm{d}(E(z)x, y). \tag{3.3.22}$$

事实上, 由定理3.2.28知存在唯一谱族$(\mathbb{R}, \mathscr{B}(\mathbb{R}), \widetilde{E})$使得, 对任意$x \in D(A)$和任意$y \in \mathscr{H}$,

$$(Ax, y) = \int_{\mathbb{R}} \lambda \, \mathrm{d}(E_\lambda x, y),$$

其中$E_\lambda := \widetilde{E}((-\infty, \lambda])$. 对任意Borel集$\Delta$, 令$E(\Delta) := \widetilde{E}(\Delta \cap \mathbb{R})$. 则

$$E(\mathbb{C}) = \widetilde{E}(\mathbb{R}) = I$$

且, 对$\mathbb{C}$中任意互不相交的Borel集$\{\Delta_j\}_{j \in \mathbb{N}_+}$, 有

$$\begin{aligned}
E\left(\bigcup_{j=1}^\infty \Delta_j\right) &= \widetilde{E}\left(\left(\bigcup_{j=1}^\infty \Delta_j\right) \cap \mathbb{R}\right) \\
&= \widetilde{E}\left(\bigcup_{j=1}^\infty (\Delta_j \cap \mathbb{R})\right) \\
&= s-\lim_{N \to \infty} \sum_{j=1}^N \widetilde{E}(\Delta_j \cap \mathbb{R}) \\
&= s-\lim_{N \to \infty} \sum_{j=1}^N E(\Delta_j),
\end{aligned}$$

故$(\mathbb{C}, \mathscr{B}(\mathbb{C}), E)$为谱族.

对$\forall z \in \mathbb{C}$, 令

$$E(z) := E(\Omega_z) := E(\{s + it \in \mathbb{C} : s \in (-\infty, \Re z), t \in (-\infty, \Im z]\}).$$

则, 对$\forall x \in D(A)$和$\forall y \in \mathscr{H}$, 有

$$\int_\mathbb{C} z \, \mathrm{d}(E(z)x, y) = \left(\int_\mathbb{R} + \int_{\mathbb{C} \backslash \mathbb{R}}\right) z \, \mathrm{d}(E(z)x, y) =: \mathrm{I} + \mathrm{II}.$$

注意到, 对$\forall z \in \mathbb{R}$, 由$\Omega_z \cap \mathbb{R} = (-\infty, z]$有$E(z) = \widetilde{E}((-\infty, z]) = E_z$. 由此, 对$\forall x \in D(A)$和$\forall y \in \mathscr{H}$, 有

$$\mathrm{I} = \int_\mathbb{R} \lambda \, \mathrm{d}(E_\lambda x, y) = (Ax, y).$$

又因$E(\mathbb{C} \backslash \mathbb{R}) = \widetilde{E}(\emptyset) = \theta$. 由此及(2.5.39)知, 对$\forall x \in D(A)$,

$$\int_{\mathbb{C} \backslash \mathbb{R}} \mathrm{d}\|E(z)x\|_\mathscr{H}^2 = \int_{\mathbb{C} \backslash \mathbb{R}} \mathrm{d}(E(z)x, x) = (E(\mathbb{C} \backslash \mathbb{R})x, x) = 0.$$

由此及(3.3.1)有

$$|\mathrm{II}| \leqslant \int_\mathbb{C} |z \mathbf{1}_{\mathbb{C} \backslash \mathbb{R}}(z)| \, \mathrm{d}|(E(z)x, y)|$$

$$\leqslant \|y\|_{\mathscr{H}} \left[\int_{\mathbb{C}\setminus\mathbb{R}} |z|^2 \, \mathrm{d}\|E(z)x\|_{\mathscr{H}}^2 \right]^{\frac{1}{2}} = 0.$$

综上知(3.3.22)成立.

下说明满足(3.3.22)的谱族$(\mathbb{C}, \mathscr{B}(\mathbb{C}), E)$唯一. 若另存在谱族$(\mathbb{C}, \mathscr{B}(\mathbb{C}), \widehat{E})$也满足(3.3.22), 即对$\forall x \in D(A)$和$\forall y \in \mathscr{H}$有

$$(Ax, y) = \int_{\mathbb{C}} z \, \mathrm{d}(\widehat{E}(z)x, y),$$

则由定理3.3.9(iii)知$\sigma(A)$为函数$f(z) := z$的本性值域. 由此及$\sigma(A) \subset \mathbb{R}$知

$$(\mathbb{C}\setminus\mathbb{R}) \subset G_z := \bigcup_G \left\{ G\text{为开集}: \widehat{E}(f^{-1}(G)) = \theta \right\}$$
$$= \bigcup_G \left\{ G\text{为开集}: \widehat{E}(G) = \theta \right\}.$$

下证$\widehat{E}(\mathbb{C}\setminus\mathbb{R}) = \theta$. 为此, 令

$$\mathscr{G} := \left\{ G\text{为开集}: \widehat{E}(G) = \theta \right\},$$

则由$\mathbb{C}$中存在可数拓扑基$\mathscr{O}$知, 对$\forall G \in \mathscr{G}$, $\exists \{O_i\}_{i \in I_G} \subset \mathscr{O}$使得$G = \bigcup_{i \in I_G} O_i$. 因$\mathscr{O}$为可数拓扑基, 故不妨设$\exists \{O_i\}_{i \in \mathbb{N}_+} \subset \mathscr{O}$使得

$$G_z = \cup G = \bigcup_{i=1}^{\infty} O_i.$$

注意到, 对$\forall i \in I_G$, 由$O_i \subset G$及命题2.5.25(iii)有

$$\widehat{E}(O_i) = \widehat{E}(O_i \cap G) = \widehat{E}(O_i)\widehat{E}(G) = \theta.$$

现令$U_1 := O_1$且, 对$\forall i \in \{2, 3, \cdots\}$, 令

$$U_i := O_i \setminus \left(\bigcup_{j=1}^{i-1} U_j \right).$$

则$\{U_i\}_{i \in \mathbb{N}_+}$为互不相交的可测集, $\widehat{E}(U_i) = \theta$对$\forall i \in \mathbb{N}_+$成立, 且$G_z = \bigcup_i U_i$. 从而, 由谱族定义知

$$\widehat{E}(G_z) = s - \lim_{i \to \infty} \sum_{j=1}^{i} \widehat{E}(U_j) = \theta.$$

进一步,
$$\widehat{E}(\mathbb{C}\setminus\mathbb{R}) = \widehat{E}([\mathbb{C}\setminus\mathbb{R}]\cap G_z) = \widehat{E}(\mathbb{C}\setminus\mathbb{R})\widehat{E}(G_z) = \theta$$

且, 对 $\forall \Delta \in \mathscr{B}(\mathbb{C})$,
$$\widehat{E}(\Delta) = \widehat{E}((\Delta\cap\mathbb{R})\cup(\Delta\setminus\mathbb{R})) = \widehat{E}(\Delta\cap\mathbb{R}) + \theta = \widehat{E}(\Delta\cap\mathbb{R}).$$

现对 $\forall \Delta \in \mathscr{B}(\mathbb{R})$, 令
$$\widetilde{\widetilde{E}}(\Delta) := \widehat{E}(\Delta).$$

则易证 $(\mathbb{R}, \mathscr{B}(\mathbb{R}), \widetilde{\widetilde{E}})$ 为谱族且, 对 $\forall x \in D(A)$ 和 $\forall y \in \mathscr{H}$,
$$(Ax, y) = \int_{\mathbb{C}} z\,\mathrm{d}(\widehat{E}(z)x, y) = \int_{\mathbb{R}} z\,\mathrm{d}(\widehat{E}(z)x, y)$$
$$= \int_{\mathbb{R}} z\,\mathrm{d}\left(\widetilde{\widetilde{E}}(z)x, y\right).$$

由定理3.2.28关于自伴算子谱分解的唯一性知 $\widetilde{\widetilde{E}} = \widetilde{E}$. 从而, 对 $\forall \Delta \in \mathscr{B}(\mathbb{C})$,
$$\widehat{E}(\Delta) = \widehat{E}(\Delta\cap\mathbb{R}) = \widetilde{\widetilde{E}}(\Delta\cap\mathbb{R})$$
$$= \widetilde{E}(\Delta\cap\mathbb{R}) = E(\Delta\cap\mathbb{R}) = E(\Delta),$$

即 $\widehat{E} = E$. 唯一性得证.

令
$$g(z) := \begin{cases} \sqrt{z}, & \forall z \in [0, \infty), \\ 0, & \text{其他}. \end{cases}$$

则由定理3.3.5知存在 $B := \Phi(g)$ 使得, 对 $\forall x \in D(B) := D(\Phi(g))$ 及 $\forall y \in \mathscr{H}$,
$$(Bx, y) = \int_{\mathbb{C}} g(z)\,\mathrm{d}(E(z)x, y) = \int_0^\infty \sqrt{z}\,\mathrm{d}(E(z)x, y),$$

其中
$$D(B) = D(g) := \left\{ x \in \mathscr{H} : \int_0^\infty z\,\mathrm{d}\|E(z)x\|_{\mathscr{H}}^2 < \infty \right\}.$$

又由(3.3.22)及定理3.3.5知
$$D(A) = \left\{ x \in \mathscr{H} : \int_0^\infty z^2\,\mathrm{d}\|E(z)x\|_{\mathscr{H}}^2 < \infty \right\}.$$

由此进一步有, 对 $\forall x \in D(A)$,
$$\int_0^\infty z \mathrm{d}\|E(z)x\|_{\mathscr{H}}^2 \leqslant \int_0^1 \mathrm{d}\|E(z)x\|_{\mathscr{H}}^2 + \int_1^\infty z^2 \mathrm{d}\|E(z)x\|_{\mathscr{H}}^2 < \infty,$$
即 $D(A) \subset D(B)$. 由 g 为实值, 定理3.3.6(ii)及推论3.3.7(ii)知 B 自伴且
$$B^2 = \Phi(g)\Phi(g) = \Phi(\bar{g})\Phi(g) = \Phi(g^2) = \Phi(f) = A.$$
又对 $\forall x \in D(B)$,
$$(Bx, x) = \int_0^\infty \sqrt{z}\, \mathrm{d}(E(z)x, x)$$
$$= \int_0^\infty \sqrt{z}\, \mathrm{d}\|E(z)x\|_{\mathscr{H}}^2 \geqslant 0,$$
故 B 为正算子.

最后证 B 唯一. 若存在正自伴算子 $\widetilde{B}$ 使得 $(\widetilde{B})^2 = A$. 则由定理3.2.28知存在唯一的谱族 $(\mathbb{R}, \mathscr{B}(\mathbb{R}), E_{\widetilde{B}})$ 使得, 对 $\forall x \in D(\widetilde{B})$ 和 $\forall y \in \mathscr{H}$,
$$\left(\widetilde{B}x, y\right) = \int_{\mathbb{R}} z \mathrm{d}\left(E_{\widetilde{B}}(z)x, y\right) = \int_0^\infty z \mathrm{d}\left(E_{\widetilde{B}}(z)x, y\right).$$
现对 $\forall \Delta \in \mathscr{B}([0, \infty))$, 令
$$\widetilde{E}_{\widetilde{B}}(\Delta) := E_{\widetilde{B}}(g(\Delta)).$$
则易证 $([0, \infty), \mathscr{B}([0, \infty)), \widetilde{E}_{\widetilde{B}})$ 为谱族.

对 $[0, \infty)$ 上的Borel可测函数 f, 记 $\widetilde{\Phi}(f)$ 为定理3.3.5中所对应的稠定算子. 由推论3.3.7(ii)及 f 为实值知, 对 $\forall x \in D(\widetilde{B})$,
$$(Ax, y) = \left((\widetilde{B})^2 x, y\right) = \left(\widetilde{\Phi}(f)\widetilde{\Phi}(f)x, y\right)$$
$$= \left(\widetilde{\Phi}(f^2)x, y\right) = \int_0^\infty z^2 \mathrm{d}(E_{\widetilde{B}}(z)x, y)$$
$$= \int_0^\infty z \mathrm{d}(E_{\widetilde{B}}(\sqrt{z})x, y).$$
现对 $\forall \Delta \in \mathscr{B}(\mathbb{C})$, 令
$$F(\Delta) := \widetilde{E}_{\widetilde{B}}(\Delta \cap [0, \infty)),$$
则易证 $(\mathbb{C}, \mathscr{B}(\mathbb{C}), F)$ 为谱族且, 对 $\forall x \in D(A)$ 和 $\forall y \in \mathscr{H}$,
$$(Ax, y) = \int_{\mathbb{C}} z \mathrm{d}(F(z)x, y).$$

从而, 由A的谱分解的唯一性知$F = E$. 又对$\forall x \in \mathscr{H}$,

$$\begin{aligned}
\int_{\mathbb{C}} |z| \mathrm{d}\|E(z)x\|_{\mathscr{H}}^2 &= \int_0^\infty z \mathrm{d}(F(z)x,x) \\
&= \int_0^\infty z \mathrm{d}\left(\widetilde{E}_{\widetilde{B}}(z)x,x\right) \\
&= \int_0^\infty z^2 \mathrm{d}\left(\widetilde{E}_{\widetilde{B}}(z^2)x,x\right) \\
&= \int_0^\infty z^2 \mathrm{d}(E_{\widetilde{B}}(z)x,x) \\
&= \int_0^\infty z^2 \mathrm{d}\|E_{\widetilde{B}}(z)x\|_{\mathscr{H}}^2,
\end{aligned}$$

从而$D(B) = D(\widetilde{B})$. 对$\forall x \in D(\widetilde{B}) = D(B)$和$\forall y \in \mathscr{H}$,

$$\begin{aligned}
\left(\widetilde{B}x,y\right) &= \int_0^\infty \sqrt{z} \mathrm{d}(E_{\widetilde{B}}(\sqrt{z})x,y) \\
&= \int_0^\infty \sqrt{z} \mathrm{d}\left(\widetilde{E}_{\widetilde{B}}(z)x,y\right) \\
&= \int_0^\infty \sqrt{z} \mathrm{d}(F(z)x,y) \\
&= \int_0^\infty \sqrt{z} \mathrm{d}(E(z)x,y) = (Bx,y).
\end{aligned}$$

再由y的任意性知$B = \widetilde{B}$. 至此, 引理得证. $\square$

定理3.3.17 设N是Hilbert空间$\mathscr{H}$上的无界正常算子. 则存在唯一的谱族$(\mathbb{C}, \mathscr{B}(\mathbb{C}), E)$使得, 对$\forall x \in D(N)$和$\forall y \in \mathscr{H}$,

$$(Nx,y) = \int_{\mathbb{C}} z \mathrm{d}(E(z)x,y). \tag{3.3.23}$$

证明 (i) 构造投影算子$\{P_i\}_{i \in \mathbb{N}_+}$. 由引理3.3.11可知存在$B, C \in \mathscr{L}(\mathscr{H})$, 满足

$$\|B\|_{\mathscr{L}(\mathscr{H})} \leqslant 1, \quad \|C\|_{\mathscr{L}(\mathscr{H})} \leqslant 1$$

且B为正算子, $C = NB$, 并且

$$B(I + N^*N) \subset (I + N^*N)B = I.$$

因为$N^*N = NN^*$, 由上式得

$$BN = BN(I + N^*N)B = B(N + NN^*N)B$$

$$= B(I+N^*N)NB \subset NB = C. \tag{3.3.24}$$

于是
$$BC = B(NB) \subset CB.$$

由于 B, C 都有界，故 $BC = CB$，因此，对于任意有界Borel可测函数 φ，由定理2.5.20(iii)有
$$\varphi(B)C = C\varphi(B). \tag{3.3.25}$$

因 B 是正的且 $\|B\|_{\mathscr{L}(\mathscr{H})} \leqslant 1$，由定理2.5.8(ii)及注记1.2.13有 $\sigma(B) \subset [0,1]$. 记 E^B 为与 B 相关联的谱族[见(2.5.51)]. 因为 B 是一一的，故 $0 \notin \sigma_p(B)$. 因此，由定理2.5.56知 $E^B(\{0\}) = \theta$. 这证明了 E^B 集中在 $(0,1]$ 上. 选择 $\{t_i\}_{i \in \mathbb{N}}$ 满足
$$1 =: t_0 > t_1 > \cdots \text{ 且 } \lim_{i \to \infty} t_i = 0.$$

对 $\forall i \in \mathbb{N}_+$，考虑特征函数
$$\mathbf{1}_i(t) := \begin{cases} 1, & \forall t \in (t_i, t_{i-1}], \forall i \in \mathbb{N}, \\ 0, & \text{其他}; \end{cases}$$

并且设
$$f_i(t) := \begin{cases} \dfrac{1}{t}, & \forall t \in (t_i, t_{i-1}], \forall i \in \mathbb{N}, \\ 0, & \text{其他}. \end{cases}$$

于是 f_i 是 $\sigma(B)$ 上有界可测函数. 对 $\forall i \in \mathbb{N}_+$，定义投影算子
$$P_i := \mathbf{1}_i(B) = E^B((t_i, t_{i-1}]),$$

由于对 $\forall i \neq j \in \mathbb{N}_+$，$\mathbf{1}_i \mathbf{1}_j = 0$，所以
$$P_i P_j = \mathbf{1}_i(B)\mathbf{1}_j(B) = (\mathbf{1}_i \mathbf{1}_j)(B) = \theta = P_j P_i.$$

又因 $\sum_{i=1}^{\infty} \mathbf{1}_i = \mathbf{1}_{(0,1]}$，所以由 $([0,1], \mathscr{B}([0,1]), E^B)$ 为谱族，定义2.5.24及
$$E^B(\{0\}) = \theta$$

可知
$$\sum_{i=1}^{\infty} P_i x = E^B((0,1])x = x, \quad \forall x \in \mathscr{H}. \tag{3.3.26}$$

(ii) 构造谱族$(\mathbb{C}, \mathscr{B}(\mathbb{C}), E)$. 由于, 对$\forall i \in \mathbb{N}_+$,
$$\mathbf{1}_i(t) = t f_i(t),$$

所以由定理2.5.20及命题2.5.6(v)有
$$\begin{aligned} NP_i &= N\mathbf{1}_i(B) = N(\cdot f_i(\cdot))(B) \\ &= Nt(B)f_i(B) = NBf_i(B) = Cf_i(B). \end{aligned} \tag{3.3.27}$$

另外, 由(3.3.24), 对$\forall i \in \mathbb{N}_+$, 有
$$P_i N = f_i(B)BN \subset f_i(B)C.$$

由此及(3.3.25)知, 对$\forall i \in \mathbb{N}_+$,
$$P_i N \subset NP_i; \tag{3.3.28}$$

由于NP_i是有界算子, 所以$D(NP_i) = \mathscr{H}$, 由此知
$$R(P_i) \subset D(N).$$

因此, 对$\forall i \in \mathbb{N}_+$, 如果$P_i y = y$, 由(3.3.28)知
$$P_i N y = N P_i y = N y. \tag{3.3.29}$$

这证明了N将$R(P_i)$映入到$R(P_i)$内.

下证, 对$\forall i \in \mathbb{N}_+$, NP_i是有界正常算子. 由(3.3.28)及定理3.1.11(ii)知, 对$\forall i \in \mathbb{N}_+$,
$$(NP_i)^* \subset (P_i N)^* = N^* P_i; \tag{3.3.30}$$

又由(3.3.27)知$(NP_i)^*$是有界算子, 故其定义域为$\mathscr{H}$. 由此及(3.3.30)知, 对$\forall i \in \mathbb{N}_+$, 有
$$(NP_i)^* = N^* P_i.$$

从而根据定理3.3.15(ii)有, 对$\forall x \in \mathscr{H}$,

$$\|NP_i x\|_{\mathscr{H}} = \|N^* P_i x\|_{\mathscr{H}} = \|(NP_i)^* x\|_{\mathscr{H}}. \tag{3.3.31}$$

由此知, 对$\forall i \in \mathbb{N}_+$, NP_i是有界算子. 现证, 对$\forall i \in \mathbb{N}_+$, NP_i为正常算子. 事实上, 对$\forall i \in \mathbb{N}_+$和$\forall x \in \mathscr{H}$, 由(3.3.31)有

$$\begin{aligned}((NP_i)^* NP_i x, x) &= (NP_i x, NP_i x) = \|NP_i x\|_{\mathscr{H}}^2 \\ &= \|(NP_i)^* x\|_{\mathscr{H}}^2 = ((NP_i)^* x, (NP_i)^* x) \\ &= ((NP_i)(NP_i)^* x, x).\end{aligned}$$

从而, 对$\forall i \in \mathbb{N}_+$,

$$((NP_i)^* NP_i x - NP_i (NP_i)^* x, x) = 0. \tag{3.3.32}$$

对$\forall i \in \mathbb{N}_+$, 令

$$T := (NP_i)^* NP_i - NP_i (NP_i)^*.$$

则, 对$\forall x, y \in \mathscr{H}$, 由(3.3.32)知

$$\begin{aligned}0 &= (T(x+y), x+y) \\ &= (Tx, x) + (Tx, y) + (Ty, x) + (Ty, y) \\ &= (Tx, y) + (Ty, x).\end{aligned} \tag{3.3.33}$$

在(3.3.33)中取y为$\widetilde{i}y$得

$$-\widetilde{i}(Tx, y) + \widetilde{i}(Ty, x) = 0, \tag{3.3.34}$$

其中$\widetilde{i} := \sqrt{-1}$. 结合(3.3.33)及(3.3.34)即得, 对$\forall x, y \in \mathscr{H}$, $(Tx, y) = 0$. 从而, 对$\forall i \in \mathbb{N}_+$,

$$(NP_i)^* NP_i = NP_i (NP_i)^*,$$

即知NP_i为正常算子. 因此, 所证断言成立.

对$\forall i \in \mathbb{N}_+$, 记$E^i$为与$NP_i$相关联的谱族[见(2.5.51)]. 由(3.3.29)知, 对$\forall i \in \mathbb{N}_+$, P_i与NP_i可交换, 故由定理2.5.20(iii)知, 对任意Borel集$\Delta \subset \mathbb{C}$, P_i与$E^i(\Delta)$可交换, 即

$$E^i(\Delta) P_i = P_i E^i(\Delta). \tag{3.3.35}$$

由(3.3.26)有
$$\sum_{i=1}^{\infty}\|E^i(\Delta)P_ix\|_{\mathscr{H}}^2 \leqslant \sum_{i=1}^{\infty}\|P_ix\|_{\mathscr{H}}^2 = \|x\|_{\mathscr{H}}^2.$$

因此, $\{E^i(\Delta)P_ix\}_{i\in\mathbb{N}_+}$ 在 $\mathscr{H}$ 空间中收敛, 从而, 对 $\forall \Delta \in \mathscr{B}$, 可定义
$$E(\Delta) := s - \lim_{n\to\infty} \sum_{i=1}^{n} E^i(\Delta)P_i.$$

下证 $(\mathbb{C}, \mathscr{B}(\mathbb{C}), E)$ 为一个谱族. 首先说明, 对任意Borel可测集 Δ, $E(\Delta)$ 为投影算子. 事实上, 对 $\forall x, y \in \mathscr{H}$,

$$\begin{aligned}
(E(\Delta)x, y) &= \left(\sum_{i=1}^{\infty} E^i(\Delta)P_ix, y\right) \\
&= \sum_{i=1}^{\infty} \left(E^i(\Delta)P_ix, y\right) = \sum_{i=1}^{\infty} \left(x, E^i(\Delta)P_iy\right) \\
&= \left(x, \sum_{i=1}^{\infty} E^i(\Delta)P_iy\right) = (x, E(\Delta)y),
\end{aligned}$$

故 $E(\Delta)$ 自伴. 另外, 对 $\forall x, y \in \mathscr{H}$, 由(3.3.35)及 $\{E^i(\Delta)P_i\}_{i\in\mathbb{N}_+}$ 的正交性有

$$\begin{aligned}
([E(\Delta)]^2 x, y) &= (E(\Delta)x, E(\Delta)y) \\
&= \left(\sum_{i=1}^{\infty} E^i(\Delta)P_ix, \sum_{j=1}^{\infty} E^j(\Delta)P_jy\right) \\
&= \sum_{i=1}^{\infty} \left(E^i(\Delta)P_ix, E^i(\Delta)P_iy\right) \\
&= \sum_{i=1}^{\infty} \left(E^i(\Delta)P_ix, y\right) = (E(\Delta)x, y),
\end{aligned}$$

即 $[E(\Delta)]^2 = E(\Delta)$, 故 $E(\Delta)$ 为投影算子. 又由(3.3.26)知

$$\begin{aligned}
E(\mathbb{C}) &= s - \lim_{k\to\infty} \sum_{i=1}^{k} E^i(\mathbb{C})P_i \\
&= s - \lim_{k\to\infty} \sum_{i=1}^{k} P_i = I.
\end{aligned}$$

对 $\mathscr{B}$ 中任意互不相交的Borel集列 $\{\Delta_j\}_{j\in\mathbb{N}_+}$ 及 $\forall x \in \mathscr{H}$,

$$E\left(\bigcup_{j=1}^{\infty} \Delta_j\right) x = \sum_{i=1}^{\infty} E^i\left(\bigcup_{j=1}^{\infty} \Delta_j\right) P_ix$$

$$= \sum_{i=1}^{\infty}\sum_{j=1}^{\infty} E^i(\Delta_j)P_i x.$$

由此及(3.3.26)和(3.3.35)有

$$\left\|\sum_{i=1}^{\infty}\sum_{j=1}^{\infty} E^i(\Delta_j)P_i x\right\|_{\mathscr{H}}^2 = \left\|\sum_{i=1}^{\infty} E^i\left(\bigcup_{j=1}^{\infty}\Delta_j\right)P_i x\right\|_{\mathscr{H}}^2$$

$$= \sum_{i=1}^{\infty}\left\| E^i\left(\bigcup_{j=1}^{\infty}\Delta_j\right)P_i x\right\|_{\mathscr{H}}^2$$

$$\leqslant \sum_{i=1}^{\infty}\|P_i x\|_{\mathscr{H}}^2 = \|x\|_{\mathscr{H}}^2.$$

注意到,由命题2.5.25(iii)知$\{E^i(\Delta_j)P_i\}_{i\in\mathbb{N}_+}$相互正交. 故

$$\sum_{j=1}^{\infty}\sum_{i=1}^{\infty}\left\|E^i(\Delta_j)P_i x\right\|_{\mathscr{H}}^2 = \sum_{i=1}^{\infty}\sum_{j=1}^{\infty}\left\|E^i(\Delta_j)P_i x\right\|_{\mathscr{H}}^2$$

$$= \left\|\sum_{i=1}^{\infty}\sum_{j=1}^{\infty} E^i(\Delta_j)P_i x\right\|_{\mathscr{H}}^2 \leqslant \|x\|_{\mathscr{H}}^2.$$

从而,对$\forall x \in \mathscr{H}$, 当$N \to \infty$时,

$$\left\|\sum_{i=1}^{\infty}\sum_{j=1}^{\infty} E^i(\Delta_j)P_i x - \sum_{j=1}^{N}\sum_{i=1}^{\infty} E^i(\Delta_j)P_i x\right\|_{\mathscr{H}}^2$$

$$= \left\|\sum_{i=1}^{\infty}\sum_{j=N+1}^{\infty} E^i(\Delta_j)P_i x\right\|_{\mathscr{H}}^2$$

$$= \sum_{i=1}^{\infty}\sum_{j=N+1}^{\infty}\left\|E^i(\Delta_j)P_i x\right\|_{\mathscr{H}}^2$$

$$= \sum_{j=N+1}^{\infty}\sum_{i=1}^{\infty}\left\|E^i(\Delta_j)P_i x\right\|_{\mathscr{H}}^2 \to 0.$$

因此,

$$\sum_{j=1}^{\infty} E(\Delta_j)x = \sum_{j=1}^{\infty}\sum_{i=1}^{\infty} E^i(\Delta_j)P_i x$$

$$= \sum_{i=1}^{\infty}\sum_{j=1}^{\infty} E^i(\Delta_j)P_i x = E\left(\bigcup_{j=1}^{\infty}\Delta_j\right)x.$$

由此即知$(\mathbb{C}, \mathscr{B}, E)$为谱族.

(iii) 现证(3.3.23). 根据定理3.3.5可构造算子M满足
$$D(M) = \left\{x \in \mathscr{H} : \int_{\mathbb{C}} |z|^2 \mathrm{d}\|E(z)x\|_{\mathscr{H}}^2 < \infty\right\}$$
且, 对$\forall x \in D(M)$和$\forall y \in \mathscr{H}$,
$$(Mx, y) = \int_{\mathbb{C}} z\,\mathrm{d}(E(z)x, y). \tag{3.3.36}$$
由推论3.3.7(i)及定理3.3.6(ii)知M是正常算子. 现证$M = N$. 事实上, 只要证明$N \subset M$就够了. 因为当$N \subset M$时, 由定理3.3.15(iii)知$M = N$. 注意到, 对$\forall i \in \mathbb{N}_+$, 若$x \in R(P_i)$, 则$x = P_i x$. 于是对任意Borel集$\Delta \subset \mathbb{C}$有
$$E(\Delta)x = \sum_{j=1}^{\infty} E^j(\Delta) P_j x = E^i(\Delta) P_i x = E^i(\Delta) x. \tag{3.3.37}$$
由此及定理2.5.34知, 对$\forall i \in \mathbb{N}_+, \forall x \in R(P_i)$及$\forall y \in \mathscr{H}$,
$$\begin{aligned}(Nx, y) = (NP_i x, y) &= \int_{\mathbb{C}} z\,\mathrm{d}(E^i(z)x, y) \\ &= \int_{\mathbb{C}} z\,\mathrm{d}(E(z)x, y);\end{aligned} \tag{3.3.38}$$
再由推论2.5.38和(3.3.37)知
$$\begin{aligned}\int_{\mathbb{C}} |z|^2 \mathrm{d}\|E(z)x\|_{\mathscr{H}}^2 &= \int_{\mathbb{C}} |z|^2 \mathrm{d}\|E^i(z)x\|_{\mathscr{H}}^2 \\ &= \|NP_i x\|_{\mathscr{H}}^2 < \infty,\end{aligned}$$
故$x \in D(M)$. 由此及(3.3.38)和(3.3.36)进一步知, 对$\forall i \in \mathbb{N}_+, \forall x \in R(P_i)$及$\forall y \in \mathscr{H}$有
$$(Nx, y) = (Mx, y).$$
因y任意, 所以, 当$x \in R(P_i)$且$i \in \mathbb{N}_+$时, $Nx = Mx$.

对$\forall i \in \mathbb{N}_+, \forall x \in D(N)$及$\forall P_i x \in R(P_i)$, 由(3.3.28)知
$$P_i N x = N P_i x = M P_i x.$$
对$\forall i \in \mathbb{N}_+$, 记
$$Q_i := P_1 + \cdots + P_i,$$

则由上式进一步有 $Q_iNx = MQ_ix$，因此，由 $\Gamma(M)$ 定义可得

$$(Q_ix, Q_iNx) \in \Gamma(M).$$

由此，因为 $\Gamma(M)$ 是闭的，当 $i \to \infty$ 时，得 $(x, Nx) \in \Gamma(M)$. 因此，$\Gamma(N) \subset \Gamma(M)$，即 $N \subset M$. 故由定理3.3.15(iii)知 $N = M$. 即所证断言成立，从而(3.3.23)得证.

(iv) 唯一性. 设 $(\mathbb{C}, \mathscr{B}(\mathbb{C}), E)$ 为使得，对 $\forall x \in D(N)$ 和 $\forall y \in \mathscr{H}$，

$$(Nx, y) = \int_{\mathbb{C}} z \, \mathrm{d}(E(z)x, y)$$

成立的任意谱族. 由推论3.3.13知 N^*N 为自伴算子. 又对 $\forall x \in D(N)$,

$$(N^*Nx, x) = (Nx, Nx) = \|Nx\|^2 \geqslant 0.$$

因此，N^*N 为正算子. 从而，由引理3.3.16知 N^*N 有唯一的平方根算子，记为 $(N^*N)^{1/2}$. 令

$$T := N\left[I + (N^*N)^{1/2}\right]^{-1}.$$

则，对 $\forall x \in D_g$ 和 $\forall y \in \mathscr{H}$，有

$$(Tx, y) = \int_{\mathbb{C}} g(z) \, \mathrm{d}(E(z)x, y),$$

其中，对 $\forall z \in \mathbb{C}$, $g(z) := z/(1+|z|)$. 事实上，若对 $\forall z \in \mathbb{C}$，令 $f(z) := z$ 且

$$h(z) := \frac{1}{1+|z|},$$

则 h 及 fh 有界，从而 $D_f = D_h = \mathscr{H}$. 由定理3.3.5及推论3.3.7(i)，对 $\forall x, y \in \mathscr{H}$，有

$$\begin{aligned}(N\Phi(h)x, y) &= (\Phi(f)\Phi(h)x, y) = (\Phi(fh)x, y) \\ &= \int_{\mathbb{C}} \frac{z}{1+|z|} \, \mathrm{d}(E(z)x, y).\end{aligned} \quad (3.3.39)$$

又由定理3.3.6(ii)、推论3.3.7(ii)及 $|z|$ 为实值知

$$N^*N = [\Phi(f)]^*\Phi(f) = \Phi(|f|^2) = \Phi(|f|)\Phi(|f|) = [\Phi(|f|)]^2.$$

从而, 由引理3.3.16知$(N^*N)^{\frac{1}{2}} = \Phi(|f|)$. 由此及$\Phi$线性知

$$I + (N^*N)^{\frac{1}{2}} = \Phi(1+|z|) = \Phi(1/h).$$

进一步由引理3.3.16知

$$\sigma((N^*N)^{\frac{1}{2}}) \subset [0,\infty).$$

从而$-1 \in \rho((N^*N)^{\frac{1}{2}})$, 因此, $I+(N^*N)^{\frac{1}{2}}$为一一的且

$$\left[I+(N^*N)^{\frac{1}{2}}\right]^{-1} \in \mathscr{L}(\mathscr{H}).$$

又由h有界, 对$\forall x \in \mathscr{H}$, 由推论3.3.7(ii)知

$$x = \Phi\left(\frac{1}{h}\right)\Phi(h)x = \left[I+(N^*N)^{\frac{1}{2}}\right]\Phi(h)x.$$

因此, $\Phi(h) = [I+(N^*N)^{1/2}]^{-1}$. 由此及(3.3.39)知, 对$\forall x \in \mathscr{H}$和$\forall y \in \mathscr{H}$,

$$\begin{aligned}(Tx,y) &= \left(N\left[I+(N^*N)^{\frac{1}{2}}\right]^{-1}x,y\right) \\ &= (N\Phi(h)x,y) \\ &= \int_{\mathbb{C}} \frac{z}{1+|z|} \mathrm{d}(E(z)x,y) \\ &= \int_{\mathbb{C}} g(z) \mathrm{d}(E(z)x,y).\end{aligned}$$

由于g有界, 故$D_g = \mathscr{H}$且$T \in \mathscr{L}(\mathscr{H})$. 显然$T$是正常算子. 由于$g$是一一的, 因此,

$$(Tx,y) = \int_{\mathbb{C}} z \mathrm{d}(E(g^{-1}(z))x,y).$$

记T的谱族为E^T, 由有界正常算子谱分解定理(见定理2.5.34)得

$$T = \int_{\mathbb{C}} z \mathrm{d}E^T(z).$$

因为T的谱族唯一, 所以对于任意Borel集Δ, $E^T(\Delta) = E(g^{-1}(\Delta))$, 由此即得$N$的谱族的唯一性. 至此, 定理得证. □

类似于有界正常算子谱的性质, 无界正常算子的谱也有类似的性质如下, 证明也是类似的.

定理3.3.18 设N是无界正常算子且$(\mathbb{C}, \mathscr{B}(\mathbb{C}), E)$是它的谱族. 则

(i) $z \in \sigma_p(N) \Longleftrightarrow E(\{z\}) \neq \theta$;

(ii) $\sigma_r(N) = \varnothing$;

(iii) $z \in \sigma(N) \Longleftrightarrow$ 对任意包含z的开集Δ, 有$E(\Delta) \neq \theta$.

证明 对$\forall z \in \mathbb{C}$, 令$f(z) := z$.

(i) "$\Longleftarrow$". 若$E(\{z\}) \neq \theta$, 则由定理3.3.5、定理3.3.9(i)及定理3.3.17知

$$N - zI = \Phi(f) - zI$$

不是一一的, 从而$z \in \sigma_p(N)$, 即充分性成立.

"$\Longrightarrow$". 由反证法, 假设$E(\{z\}) = \theta$. 因

$$z \in \sigma_p(N) \subset \sigma(N),$$

故由定理3.3.9的(ii)和(iii)知

$$N - zI = \Phi(f) - zI$$

是一一的, 从而$z \notin \sigma_p(N)$, 矛盾! 故$E(\{z\}) \neq \theta$, 即必要性成立. 因此, (i)成立.

(ii) 由注记3.3.10(iii)知

$$\sigma_r(N) = \sigma_r(\Phi(f)) = \varnothing,$$

即(ii)成立.

(iii) "$\Longleftarrow$". 若对任意含有z的开集Δ, $E(\Delta) \neq \theta$, 则$z \notin G_f$, 其中

$$G_f := \bigcup_G \{G \text{为} \mathbb{C} \text{中开集}: E(G) = \theta\}.$$

从而z在f的本性值域内. 由此及定理3.3.9(iii)知

$$z \in \sigma(\Phi(f)) = \sigma(N),$$

即充分性成立.

"⟹". 由反证法, 若$z \in \sigma(N)$且存在包含z的开集Δ使得$E(\Delta) = \theta$. 因此, $z \in G_f$, 即z不在f的本性值域中. 由此及定理3.3.9(iii)知

$$z \notin \sigma(\Phi(f)) = \sigma(N).$$

矛盾! 因此, 对任意包含z的开集Δ, 均有$E(\Delta) \neq \theta$, 即必要性成立. 故(iii)成立. 至此, 定理得证. □

习题3.3

习题3.3.1 设N为正常算子. 证明N^*也为正常算子.

习题3.3.2 设T为稠定闭算子, $D(T) = D(T^*)$且, 对$\forall x \in D(T)$, $\|Tx\|_{\mathscr{H}} = \|T^*x\|_{\mathscr{H}}$. 证明$T$是正常算子.

习题3.3.3 设N是无界正常算子. 证明存在酉算子U和正自伴算子P使得$D(P) = D(N)$且$N = UP = PU$.

习题3.3.4 设所有记号同定理3.3.5. 证明

(i) $\Phi(f)$在D_f上是线性的.

(ii) 若g是$\mathbb{C}$上的有界Borel可测函数, 则$D_{f-g} = D_f$.

(iii) 对$\forall \alpha_1, \alpha_2 \in \mathbb{C}$及Borel可测函数$f$和$g$, 有

$$\Phi(\alpha_1 f + \alpha_2 g) \subset \alpha_1 \Phi(f) + \alpha_2 \Phi(g).$$

特别地, 若g为$\mathbb{C}$上的有界Borel可测函数, 则

$$\Phi(\alpha_1 f + \alpha_2 g) = \alpha_1 \Phi(f) + \alpha_2 \Phi(g).$$

习题3.3.5 证明定理3.3.9中的(ii)和(iii)对一般的$\alpha \neq 0$也成立.

习题3.3.6 设$f: \Omega \longrightarrow \mathbb{C}$为Borel可测函数且$(\Omega, \mathscr{B}, E)$为一个谱族. 证明$f$的本性值域有界当且仅当

$$\begin{aligned}\|f\|_{L^{\infty}(\Omega, E)} &:= \inf_{\substack{F \in \mathscr{B} \\ E(F) = \theta}} \sup_{x \in \Omega \setminus F} |f(x)| \\ &= \inf_{\substack{G \text{开} \\ E(f^{-1}(G)) = \theta}} \sup_{x \in \Omega \setminus f^{-1}(G)} |f(x)| < \infty.\end{aligned}$$

习题3.3.7 设所有记号同引理3.3.16, 证明

(i) $(\mathbb{R}, \mathscr{B}(\mathbb{R}), \widetilde{\widetilde{E}})$ 为谱族;

(ii) $([0,\infty), \mathscr{B}([0,\infty)), \widetilde{E}_{\widetilde{B}})$ 为谱族.

第4章 算子半群

算子半群理论是泛函分析的一个重要组成部分,主要研究各种类型的算子半群和它们的生成元的特性,它在微分方程、概率论、系统理论、逼近论和量子理论等学科都有广泛应用. 本章将介绍线性算子半群的一些基本理论,包括强连续线性算子半群、无穷小生成元、单参数酉群与Stone定理. 此外也将介绍Hilbert–Schmidt算子与迹算子的一些基本性质.

本章主要参考了文献[8]的第七章.

§4.1 强连续线性算子半群及其无穷小生成元

本节主要介绍强连续线性算子半群及其无穷小生成元. 我们在4.1.1节中给出了强连续线性算子半群的概念, 而在4.1.2节中给出强连续线性算子半群的无穷小生成元的定义和基本性质, 在4.1.3节中则证明了一个线性稠定算子成为强连续线性算子半群生成元的充要条件, 即Hille–Yosida定理.

§4.1.1 强连续线性算子半群

首先引入强连续线性算子半群的定义:

定义4.1.1 设 $\mathscr{X}$ 是Banach空间,称 $\mathscr{X}$ 上一族到其自身的有界线性算子

$$\{T(t): t \in [0,\infty)\}$$

为**强连续线性算子半群**, 简称**强连续半群**, 若

(i) $T(0) = I$;

(ii) $T(s)T(t) = T(s+t), \forall s, t \in [0,\infty)$;

(iii) 对 $\forall x \in \mathscr{X}, t \longrightarrow T(t)x$ 在 $\mathscr{X}$ 模下连续.

注记4.1.2 由定义4.1.1知, 对任意 $s, t \in [0,\infty)$, $T(s)$ 和 $T(t)$ 是可交换的, 且定义4.1.1中条件(i)和(ii)成立时, 条件(iii)可以弱化成以下形式:

(iii)′ 对 $\forall x \in \mathscr{X}$, 当 $t \to 0^+$ 时,
$$\|T(t)x - x\|_{\mathscr{X}} \to 0,$$

其中 $t \to 0^+$ 表示 $t \in (0, \infty)$ 且 $t \to 0$.

事实上, 因 $T(0) = I$, 显然有 (iii) $\Longrightarrow$ (iii)′.

下证 (iii)′ $\Longrightarrow$ (iii). 先证右连续. 对 $\forall x \in \mathscr{X}$ 及 $\forall t \in (0, \infty)$, 当 $h > 0$ 时, 由条件 (ii) 有
$$T(t+h)x - T(t)x = T(t)(T(h)x - x),$$

从而, 当 $h \to 0^+$ 时, 有
$$\|T(t+h)x - T(t)x\|_{\mathscr{X}} \leqslant \|T(t)\|_{\mathscr{L}(\mathscr{X})} \|T(h)x - x\|_{\mathscr{X}} \to 0.$$

下证左连续. 首先, 存在 $\ell, M \in (0, \infty)$ 使得, 对 $\forall t \in [0, \ell]$, 有 $\|T(t)\|_{\mathscr{L}(\mathscr{X})} \leqslant M$. 若不然, 对 $\forall n \in \mathbb{N}_+$, 存在 $t_n \in [0, \frac{1}{n}]$ 使得 $\|T(t_n)\|_{\mathscr{L}(\mathscr{X})} \geqslant n$, 由 (iii)′, 对 $\forall x \in \mathscr{X}$, 当 $n \to \infty$ 时,
$$\|T(t_n)x - x\|_{\mathscr{X}} \to 0.$$

所以存在 n_0, 对 $\forall n > n_0$, 有 $\|T(t_n)x\|_{\mathscr{X}} \leqslant \|x\|_{\mathscr{X}} + 1$. 从而
$$\sup\{\|T(t_n)x\|_{\mathscr{X}} : n \in \mathbb{N}_+\}$$
$$\leqslant \max\{\|x\|_{\mathscr{X}} + 1, \|T(t_1)x\|_{\mathscr{X}}, \cdots, \|T(t_{n_0})x\|_{\mathscr{X}}\}.$$

由共鸣定理, $\exists C > 0$ 使得
$$\sup\{\|T(t_n)\|_{\mathscr{L}(\mathscr{X})} : n \in \mathbb{N}_+\} \leqslant C,$$

矛盾! 故上述断言成立.

对 $\forall L > 0$, 记 $k_0 := \lfloor \frac{L}{\ell} \rfloor$, 其中 $\lfloor x \rfloor$ 表示不超过 $x \in \mathbb{R}$ 的最大整数, 则, 对任意 $t \in [0, L]$, 存在 $k \in \{0, \cdots, k_0\}$ 和 $0 \leqslant r < \ell$ 使得 $t = k\ell + r$, 故由条件 (ii) 知
$$\|T(t)\|_{\mathscr{L}(\mathscr{X})} = \|T(k\ell + r)\|_{\mathscr{L}(\mathscr{X})} = \|[T(\ell)]^k T(r)\|_{\mathscr{L}(\mathscr{X})}$$
$$\leqslant M^{k+1} \leqslant M^{k_0+1} < \infty.$$

从而可知$\|T(t)\|_{\mathscr{L}(\mathscr{X})}$在$t\in[0,\infty)$的有界区间上一致有界,所以对$\forall x\in\mathscr{X}$,当$t\in(0,\infty),h<t$且$h\to 0^+$时

$$\|T(t)x-T(t-h)x\|_{\mathscr{X}}\leqslant\|T(t-h)\|_{\mathscr{L}(\mathscr{X})}\|T(\mathscr{H})x-x\|_{\mathscr{X}}\to 0.$$

由上述证明即得条件(iii). 故所证结论成立.

算子半群的一个简单例子是常微分方程初值问题的解. 考虑常微分方程初值问题

$$\begin{cases}\dfrac{\mathrm{d}x(t)}{\mathrm{d}t}=\mathbf{A}x(t),\ \forall t\in[0,\infty),\\ x(0)=x_0\in\mathbb{R}^n,\end{cases}$$

其中$\mathbf{A}$为$n\times n$实矩阵. 由常微分方程解的理论, 上述方程的解

$$x(t)=\exp(t\mathbf{A})x_0$$

存在唯一. 当$t\in[0,\infty)$时, 定义

$$T(t):\ x_0\longmapsto x(t).$$

由解的存在性, 定义有意义且显然是线性的. 对固定的$t\in(0,\infty)$, $T(t)$是$\mathbb{R}^n$上的有界算子. 易得$\{T(t):t\in[0,\infty)\}$是强连续线性算子半群. 事实上, 由定义, $T(0)x_0=x(0)=x_0$, 即$T(0)=I$. 故定义4.1.1(i)成立. 对$\forall x_0\in\mathbb{R}^n$, 设$x(t)$为方程$\dfrac{\mathrm{d}x(t)}{\mathrm{d}t}=\mathbf{A}x(t)$对应初值$x_0$的解. 令$T(t):=x_0\longmapsto x(t)$. 对$\forall s\in(0,\infty)$和$\forall t\in[0,\infty)$, 令

$$y(t):=T(t+s)x_0\quad\text{且}\quad z(t):=T(t)T(s)x_0.$$

下面说明$y(t)=z(t)$. 注意到方程

$$\begin{cases}\dfrac{\mathrm{d}y(t)}{\mathrm{d}t}=\dfrac{\mathrm{d}}{\mathrm{d}(t+s)}T(t+s)x_0=\mathbf{A}[T(t+s)x_0]=\mathbf{A}y(t),\\ y(0)=T(s)x_0\end{cases}$$

与

$$\begin{cases} \dfrac{\mathrm{d}z(t)}{\mathrm{d}t} = \dfrac{\mathrm{d}}{\mathrm{d}t}T(t)T(s)x_0 = \mathbf{A}T(t)T(s)x_0 = \mathbf{A}z(t), \\ z(0) = T(s)x_0 \end{cases}$$

有相同的解, 从而 $y(t) = z(t)$, 即有定义4.1.1(ii)成立. 定义4.1.1(iii)由$x(t)$对t的连续性可得. 事实上, 由常微分方程理论, $T(t)$可以通过矩阵写出来: 对$\forall t \in [0, \infty)$,

$$T(t) = \exp(t\mathbf{A}) = \sum_{n=0}^{\infty} \dfrac{(t\mathbf{A})^n}{n!},$$

此处及下文约定$0! = 1$. 因此, $\{T(t) : t \in [0, \infty)\}$是一个强连续半群.

上例中, $T(t)$可以通过$\mathbf{A}$的指数表示出来. 一个自然的问题是, 对一个强连续线性算子半群$\{T(t) : t \in [0, \infty)\}$, 是否也能找到一个线性算子$A$使得$T(t) = \exp(tA)$呢? 在这种情况下, $\exp(tA)$的意义如何? 这是本章的一个中心问题.

命题4.1.3 设$\mathscr{X}$为Banach空间. 对$\forall A \in \mathscr{L}(\mathscr{X})$及$\forall t \in [0, \infty)$, 记

$$\exp(tA) := \sum_{n=0}^{\infty} \dfrac{(tA)^n}{n!}.$$

则$\{\exp(tA) : t \in [0, \infty)\}$是$\mathscr{X}$上的一个强连续半群.

证明 由$A \in \mathscr{L}(\mathscr{X})$易得$A^n \in \mathscr{L}(\mathscr{X})$, 其中$n \in \mathbb{Z}_+$. 对任意$a_1, a_2 \in \mathbb{C}$, 任意$x_1, x_2 \in \mathscr{X}$和任意$t \in [0, \infty)$有

$$\begin{aligned}\exp(tA)(a_1 x_1 + a_2 x_2) &= \sum_{n=0}^{\infty} \dfrac{t^n A^n}{n!}(a_1 x_1 + a_2 x_2) \\ &= a_1 \sum_{n=0}^{\infty} \dfrac{t^n A^n}{n!} x_1 + a_2 \sum_{n=0}^{\infty} \dfrac{t^n A^n}{n!} x_2 \\ &= a_1 \exp(tA) x_1 + a_2 \exp(tA) x_2.\end{aligned}$$

由此知$\exp(tA)$是线性的. 又由

$$\|\exp(tA)x\|_{\mathscr{X}} = \left\| \sum_{n=0}^{\infty} \dfrac{t^n}{n!} A^n x \right\|_{\mathscr{X}} \leqslant \sum_{n=0}^{\infty} \dfrac{t^n}{n!} \|A^n x\|_{\mathscr{X}}$$

$$\leqslant \sum_{n=0}^{\infty} \frac{t^n}{n!} \|A\|_{\mathscr{L}(\mathscr{X})}^n \|x\|_{\mathscr{X}},$$

有

$$\|\exp(tA)\|_{\mathscr{L}(\mathscr{X})} \leqslant \sum_{n=0}^{\infty} \frac{t^n}{n!} \|A\|_{\mathscr{L}(\mathscr{X})}^n = \exp(t\|A\|_{\mathscr{L}(\mathscr{X})}) < \infty.$$

从而, 对每个 $t \in [0,\infty)$, $\exp(tA)$ 是有界线性算子.

下面证 $\{\exp(tA) : t \in [0,\infty)\}$ 是一个强连续半群. 定义4.1.1(i)显然成立. 下证定义4.1.1(ii). 对 $\forall t, s \geqslant 0$,

$$\begin{aligned}
\exp[(t+s)A] &= \sum_{n=0}^{\infty} \frac{(t+s)^n A^n}{n!} \\
&= \sum_{n=0}^{\infty} \sum_{k=0}^{n} \frac{t^k A^k}{k!} \frac{s^{n-k} A^{n-k}}{(n-k)!} \\
&= \sum_{k=0}^{\infty} \sum_{n=k}^{\infty} \frac{t^k A^k}{k!} \frac{s^{n-k} A^{n-k}}{(n-k)!} \\
&= \left(\sum_{k=0}^{\infty} \frac{t^k A^k}{k!}\right) \left(\sum_{j=0}^{\infty} \frac{s^j A^j}{j!}\right) \\
&= \exp(tA) \exp(sA).
\end{aligned}$$

故定义4.1.1(ii)成立. 又因为对 $\forall x \in \mathscr{X}$ 及 $\forall t \in [0,\infty)$, 有

$$\begin{aligned}
\|\exp(tA)x - x\|_{\mathscr{X}} &= \left\|\sum_{n=1}^{\infty} \frac{t^n}{n!} A^n x\right\|_{\mathscr{X}} \\
&= \left\|tA \sum_{n=1}^{\infty} \frac{t^{n-1}}{n!} A^{n-1} x\right\|_{\mathscr{X}} \\
&\leqslant t\|A\|_{\mathscr{L}(\mathscr{X})} \sum_{n=1}^{\infty} \frac{t^{n-1}}{n!} \|A\|_{\mathscr{L}(\mathscr{X})}^{n-1} \|x\|_{\mathscr{X}} \\
&\leqslant t\|A\|_{\mathscr{L}(\mathscr{X})} \sum_{n=1}^{\infty} \frac{t^{n-1}}{(n-1)!} \|A\|_{\mathscr{L}(\mathscr{X})}^{n-1} \|x\|_{\mathscr{X}} \\
&= t\|A\|_{\mathscr{L}(\mathscr{X})} \exp(t\|A\|_{\mathscr{L}(\mathscr{X})}) \|x\|_{\mathscr{X}}.
\end{aligned}$$

所以当 $t \to 0^+$ 时,

$$\|\exp(tA)x - x\|_{\mathscr{X}} \to 0,$$

即定义4.1.1(iii)′成立. 因此, $\{\exp(tA) : t \in [0,\infty)\}$ 是 $\mathscr{X}$ 上的一个强连续半群. 至此, 命题得证. □

§4.1.2 无穷小生成元的定义和性质

在本节中, 设 $\mathscr{X}$ 是Banach空间, $\{T(t) : t \in [0,\infty)\}$ 为 $\mathscr{X}$ 上的强连续半群. 对 $\forall t \in (0,\infty)$, 记

$$A_t := \frac{T(t) - I}{t},$$

显然 A_t 是有界线性算子.

定义4.1.4 在 $\mathscr{X}$ 上, 令

$$D(A) := \left\{ x \in \mathscr{X} : \exists\, x^* \in \mathscr{X},\ \lim_{t \to 0^+} A_t x = x^* \right\}$$

且 $A : x \longmapsto x^*$. 则称 A 为 $\{T(t) : t \in [0,\infty)\}$ 的**无穷小生成元**, 简称**生成元**.

强连续半群的无穷小生成元有以下性质.

定理4.1.5 设 $\{T(t) : t \in [0,\infty)\}$ 为 $\mathscr{X}$ 上的强连续半群, 则它的生成元 A 是一个线性稠定的闭算子且, 对 $\forall x \in D(A)$, 有

$$\frac{\mathrm{d} T(t)x}{\mathrm{d} t} = AT(t)x = T(t)Ax.$$

证明 (i) A 是线性的. 对 $\forall a_1, a_2 \in \mathbb{C}$ 及 $\forall x_1, x_2 \in D(A)$, 由 A_t 线性有

$$\begin{aligned} A(a_1 x_1 + a_2 x_2) &= \lim_{t \to 0^+} A_t(a_1 x_1 + a_2 x_2) \\ &= a_1 \lim_{t \to 0^+} A_t x_1 + a_2 \lim_{t \to 0^+} A_t x_2 \\ &= a_1 A x_1 + a_2 A x_2. \end{aligned}$$

(ii) A 是稠定的. 对 $\forall x \in \mathscr{X}$ 及 $\forall s \in (0,\infty)$, 令

$$x_s := \frac{1}{s} \int_0^s T(t) x \,\mathrm{d}t,$$

则有

$$\|x_s - x\|_{\mathscr{X}} \leqslant \frac{1}{s} \int_0^s \|T(t)x - x\|_{\mathscr{X}} \,\mathrm{d}t, \tag{4.1.1}$$

且由 $T(r)$ 连续知

$$T(r) x_s = \frac{1}{s} \int_0^s T(t+r) x \,\mathrm{d}t. \tag{4.1.2}$$

进一步, 对 $\forall \varepsilon \in (0,\infty)$, 由(iii)′知 $\exists \delta \in (0,\infty)$ 使得, 当 $t \in [0,\delta)$ 时,
$$\|T(t)x - x\|_{\mathscr{X}} < \varepsilon.$$

取 $s \in (0,\delta)$, 则由(4.1.1)有
$$\|x_s - x\|_{\mathscr{X}} \leqslant \frac{1}{s}\int_0^s \varepsilon \,\mathrm{d}t = \varepsilon,$$

所以, 当 $s \to 0^+$ 时, $x_s \to x$.

余下只需证明 $x_s \in D(A)$, 就能说明 $\overline{D(A)} = \mathscr{X}$. 事实上, 由(4.1.2)有
$$\begin{aligned}
A_r x_s &= r^{-1}[T(r) - I]s^{-1}\int_0^s T(t)x\,\mathrm{d}t \\
&= (rs)^{-1}\int_0^s [T(t+r)x - T(t)x]\,\mathrm{d}t \\
&= (rs)^{-1}\left[\int_r^{s+r} T(t)x\,\mathrm{d}t - \int_0^s T(t)x\,\mathrm{d}t\right] \\
&= (rs)^{-1}\left[\int_s^{s+r} T(t)x\,\mathrm{d}t - \int_0^r T(t)x\,\mathrm{d}t\right] = A_s x_r,
\end{aligned}$$

所以由 A_s 的有界性知
$$\lim_{r \to 0^+} A_r x_s = \lim_{r \to 0^+} A_s x_r = A_s x.$$

这就说明了 $x_s \in D(A)$. 因此, $D(A)$ 在 $\mathscr{X}$ 中稠, 从而 A 是一个线性稠定算子.

(iii) $T(t): D(A) \longrightarrow D(A)$ 且, 当 $x \in D(A)$ 时,
$$\frac{\mathrm{d}T(t)x}{\mathrm{d}t} = AT(t)x = T(t)Ax.$$

事实上, 对 $\forall x \in \mathscr{X}$, 由 A_s 的定义易得 $A_s T(t)x = T(t)A_s x$. 由此有
$$\lim_{s \to 0^+} A_s T(t)x = \lim_{s \to 0^+} T(t)A_s x = T(t)Ax.$$

由 $D(A)$ 定义, $T(t)x \in D(A)$, 所以 $T(t): D(A) \longrightarrow D(A)$ 且 $AT(t)x = T(t)Ax$. 从而
$$\frac{\mathrm{d}^+ T(t)x}{\mathrm{d}t} := \lim_{s \to 0^+} s^{-1}[T(t+s)x - T(t)x]$$

$$= \lim_{s \to 0^+} A_s T(t)x$$
$$= AT(t)x = T(t)Ax,$$

所以只需再证 $\frac{\mathrm{d}^- T(t)x}{\mathrm{d}t} = T(t)Ax$ 即可. 对 $\forall x \in D(A)$, $\forall t \in (0, \infty)$ 及 $\forall \delta \in (0, t)$ 有

$$\left\| \delta^{-1}[T(t)x - T(t-\delta)x] - T(t)Ax \right\|_{\mathscr{X}}$$
$$= \| \delta^{-1}[T(t-\delta)T(\delta)x - T(t-\delta)x] - T(t-\delta)Ax$$
$$\quad + T(t-\delta)Ax - T(t-\delta)T(\delta)Ax \|_{\mathscr{X}}$$
$$\leqslant \| T(t-\delta)(\delta^{-1}[T(\delta)x - x] - Ax) \|_{\mathscr{X}}$$
$$\quad + \| T(t-\delta)(Ax - T(\delta)Ax) \|_{\mathscr{X}}$$
$$\leqslant \| T(t-\delta) \|_{\mathscr{L}(\mathscr{X})} \| \delta^{-1}[T(\delta)x - x] - Ax \|_{\mathscr{X}}$$
$$\quad + \| T(t-\delta) \|_{\mathscr{L}(\mathscr{X})} \| Ax - T(\delta)Ax \|_{\mathscr{X}}. \tag{4.1.3}$$

由注记4.1.2的证明知 $\|T(s)\|_{\mathscr{L}(\mathscr{X})}$ 在 $[0,t]$ 上一致有界(上界依赖于t). 又因

$$\left\| \delta^{-1}[T(\delta)x - x] - Ax \right\|_{\mathscr{X}}$$

和 $\|Ax - T(\delta)Ax\|_{\mathscr{X}}$ 在 $\delta \to 0^+$ 时均趋于0, 由此及(4.1.3)知当 $\delta \to 0^+$ 时,

$$\left\| \delta^{-1}[T(t)x - T(t-\delta)x] - T(t)Ax \right\|_{\mathscr{X}} \to 0,$$

从而有
$$\frac{\mathrm{d}^- T(t)x}{\mathrm{d}t} := \lim_{\delta \to 0^+} \frac{T(t)x - T(t-\delta)x}{\delta} = T(t)Ax.$$

(iv) A 是闭算子. 设 $\{x_n\}_{n \in \mathbb{N}_+} \subset D(A)$ 使得, 当 $n \to \infty$ 时,

$$x_n \to x \quad \text{且} \quad y_n := Ax_n \to y.$$

由(iii)知, 对 $\forall n \in \mathbb{N}_+$,

$$T(r)x_n - x_n = \int_0^r T(s)Ax_n \, \mathrm{d}s,$$

所以
$$\lim_{n \to \infty} [T(r)x_n - x_n] = \lim_{n \to \infty} \int_0^r T(s)Ax_n \, \mathrm{d}s = \int_0^r T(s)y \, \mathrm{d}s,$$

即
$$T(r)x - x = \int_0^r T(s)y\,ds.$$
由此及$\{T(t): t \in [0,\infty)\}$的连续性即得
$$\lim_{r\to 0^+} \frac{T(r)x - x}{r} = \lim_{r\to 0^+} \frac{1}{r}\int_0^r T(s)y\,ds = y.$$
从而$x \in D(A)$且$Ax = y$. 故A为闭算子.

综合(i)至(iv), 我们知所证结论成立. 至此, 定理得证. □

§4.1.3 Hille–Yosida定理

在本小节中, 我们设$\mathscr{X}$为Banach空间且$\{T(t): t \in [0,\infty)\}$为$\mathscr{X}$上的强连续半群.

定义4.1.6 设$\{T(t): t \in [0,\infty)\}$为$\mathscr{X}$上的强连续半群. 若对任意$t \in [0,\infty)$, 都有$\|T(t)\|_{\mathscr{L}(\mathscr{X})} \leqslant 1$, 则称$\{T(t): t \in [0,\infty)\}$为**强连续压缩半群**, 简称为**压缩半群**.

设$\{T(t): t \in [0,\infty)\}$为强连续压缩半群, 对$\forall \lambda \in \mathbb{C}$, 记
$$R_\lambda := \int_0^\infty \exp(-\lambda t)T(t)\,dt,$$
则当$\lambda \in \{\lambda \in \mathbb{C}: \Re(\lambda) \in (0,\infty)\}$且$x \in \mathscr{X}$时, 有
$$\begin{aligned}\|R_\lambda x\|_{\mathscr{X}} &= \left\|\int_0^\infty \exp(-\lambda t)T(t)x\,dt\right\|_{\mathscr{X}}\\ &\leqslant \int_0^\infty \exp(-\Re(\lambda)t)\|T(t)x\|_{\mathscr{X}}\,dt\\ &\leqslant \frac{1}{\Re(\lambda)}\|x\|_{\mathscr{X}},\end{aligned}$$
从而$\|R_\lambda\|_{\mathscr{L}(\mathscr{X})} \leqslant [\Re(\lambda)]^{-1} < \infty$, 故$R_\lambda \in \mathscr{L}(\mathscr{X})$, 其中$\Re(\lambda)$表示$\lambda$的实部.

引理4.1.7 设A是压缩半群$\{T(t): t \in [0,\infty)\}$的生成元, 则
$$\{\lambda \in \mathbb{C}: \Re(\lambda) \in (0,\infty)\} \subset \rho(A),$$
且, 当$\Re(\lambda) \in (0,\infty)$时, 有
$$R_\lambda = R_\lambda(A) := (\lambda I - A)^{-1}.$$

证明 当$\Re(\lambda) \in (0,\infty)$时，由该引理前面的证明知$R_\lambda$存在，所以只需再证
$$R_\lambda = R_\lambda(A)$$
就说明了$(\lambda I - A)^{-1}$存在；而要证明$R_\lambda = R_\lambda(A)$，只需证

(i) 对$\forall x \in \mathscr{X}$, $(\lambda I - A)R_\lambda x = x$且$R_\lambda \mathscr{X} \subset D(A) = D(\lambda I - A)$;

(ii) 对$\forall x \in D(A)$, $R_\lambda(\lambda I - A)x = x$

即可. 事实上，对$\forall x \in \mathscr{X}$有

$$\begin{aligned}
A_s R_\lambda x &= s^{-1}[T(s) - I]R_\lambda x \\
&= s^{-1}\int_0^\infty \exp(-\lambda t)T(s+t)x\,\mathrm{d}t \\
&\quad - s^{-1}\int_0^\infty \exp(-\lambda t)T(t)x\,\mathrm{d}t \\
&= \frac{\exp(\lambda s)}{s}\int_0^\infty \exp(-\lambda(s+t))T(s+t)x\,\mathrm{d}(s+t) \\
&\quad - s^{-1}\int_0^\infty \exp(-\lambda t)T(t)x\,\mathrm{d}t \\
&= \frac{\exp(\lambda s)}{s}\int_s^\infty \exp(-\lambda t)T(t)x\,\mathrm{d}t \\
&\quad - s^{-1}\int_0^\infty \exp(-\lambda t)T(t)x\,\mathrm{d}t \\
&= \frac{\exp(\lambda s) - 1}{s}\int_0^\infty \exp(-\lambda t)T(t)x\,\mathrm{d}t \\
&\quad - \frac{\exp(\lambda s)}{s}\int_0^s \exp(-\lambda t)T(t)x\,\mathrm{d}t
\end{aligned} \tag{4.1.4}$$

且，当$s \to 0^+$时，有
$$\frac{\exp(\lambda s) - 1}{s} \to \lambda$$
以及
$$\frac{\exp(\lambda s)}{s}\int_0^s \exp(-\lambda t)T(t)x\,\mathrm{d}t \to x.$$

由此及(4.1.4)有，当$s \to 0^+$时，
$$A_s R_\lambda x \to \lambda R_\lambda x - x,$$

从而 $R_\lambda x \in D(A)$ 且, 对 $\forall x \in \mathscr{X}$, 有 $AR_\lambda x = \lambda R_\lambda x - x$, 此即 $(\lambda I - A)R_\lambda x = x$. 因此, (i) 成立.

又因为对 $\forall x \in D(A)$, 由定理 4.1.5 有

$$\begin{aligned} R_\lambda Ax &= \int_0^\infty \exp(-\lambda t) T(t) Ax\, \mathrm{d}t \\ &= \int_0^\infty \exp(-\lambda t) \frac{\mathrm{d}T(t)x}{\mathrm{d}t}\, \mathrm{d}t \\ &= -x + \lambda R_\lambda x, \end{aligned}$$

所以 $R_\lambda (\lambda I - A)x = x$, 即 (ii) 成立. 至此, 引理得证. $\square$

由上述引理, 压缩半群的生成元 A 是线性稠定闭算子且满足

(i) $(0, \infty) \subset \rho(A)$;

(ii) 当 $\lambda \in (0, \infty)$ 时,

$$\left\| (\lambda I - A)^{-1} \right\|_{\mathscr{L}(\mathscr{X})} = \| R_\lambda \|_{\mathscr{L}(\mathscr{X})} \leqslant \lambda^{-1}.$$

下面证明, 上述两个条件也是一个稠定闭算子成为某个压缩半群的生成元的充分条件. 具体地说, 我们有以下定理.

定理 4.1.8 (Hille–Yosida 定理) 线性稠定闭算子 A 是一个压缩半群的生成元, 当且仅当下列条件成立:

(i) $(0, \infty) \subset \rho(A)$;

(ii) 当 $\lambda \in (0, \infty)$ 时,

$$\left\| (\lambda I - A)^{-1} \right\|_{\mathscr{L}(\mathscr{X})} \leqslant \lambda^{-1}.$$

证明 必要性由引理 4.1.7 易得.

为证充分性, 需证明若稠定闭算子 A 满足 (i) 和 (ii), 则可构造出压缩半群 $\{T(t) : t \in [0, \infty)\}$ 使得, 对 $\forall x \in D(A)$,

$$Ax = \lim_{t \to 0^+} \frac{1}{t} [T(t) - I]x.$$

为此, 对 $\forall \lambda \in (0,\infty)$, 引入算子 B_λ:

$$B_\lambda := \lambda^2(\lambda I - A)^{-1} - \lambda I.$$

由上述条件, B_λ 有定义. 显然 B_λ 线性且 $\|B_\lambda\|_{\mathscr{L}(\mathscr{X})} \leqslant 2\lambda$, 从而 $B_\lambda \in \mathscr{L}(\mathscr{X})$.

对 $\forall \lambda \in (0,\infty)$ 和 $\forall t \in [0,\infty)$, 记

$$T_\lambda(t) := \exp(tB_\lambda),$$

由命题 4.1.3 知 $\{T_\lambda(t) : t \in [0,\infty)\}$ 是一个强连续半群. 下面分四步证明定理的充分性.

a) 证明 对 $\forall x \in D(A)$, $\lim\limits_{\lambda \to \infty} B_\lambda x = Ax$.

事实上, 首先对 $\forall y \in D(A)$, 由定理 4.1.8 中的条件 (ii) 知, 当 $\lambda \to \infty$ 时,

$$\begin{aligned}\left\|[\lambda(\lambda I - A)^{-1} - I]y\right\|_{\mathscr{X}} &= \left\|(\lambda I - A)^{-1}Ay\right\|_{\mathscr{X}} \\ &\leqslant \lambda^{-1}\|Ay\|_{\mathscr{X}} \to 0.\end{aligned} \quad (4.1.5)$$

又由 $D(A)$ 稠密以及对 $\forall \lambda \in (0,\infty)$,

$$\left\|\lambda(\lambda I - A)^{-1}\right\|_{\mathscr{L}(\mathscr{X})} \leqslant 1 \quad (4.1.6)$$

可知, 当 $\lambda \to \infty$ 时, $\lambda(\lambda I - A)^{-1}$ 在 $\mathscr{X}$ 上强收敛于恒等算子 I. 事实上, 由 $D(A)$ 稠密可知, 对 $\forall x \in \mathscr{X}$ 及 $\forall \varepsilon \in (0,\infty)$, 存在 $\tilde{x} \in D(A)$ 使得

$$\|x - \tilde{x}\|_{\mathscr{X}} < \frac{\varepsilon}{3}.$$

又由 (4.1.5) 知存在 λ_0 充分大使得当 $\lambda \in (\lambda_0, \infty)$ 时,

$$\left\|[\lambda(\lambda I - A)^{-1} - I]\tilde{x}\right\|_{\mathscr{X}} < \frac{\varepsilon}{3}.$$

由此及 (4.1.6) 有

$$\begin{aligned}&\left\|\lambda(\lambda I - A)^{-1}x - x\right\|_{\mathscr{X}} \\ &\leqslant \left\|\lambda(\lambda I - A)^{-1}x - \lambda(\lambda I - A)^{-1}\tilde{x}\right\|_{\mathscr{X}} \\ &\quad + \left\|\lambda(\lambda I - A)^{-1}\tilde{x} - \tilde{x}\right\|_{\mathscr{X}} + \|\tilde{x} - x\|_{\mathscr{X}}\end{aligned}$$

$$\leqslant 2\|\tilde{x}-x\|_{\mathscr{X}} + \|\lambda(\lambda I-A)^{-1}\tilde{x}-\tilde{x}\|_{\mathscr{X}} < \varepsilon.$$

再由ε的任意性及当$x \in D(A)$时,

$$B_\lambda x = \lambda^2(\lambda I-A)^{-1}x - \lambda x = \lambda(\lambda I-A)^{-1}Ax$$

可知, 当$\lambda \to \infty$时, $B_\lambda x \to Ax$. 故a)得证.

b) **证明** 对$\forall t \in [0,\infty)$, $T_\lambda(t)$关于$\lambda \to \infty$强收敛, 此时记

$$T(t) := s-\lim_{\lambda \to \infty} T_\lambda(t).$$

由条件(ii)知

$$\begin{aligned}
\|T_\lambda(t)\|_{\mathscr{L}(\mathscr{X})} &= \|\exp\{t[\lambda^2(\lambda I-A)^{-1} - \lambda I]\}\|_{\mathscr{L}(\mathscr{X})} \\
&\leqslant \exp(-\lambda t) \sum_{n=0}^{\infty} \frac{(\lambda^2 t)^n}{n!} \|(\lambda I-A)^{-1}\|_{\mathscr{L}(\mathscr{X})}^n \\
&\leqslant \exp(-\lambda t) \sum_{n=0}^{\infty} \frac{(\lambda^2 t)^n}{n!} \lambda^{-n} \\
&= \exp(-\lambda t)\exp(\lambda t) = 1,
\end{aligned} \tag{4.1.7}$$

所以$\{T_\lambda(t) : t \in [0,\infty)\}$是压缩半群.

对任意$\lambda, \mu \in (0,\infty)$, 由定理4.1.8中的条件(i)及第一预解公式(见引理1.2.15)有

$$R_\lambda(A) - R_\mu(A) = (\mu-\lambda)R_\lambda(A)R_\mu(A).$$

由此易得$R_\lambda(A)$和$R_\mu(A)$可交换. 又因

$$B_\lambda = \lambda^2 R_\lambda(A) - \lambda I \quad \text{且} \quad B_\mu = \mu^2 R_\mu(A) - \mu I,$$

所以B_λ与B_μ可交换. 再由, 对$\forall t \in [0,\infty)$,

$$\exp(tB_\mu) = \sum_{n=0}^{\infty} \frac{t^n}{n!} B_\mu^n$$

知B_λ和B_μ均与$\exp(tB_\mu)$可交换. 由此及(4.1.7)可知, 对$\forall x \in D(A)$,

$$\|T_\lambda(t)x - T_\mu(t)x\|_{\mathscr{X}}$$

$$= \left\| \int_0^t \frac{\mathrm{d}}{\mathrm{d}s} \{\exp(sB_\lambda)\exp[(t-s)B_\mu]x\}\,\mathrm{d}s \right\|_{\mathscr{X}}$$

$$= \left\| \int_0^t \exp(sB_\lambda)(B_\lambda - B_\mu)\exp[(t-s)B_\mu]x\,\mathrm{d}s \right\|_{\mathscr{X}}$$

$$= \left\| \int_0^t \exp(sB_\lambda)\exp[(t-s)B_\mu](B_\lambda - B_\mu)x\,\mathrm{d}s \right\|_{\mathscr{X}}$$

$$\leqslant \int_0^t \|\exp(sB_\lambda)\|_{\mathscr{L}(\mathscr{X})}\|\exp[(t-s)B_\mu]\|_{\mathscr{L}(\mathscr{X})}$$
$$\times \|(B_\lambda - B_\mu)x\|_{\mathscr{X}}\,\mathrm{d}s$$

$$\leqslant t\|(B_\lambda - B_\mu)x\|_{\mathscr{X}}. \tag{4.1.8}$$

又因为由已证a)知, 在t的有界区间上, 当$\lambda,\mu \to \infty$时, $t\|(B_\lambda - B_\mu)x\|_{\mathscr{X}}$一致趋于0, 从而

$$\|T_\lambda(t)x - T_\mu(t)x\|_{\mathscr{X}} \to 0.$$

因此, $T_\lambda(t)$关于$\lambda \to \infty$在$D(A)$上强收敛.

设$x \in \mathscr{X}$. 因$\overline{D(A)} = \mathscr{X}$, 故, 对$\forall \varepsilon \in (0,\infty)$, 存在$\widetilde{x} \in D(A)$使得

$$\|x - \widetilde{x}\|_{\mathscr{X}} < \frac{\varepsilon}{3}.$$

因$T_\lambda(t)$关于$\lambda \to \infty$在$D(A)$上强收敛, 故$\exists \lambda_0 \in (0,\infty)$使得, 对$\forall \lambda,\mu \in (\lambda_0,\infty)$有

$$\|[T_\lambda(t) - T_\mu(t)]\widetilde{x}\|_{\mathscr{X}} < \frac{\varepsilon}{3}.$$

由此及(4.1.7)知

$$\|[T_\lambda(t) - T_\mu(t)]x\|_{\mathscr{X}}$$
$$\leqslant \|T_\lambda(t)(x-\widetilde{x})\|_{\mathscr{X}} + \|[T_\lambda(t) - T_\mu(t)]\widetilde{x}\|_{\mathscr{X}} + \|T_\mu(t)(x-\widetilde{x})\|_{\mathscr{X}}$$
$$\leqslant \|T_\lambda(t)\|_{\mathscr{L}(\mathscr{X})}\|x-\widetilde{x}\|_{\mathscr{X}} + \|[T_\lambda(t) - T_\mu(t)]\widetilde{x}\|_{\mathscr{X}}$$
$$\quad + \|T_\mu(t)\|_{\mathscr{L}(\mathscr{X})}\|x-\widetilde{x}\|_{\mathscr{X}}$$
$$< \varepsilon.$$

从而, 对$\forall t \in (0,\infty)$, $T_\lambda(t)$关于$\lambda \to \infty$在$\mathscr{X}$上强收敛. 当$t=0$时, $T_\lambda(t)$强收敛是显然的. 故b)得证.

c) **证明** $\{T(t): t \in [0,\infty)\}$是一个压缩半群.

显然$T(t)$线性且$T(0)=I$. 由$T_\lambda(t)$强收敛及(4.1.7)知, 对任意$x\in\mathscr{X}$及任意$\varepsilon\in(0,\infty)$, 存在$\delta\in(0,\infty)$, 当$\lambda\in(\delta,\infty)$时, 有

$$\|T(t)x\|_\mathscr{X}\leqslant\|T_\lambda(t)x\|_\mathscr{X}+\varepsilon\leqslant\|x\|_\mathscr{X}+\varepsilon.$$

由ε的任意性即得$\|T(t)\|_{\mathscr{L}(\mathscr{X})}\leqslant 1$, 压缩性得证. 而当$\lambda\to\infty$时, 对$\forall s,t\in[0,\infty)$和$\forall x\in\mathscr{X}$, 由$\{T_\lambda(t):t\in[0,\infty)\}$的半群性及(4.1.7)有

$$\begin{aligned}&\|T(s+t)x-T(s)T(t)x\|_\mathscr{X}\\&\leqslant\|T(s+t)x-T_\lambda(s+t)x\|_\mathscr{X}+\|T_\lambda(s+t)x-T_\lambda(s)T(t)x\|_\mathscr{X}\\&\quad+\|T_\lambda(s)T(t)x-T(s)T(t)x\|_\mathscr{X}\\&\leqslant\|T(s+t)x-T_\lambda(s+t)x\|_\mathscr{X}+\|T_\lambda(t)x-T(t)x\|_\mathscr{X}\\&\quad+\|T_\lambda(s)T(t)x-T(s)T(t)x\|_\mathscr{X}\\&\to 0,\end{aligned}$$

所以

$$T(s+t)x=T(t)T(s)x.$$

下证强连续性. 事实上, 由注记4.1.2知只需证, 对$\forall x\in\mathscr{X}$, 有

$$\lim_{t\to 0^+}\|T(t)x-x\|_\mathscr{X}=0.$$

注意到, 对$\forall t\in[0,1]$及$\forall y\in D(A)$, 由(4.1.8)及a)知, 当$\lambda\to\infty$时,

$$\begin{aligned}&\|[T(t)-T_\lambda(t)]y\|_\mathscr{X}\\&=\lim_{\mu\to\infty}\|[T_\mu(t)-T_\lambda(t)]y\|_\mathscr{X}\\&\leqslant t\lim_{\mu\to\infty}\|(B_\mu-B_\lambda)y\|_\mathscr{X}\\&\leqslant\lim_{\mu\to\infty}\|(B_\mu-A)y\|_\mathscr{X}+\|(B_\lambda-A)y\|_\mathscr{X}\\&=\|(B_\lambda-A)y\|_\mathscr{X}\to 0.\end{aligned}\qquad(4.1.9)$$

再由$\overline{D(A)}=\mathscr{X}$知, 对$\forall\varepsilon\in(0,\infty)$, 存在$\widetilde{x}\in D(A)$使得

$$\|x-\widetilde{x}\|_\mathscr{X}<\frac{\varepsilon}{6}.$$

而由(4.1.9)知存在λ_0充分大使得当$\lambda \in (\lambda_0, \infty)$时,

$$\|[T(t) - T_\lambda(t)]\tilde{x}\|_{\mathscr{X}} < \frac{\varepsilon}{6}.$$

由此及(4.1.7)和

$$\|T(t)\|_{\mathscr{L}(\mathscr{X})} \leqslant 1$$

进一步知

$$\begin{aligned}
&\|[T(t) - T_\lambda(t)]x\|_{\mathscr{X}} \\
&\leqslant \|T(t)(x - \tilde{x})\|_{\mathscr{X}} + \|[T(t) - T_\lambda(t)]\tilde{x}\|_{\mathscr{X}} \\
&\quad + \|T_\lambda(t)(x - \tilde{x})\|_{\mathscr{X}} \\
&< \frac{\varepsilon}{2}.
\end{aligned} \tag{4.1.10}$$

固定$\lambda \in (0, \infty)$充分大, 由$\{T_\lambda(t): t \in [0, \infty)\}$强连续知存在$\delta \in (0, \infty)$使得当$t \in (0, \delta)$时,

$$\|T_\lambda(t)x - x\|_{\mathscr{X}} < \frac{\varepsilon}{2}.$$

由此及(4.1.10)有

$$\begin{aligned}
&\|T(t)x - x\|_{\mathscr{X}} \\
&\leqslant \|[T(t) - T_\lambda(t)]x\|_{\mathscr{X}} + \|T_\lambda(t)x - x\|_{\mathscr{X}} < \varepsilon.
\end{aligned}$$

因此,

$$\lim_{t \to 0^+} \|T(t)x - x\|_{\mathscr{X}} = 0.$$

再由注记4.1.2知$\{T(t): t \in [0, \infty)\}$是强连续的. 至此c)得证.

d) **证明** $\{T(t): t \in [0, \infty)\}$以$A$为生成元.

由定理4.1.5不妨设$\widetilde{A}$是$\{T(t): t \in [0, \infty)\}$的生成元, 下证$\widetilde{A} = A$. 对$\forall t \in (0, \infty)$, 令

$$\widetilde{A}_t := \frac{1}{t}[T(t) - I].$$

对$\forall \lambda \in (0, \infty)$及$\forall x \in D(B_\lambda) = \mathscr{X}$, 由命题4.1.3及(4.1.7)知

$$\lim_{t \to 0^+} \left\|\left[\frac{T_\lambda(t) - I}{t} - B_\lambda\right]x\right\|_{\mathscr{X}}$$

$$= \lim_{t \to 0^+} \left\| \left[\sum_{k=1}^{\infty} \frac{(tB_\lambda)^k}{k!} B_\lambda - B_\lambda \right] x \right\|_{\mathscr{X}}$$
$$\leqslant \lim_{t \to 0^+} t \left\| \exp(tB_\lambda) B_\lambda^2 x \right\|_{\mathscr{X}}$$
$$\leqslant \lim_{t \to 0^+} t \left\| B_\lambda^2 x \right\|_{\mathscr{X}} = 0.$$

因此, B_λ 是 $\{T_\lambda(t) : t \in [0, \infty)\}$ 的生成元. 由此及定理4.1.5知, 对任意 $x \in \mathscr{X}$ 及任意 $t \in [0, \infty)$,

$$T_\lambda(t)x - x = \int_0^t T_\lambda(s) B_\lambda x \, \mathrm{d}s.$$

由已证的a)和b)知, 当 $\lambda \to \infty$ 时, $T_\lambda(s)x \to T(s)x$ 且, 对 $\forall x \in D(A)$, $B_\lambda x \to Ax$, 故由(4.1.7)及控制收敛定理知, 对 $\forall x \in D(A)$,

$$T(t)x - x = \lim_{\lambda \to \infty} [T_\lambda(t)x - x] = \int_0^t T(s) Ax \, \mathrm{d}s. \tag{4.1.11}$$

再由 $\{T(s) : s \in [0, \infty)\}$ 强连续知, 对 $\forall \varepsilon \in (0, \infty)$ 及 $\forall y \in \mathscr{X}$, 存在 $\delta \in (0, \infty)$ 使得, 对 $\forall s \in [0, \delta)$ 有

$$\|[T(s) - I] y\|_{\mathscr{X}} < \varepsilon.$$

由此及(4.1.11)即知, 对 $\forall x \in D(A)$ 及 $\forall t \in [0, \delta)$,

$$\left\| \left(\widetilde{A}_t - A \right) x \right\|_{\mathscr{X}}$$
$$= \left\| \frac{1}{t} \int_0^t T(s) Ax \, \mathrm{d}s - Ax \right\|_{\mathscr{X}}$$
$$\leqslant \frac{1}{t} \int_0^t \|(T(s) - I) Ax\|_{\mathscr{X}} \, \mathrm{d}s < \varepsilon.$$

再由 ε 的任意性即得 $\widetilde{A}x = Ax$, 从而 $A \subset \widetilde{A}$.

下证 $D(\widetilde{A}) = D(A)$. 当 $\lambda \in (0, \infty)$ 时, 由定理4.1.8的条件(i)知

$$(\lambda I - A)^{-1} \in \mathscr{L}(\mathscr{X}),$$

所以, 对 $\forall y \in \mathscr{X}$, 若令

$$x := (\lambda I - A)^{-1} y,$$

则 $(\lambda I - A)x = y$, 从而 $x \in D(A)$ 且 $(\lambda I - A) D(A) = \mathscr{X}$. 又由引理4.1.7的证明知, 对 $\forall z \in \mathscr{X}$,

$$\left(\lambda I - \widetilde{A} \right) R_\lambda z = z \quad \text{且} \quad R_\lambda \mathscr{X} \subset D(\widetilde{A}),$$

故$(\lambda I - \widetilde{A})D(\widetilde{A}) = \mathscr{X}$. 由此及$A \subset \widetilde{A}$进一步知

$$\left(\lambda I - \widetilde{A}\right)D(A) = (\lambda I - A)D(A) = \mathscr{X} = \left(\lambda I - \widetilde{A}\right)D(\widetilde{A}),$$

从而$D(\widetilde{A}) = D(A)$. 故所证结论成立. 至此, 定理得证. □

注记4.1.9 由Laplace变换的反演公式知$A \longmapsto \{T(t) : t \in [0, \infty)\}$的对应是一一的.

事实上, 若A, B均是压缩半群$\{T(t) : t \in [0, \infty)\}$的生成元, 则由生成元定义知, 对$\forall x \in D(A)$,

$$Ax = \lim_{t \to 0^+} \frac{T(t)x - x}{t} = Bx,$$

从而$A \subset B$. 同理有$B \subset A$, 所以$A = B$.

又若A是压缩半群$\{T(t) : t \in [0, \infty)\}$及$\{R(t) : t \in [0, \infty)\}$的生成元, 则由引理4.1.7知, 对任意$x \in \mathscr{X}$,

$$R_\lambda(A)x = \int_0^\infty \exp(-\lambda t)T(t)x\,\mathrm{d}t = \int_0^\infty \exp(-\lambda t)R(t)x\,\mathrm{d}t.$$

由此及Laplace变换的反演有$T(t) = R(t), \forall t \in [0, \infty)$. 事实上, 对$\forall x^* \in \mathscr{X}^*$,

$$\begin{aligned}\langle x^*, R_\lambda(A)x \rangle &= \int_0^\infty \exp(-\lambda t)\langle x^*, T(t)x \rangle \,\mathrm{d}t \\ &= \int_0^\infty \exp(-\lambda t)\langle x^*, R(t)x \rangle \,\mathrm{d}t.\end{aligned}$$

由文献[22]Theorem 1.23(不同的连续函数有不同的Laplace变换)知

$$\langle x^*, T(t)x \rangle = \langle x^*, R(t)x \rangle.$$

再由x^*和x的任意性及Hahn–Banach定理的推论文献[7]推论2.4.6即知

$$T(t) = R(t), \quad \forall t \in [0, \infty).$$

从而所证结论成立.

回到一般的强连续半群. 由于$\|T(t)\|_{\mathscr{L}(\mathscr{X})}$在$t$的有穷区间上一致有界(见注记4.1.2的证明), 所以存在$M \in (0, \infty)$, 对$\forall t \in [0, 1], \|T(t)\|_{\mathscr{L}(\mathscr{X})} \leqslant M$. 而对$\forall t \in [0, \infty), t = \lfloor t \rfloor + \{t\}$, 由半群性质有

$$T(t) = T(\lfloor t \rfloor)T(\{t\}) = [T(1)]^{\lfloor t \rfloor}T(\{t\}),$$

进一步有

$$\|T(t)\|_{\mathscr{L}(\mathscr{X})} = \left\|[T(1)]^{\lfloor t\rfloor}T(\{t\})\right\|_{\mathscr{L}(\mathscr{X})} \leqslant M^{1+\lfloor t\rfloor}. \quad (4.1.12)$$

若取 $\omega = \ln M$,则 $\exp(\omega t) = M^t$,由此及(4.1.12)知

$$\|T(t)\|_{\mathscr{L}(\mathscr{X})} \leqslant M\exp(\omega t), \quad (4.1.13)$$

所以强连续半群的算子模是指数型增长的. 记

$$\omega_0 := \inf\{\omega \in \mathbb{R}: \|T(t)\|_{\mathscr{L}(\mathscr{X})} \leqslant M\exp(\omega t), \forall t \in [0,\infty)\}.$$

注意到 $M \in [1,\infty)$,故 $\omega_0 \in [0,\infty)$.

命题4.1.10 设 A 是强连续半群 $\{T(t): t \in [0,\infty)\}$ 的生成元,则

$$\{\lambda \in \mathbb{C}: \Re(\lambda) \in (\omega_0,\infty)\} \subset \rho(A)$$

且,当 $\Re(\lambda) \in (\omega_0,\infty)$ 时,

$$R_\lambda(A) = \int_0^\infty \exp(-\lambda t)T(t)\,\mathrm{d}t.$$

进一步,当 $\Re(\lambda) > \omega > \omega_0$ 时,对任意 $n \in \mathbb{N}_+$,

$$\left\|(\lambda I - A)^{-n}\right\|_{\mathscr{L}(\mathscr{X})} \leqslant M/[\Re(\lambda) - \omega]^n,$$

其中 M 如(4.1.13).

证明 首先,当 $\Re(\lambda) \in (\omega_0,\infty)$ 时,积分

$$\int_0^\infty \exp(-\lambda t)T(t)\,\mathrm{d}t$$

有意义. 事实上,注意到 $\omega_0 \in [0,\infty)$,故存在 $\omega \in (0,\infty)$,满足 $\Re(\lambda) > \omega > \omega_0$; 从而,对 $\forall x \in \mathscr{X}$,由(4.1.13)有

$$\left\|\int_0^\infty \exp(-\lambda t)T(t)x\,\mathrm{d}t\right\|_{\mathscr{X}}$$
$$\leqslant \int_0^\infty \|\exp(-\lambda t)T(t)x\|_{\mathscr{X}}\,\mathrm{d}t$$

$$\leqslant \int_0^\infty M\exp[-\Re(\lambda)t]\exp(\omega t)\|x\|_{\mathscr{X}}\,\mathrm{d}t$$
$$= \frac{M}{\Re(\lambda)-\omega}\|x\|_{\mathscr{X}}. \tag{4.1.14}$$

故 $\int_0^\infty \exp(-\lambda t)T(t)\,\mathrm{d}t$ 有定义.

同引理4.1.7的证明方法, 可得, 对 $\Re(\lambda) \in (\omega_0,\infty)$,

$$R_\lambda(A) = \int_0^\infty \exp(-\lambda t)T(t)\,\mathrm{d}t.$$

当 $\Re(\lambda) > \omega > \omega_0$ 时, 由引理1.2.15知

$$R_\lambda(A) - R_\mu(A) = (\mu-\lambda)R_\lambda(A)R_\mu(A).$$

从而, 由定理1.2.16知, 对任意 $x \in \mathscr{X}$ 进一步有

$$\begin{aligned}\frac{\mathrm{d}R_\lambda(A)x}{\mathrm{d}\lambda} &:= \lim_{\mu\to\lambda}(\mu-\lambda)^{-1}\left[R_\mu(A)-R_\lambda(A)\right]x \\ &= -\lim_{\mu\to\lambda}R_\mu(A)R_\lambda(A)x = -R_\lambda^2(A)x.\end{aligned}$$

类推可得, 对 $\forall n \in \mathbb{N}_+$,

$$\frac{\mathrm{d}^n R_\lambda(A)x}{\mathrm{d}\lambda^n} = (-1)^n n! R_\lambda^{n+1}(A)x. \tag{4.1.15}$$

取 $\widetilde{\omega_0}$ 使得 $\omega_0 < \widetilde{\omega_0} < \omega$ 且, 对 $\forall t \in [0,\infty)$, 有

$$\|T(t)\|_{\mathscr{L}(\mathscr{X})} \leqslant M\exp(\widetilde{\omega_0}t).$$

因此, 当 $\Re(\lambda) > \omega > \omega_0$ 时, 对 $\forall t \in [0,\infty)$ 及 $\forall x \in \mathscr{X}$ 有

$$t^{n-1}\exp(-\Re(\lambda)t)\|T(t)x\|_{\mathscr{X}} \leqslant t^{n-1}\exp[-(\omega-\widetilde{\omega_0})t]\|x\|_{\mathscr{X}} \in L^1([0,\infty)).$$

由此及(4.1.15)和控制收敛定理有

$$\begin{aligned}R_\lambda^n(A)x &= \frac{(-1)^{n-1}\mathrm{d}^{n-1}R_\lambda(A)x}{(n-1)!\mathrm{d}\lambda^{n-1}} \\ &= \frac{1}{(n-1)!}\int_0^\infty t^{n-1}\exp(-\lambda t)T(t)x\,\mathrm{d}t.\end{aligned}$$

从而有

$$\|R_\lambda^n(A)x\|_{\mathscr{X}} \leqslant \frac{M}{(n-1)!}\int_0^\infty t^{n-1}\exp\{-[\Re(\lambda)-\omega]t\}\|x\|_{\mathscr{X}}\,\mathrm{d}t$$
$$= \frac{M}{[\Re(\lambda)-\omega]^n}\|x\|_{\mathscr{X}}.$$

由此即得

$$\|(\lambda I - A)^{-n}\|_{\mathscr{L}(\mathscr{X})} \leqslant M/[\Re(\lambda)-\omega]^n.$$

至此, 命题得证. □

类似于定理4.1.8的证明可证以下结论.

定理4.1.11 (Hille–Yosida–Phillips) Banach空间 $\mathscr{X}$ 上的稠定闭算子 A 成为强连续半群 $\{T(t): t \in [0,\infty)\}$ 的生成元, 当且仅当:

(i) 存在 $\omega_0 \in (0,\infty)$ 使得 $(\omega_0,\infty) \subset \rho(A)$;

(ii) 当 $\lambda > \omega > \omega_0$ 时, 存在正常数 M_ω 使得, 对 $\forall n \in \mathbb{N}_+$,

$$\|(\lambda I - A)^{-n}\|_{\mathscr{L}(\mathscr{X})} \leqslant M_\omega/(\lambda - \omega)^n.$$

证明 必要性由命题4.1.10易得.

下证充分性. 为此, 假设条件(i)和(ii)成立, 证明 A 为某强连续半群 $\{T(t): t \in [0,\infty)\}$ 的生成元. 对 $\forall \lambda > \omega > \omega_0$, 记

$$B_\lambda := (\lambda-\omega)^2(\lambda I - A)^{-1} - (\lambda-\omega)I + \omega I$$

且, 对 $\forall t \in [0,\infty)$, 记

$$T_\lambda(t) := \exp(tB_\lambda).$$

由条件(ii)易知

$$\|B_\lambda\|_{\mathscr{L}(\mathscr{X})} \leqslant (M_\omega+1)(\lambda-\omega) + \omega.$$

又 B_λ 的线性性是显然的, 从而 $B_\lambda \in \mathscr{L}(\mathscr{X})$. 由此及命题4.1.3知

$$\{T_\lambda(t): t \in [0,\infty)\}$$

是 $\mathscr{X}$ 上的一个强连续半群.

以下分四步证明 A 为某强连续半群 $\{T(t): t \in [0,\infty)\}$ 的生成元.

a) **证明** 对 $\forall x \in D(A)$,

$$\lim_{\lambda \to \infty} B_\lambda x = Ax. \tag{4.1.16}$$

事实上, 对 $\forall y \in D(A)$, 由条件(ii)知, 当 $\lambda \to \infty$ 时,

$$\begin{aligned}
& \left\| [(\lambda-\omega)(\lambda I - A)^{-1} - I] y \right\|_{\mathscr{X}} \\
&= \left\| (\lambda I - A)^{-1}(-\omega I + A) y \right\|_{\mathscr{X}} \\
&= \left\| (\lambda I - A)^{-1} \right\|_{\mathscr{L}(\mathscr{X})} \left\| (-\omega I + A) y \right\|_{\mathscr{X}} \\
&\leqslant \frac{M_\omega}{\lambda - \omega} \left\| (-\omega I + A) y \right\|_{\mathscr{X}} \to 0.
\end{aligned}$$

由 $D(A)$ 稠密可知对任意的 $x \in \mathscr{X}$ 及任意的 $\varepsilon \in (0,\infty)$, 存在 $\tilde{x} \in D(A)$ 使得

$$\| x - \tilde{x} \|_{\mathscr{X}} < \frac{\varepsilon}{2(M_\omega + 1)}.$$

又存在 $\lambda_0 \in (0,\infty)$ (λ_0 依赖于 $\tilde{x}$) 使得当 $\lambda \in (\lambda_0, \infty)$ 时,

$$\left\| [(\lambda-\omega)(\lambda I - A)^{-1} - I] \tilde{x} \right\|_{\mathscr{X}} < \frac{\varepsilon}{2}.$$

从而, 由条件(ii)有

$$\begin{aligned}
& \left\| (\lambda-\omega)(\lambda I - A)^{-1} x - x \right\|_{\mathscr{X}} \\
&\leqslant \left\| (\lambda-\omega)(\lambda I - A)^{-1} (x - \tilde{x}) \right\|_{\mathscr{X}} \\
&\quad + \left\| (\lambda-\omega)(\lambda I - A)^{-1} \tilde{x} - \tilde{x} \right\|_{\mathscr{X}} + \| \tilde{x} - x \|_{\mathscr{X}} \\
&\leqslant (M_\omega + 1) \| \tilde{x} - x \|_{\mathscr{X}} + \left\| (\lambda-\omega)(\lambda I - A)^{-1} \tilde{x} - \tilde{x} \right\|_{\mathscr{X}} \\
&< \varepsilon.
\end{aligned}$$

故

$$\lim_{\lambda \to \infty} \left\| (\lambda-\omega)(\lambda I - A)^{-1} x - x \right\|_{\mathscr{X}} = 0.$$

由此, 对 $\forall x \in D(A)$, 当 $\lambda \to \infty$ 时,

$$B_\lambda x = (\lambda-\omega)^2 (\lambda I - A)^{-1} x - (\lambda-\omega) x + \omega x$$

$$= (\lambda - \omega)(\lambda I - A)^{-1}(-\omega I + A)x + \omega x$$
$$\to Ax,$$

即(4.1.16)成立. 故a)得证.

b) 证明 对$\forall t \in [0, \infty), T_\lambda(t)$关于$\lambda \to \infty$强收敛.

事实上, 对$\forall \lambda > \omega > \omega_0$及$t \in [0, \infty)$, 由条件(ii)知

$$\|T_\lambda(t)\|_{\mathscr{L}(\mathscr{X})}$$
$$= \left\|\exp\left\{t[(\lambda-\omega)^2(\lambda I-A)^{-1} - (\lambda-\omega)I + \omega I]\right\}\right\|_{\mathscr{L}(\mathscr{X})}$$
$$\leqslant \exp[(-\lambda+2\omega)t]\left\|\exp[(\lambda-\omega)^2(\lambda I-A)^{-1}t]\right\|_{\mathscr{L}(\mathscr{X})}$$
$$\leqslant \exp[(-\lambda+2\omega)t]\sum_{n=0}^{\infty}\frac{[(\lambda-\omega)^2 t]^n}{n!}\left\|(\lambda I-A)^{-n}\right\|_{\mathscr{L}(\mathscr{X})}$$
$$\leqslant \exp[(-\lambda+2\omega)t]\sum_{n=0}^{\infty}\frac{[(\lambda-\omega)^2 t]^n}{n!}\frac{M_\omega}{(\lambda-\omega)^n}$$
$$= \widetilde{M_\omega}\exp[(-\lambda+2\omega)t]\exp[(\lambda-\omega)t] = \widetilde{M_\omega}\exp(\omega t), \tag{4.1.17}$$

其中$\widetilde{M_\omega} := \max\{M_\omega, 1\}$.

对任意λ, μ满足

$$\min\{\lambda, \mu\} > \omega > \omega_0,$$

由条件(i)及引理1.2.15有$R_\lambda(A)$和$R_\mu(A)$可交换. 由此及B_λ的定义和对任意的$t \in [0, \infty)$,

$$\mathrm{e}^{tB_\mu} := \sum_{n=0}^{\infty}\frac{t^n}{n!}B_\mu^n,$$

进一步可知B_λ, B_μ均与$\exp(tB_\mu)$可交换. 由此和(4.1.17)进一步可知, 对$\forall x \in D(A)$, 有

$$\|T_\lambda(t)x - T_\mu(t)x\|_{\mathscr{X}}$$
$$= \left\|\int_0^t \frac{\mathrm{d}}{\mathrm{d}s}\left\{\exp(sB_\lambda)\exp[(t-s)B_\mu]x\right\}\mathrm{d}s\right\|_{\mathscr{X}}$$
$$= \left\|\int_0^t \exp(sB_\lambda)(B_\lambda - B_\mu)\exp[(t-s)B_\mu]x\,\mathrm{d}s\right\|_{\mathscr{X}}$$
$$= \left\|\int_0^t \exp(sB_\lambda)\exp[(t-s)B_\mu](B_\lambda - B_\mu)x\,\mathrm{d}s\right\|_{\mathscr{X}}$$

$$\leqslant \int_0^t \|\exp(sB_\lambda)\|_{\mathscr{L}(\mathscr{X})} \|\exp[(t-s)B_\mu]\|_{\mathscr{L}(\mathscr{X})}$$
$$\times \|(B_\lambda - B_\mu)x\|_{\mathscr{X}} \, \mathrm{d}s$$
$$\leqslant \widetilde{M_\omega}^2 \exp(\omega t) t \, \|(B_\lambda - B_\mu)x\|_{\mathscr{X}}. \tag{4.1.18}$$

由此及a)知, 在t的有界区间上, 当$\lambda, \mu \to \infty$时,
$$\|T_\lambda(t)x - T_\mu(t)x\|_{\mathscr{X}} \to 0.$$

从而$T_\lambda(t)$关于$\lambda \to \infty$在$D(A)$上强收敛.

由$\overline{D(A)} = \mathscr{X}$知, 对$\forall \varepsilon \in (0, \infty)$及$\forall x \in \mathscr{X}$, 存在$\tilde{x} \in D(A)$使得
$$\|x - \tilde{x}\|_{\mathscr{X}} < \frac{\varepsilon}{3\widetilde{M_\omega}\exp(\omega t)}.$$

因$T_\lambda(t)$关于$\lambda \to \infty$在$D(A)$上强收敛, 故存在$\lambda_0 \in (0, \infty)$使得, 对任意的$\lambda, \mu \in (\lambda_0, \infty)$有
$$\|[T_\lambda(t) - T_\mu(t)]\tilde{x}\|_{\mathscr{X}} < \frac{\varepsilon}{3}.$$

由此及(4.1.17)知, 对$\forall t \in (0, \infty)$及$\forall x \in \mathscr{X}$, 有
$$\|[T_\lambda(t) - T_\mu(t)]x\|_{\mathscr{X}}$$
$$\leqslant \|T_\lambda(t)(x - \tilde{x})\|_{\mathscr{X}} + \|[T_\lambda(t) - T_\mu(t)]\tilde{x}\|_{\mathscr{X}} + \|T_\mu(t)(x - \tilde{x})\|_{\mathscr{X}}$$
$$\leqslant \|T_\lambda(t)\|_{\mathscr{L}(\mathscr{X})} \|x - \tilde{x}\|_{\mathscr{X}} + \|[T_\lambda(t) - T_\mu(t)]\tilde{x}\|_{\mathscr{X}}$$
$$\quad + \|T_\mu(t)\|_{\mathscr{L}(\mathscr{X})} \|x - \tilde{x}\|_{\mathscr{X}}$$
$$< \frac{2\varepsilon}{3\widetilde{M_\omega}\exp(\omega t)} \widetilde{M_\omega} \exp(\omega t) + \frac{\varepsilon}{3} = \varepsilon.$$

再由ε的任意性知, 对$\forall t \in (0, \infty)$及$\forall x \in \mathscr{X}$, 当$\lambda, \mu \to \infty$时,
$$\|[T_\lambda(t) - T_\mu(t)]x\|_{\mathscr{X}} \to 0.$$

从而, 对任意$t \in (0, \infty)$, $T_\lambda(t)$关于$\lambda \to \infty$在$\mathscr{X}$上强收敛. 当$t = 0$时, $T_\lambda(t)$关于$\lambda \to \infty$强收敛是显然的. 故b)得证.

c) **证明** 若对$\forall t \in [0, \infty)$, 记
$$T(t) := s - \lim_{\lambda \to \infty} T_\lambda(t),$$

则 $\{T(t): t \in [0,\infty)\}$ 是一个强连续半群.

事实上, 对任意的 $t \in [0,\infty)$, $T(t)$ 线性及 $T(0) = I$ 是显然的. 由 $T_\lambda(t)$ 关于 $\lambda \to \infty$ 强收敛及 (4.1.17) 知, 对任意 $x \in \mathscr{X}$ 和任意 $\varepsilon \in (0,\infty)$, 存在 $\delta \in (0,\infty)$, 当 $\lambda \in (\delta, \infty)$ 时有

$$\|T(t)x\|_{\mathscr{X}} \leqslant \|T_\lambda(t)x\|_{\mathscr{X}} + \varepsilon \leqslant \widetilde{M_\omega} \exp(\omega t)\|x\|_{\mathscr{X}} + \varepsilon.$$

由 ε 的任意性即得

$$\|T(t)\|_{\mathscr{L}(\mathscr{X})} \leqslant \widetilde{M_\omega} \exp(\omega t). \tag{4.1.19}$$

而对任意 $s, t \in [0,\infty)$ 及 $x \in \mathscr{X}$, 由 $\{T_\lambda(t): t \in [0,\infty)\}$ 的半群性及 (4.1.17) 知, 当 $\lambda \to \infty$ 时,

$$\begin{aligned}
&\|T(s+t)x - T(s)T(t)x\|_{\mathscr{X}} \\
&\leqslant \|T(s+t)x - T_\lambda(s+t)x\|_{\mathscr{X}} + \|T_\lambda(s+t)x - T_\lambda(s)T(t)x\|_{\mathscr{X}} \\
&\quad + \|T_\lambda(s)T(t)x - T(s)T(t)x\|_{\mathscr{X}} \\
&\leqslant \|T(s+t)x - T_\lambda(s+t)x\|_{\mathscr{X}} + \|T_\lambda(t)x - T(t)x\|_{\mathscr{X}} \\
&\quad + \|T_\lambda(s)T(t)x - T(s)T(t)x\|_{\mathscr{X}} \\
&\to 0.
\end{aligned}$$

因此, $T(s+t)x = T(t)T(s)x$. 再由 x 的任意性知

$$T(s+t) = T(s)T(t).$$

下证 $\{T(t): t \in [0,\infty)\}$ 强连续.

事实上, 由注记 4.1.2 知只需证对 $\forall x \in \mathscr{X}$ 有

$$\lim_{t \to 0^+} \|T(t)x - x\|_{\mathscr{X}} = 0.$$

不妨设 $t \in [0,1]$, 由 (4.1.18) 及 a) 知, 对 $\forall y \in D(A)$ 有

$$\begin{aligned}
&\|[T(t) - T_\lambda(t)]y\|_{\mathscr{X}} \\
&= \lim_{\mu \to \infty} \|[T_\mu(t) - T_\lambda(t)]y\|_{\mathscr{X}}
\end{aligned}$$

$$\leqslant \widetilde{M_\omega}^2 \exp(\omega) \lim_{\mu \to \infty} \|(B_\mu - B_\lambda)y\|_{\mathscr{X}}$$

$$\leqslant \widetilde{M_\omega}^2 \exp(\omega) \left[\lim_{\mu \to \infty} \|(B_\mu - A)y\|_{\mathscr{X}} + \|(A - B_\lambda)y\|_{\mathscr{X}}\right]$$

$$= \widetilde{M_\omega}^2 \exp(\omega) \|(B_\lambda - A)y\|_{\mathscr{X}}. \tag{4.1.20}$$

再由 $\overline{D(A)} = \mathscr{X}$ 知, 对 $\forall \varepsilon \in (0,\infty)$, 存在 $\widetilde{x} \in D(A)$ 使得

$$\|x - \widetilde{x}\|_{\mathscr{X}} < \frac{\varepsilon}{6\widetilde{M_\omega} \exp(\omega)}.$$

而由 (4.1.20) 知存在 λ_0 (依赖于 $\widetilde{x}$) 充分大使得当 $\lambda \in (\lambda_0, \infty)$ 时,

$$\|[T(t) - T_\lambda(t)]\widetilde{x}\|_{\mathscr{X}} < \frac{\varepsilon}{6}.$$

由此及 (4.1.17) 和 (4.1.19) 知

$$\|[T(t) - T_\lambda(t)]x\|_{\mathscr{X}}$$
$$\leqslant \|T(t)(x - \widetilde{x})\|_{\mathscr{X}} + \|[T(t) - T_\lambda(t)]\widetilde{x}\|_{\mathscr{X}} + \|T_\lambda(t)(x - \widetilde{x})\|_{\mathscr{X}}$$
$$< \frac{2\varepsilon}{6\widetilde{M_\omega} \exp(\omega)} \widetilde{M_\omega} \exp(\omega) + \frac{\varepsilon}{6} = \frac{\varepsilon}{2}. \tag{4.1.21}$$

固定 $\lambda \in (0,\infty)$ 充分大, 由 $\{T_\lambda(t) : t \in [0,\infty)\}$ 的强连续性知存在 $\delta \in (0,\infty)$ 使得当 $t \in (0,\delta)$ 时,

$$\|T_\lambda(t)x - x\|_{\mathscr{X}} < \frac{\varepsilon}{2}.$$

由此及 (4.1.21) 有

$$\|T(t)x - x\|_{\mathscr{X}} \leqslant \|[T(t) - T_\lambda(t)]x\|_{\mathscr{X}} + \|T_\lambda(t)x - x\|_{\mathscr{X}}$$
$$< \varepsilon.$$

即对 $\forall x \in \mathscr{X}$, 有

$$\lim_{t \to 0^+} \|T(t)x - x\|_{\mathscr{X}} = 0.$$

故 $\{T(t) : t \in [0,\infty)\}$ 为强连续半群, 因此, c) 得证.

d) **证明** $\{T(t) : t \in [0,\infty)\}$ 以 A 为生成元.

由定理4.1.5不妨设$\widetilde{A}$是$\{T(t): t \in [0,\infty)\}$的生成元,下证$\widetilde{A} = A$. 事实上, 对$\forall t \in (0,\infty)$, 令
$$\widetilde{A}_t := \frac{1}{t}[T(t) - I].$$
对$\forall \lambda > \omega > \omega_0$及$\forall x \in D(B_\lambda) = \mathscr{X}$, 由命题4.1.3及(4.1.17)知
$$\lim_{t \to 0^+} \left\| \left[\frac{T_\lambda(t) - I}{t} - B_\lambda\right]x \right\|_{\mathscr{X}}$$
$$= \lim_{t \to 0^+} \left\| \left[\sum_{k=1}^{\infty} \frac{(tB_\lambda)^k}{k!} B_\lambda - B_\lambda\right]x \right\|_{\mathscr{X}}$$
$$\leqslant \lim_{t \to 0^+} t \left\| \exp(tB_\lambda) B_\lambda^2 x \right\|_{\mathscr{X}}$$
$$\leqslant \lim_{t \to 0^+} t \widetilde{M_\omega} \exp(\omega t) \left\| B_\lambda^2 x \right\|_{\mathscr{X}} = 0.$$

因此, B_λ是$\{T_\lambda(t): t \in [0,\infty)\}$的生成元, 由此及定理4.1.5进一步有, 对任意的$x \in \mathscr{X}$,
$$T_\lambda(t)x - x = \int_0^t T_\lambda(s) B_\lambda x \, \mathrm{d}s.$$
由已证的a)和b)知, 当$\lambda \to \infty$时, $T_\lambda(s)x \to T(t)x$且, 对$\forall x \in D(A)$, $B_\lambda x \to Ax$. 由此及(4.1.17)和控制收敛定理进一步知, 对$\forall x \in D(A)$,
$$T(t)x - x = \lim_{\lambda \to \infty}[T_\lambda(t)x - x] = \int_0^t T(s)Ax \, \mathrm{d}s. \tag{4.1.22}$$
再由$\{T(s): s \in [0,\infty)\}$强连续知, 对$\forall \varepsilon \in (0,\infty)$及$\forall y \in \mathscr{X}$, 存在$\delta \in (0,\infty)$使得, 对$\forall s \in [0,\delta)$有
$$\|[T(s) - I]y\|_{\mathscr{X}} < \varepsilon.$$
由此及(4.1.22)即知, 对$\forall x \in D(A)$, 当$t \in [0,\delta)$时,
$$\left\|\left(\widetilde{A}_t - A\right)x\right\|_{\mathscr{X}} = \left\|\frac{1}{t}\int_0^t T(s)Ax \, \mathrm{d}s - Ax\right\|_{\mathscr{X}}$$
$$\leqslant \frac{1}{t}\int_0^t \|[T(s) - I]Ax\|_{\mathscr{X}} \, \mathrm{d}s < \varepsilon.$$
再由ε的任意性即得$\widetilde{A}x = Ax$. 因此, $A \subset \widetilde{A}$.

下证$D(\widetilde{A}) = D(A)$. 当$\lambda \in (0,\infty)$时, 由条件(i)知
$$(\lambda I - A)^{-1} \in \mathscr{L}(\mathscr{X}),$$

所以, 对$\forall y \in \mathscr{X}$, 若令
$$x := (\lambda I - A)^{-1} y,$$
则$(\lambda I - A)x = y$, 从而$x \in D(A)$且$(\lambda I - A)D(A) = \mathscr{X}$. 又由命题4.1.10的证明知, 对$\forall z \in \mathscr{X}$,
$$\left(\lambda I - \widetilde{A}\right) R_\lambda z = z \quad 且 \quad R_\lambda \mathscr{X} \subset D(\widetilde{A}),$$
故$(\lambda I - \widetilde{A})D(\widetilde{A}) = \mathscr{X}$. 由此进一步有
$$\left(\lambda I - \widetilde{A}\right) D(A) = (\lambda I - A)D(A) = \mathscr{X} = \left(\lambda I - \widetilde{A}\right) D(\widetilde{A}),$$
从而$D(\widetilde{A}) = D(A)$. 故所证结论成立. 至此, 定理得证. $\square$

注记4.1.12 设$\{T(t): t \in [0,\infty)\}$是一个强连续半群, 则$\{T(t): t \in [0,\infty)\}$或是压缩半群, 或是算子范数成指数型增长的半群.

事实上, 若$\{T(t): t \in [0,\infty)\}$不是压缩半群, 则存在$t_0 > 0$, 满足
$$\|T(t_0)\|_{\mathscr{L}(\mathscr{X})} > 1.$$

若$t_0 \in (0,1]$, 则$\{T(t): t \in [0,\infty)\}$是算子范数成指数型增长的半群, 见(4.1.13); 若$t_0 > 1$且
$$M := \sup\{\|T(t)\|_{\mathscr{L}(\mathscr{X})}: t \in [0,1]\} \leqslant 1,$$
则由(4.1.12)有
$$\|T(t_0)\|_{\mathscr{L}(\mathscr{X})} \leqslant M^{1+\lfloor t_0 \rfloor} \leqslant 1,$$
矛盾! 所以$\{T(t): t \in [0,\infty)\}$不是压缩半群时, 只能为算子范数成指数型增长的半群. 故所证结论成立.

下文中我们约定$\mathbb{R}_+ := [0,\infty)$. 设$\mathscr{Y}$为线性赋范空间, 以下记$C(\mathbb{R}_+; \mathscr{Y})$为$\mathbb{R}_+$到$\mathscr{Y}$的连续函数全体, $C^1(\mathbb{R}_+; \mathscr{Y})$为$\mathbb{R}_+$到$\mathscr{Y}$的具有连续一阶导数的函数全体.

推论4.1.13 算子微分方程

$$\begin{cases} \dfrac{\mathrm{d}x(t)}{\mathrm{d}t} = Ax(t), \\ x(0) = x_0 \in D(A), \end{cases}$$

其中A是稠定闭算子. 若A满足定理4.1.8的条件(i)和(ii), 则方程有唯一解$x(t)$, 满足

$$x(t) \in C(\mathbb{R}_+; D(A)) \cap C^1(\mathbb{R}_+; \mathscr{X}).$$

证明 由定理4.1.8, 存在压缩半群$\{T(t): t \in [0,\infty)\}$以$A$为生成元且由定理4.1.5知, 对$\forall x_0 \in D(A)$,

$$\frac{\mathrm{d}T(t)x_0}{\mathrm{d}t} = AT(t)x_0 = T(t)Ax_0 \quad \text{且} \quad T(0)x_0 = x_0.$$

故$T(t)x_0$是方程的一个解. 由算子半群的强连续性及$T(t)$映$D(A)$到$D(A)$[见定理4.1.5的证明(iii)]有

$$T(t)x_0 \in C(\mathbb{R}_+; D(A)) \cap C^1(\mathbb{R}_+; \mathscr{X}).$$

下证唯一性. 令所有记号同定理4.1.8充分性的证明. 设$\widetilde{x}(t)$是方程在

$$C(\mathbb{R}_+; D(A)) \cap C^1(\mathbb{R}_+; \mathscr{X})$$

的另一个解, 则由定理4.1.8的证明及Lebesgue控制收敛定理有

$$\begin{aligned}
\widetilde{x}(t) - T_\lambda(t)x_0 &= \int_0^t \frac{\mathrm{d}}{\mathrm{d}s}[T_\lambda(t-s)\widetilde{x}(s)]\,\mathrm{d}s \\
&= \int_0^t \frac{\mathrm{d}}{\mathrm{d}s}\left[\mathrm{e}^{(t-s)B_\lambda}\widetilde{x}(s)\right]\mathrm{d}s \\
&= \int_0^t \frac{\mathrm{d}}{\mathrm{d}s}\left[\sum_{n=0}^\infty \frac{(t-s)^n}{n!} B_\lambda^n \widetilde{x}(s)\right]\mathrm{d}s \\
&= \int_0^t \left\{ \sum_{n=0}^\infty \frac{(t-s)^n}{n!} B_\lambda^n A\widetilde{x}(x) \right. \\
&\quad \left. + \left[\sum_{n=0}^\infty \frac{(t-s)^n}{n!} B_\lambda^n\right] B_\lambda \widetilde{x}(s) \right\} \mathrm{d}s
\end{aligned}$$

$$= \int_0^t T_\lambda(t-s)[-B_\lambda \widetilde{x}(s) + A\widetilde{x}(s)]\,\mathrm{d}s. \tag{4.1.23}$$

因 $\|T_\lambda(t)\|_{\mathscr{L}(\mathscr{X})} \leqslant 1$[见(4.1.7)]且, 对任意的 $y \in D(A)$, 当 $\lambda \to \infty$ 时, $B_\lambda y \to Ay$[见定理4.1.8的证明a)], 故由此及定理4.1.8的条件(ii), 进一步有

$$\|B_\lambda y - Ay\|_{\mathscr{X}} = \|[\lambda(\lambda I - A)^{-1} - I]Ay\|_{\mathscr{X}} \leqslant 2\|Ay\|_{\mathscr{X}}.$$

从而, 由此不等式及(4.1.23)进一步有

$$\|\widetilde{x}(t) - T_\lambda(t)x_0\|_{\mathscr{X}} \leqslant \int_0^t \|A\widetilde{x}(s) - B_\lambda \widetilde{x}(s)\|_{\mathscr{X}}\,\mathrm{d}s$$
$$\leqslant 2\int_0^t \|A\widetilde{x}(s)\|_{\mathscr{X}}\,\mathrm{d}s.$$

故由Lebesgue控制收敛定理及对 $\forall y \in D(A), B_\lambda y \to Ay$ 得

$$\lim_{\lambda \to \infty}\|\widetilde{x}(t) - T_\lambda(t)x_0\|_{\mathscr{X}} \leqslant \int_0^t \lim_{\lambda \to \infty}\|A\widetilde{x}(s) - B_\lambda \widetilde{x}(s)\|_{\mathscr{X}}\,\mathrm{d}s = 0.$$

此即 $\widetilde{x}(t) = T(t)x_0$. 至此, 推论得证. $\square$

注记4.1.14 若强连续半群 $\{T(t) : t \in [0, \infty)\}$ 和 $\{R(t) : t \in [0, \infty)\}$ 的生成元均为 A, 则, 对 $\forall t \in [0, \infty), T(t) = R(t)$.

事实上, 类似于推论4.1.13的证明可知, 对 $\forall x_0 \in D(A), T(t)x_0$ 和 $R(t)x_0$ 都是算子微分方程在空间 $C(\mathbb{R}_+; D(A)) \cap C^1(\mathbb{R}_+; \mathscr{X})$ 的解. 故由解的唯一性知

$$T(t)x_0 = R(t)x_0.$$

又由 $D(A)$ 的稠密性, 对 $\forall x \in \mathscr{X}$

$$T(t)x = R(t)x.$$

事实上, 由(4.1.13)知存在 $M_1, M_2 > 0$ 使得, 对 $\forall t \in [0, \infty)$ 有

$$\|T(t)\|_{\mathscr{L}(\mathscr{X})} \leqslant M_1 \mathrm{e}^{\omega t} \quad \text{且} \quad \|R(t)\|_{\mathscr{L}(\mathscr{X})} \leqslant M_2 \mathrm{e}^{\omega t}.$$

令

$$M := \max\{M_1, M_2\}.$$

由于$D(A)$在$\mathscr{X}$中稠,因此,对$\forall x \in \mathscr{X}$及$\forall \varepsilon \in (0,\infty)$,存在$\widetilde{x} \in D(A)$使得

$$\|x - \widetilde{x}\|_{\mathscr{X}} < \frac{\varepsilon}{2Me^{\omega t}}.$$

故

$$\|[T(t) - R(t)]x\|_{\mathscr{X}} \leqslant \|T(t)(x - \widetilde{x})\|_{\mathscr{X}} + \|R(t)(\widetilde{x} - x)\|_{\mathscr{X}} < \varepsilon.$$

再由$\varepsilon \in (0,\infty)$的任意性即知,对$\forall t \in [0,\infty)$,有$T(t) = R(t)$. 从而所证结论成立.

定理4.1.8的证明给出了压缩半群的一种表示:对$\forall t \in [0,\infty)$,

$$T(t) = s - \lim_{\lambda \to \infty} T_\lambda(t) = s - \lim_{\lambda \to \infty} e^{tB_\lambda},$$

其中

$$B_\lambda = \lambda^2 (\lambda I - A)^{-1} - \lambda I = \lambda A (\lambda I - A)^{-1}$$
$$= A \left(I - \frac{A}{\lambda}\right)^{-1}.$$

所以,对$\forall t \in [0,\infty)$,

$$T(t) = s - \lim_{n \to \infty} e^{A\left(I - \frac{A}{n}\right)^{-1} t}.$$

事实上,$T(t)$还有如下另一种更简单的形式.

定理4.1.15 设$\{T(t) : t \in [0,\infty)\}$是强连续压缩半群且以$A$为生成元. 则

$$T(t) = s - \lim_{n \to \infty} \left(I - \frac{t}{n} A\right)^{-n}.$$

为证此定理,首先证明以下引理.

引理4.1.16 设线性稠定闭算子A满足

(i) $(0,\infty) \subset \rho(A)$;

(ii) 当$\lambda \in (0,\infty)$时,
$$\|(\lambda I - A)^{-1}\|_{\mathscr{L}(\mathscr{X})} \leqslant \lambda^{-1}.$$

则 $D(A^2) := \{x \in D(A) : Ax \in D(A)\}$ 在 $\mathscr{X}$ 中稠密.

证明 设 $\lambda \in (0,\infty)$. 对 $\forall x \in D(A)$, 记 $x_\lambda := \lambda(\lambda I - A)^{-1}x$, 则当 $\lambda \to \infty$ 时, 由条件(ii)有

$$\begin{aligned}
\|x_\lambda - x\|_{\mathscr{X}} &= \|(\lambda I - A)^{-1} Ax\|_{\mathscr{X}} \\
&\leqslant \|(\lambda I - A)^{-1}\|_{\mathscr{L}(\mathscr{X})} \|Ax\|_{\mathscr{X}} \\
&\leqslant \frac{1}{\lambda} \|Ax\|_{\mathscr{X}} \to 0
\end{aligned}$$

由此及 $\overline{D(A)} = \mathscr{X}$ 可知集合 $\{x_\lambda : \lambda \in (0,\infty),\, x \in D(A)\}$ 在 $\mathscr{X}$ 中稠密.

下证

$$\{x_\lambda : \lambda \in (0,\infty),\, x \in D(A)\} \subset D(A^2).$$

为此, 注意到, 由条件(i)和(ii)及定理4.1.8知 A 为某压缩半群的生成元. 再由引理4.1.7知 $R_\lambda = (\lambda I - A)^{-1}$. 由此, 进一步可知

$$\begin{aligned}
x_\lambda &= \lambda(\lambda I - A)^{-1}x = (\lambda I - A)^{-1}(Ax + (\lambda I - A)x) \\
&= R_\lambda Ax + x.
\end{aligned}$$

而对 $\forall y \in \mathscr{X}$, 由引理4.1.7的证明(i)有 $R_\lambda y \in D(A)$, 所以 $x_\lambda \in D(A)$. 又因

$$\begin{aligned}
Ax_\lambda &= \lambda A(\lambda I - A)^{-1}x \\
&= \lambda[\lambda I - (\lambda I - A)](\lambda I - A)^{-1}x \\
&= \lambda^2(\lambda I - A)^{-1}x - \lambda x,
\end{aligned}$$

故再次由引理4.1.7的证明(i)知 $Ax_\lambda \in D(A)$. 由此可得

$$x_\lambda \in D(A^2),$$

从而 $D(A^2)$ 在 $\mathscr{X}$ 中稠密, 即所证结论成立. 至此, 引理得证. □

定理4.1.15的证明 首先, 对 $\forall n \in \mathbb{N}_+$ 及 $\forall t \in (0,\infty)$, 由定理4.1.8有

$$\left\|\left(\frac{n}{t}I - A\right)^{-1}\right\|_{\mathscr{L}(\mathscr{X})} \leqslant \frac{t}{n}.$$

所以
$$\left\|\left(I-\frac{t}{n}A\right)^{-1}\right\|_{\mathscr{L}(\mathscr{X})} \leqslant 1. \tag{4.1.24}$$

又由定理4.1.8及引理1.2.15知, 对任意$\lambda,\mu \in (0,\infty)$, $R_\lambda(A)$与$R_\mu(A)$可交换, 从而, 对$\forall m,n \in \mathbb{N}_+$及$0 < s < t$, $(I-\frac{s}{n}A)^{-1}$和$(I-\frac{t-s}{m}A)^{-1}$可交换.

由命题4.1.10的证明知, 对$\forall x \in \mathscr{X}$,
$$(\lambda I - A)^{-k}x = \frac{1}{(k-1)!}\int_0^\infty t^{k-1}e^{-\lambda t}T(t)x\,dt.$$

所以有
$$\left(I-\frac{s}{n}A\right)^{-k}x = \left(\frac{n}{s}\right)^k \frac{1}{(k-1)!}\int_0^\infty u^{k-1}e^{-\frac{n}{s}u}T(u)x\,du$$

且
$$\begin{aligned}
&\left(I-\frac{s}{n}A\right)^{-n}\left(I-\frac{t-s}{m}A\right)^{-m}x \\
&= \left(\frac{n}{s}\right)^n \frac{1}{(n-1)!}\int_0^\infty u^{n-1}e^{-\frac{n}{s}u}T(u) \\
&\quad \times \left[\left(\frac{m}{t-s}\right)^m \frac{1}{(m-1)!}\int_0^\infty v^{m-1}e^{-\frac{m}{t-s}v}T(v)x\,dv\right]du \\
&= \frac{1}{(n-1)!}\frac{1}{(m-1)!}\left(\frac{n}{s}\right)^n\left(\frac{m}{t-s}\right)^m \\
&\quad \times \int_0^\infty \int_0^\infty u^{n-1}v^{m-1}e^{-\frac{n}{s}u}e^{-\frac{m}{t-s}v}T(u)T(v)x\,dv\,du.
\end{aligned}$$

注意到, 对$\forall u \in (0,\infty)$, $\|T(u)\|_{\mathscr{L}(\mathscr{X})} \leqslant 1$且, 对$\forall 0 < s < t < \infty$, 存在$\delta > 1$使得$\frac{t-s}{\delta} < s$. 任取$\tilde{s}$满足$|s-\tilde{s}| < \frac{t-s}{\delta}$且$s \neq \tilde{s}$. 则存在$r = s\theta - \tilde{s}(1-\theta)$, 其中$\theta \in (0,1)$使得, 对$\forall x \in \mathscr{X}$, 有
$$\left\|\int_0^\infty \int_0^\infty u^{n-1}v^{m-1}\frac{e^{-\frac{n}{s}u}e^{-\frac{m}{t-s}v}-e^{-\frac{n}{\tilde{s}}u}e^{-\frac{m}{t-\tilde{s}}v}}{s-\tilde{s}}T(u)T(v)x\,dv\,du\right\|_{\mathscr{X}} \tag{4.1.25}$$
$$\leqslant \int_0^\infty \int_0^\infty u^{n-1}v^{m-1}$$
$$\times \left|\frac{nu}{r^2}e^{-\frac{n}{r}u}e^{-\frac{m}{t-r}v} - \frac{mv}{(t-r)^2}e^{-\frac{n}{r}u}e^{-\frac{m}{t-r}v}\right|\|x\|_{\mathscr{X}}\,dv\,du.$$

由于 $0 < s - \frac{t-s}{\delta} < r < s + \frac{t-s}{\delta} < t$, 故

(4.1.25)右端
$$\leqslant C \int_0^\infty \int_0^\infty (u^n v^{m-1} + u^{n-1} v^m) e^{-\frac{nu}{s+\frac{t-s}{\delta}}} e^{-\frac{mv}{(t-s)(1+\frac{1}{\delta})}} \|x\|_{\mathscr{X}} \, du \, dv$$
$$< \infty.$$

由此及Lebesgue控制收敛定理知, 对 $\forall x \in D(A^2)$ 有

$$\frac{d}{ds}\left[\left(I - \frac{s}{n}A\right)^{-n}\left(I - \frac{t-s}{m}A\right)^{-m} x\right]$$

$$= \frac{1}{(n-1)!} \frac{1}{(m-1)!} \left[-\left(\frac{n}{s}\right)^{n+1}\left(\frac{m}{t-s}\right)^m + \left(\frac{n}{s}\right)^n\left(\frac{m}{t-s}\right)^{m+1}\right]$$
$$\times \int_0^\infty \int_0^\infty u^{n-1} v^{m-1} e^{-\frac{n}{s}u} e^{-\frac{m}{t-s}v} T(u) T(v) x \, dv \, du$$

$$+ \frac{1}{(n-1)!} \frac{1}{(m-1)!} \left(\frac{n}{s}\right)^n \left(\frac{m}{t-s}\right)^m \frac{n}{s^2}$$
$$\times \int_0^\infty \int_0^\infty u^n v^{m-1} e^{-\frac{n}{s}u} e^{-\frac{m}{t-s}v} T(u) T(v) x \, dv \, du$$

$$- \frac{1}{(n-1)!} \frac{1}{(m-1)!} \left(\frac{n}{s}\right)^n \left(\frac{m}{t-s}\right)^m \frac{m}{(t-s)^2}$$
$$\times \int_0^\infty \int_0^\infty u^{n-1} v^m e^{-\frac{n}{s}u} e^{-\frac{m}{t-s}v} T(u) T(v) x \, dv \, du$$

$$=: J_1 + J_2 + J_3.$$

注意到

$$J_1 = \frac{1}{(n-1)!} \frac{1}{(m-1)!} \left(\frac{n}{s}\right)^n \left(\frac{m}{t-s}\right)^m \left(\frac{m}{t-s} - \frac{n}{s}\right)$$
$$\times \int_0^\infty \int_0^\infty u^{n-1} v^{m-1} e^{-\frac{n}{s}u} e^{-\frac{m}{t-s}v} T(u) T(v) x \, dv \, du$$
$$= \left(\frac{m}{t-s} - \frac{n}{s}\right) \left(I - \frac{s}{n}A\right)^{-n} \left(I - \frac{t-s}{m}A\right)^{-m} x,$$

$$J_2 = \frac{1}{(n-1)!} \left(\frac{n}{s}\right)^n \frac{n}{s^2} \int_0^\infty \left(I - \frac{t-s}{m}A\right)^{-m} u^n e^{-\frac{n}{s}u} T(u) x \, du$$
$$= \frac{n}{s} \left(I - \frac{s}{n}A\right)^{-n-1} \left(I - \frac{t-s}{m}A\right)^{-m} x$$

以及
$$J_3 = -\frac{m}{t-s}\left(I - \frac{s}{n}A\right)^{-n}\left(I - \frac{t-s}{m}A\right)^{-m-1}x.$$

故
$$\frac{d}{ds}\left[\left(I - \frac{s}{n}A\right)^{-n}\left(I - \frac{t-s}{m}A\right)^{-m}x\right]$$
$$= J_1 + J_2 + J_3$$
$$= \left(I - \frac{s}{n}A\right)^{-n-1}\left(I - \frac{t-s}{m}A\right)^{-m-1}$$
$$\times \left[\left(\frac{m}{t-s} - \frac{n}{s}\right)\left(I - \frac{s}{n}A\right)\left(I - \frac{t-s}{m}A\right)\right.$$
$$\left. + \frac{n}{s}\left(I - \frac{t-s}{m}A\right) - \frac{m}{t-s}\left(I - \frac{s}{n}A\right)\right]x$$
$$= \left(I - \frac{s}{n}A\right)^{-n-1}\left(I - \frac{t-s}{m}A\right)^{-m-1}$$
$$\times \left[\left(I - \frac{t-s}{m}A\right) - \left(I - \frac{s}{n}A\right)A\right]x$$
$$= \left(I - \frac{s}{n}A\right)^{-n-1}\left(I - \frac{t-s}{m}A\right)^{-m-1}\left(\frac{s}{n} - \frac{t-s}{m}\right)A^2 x.$$

类似可证, 对 $\forall n \in \mathbb{N}_+$ 和 $\forall x \in D(A)$,
$$\frac{d}{dt}T_n(t)x = T_n(t)\left(I - \frac{t}{n}A\right)^{-1}Ax, \tag{4.1.26}$$
其中 $T_n(t) := \left(I - \frac{t}{n}A\right)^{-n}$.

又由定理 1.2.16 知 $R_\lambda(A)$ 是 $\lambda \in \rho(A)$ 的算子值解析函数, 从而, 对任意的 $x \in D(A^2)$ 有
$$\left(I - \frac{t}{n}A\right)^{-n}x - \left(I - \frac{t}{m}A\right)^{-m}x$$
$$= \lim_{\varepsilon \to 0^+}\int_\varepsilon^{t-\varepsilon} \frac{d}{ds}\left[\left(I - \frac{s}{n}A\right)^{-n}\left(I - \frac{t-s}{m}A\right)^{-m}x\right]ds$$
$$= \lim_{\varepsilon \to 0^+}\int_\varepsilon^{t-\varepsilon} \left(I - \frac{s}{n}A\right)^{-n-1}\left(I - \frac{t-s}{m}A\right)^{-m-1}\left(\frac{s}{n} - \frac{t-s}{m}\right)A^2 x\, ds.$$

由此及(4.1.24)知,当$n,m \to \infty$时,有
$$\left\| \left(I-\frac{t}{n}A\right)^{-n}x - \left(I-\frac{t}{m}A\right)^{-m}x \right\|_{\mathscr{X}}$$
$$\leqslant \lim_{\varepsilon \to 0^+} \int_{\varepsilon}^{t-\varepsilon} \left(\frac{s}{n} - \frac{t-s}{m}\right) \|A^2 x\|_{\mathscr{X}} \, \mathrm{d}s$$
$$\leqslant \left(\frac{1}{n} + \frac{1}{m}\right) t^2 \|A^2 x\|_{\mathscr{X}} \to 0 \tag{4.1.27}$$

在t的有穷区间上一致成立. 由引理4.1.16知$D(A^2)$在$\mathscr{X}$中稠,从而,当$x \in \mathscr{X}$时,上述结论仍成立. 事实上,对$\forall x \in \mathscr{X}$,存在$\{x_k\}_{k \in \mathbb{Z}} \subset D(A^2)$使得,当$k \to \infty$时,$x_k \to x$. 故由$\|(I-\frac{t}{n}A)^{-n}\|_{\mathscr{L}(\mathscr{X})} \leqslant 1$[可由(4.1.24)导出]知,对$\forall m,n \in \mathbb{N}_+$,有

$$\left\| \left(I-\frac{t}{n}A\right)^{-n}x - \left(I-\frac{t}{m}A\right)^{-m}x \right\|_{\mathscr{X}}$$
$$\leqslant \left\| \left(I-\frac{t}{n}A\right)^{-n}x - \left(I-\frac{t}{n}A\right)^{-n}x_k \right\|_{\mathscr{X}}$$
$$+ \left\| \left(I-\frac{t}{n}A\right)^{-n}x_k - \left(I-\frac{t}{m}A\right)^{-m}x_k \right\|_{\mathscr{X}}$$
$$+ \left\| \left(I-\frac{t}{m}A\right)^{-m}x_k - \left(I-\frac{t}{m}A\right)^{-m}x \right\|_{\mathscr{X}}$$
$$\leqslant 2\|x - x_k\|_{\mathscr{X}} + \left\| \left(I-\frac{t}{n}A\right)^{-n}x_k - \left(I-\frac{t}{m}A\right)^{-m}x_k \right\|_{\mathscr{X}}.$$

对任意$\varepsilon \in (0, \infty)$,存在$N_1 \in \mathbb{N}_+$,当$k \geqslant N_1$时,$\|x - x_k\|_{\mathscr{X}} < \varepsilon/3$. 固定$k > N_1$,因$x_k \in D(A^2)$,由(4.1.27)知存在$N_2 \in \mathbb{N}_+$,当$m,n > N_2$时有

$$\left\| \left(I-\frac{t}{n}A\right)^{-n}x_k - \left(I-\frac{t}{m}A\right)^{-m}x_k \right\|_{\mathscr{X}} < \varepsilon/3.$$

由此即知上述断言成立. 由(4.1.24)知,对$\forall n \in \mathbb{N}_+$,有$\|T_n(t)\|_{\mathscr{L}(\mathscr{X})} \leqslant 1$且在$t$的有穷区间上一致强收敛到一族算子$\widetilde{T}(t)$. 易得$\|\widetilde{T}(t)\|_{\mathscr{L}(\mathscr{X})} \leqslant 1$.

由收敛关于t一致知,对$\forall x \in D(A)$以及$\forall t, t_0 \in [0, \infty)$,由(4.1.27)有

$$\widetilde{T}(t)x - \widetilde{T}(t_0)x = \lim_{n \to \infty} [T_n(t)x - T_n(t_0)x]$$
$$= \lim_{n \to \infty} \int_{t_0}^{t} \frac{\mathrm{d}}{\mathrm{d}s} T_n(s) x \, \mathrm{d}s$$

$$= \lim_{n\to\infty} \int_{t_0}^{t} T_n(s) \left(I - \frac{s}{n}A\right)^{-1} Ax \, ds.$$

所以对$\forall \varepsilon \in (0, \infty), \exists N \in \mathbb{N}_+$使得对$\forall n > N$,有

$$\left\|\widetilde{T}(t)x - \widetilde{T}(t_0)x\right\|_{\mathscr{X}} \leqslant \left\|\int_{t_0}^{t} T_n(s) \left(I - \frac{s}{n}A\right)^{-1} Ax \, ds\right\|_{\mathscr{X}} + \varepsilon$$
$$\leqslant \|Ax\|_{\mathscr{X}} |t - t_0| + \varepsilon.$$

再由ε的任意性知,当$t \to t_0$时,

$$\widetilde{T}(t)x \to \widetilde{T}(t_0)x, \quad \forall x \in D(A).$$

由此及$D(A^2) \subset D(A)$和引理4.1.16知$D(A)$在$\mathscr{X}$中稠密. 从而, 对任意$x \in \mathscr{X}$, 当$t \to t_0$时, 有

$$\widetilde{T}(t)x \to \widetilde{T}(t_0)x.$$

事实上, 由$D(A)$稠知, 对任意的$\varepsilon \in (0, \infty)$及任意的$x \in \mathscr{X}$, 存在$\tilde{x} \in D(A)$使得$\|x - \tilde{x}\|_{\mathscr{X}} < \frac{\varepsilon}{3}$. 而由前面证明知, 对$\forall t_0 \in [0, \infty)$, 存在$\delta \in (0, \infty)$使得当$|t - t_0| < \delta$时,

$$\left\|\widetilde{T}(t)\tilde{x} - \widetilde{T}(t_0)\tilde{x}\right\|_{\mathscr{X}} < \frac{\varepsilon}{3}.$$

由此及$\|\widetilde{T}(t)\|_{\mathscr{L}(\mathscr{X})} \leqslant 1$知

$$\left\|\widetilde{T}(t)x - \widetilde{T}(t_0)x\right\|_{\mathscr{X}}$$
$$\leqslant \left\|\widetilde{T}(t)(x - \tilde{x})\right\|_{\mathscr{X}} + \left\|\widetilde{T}(t)\tilde{x} - \widetilde{T}(t_0)\tilde{x}\right\|_{\mathscr{X}} + \left\|\widetilde{T}(t_0)(\tilde{x} - x)\right\|_{\mathscr{X}} < \varepsilon.$$

由此即知, 对$\forall x \in \mathscr{X}$, 当$t \to t_0$时,

$$\widetilde{T}(t)x \to \widetilde{T}(t_0)x.$$

下证$\widetilde{T}(t) = T(t)$. 为此, 只需证明, 对$\forall x_0 \in D(A)$, $\widetilde{T}(t)x_0$是推论4.1.13中算子微分方程在$C(\mathbb{R}_+; D(A)) \cap C^1(\mathbb{R}_+; \mathscr{X})$中的解, 再由解的唯一性即可知所证结论成立.

事实上, 对$\forall x \in D(A)$,

$$\frac{d}{dt} T_n(t)x = AT_n(t)\left(I - \frac{t}{n}A\right)^{-1} x = T_n(t)\left(I - \frac{t}{n}A\right)^{-1} Ax.$$

所以当 $n \to \infty$ 时,

$$\left\| T_n(t)\left(I-\frac{t}{n}A\right)^{-1}x - \widetilde{T}(t)x \right\|_{\mathscr{X}}$$
$$\leqslant \left\| T_n(t)\left(I-\frac{t}{n}A\right)^{-1}x - T_n(t)x \right\|_{\mathscr{X}} + \left\| T_n(t)x - \widetilde{T}(t)x \right\|_{\mathscr{X}}$$
$$= \left\| T_n(t)\left(I-\frac{t}{n}A\right)^{-1}\left(x-\left(I-\frac{t}{n}A\right)x\right) \right\|_{\mathscr{X}}$$
$$+ \left\| T_n(t)x - \widetilde{T}(t)x \right\|_{\mathscr{X}}$$
$$\leqslant \frac{t}{n}\|Ax\|_{\mathscr{X}} + \left\| T_n(t)x - \widetilde{T}(t)x \right\|_{\mathscr{X}} \to 0, \qquad (4.1.28)$$

且上述极限对 t 的任意有界区间是一致的.

由 $D(A^2)$ 在 $\mathscr{X}$ 中稠密知, 对 $\forall x \in D(A)$, $\exists \{x_k\}_{k\in \mathbb{N}_+} \subset D(A^2) \subset D(A)$ 使得, 当 $k \to \infty$ 时, $x_k \to Ax$. 由此及 $\|T_n(t)\|_{\mathscr{L}(\mathscr{X})} \leqslant 1$ 和 $\|\widetilde{T}(t)\|_{\mathscr{L}(\mathscr{X})} \leqslant 1$ 进一步知

$$\left\| T_n(t)\left(I-\frac{t}{n}A\right)^{-1}Ax - \widetilde{T}(t)Ax \right\|_{\mathscr{X}}$$
$$\leqslant \left\| T_n(t)\left(I-\frac{t}{n}A\right)^{-1}Ax - T_n(t)\left(I-\frac{t}{n}A\right)^{-1}x_k \right\|_{\mathscr{X}}$$
$$+ \left\| T_n(t)\left(I-\frac{t}{n}A\right)^{-1}x_k - \widetilde{T}(t)x_k \right\|_{\mathscr{X}}$$
$$+ \|\widetilde{T}(t)x_k - \widetilde{T}(t)x\|_{\mathscr{X}}$$
$$\leqslant \left\| T_n(t)\left(I-\frac{t}{n}A\right)^{-1}x_k - \widetilde{T}(t)x_k \right\|_{\mathscr{X}} + 2\|x_k - Ax\|_{\mathscr{X}}. \qquad (4.1.29)$$

对 $\forall \varepsilon \in (0,\infty)$, 因当 $k \to \infty$ 时, $x_k \to Ax$, 所以存在 $k_0 \in \mathbb{N}_+$ 使得 $\|x_{k_0} - Ax\|_{\mathscr{X}} < \frac{\varepsilon}{3}$. 对此 x_{k_0} 应用 (4.1.28) 知存在 $N \in \mathbb{N}_+$ 使得, 当 $n > N$ 时, 有

$$\left\| T_n(t)\left(I-\frac{t}{n}A\right)^{-1}x_{k_0} - \widetilde{T}(t)x_{k_0} \right\|_{\mathscr{X}} < \frac{\varepsilon}{3}.$$

由此及 (4.1.29) 知, 当 $n > N$ 时,

$$\left\| T_n(t)\left(I-\frac{t}{n}A\right)^{-1}x - \widetilde{T}(t)x \right\|_{\mathscr{X}} < \frac{\varepsilon}{2} + \frac{2\varepsilon}{3} = \varepsilon, \qquad (4.1.30)$$

且上述过程对 t 的任意有界区间是一致的. 故当 $n \to \infty$ 时,

$$T_n(t)\left(I-\frac{t}{n}A\right)^{-1}Ax \to \widetilde{T}(t)Ax.$$

又由(4.1.28)知, 当$n \to \infty$时,
$$T_n(t)\left(I - \frac{t}{n}A\right)^{-1}x \to \widetilde{T}(t)x.$$

因A是闭算子(见定理4.1.5), 所以对$\forall x \in D(A)$有
$$\widetilde{T}(t)x \in D(A), \quad A\widetilde{T}(t)x = \widetilde{T}(t)Ax. \tag{4.1.31}$$

故
$$\widetilde{T}(t)x \in C(\mathbb{R}_+; D(A)).$$

因此, 对任意的$x \in D(A), t \in \mathbb{R}_+$及$\varepsilon \in [0, t]$, 由(4.1.26)和(4.1.30)对$t$的任意有界区间一致成立及Lebesgue控制收敛定理和(4.1.31)有
$$\begin{aligned}\widetilde{T}(t)x - \widetilde{T}(\varepsilon)x &= \lim_{n \to \infty} \int_\varepsilon^t \frac{\mathrm{d}}{\mathrm{d}s} T_n(s)x\,\mathrm{d}s \\ &= \lim_{n \to \infty} \int_\varepsilon^t T_n(s)\left(I - \frac{s}{n}A\right)^{-1} Ax\,\mathrm{d}s \\ &= \int_\varepsilon^t \widetilde{T}(s)Ax\,\mathrm{d}s = \int_\varepsilon^t A\widetilde{T}(s)x\,\mathrm{d}s.\end{aligned}$$

由此并令$\varepsilon \to 0^+$有, 对$\forall x \in D(A)$,
$$\widetilde{T}(t)x - x = \int_0^t A\widetilde{T}(s)x\,\mathrm{d}s.$$

从而
$$\frac{\mathrm{d}\widetilde{T}(t)x}{\mathrm{d}t} = A\widetilde{T}(t)x = \widetilde{T}(t)Ax \quad \text{且} \quad \widetilde{T}(0)x = x,$$

由此知$\widetilde{T}(t)x \in C^1(\mathbb{R}_+; \mathscr{X})$. 至此, 定理得证. □

习题4.1

习题4.1.1 设$\{T(t): t \in [0, \infty)\}$为Banach空间$\mathscr{X}$上的有界线性算子半群, 满足$T(0) = I$且在$t = 0$处连续, 即$s - \lim\limits_{t \to 0^+} = I$. 证明此半群是强连续的.

习题4.1.2 证明(4.1.15)对$\forall n \in \mathbb{N}_+$成立.

习题4.1.3 设$\{T(t): t \in [0, \infty)\}$为Banach空间$\mathscr{X}$上的强连续算子半群, 有无穷小生成元$A$. 证明以下等价:

(i) $D(A) = \mathscr{X}$;

(ii) $\lim\limits_{t\to 0^+} \|T(t) - I\|_{\mathscr{L}(\mathscr{X})} = 0$;

(iii) $A \in \mathscr{L}(\mathscr{X})$ 且 $T(t) = e^{tA}$.

习题4.1.4 证明(4.1.26)成立.

习题4.1.5 设 $\{T(t): t \in [0, \infty)\}$ 是Banach空间 $\mathscr{X}$ 上的强连续压缩半群且 $x \in \mathscr{X}$ 满足 $w - \lim\limits_{t\to 0_+} \frac{1}{t}[T(t) - I]x = y$. 证明 $x \in D(A)$ 且 $y = Ax$.

习题4.1.6 设 $\{T(t): t \in [0, \infty)\}$ 为Hilbert空间 $\mathscr{H}$ 上的强连续算子半群且有无穷小生成元 A. 若对任意 $t > 0$, $T(t)$ 是正常算子, 证明 A 也为正常算子.

§4.2 无穷小生成元的例子

在本节中我们来考虑几个典型的强连续压缩半群及其无穷小生成元的例子.

例4.2.1 设 $\mathscr{X} := C_\infty[0,\infty]$, 即 $[0,\infty)$ 上在无穷远处值为0的连续函数空间, 其中在无穷远处值为0是指 $\lim_{x\to\infty} f(x) = 0$. 对 $\forall f \in \mathscr{X}$, 记

$$\|f\|_{\mathscr{X}} := \sup\{|f(x)| : x \in [0,\infty]\}.$$

考虑 $\mathscr{X}$ 上平移半群 $T_1(t): a \longmapsto a(\cdot + t)$. 易证 $\{T_1(t): t \in [0,\infty)\}$ 是一个强连续压缩半群.

证明 只需验证强连续性即可. 首先证明, 对 $\forall a \in \mathscr{X}$, a 一致连续. 事实上, 由于 a 连续且在 ∞ 处为0, 则对 $\forall \varepsilon \in (0,\infty)$, 存在 $M \in (0,\infty)$ 使得, 对 $\forall x \in (M,\infty]$, 有

$$|a(x)| < \varepsilon/2.$$

另外, 由于 a 在 $[0, M+1]$ 上一致连续, 故存在 $\delta \in (0,1)$, 当 $|x_1 - x_2| < \delta$ 时, 有

$$|a(x_1) - a(x_2)| < \varepsilon.$$

注意到, 对 $\forall x_1, x_2 \in [0,\infty)$ 满足 $|x_1 - x_2| < \delta$, 必有 $x_1, x_2 \in (M,\infty]$ 或

$$x_1, x_2 \in [0, M+1],$$

从而有 $|a(x_1) - a(x_2)| < \varepsilon$. 即知 a 一致连续. 由此, 当 $t \to 0^+$ 时,

$$\|T_1(t)a - a\|_{\mathscr{X}} = \sup\{|a(x+t) - a(x)| : x \in [0,\infty]\} \to 0.$$

故定义4.1.1条件(iii)成立. 压缩性由 $\|a(\cdot + t)\|_{\mathscr{X}} \leqslant \|a\|_{\mathscr{X}}$ 可知. 至此, 例题得证. $\square$

下面找出 $\{T_1(t): t \in [0,\infty)\}$ 的生成元.

定理4.2.2 设 A_1 为平移半群 $\{T_1(t): t \in [0,\infty)\}$ 的生成元, 则

$$D(A_1) = \{u \in \mathscr{X}: u \text{ 可微且 } u' \in \mathscr{X}\}, \quad A_1: u \longmapsto u'.$$

证明 首先，对 $\forall \lambda \in (0, \infty)$，有

$$R_\lambda(\mathscr{X}) = R_\lambda(A_1)\mathscr{X} = D(A_1), \tag{4.2.1}$$

其中 $R_\lambda := \int_0^\infty e^{-\lambda t} T_1(t) \, dt$ 且 $R_\lambda(A_1) := (\lambda I - A_1)^{-1}$. 事实上, 由引理4.1.7知

$$R_\lambda(A_1) = R_\lambda.$$

故由引理4.1.7的证明中(i)知

$$R_\lambda(A_1)\mathscr{X} = R_\lambda \mathscr{X} \subset D(A_1).$$

反之, 对任意的 $x \in D(A_1)$, 令 $y := \lambda x - A_1 x$. 则 $y \in \mathscr{X}$ 且 $R_\lambda(A_1)y = x$. 由此有 $x \in R_\lambda(A_1)\mathscr{X}$, 从而 $D(A_1) \subset R_\lambda(A_1)\mathscr{X}$. 故(4.2.1)成立.

由(4.2.1)可知, 对 $\forall v \in D(A_1)$ 及 $\forall \lambda \in (0, \infty)$, 存在 $u \in \mathscr{X}$ 使得 $v = R_\lambda u$. 即, 对 $\forall s \in [0, \infty]$, 有

$$v(s) = \int_0^\infty e^{-\lambda t} (T_1(t)u)(s) \, dt$$
$$= \int_0^\infty e^{-\lambda t} u(t+s) \, dt = \int_s^\infty e^{-\lambda(t-s)} u(t) \, dt.$$

故 v 可微且

$$v'(s) = \lambda v(s) - u(s) \in \mathscr{X}. \tag{4.2.2}$$

由此及 $\lambda R_\lambda(A_1) - I = A_1 R_\lambda(A_1)$ 知

$$v'(s) = \lambda \left[R_\lambda(A_1)u \right](s) - u(s) = (A_1 R_\lambda(A_1)u)(s)$$
$$= (A_1 v)(s) \in \mathscr{X}.$$

此即证明了

$$D(A_1) \subset \{ u \in \mathscr{X} : u \text{ 可微且 } u' \in \mathscr{X} \}, \quad A_1 : u \longmapsto u'.$$

反过来, 若 $v, v' \in \mathscr{X}$, 对 $\forall \lambda > 0$, 令 $u_\lambda := -(v' - \lambda v)$, 则 $u_\lambda \in \mathscr{X}$. 记

$$v_\lambda := R_\lambda(A_1) u_\lambda,$$

则由(4.2.1)知$v_\lambda \in D(A_1)$. 由此, 类似于(4.2.2)可证

$$v'_\lambda - \lambda v_\lambda = \lambda v_\lambda - u_\lambda - \lambda v_\lambda = -u_\lambda = v' - \lambda v.$$

从而进一步可得$v_\lambda(s) - v(s) = ce^{\lambda s}$, 其中$c$为常数. 由$v_\lambda, v \in \mathscr{X}$有

$$ce^{\lambda s}|_{s=\infty} = 0.$$

而$\lambda > 0$, 故$c = 0$. 所以$v = v_\lambda \in D(A_1)$. 至此, 定理得证. □

例4.2.3 设A_2是Hilbert空间$\mathscr{H}$上的一个正自伴算子, 则$-A_2$是一个压缩半群的生成元.

证明 由自伴算子的定义及定理3.1.11(i)知A_2是线性稠定的闭算子, 从而$-A_2$是线性稠定的闭算子, 因此, 只需证明Hille-Yosida定理4.1.8的两个条件即可.

事实上, 由A_2是正自伴算子及引理3.3.16知$\sigma(A_2) \subset [0,\infty)$, 从而, 对任意$\lambda \in (0,\infty)$, 有$-\lambda \in \rho(A_2)$, 所以

$$(-\lambda I - A_2)^{-1} \in \mathscr{L}(\mathscr{H}) \quad \text{且} \quad \lambda \in \rho(-A_2),$$

故定理4.1.8条件(i)成立.

下证定理4.1.8的条件(ii)成立. 当$\lambda \in (0,\infty)$时, 由A_2是正算子及Cauchy-Schwarz不等式(见文献[7]命题1.6.8)知, 对每一个$x \in D(A_2)$, 有

$$\|(\lambda I + A_2)x\|_{\mathscr{H}} \|x\|_{\mathscr{H}} \geqslant ((\lambda I + A_2)x, x)$$
$$= \lambda(x,x) + (A_2 x, x) \geqslant \lambda \|x\|_{\mathscr{H}}^2,$$

所以$\|(\lambda I + A_2)x\|_{\mathscr{H}} \geqslant \lambda \|x\|_{\mathscr{H}}$. 又注意到, 对$\forall x \in \mathscr{H}$,

$$(\lambda I + A_2)(\lambda I + A_2)^{-1} x = x,$$

因此,

$$\|x\|_{\mathscr{H}} = \left\|(\lambda + A_2)(\lambda + A_2)^{-1} x\right\|_{\mathscr{H}} \geqslant \lambda \left\|(\lambda + A_2)^{-1} x\right\|_{\mathscr{H}}.$$

由此即得

$$\left\|(\lambda I + A_2)^{-1}\right\|_{\mathscr{L}(\mathscr{H})} \leqslant \frac{1}{\lambda},$$

故定理4.1.8条件(ii)成立，所以$-A_2$是一个压缩半群的生成元. 至此，例题得证. $\square$

下面通过A_2的谱分解构造该压缩半群.

记A_2如定理3.2.28中的谱族为$\{E_\lambda : \lambda \in \mathbb{R}\}$. 则，对任意$\lambda \in (-\infty, 0)$，有$E_\lambda = \theta$. 事实上，对$\forall \lambda \in (-\infty, 0)$，存在$\varepsilon \in (0, \infty)$使得$\lambda + \varepsilon < 0$. 由引理3.2.34及$\sigma(A_2) \subset [0, \infty)$知

$$\begin{aligned}
E_\lambda &= \widetilde{E}((-\infty, \lambda]) = \lim_{n \to \infty} \widetilde{E}((-n, \lambda]) \\
&= \lim_{n \to \infty} \left[\widetilde{E}((-n, \lambda + \varepsilon)) - \widetilde{E}((\lambda, \lambda + \varepsilon)) \right] \\
&= \lim_{n \to \infty} \left[\widetilde{E}((-n, \lambda + \varepsilon) \cap \sigma(A_2)) - \widetilde{E}((\lambda, \lambda + \varepsilon) \cap \sigma(A_2)) \right] \\
&= \lim_{n \to \infty} \left[\widetilde{E}(\varnothing) - \widetilde{E}(\varnothing) \right] = \theta.
\end{aligned}$$

从而，由定理3.2.28进一步有

$$A_2 = \int_0^\infty \lambda \, dE_\lambda.$$

对$\forall t \in [0, \infty)$和$\forall x \in \mathscr{H}$，定义$T_2(t)$如下：

$$T_2(t)x := \int_0^\infty e^{-\lambda t} \, dE_\lambda x = e^{-tA_2} x.$$

由此及推论3.2.16有$T_2(0) = I$. 因为$\phi(\lambda) := e^{-\lambda t}$是$[0, \infty)$上的有界Borel可测函数，所以由命题3.2.18知$e^{-\lambda t} \longmapsto e^{-A_2 t}$是$*$同态且

$$\left\| e^{-tA_2} x \right\|_{\mathscr{H}}^2 = \int_0^\infty \left| e^{-\lambda t} \right|^2 d \| E_\lambda x \|_{\mathscr{H}}^2.$$

所以，对$\forall x \in \mathscr{H}$，由(3.2.17)有

$$T_2(s) T_2(t) x = e^{-sA_2} e^{-tA_2} x = e^{-(s+t)A_2} x = T_2(s+t) x.$$

下证强连续性. 因为对$\forall \lambda, t \in [0, \infty)$，有$\left| e^{-\lambda t} - 1 \right|^2 \leqslant 1$，从而，对$\forall x \in \mathscr{H}$，

$$\int_0^\infty \left| e^{-\lambda t} - 1 \right|^2 d \| E_\lambda x \|_{\mathscr{H}}^2 \leqslant \int_0^\infty d \| E_\lambda x \|_{\mathscr{H}}^2 = \| x \|_{\mathscr{H}}^2 < \infty.$$

所以, 对$\forall x \in \mathscr{H}$, 当$t \to 0^+$时, 由Lebesgue控制收敛定理有

$$\|T_2(t)x - x\|_{\mathscr{H}}^2 = \left\|\int_0^\infty \left(e^{-\lambda t} - 1\right) dE_\lambda x\right\|_{\mathscr{H}}^2$$
$$= \int_0^\infty \left|e^{-\lambda t} - 1\right|^2 d\|E_\lambda x\|_{\mathscr{H}}^2 \to 0,$$

强连续性得证.

压缩性由对$\forall t \in [0, \infty)$及$\forall x \in \mathscr{H}$,

$$\|T_2(t)x\|_{\mathscr{H}}^2 = \int_0^\infty \left|e^{-\lambda t}\right|^2 d\|E_\lambda x\|_{\mathscr{H}}^2 \leqslant \int_0^\infty d\|E_\lambda x\|_{\mathscr{H}}^2 = \|x\|_{\mathscr{H}}^2$$

可得. 所以$\{T_2(t) : t \in [0, \infty)\}$是一个强连续压缩半群.

下面验证$\{T_2(t) : t \in [0, \infty)\}$的生成元是$-A_2$.

设$\{T_2(t) : t \in [0, \infty)\}$的生成元是$B$且, 对$\forall t \in (0, \infty)$, 记

$$B_t := \frac{T_2(t) - I}{t}.$$

下证$B = -A_2$. 事实上, 对$\forall x \in D(-A_2)$, 有

$$A_2 x = \int_0^\infty \lambda \, dE_\lambda x,$$

且由注记3.2.23(i)知

$$\int_0^\infty \lambda^2 d\|E_\lambda x\|_{\mathscr{H}}^2 = \|A_2 x\|_{\mathscr{H}}^2 < \infty.$$

又由$0 \leqslant \frac{1}{t}\left(e^{-\lambda t} - 1\right) + \lambda \leqslant \lambda$有

$$\int_0^\infty \left[\frac{1}{t}\left(e^{-\lambda t} - 1\right) + \lambda\right]^2 d\|E_\lambda x\|_{\mathscr{H}}^2$$
$$\leqslant \int_0^\infty \lambda^2 d\|E_\lambda x\|_{\mathscr{H}}^2 = \|A_2 x\|_{\mathscr{H}}^2 < \infty,$$

从而, 由注记3.2.23(i)知, 对$\forall x \in D(A_2)$,

$$\|B_t x - (-A_2)x\|_{\mathscr{H}}^2$$
$$= \left\|\int_0^\infty \left[\frac{1}{t}\left(e^{-\lambda t} - 1\right) + \lambda\right] dE_\lambda x\right\|_{\mathscr{H}}^2$$

$$= \int_0^\infty \left[\frac{1}{t}\left(\mathrm{e}^{-\lambda t} - 1\right) + \lambda\right]^2 \mathrm{d}\|E_\lambda x\|_{\mathscr{H}}^2.$$

因此, 由Lebesgue控制收敛定理知, 当$t \to 0^+$时,

$$\|B_t x - (-A_2)x\|_{\mathscr{H}}^2 \to 0,$$

这说明$x \in D(B)$且$Bx = -A_2 x$, 即$-A_2 \subset B$.

又因为$(0, \infty) \subset \rho(-A_2)$, 所以对$\forall \lambda \in (0, \infty)$, $(\lambda I + A_2)^{-1} \in \mathscr{L}(\mathscr{H})$. 由对$\forall \lambda \in (0, \infty), \lambda \in \rho(-A_2)$知

$$(\lambda I + A_2) D(-A_2) = \mathscr{H}.$$

由此及$-A_2 \subset B$有

$$(\lambda I - B) D(B) = \mathscr{H}.$$

故$D(-A_2) = D(B)$. 事实上, 若$D(-A_2) \subsetneq D(B)$, 则存在$x \in D(B) \setminus D(-A_2)$. 记

$$y := (\lambda I - B)x \in \mathscr{H}.$$

从而, 由$(\lambda I + A_2)D(-A_2) = \mathscr{H}$知存在$\tilde{x} \in D(-A_2) \subset D(B)$使得

$$y = (\lambda I + A_2)\tilde{x} = (\lambda I - B)\tilde{x}.$$

故$(\lambda I - B)x = y = (\lambda I - B)\tilde{x}$. 所以有$x = \tilde{x} \in D(-A_2)$, 矛盾! 因此, $B = -A_2$. 故所证断言成立.

例4.2.4 设

$$\mathscr{X} := C_\infty(\mathbb{R}^n)$$

为$\mathbb{R}^n$上在无穷远点处为0的连续函数全体. 则$C_\infty(\mathbb{R}^n)$为$\mathbb{R}^n$上的Schwartz函数类$S(\mathbb{R}^n)$按连续范数的闭包. 事实上, 由

$$C_c^\infty(\mathbb{R}^n) \subset S(\mathbb{R}^n) \subset C_\infty(\mathbb{R}^n)$$

及$C_c^\infty(\mathbb{R}^n)$在$C_\infty(\mathbb{R}^n)$中稠可知$S(\mathbb{R}^n)$在$C_\infty(\mathbb{R}^n)$中稠.

对于$\forall t \in [0,\infty)$, 定义$\mathscr{X}$上线性算子族: 对$\forall u \in \mathscr{X}$和$\forall x \in \mathbb{R}^n$, 令

$$(T_3(t)u)(x) := \begin{cases} \dfrac{1}{(4\pi t)^{\frac{n}{2}}} \displaystyle\int_{\mathbb{R}^n} \exp\left\{-\dfrac{|x-y|^2}{4t}\right\} u(y)\,\mathrm{d}y, & \text{当}t \in (0,\infty)\text{时}, \\ u(x), & \text{当}t = 0\text{时}. \end{cases}$$

对$\forall t \in (0,\infty)$及$\forall x \in \mathbb{R}^n$, 记

$$G_t := \dfrac{1}{(4\pi t)^{n/2}} \exp\left\{-\dfrac{|\cdot|^2}{4t}\right\},$$

则有

$$(T_3(t)u)(x) = \int_{\mathbb{R}^n} G_t(x-y) u(y)\,\mathrm{d}y,$$

即

$$T_3(t)u = G_t * u.$$

称G_t为**高斯概率密度**, 满足

$$\int_{\mathbb{R}^n} G_t(x)\,\mathrm{d}x = \dfrac{1}{(4\pi t)^{n/2}} \left(\int_{\mathbb{R}} \mathrm{e}^{-\frac{y^2}{4t}}\,\mathrm{d}y\right)^n$$

$$= \dfrac{1}{(4\pi t)^{n/2}} (2\sqrt{t})^n \left(\int_{\mathbb{R}} \mathrm{e}^{-y^2}\,\mathrm{d}y\right)^n = 1.$$

下面证明$\{T_3(t): t \in [0,\infty)\}$是强连续压缩半群. 首先, 对任意$u \in \mathscr{X}$, 有$T_3(t)u \in \mathscr{X}$. 事实上, 由$\displaystyle\int_{\mathbb{R}^n} G_t(x)\,\mathrm{d}x = 1$知, 对$\forall \varepsilon \in (0,\infty)$, $\exists N_0 \in (0,\infty)$使得

$$\int_{|x|>N_0} G_t(x)\,\mathrm{d}x < \dfrac{\varepsilon}{2}.$$

此外, 由$u \in \mathscr{X}$知$\exists N_1 \in (0,\infty)$使得当$|x| > N_1$时, 对$\forall y \in B(x,N_0)$有

$$u(y) < \varepsilon/2.$$

从而, 当$|x| > N_1$时, 有

$$|T_3(t)u(x)| < \int_{|x-y|<N_0} \dfrac{\varepsilon}{2} G_t(x-y)\,\mathrm{d}y + \int_{|x-y|\geqslant N_0} G_t(x-y) \|u\|_{\mathscr{X}}\,\mathrm{d}y$$

$$< \dfrac{\varepsilon}{2}(1 + \|u\|_{\mathscr{X}}).$$

故, 对 $\forall t \in [0,\infty)$, 有 $T_3(t)u \in \mathscr{X}$ 且

$$\|T_3(t)u\|_{\mathscr{X}} \leqslant \|u\|_{\mathscr{X}} \sup_{x \in \mathbb{R}^n} \int_{\mathbb{R}^n} G_t(x-y) \mathrm{d}y = \|u\|_{\mathscr{X}}.$$

由此知 $\|T_3(t)\|_{\mathscr{L}(\mathscr{X})} \leqslant 1$, 压缩性得证.

对 $\forall \varphi \in S(\mathbb{R}^n)$, 记 φ 的 Fourier 变换为, 对 $\forall \xi \in \mathbb{R}^n$,

$$\mathscr{F}(\varphi)(\xi) := \int_{\mathbb{R}^n} \varphi(x) \mathrm{e}^{-2\pi \mathrm{i} x \cdot \xi} \, \mathrm{d}x.$$

由 Fourier 变换的性质知

$$\mathscr{F}(\varphi * \psi) = \mathscr{F}\varphi \mathscr{F}\psi.$$

由此易知, 当 $t \in (0,\infty)$ 时, $G_t \in S(\mathbb{R}^n)$, 由于对 $\forall m \in (0,\infty)$,

$$\mathscr{F}\left(\exp\left\{-\pi \frac{|\cdot|^2}{m}\right\}\right)(\xi) = m^{n/2} \exp\left\{-m\pi |\xi|^2\right\},$$

所以对 $\forall \xi \in \mathbb{R}^n$,

$$\mathscr{F}(G_t)(\xi) = \exp\left\{-4t\pi^2 |\xi|^2\right\}.$$

从而, 对 $\forall u \in S(\mathbb{R}^n)$, $\forall s, t \in (0,\infty)$ 及 $\forall \xi \in \mathbb{R}^n$,

$$\begin{aligned}
\mathscr{F}(T_3(t)T_3(s)u)(\xi) &= \mathscr{F}(G_t * G_s * u)(\xi) \\
&= (\mathscr{F}G_t)(\mathscr{F}G_s)(\mathscr{F}u)(\xi) \\
&= \exp\left\{-4(t+s)\pi^2 |\xi|^2\right\}(\mathscr{F}u)(\xi) \\
&= (\mathscr{F}(G_{t+s}))(\mathscr{F}u)(\xi) \\
&= \mathscr{F}(T_3(t+s)u)(\xi).
\end{aligned}$$

再由 Fourier 逆变换的唯一性知, 对 $\forall s, t \in (0,\infty)$,

$$T_3(t)T_3(s) = T_3(t+s)$$

在 $S(\mathbb{R}^n)$ 上成立. 由 $S(\mathbb{R}^n)$ 在 $\mathscr{X}$ 中的稠密性知上式在 $\mathscr{X}$ 中也成立且可以推广到 $\forall s, t \in [0,\infty)$ 的情形, 从而半群性质得证.

下证强连续性. 对$\forall u \in \mathscr{X}$,

$$\begin{aligned}
&\|T_3(t)u - u\|_{\mathscr{X}} \\
&= \left\|\frac{1}{(4\pi t)^{n/2}} \int_{\mathbb{R}^n} \exp\left\{-\frac{|\cdot - y|^2}{4t}\right\} [u(y) - u(\cdot)] \, \mathrm{d}y \right\|_{\mathscr{X}} \\
&= \left\|\frac{1}{\pi^{n/2}} \int_{\mathbb{R}^n} \exp\left\{-|z|^2\right\} [u(\cdot - 2\sqrt{t}z) - u(\cdot)] \, \mathrm{d}z \right\|_{\mathscr{X}} \\
&\leqslant \frac{1}{\pi^{n/2}} \int_{\mathbb{R}^n} \exp\left\{-|z|^2\right\} \|u(\cdot - 2\sqrt{t}z) - u(\cdot)\|_{\mathscr{X}} \, \mathrm{d}z.
\end{aligned}$$

由$\mathscr{X}$的定义知

$$\|u(\cdot - 2\sqrt{t}z) - u(\cdot)\|_{\mathscr{X}} \leqslant 2\|u\|_{\mathscr{X}} < \infty,$$

所以

$$\|T_3(t)u - u\|_{\mathscr{X}} \leqslant \frac{2\|u\|_{\mathscr{X}}}{\pi^{n/2}} \int_{\mathbb{R}^n} \mathrm{e}^{-|z|^2} \, \mathrm{d}z < \infty.$$

又由u的一致连续性(参见例4.2.1的证明)知, 当$t \to 0^+$时

$$\|u(\cdot - 2\sqrt{t}z) - u(\cdot)\|_{\mathscr{X}} \to 0.$$

所以由控制收敛定理有, 当$t \to 0^+$时, $\|T_3(t)u - u\|_{\mathscr{X}} \to 0$. 故强连续性得证.

下面找出半群$\{T_3(t) : t \in [0, \infty)\}$的生成元. 设$A_3$为上述半群的生成元, 由于Fourier变换映$S(\mathbb{R}^n)$入$S(\mathbb{R}^n)$且, 当$u \in S(\mathbb{R}^n)$时, 对$\forall \xi \in \mathbb{R}^n$有

$$\mathscr{F}(T_3(t)u - u)(\xi) = \left(\exp\{-4t\pi^2|\xi|^2\} - 1\right) \mathscr{F}(u)(\xi),$$

所以对$\forall x \in \mathbb{R}^n$有

$$t^{-1}[(T_3(t)u)(x) - u(x)] = \mathscr{F}^{-1}\left(\frac{1}{t}\left[\mathrm{e}^{-4t\pi^2|\cdot|^2} - 1\right] \mathscr{F}(u)\right)(x).$$

对$\forall t \in (0, \infty)$及$\forall x \in \mathbb{R}^n$, 记

$$J_t(x) := \frac{(T_3(t))u(x) - u(x)}{t} - \mathscr{F}^{-1}\left(-4\pi^2|\cdot|^2 \mathscr{F}(u)\right)(x).$$

则

$$J_t(x) = \int_{\mathbb{R}^n} \left[\frac{\mathrm{e}^{-4t\pi^2|\xi|^2} - 1}{t} + 4\pi^2|\xi|^2\right] \mathscr{F}(u)(\xi) \mathrm{e}^{2\pi \mathrm{i} x \cdot \xi} \, \mathrm{d}\xi.$$

由中值定理知存在 $\theta_1, \theta_2 \in [0,1]$ 使得

$$\frac{e^{-4t\pi^2|\xi|^2}-1}{t}+4\pi^2|\xi|^2 = -4\pi^2|\xi|^2 e^{-4\theta_1 t\pi^2|\xi|^2}+4\pi^2|\xi|^2$$
$$= (4\pi^2|\xi|^2)^2 t e^{-4\theta_1\theta_2 t\pi^2|\xi|^2}.$$

故, 当 $t\to 0^+$ 时,

$$\|J_t\|_{\mathscr{X}} \leqslant \int_{\mathbb{R}^n} t(4\pi^2|\xi|^2)^2 |\mathscr{F}u(\xi)| \mathrm{d}\xi \to 0.$$

而对 $\forall \xi \in \mathbb{R}^n$,

$$\mathscr{F}(\Delta u)(\xi) = -4\pi^2|\xi|^2 \mathscr{F}(u)(\xi).$$

因此,

$$\lim_{t\to 0^+} \left\| \frac{T_3(t)u-u}{t} - \Delta u \right\|_{\mathscr{X}} = 0.$$

由于当 $u\in S(\mathbb{R}^n)$ 时, $\Delta u \in S(\mathbb{R}^n) \subset \mathscr{X}$, 所以 $S(\mathbb{R}^n) \subset D(A_3)$ 且, 对 $\forall u\in S(\mathbb{R}^n)$, 有

$$A_3 u = \Delta u.$$

由上述讨论, A_3 在 $S(\mathbb{R}^n)$ 中的限制是 Laplace 算子. 下面来确定它的定义域. 为此, 令 $C_c^\infty(\mathbb{R}^n)$ 为 $\mathbb{R}^n$ 上具有紧支集的无穷次可微函数全体. 对 $\forall u \in S(\mathbb{R}^n)$, 定义图模

$$[\![u]\!] := \|u\|_{\mathscr{X}} + \|\Delta u\|_{\mathscr{X}}.$$

记 D 为 $S(\mathbb{R}^n)$ 在 $\{u\in\mathscr{X}: \widetilde{\Delta}u\in\mathscr{X}\}$ 中依图模 $[\![\cdot]\!]$ 的闭包, 其中 $\widetilde{\Delta}$ 为广义 Laplace 算子, $\widetilde{\Delta}f$ 为 f 的二阶分布导数, 即对 $\forall \varphi \in C_c^\infty(\mathbb{R}^n)$,

$$\langle \widetilde{\Delta}f, \varphi \rangle = \langle f, \Delta\varphi \rangle.$$

下证 $(\widetilde{\Delta}, D)$ 为闭算子.

事实上, 任取 $\{u_k\}_{k\in\mathbb{N}_+} \subset D$ 且满足, 当 $k\to\infty$ 时,

$$\begin{cases} u_k \to u \in \mathscr{X}, \\ \widetilde{\Delta}u_k \to f \in \mathscr{X}. \end{cases} \tag{4.2.3}$$

下证 $u \in D$ 且 $f = \widetilde{\Delta} u$. 为此, 注意到, 对 $\forall \varphi \in C_c^{\infty}(\mathbb{R}^n)$, 由弱导数的定义, 对 $\forall k \in \mathbb{N}_+$, 有
$$\int_{\mathbb{R}^n} \widetilde{\Delta} u_k(x) \varphi(x) \, \mathrm{d}x = \int_{\mathbb{R}^n} u_k(x) \Delta \varphi(x) \, \mathrm{d}x.$$
在上式中令 $k \to \infty$, 并由 (4.2.3) 有
$$\int_{\mathbb{R}^n} f(x) \varphi(x) \, \mathrm{d}x = \int_{\mathbb{R}^n} u(x) \Delta \varphi(x) \, \mathrm{d}x.$$
因此, $f = \widetilde{\Delta} u$. 从而, 当 $k \to \infty$ 时,
$$\llbracket u_k - u \rrbracket \to 0.$$
再由 D 闭知 $u \in D$. 从而可知 $(\widetilde{\Delta}, D)$ 为闭算子. 进一步可证 $(D, \llbracket \cdot \rrbracket)$ 是一个 Banach 空间. 事实上, 任取 $\{u_n\}_{n \in \mathbb{N}_+}$ 为 $(D, \llbracket \cdot \rrbracket)$ 中的 Cauchy 列, 即, 当 $m, n \to \infty$ 时,
$$\|u_n - u_m\|_{\mathscr{X}} + \left\| \widetilde{\Delta} u_n - \widetilde{\Delta} u_m \right\|_{\mathscr{X}} \to 0.$$
记 f, g 分别为 $\{u_n\}_{n \in \mathbb{N}_+}$ 和 $\{\widetilde{\Delta} u_n\}_{n \in \mathbb{N}_+}$ 在 $\mathscr{X}$ 中的极限. 从而, 对 $\forall \varphi \in C_c^{\infty}(\mathbb{R}^n)$,
$$\langle g, \varphi \rangle = \lim_{n \to \infty} \langle \widetilde{\Delta} u_n, \varphi \rangle = \lim_{n \to \infty} \langle u_n, \Delta \varphi \rangle = \langle f, \Delta \varphi \rangle.$$
故 $g = \widetilde{\Delta} f$. 因此, $f \in D$ 且 f 为 $\{u_n\}_{n \in \mathbb{N}_+}$ 依图模的极限, 故 $(D, \llbracket \cdot \rrbracket)$ 为 Banach 空间.

下证对 $\forall \lambda \in (0, \infty)$ 及 $u \in \mathscr{X}$, 有
$$\left\| (\lambda I - \widetilde{\Delta})^{-1} u \right\|_{\mathscr{X}} \leqslant \lambda^{-1} \|u\|_{\mathscr{X}}.$$
为此, 对 $\forall u \in \mathscr{X}$, 引入切泛函 $u_{x_0}^* \in \mathscr{X}^*$ 使得
$$u_{x_0}^* : v \longmapsto \overline{u(x_0)} v(x_0),$$
其中 x_0 满足
$$\max_{x \in \mathbb{R}^n} |u(x)| = |u(x_0)|.$$
对 $\forall v \in \mathscr{X}$, 由 $u_{x_0}^*$ 的定义有
$$|\langle u_{x_0}^*, v \rangle| = \left| \overline{u(x_0)} v(x_0) \right| \leqslant \|u\|_{\mathscr{X}} \|v\|_{\mathscr{X}},$$

由此知 $\|u_{x_0}^*\|_{\mathscr{X}^*} \leqslant \|u\|_{\mathscr{X}}$. 而由定义有 $\langle u_{x_0}^*, u\rangle = |u(x_0)|^2 = \|u\|_{\mathscr{X}}^2$, 故

$$\|u\|_{\mathscr{X}} = \|u_{x_0}^*\|_{\mathscr{X}^*}.$$

对 $\forall x \in \mathbb{R}^n$, 记 $u(x) := a(x) + \mathrm{i}b(x)$. 由 x_0 的定义, x_0 是 $|u(x)|^2$ 的极大值点, 所以

$$\frac{\partial |u(\cdot)|^2}{\partial x_i}(x_0) = 2a(x_0)\frac{\partial a(x_0)}{\partial x_i} + 2b(x_0)\frac{\partial b(x_0)}{\partial x_i} = 0$$

且

$$\begin{aligned}\widetilde{\Delta}|u(x_0)|^2 &= \sum_{i=1}^n \left\{ 2\left(\frac{\partial a(x_0)}{\partial x_i}\right)^2 + 2\left(\frac{\partial b(x_0)}{\partial x_i}\right)^2 \right.\\ &\quad \left. + 2a(x_0)\frac{\partial^2 a(x_0)}{\partial x_i^2} + 2b(x_0)\frac{\partial^2 b(x_0)}{\partial x_i^2} \right\}\\ &\leqslant 0.\end{aligned}$$

而

$$\begin{aligned}|\nabla u(x_0)|^2 &= \nabla u(x_0) \cdot \overline{\nabla u(x_0)}\\ &= \sum_{i=1}^n \left\{ \left(\frac{\partial a(x_0)}{\partial x_i}\right)^2 + \left(\frac{\partial b(x_0)}{\partial x_i}\right)^2 \right\} \geqslant 0\end{aligned}$$

且

$$\begin{aligned}|\nabla u(x_0)|^2 &- \frac{1}{2}\widetilde{\Delta}|u(x_0)|^2\\ &= -\sum_{j=1}^n \left\{ a(x_0)\frac{\partial^2 a}{\partial x_j^2}(x_0) + b(x_0)\frac{\partial^2 b}{\partial x_j^2}(x_0) \right\}\\ &= -\Re\left\{ \sum_{j=1}^n [a(x_0) - \mathrm{i}b(x_0)]\left[\frac{\partial^2 a}{\partial_j^2}(x_0) + \mathrm{i}\frac{\partial^2 b}{\partial x_j^2}(x_0)\right] \right\}\\ &= \Re\left\{ \overline{u(x_0)}\left(-\widetilde{\Delta}u(x_0)\right) \right\},\end{aligned}$$

所以对 $\forall u \in S(\mathbb{R}^n)$ 及 $\forall \lambda \in (0,\infty)$ 有

$$\begin{aligned}\lambda \|u\|_{\mathscr{X}}^2 &\leqslant \lambda \|u\|_{\mathscr{X}}^2 + |\nabla u(x_0)|^2 - \frac{1}{2}\Delta|u(x_0)|^2\\ &= \lambda \|u\|_{\mathscr{X}}^2 + \Re\left\{\overline{u(x_0)}(-\Delta u)(x_0)\right\}\end{aligned}$$

$$= \lambda \overline{u(x_0)} u(x_0) - \Re \left\{ \overline{u(x_0)} \Delta u(x_0) \right\}$$

$$= \Re \left\{ \overline{u(x_0)} (\lambda u(x_0) - \Delta u(x_0)) \right\}$$

$$= \Re \left(\langle u_{x_0}^*, (\lambda I - \Delta) u \rangle \right)$$

$$\leqslant \| u_{x_0}^* \|_{\mathscr{X}^*} \| (\lambda I - \Delta) u \|_{\mathscr{X}}$$

$$= \| u \|_{\mathscr{X}} \| (\lambda I - \Delta) u \|_{\mathscr{X}}. \tag{4.2.4}$$

由(4.2.4)及$S(\mathbb{R}^n)$在D中依$\|\cdot\|$稠知(4.2.4)对$\forall u \in D$成立, 即对$\forall u \in D$,

$$\lambda \| u \|_{\mathscr{X}} \leqslant \left\| (\lambda I - \widetilde{\Delta}) u \right\|_{\mathscr{X}}.$$

由此及$\lambda I - \widetilde{\Delta}$为单射知, 对$\forall v \in R(\lambda I - \widetilde{\Delta})$,

$$\left\| (\lambda I - \widetilde{\Delta})^{-1} v \right\|_{\mathscr{X}} \leqslant \lambda^{-1} \| v \|_{\mathscr{X}}.$$

下证$R(\lambda I - \widetilde{\Delta}) = \mathscr{X}$. 为此, 首先证$R(\lambda I - \widetilde{\Delta})$是闭集.

由于对$\forall u \in D$, 有

$$\lambda \| u \|_{\mathscr{X}} \leqslant \left\| (\lambda I - \widetilde{\Delta}) u \right\|_{\mathscr{X}},$$

故, 对$R(\lambda I - \widetilde{\Delta})$中收敛列$\{v_n\}_{n \in \mathbb{N}_+}$, 可以找到一列$\{u_n\}_{n \in \mathbb{N}_+} \subset D$使得

$$\left(\lambda I - \widetilde{\Delta} \right) u_n = v_n.$$

由于当$m, n \to \infty$时

$$\lambda \| u_n - u_m \|_{\mathscr{X}} \leqslant \left\| (\lambda I - \widetilde{\Delta})(u_n - u_m) \right\|_{\mathscr{X}} = \| v_n - v_m \|_{\mathscr{X}} \to 0,$$

所以有$\| u_n - u_m \| \to 0, m, n \to \infty$. 又由$\| \widetilde{\Delta} u \|_{\mathscr{X}} \leqslant \lambda \| u \|_{\mathscr{X}} + \| (\lambda I - \widetilde{\Delta}) u \|_{\mathscr{X}}$知, 当$m, n \to \infty$时

$$\left\| \widetilde{\Delta}(u_n - u_m) \right\|_{\mathscr{X}} \leqslant \lambda \| u_n - u_m \|_{\mathscr{X}} + \left\| (\lambda I - \widetilde{\Delta})(u_n - u_m) \right\|_{\mathscr{X}} \to 0,$$

所以$\| u_n - u_m \| \to 0$. 由D的定义知$\exists u_0 \in D$, 满足, 当$n \to \infty$时,

$$u_n \to u_0 \quad 且 \quad \widetilde{\Delta} u_n \to \widetilde{\Delta} u_0,$$

即得$R(\lambda I - \widetilde{\Delta})$闭.

而对$\forall f \in S(\mathbb{R}^n)$,令

$$u := \mathscr{F}^{-1}\left(\frac{1}{\lambda + 4\pi^2|\cdot|^2}(\mathscr{F}(f))(\cdot)\right) \in S(\mathbb{R}^n),$$

则

$$\mathscr{F}(f) = \mathscr{F}\left(\left(\lambda I - \widetilde{\Delta}\right)u\right),$$

从而$f = (\lambda I - \widetilde{\Delta})u$,所以

$$S(\mathbb{R}^n) \subset R\left(\lambda I - \widetilde{\Delta}\right)$$

且$R(\lambda I - \widetilde{\Delta})$在$\mathscr{X}$中稠,因此,$R(\lambda I - \widetilde{\Delta}) = \mathscr{X}$.

由以上讨论及定理4.1.8知$(\widetilde{\Delta}, D)$是一个强连续压缩半群的生成元.

最后证明$(\widetilde{\Delta}, D)$与$(A_3, D(A_3))$一致. 事实上,由于A_3和$\widetilde{\Delta}$在$S(\mathbb{R}^n)$上的限制相同,而$(\widetilde{\Delta}, D)$是$(\Delta, S(\mathbb{R}^n))$的闭包(见定义3.1.3),即$(\widetilde{\Delta}, D)$是包含$(\Delta, S(\mathbb{R}^n))$的最小闭算子[见命题3.1.7(iii)]. 又由A_3是生成元及定理4.1.5知A_3是闭算子,从而$\widetilde{\Delta} \subset A_3$. 又因为$A_3$和$\widetilde{\Delta}$是生成元,由定理4.1.8知,对$\forall \lambda \in (0, \infty)$,有

$$(\lambda I - A_3)D(A_3) = \mathscr{X} = (\lambda I - \widetilde{\Delta})D.$$

从而$D(A_3) = D$. 事实上,若$D \subsetneq D(A_3)$,则存在$x \in D(A_3) \setminus D$使得

$$y = (\lambda I - A_3)x \in \mathscr{X}.$$

由$R(\lambda I - \widetilde{\Delta}) = \mathscr{X}$知存在$\widetilde{x} \in D$使得

$$(\lambda I - \widetilde{\Delta})\widetilde{x} = y = (\lambda I - A_3)x.$$

因$D \subset D(A_3)$,故

$$(\lambda I - A_3)\widetilde{x} = (\lambda I - \widetilde{\Delta})\widetilde{x} = (\lambda I - A_3)x.$$

从而$x = \widetilde{x} \in D$,矛盾. 因此,$A_3 = \widetilde{\Delta}$. 故所证结论成立.

由以上讨论,我们有以下结论.

定理4.2.5 在$C_\infty(\mathbb{R}^n)$上, 高斯半群$\{T_3(t): t \in [0,\infty)\}$的无穷小生成元是广义Laplace算子$\widetilde{\Delta}$, 定义域$D(\widetilde{\Delta})$定义为$S(\mathbb{R}^n)$依图模

$$[u] := \|u\|_\mathscr{X} + \|\Delta u\|_\mathscr{X}, \quad \forall u \in S(\mathbb{R}^n),$$

在$\{u \in C_\infty(\mathbb{R}^n): \widetilde{\Delta} u \in C_\infty(\mathbb{R}^n)\}$中的闭包.

注记4.2.6 若定理4.2.5中高斯半群的积分核取为: 对$\forall t \in (0,\infty)$及$\forall x \in \mathbb{R}^n$,

$$g_t(x) := \frac{1}{(2\pi t)^{n/2}} \exp\left\{-\frac{|x|^2}{2t}\right\},$$

则由相同的讨论过程, 其无穷小生成元是$\frac{1}{2}\widetilde{\Delta}$, 定义域仍如定理4.2.5.

下面给出稠定闭算子成为压缩半群生成元的另一个充要条件.

定义4.2.7 设$\mathscr{X}$是Banach空间, $x \in \mathscr{X}$且$x^* \in \mathscr{X}^*$. 若满足

(i) $\langle x^*, x \rangle = \|x\|_\mathscr{X}^2$;

(ii) $\|x^*\|_{\mathscr{X}^*} = \|x\|_\mathscr{X}$.

则称x^*为x的**规范切泛函**. x的规范切泛函全体记为$\Gamma(x)$.

由Hahn–Banach定理的推论(见文献[7]推论2.4.6)知, 对$\forall x \in \mathscr{X} \setminus \{\theta\}$, 存在$f \in \mathscr{X}^*$满足

$$\langle f, x \rangle = \|x\|_\mathscr{X} \quad \text{且} \quad \|f\|_{\mathscr{X}^*} = 1,$$

取$x^* := \|x\|_\mathscr{X} f$, 显然$x^*$满足定义4.2.7中的条件, 所以$\Gamma(x)$非空.

对任意的Hilbert空间$\mathscr{H}$中元素x, 易知x是其自身的规范切泛函且

$$\Gamma(x) = \{x\}.$$

若不然, 则存在$y \in \mathscr{H}, y \neq x$, 满足$(x,y) = \|x\|_\mathscr{H}^2$且$\|y\|_\mathscr{H} = \|x\|_\mathscr{H}$, 则

$$(x, y - x) = 0,$$

即x与$y - x$正交, 所以由

$$\|y\|_\mathscr{H}^2 = \|y - x\|_\mathscr{H}^2 + \|x\|_\mathscr{H}^2$$

导出$\|y - x\|_\mathscr{H} = 0$, 从而$y = x$, 矛盾. 故$\Gamma(x) = \{x\}$.

定义4.2.8 设$\mathscr{X}$为Banach空间且A是$\mathscr{X}$上的稠定算子. 若对每一个$x \in D(A)$, 存在$x^* \in \Gamma(x)$使得$\Re\langle x^*, Ax\rangle \geqslant 0$, 则称$A$为**增殖算子**. 若$-A$是增殖算子, 则称$A$为**耗散算子**.

注记4.2.9 当$\mathscr{X}$是Hilbert空间时, A为耗散算子当且仅当

$$\Re(Ax, x) \leqslant 0, \quad \forall x \in D(A).$$

类似地有A为增殖算子当且仅当$\Re(Ax, x) \geqslant 0, \forall x \in D(A)$.

定理4.2.10 设$\mathscr{X}$为Banach空间. 稠定闭算子A是一个强连续压缩半群的生成元当且仅当A耗散且存在$\lambda_0 \in (0, \infty)$使得$R(\lambda_0 I - A) = \mathscr{X}$.

证明 为证**必要性**, 设A是$\{T(t): t \in [0, \infty)\}$的生成元. 由定理4.1.8知只需证$A$耗散. 事实上, 对$\forall x^* \in \Gamma(x)$, 由$\{T(t): t \in [0, \infty)\}$为压缩半群知

$$|\langle x^*, T(t)x\rangle| \leqslant \|x^*\|_{\mathscr{X}^*} \|x\|_{\mathscr{X}} = \|x\|_{\mathscr{X}}^2 = \langle x^*, x\rangle,$$

所以

$$\Re\langle x^*, T(t)x - x\rangle = \Re\langle x^*, T(t)x\rangle - \langle x^*, x\rangle$$
$$\leqslant |\langle x^*, T(t)x\rangle| - \langle x^*, x\rangle \leqslant 0.$$

从而, 对$\forall x \in D(A)$,

$$\Re\langle x^*, Ax\rangle = \lim_{t \to 0^+} \Re\left\langle x^*, \frac{T(t)x - x}{t}\right\rangle$$
$$= \lim_{t \to 0^+} \frac{1}{t}\Re\langle x^*, T(t)x - x\rangle \leqslant 0,$$

所以A耗散.

下证**充分性**. 为此, 设A耗散且存在$\lambda_0 \in (0, \infty)$使得$R(\lambda_0 I - A) = \mathscr{X}$. 由Hille-Yosida定理4.1.8, 只需证明, 对$\forall \lambda \in (0, \infty), R(\lambda I - A) = \mathscr{X}$,

$$(\lambda I - A)^{-1} \in \mathscr{L}(\mathscr{X}) \quad \text{且} \quad \|(\lambda I - A)^{-1}\|_{\mathscr{L}(\mathscr{X})} \leqslant \lambda^{-1}$$

即可.

事实上, 由A耗散知对$\forall x \in D(A)$, 取$x^* \in \Gamma(x)$使得$\Re\langle x^*, Ax\rangle \leqslant 0$, 则, 对$\forall \lambda \in (0,\infty)$,

$$\lambda \|x\|_{\mathscr{X}}^2 \leqslant \lambda \langle x^*, x\rangle - \Re\langle x^*, Ax\rangle$$
$$= \Re\langle x^*, (\lambda I - A)x\rangle$$
$$\leqslant \|x\|_{\mathscr{X}} \|(\lambda I - A)x\|_{\mathscr{X}},$$

所以, 对$\forall x \in D(A)$,

$$\lambda \|x\|_{\mathscr{X}} \leqslant \|(\lambda I - A)x\|_{\mathscr{X}}, \tag{4.2.5}$$

由此及$\lambda I - A$为闭算子知$\lambda I - A$是单射且$R(\lambda I - A)$是$\mathscr{X}$的闭子空间. 事实上, 由(4.2.5)知$\lambda I - A$是单射. 下证$R(\lambda I - A)$闭. 为此, 取

$$\{y_n\}_{n \in \mathbb{N}_+} \subset R(\lambda I - A)$$

且$y_n \to y_0 \in \mathscr{X}, n \to \infty$, 只需证$y_0 \in R(\lambda I - A)$. 因$\{y_n\}_{n \in \mathbb{N}_+} \subset R(\lambda I - A)$, 知存在$\{x_n\}_{n \in \mathbb{N}_+} \subset D(A)$使得$(\lambda I - A)x_n = y_n$. 由(4.2.5)知$\{x_n\}_{n \in \mathbb{N}_+}$是$\mathscr{X}$中的基本列, 从而, 由$\mathscr{X}$的完备性知存在$x_0 \in \mathscr{X}$使得$x_n \to x_0 \in \mathscr{X}, n \to \infty$. 由$\lambda I - A$闭知$y_0 = (\lambda I - A)x_0$. 即知$R(\lambda I - A)$闭. 由此

$$(\lambda I - A)^{-1} : R(\lambda I - A) \longrightarrow D(A)$$

存在且由(4.2.5)知, 对$\forall v \in R(\lambda I - A)$, 有

$$\|(\lambda I - A)^{-1} v\|_{\mathscr{X}} \leqslant \lambda^{-1} \|v\|_{\mathscr{X}}.$$

下证

$$R(\lambda I - A) = \mathscr{X}.$$

由已知$\exists \lambda_0 \in (0,\infty)$使得$R(\lambda_0 I - A) = \mathscr{X}$. 由此及(4.2.5)知

$$(\lambda_0 I - A)^{-1} \in \mathscr{L}(\mathscr{X}) \quad \text{且} \quad \|(\lambda_0 I - A)^{-1}\|_{\mathscr{L}(\mathscr{X})} \leqslant \lambda_0^{-1}.$$

故当$\lambda \in (0, 2\lambda_0)$时, $|\lambda - \lambda_0| < \lambda_0$且

$$|\lambda - \lambda_0| \|(\lambda_0 I - A)^{-1}\|_{\mathscr{L}(\mathscr{X})} < 1.$$

从而, 由引理1.2.12知

$$\left[I+(\lambda-\lambda_0)(\lambda_0 I-A)^{-1}\right]^{-1} \in \mathscr{L}(\mathscr{X}).$$

由

$$\lambda I - A = \left[I+(\lambda-\lambda_0)(\lambda_0 I-A)^{-1}\right](\lambda_0 I-A),$$

进一步有

$$(\lambda I-A)^{-1} = (\lambda_0 I-A)^{-1}\left[I+(\lambda-\lambda_0)(\lambda_0 I-A)^{-1}\right]^{-1} \in \mathscr{L}(\mathscr{X}),$$

所以$R(\lambda I-A)=\mathscr{X}$. 重复此过程, 可证明, 对$\forall \lambda \in (0,\infty)$, 此结论仍成立. 至此, 定理得证. □

注记4.2.11 在定理4.2.10中, 条件"存在$\lambda_0 \in (0,\infty)$"可换为条件"对$\forall \lambda_0 \in (0,\infty)$", 定理结论仍成立.

推论4.2.12 设A是Banach空间$\mathscr{X}$上的稠定闭算子且A^*是A的共轭算子. 若A^*和A均为耗散算子, 则A是一个强连续半群的生成元.

证明 由定理4.2.10, 只要证明$R(I-A)=\mathscr{X}$即可.

若$R(I-A)$不是$\mathscr{X}$中稠集, 由Hahn–Banach定理(见文献[7]定理2.4.7)知存在$f \in \mathscr{X}^*, f \neq \theta$使得, 对$\forall u \in D(A)$,

$$\langle f, (I-A)u \rangle = 0,$$

从而有

$$\langle f, u \rangle = \langle f, Au \rangle.$$

由定义3.1.9知$f \in D(A^*)$且$f=A^*f$, 即$(I-A^*)f=0$.

对$\forall f^* \in \Gamma(f)$, 由于$\langle f^*, f \rangle = \|f\|^2_{\mathscr{X}^*}$, 故

$$\langle f^*, A^*f \rangle = \langle f^*, f \rangle = \|f\|^2_{\mathscr{X}^*} > 0,$$

这与A^*耗散矛盾, 所以$R(I-A)$在$\mathscr{X}$中稠.

又类似于定理4.2.10充分性的证明可证, $R(I-A)$闭, 从而$R(I-A)=\mathscr{X}$. 至此, 推论得证. □

§4.2 无穷小生成元的例子

下面引入闭算子的核的概念.

定义4.2.13 设T是Banach空间$\mathscr{X}$上的闭算子, 线性子空间$D \subset D(T)$, 若$T|_D$可闭化且$\overline{T|_D} = T$, 则称D为T的**核**, 其中$T|_D$表示T在D上的限制.

注记4.2.14 关于闭算子的核, 我们有如下注记.

(i) 由定义4.2.13易知, 若T是可闭化算子, D是其定义域, 则D是$\overline{T}$的核.

(ii) 当D是某自伴算子A的核时, 则$A|_D$是本质自伴算子. 事实上, 由A闭且自伴及D是A的核知$\overline{A|_D} = A$自伴. 从而, 由定义3.1.18(iii)知$A|_D$本质自伴.

例4.2.15 下面给出两个闭算子的核的例子.

(i) 如例3.1.25及其证明知, 若在$L^2(0,1)$上, 令
$$T := -\widetilde{\partial}^2 \quad \text{且} \quad D(T) := H_c^2(0,1).$$
则T是$L^2(0,1)$上的闭算子且$D := C_c^\infty(0,1)$是其核.

(ii) $L^2(\mathbb{R}^n)$上Laplace算子Δ在$H^2(\mathbb{R}^n)$上自伴, 其中, 对$\forall f \in H^2(\mathbb{R}^n)$,
$$\Delta f := \sum_{j=1}^n (\partial/\partial x_j)^2 f$$
且, 对$\forall j \in \{1, \cdots, n\}$, $(\partial/\partial x_j)f$表示f的弱导数. $D := C_c^\infty(\mathbb{R}^n)$是其核.

证明 为证(ii), 首先证明$(\Delta, H^2(\mathbb{R}^n))$是闭算子. 为此, 由注记3.1.5, 只需证明$H^2(\mathbb{R}^n)$在图模
$$\|\cdot\|_\Delta := \|\cdot\|_{L^2(\mathbb{R}^n)} + \|\Delta \cdot\|_{L^2(\mathbb{R}^n)}$$
下完备. 事实上, 因$H^2(\mathbb{R}^n)$完备, 我们只需证$\|\cdot\|_{W^{2,2}(\mathbb{R}^n)}$等价于$\|\cdot\|_\Delta$. 由范数定义显然有
$$\|\cdot\|_\Delta \leqslant \sqrt{2n}\|\cdot\|_{W^{2,2}(\mathbb{R}^n)}.$$
事实上, 对$\forall f \in H^2(\mathbb{R}^n)$,
$$\|f\|_\Delta = \|f\|_{L^2(\mathbb{R}^n)} + \left\|\sum_{i=1}^n \left(\frac{\partial}{\partial x_i}\right)^2 f\right\|_{L^2(\mathbb{R}^n)}$$

$$\leqslant \sqrt{2}\left\{\int_{\mathbb{R}^n}\left[|f(x)|^2+\left|\sum_{i=1}^n\left(\frac{\partial}{\partial x_i}\right)^2 f(x)\right|^2\right]\mathrm{d}x\right\}^{\frac{1}{2}}$$

$$\leqslant \sqrt{2n}\left\{\int_{\mathbb{R}^n}\left[|f(x)|^2+\sum_{i=1}^n\left|\left(\frac{\partial}{\partial x_i}\right)^2 f(x)\right|^2\right]\mathrm{d}x\right\}^{\frac{1}{2}}$$

$$\leqslant \sqrt{2n}\left\{\int_{\mathbb{R}^n}\left[\sum_{\substack{|\alpha|\leqslant 2\\ \alpha\in\mathbb{N}^n}}|\partial^\alpha f(x)|^2\right]\mathrm{d}x\right\}^{\frac{1}{2}}$$

$$= \sqrt{2n}\|f\|_{W^{2,2}(\mathbb{R}^n)},$$

其中 ∂^α 为分布意义下的导数.

此外, 由定理3.1.27及推论3.1.29知 $C_c^\infty(\mathbb{R}^n)$ 在 $H^2(\mathbb{R}^n)$ 中稠, 故, 对任意 $u\in H^2(\mathbb{R}^n)$, 存在 $\{u_k\}_{k\in\mathbb{N}_+}\subset C_c^\infty(\mathbb{R}^n)$ 使得

$$\lim_{k\to\infty}\|u_k-u\|_{W^{2,2}(\mathbb{R}^n)}=0.$$

因此, 对任意 $\alpha\in\mathbb{N}^n$ 且 $|\alpha|\leqslant 2$,

$$\lim_{k\to\infty}\|\partial^\alpha u-\partial^\alpha u_k\|_{L^2(\mathbb{R}^n)}=0.$$

进一步, 由Plancherel原理, 对任意 $k\in\mathbb{N}_+$ 及 $j\in\{1,\cdots,n\}$ 有

$$\|\partial_j u_k\|_{L^2(\mathbb{R}^n)}^2 = \left\|\widehat{\partial_j u_k}\right\|_{L^2(\mathbb{R}^n)}^2$$

$$= \int_{\mathbb{R}^n}|2\pi\mathrm{i}x_j\widehat{u_k}(x)|^2\,\mathrm{d}x$$

$$\leqslant \int_{\mathbb{R}^n}(1+16\pi^4|x|^4)|\widehat{u_k}(x)|^2\,\mathrm{d}x$$

$$= \|\widehat{u_k}\|_{L^2(\mathbb{R}^n)}^2 + \left\|\widehat{\Delta u_k}\right\|_{L^2(\mathbb{R}^n)}^2 = \|u_k\|_\Delta^2.$$

类似有, 对 $\forall i,j\in\{1,\cdots,n\}$,

$$\|\partial_{ij}u_k\|_{L^2(\mathbb{R}^n)}^2 \leqslant \|u_k\|_\Delta^2.$$

由此可知存在正的常数 C 使得, 对任意的 $k\in\mathbb{N}_+$,

$$\|u_k\|_{W^{2,2}(\mathbb{R}^n)} \leqslant C\|u_k\|_\Delta.$$

两端令$k \to \infty$, 进一步可知

$$\|u\|_{W^{2,2}(\mathbb{R}^n)} \leqslant C\|u\|_\Delta.$$

因此, $\|\cdot\|_{W^{2,2}(\mathbb{R}^n)}$等价于$\|\cdot\|_\Delta$, 故$H^2(\mathbb{R}^n)$在$\|\cdot\|_\Delta$下完备, 即知$(\Delta, H^2(\mathbb{R}^n))$闭.

下证Δ在$H^2(\mathbb{R}^n)$上对称. 因对任意的$u, v \in C_c^\infty(\mathbb{R}^n)$,

$$(u, \Delta v) = \int_{\mathbb{R}^n} u(x)\overline{\Delta v(x)}\, dx = \int_{\mathbb{R}^n} \Delta u(x)\overline{v(x)}\, dx = (\Delta u, v).$$

由此及$C_c^\infty(\mathbb{R}^n)$在$H^2(\mathbb{R}^n)$中的稠密性可知上式对$\forall u, v \in H^2(\mathbb{R}^n)$仍成立. 从而, 由注记3.1.20知算子$\Delta$在$H^2(\mathbb{R}^n)$上对称.

下证Δ自伴. 因$L^2(\mathbb{R}^n)$为Hilbert空间, 由定理3.2.4(ii), 只需证

$$\ker(\Delta^* \pm iI) = \{\theta\}$$

即可. 由命题3.2.3知

$$\ker(\Delta^* \pm iI) = R(\Delta \mp iI)^\perp.$$

故只需说明$R(\Delta \mp iI)$在$L^2(\mathbb{R}^n)$中稠. 事实上, 对任意Schwartz函数f,

$$u := \mathscr{F}^{-1}\left(\frac{1}{-4\pi|\cdot|^2 \mp i}\widehat{f}\right)$$

仍为Schwartz函数且满足

$$(\Delta \mp iI)u = f.$$

由此可知Schwartz函数集为$R(\Delta \mp iI)$的子集. 故由前者在$L^2(\mathbb{R}^n)$中稠密可知$R(\Delta \mp iI)$在$L^2(\mathbb{R}^n)$中稠. 从而Δ自伴.

最后, 由$C_c^\infty(\mathbb{R}^n)$在$H^2(\mathbb{R}^n)$中的稠密性易证$\overline{\Gamma(\Delta|_{C_c^\infty(\mathbb{R}^n)})} = \Gamma(\Delta)$. 事实上, 因为$(\Delta, H^2(\mathbb{R}^n))$是闭算子, 由命题3.1.2知$\Gamma(\Delta)$在$L^2(\mathbb{R}^n) \times L^2(\mathbb{R}^n)$中闭, 又由于$\Gamma(\Delta|_{C_c(\mathbb{R}^n)}) \subset \Gamma(\Delta)$, 故

$$\overline{\Gamma(\Delta|_{C_c(\mathbb{R}^n)})} \subset \overline{\Gamma(\Delta)} = \Gamma(\Delta).$$

反之, 对任意的$u \in H^2(\mathbb{R}^n)$, 由$C_c(\mathbb{R}^n)$在$H^2(\mathbb{R}^n)$中稠知$\exists \{u_k\}_{k \in \mathbb{N}_+} \subset C_c(\mathbb{R}^n)$使得, 当$k \to \infty$时,

$$\|u_k - u\|_{W^{2,2}(\mathbb{R}^n)} \to 0.$$

又因为$\|\cdot\|_{W^{2,2}(\mathbb{R}^n)}$等价于$\|\cdot\|_\Delta$,故$\|u_k-u\|_\Delta\to 0, k\to\infty$. 从而
$$(u,\Delta u)\in\overline{\Gamma(\Delta|_{C_c(\mathbb{R}^n)})}.$$

即知$\Gamma(\Delta)\subset\overline{\Gamma(\Delta|_{C_c(\mathbb{R}^n)})}$. 因此, $\overline{\Gamma(\Delta|_{C_c(\mathbb{R}^n)})}=\Gamma(\Delta)$. 由此进一步知$\overline{\Delta|_{C_c(\mathbb{R}^n)}}=\Delta$. 因此, $C_c^\infty(\mathbb{R}^n)$为Δ的核. 至此, 例题得证. □

定理4.2.16 设$\mathscr{X}$是Banach空间, $\{T(t): t\in[0,\infty)\}$是强连续压缩半群且A是其生成元. 设D在$\mathscr{X}$中稠且$D\subset D(A)$. 若对$\forall t\in(0,\infty), T(t): D\longrightarrow D$, 则$D$是$A$的核.

证明 首先证$A|_D$可闭化. 由注记3.1.6(ii), 只需证若$\{x_n\}_{n\in\mathbb{N}_+}\subset D$,
$$\lim_{n\to\infty}x_n=\theta \quad 且 \quad \lim_{n\to\infty}A|_D x_n=y,$$
则$y=\theta$即可. 事实上, 由$\lim_{n\to\infty}Ax_n=y$及A闭(定理4.1.5)知$y=A\theta=\theta$. 因此, $A|_D$可闭化.

记$B:=\overline{A|_D}$, 则由A闭易知$B\subset A$. 为证$B=A$, 只要证明$D(A)=D(B)$即可.

先证, 当$\lambda>0$时, $R(\lambda I-A|_D)$在$\mathscr{X}$中稠. 若不然, 由Hahn–Banach定理(文献[7]定理2.4.7)知存在$f\in\mathscr{X}^*, f\neq\theta$使得, 对任意的$u\in D$, 有
$$\langle f,(\lambda I-A)u\rangle=0.$$

又由$T(t): D\longrightarrow D$, 所以, 对$\forall t\in[0,\infty)$,
$$\frac{d}{dt}\langle f, T(t)u\rangle=\langle f, AT(t)u\rangle=\lambda\langle f, T(t)u\rangle,$$
从而
$$\langle f, T(t)u\rangle=e^{\lambda t}\langle f, u\rangle.$$

由此及$\{T(t): t\in[0,\infty)\}$为压缩半群可得
$$\left|e^{\lambda t}\langle f, u\rangle\right|=|\langle f, T(t)u\rangle|\leqslant\|f\|_{\mathscr{X}^*}\|u\|_{\mathscr{X}}.$$

若$\langle f, u\rangle\neq 0$, 则
$$\lim_{t\to\infty}|e^{\lambda t}\langle f, u\rangle|=\infty.$$

又由D在$\mathscr{X}$中稠知$f = \theta$, 这与$f \neq \theta$矛盾! 所以$R(\lambda I - A|_D)$在$\mathscr{X}$中稠密.

任取$u \in D(B)$, 由$B \subset A$且A是生成元及定理4.1.8有

$$\|(\lambda I - B)u\|_{\mathscr{X}} = \|(\lambda I - A)u\|_{\mathscr{X}} \geqslant \lambda \|u\|_{\mathscr{X}}.$$

类似于定理4.2.10充分性的证明, 知$R(\lambda I - B)$闭. 而

$$R(\lambda I - A|_D) \subset R(\lambda I - B)$$

且$R(\lambda I - A|_D)$在$\mathscr{X}$中稠, 故$R(\lambda I - B) = \mathscr{X}$. 由

$$(\lambda I - B)D(B) = \mathscr{X} = (\lambda I - A)D(A)$$

及$B \subset A$即得$D(A) = D(B)$. 因此, $B = A$, 故D为A的核. 至此, 定理得证. □

在例4.2.4中, 半群$\{T_3(t): t \in [0, \infty)\}$是强连续压缩半群, 令$D := S(\mathbb{R}^n)$, 则

$$T_3(t): D \longrightarrow D.$$

因为$D \subset D(A_3)$且D在$C_\infty(\mathbb{R}^n)$中稠, $A_3|_D = \Delta$, 由上述定理即可得

$$\overline{A_3|_D} = A_3$$

且$D(A_3)$为$S(\mathbb{R}^n)$依图模

$$[\![\cdot]\!] := \|\cdot\|_{\mathscr{X}} + \|\cdot\|_{\mathscr{X}}$$

在$\{u \in C_\infty(\mathbb{R}^n): \widetilde{\Delta} u \in C_\infty(\mathbb{R}^n)\}$中的闭包.

例4.2.17 设$\Omega \subset \mathbb{R}^n$是一个有光滑边界$\partial \Omega$的有界开区域. 记

$$L := \sum_{i,j=1}^n a_{ij}(x) \partial_{ij}^2 + \sum_{i=1}^n b_i(x) \partial_i,$$

其中, 对$\forall i, j \in \{1, \cdots, n\}$, $a_{ij}, b_i \in C_c^\infty(\Omega)$且$L$是一致椭圆型算子, 即存在正常数$C$使得, 对任意$x \in \mathbb{R}^n$和任意$\xi \in \mathbb{R}^n$,

$$\sum_{i,j=1}^n a_{ij}(x) \xi_i \xi_j \geqslant C |\xi|^2.$$

令 $\mathscr{X} = C_0(\overline{\Omega}) := \{f \in C(\overline{\Omega}) : f|_{\partial\Omega} = 0\}$, 并赋予 $C(\overline{\Omega})$ 范数. 定义算子

$$A_4: \begin{cases} D(A_4) \subset \mathscr{X} \longrightarrow \mathscr{X}, \\ u \longmapsto Lu, \end{cases}$$

其中 $D(A_4)$ 为 $C_c^\infty(\Omega)$ 在图模 $\|\cdot\|_L := \|\cdot\|_{\mathscr{X}} + \|L\cdot\|_{\mathscr{X}}$ 下的完备化. 则 A_4 是一个压缩半群的生成元.

证明 由上述定义及 $C_c(\Omega)$ 在 $\mathscr{X}$ 中稠易知 A_4 是线性稠定闭算子. 为证 A_4 是一个压缩半群的生成元, 由定理 4.1.8 只要再证明, 对 $\forall \lambda \in (0, \infty)$, 有

$$R(\lambda I - L) = \mathscr{X} \quad 且 \quad \|(\lambda I - L)^{-1}\|_{\mathscr{L}(\mathscr{X})} \leqslant \lambda^{-1}$$

即可.

事实上, 任取 $v \in C_c^\infty(\Omega)$, 对 $\forall x \in \overline{\Omega}$, 令 $u(x) := (\lambda I - L)v(x)$. 设点 $p \in \Omega$, 满足

$$|v(p)| = \max_{x \in \overline{\Omega}} |v(x)| = \|v\|_{\mathscr{X}}.$$

不妨设 $v(p) > 0$, 由 p 定义知, 对 $\forall i \in \{1, \cdots, n\}$, $\partial_i v(p) = 0$ 且 $\{\partial_{ij}^2 v(p)\}_{i,j=1}^n$ 是半负定矩阵, 所以

$$\sum_{i,j=1}^n a_{ij}(p) \partial_{ij}^2 v(p) \leqslant 0$$

(见文献 [18] 第 328 页 (10)). 从而 $Lv(p) \leqslant 0$, 所以

$$\lambda \|v\|_{\mathscr{X}} = \lambda v(p) \leqslant u(p)$$
$$= (\lambda I - L)v(p) \leqslant \|u\|_{\mathscr{X}} \leqslant \|(\lambda I - L)v\|_{\mathscr{X}}. \tag{4.2.6}$$

若 $v(p) = 0$, 则 (4.2.6) 自动成立. 又由 $C_c^\infty(\Omega)$ 在 $D(A_4)$ 中依 $\|\cdot\|_L$ 稠知 (4.2.6) 对任意的 $v \in D(A_4)$ 仍成立.

下证 $R(\lambda I - L)$ 在 $\mathscr{X}$ 中闭. 为此, 设 $\{u_n\}_{n \in \mathbb{N}_+}$ 是 $R(\lambda - L)$ 的基本列, 在 $\mathscr{X}$ 中的极限为 u. 若对 $\forall n \in \mathbb{N}_+$, v_n 满足 $(\lambda I - L)v_n = u_n$, 则由 (4.2.6) 知, 当 $m, n \to \infty$ 时, 有

$$\|v_m - v_n\|_{\mathscr{X}} \to 0.$$

由$C_0(\overline{\Omega})$的完备性知存在$v \in C_0(\overline{\Omega})$使得$\|v_n - v\|_{\mathscr{X}} \to 0, n \to \infty$. 由此及$\lambda I - L$是闭算子, 可得$(\lambda I - L)v = u$, 从而$R(\lambda I - L)$闭.

下证对$\forall \lambda \in (0, \infty)$, $R(\lambda I - L)$在$\mathscr{X}$中稠. 为此, 先证, 对$\forall \lambda \in (0, \infty)$,

$$C_c^\infty(\Omega) \subset R(\lambda I - L).$$

事实上, 由于对$\forall i, j \in \{1, \cdots, n\}$, $a_{ij}, b_i \in C_c^\infty(\Omega)$, 令

$$K := \left(\bigcup_{i,j=1}^n \operatorname{supp} a_{ij}\right) \cup \left(\bigcup_{i=1}^n \operatorname{supp} b_i\right),$$

则K为Ω的紧子集. 又由Ω有界, 故$\partial \Omega$也为$\mathbb{R}^n$中的紧集且$K \cap \partial \Omega = \emptyset$. 进一步, 易知$\delta := d(K, \partial \Omega) > 0$. 对$\forall \varepsilon \in (0, \frac{\delta}{3})$, 令

$$\Omega_\varepsilon := \{x \in \Omega : d(x, \partial \Omega) > \varepsilon\}.$$

则

$$\bigcup_{\varepsilon \in (0, \frac{\delta}{3})} C_c^\infty(\Omega_\varepsilon) = C_c^\infty(\Omega).$$

因此, 对任意的$u \in C_c^\infty(\Omega)$, 存在$\varepsilon \in (0, \frac{\delta}{3})$使得$u \in C_c^\infty(\Omega_\varepsilon)$. 因$\lambda \in (0, \infty)$, 故由文献[18]第301页Theorem 3知Dirichlet问题

$$\begin{cases} (\lambda I - L)v(x) = u(x), & x \in \Omega_\varepsilon, \\ v|_{\partial \Omega_\varepsilon} = 0 \end{cases}$$

存在唯一弱解$v \in H_c^1(\Omega_\varepsilon)$. 进一步因, 对$\forall i, j \in \{1, \cdots, n\}$, $a_{ij}, b_i \in C_c^\infty(\Omega_\varepsilon)$, 由文献[18]第326页Theorem 6有$v \in C^\infty(\overline{\Omega_\varepsilon})$且$v|_{\partial \Omega_\varepsilon} = 0$.

下证$v \in D(A_4)$. 为此, 取$\varphi \in C_c^\infty(\mathbb{R}^n)$满足$\operatorname{supp} \varphi \subset B(0,1)$且

$$\int_{\mathbb{R}^n} \varphi(x)\, dx = 1.$$

对$\forall t \in (0, \infty)$及$\forall x \in \mathbb{R}^n$, 记$\varphi_t(x) := t^{-n}\varphi(\frac{x}{t})$. 对$\forall t \in (0, \frac{\varepsilon}{3})$, 易知

$$\operatorname{supp}(v * \varphi_t) \subset \Omega \quad \text{且} \quad v * \varphi_t \in C_c^\infty(\Omega).$$

由于v在Ω_ε内无穷次可微, 故, 对$\forall x \in \Omega_\varepsilon$, 有

$$L(v*\varphi_t)(x)$$
$$= \sum_{i,j=1}^n a_{ij}(x)\partial_{ij}^2(v*\varphi_t)(x) + \sum_{i=1}^n b_i(x)\partial_i(v*\varphi_t)(x)$$
$$= \sum_{i,j=1}^n a_{ij}(x)(\partial_{ij}^2 v*\varphi_t)(x) + \sum_{i=1}^n b_i(x)(\partial_i v*\varphi_t)(x).$$

注意到$K \subset \Omega$, 故由文献[23]第10页Theorem 1.18知, 对任意$i,j \in \{1,\cdots,n\}$, 当$t \to 0^+$时,

$$\|\partial_{ij}^2 v*\varphi_t - \partial_{ij}^2 v\|_{L^\infty(K)} + \|\partial_i v*\varphi_t - \partial_i v\|_{L^\infty(K)} \to 0.$$

所以, 当$t \to 0^+$时,

$$\|L(v*\varphi_t) - Lv\|_{L^\infty(\overline{\Omega})} = \|L(v*\varphi_t) - Lv\|_{L^\infty(K)} \to 0.$$

由此进一步有, 当$t \to 0^+$时,

$$[\![v*\varepsilon_t - v]\!] = \|v*\varphi_t - v\|_{L^\infty(\overline{\Omega})} + \|L(v*\varepsilon_t) - Lv\|_{L^\infty(\overline{\Omega})} \to 0.$$

从而, 由$D(A_4)$定义知$v \in D(A_4)$. 故$u = (\lambda I - L)v \in R(\lambda I - L)$. 因此,

$$C_c^\infty(\Omega) \subset R(\lambda I - L).$$

易证$C_c^\infty(\Omega)$在$\mathscr{X}$中稠, 故$R(\lambda I - L)$在$\mathscr{X}$中稠. 由此及$R(\lambda I - L)$闭可知

$$R(\lambda I - L) = \mathscr{X}.$$

进一步由(4.2.6)知, 对$\forall \lambda \in (0,\infty)$,

$$\|(\lambda I - L)^{-1}\|_{\mathscr{L}(\mathscr{X})} \leqslant \lambda^{-1}.$$

至此, 例题得证. $\square$

例4.2.18 设$\mathscr{X} := C_\infty(\mathbb{R}^n)$. 对$\forall u \in \mathscr{X}$及$\forall x \in \mathbb{R}^n$, 定义算子如下:

$$(T_5(t)u)(x) := \begin{cases} c_n \displaystyle\int_{\mathbb{R}^n} \dfrac{tu(y)}{(t^2+|x-y|^2)^{\frac{n+1}{2}}} \,\mathrm{d}y, & \text{当}\, t \in (0,\infty)\text{时}, \\ u(x), & \text{当}\, t = 0\text{时}, \end{cases}$$

其中 $c_n := \Gamma\left(\frac{n+1}{2}\right)/\pi^{\frac{n+1}{2}}$. 对 $\forall t \in (0,\infty)$ 及 $\forall x \in \mathbb{R}^n$, 记

$$P_n(t,x) := c_n t / \left(t^2 + |x|^2\right)^{\frac{n+1}{2}}.$$

则 $P_n(t,x)$ 是 $(0,\infty) \times \mathbb{R}^n$ 上的Poisson核且有

$$T_5(t)u = \begin{cases} P_n(t,\cdot) * u, & \text{当} t \in (0,\infty) \text{时}, \\ u, & \text{当} t = 0 \text{时}. \end{cases}$$

对 $\forall x \in \mathbb{R}^n$ 及 $\forall t \in (0,\infty)$, 定义

$$U(t,x) := (T_5(t)u)(x).$$

易得 $U(t,x)$ 在空间 $\mathbb{R}_+ \times \mathbb{R}^n$ 上满足Laplace方程, 从而是调和的.

下证 $\{T_5(t) : t \in [0,\infty)\}$ 是强连续压缩半群(称为Poisson半群).

首先, 由 $\int_{\mathbb{R}^n} P_n(t,x)\,\mathrm{d}x = 1$ 有

$$\|T_5(t)u\|_{\mathscr{X}} \leqslant \int_{\mathbb{R}^n} P_n(t,\cdot-y)\,\mathrm{d}y \|u\|_{\mathscr{X}} = \|u\|_{\mathscr{X}},$$

所以 $\{T_5(t) : t \in [0,\infty)\}$ 是一族压缩算子.

由Poisson核的Fourier变换

$$\mathscr{F}(P_n(t,\cdot))(\xi) = \exp\{-2\pi t|\xi|\}, \quad \forall \xi \in \mathbb{R}^n$$

知, 对 $\forall s,t \in (0,\infty)$, $\forall u \in S(\mathbb{R}^n)$ 和 $\forall \xi \in \mathbb{R}^n$, 有

$$\begin{aligned}
\mathscr{F}(T_5(t)T_5(s)u)(\xi) &= \mathscr{F}(P_n(t,\cdot) * P_n(s,\cdot) * u)(\xi) \\
&= \exp\{-2\pi t|\xi|\}\exp\{-2\pi s|\xi|\}(\mathscr{F}u)(\xi) \\
&= \exp\{-2\pi(t+s)|\xi|\}(\mathscr{F}u)(\xi) \\
&= \mathscr{F}(T_5(t+s)u)(\xi).
\end{aligned}$$

故, 对 $\forall u \in S(\mathbb{R}^n)$, 有

$$T_5(t)T_5(s)u = T_5(t+s)u. \tag{4.2.7}$$

由$S(\mathbb{R}^n)$在$\mathscr{X}$中稠进一步可证，以上结论可推广到$\mathscr{X}$上及$s, t \in [0, \infty)$的情形.

下证强连续性，同例4.2.4一样，利用$u \in \mathscr{X}$的一致连续性可证，当$t \to 0^+$时，

$$\begin{aligned}\|T_5(t)u - u\|_{\mathscr{X}} &\leqslant \left\|\int_{\mathbb{R}^n} P_n(1, y)\left[u(\cdot - ty) - u(\cdot)\right] \mathrm{d}y\right\|_{\mathscr{X}} \\ &\leqslant \int_{\mathbb{R}^n} P_n(1, y)\|u(\cdot - ty) - u(\cdot)\|_{\mathscr{X}}\, \mathrm{d}y \\ &\to 0. \end{aligned}$$

因此，$\{T_5(t) : t \in [0, \infty)\}$强连续(见注记4.1.2).

下面考查半群$\{T_5(t) : t \in [0, \infty)\}$的生成元，记为$A_5$. 由Poisson核的Fourier变换知，当$u \in S(\mathbb{R}^n)$时，对$\forall t \in (0, \infty)$,

$$t^{-1}\mathscr{F}(T_5(t)u - u) = t^{-1}\left(\mathrm{e}^{-2\pi t|\cdot|} - 1\right)(\mathscr{F}u).$$

由中值定理知

$$\left|t^{-1}\left(\mathrm{e}^{-2\pi t|\cdot|} - 1\right)\mathscr{F}u\right| \leqslant 2\pi |\cdot| \|\mathscr{F}u\|.$$

而

$$|\cdot| \|\mathscr{F}u(\cdot)\| \in L^1(\mathbb{R}^n),$$

故由Lebesgue控制收敛定理知，当$t \to 0^+$时，在$L^1(\mathbb{R}^n)$范数意义下

$$t^{-1}\left(\mathrm{e}^{-2\pi t|\cdot|} - 1\right)\mathscr{F}u \to -2\pi|\cdot|\mathscr{F}u.$$

由此可得，在$L^\infty(\mathbb{R}^n)$范数意义下，当$t \to 0^+$时，

$$\mathscr{F}^{-1}\left(t^{-1}\left[\mathrm{e}^{-2\pi t|\cdot|} - 1\right]\mathscr{F}u\right) \to \mathscr{F}^{-1}(-2\pi|\cdot|\mathscr{F}u).$$

进一步，当$t \to 0^+$时，有

$$t^{-1}(T_5(t)u - u) \to \mathscr{F}^{-1}(-2\pi|\cdot|\mathscr{F}u) \tag{4.2.8}$$

在$L^\infty(\mathbb{R}^n)$范数意义下成立.

下证对$\forall u \in S(\mathbb{R}^n)$,

$$\mathscr{F}^{-1}(-2\pi|\cdot|\mathscr{F}u) \in \mathscr{X} \cap L^2(\mathbb{R}^n).$$

事实上, 由于$-2\pi|\cdot|\mathscr{F}u(\cdot)\in L^2(\mathbb{R}^n)$且$\mathscr{F}^{-1}: L^2(\mathbb{R}^n)\longrightarrow L^2(\mathbb{R}^n)$为等距同构, 故, 对$\forall x\in\mathbb{R}^n$, 有

$$\mathscr{F}^{-1}(-2\pi|\cdot|\mathscr{F}u)(x)=\int_{\mathbb{R}^n}-2\pi|\xi|\mathscr{F}u(\xi)\mathrm{e}^{2\pi\mathrm{i}x\cdot\xi}\,\mathrm{d}\xi$$

且

$$\mathscr{F}^{-1}(-2\pi|\cdot|\mathscr{F}u)\in L^2(\mathbb{R}^n).$$

从而, 由Riemann–Lebesgue引理(文献[23]第2页Theorem 1.2)知

$$\mathscr{F}^{-1}(-2\pi|\cdot|\mathscr{F}u)\in\mathscr{X}\cap L^2(\mathbb{R}^n).$$

又由(4.2.8)知$u\in D(A_5)$且

$$A_5 u=\mathscr{F}^{-1}(-2\pi|\cdot|\mathscr{F}u)\in\mathscr{X}\cap L^2(\mathbb{R}^n).$$

下证, 对$\forall u\in S(\mathbb{R}^n), A_5 u\in D(A_5)$. 事实上, 记$v:=A_5 u$. 因$v\in L^2(\mathbb{R}^n)$, 由文献[3]定理5.2.5知, 对$\forall t\in(0,\infty)$和几乎处处的$\xi\in\mathbb{R}^n$,

$$\begin{aligned}t^{-1}\mathscr{F}(T_5(t)v-v)(\xi)&=t^{-1}\left(\mathrm{e}^{-2\pi t|\xi|}-1\right)\mathscr{F}v(\xi)\\&=t^{-1}\left(\mathrm{e}^{-2\pi t|\xi|}-1\right)(-2\pi|\xi|\mathscr{F}u(\xi)).\end{aligned}$$

故由中值定理知, 对$\forall t\in(0,\infty)$和$\forall\xi\in\mathbb{R}^n$,

$$\left|t^{-1}\mathscr{F}(T_5(t)v-v)(\xi)\right|\leqslant 4\pi^2|\xi|^2|\mathscr{F}u(\xi)|\in L^1(\mathbb{R}^n)\cap L^2(\mathbb{R}^n).$$

从而, 由控制收敛定理知, 当$t\to 0^+$时,

$$\left\|t^{-1}\left(\mathrm{e}^{-2\pi t|\cdot|}-1\right)(-2\pi|\cdot|\mathscr{F}u)-4\pi^2|\cdot|^2\mathscr{F}u\right\|_{L^1(\mathbb{R}^n)}\to 0.$$

因此, 当$t\to 0^+$时,

$$\left\|\mathscr{F}^{-1}\left(t^{-1}\left[\mathrm{e}^{-2\pi t|\cdot|}-1\right][-2\pi|\cdot|\mathscr{F}u]\right)-\mathscr{F}^{-1}\left(4\pi^2|\cdot|^2\mathscr{F}u\right)\right\|_{\mathscr{X}}$$
$$\to 0. \tag{4.2.9}$$

而对$\forall t\in(0,\infty)$及几乎处处$\xi\in\mathbb{R}^n$,

$$\mathscr{F}^{-1}\left(t^{-1}\left(\mathrm{e}^{-2\pi t|\cdot|}-1\right)(-2\pi|\cdot|\mathscr{F}u)\right)$$

$$= \mathscr{F}^{-1}\left(t^{-1}\mathscr{F}(T_5(t)v - v)\right)$$
$$= t^{-1}(T_5(t)v - v)(\xi).$$

由此及(4.2.9)进一步知, 当$t \to 0^+$时,
$$\left\|t^{-1}[T_5(t)v - v] - \mathscr{F}^{-1}(4\pi^2|\cdot|^2\mathscr{F}u)\right\|_{L^\infty(\mathbb{R}^n)} \to 0,$$

故$v \in D(A_5)$且
$$A_5 v = A_5^2 u = \mathscr{F}^{-1}(4\pi^2\mathscr{F}u).$$

从而, 当$u \in S(\mathbb{R}^n)$时, $A_5^2 u = -\Delta u$.

因为A_5是$\{T_5(t): t \in [0,\infty)\}$的生成元, 由其定义知, 对$\forall u \in D(A_5)$及$\forall x \in \mathbb{R}^n$,

$$A_5 u(x) = \lim_{t \to 0^+} \frac{T_5(t)u(x) - u(x)}{t}$$
$$= \lim_{t \to 0^+} \frac{c_n}{t}\int_{\mathbb{R}^n} P_n(t,y)[u(x-y) - u(x)]\,\mathrm{d}y$$
$$= \lim_{t \to 0^+} c_n \int_{\mathbb{R}^n} \frac{u(x-y) - u(x)}{(t^2 + |y|^2)^{\frac{n+1}{2}}}\,\mathrm{d}y$$

且上述极限在$L^\infty(\mathbb{R}^n)$中仍成立.

下证$S(\mathbb{R}^n)$是A_5的核. 为此, 令
$$D := \{f \in S(\mathbb{R}^n): 存在开集 U \ni \theta, 使得, 对\forall \xi \in U, \mathscr{F}f(\xi) = 0\}.$$

现证D为A_5的核. 首先说明D依$L^\infty(\mathbb{R}^n)$范数在$S(\mathbb{R}^n)$中稠. 事实上, 对任意的$f \in S(\mathbb{R}^n)$, 取$\{\phi_n\}_{n \in \mathbb{N}_+} \subset C_c^\infty(\mathbb{R}^n)$满足, 对$\forall n \in \mathbb{N}_+$,
$$\mathrm{supp}\,\phi_n \subset B\left(0, \frac{1}{n}\right), \quad 0 \leqslant \phi_n \leqslant 1$$

且, 对$\forall x \in B(0, \frac{1}{2n})$, $\phi_n(x) = 1$. 由于$(\mathscr{F}f)(1 - \phi_n) \in S(\mathbb{R}^n)$且
$$\mathrm{supp}((\mathscr{F}f)[1 - \phi_n]) \subset \left[B\left(0, \frac{1}{2n}\right)\right]^c,$$

易知$(\mathscr{F}f)(1 - \phi_n) \in D$. 又由于对$\forall x \in \mathbb{R}^n$,
$$\mathscr{F}^{-1}((\mathscr{F}f)[1 - \phi_n])(x) = \int_{\mathbb{R}^n}(\mathscr{F}f)(\xi)[1 - \phi_n(\xi)]\mathrm{e}^{2\pi\mathrm{i}x\cdot\xi}\,\mathrm{d}\xi$$

且
$$f(x) = \int_{\mathbb{R}^n} \mathscr{F}f(\xi) e^{2\pi i x \cdot \xi} \, d\xi,$$
故
$$\left\| \mathscr{F}^{-1}((\mathscr{F}f)[1-\phi_n]) - f \right\|_{L^\infty(\mathbb{R}^n)}$$
$$\leqslant \int_{\mathbb{R}^n} |(\mathscr{F}f)(\xi)[1-\phi_n(\xi)] - \mathscr{F}f(\xi)| \, d\xi$$
$$= \int_{\mathbb{R}^n} |\mathscr{F}f(\xi)\phi_n(\xi)| \, d\xi \to 0, \quad n \to \infty,$$

故D在$S(\mathbb{R}^n)$中稠. 由$S(\mathbb{R}^n)$在$\mathscr{X}$中稠进一步可知D在$\mathscr{X}$中稠.

下证$T_5(t): D \longrightarrow D$. 事实上, 任取$f \in D$, 由于
$$\mathscr{F}(T_5(t)f) = e^{-2\pi t |\cdot|} \mathscr{F}f$$

且存在开集$U \ni \theta$使得, 对$\forall \xi \in U$, $\mathscr{F}f(\xi) = 0$, 由此易知$e^{-2\pi t|\cdot|}\mathscr{F}f \in S(\mathbb{R}^n)$. 从而
$$\mathscr{F}(T_5(t)f) = e^{-2\pi t|\cdot|}\mathscr{F}f \in D.$$

故$T_5(t): D \longrightarrow D$. 由此, 应用定理4.2.16可得$D$为$A_5$的核, 从而进一步有$\overline{A_5|_D} = A_5$. 又由于$A_5|_D \subset A_5|_{S(\mathbb{R}^n)} \subset A_5$及$A_5$闭, 进一步知
$$A_5 = \overline{A_5|_D} \subset \overline{A_5|_{S(\mathbb{R}^n)}} \subset \overline{A_5} = A_5,$$

故$\overline{A_5|_{S(\mathbb{R}^n)}} = A_5$. 从而$S(\mathbb{R}^n)$为$A_5$的核. 至此, 所证结论成立.

习题4.2

习题4.2.1 设$C_\infty(\mathbb{R}^n)$如例4.2.4. 证明$C_c(\mathbb{R}^n)$在$C_\infty(\mathbb{R}^n)$中稠.

习题4.2.2 设
$$H := \left\{ f: \mathbb{D} \longrightarrow \mathbb{C} : f(z) = \sum_{n=0}^\infty c_n z^n, \|f\|^2 = \sum_{n=0}^\infty |c_n|^2 < \infty \right\},$$

其中$\mathbb{D}$是复平面内开圆盘. 对$\forall t \in [0,\infty)$和$\forall z \in \mathbb{D}$, 定义线性算子
$$T(t)u(z) := \sum_{n=0}^\infty (n+1)^{-t} c_n z^n.$$

证明$\{T(t): t \in [0,\infty)\}$是强连续算子半群, 并求其无穷小生成元.

习题4.2.3 设 $\mathscr{X} := L^2(-\pi,\pi)$. 对 $\forall t \in (0,\infty)$ 和 $\forall \theta \in (-\pi,\pi)$, 定义算子

$$T(t)f(\theta) := \frac{1}{2\pi}\int_{-\pi}^{\pi} G(\theta,-\xi,t)f(\xi)\,\mathrm{d}\xi$$

且

$$T(0)f := f,$$

其中积分核

$$G(\theta,t) := 1 + 2\sum_{n\in\mathbb{N}_+} \mathrm{e}^{-2nt}\cos(n\theta).$$

证明 $\{T(t): t\in[0,\infty)\}$ 是强连续算子半群, 并判断其是否压缩.

习题4.2.4 设 A 是一个压缩半群的无穷小生成元, B 是一个耗散算子, 满足 $D(B) \supset D(A)$ 且, 当 $u\in D(A)$ 时,

$$\|Bu\| \leqslant a\|Au\| + b\|u\|,$$

其中 $0 < a < \frac{1}{2}$ 且 $b > 0$ 为常数. 证明 $A+B$ 是闭的耗散算子且也是压缩半群的生成元.

习题4.2.5 证明例4.2.17中 $C_c^\infty(\Omega)$ 在 $C_0(\overline{\Omega})$ 中稠.

习题4.2.6 设 L 如例4.2.17. 证明对 $\forall \lambda\in(0,\infty)$, $\lambda I - L$ 为闭算子.

习题4.2.7 证明(4.2.7)对 $\forall u\in\mathscr{X}$ 及 $\forall s,t\in[0,\infty)$ 成立.

§4.3 单参数酉群和Stone定理

本节主要讨论Hilbert空间上的一类特殊的强连续线性算子群——单参数酉群. 我们首先在4.3.1节中建立酉算子群的表示定理——Stone定理. 这一定理在量子力学、群表示论和统计力学中均有许多应用. 特别地, 在4.3.2节中, 我们给出了Stone定理在Bochner定理和遍历理论中的一些应用. 最后, 在4.3.3节中, 我们给出了Hilbert空间上的Trotter乘积公式.

本节用 $\mathscr{H}$ 表示Hilbert空间.

§4.3.1 单参数酉群的表示 —— Stone定理

定义4.3.1 设 $\mathscr{H}$ 是一个Hilbert空间, 称 $\{U(t): t \in \mathbb{R}\}$ 是一个**强连续酉算子群**, 若它满足:

(i) 对每个 $t \in \mathbb{R}$, $U(t)$ 是 $\mathscr{H}$ 上酉算子, 即

$$U(t)U^*(t) = U^*(t)U(t) = I,$$

其中 I 表示 $\mathscr{H}$ 上的恒等算子;

(ii) $U(s)U(t) = U(s+t)$, $\forall s, t \in \mathbb{R}$;

(iii) 对 $\forall x \in \mathscr{H}$, $t \longmapsto U(t)x$ 连续.

由定义4.3.1知 $U(0) = I$ 且 $U^*(t) = U(-t)$. 事实上, 由定义4.3.1的(i)和(ii)知 $U(0) = I$. 由此及定义4.3.1的(i)和(ii)进一步知

$$U(t)U^*(t) = I = U(t)U(-t).$$

等式两边同时作用 $U^*(t)$ 并由定义4.3.1的(i)知 $U^*(t) = U(-t)$. 若 U 是酉算子, 则, 对 $\forall x \in \mathscr{H}$, 有

$$\|Ux\|_{\mathscr{H}}^2 = (Ux, Ux) = (U^*Ux, x) = (x, x) = \|x\|_{\mathscr{H}}^2 = \|U^*x\|_{\mathscr{H}}^2,$$

所以 $\|U\|_{\mathscr{L}(\mathscr{H})} = 1 = \|U^*\|_{\mathscr{L}(\mathscr{H})}$. 从而, 对 $\forall t \in \mathbb{R}$,

$$\|U(t)\|_{\mathscr{L}(\mathscr{H})} = \|U^*(t)\|_{\mathscr{L}(\mathscr{H})} = 1.$$

命题4.3.2 设$\{T(t): t \in [0,\infty)\}$是Hilbert空间$\mathscr{H}$上的强连续压缩半群且

$$\{T^*(t): t \in [0,\infty)\}$$

为其共轭半群, 则有

(i) $T^*(0) = I$;

(ii) $T^*(s)T^*(t) = T^*(s+t), \forall s, t \in [0,\infty)$;

(iii) 对$\forall x \in \mathscr{H}, t \longmapsto T^*(t)x$连续.

证明 由定义易得(i)和(ii).

为证(iii), 对$\forall x \in \mathscr{H}$, 有

$$\|T^*(t)x - x\|_{\mathscr{H}}^2 = \|T^*(t)x\|_{\mathscr{H}}^2 + \|x\|_{\mathscr{H}}^2 \\ - (T^*(t)x, x) - (x, T^*(t)x). \tag{4.3.1}$$

因为, 对$\forall x, y \in \mathscr{H}$,

$$|(T^*(t)x, y)| = |(x, T(t)y)| \\ \leqslant \|T(t)y\|_{\mathscr{H}} \|x\|_{\mathscr{H}} \\ \leqslant \|T(t)\|_{\mathscr{L}(\mathscr{H})} \|y\|_{\mathscr{H}} \|x\|_{\mathscr{H}},$$

所以

$$\|T^*(t)\|_{\mathscr{L}(\mathscr{H})} \leqslant \|T(t)\|_{\mathscr{L}(\mathscr{H})} \leqslant 1.$$

由$\{T(t): t \in [0,\infty)\}$的强连续性知, 当$t \to 0^+$时, 有

$$(T^*(t)x, x) = (x, T(t)x) \to \|x\|_{\mathscr{H}}^2$$

且

$$(x, T^*(t)x) = (T(t)x, x) \to \|x\|_{\mathscr{H}}^2.$$

由此及(4.3.1)和$\|T^*(t)\|_{\mathscr{L}(\mathscr{H})} \leqslant 1$, 进一步知

$$\lim_{t \to 0^+} \|T^*(t)x - x\|_{\mathscr{H}}^2$$

$$\leqslant \lim_{t \to 0^+} \left[2\|x\|_{\mathcal{H}}^2 - (T^*(t)x,x) - (x,T^*(t)x)\right] = 0,$$

因此, 当 $t \to 0^+$ 时,

$$\|T^*(t)x - x\|_{\mathcal{H}} \to 0.$$

故强连续性(iii)成立. 至此, 命题得证. □

由命题4.3.2知强连续压缩半群的共轭半群仍是强连续压缩半群. 关于它们的生成元有如下关系.

引理4.3.3 共轭半群 $\{T^*(t): t \in [0,\infty)\}$ 的生成元 B 是压缩半群

$$\{T(t): t \in [0,\infty)\}$$

的生成元 A 的共轭算子, 即 $B = A^*$.

证明 对 $\forall x \in D(A)$ 和 $\forall y \in D(B)$, 由内积关于范数的连续性有

$$(Ax,y) = \lim_{t \to 0^+} \left(\frac{T(t)x - x}{t}, y\right) = \lim_{t \to 0^+} \left(x, \frac{T^*(t)y - y}{t}\right) = (x, By).$$

所以有 $B \subset A^*$.

下证 $A^* \subset B$. 事实上, 对 $\forall y \in D(A^*)$ 及 $\forall x \in D(A)$, 由内积的连续性及定理4.1.5知

$$\begin{aligned}
(x, T^*(t)y - y) &= (T(t)x - x, y) \\
&= \int_0^t (AT(s)x, y)\,\mathrm{d}s \\
&= \int_0^t (x, T^*(s)A^*y)\,\mathrm{d}s \\
&= \left(x, \int_0^t T^*(s)A^*y\,\mathrm{d}s\right).
\end{aligned}$$

由 $D(A)$ 的稠密性知

$$T^*(t)y - y = \int_0^t T^*(s)A^*y\,\mathrm{d}s,$$

所以

$$By = \lim_{t \to 0^+} \frac{T^*(t)y - y}{t} = \lim_{t \to 0^+} \frac{1}{t} \int_0^t T^*(s)A^*y\,\mathrm{d}s = A^*y,$$

即 $A^* \subset B$, 从而有 $A^* = B$. 至此, 引理得证. □

由上述讨论有以下结论.

定理4.3.4 设 $\mathscr{H}$ 是Hilbert空间, $\{T(t): t \in [0,\infty)\}$ 是一个强连续压缩半群且生成元为 A, 则共轭半群 $\{T^*(t): t \in [0,\infty)\}$ 仍是强连续压缩半群且生成元为 A^*.

注记4.3.5 Banach空间上的一个一般的强连续半群, 其共轭半群未必能保持强连续性. 但是有下列结论.

Phillips定理 设 $\mathscr{X}$ 是Banach空间, $\{T(t): t \in [0,\infty)\}$ 是一个强连续半群且其生成元为 A. 记

$$X^+ := \overline{D(A^*)}, \quad T^+(t) := T^*(t)|_{X^+},$$

则 $\{T^+(t): t \in [0,\infty)\}$ 是 X^+ 上一个强连续半群, 其生成元 A^+ 是 A^* 在 X^+ 上的限制且其定义域和值域均在 X^+ 中达到最大. 证明见文献[25]第273页Theorem.

命题4.3.6 设 $\{T(t): t \in [0,\infty)\}$ 是一个强连续酉算子半群. 若取

$$U(t) = \begin{cases} T(t), & \forall t \in [0,\infty), \\ T^*(-t), & \forall t \in (-\infty, 0), \end{cases}$$

则 $\{U(t): t \in \mathbb{R}\}$ 是一个强连续酉算子群.

证明 首先, 当 $t \in [0,\infty)$ 时, 由定义4.3.1的(i)知

$$U(t)U^*(t) = T(t)T^*(t) = I = T^*(t)T(t) = U^*(t)U(t);$$

当 $t \in (-\infty, 0)$ 时, 由 $U^*(t) = U(-t), U(t) = T^*(-t)$ 及定义4.3.1(i)知

$$U(t)U^*(t) = T^*(-t)T(-t) = I = T(-t)T^*(-t) = U^*(t)U(t).$$

所以 $U(t)$ 是酉算子.

再证明群条件 $U(t+s) = U(t)U(s), \forall t, s \in \mathbb{R}$. 我们分两种情况证明:

(i) s, t 同号.

当 $s,t \in [0,\infty)$ 时, 由 $\{T(t): t \in [0,\infty)\}$ 的半群性质可得;

当 $s,t < 0$ 时, 对 $\forall x, y \in \mathscr{H}$, 有

$$\begin{aligned}(U(s)U(t)x,y) &= (T^*(-s)T^*(-t)x,y)\\ &= (x, T(-s-t)y) = (U(s+t)x,y).\end{aligned}$$

(ii) s,t 异号. 不妨设 $s < 0 \leqslant t$.

当 $s+t \geqslant 0$ 时, 对 $\forall x, y \in \mathscr{H}$, 由命题4.3.2(i)知

$$\begin{aligned}(U(s+t)x,y) &= (T(s+t)x,y)\\ &= (T(s+t)x, T^*(-s)T(-s)y)\\ &= (T(-s)T(s+t)x, T(-s)y)\\ &= (T(t)x, T(-s)y) = (T^*(-s)T(t)x,y)\\ &= (U(s)U(t)x,y);\end{aligned}$$

当 $s+t < 0$ 时, 对 $\forall x, y \in \mathscr{H}$, 由命题4.3.2(i)知

$$\begin{aligned}(U(s+t)x,y) &= (T^*(-s-t)x,y) = (x, T(-s-t)y)\\ &= (T^*(t)T(t)x, T(-s-t)y)\\ &= (T(t)x, T(t)T(-s-t)y)\\ &= (T(t)x, T(-s)y) = (T^*(-s)T(t)x,y)\\ &= (U(s)U(t)x,y).\end{aligned}$$

综合上述证明即得对 $\forall s, t \in \mathbb{R}$,

$$U(s+t) = U(s)U(t).$$

强连续性由 $\{T(t): t \in [0,\infty)\}$ 及其共轭半群 $\{T^*(t): t \in [0,\infty)\}$ 的强连续性可得. 至此, 命题得证. □

注记4.3.7 定义4.3.1(iii)中关于 $\{U(t): t \in \mathbb{R}\}$ 的强连续性假设可以被以下**弱连续性**条件取代:

(iii)′ 对 $\forall x, y \in \mathcal{H}, t \longmapsto (U(t)x, y)$ 连续.

事实上, 首先, 容易证明定义4.3.1的(iii)暗示了(iii)′.

下证(iii)′可导出定义4.3.1中的(iii)成立. 因为, 对$\forall t \in \mathbb{R}$及$\forall x \in \mathcal{H}$,

$$\|U(t)x\|_{\mathcal{H}} = \|x\|_{\mathcal{H}},$$

所以, 对任意的$t, t_0 \in \mathbb{R}$和任意的$x \in \mathcal{H}$有

$$\begin{aligned}&\|U(t)x - U(t_0)x\|_{\mathcal{H}}^2 \\ &= \|U(t)x\|_{\mathcal{H}}^2 + \|U(t_0)x\|_{\mathcal{H}}^2 \\ &\quad - (U(t_0)x, U(t)x) - (U(t)x, U(t_0)x) \\ &= 2\|x\|_{\mathcal{H}}^2 - (U(t_0)x, U(t)x) - (U(t)x, U(t_0)x).\end{aligned}$$

而$t \to t_0$时, 由(iii)′有

$$(U(t)x, U(t_0)x) \to \|U(t_0)x\|_{\mathcal{H}}^2 = \|x\|_{\mathcal{H}}^2$$

且

$$(U(t_0)x, U(t)x) = \overline{(U(t)x, U(t_0)x)} \to \overline{\|U(t_0)x\|_{\mathcal{H}}^2} = \|x\|_{\mathcal{H}}^2,$$

所以

$$\|U(t)x - U(t_0)x\|_{\mathcal{H}} \to 0.$$

即定义4.3.1的(iii)成立. 故所证结论成立.

命题4.3.8 若$\mathcal{H}$可分, 则注记4.3.7中弱连续条件(iii)′可被以下弱可测条件代替:

(iii)″ 对$\forall x, y \in \mathcal{H}, (U(t)x, y)$可测.

证明 显然(iii)′暗示了(iii)″.

下证(iii)″暗示了(iii)′. 注意到, 由(iii)″知, 对任意的$a \in \mathbb{R}$及任意的$x, y \in \mathcal{H}$, 有

$$\left| \int_0^a (U(t)y, x) \, dt \right| \leqslant \left| \int_0^a |(U(t)y, x)| \, dt \right|$$

$$\leqslant \int_0^a \|U(t)y\|_{\mathscr{H}} \|x\|_{\mathscr{H}} \, dt$$
$$= |a| \|y\|_{\mathscr{H}} \|x\|_{\mathscr{H}}, \tag{4.3.2}$$

故
$$x \longmapsto \overline{\int_0^a (U(t)y, x) \, dt}$$

是$\mathscr{H}$上的有界线性泛函. 由此及Riesz表示定理(文献[7]定理2.2.1)知, 对任意$a \in \mathbb{R}$及任意$y \in \mathscr{H}$, 存在$y_a \in \mathscr{H}$使得, 对$\forall x \in \mathscr{H}$,

$$(y_a, x) = \int_0^a (U(t)y, x) \, dt.$$

由(4.3.2)及Riesz定理进一步知$\|y_a\|_{\mathscr{H}} \leqslant |a| \|y\|_{\mathscr{H}}$. 记

$$D := \left\{ y_a \in \mathscr{H} : \text{对}\forall a \in \mathbb{R} \text{和} \forall y \in \mathscr{H}, (y_a, x) = \int_0^a (U(t)y, x) \, dt \right\}.$$

则有$U(t)$在D上弱连续.

事实上, 对$\forall x \in \mathscr{H}$和$\forall y_a \in D$, 当$t \to t_0$时, 由积分的连续性有

$$\begin{aligned}
(U(t)y_a, x) &= (y_a, U^*(t)x) = (y_a, U(-t)x) \\
&= \int_0^a (U(s)y, U(-t)x) \, ds \\
&= \int_t^{a+t} (U(s)y, x) \, ds \to \int_{t_0}^{a+t_0} (U(s)y, x) \, ds \\
&= \int_0^a (U(s+t_0)y, x) \, ds \\
&= \int_0^a (U(t_0)U(s)y, x) \, ds \\
&= \int_0^a (U(s)y, U(-t_0)x) \, ds \\
&= (y_a, U(-t_0)x) = (U(t_0)y_a, x).
\end{aligned}$$

因此, $U(t)$在D上弱连续.

下证D在$\mathscr{H}$中稠密. 由文献[7]第74页定理1.6.30及$\mathscr{H}$的可分性知$\mathscr{H}$有可数的完备正交基, 不妨记为$\{e_n\}_{n=1}^{\infty}$. 现证D在$\mathscr{H}$中稠密. 若不然, 则存在$z \in D^{\perp}$且$z \neq \theta$使得, 对$\forall a \in \mathbb{R}$,

$$0 = ((e_n)_a, z) = \int_0^a (U(t)e_n, z) \, dt. \tag{4.3.3}$$

从而, 对 $\forall a_0 \in \mathbb{R}$, 以下不妨设 $a_0 \geqslant 0$, 及对 $\forall n \in \mathbb{N}_+$,

$$(U(t)e_n, z) = 0 \quad \text{a.e. } t \in [0, a_0].$$

事实上, 由 $(U(\cdot)e_n, z) \in L^1([0, a_0])$、(4.3.3) 及微积分基本定理 (见文献[10] 定理5.7) 知结论成立. 进一步, 对 $\forall n \in \mathbb{N}_+$, 由 a_0 的任意性, 知

$$(U(t)e_n, z) = 0 \quad \text{a.e. } t \in \mathbb{R}.$$

由此进一步知存在 $t_0 \in \mathbb{R}$ 使得, 对 $\forall n \in \mathbb{N}_+$,

$$(e_n, U(-t_0)z) = (U(t_0)e_n, z) = 0.$$

所以 $U(-t_0)z = \theta$. 从而

$$z = U(t_0)U(-t_0)z = U(t_0)\theta = \theta,$$

矛盾.

下证 $\{U(t): t \in \mathbb{R}\}$ 在 $\mathscr{H}$ 上弱连续. 事实上, 对 $\forall x, y \in \mathscr{H}$, 不妨设 $x \neq \theta$, 由已证结论知存在 $\{y_n\}_{n \in \mathbb{N}_+} \subset D$ 使得 $\lim\limits_{n \to \infty} y_n = y$ 且, 对 $\forall n \in \mathbb{N}_+$,

$$\lim_{t \to t_0}(U(t)y_n, x) = (U(t_0)y_n, x).$$

从而, 对 $\forall \varepsilon \in (0, \infty)$, 取定 $n \in \mathbb{N}_+$ 使得 $\|y_n - y\|_{\mathscr{H}} < \frac{\varepsilon}{4\|x\|_{\mathscr{H}}}$ 且存在 $\delta \in (0, \infty)$ 使得当 $|t - t_0| < \delta$ 时,

$$|(U(t)y_n, x) - (U(t_0)y_n, x)| < \frac{\varepsilon}{2}.$$

故由 $U(t)$ 是酉算子及 Cauchy–Schwarz 不等式知

$$|(U(t)y, x) - (U(t_0)y, x)|$$
$$\leqslant |(U(t)y, x) - (U(t)y_n, x)| + |(U(t)y_n, x) - (U(t_0)y_n, x)|$$
$$\quad + |(U(t_0)y_n, x) - (U(t_0)y, x)|$$
$$< 2\|x\|_{\mathscr{H}}\|y - y_n\|_{\mathscr{H}} + \varepsilon/2 < \varepsilon.$$

从而 $\{U(t): t \in \mathbb{R}\}$ 在 $\mathscr{H}$ 上弱连续. 至此, 命题得证. $\square$

引理4.3.9 设$\mathscr{H}$是Hilbert空间，$\{U(t): t \in \mathbb{R}\}$为$\mathscr{H}$上的强连续酉算子群，

$$[\{x_0\} \cup \{x(t): t \in (0, \infty)\}] \subset H$$

且，当$t \to 0^+$时，$x(t) \to x_0$. 则$\lim_{t \to 0^+} U(t)x(t) = x_0$.

证明 由$\{U(t): t \in \mathbb{R}\}$为强连续酉算子群知，当$t \to 0^+$时，

$$\begin{aligned}
\|U(t)x(t) - x_0\|_{\mathscr{H}} &\leqslant \|U(t)x(t) - U(t)x_0\|_{\mathscr{H}} + \|U(t)x_0 - x_0\|_{\mathscr{H}} \\
&= \|x(t) - x_0\|_{\mathscr{H}} + \|U(t)x_0 - x_0\|_{\mathscr{H}} \\
&\to 0.
\end{aligned}$$

至此，引理得证. □

命题4.3.10 设$\{U(t): t \in \mathbb{R}\}$为Hilbert空间$\mathscr{H}$上强连续酉算子群.

(i) 存在自伴算子A使得iA为其生成元.

(ii) 若进一步设$\mathscr{H}$可分且将假设中$\{U(t): t \in \mathbb{R}\}$是强连续酉算子群换为弱可测酉算子群，则(i)的结论仍成立.

证明 先证(i). 对$\forall t \in [0, \infty)$，记$T_+(t) := U(t)$. 显然由$\mathscr{H}$可分，注记4.3.7及命题4.3.8知$\{T_+(t): t \in [0, \infty)\}$是一个强连续算子半群，记其生成元为$B$. 令$A := -iB$，则显然有$A^* = iB^*$. 故$A$自伴当且仅当$B = -B^*$. 所以要证$A$自伴，只要证明$B = -B^*$即可.

首先证$B \subset -B^*$. 事实上，对$\forall x \in D(B)$，由生成元的定义及引理4.3.9知

$$\begin{aligned}
\lim_{t \to 0^+} t^{-1}(U^*(t) - I)x &= \lim_{t \to 0^+} t^{-1} U(-t)(I - U(t))x \\
&= -\lim_{t \to 0^+} U(-t) t^{-1}(U(t) - I)x \\
&= -Bx.
\end{aligned}$$

从而$x \in D(B^*)$且$B \subset -B^*$.

反之，对$\forall x \in D(-B^*)$，由生成元的定义及引理4.3.9知

$$\lim_{t \to 0^+} t^{-1}(U(t) - I)x = \lim_{t \to 0^+} t^{-1} U(t)(I - U(-t))x$$

$$= -\lim_{t \to 0^+} U(t) t^{-1}(U^*(t) - I)x$$
$$= -B^* x.$$

故$x \in D(B)$且$-B^* \subset B$. 综上知$B = -B^*$, 从而A自伴. (i)得证.

(ii) 注意到, 若$\mathscr{H}$可分且$\{U(t) : t \in \mathbb{R}\}$为弱可测酉算子群, 则由注记4.3.7及命题4.3.8知$\{T_+(t) : t \in [0, \infty)\}$也是一个强连续酉算子半群. 从而, 由(i)的证明知(ii)成立. 至此, 命题得证. □

相反的, 若A自伴, 则存在强连续酉算子群以iA为生成元.

命题4.3.11 设A是$\mathscr{H}$上的自伴算子, 则存在$\mathscr{H}$上的强连续酉算子群以iA为生成元.

证明 由定理3.2.28(自伴算子的谱分解), 知存在A的谱族$\{E_\lambda : \lambda \in \mathbb{R}\}$使得
$$A = \int_{-\infty}^{\infty} \lambda \, dE_\lambda.$$

对$\forall t \in \mathbb{R}$, 令
$$U(t) := \int_{-\infty}^{\infty} e^{it\lambda} \, dE_\lambda.$$

下面证明$\{U(t) : t \in \mathbb{R}\}$是一个强连续酉算子群. 显然由命题3.2.19(iii)和命题3.2.13(v)知$U(0) = I$.

对$\forall \lambda \in \mathbb{R}$, 记$\phi_t(\lambda) := e^{it\lambda}$. 则$U(t) = \phi_t(A)$. 因$\phi_t$是$\mathbb{R}$上的有界Borel可测函数, 所以由命题3.2.18知$\phi_t(\lambda) \longmapsto \phi_t(A)$是$*$同态. 从而, 对$\forall s, t \in \mathbb{R}$, 有
$$U^*(t) = [\phi_t(A)]^* = \overline{\phi}_t(A) = \phi_{-t}(A) = U(-t)$$

及
$$U(s)U(t) = \phi_s(A)\phi_t(A) = (\phi_s \phi_t)(A) = \phi_{s+t}(A) = U(s+t).$$

从而
$$U(t)U^*(t) = U(t)U(-t) = U(0) = I$$
$$= U(0) = U(-t)U(t) = U^*(t)U(t).$$

对 $\forall x \in \mathscr{H}$ 及 $\forall t, t_0 \in \mathbb{R}$，由Lebesgue控制收敛定理及命题3.2.18知，当 $t \to t_0$ 时，

$$\|U(t)x - U(t_0)x\|_{\mathscr{H}}^2 = \int_{-\infty}^{\infty} \left| e^{it\lambda} - e^{it_0\lambda} \right|^2 d\|E_\lambda x\|_{\mathscr{H}}^2 \to 0,$$

即得 $\{U(t): t \in \mathbb{R}\}$ 是一个强连续酉算子群.

下面说明 $\{U(t): t \in \mathbb{R}\}$ 以 iA 为生成元. 由命题4.3.10的(i)知存在自伴算子 B 使得 $\{U(t): t \in \mathbb{R}\}$ 以 iB 为生成元. 下证 $A = B$. 注意到，存在正常数 C 使得，对 $\forall b \neq 0$，有

$$\left| \frac{e^{ib} - 1}{ib} \right| \leqslant C. \tag{4.3.4}$$

事实上，由于当 $|b| \to 0$ 时，

$$\left| \frac{e^{ib} - 1}{ib} \right| = \frac{\sqrt{2 - 2\cos b}}{|b|} = 2\frac{|\sin \frac{b}{2}|}{|b|} \to 1,$$

故存在 $C_1 > 0$，当 $|b| < C_1$ 且 $b \neq 0$ 时，

$$2\frac{|\sin \frac{b}{2}|}{|b|} < \sqrt{2};$$

而当 $|b| \geqslant C_1$ 时，

$$2\frac{|\sin \frac{b}{2}|}{|b|} \leqslant \frac{2}{C_1}.$$

取

$$C := \max\left\{\sqrt{2}, \frac{2}{C_1}\right\}$$

即得(4.3.4). 由(4.3.4)知，对 $\forall \lambda \in \mathbb{R} \setminus \{0\}$，进一步有

$$\left| \frac{e^{it\lambda} - 1}{t} - i\lambda \right|^2 = \left| \frac{e^{it\lambda} - 1}{it\lambda} - 1 \right|^2 |\lambda|^2 \leqslant (1+C)^2 |\lambda|^2.$$

上式对 $\lambda = 0$ 显然成立. 又对 $\forall x \in D(A)$，由命题3.2.18有

$$\int_{-\infty}^{\infty} |\lambda|^2 d\|E_\lambda x\|_{\mathscr{H}}^2 = \|Ax\|_{\mathscr{H}}^2 < \infty.$$

由以上讨论，命题3.2.18及Lebesgue控制收敛定理进一步知，对任意的 $x \in D(A)$，当 $t \to 0^+$ 时，有

$$\left\| \frac{U(t) - I}{t} x - iAx \right\|_{\mathscr{H}}^2 = \int_{-\infty}^{\infty} \left| \frac{e^{it\lambda} - 1}{t} - i\lambda \right|^2 d\|E_\lambda x\|_{\mathscr{H}}^2 \to 0.$$

所以 $x \in D(B)$ 且 $iAx = iBx$, 即 $A \subset B$.

因 A 和 B 自伴, 从而对称. 由此, $A \subset B$ 及注记3.1.23(i)知 $A = B$, 所以 iA 是

$$\{U(t) : t \in \mathbb{R}\}$$

的生成元. 至此, 命题得证. □

综合命题4.3.10和命题4.3.11有以下关于单参数酉群的表示定理.

定理4.3.12 (Stone定理) 稠定闭算子 B 是Hilbert空间 $\mathscr{H}$ 上强连续酉算子群

$$\{U(t) : t \in \mathbb{R}\}$$

的生成元当且仅当存在自伴算子 A 使得 $B = iA$ 且此时, 对 $\forall t \in \mathbb{R}$,

$$U(t) = \exp(itA) = \int_{-\infty}^{\infty} e^{it\lambda} dE_\lambda,$$

其中 $\{E_\lambda : \lambda \in \mathbb{R}\}$ 为相关于 A 的谱族.

§4.3.2 Stone定理的应用

本节我们给出Stone定理的两个应用——Bochner定理和遍历(ergodic)定理.

I) Bochner定理

定理4.3.13 (Bochner定理) 复值连续函数 $f(t), \forall t \in \mathbb{R}$, 有表示

$$f(t) = \int_{-\infty}^{\infty} e^{it\lambda} dv(\lambda),$$

其中 $v(\lambda)$ 是非减的有界右连续函数, 当且仅当 $f(t)$ 是正定的, 即对任意 $\mathbb{R}$ 上具有紧支集的连续函数 φ 有

$$\int_{-\infty}^{\infty} \int_{-\infty}^{\infty} f(t-s) \varphi(t) \overline{\varphi(s)} \, dt ds \geqslant 0.$$

为证此定理, 我们需要如下一般的共轭双线性型的Cauchy-Schwarz不等式, 它是文献[7]命题1.6.9的推广.

引理 4.3.14 设 a 是线性空间 L 上的共轭双线性函数, $q(x) := a(x,x) \geqslant 0$ 对 $\forall x \in L$ 成立, 且 $M := \{x \in L : q(x) = 0\}$ 是 L 的线性子空间. 则, 对 $\forall x, y \in L$,

$$|a(x,y)| \leqslant [q(x)q(y)]^{1/2}.$$

证明 先证, 对 $\forall x, y \in L$, 若 $q(x) = 0$ 或 $q(y) = 0$, 则 $a(x,y) = 0$, 从而不等式自动成立. 事实上, 由 $q(x)$ 非负及文献[7]命题1.6.2知, 对 $\forall x, y \in L$,

$$a(x,y) = \overline{a(y,x)}. \tag{4.3.5}$$

由 M 是线性子空间及 $x, y \in M$ 知 $a(x+y, x+y) = 0$. 由此及(4.3.5)有

$$0 = a(x,y) + a(y,x) = 2\Re(a(x,y)), \quad \forall x, y \in M.$$

故 $\Re(a(x,y)) = 0$, $\forall x, y \in M$. 类似地, 由 M 是线性子空间及, 当 $x, y \in M$ 时, $x + iy \in M$, 有 $\Im(a(x,y)) = 0$. 由此即得 $a(x,y) = 0$, 从而所要证的不等式显然成立.

为完成该引理的证明, 以下不妨设 $q(y) \neq 0$. 对 $\forall \lambda \in \mathbb{C}$, 有

$$q(x+\lambda y) = q(x) + \bar{\lambda} a(x,y) + \lambda a(y,x) + |\lambda|^2 q(y) \geqslant 0.$$

在上式中取 $\lambda = -\frac{a(x,y)}{q(y)}$, 由(4.3.5)知

$$q(x) - \frac{2|a(x,y)|^2}{q(y)} + \frac{|a(x,y)|^2}{q(y)} \geqslant 0.$$

由此即知所要证的不等式成立. 至此, 引理得证. □

定理 4.3.13 的证明 先证**必要性**. 设 $f(t)$ 有表示

$$f(t) = \int_{-\infty}^{\infty} e^{it\lambda} \, d\upsilon(\lambda), \quad \forall t \in \mathbb{R},$$

其中 $\upsilon(\lambda)$ 是非减的有界右连续函数, 则由Fubini定理知, 对 $\mathbb{R}$ 上任意有紧支集的连续函数 φ, 有

$$\int_{-\infty}^{\infty} \int_{-\infty}^{\infty} f(t-s) \varphi(t) \overline{\varphi(s)} \, dt \, ds$$

$$= \int_{-\infty}^{\infty}\int_{-\infty}^{\infty}\left[\int_{-\infty}^{\infty} e^{it\lambda}e^{-is\lambda}\,dv(\lambda)\right]\varphi(t)\overline{\varphi(s)}\,dt\,ds$$

$$= \int_{-\infty}^{\infty}\left[\int_{-\infty}^{\infty} e^{it\lambda}\varphi(t)\,dt\right]\left[\int_{-\infty}^{\infty} e^{-is\lambda}\overline{\varphi(s)}\,ds\right]dv(\lambda)$$

$$= \int_{-\infty}^{\infty}\left[\int_{-\infty}^{\infty} e^{it\lambda}\varphi(t)\,dt\right]\overline{\left[\int_{-\infty}^{\infty} e^{is\lambda}\varphi(s)\,ds\right]}dv(\lambda)$$

$$= \int_{-\infty}^{\infty}\left|\int_{-\infty}^{\infty} e^{it\lambda}\varphi(t)\,dt\right|^2 dv(\lambda) \geqslant 0.$$

必要性得证.

下证**充分性**. 记

$$L := \{x(t): \mathbb{R}\to\mathbb{C}: x(t)\text{在有限个点不为}0\},$$

以函数的加法和数乘定义 L 上运算. 对 $\forall x, y \in L$, 设 x 和 y 的非零点从小到大依次分别为 $\{t_1,\cdots,t_k\}$ 及 $\{s_1,\cdots,s_m\}$, 令

$$(x,y) := \int_{-\infty}^{\infty}\int_{-\infty}^{\infty} f(t-s)x(t)\overline{y(s)}\,d\eta(t)\,d\gamma(s),$$

其中 $\eta := \sum_{j=1}^{k}\delta_{t_j}$, $\gamma := \sum_{j=1}^{m}\delta_{s_j}$ 且 δ_t 为 $t\in\mathbb{R}$ 处的 Dirac 测度.

下面断言: 对 $\forall x \in L$,

$$(x,x) = \lim_{\varepsilon\to 0^+}\int_{-\infty}^{\infty}\int_{-\infty}^{\infty} f(t-s)\varphi_\varepsilon(t)\overline{\varphi_\varepsilon(s)}\,dt\,ds$$

$$=: \lim_{\varepsilon\to 0^+} a(\varphi_\varepsilon,\varphi_\varepsilon),$$

其中, 取 $0 < 2\varepsilon < \min\{t_{j+1}-t_j: j\in\{1,\cdots,k-1\}\}$ 和

$$\varphi_\varepsilon := \frac{1}{2\varepsilon}\sum_{j=1}^{k} x(t_j)\mathbf{1}_{[t_j-\varepsilon,t_j+\varepsilon]}.$$

事实上, 由 f 在 $\mathbb{R}$ 上连续知

$$\lim_{\varepsilon\to 0^+} a(\varphi_\varepsilon,\varphi_\varepsilon)$$

$$= \lim_{\varepsilon\to 0^+}\sum_{j=1}^{k} x(t_j)\int_{-\infty}^{\infty}\overline{\varphi_\varepsilon(s)}\frac{1}{2\varepsilon}\int_{t_j-\varepsilon}^{t_j+\varepsilon} f(t-s)\,dt\,ds$$

$$= \lim_{\varepsilon \to 0^+} \sum_{j=1}^{k}\sum_{\ell=1}^{k} x(t_j)\overline{x(t_\ell)} \frac{1}{4\varepsilon^2} \int_{t_\ell-\varepsilon}^{t_\ell+\varepsilon}\int_{t_j-\varepsilon}^{t_j+\varepsilon} f(t-s)\,\mathrm{d}t\,\mathrm{d}s$$

$$= \sum_{j=1}^{k}\sum_{\ell=1}^{k} x(t_j)\overline{x(t_\ell)} \lim_{\varepsilon \to 0^+} \frac{1}{4\varepsilon^2} \int_{[t_\ell-\varepsilon,t_\ell+\varepsilon]\times[t_j-\varepsilon,t_j+\varepsilon]} f(t-s)\,\mathrm{d}t\,\mathrm{d}s$$

$$= \sum_{j=1}^{k}\sum_{\ell=1}^{k} x(t_j)\overline{x(t_\ell)} f(t_j-t_\ell) = (x,x).$$

为证, 对 $\forall x \in L$, 有 $(x,x) \geqslant 0$, 只需证, 当 ε 充分小时, $a(\varphi_\varepsilon,\varphi_\varepsilon) \geqslant 0$. 为此, 首先证明以下结论: 存在一列有紧支集的连续函数 $\{x_n\}_{n\in\mathbb{N}_+}$ 使得, 当 $n \to \infty$ 时, $\|x_n - \varphi_\varepsilon\|_{L^1(\mathbb{R})} \to 0$ 且存在有穷区间 $[c,d]$ 使得, 对 $\forall n \in \mathbb{N}_+$, x_n 的支集都包含在 $[c,d]$ 内. 事实上, 为证此结论, 对 $\forall j \in \{1,\cdots,k\}$, 记 $x(t_j) := a(t_j) + ib(t_j)$, 其中 $a(t_j)$ 和 $b(t_j)$ 分别为 $x(t_j)$ 的实部和虚部. 令

$$\ell_0 := \min\{t_{j+1} - t_j : j \in \{1,\cdots,k-1\}\}$$

且, 对 $\forall j \in \{1,\cdots,k\}$, 令

$$s_j^{(1)} := t_j - \varepsilon + \frac{1}{n}$$

和

$$s_j^{(2)} := t_j + \varepsilon - \frac{1}{n}.$$

取 $N \in \mathbb{N}_+$ 使得, 当 $n \geqslant N$ 时, 有 $\frac{1}{n} < \varepsilon$.

对 $\forall n \in \mathbb{N}_+$, 定义

$$a_n(t) := \begin{cases} \dfrac{n}{2\varepsilon} a(t_j)(t - t_j + \varepsilon), & \forall t \in \bigcup_{j=1}^{k}[t_j - \varepsilon, s_j^{(1)}], \\[2mm] \dfrac{1}{2\varepsilon} a(t_j), & \forall t \in \bigcup_{j=1}^{k}(s_j^{(1)}, s_j^{(2)}], \\[2mm] -\dfrac{n}{2\varepsilon} a(t_j)(t - t_j - \varepsilon), & \forall t \in \bigcup_{j=1}^{k}(s_j^{(2)}, t_j + \varepsilon], \\[2mm] 0, & \text{其他}. \end{cases}$$

则有, 当 $n \to \infty$ 时,

$$\|a_n - a\|_{L^1(\mathbb{R})} = \sum_{j=1}^{k} \int_{t_j-\varepsilon}^{t_j+\varepsilon} |a_n(t) - a(t)|\,\mathrm{d}t$$

$$= \sum_{j=1}^{k}\left[\int_{t_j-\varepsilon}^{s_j^{(1)}}|a_n(t)-a(t)|\,dt+\int_{s_j^{(2)}}^{t_j+\varepsilon}\cdots\right]$$

$$= \sum_{j=1}^{k}\frac{1}{2n\varepsilon}|a(t_j)|$$

$$\leqslant \max_{1\leqslant j\leqslant k}\{|a(t_j)|\}\frac{k}{2n\varepsilon}\to 0.$$

同理可构造 b_n 使得, 当 $n\to\infty$ 时, 有 $\|b_n-b\|_{L^1(\mathbb{R})}\to 0$. 对 $\forall n\in\mathbb{N}_+$, 令 $x_n:=a_n+ib_n$,

$$a:=\frac{1}{2\varepsilon}\sum_{j=1}^{k}a(t_j)\mathbf{1}_{[t_j-\varepsilon,t_j+\varepsilon]}$$

且

$$b:=\frac{1}{2\varepsilon}\sum_{j=1}^{k}b(t_j)\mathbf{1}_{[t_j-\varepsilon,t_j+\varepsilon]}.$$

则 $\varphi_\varepsilon = a+ib$ 且, 当 $n\to\infty$ 时,

$$\begin{aligned}&\|x_n-\varphi_\varepsilon\|_{L^1(\mathbb{R})}\\&=\int_{-\infty}^{\infty}\sqrt{|a_n(t)-a(t)|^2+|b_n(t)-b(t)|^2}\,dt\\&\leqslant\int_{-\infty}^{\infty}\left[|a_n(t)-a(t)|+|b_n(t)-b(t)|\right]dt\\&=\|a_n-a\|_{L^1(\mathbb{R})}+\|b_n-b\|_{L^1(\mathbb{R})}\to 0.\end{aligned}\qquad(4.3.6)$$

由定义, 对每个 $n\geqslant N$, x_n 的支集都包含在 $[t_1-1,t_k+1]$ 内. 取 ε 充分小使得

$$\mathrm{supp}(\varphi_\varepsilon)\subset[t_1-\varepsilon,t_k+\varepsilon]\subset[t_1-1,t_k+1].$$

由此及 $\mathrm{supp}(x_n)\subset[t_1-1,t_k+1]$ 有

$$\begin{aligned}&\left|\int_{-\infty}^{\infty}\int_{-\infty}^{\infty}f(t-s)\varphi_\varepsilon(t)\overline{\varphi_\varepsilon(s)}\,dt\,ds-\int_{-\infty}^{\infty}\int_{-\infty}^{\infty}f(t-s)x_n(t)\overline{x_n(s)}\,dt\,ds\right|\\&\leqslant\int_{-\infty}^{\infty}\int_{-\infty}^{\infty}|f(t-s)|\left|\varphi_\varepsilon(t)\overline{\varphi_\varepsilon(s)}-x_n(t)\overline{x_n(s)}\right|dt\,ds\\&\leqslant\int_{-\infty}^{\infty}\int_{-\infty}^{\infty}|f(t-s)||\varphi_\varepsilon(t)|\left|\overline{\varphi_\varepsilon(s)}-\overline{x_n(s)}\right|dt\,ds\\&\quad+\int_{-\infty}^{\infty}\int_{-\infty}^{\infty}|f(t-s)|\left|\overline{x_n(s)}\right||\varphi_\varepsilon(t)-x_n(t)|\,dt\,ds\end{aligned}$$

$$\leqslant M\left[\int_{-\infty}^{\infty}|\varphi_\varepsilon(t)|\,\mathrm{d}t + \int_{-\infty}^{\infty}|x_n(s)|\,\mathrm{d}s\right]\|\varphi_\varepsilon - x_n\|_{L^1(\mathbb{R})}$$

$$\leqslant M\left[\|\varphi_\varepsilon - x_n\|_{L^1(\mathbb{R})} + 2\|\varphi_\varepsilon\|_{L^1(\mathbb{R})}\right]\|\varphi_\varepsilon - x_n\|_{L^1(\mathbb{R})},$$

其中M是$|f|$在$[t_1 - t_k - 2,\ t_k - t_1 + 2]$上的最大值. 由$x_n$的定义及(4.3.6)知, 当$n \to \infty$时, 上式趋于0. 从而有$(x_n, x_n) \to a(\varphi_\varepsilon, \varphi_\varepsilon)$, $n \to \infty$. 而$(x_n, x_n) \geqslant 0$, $\forall n \in \mathbb{N}_+$, 所以$a(\varphi_\varepsilon, \varphi_\varepsilon) \geqslant 0$. 故, 对$\forall x \in L$, 有$(x, x) \geqslant 0$.

在L上引入算子U_τ: $(U_\tau x)(t) = x(t - \tau)$, 其中$t, \tau \in \mathbb{R}$. 显然, $U_0 = I$, $U_\tau U_\sigma = U_{\tau + \sigma}$且, 对$\forall x, y \in L$,

$$(U_\tau x,\ U_\tau y) = (x,\ y).$$

事实上, 设x和y的非零点从小到大依次分别为$\{t_1, \cdots, t_k\}$和$\{s_1, \cdots, s_m\}$. 从而$U_\tau x$和$U_\tau y$的非零点从小到大依次分别为$\{t_1 + \tau, \cdots, t_k + \tau\}$和

$$\{s_1 + \tau, \cdots, s_m + \tau\}.$$

故

$$(U_\tau x, U_\tau y) = \sum_{\ell=1}^{m}\sum_{j=1}^{k} f(t_j + \tau - (s_\ell + \tau))(U_\tau x)(t_j + \tau)\overline{(U_\tau y)(s_\ell + \tau)}$$

$$= \sum_{\ell=1}^{m}\sum_{j=1}^{k} f(t_j - s_\ell) x(t_j)\overline{y(s_\ell)} = (x, y).$$

因为$(x, x) = 0$不一定能保证$x = \theta$, 所以L不一定是内积空间. 为构造一个由L确定的Hilbert空间, 记

$$N := \{x \in L: (x, x) = 0\}.$$

则N为L的线性子空间. 事实上, 任取$x, y \in N$及$\alpha, \beta \in \mathbb{C}$, 由前述断言知

$$0 \leqslant (\alpha x + \beta y, \alpha x + \beta y) = \alpha\overline{\beta}(x, y) + \beta\overline{\alpha}(y, x)$$

且

$$0 \leqslant (\alpha x - \beta y, \alpha x - \beta y) = -\alpha\overline{\beta}(x, y) - \beta\overline{\alpha}(y, x).$$

故有
$$(\alpha x+\beta y, \alpha x+\beta y) = \alpha\overline{\beta}(x,y)+\beta\overline{\alpha}(y,x) = 0,$$

即知N为L的线性子空间. 作商空间L/N, 则L/N为线性空间. 在L/N上定义内积

$$([x],[y]) := (x,y), \quad \forall [x],[y] \in L/N.$$

下证此内积定义合理. 为此, 只需证对$\forall [x], [\widetilde{x}], [y], [\widetilde{y}] \in L/N$满足$[x] = [\widetilde{x}]$及$[y] = [\widetilde{y}]$, 有$(\widetilde{x},\widetilde{y}) = (x,y)$. 事实上, 由$(\cdot,\cdot)$是$L$上的共轭双线性型, $(x,x) \geqslant 0$对$\forall x \in L$成立, 且N是L的线性子空间, 及引理4.3.14知

$$|(\widetilde{x}-x,\widetilde{y})| \leqslant (\widetilde{x}-x,\widetilde{x}-x)^{1/2}(\widetilde{y},\widetilde{y})^{1/2} = 0$$

且

$$|(x,\widetilde{y}-y)| \leqslant (x,x)^{1/2}(\widetilde{y}-y,\widetilde{y}-y)^{1/2} = 0.$$

因此,
$$(\widetilde{x},\widetilde{y}) = (\widetilde{x}-x,\widetilde{y}) + (x,\widetilde{y}-y) + (x,y) = (x,y).$$

故上述内积定义合理.

再证L/N是内积空间.

注意到, $([x],[y])$是L/N上的共轭双线性型, 且, 对$\forall [x] \in L/N$,

$$([x],[x]) = (x,x) \geqslant 0$$

且

$$([x],[x]) = (x,x) = 0 \iff x \in N \iff [x] = 0.$$

由此及文献[7]命题1.6.2, 进一步知, 对$\forall [x],[y] \in L/N$,

$$([x],[y]) = \overline{([y],[x])}.$$

故$([x],[y])$是L/N上的内积.

将L/N完备化, 得到Hilbert空间$\mathscr{H}$. 由于, 对$\forall x \in L$,

$$(U_\tau x, U_\tau x) = (x,x).$$

§4.3 单参数酉群和Stone定理

故
$$U_\tau N \subset N. \tag{4.3.7}$$

所以可以由U_τ导出L/N上算子$\widehat{U}_\tau$:

$$\widehat{U}_\tau[x] := [U_\tau x], \quad \forall x \in L, \forall \tau \in \mathbb{R}.$$

下证$\widehat{U}_\tau$定义合理. 注意到, 对$\forall [x], [y] \in L/N$满足$[x]=[y]$, 有$y-x \in N$. 由此及(4.3.7)知

$$U_\tau y - U_\tau x = U_\tau(y-x) \in N.$$

故$[U_\tau y] = [U_\tau x]$, 从而$\widehat{U}_\tau$定义合理.

现将$\widehat{U}_\tau$延拓到$\mathscr{H}$上, 记为$\widetilde{U}_\tau$. 事实上, 以下记$e: L/N \longrightarrow \mathscr{H}$为完备化过程中的等距嵌入. 则, 对$\forall X \in \mathscr{H}$, 存在$\{[x_n]\}_{n \in \mathbb{N}_+} \subset L/N$使得

$$\lim_{n \to \infty} \|e([x_n]) - X\|_\mathscr{H} = 0. \tag{4.3.8}$$

在$e(L/N)$上定义$\widetilde{U}_\tau$如下:

$$\widetilde{U}_\tau e([a]) := e\left(\widehat{U}_\tau[a]\right), \quad \forall [a] \in L/N.$$

且, 对$\forall X \in \mathscr{H}$, 令

$$\widetilde{U}_\tau X := \lim_{n \to \infty} \widetilde{U}_\tau e([x_n]),$$

其中$e([x_n])$如(4.3.8).

下证$\widetilde{U}_\tau X$定义合理. 事实上, 由U_τ保内积知, 对$\forall [a], [b] \in L/N$,

$$\left(\widehat{U}_\tau[a], \widehat{U}_\tau[b]\right)_{L/N} = ([U_\tau a], [U_\tau b])_{L/N}$$
$$= (U_\tau a, U_\tau b)_\mathscr{H} = (a, b)_\mathscr{H}$$
$$= ([a], [b])_{L/N}.$$

故$\widehat{U}_\tau$保内积. 由此及e等距知, 对$\forall m, n \in \mathbb{N}_+$,

$$\left\|\widetilde{U}_\tau e([x_n]) - \widetilde{U}_\tau e([x_m])\right\|_\mathscr{H}$$
$$= \left\|e\left(\widehat{U}_\tau[x_n]\right) - e\left(\widehat{U}_\tau[x_m]\right)\right\|_\mathscr{H}$$

$$\begin{aligned}
&= \left\|\widehat{U}_\tau[x_n] - \widehat{U}_\tau[x_m]\right\|_{L/N} \\
&= \|[x_n] - [x_m]\|_{L/N} \\
&= \|e([x_n]) - e([x_m])\|_{\mathscr{H}}.
\end{aligned} \qquad (4.3.9)$$

故 $\{\widetilde{U}_\tau e([x_n])\}_{n\in\mathbb{N}_+}$ 为 $\mathscr{H}$ 中的 Cauchy 列, 从而 $\lim_{n\to\infty}\widetilde{U}_\tau e([x_n])$ 存在.

若另存在 $\{[y_n]\}_{n\in\mathbb{N}_+}\subset L/N$ 使得

$$\lim_{n\to\infty} e([y_n]) = X,$$

则类似(4.3.9)可证, 当 $n\to\infty$ 时,

$$\left\|\widetilde{U}_\tau e([x_n]) - \widetilde{U}_\tau e([y_n])\right\|_{\mathscr{H}} = \|e([x_n]) - e([y_n])\|_{\mathscr{H}} \to 0.$$

因此, $\widetilde{U}_\tau X$ 的定义不依赖于 $\{e([x_n])\}_{n\in\mathbb{N}_+}$ 的选取. 故该定义合理.

下证 $\{\widetilde{U}_\tau:\tau\in\mathbb{R}\}$ 是酉算子群. 为此, 先证 $\widetilde{U}_\tau$ 保内积. 事实上, 对任意的 $X,Y\in\mathscr{H}$, 存在 $\{[x_n]\}_{n\in\mathbb{N}_+}, \{[y_n]\}_{n\in\mathbb{N}_+}\subset L/N$ 使得

$$\lim_{n\to\infty} e([x_n]) = X \quad \text{且} \quad \lim_{n\to\infty} e([y_n]) = Y.$$

由内积的连续性及 e 和 $\widehat{U}_\tau$ 保内积知

$$\begin{aligned}
\left(\widetilde{U}_\tau X, \widetilde{U}_\tau Y\right)_{\mathscr{H}} &= \lim_{n\to\infty}\lim_{m\to\infty}\left(\widetilde{U}_\tau e([x_n]), \widetilde{U}_\tau e([y_m])\right)_{\mathscr{H}} \\
&= \lim_{n\to\infty}\lim_{m\to\infty}\left(e\left(\widehat{U}_\tau[x_n]\right), e\left(\widehat{U}_\tau[y_m]\right)\right)_{\mathscr{H}} \\
&= \lim_{n\to\infty}\lim_{m\to\infty}\left(\widehat{U}_\tau[x_n], \widehat{U}_\tau[y_m]\right)_{L/N} \\
&= \lim_{n\to\infty}\lim_{m\to\infty}([x_n],[y_m])_{L/N} \\
&= \lim_{n\to\infty}\lim_{m\to\infty}(e([x_n]),e([y_m]))_{\mathscr{H}} = (X,Y)_{\mathscr{H}}.
\end{aligned}$$

故 $\widetilde{U}_\tau$ 保内积.

注意到, 对 $\forall x\in L$ 及 $\forall \tau,\sigma\in\mathbb{R}$, 有 $\widehat{U}_0[x] = [U_0 x] = [x]$ 且

$$\left(\widehat{U}_\tau \widehat{U}_\sigma\right)[x] = \widehat{U}_\tau[U_\sigma x] = [U_\tau U_\sigma x] = [U_{\tau+\sigma} x] = \widehat{U}_{\tau+\sigma}[x].$$

对任意的 $x,y\in L$, 设 x 和 y 的非零点从小到大依次分别为

$$\{t_1,\cdots,t_k\} \quad \text{和} \quad \{s_1,\cdots,s_m\},$$

则

$$(U_\tau x, y) = \sum_{j=1}^m \sum_{\ell=1}^k f(t_\ell + \tau - s_j)(U_\tau x)(t_\ell + \tau)\overline{y(s_j)}$$
$$= \sum_{j=1}^m \sum_{\ell=1}^k f(t_\ell - (s_j - \tau))x(t_\ell)\overline{(U_{-\tau})y(s_j - \tau)}$$
$$= (x, U_{-\tau}y).$$

由此进一步知

$$\left(\widehat{U}_\tau[x], [y]\right)_{L/N} = (U_\tau x, y)_{\mathscr{H}} = (x, U_{-\tau}y)_{\mathscr{H}}$$
$$= ([x], [U_{-\tau}y])_{L/N} = \left([x], \widehat{U}_{-\tau}[y]\right)_{L/N}.$$

下证 $\widetilde{U}_0 = I$, $\widetilde{U}_\tau \widetilde{U}_\sigma = \widetilde{U}_{\tau+\sigma}$ 且 $(\widetilde{U}_\tau)^* = \widetilde{U}_{-\tau}$. 先证 $\widetilde{U}_0 = I$. 对 $\forall X \in \mathscr{H}$, 存在 $\{[x_n]\}_{n \in \mathbb{N}_+} \subset L/N$ 使得

$$\lim_{n \to \infty} \|e([x_n]) - X\|_{\mathscr{H}} = 0.$$

从而

$$\widetilde{U}_0 X = \lim_{n \to \infty} \widetilde{U}_0 e([x_n]) = \lim_{n \to \infty} e(\widehat{U}_0[x_n]) = \lim_{n \to \infty} e([x_n]) = X.$$

故 $\widetilde{U}_0 = I$.

再证 $\widetilde{U}_\tau \widetilde{U}_\sigma = \widetilde{U}_{\tau+\sigma}$. 对 $\forall X \in \mathscr{H}$, 存在 $\{[x_n]\}_{n \in \mathbb{N}_+} \subset L/N$ 使得

$$\lim_{n \to \infty} \|e([x_n]) - X\|_{\mathscr{H}} = 0.$$

由此及 $\widetilde{U}_\tau$ 保内积知

$$\left(\widetilde{U}_\tau \widetilde{U}_\sigma\right)X = \widetilde{U}_\tau \left(\lim_{n \to \infty} \widetilde{U}_\sigma e([x_n])\right)$$
$$= \lim_{n \to \infty} \left(\widetilde{U}_\tau \widetilde{U}_\sigma\right) e([x_n])$$
$$= \lim_{n \to \infty} \left(\widehat{U}_\tau e \widehat{U}_\sigma[x_n]\right) = \lim_{n \to \infty} e\left(\widehat{U}_\tau \widehat{U}_\sigma[x_n]\right)$$
$$= \lim_{n \to \infty} e\left(\widehat{U}_{\tau+\sigma}[x_n]\right) = \lim_{n \to \infty} \widetilde{U}_{\tau+\sigma} e([x_n])$$
$$= \widetilde{U}_{\tau+\sigma} X.$$

故
$$\widetilde{U}_\tau \widetilde{U}_\sigma = \widetilde{U}_{\tau+\sigma}.$$

最后证 $(\widetilde{U}_\tau)^* = \widetilde{U}_{-\tau}$. 事实上, 对 $\forall X, Y \in \mathscr{H}$, 存在
$$\{[x_n]\}_{n \in \mathbb{N}_+}, \{[y_m]\}_{m \in \mathbb{N}_+} \subset L/N$$

使得
$$\lim_{n \to \infty} \|e([x_n]) - X\|_{\mathscr{H}} = 0 = \lim_{m \to \infty} \|e([y_m]) - Y\|_{\mathscr{H}}.$$

进一步, 由内积的连续性, e 保内积及 (4.3.10) 知
$$\begin{aligned}
\left(\widetilde{U}_\tau X, Y\right)_{\mathscr{H}} &= \lim_{n \to \infty} \lim_{m \to \infty} \left(\widetilde{U}_\tau e([x_n]), e([y_m])\right)_{\mathscr{H}} \\
&= \lim_{n \to \infty} \lim_{m \to \infty} \left(e\left(\widehat{U}_\tau [x_n]\right), e([y_m])\right)_{\mathscr{H}} \\
&= \lim_{n \to \infty} \lim_{m \to \infty} \left(\widehat{U}_\tau [x_n], [y_m]\right)_{L/N} \\
&= \lim_{n \to \infty} \lim_{m \to \infty} \left([x_n], \widehat{U}_{-\tau} [y_m]\right)_{L/N} \\
&= \lim_{n \to \infty} \lim_{m \to \infty} \left(e([x_n]), \widetilde{U}_{-\tau} e([y_m])\right)_{\mathscr{H}} \\
&= \left(X, \widetilde{U}_{-\tau} Y\right)_{\mathscr{H}}.
\end{aligned}$$

故 $(\widetilde{U}_\tau)^* = \widetilde{U}_{-\tau}$. 从而 $\{\widetilde{U}_\tau : \tau \in \mathbb{R}\}$ 是酉算子群.

下证 $\{\widetilde{U}_\tau : \tau \in \mathbb{R}\}$ 强连续. 先证 $\{\widehat{U}_\tau : \tau \in \mathbb{R}\}$ 强连续. 由 (4.3.10) 及 U_τ 保内积知, 对 $\forall x \in L$ 及 $\forall \tau_1, \tau_2 \in \mathbb{R}$, 有

$$\begin{aligned}
&\left\|\widehat{U}_{\tau_1}[x] - \widehat{U}_{\tau_2}[x]\right\|_{L/N}^2 \\
&= \left(\widehat{U}_{\tau_1}[x], \widehat{U}_{\tau_1}[x]\right)_{L/N} + \left(\widehat{U}_{\tau_2}[x], \widehat{U}_{\tau_2}[x]\right)_{L/N} \\
&\quad - \left(\widehat{U}_{\tau_2}[x], \widehat{U}_{\tau_1}[x]\right)_{L/N} - \left(\widehat{U}_{\tau_1}[x], \widehat{U}_{\tau_2}[x]\right)_{L/N} \\
&= 2([x],[x])_{L/N} - \left(\widehat{U}_{|\tau_2 - \tau_1|}[x], [x]\right)_{L/N} - \left([x], \widehat{U}_{|\tau_2 - \tau_1|}[x]\right)_{L/N} \\
&= 2(x,x)_L - \left(U_{|\tau_2 - \tau_1|} x, x\right)_L - \left(x, U_{|\tau_2 - \tau_1|} x\right)_L \\
&= 2\Re \left\{(x,x)_L - \left(U_{|\tau_2 - \tau_1|} x, x\right)_L\right\}
\end{aligned}$$

$$= 2\Re\left\{\sum_{j=1}^{k}\sum_{\ell=1}^{k} f(t_j - t_\ell) x(t_j)\overline{x(t_\ell)}\right.$$

$$\left. - \sum_{j=1}^{k}\sum_{\ell=1}^{k} f(t_j + |\tau_2 - \tau_1| - t_\ell)(U_{|\tau_2-\tau_1|}x)(t_j + |\tau_2 - \tau_1|)\overline{x(t_\ell)}\right\}$$

$$= 2\Re\left\{\sum_{j=1}^{k}\sum_{\ell=1}^{k}[f(t_j - s_\ell) - f(t_j + |\tau_2 - \tau_1| - t_\ell)]x(t_j)\overline{x(t_\ell)}\right\},$$

其中$\Re z$表示$z \in \mathbb{C}$的实部且$\{t_1, \cdots, t_k\}$为x的从小到大排列的全部非零点. 由此及f连续, 进一步有

$$\lim_{\tau_1 \to \tau_2}\left\|\widehat{U}_{\tau_1}[x] - \widehat{U}_{\tau_2}[x]\right\|_{L/N} = 0. \tag{4.3.10}$$

再由$e(L/N)$在$\mathscr{H}$中稠知, 对$\forall \tau \in \mathbb{R}$及$\forall x \in \mathscr{H}$, 存在$\{[x_n]\}_{n \in \mathbb{N}_+} \subset L/N$使得

$$\lim_{n \to \infty}\|e([x_n]) - X\|_{\mathscr{H}} = 0$$

且

$$\lim_{n \to \infty}\widetilde{U}_\tau e([x_n]) = \widetilde{U}_\tau X.$$

故, 对$\forall \varepsilon \in (0,\infty)$, 可取定$n \in \mathbb{N}_+$使得$\|e([x_n]) - X\|_{\mathscr{H}} < \frac{\varepsilon}{4}$. 再由(4.3.10)知存在$\delta \in (0,\infty)$使得, 当$|\tau_1 - \tau_2| < \delta$时,

$$\left\|\widehat{U}_{\tau_1}[x_n] - \widehat{U}_{\tau_2}[x_n]\right\|_{L/N} < \frac{\varepsilon}{2}.$$

由此及$\widetilde{U}_\tau$保内积知, 当$|\tau_1 - \tau_2| < \delta$时,

$$\left\|\widetilde{U}_{\tau_1}X - \widetilde{U}_{\tau_2}X\right\|_{\mathscr{H}}$$
$$\leqslant \left\|\widetilde{U}_{\tau_1}X - \widetilde{U}_{\tau_1}e([x_n])\right\|_{\mathscr{H}} + \left\|\widetilde{U}_{\tau_1}e([x_n]) - \widetilde{U}_{\tau_2}e([x_n])\right\|_{\mathscr{H}}$$
$$+ \left\|\widetilde{U}_{\tau_2}e([x_n]) - \widetilde{U}_{\tau_2}X\right\|_{\mathscr{H}}$$
$$= 2\|X - e([x_n])\|_{\mathscr{H}} + \left\|e\left(\widehat{U}_{\tau_1}[x_n]\right) - e\left(\widehat{U}_{\tau_2}[x_n]\right)\right\|_{\mathscr{H}}$$
$$< \frac{\varepsilon}{2} + \left\|\widehat{U}_{\tau_1}[x_n] - \widehat{U}_{\tau_2}[x_n]\right\|_{L/N} < \frac{\varepsilon}{2} + \frac{\varepsilon}{2} = \varepsilon.$$

所以$\{\widetilde{U}_\tau : \tau \in \mathbb{R}\}$是$\mathscr{H}$上的强连续酉算子群.

由命题4.3.10(i)及定理4.3.12(Stone定理)知存在$\mathcal{H}$上的谱族

$$\{E_\lambda : \lambda \in \mathbb{R}\}$$

使得

$$\widetilde{U}_\tau = \int_{-\infty}^{\infty} e^{i\tau\lambda} \, dE_\lambda.$$

定义

$$x_0(t) := \begin{cases} 1, & \text{如果 } t = \tau, \\ 0, & \text{如果 } t \neq \tau. \end{cases}$$

那么$x_0 \in L$. 再由e保内积和定理3.3.5有

$$\begin{aligned}
f(\tau) &= (U_\tau x_0, x_0)_L = ([U_\tau x_0], [x_0])_{L/N} \\
&= \left(\widehat{U}_\tau [x_0], [x_0]\right)_{L/N} = \left(e\left(\widehat{U}_\tau [x_0]\right), e([x_0])\right)_{\mathcal{H}} \\
&= \left(\widetilde{U}_\tau e([x_0]), e([x_0])\right)_{\mathcal{H}} \\
&= \int_{-\infty}^{\infty} e^{i\tau\lambda} \, d\|E_\lambda e([x_0])\|_{\mathcal{H}}^2.
\end{aligned}$$

由此及谱族的性质知$\|E_\lambda e([x_0])\|_{\mathcal{H}}^2$关于$\lambda$有界、非减且右连续. 至此, 定理得证. $\square$

II) 遍历(ergodic)定理

一个力学系统可以看成具有$2n$个自由度的粒子, 相空间由$\mathbb{R}^{2n}$中的点

$$x = (q_1, \cdots, q_n, p_1, \cdots, p_n)$$

来描述, 其中$\{q_i\}_{i=1}^n$表示位置且$\{p_i\}_{i=1}^n$表示动量. 满足**Hamilton**方程组

$$\begin{cases} \dfrac{dq_i}{dt} = \dfrac{\partial H}{\partial p_i}, \\ \dfrac{dp_i}{dt} = -\dfrac{\partial H}{\partial q_i}, \end{cases} \forall i \in \{1, \cdots, n\}, \tag{4.3.11}$$

其中Hamilton量$H = H(q, p)$表示力学系统的能量. 由能量守恒定律, 相空间上的点在一个等能量面上运动.

设$H(q,p)$三次连续可微且其等能量面在$\mathbb{R}^{2n}$中紧, 则由常微分方程解的存在性理论(见文献[4]第12-13页定理2), 方程组有解$x(t)$, 从而可建立从初值x_0到$x(t)$的连续变换Γ_t.

设$H(x_0) =: c$, 记等能量面

$$\Sigma_c := \{x \in \mathbb{R}^{2n} : H(x) = c\}.$$

对$\forall t \in \mathbb{R}$, 定义Σ_c上变换

$$\Gamma_t : x_0 \longmapsto x(t).$$

由物理过程要求, 对$\forall s, t \in \mathbb{R}$, $\Gamma_t \Gamma_s = \Gamma_{t+s}$且$\Gamma_t^{-1} = \Gamma_{-t}$. 在此力学系统上, 以下结论成立.

命题4.3.15 Γ_t是$\mathbb{R}^{2n} \longrightarrow \mathbb{R}^{2n}$的一个保测变换.

证明 由Lebesgue测度的性质知只需证对$\forall$紧集$D \subset \mathbb{R}^{2n}$, 有

$$m(\Gamma_t(D)) = m(D).$$

设D是$\mathbb{R}^{2n}$中一个紧集, 令$D_t := \Gamma_t(D)$, 则

$$m(D_t) = \int_D \mathrm{d}(\Gamma_t x) = \int_D \left|\det \frac{\partial \Gamma_t x}{\partial x}\right| \mathrm{d}x.$$

因为$\Gamma_t x = x(t)$满足方程组(4.3.11), 故

$$x(0) = x \quad \text{且} \quad \frac{\mathrm{d}x(t)}{\mathrm{d}t} = \operatorname{grad} H(x(t)) \cdot \mathbf{J},$$

其中

$$\operatorname{grad} H = \left(\frac{\partial H}{\partial q_1}, \cdots, \frac{\partial H}{\partial q_n}, \frac{\partial H}{\partial p_1}, \cdots, \frac{\partial H}{\partial p_n}\right)$$

且

$$\mathbf{J} = \begin{pmatrix} \mathbf{0} & -\mathbf{I}_{n \times n} \\ \mathbf{I}_{n \times n} & \mathbf{0} \end{pmatrix}_{2n \times 2n}.$$

这里及下文 $\mathbf{I}_{n\times n}$ 表示 n 阶恒等矩阵. 当 $t\to 0$ 时,

$$x(t) = x + t\,\text{grad}\,H(x)\cdot \mathbf{J} + O(t^2),$$

其中 $O(t^2)$ 表示存在正常数 δ 和 C 使得,当 $|t|<\delta$ 时,

$$|O(t^2)|\leqslant Ct^2.$$

事实上,由 H 二次连续可微及带 Lagrange 余项的 Taylor 公式知 $O(t^2)$ 可取为

$$O_0(t^2) := \frac{\mathrm{d}^2 x(\theta(t)t)}{\mathrm{d}t^2}t^2,$$

其中 $\theta(t)\in(0,1)$. 所以

$$\frac{\partial \Gamma_t x}{\partial x} = \mathbf{I}_{2n\times 2n} + t\frac{\partial\,\text{grad}\,H(x)\cdot\mathbf{J}}{\partial x} + \widetilde{O}_0(t^2),$$

其中 $\widetilde{O}_0(t^2):=\frac{\partial O_0(t^2)}{\partial x}$. 而对任意 $2n\times 2n$ 阶矩阵 $\mathbf{A}$,

$$\det(\mathbf{I}_{2n\times 2n}+t\mathbf{A}) = 1 + t\cdot\text{tr}\,\mathbf{A} + O(t^2).$$

事实上,设 $\mathbf{A}:=(a_{j,k})_{2n\times 2n}$,则

$$\det(\mathbf{I}_{2n\times 2n}+t\mathbf{A}) = \begin{vmatrix} 1+ta_{1,1} & ta_{1,2} & \cdots & ta_{1,2n} \\ ta_{2,1} & 1+ta_{2,2} & \cdots & ta_{2,2n} \\ \vdots & \vdots & \ddots & \vdots \\ ta_{2n,1} & ta_{2n,2} & \cdots & 1+ta_{2n,2n} \end{vmatrix}$$

且只有对角线乘积会产生次数等于 1 的 t 的幂且其系数为

$$\text{tr}\,\mathbf{A} := a_{1,1} + a_{2,2} + \cdots + a_{2n,2n},$$

故上式成立.

注意到

$$\frac{\partial \operatorname{grad} H(x) \cdot \mathbf{J}}{\partial x}$$

$$= \begin{pmatrix} \frac{\partial^2 H}{\partial p_1 \partial q_1}(x) & \cdots & \frac{\partial^2 H}{\partial p_n \partial q_1}(x) & -\frac{\partial^2 H}{\partial q_1^2}(x) & \cdots & -\frac{\partial^2 H}{\partial q_n \partial q_1}(x) \\ \vdots & \ddots & \vdots & \vdots & \ddots & \vdots \\ \frac{\partial^2 H}{\partial p_1 \partial q_n}(x) & \cdots & \frac{\partial^2 H}{\partial p_n \partial q_n}(x) & -\frac{\partial^2 H}{\partial q_1 \partial q_n}(x) & \cdots & -\frac{\partial^2 H}{\partial q_n^2}(x) \\ \frac{\partial^2 H}{\partial p_1^2}(x) & \cdots & \frac{\partial^2 H}{\partial p_n \partial p_1}(x) & -\frac{\partial^2 H}{\partial q_1 \partial p_1}(x) & \cdots & -\frac{\partial^2 H}{\partial q_n \partial p_1}(x) \\ \vdots & \ddots & \vdots & \vdots & \ddots & \vdots \\ \frac{\partial^2 H}{\partial p_1 \partial p_n}(x) & \cdots & \frac{\partial^2 H}{\partial p_n^2}(x) & -\frac{\partial^2 H}{\partial q_1 \partial p_n}(x) & \cdots & -\frac{\partial^2 H}{\partial q_n \partial p_n}(x) \end{pmatrix},$$

从而

$$\operatorname{tr} \frac{\partial \operatorname{grad} H(x) \cdot \mathbf{J}}{\partial x} = \sum_{j=1}^{n} \frac{\partial^2 H}{\partial p_j \partial q_j}(x) - \sum_{j=1}^{n} \frac{\partial^2 H}{\partial q_j \partial p_j}(x) = 0.$$

由此及 H 三次连续可微知，当 $t \to 0$ 时，

$$\det \frac{\partial \Gamma_t x}{\partial x} = 1 + \widetilde{O}_0(t^2)$$

且有

$$\begin{aligned} \lim_{t \to 0} \frac{\widetilde{O}_0(t^2)}{t^2} &= \lim_{t \to 0} \frac{1}{2!} \frac{\partial}{\partial x} \frac{\mathrm{d}^2 x}{\mathrm{d}t^2}(\theta(t)t) \\ &= \frac{1}{2} \frac{\partial}{\partial x} \frac{\mathrm{d}^2 x}{\mathrm{d}t^2}(0). \end{aligned}$$

由此进一步知，当 $t \to 0$ 时，

$$m(D_t) = \int_D \left[1 + O\left(t^2\right)\right] \mathrm{d}x = m(D) + O\left(t^2\right).$$

同理可得，对 $\forall t_0 \in \mathbb{R}$，当 $t \to t_0$ 时，

$$m(D_t) = \int_{D_{t_0}} \left[1 + O\left((t-t_0)^2\right)\right] \mathrm{d}x = m(D_{t_0}) + O\left((t-t_0)^2\right).$$

因此,
$$\left.\frac{\mathrm{d}m(D_t)}{\mathrm{d}t}\right|_{t=t_0} = \lim_{t \to t_0} \frac{m(D_t) - m(D_{t_0})}{t - t_0} = \lim_{t \to t_0} \frac{O((t-t_0)^2)}{t - t_0} = 0.$$

从而$m(D_t)$为常数且$m(D_t) = m(D)$. 至此,命题得证. □

以下设
$$S(\Sigma_c) := \int_{\Sigma_c} \mathrm{d}S \neq 0,$$

否则,所考虑的问题是平凡成立的,其中$\mathrm{d}S$是$\mathbb{R}^{2n}$中Lebesgue测度所诱导出的Σ_c上的曲面测度. 在Σ_c上引入测度

$$\mathrm{d}\sigma := \frac{\mathrm{d}S}{S(\Sigma_c)}.$$

由命题4.1.3知$\mathrm{d}\sigma$是Σ_c上关于变换Γ_t的不变测度,即,对$\forall \lambda \subset \Sigma_c$,有

$$\sigma(\lambda) = \sigma(\Gamma_t \lambda) \quad \text{且} \quad \sigma(\Sigma_c) = 1.$$

考查空间$L^2(\Sigma_c, \mathrm{d}\sigma)$,引入$\Gamma_t$的算子表示: 对$\forall f \in L^2(\Sigma_c, \mathrm{d}\sigma)$和$\forall x \in \Sigma_c$,令

$$(U(t)f)(x) := f(\Gamma_t x).$$

由$\mathrm{d}\sigma$是Σ_c上关于变换Γ_t的不变测度有

$$\int_{\Sigma_c} |f(\Gamma_t x)|^2 \, \mathrm{d}\sigma(x) = \int_{\Sigma_c} |f(x)|^2 \, \mathrm{d}\sigma(\Gamma_t x) = \int_{\Sigma_c} |f(x)|^2 \, \mathrm{d}\sigma(x).$$

即
$$\|U(t)f\|_{L^2(\Sigma_c, \mathrm{d}\sigma)} = \|f\|_{L^2(\Sigma_c, \mathrm{d}\sigma)},$$

所以$U(t)$等距.

由定义显然$U(s)U(t) = U(s+t), \forall t, s \in \mathbb{R}$. 对$\forall f, g \in L^2(\Sigma_c, \mathrm{d}\sigma)$,有

$$(U^*(t)U(t)f, g)_{L^2(\Sigma_c, \mathrm{d}\sigma)} = \int_{\Sigma_c} f(\Gamma_t x) \overline{g(\Gamma_t x)} \, \mathrm{d}\sigma(x)$$

$$= \int_{\Sigma_c} f(x) \overline{g(x)} \, \mathrm{d}\sigma(\Gamma_{-t} x)$$

$$= \int_{\Sigma_c} f(x) \overline{g(x)} \, \mathrm{d}\sigma(x)$$

$$= (f, g)_{L^2(\Sigma_c, \mathrm{d}\sigma)},$$

所以

$$U^*(t)U(t) = I.$$

同理, $U(t)U^*(t) = I$. 由此知 $\{U(t) : t \in \mathbb{R}\}$ 是 $L^2(\Sigma_c, \mathrm{d}\sigma)$ 上的一个酉算子群. 进一步可证 $\{U(t) : t \in \mathbb{R}\}$ 是弱连续的, 从而也是弱可测的. 事实上, 首先观察到对 $\forall f \in C(\Sigma_c)$ 及 $\forall g \in L^2(\Sigma_c, \mathrm{d}\sigma)$, 由 $\sigma(\Sigma_c) = 1$, Σ_c 紧及 Hölder 不等式知

$$\int_{\Sigma_c} |g(x)| \mathrm{d}\sigma(x) \leqslant \|g\|_{L^2(\Sigma_c, \mathrm{d}\sigma)} < \infty,$$

故, 对 $\forall x \in \Sigma_c$, 有

$$|f(\Gamma_t x) - f(x)||g(x)| \leqslant 2\|f\|_{L^\infty(\Sigma_c, \mathrm{d}\sigma)} |g(x)| \in L^1(\Sigma_c, \mathrm{d}\sigma).$$

由此及当 $t \to 0$ 时, $f(\Gamma_t x) - f(x) \to 0$ 和 Lebesgue 控制收敛定理进一步有, 当 $t \to 0$ 时,

$$\begin{aligned}
&|(U(t)f, g)_{L^2(\Sigma_c, \mathrm{d}\sigma)} - (f, g)_{L^2(\Sigma_c, \mathrm{d}\sigma)}| \\
&= \left| \int_{\Sigma_c} \left[f(\Gamma_t x)\overline{g(x)} - f(x)\overline{g(x)} \right] \mathrm{d}\sigma(x) \right| \\
&\leqslant \int_{\Sigma_c} |f(\Gamma_t x) - f(x)||g(x)| \mathrm{d}\sigma(x) \\
&\to 0.
\end{aligned}$$

从而 $(U(t)f, g)_{L^2(\Sigma_c, \mathrm{d}\sigma)}$ 关于 t 连续, 故可测. 一般地, 对任意 $f \in L^2(\Sigma_c, \mathrm{d}\sigma)$, 存在 $\{f_k\}_{k \in \mathbb{N}_+} \subset C(\Sigma_c)$ 使得

$$\lim_{k \to \infty} \|f_k - f\|_{L^2(\Sigma_c, \mathrm{d}\sigma)} = 0$$

(见文献[21]Theorem 3.14). 由此及 $U(t)$ 等距知, 对 $\forall t \in \mathbb{R}$, 当 $k \to \infty$ 时, 有

$$\begin{aligned}
&\left| (U(t)f, g)_{L^2(\Sigma_c, \mathrm{d}\sigma)} - (U(t)f_k, g)_{L^2(\Sigma_c, \mathrm{d}\sigma)} \right| \\
&\leqslant \|U(t)(f - f_k)\|_{L^2(\Sigma_c, \mathrm{d}\sigma)} \|g\|_{L^2(\Sigma_c, \mathrm{d}\sigma)} \\
&= \|f - f_k\|_{L^2(\Sigma_c, \mathrm{d}\sigma)} \|g\|_{L^2(\Sigma_c, \mathrm{d}\sigma)}
\end{aligned}$$

$$\to 0,$$

且上述极限关于t一致收敛. 从而, 对$\forall \varepsilon \in (0,\infty)$, 取$k_0 \in \mathbb{N}_+$使得, 对$\forall t \in \mathbb{R}$, 有

$$\left|(U(t)f,g)_{L^2(\Sigma_c,\mathrm{d}\sigma)} - (U(t)f_{k_0},g)_{L^2(\Sigma_c,\mathrm{d}\sigma)}\right| < \frac{\varepsilon}{3}.$$

进一步, 由$(U(t)f_{k_0},g)_{L^2(\Sigma_c,\mathrm{d}\sigma)}$关于$t$连续知, 对任意$t_0 \in \mathbb{R}$, 存在$\delta \in (0,\infty)$, 当$|t-t_0| < \delta$时,

$$\left|(U(t)f_{k_0},g)_{L^2(\Sigma_c,\mathrm{d}\sigma)} - (U(t_0)f_{k_0},g)_{L^2(\Sigma_c,\mathrm{d}\sigma)}\right| < \frac{\varepsilon}{3}.$$

由上述这些估计进一步知, 对$\forall \varepsilon \in (0,\infty)$, 存在$\delta \in (0,\infty)$使得当$|t-t_0| < \delta$时, 有

$$\begin{aligned}
&\left|(U(t)f,g)_{L^2(\Sigma_c,\mathrm{d}\sigma)} - (U(t_0)f,g)_{L^2(\Sigma_c,\mathrm{d}\sigma)}\right| \\
&\leqslant \left|(U(t)f,g)_{L^2(\Sigma_c,\mathrm{d}\sigma)} - (U(t)f_{k_0},g)_{L^2(\Sigma_c,\mathrm{d}\sigma)}\right| \\
&\quad + \left|(U(t)f_{k_0},g)_{L^2(\Sigma_c,\mathrm{d}\sigma)} - (U(t_0)f_{k_0},g)_{L^2(\Sigma_c,\mathrm{d}\sigma)}\right| \\
&\quad + \left|(U(t_0)f_{k_0},g)_{L^2(\Sigma_c,\mathrm{d}\sigma)} - (U(t_0)f,g)_{L^2(\Sigma_c,\mathrm{d}\sigma)}\right| \\
&< \varepsilon.
\end{aligned}$$

从而$(U(t)f,g)$关于t连续, 故可测.

考查极限

$$\lim_{T\to\infty} \frac{1}{T} \int_0^T U(t)f\,\mathrm{d}t,$$

可以得到以下平均遍历定理.

定理4.3.16 (von Neumann) 设$\{U(t): t \in \mathbb{R}\}$是Hilbert空间$\mathscr{H}$上的一个强连续酉算子群, 令

$$H_0 := \{y \in \mathscr{H} : \forall t \in \mathbb{R}, U(t)y = y\},$$

则H_0是$\mathscr{H}$的闭子空间. 进一步, 记P是$\mathscr{H}$到H_0的投影, 则, 对$\forall x \in \mathscr{H}$,

$$\lim_{T\to\infty} \frac{1}{T} \int_0^T U(t)x\,\mathrm{d}t = Px.$$

证明 由对任意 $t \in \mathbb{R}$, $U(t)$ 有界易知 H_0 是 $\mathscr{H}$ 的闭子空间. 又由命题4.3.10(i)及定理4.3.12, 存在谱族 $\{E_\lambda : \lambda \in \mathbb{R}\}$ 使得

$$U(t) = \int_{\mathbb{R}} e^{it\lambda} \, dE_\lambda, \quad \forall t \in \mathbb{R}.$$

对 $\forall \lambda \in \mathbb{R}$, 定义

$$e(\lambda) := \begin{cases} 1, & \lambda = 0, \\ 0, & \forall \lambda \neq 0. \end{cases}$$

而

$$\frac{1}{T} \int_0^T e^{it\lambda} \, dt = \begin{cases} \dfrac{e^{i\lambda T} - 1}{i\lambda T}, & \forall \lambda \neq 0, \\ 1, & \lambda = 0. \end{cases} \tag{4.3.12}$$

所以有

$$\lim_{T \to \infty} \frac{1}{T} \int_0^T e^{it\lambda} \, dt = e(\lambda).$$

对 $\forall T \in (0, \infty)$,

$$\left| \frac{1}{T} \int_0^T e^{it\lambda} \, dt \right| \leqslant \frac{1}{T} \int_0^T \left| e^{it\lambda} \right| dt = 1,$$

故由(3.2.16) 知, 对 $\forall x \in \mathscr{H}$,

$$\int_{\mathbb{R}} \left| \frac{1}{T} \int_0^T e^{it\lambda} \, dt - e(\lambda) \right|^2 d\|E_\lambda x\|_{\mathscr{H}}^2$$
$$\leqslant \int_{\mathbb{R}} [1 + e(\lambda)]^2 \, d\|E_\lambda x\|_{\mathscr{H}}^2 \leqslant 4\|x\|_{\mathscr{H}}^2. \tag{4.3.13}$$

对 $\forall x \in \mathscr{H}$, 记

$$E_{\{0\}} x := \int_{\mathbb{R}} e(\lambda) \, dE_\lambda x.$$

从而, 由Fubini定理、Lebesgue控制收敛定理、(4.3.12)、(4.3.13)及(3.2.16)知, 对 $\forall x \in \mathscr{H}$, 当 $T \to \infty$ 时,

$$\left\| \frac{1}{T} \int_0^T U(t) x \, dt - E_{\{0\}} x \right\|_{\mathscr{H}}^2$$

$$= \left\| \frac{1}{T} \int_0^T \left(\int_{\mathbb{R}} e^{it\lambda} dE_\lambda x \right) dt - \int_{\mathbb{R}} e(\lambda) dE_\lambda x \right\|_{\mathscr{H}}^2$$

$$= \left\| \int_{\mathbb{R}} \left[\frac{1}{T} \int_0^T e^{it\lambda} dt - e(\lambda) \right] dE_\lambda x \right\|_{\mathscr{H}}^2$$

$$= \int_{\mathbb{R}} \left| \frac{1}{T} \int_0^T e^{it\lambda} dt - e(\lambda) \right|^2 d\|E_\lambda x\|_{\mathscr{H}}^2 \to 0.$$

所以, 对 $\forall x \in \mathscr{H}$,

$$\lim_{T \to \infty} \frac{1}{T} \int_0^T U(t)x\, dt = E_{\{0\}}x. \tag{4.3.14}$$

再证 $E_{\{0\}} = P$. 由于 $E_{\{0\}}$ 和 P 均为 $\mathscr{H}$ 上的投影算子, 利用正交分解的唯一性知只需证明两者有相同值域即可. 事实上, 注意到, 对 $\forall x \in \mathscr{H}$, 由 (3.2.30) 及 (3.2.31) 知

$$E_{\{0\}}x = \int_{\mathbb{R}} e(\lambda) dE_\lambda x = \int_{\mathbb{R}} \mathbf{1}_{\{0\}} dE_\lambda x$$

$$= \int_{\mathbb{R}} \mathbf{1}_{(-\infty,0]} dE_\lambda x - \int_{\mathbb{R}} \mathbf{1}_{(-\infty,0)} dE_\lambda x$$

$$= E_0 x - E_{0-0} x.$$

从而

$$E_{\{0\}} = E_0 - E_{0-0}$$

$$= \lim_{\mu \to 0^-} \left[\widetilde{E}((-\infty, 0]) - \widetilde{E}((-\infty, \mu]) \right]$$

$$= \lim_{\mu \to 0^-} \widetilde{E}((\mu, 0])$$

且

$$E_\lambda E_{\{0\}} = E_\lambda E_0 - E_\lambda E_{0-0}$$

$$= \widetilde{E}((-\infty, \lambda] \cap (-\infty, 0])$$

$$\quad - \lim_{\mu \to 0^-} \widetilde{E}((-\infty, \lambda] \cap (-\infty, \mu])$$

$$= \lim_{\mu \to 0^-} \widetilde{E}((-\infty, \lambda] \cap (\mu, 0])$$

$$= \begin{cases} \lim_{\mu \to 0^-} \widetilde{E}((\mu, 0]), & \forall \lambda \in [0, \infty), \\ 0, & \forall \lambda \in (-\infty, 0) \end{cases}$$

$$= \begin{cases} \lim_{\mu \to 0^-} \left[\widetilde{E}((-\infty,0]) - \widetilde{E}((-\infty,\mu]) \right], & \forall \lambda \in [0,\infty), \\ 0, & \forall \lambda \in (-\infty,0) \end{cases}$$

$$= \begin{cases} E_0 - E_{0-0}, & \forall \lambda \in [0,\infty), \\ 0, & \forall \lambda \in (-\infty,0) \end{cases}$$

$$= \begin{cases} E_{\{0\}}, & \forall \lambda \in [0,\infty), \\ 0, & \forall \lambda \in (-\infty,0). \end{cases} \quad (4.3.15)$$

所以, 对 $\forall x \in \mathscr{H}$,

$$U(t) E_{\{0\}} x = \int_{-\infty}^{\infty} \mathrm{e}^{\mathrm{i}t\lambda} \, \mathrm{d}E_\lambda E_{\{0\}} x = E_{\{0\}} x. \quad (4.3.16)$$

事实上, 对任意固定的 $n \in \mathbb{N}_+$, 取 $[-n,n]$ 的任意分划 T:

$$-n =: \lambda_0 < \cdots < \lambda_k < 0 \leqslant \lambda_{k+1} < \cdots < \lambda_m := n,$$

且, 对 $\forall j \in \{1,\cdots,m\}$, 取 $\xi_j \in [\lambda_{j-1},\lambda_j]$, 并令

$$\|T\| := \max\{\lambda_j - \lambda_{j-1} : j \in \{1,\cdots,m\}\}.$$

由 (4.3.15) 可知

$$E_{\lambda_j} E_{\{0\}} - E_{\lambda_{j-1}} E_{\{0\}} = \begin{cases} 0, & \forall j \in \{1,\cdots,m\} \setminus \{k+1\}, \\ E_{\{0\}}, & j = k+1. \end{cases}$$

从而

$$\int_{-\infty}^{\infty} \mathrm{e}^{\mathrm{i}t\lambda} \, \mathrm{d}E_\lambda E_{\{0\}} x = \lim_{n \to \infty} \int_{-n}^{n} \mathrm{e}^{\mathrm{i}t\lambda} \, \mathrm{d}E_\lambda E_{\{0\}} x$$

$$= \lim_{n\to\infty} \lim_{\|T\|\to 0} \sum_{j=1}^{m} \mathrm{e}^{\mathrm{i}t\xi_j} \left[E_{\lambda_j} - E_{\lambda_{j-1}}\right] E_{\{0\}} x$$

$$= \lim_{n\to\infty} \lim_{\|T\|\to 0} \mathrm{e}^{\mathrm{i}t\xi_{k+1}} E_{\{0\}} x = E_{\{0\}} x,$$

故(4.3.16)成立. 由(4.3.16)知$E_{\{0\}}x \in H_0$. 所以$R(E_{\{0\}}) \subset R(P)$.

另外, 由(4.3.14)知, 对$\forall y \in H_0 = R(P)$,

$$E_{\{0\}}y = \lim_{T\to\infty} \frac{1}{T} \int_0^T U(t)y\,\mathrm{d}t = y,$$

所以$y \in R(E_{\{0\}})$. 从而

$$H_0 = R(P) \subset R(E_{\{0\}}).$$

因此, $R(P) = R(E_{\{0\}})$, 即得$E_{\{0\}} = P$. 再由(4.3.14), 即知所证结论成立. 至此, 定理得证. $\square$

由上述定理知, 若$U(t)y = y$, 则

$$\lim_{t\to 0} \frac{U(t)y - y}{t} = \theta.$$

若$H_0 \neq \{\theta\}$, 则0是强连续酉算子群生成元的特征值, 相应特征空间是酉算子群的不动点的全体.

事实上, 设A是$\{U(t): t \in \mathbb{R}\}$的生成元, 则, 对$\forall x \in D(A)$,

$$Ax = \lim_{t\to 0} \frac{U(t)x - x}{t}.$$

显然$H_0 \subset \ker(A)$. 反之, 设$x \in \ker(A)$, 则$Ax = \theta$. 由Stone定理4.3.12知存在自伴算子B使得$A = \mathrm{i}B$. 记$\{E_\lambda: \lambda \in \mathbb{R}\}$为$B$的谱族. 则由(3.2.16)有

$$0 = \|Ax\|_{\mathscr{H}}^2 = \|Bx\|_{\mathscr{H}}^2 = \int_{\mathbb{R}} \lambda^2 \,\mathrm{d}\|E_\lambda x\|_{\mathscr{H}}^2.$$

由此及$U(t) = \int_{\mathbb{R}} \mathrm{e}^{\mathrm{i}t\lambda}\,\mathrm{d}E_\lambda$和(3.2.16)知, 对任意$t \in \mathbb{R}$,

$$\|U(t)x - x\|_{\mathscr{H}}^2 = \int_{\mathbb{R}} |\mathrm{e}^{\mathrm{i}t\lambda} - 1|^2 \,\mathrm{d}\|E_\lambda x\|_{\mathscr{H}}^2$$

$$\leqslant t^2 \int_{\mathbb{R}} \lambda^2 \,\mathrm{d}\|E_\lambda x\|_{\mathscr{H}}^2 = 0.$$

故, 对$\forall t \in \mathbb{R}$, 有$U(t)x = x$, 即$x \in H_0$. 因此, $H_0 = \ker(A)$. 故上述断言成立.

应用上述定理到力学系统有以下结论.

推论4.3.17 设$\{\Gamma_t : t \in \mathbb{R}\}$是由Hamilton方程组决定的能量曲面$\Sigma_c$上保持测度$\sigma$不变的运动, 则, 对$\forall f \in L^2(\Sigma_c, \mathrm{d}\sigma)$, 存在极限函数$\widetilde{f}$使得下列极限在$L^2(\Sigma_c, \mathrm{d}\sigma)$意义下存在:

$$\lim_{T \to \infty} \frac{1}{T} \int_0^T f(\Gamma_t x) \, \mathrm{d}t = \widetilde{f}(x)$$

且函数$\widetilde{f}$满足

$$\int_{\Sigma_c} \widetilde{f}(x) \, \mathrm{d}\sigma(x) = \int_{\Sigma_c} f(x) \, \mathrm{d}\sigma(x).$$

证明 对$\forall f \in L^2(\Sigma_c, \mathrm{d}\sigma)$和$\forall x \in \Sigma_c$, 定义

$$(U(t)f)(x) := f(\Gamma_t x).$$

由上面讨论已经知道$\{U(t) : t \in \mathbb{R}\}$是单参数弱连续酉群. 由注记4.3.7知

$$\{U(t) : t \in \mathbb{R}\}$$

是强连续的. 又因为, 对$\forall x \in \Sigma_c$,

$$\frac{1}{T} \int_0^T f(\Gamma_t x) \, \mathrm{d}t = \frac{1}{T} \int_0^T (U(t)f)(x) \, \mathrm{d}t,$$

所以, 由定理4.3.16知极限函数$\widetilde{f}$在$L^2(\Sigma_c, \mathrm{d}\sigma)$意义下存在.

因Σ_c紧, 故$\sigma(\Sigma_c) < \infty$, 从而, 由Hölder不等式知, 当$T \to \infty$时, 进一步有

$$\left\| \frac{1}{T} \int_0^T f(\Gamma_t \cdot) \, \mathrm{d}t - \widetilde{f}(\cdot) \right\|_{L^1(\Sigma_c, \mathrm{d}\sigma)}$$
$$\leqslant \left\| \frac{1}{T} \int_0^T f(\Gamma_t \cdot) \, \mathrm{d}t - \widetilde{f}(\cdot) \right\|_{L^2(\Sigma_c, \mathrm{d}\sigma)} (\sigma(\Sigma_c))^{\frac{1}{2}} \to 0.$$

由此及Fubini定理和Γ_t为保测变换知

$$\int_{\Sigma_c} \widetilde{f}(x) \, \mathrm{d}\sigma(x) = \lim_{T \to \infty} \int_{\Sigma_c} \frac{1}{T} \int_0^T f(\Gamma_t x) \, \mathrm{d}t \, \mathrm{d}\sigma(x)$$
$$= \lim_{T \to \infty} \frac{1}{T} \int_0^T \int_{\Sigma_c} f(\Gamma_t x) \, \mathrm{d}\sigma(x) \, \mathrm{d}t$$
$$= \lim_{T \to \infty} \frac{1}{T} \int_0^T \int_{\Sigma_c} f(x) \, \mathrm{d}\sigma(x) \, \mathrm{d}t$$
$$= \int_{\Sigma_c} f(x) \, \mathrm{d}\sigma(x).$$

至此, 推论得证. □

事实上, 推论4.3.17中的极限还是在σ测度下几乎处处成立的. 这就是如下定理.

定理4.3.18 (Birkhoff个别遍历定理) 设$\{\Gamma_t : t \in \mathbb{R}\}$是由Hamilton方程组决定的能量曲面$\Sigma_c$上保持测度$\sigma$不变的运动, 则, 对$\forall f \in L^p(\Sigma_c, \mathrm{d}\sigma)$ ($p \in \{1,2\}$), 存在极限函数$\widetilde{f}$使得

$$\lim_{T \to \infty} \frac{1}{T} \int_0^T f(\Gamma_t x) \, \mathrm{d}t = \widetilde{f}(x)$$

在Σ_c上关于σ测度几乎处处成立.

证明见文献[25]第388页.

定义4.3.19 相空间$(\Sigma_c, \mathrm{d}\sigma)$上保测变换群$\{\Gamma_t : t \in \mathbb{R}\}$称为是**遍历的**, 若对任意的$f \in L^2(\Sigma_c, \mathrm{d}\sigma)$, 极限

$$\lim_{T \to \infty} \frac{1}{T} \int_0^T f(\Gamma_t x) \, \mathrm{d}t$$

在Σ_c上关于σ测度几乎处处是常值函数.

推论4.3.20 若$\{\Gamma_t : t \in \mathbb{R}\}$是遍历的, 则, 对任意的$f \in L^2(\Sigma_c, \mathrm{d}\sigma)$, 有

$$\lim_{T \to \infty} \frac{1}{T} \int_0^T f(\Gamma_t x) \, \mathrm{d}t = \int_{\Sigma_c} f(x) \, \mathrm{d}\sigma(x)$$

在Σ_c上关于σ测度几乎处处成立.

证明 由定理4.3.18知存在极限函数$\widetilde{f}$使得

$$\lim_{T \to \infty} \frac{1}{T} \int_0^T f(\Gamma_t x) \, \mathrm{d}t = \widetilde{f}(x)$$

在Σ_c上关于σ测度几乎处处成立. 由定义4.3.19知$\widetilde{f}$在Σ_c上关于σ测度几乎处处是常值函数. 所以由推论4.3.17知

$$\int_{\Sigma_c} f(x) \, \mathrm{d}\sigma(x) = \int_{\Sigma_c} \widetilde{f}(x) \, \mathrm{d}\sigma(x) = \widetilde{f}.$$

由此即得

$$\lim_{T \to \infty} \frac{1}{T} \int_0^T f(\Gamma_t x) \, \mathrm{d}t = \int_{\Sigma_c} f(x) \, \mathrm{d}\sigma(x)$$

在Σ_c上关于σ测度几乎处处成立. 至此, 推论得证. □

定理4.3.21 $\{\Gamma_t : t \in \mathbb{R}\}$ 是遍历的当且仅当对 Σ_c 内在 Γ_t 下不变的可测集 E，即 $\Gamma_t E = E$，有 $\sigma(E) = 0$ 或 $\sigma(E) = \sigma(\Sigma_c) = 1$。

证明 记 $\{U(t) : t \in \mathbb{R}\}$ 同推论4.3.17的证明. 若 $\Gamma_t E = E$, 则, 对 $\forall x \in E$, 有
$$\Gamma_t x \in E$$
且, 对 $\forall x \in E^{\complement}$, 有 $\Gamma_t x \in E^{\complement}$. 所以, 对 $\forall x \in E$, 有
$$(U(t)\mathbf{1}_E)(x) = \mathbf{1}_E(\Gamma_t x) = 1 = \mathbf{1}_E(x)$$
且, 对 $\forall x \in E^{\complement}$, 有
$$(U(t)\mathbf{1}_E)(x) = \mathbf{1}_E(\Gamma_t x) = 0 = \mathbf{1}_E(x);$$
由此即得 $U(t)\mathbf{1}_E = \mathbf{1}_E$. 上述过程可逆, 从而有
$$\Gamma_t E = E \iff U(t)\mathbf{1}_E = \mathbf{1}_E. \tag{4.3.17}$$

又由(4.3.14)知
$$\lim_{T \to \infty} \frac{1}{T} \int_0^T U(t)f(x)\,\mathrm{d}t = E_{\{0\}}f(x),$$
其中 $E_{\{0\}}f$ 同定理4.3.16的证明. 由此知
$$U(t)\mathbf{1}_E = \mathbf{1}_E \Longrightarrow E_{\{0\}}\mathbf{1}_E = \mathbf{1}_E. \tag{4.3.18}$$

有了这些准备之后, 我们来证**必要性**. 即要证, 若 $\{\Gamma_t : t \in \mathbb{R}\}$ 遍历且 $\Gamma_t E = E$, 则有
$$\sigma(E) = 0 \quad \text{或} \quad \sigma(E) = 1.$$
首先由推论4.3.20及(4.3.14)知在 Σ_c 上关于 σ 测度几乎处处有
$$\int_{\Sigma_c} f(x)\,\mathrm{d}\sigma(x) = \lim_{T \to \infty} \frac{1}{T} \int_0^T f(\Gamma_t x)\,\mathrm{d}t = \left(E_{\{0\}}f\right)(x).$$
在上式中若取 $f = \mathbf{1}_E$, 则由 $\Gamma_t E = E$, (4.3.17)及(4.3.18)知
$$\mathbf{1}_E = E_{\{0\}}\mathbf{1}_E = \int_{\Sigma_c} \mathbf{1}_E(x)\,\mathrm{d}\sigma(x) = \sigma(E).$$

所以 $\sigma(E) = 0$ 或 $\sigma(E) = 1$. 必要性得证.

再证**充分性**. 任取 $f \in R(E_{\{0\}})$, 则存在函数 $g \in L^2(\Sigma_c, \mathrm{d}\sigma)$ 使得

$$f = E_{\{0\}} g.$$

由 (4.3.14) 知, 对 $\forall g \in L^2(\Sigma_c, \mathrm{d}\sigma)$,

$$\lim_{T \to \infty} \frac{1}{T} \int_0^T g(\Gamma_t x) \, \mathrm{d}t = \lim_{T \to \infty} \frac{1}{T} \int_0^T U(t) g(x) \, \mathrm{d}t = E_{\{0\}} g(x).$$

故, 为完成充分性的证明, 只需证 f 在 Σ_c 上关于 σ 测度几乎处处为常值函数.

观察到, 由 (4.3.16) 知, 对任意的 $t \in \mathbb{R}$ 及任意的 $x \in \Sigma_c$,

$$\begin{aligned} f(\Gamma_t x) &= (U(t) f)(x) = \left(U(t) E_{\{0\}} g\right)(x) \\ &= \left(E_{\{0\}} g\right)(x) = f(x). \end{aligned} \tag{4.3.19}$$

进一步, 对 $\forall a \in \mathbb{R}$, 记

$$F_a := \{x \in \Sigma_c : f(x) < a\},$$

则由 (4.3.19) 可知 $\Gamma_t F_a = F_a$. 从而, 由假设进一步有 $\sigma(F_a) = 0$ 或 1.

利用此观察, 我们来证 f 在 Σ_c 上关于 σ 测度几乎处处为一常值函数. 因

$$\{x \in \Sigma_c : f(x) < \infty\} = \bigcup_{n=1}^{\infty} \{x \in \Sigma_c : f(x) < n\}$$

且 $f \in L^2(\Sigma_c, \mathrm{d}\sigma)$, 故存在 $n \in \mathbb{N}_+$ 使得 $\sigma(\{x \in \Sigma_c : f(x) < n\}) \neq 0$. 否则

$$\sigma(\{x \in \Sigma_c : f(x) < \infty\}) = 0,$$

即 f 在 Σ_c 上关于 σ 测度几乎处处为 ∞, 而这与 $f \in L^2(\Sigma_c, \mathrm{d}\sigma)$ 矛盾. 因此, 这样的 n 必存在.

令 $\beta := \inf\limits_{\sigma(F_\alpha)=1} \alpha$. 则由 $\sigma(F_n) = 1$ 知 $\beta \leqslant n$. 下证 $\beta > -\infty$. 若不然, 对任意 $n \in \mathbb{N}_+$, 均有 $\sigma(F_{-n}) = 1$. 事实上, 若 $\beta = -\infty$, 则, 对 $\forall n \in \mathbb{N}_+$, 存在 $\alpha_n \in \mathbb{R}$ 使得 $\sigma(F_{\alpha_n}) = 1$ 且 $\alpha_n < -n$. 再由 $F_{\alpha_n} \subset F_{-n}$ 知 $\sigma(F_{-n}) = 1$. 从而, 由 F_{-n} 定义知, 对 $\forall n \in \mathbb{N}_+$,

$$\sigma(\{x : f(x) \geqslant -n\}) = 0.$$

由此f在Σ_c上关于σ测度几乎处处为$-\infty$, 也与$f \in L^2(\Sigma_c, d\sigma)$矛盾. 故$\beta \in \mathbb{R}$. 从而, 对任意$\varepsilon \in (0, \infty)$, 存在$\alpha \in \mathbb{R}$使得$\sigma(F_\alpha) = 1$且$\alpha < \beta + \varepsilon$. 因此, f在Σ_c上关于σ测度几乎处处小于$\beta + \varepsilon$. 而由$\sigma(F_{\beta-\varepsilon}) = 0$知$|f(x) - \beta| \leqslant \varepsilon$在$\Sigma_c$上关于$\sigma$测度几乎处处成立. 由此可证$f$在$\Sigma_c$上关于$\sigma$测度几乎处处等于$\beta$. 事实上, 对$\forall n \in \mathbb{N}_+$, 取$\varepsilon_n := 1/n$. 由前述讨论知存在$\sigma$-零测集$Z_n$使得, 对$\forall x \in \Sigma_c \setminus Z_n$,

$$|f(x) - \beta| \leqslant \varepsilon_n = \frac{1}{n}.$$

进一步, 取$Z := \bigcup_{n \in \mathbb{N}_+} Z_n$, 故$Z$仍为$\sigma$-零测集且, 对$\forall n \in \mathbb{N}_+$和$\forall x \in \Sigma_c \setminus Z$,

$$|f(x) - \beta| \leqslant \frac{1}{n}.$$

再令$n \to \infty$得$f(x) = \beta$在Σ_c上关于σ测度几乎处处成立. 故所证断言成立. 由此即得$\{\Gamma_t : t \in \mathbb{R}\}$是遍历的, 从而定理的充分性得证. 至此, 定理得证. □

§4.3.3 Trotter乘积公式

首先考虑有穷维情形. 这时, 线性算子由矩阵表示. 我们有以下结论.

引理4.3.22 (Lie乘积公式) 设$\mathbf{A}$和$\mathbf{B}$是有穷维欧氏空间$\mathbb{R}^N$上的矩阵, 不妨设为$N \times N$的, 则

$$e^{\mathbf{A}+\mathbf{B}} = \lim_{n \to \infty} \left(e^{\frac{\mathbf{A}}{n}} e^{\frac{\mathbf{B}}{n}} \right)^n. \tag{4.3.20}$$

证明 设$\mathbf{A}$为$N \times N$矩阵, 定义

$$\|\mathbf{A}\| := \sup_{x \in \mathbb{R}^N, |x|=1} |\mathbf{A}x|,$$

则有

$$\|\mathbf{A} + \mathbf{B}\| \leqslant \|\mathbf{A}\| + \|\mathbf{B}\| \quad \text{且} \quad \|\mathbf{AB}\| \leqslant \|\mathbf{A}\| \|\mathbf{B}\|.$$

令$e^{\mathbf{A}} := \sum_{i=0}^{\infty} \frac{\mathbf{A}^i}{i!}$, 则, 对$\forall x \in \mathbb{R}^N$且$|x| = 1$, 有

$$|e^{\mathbf{A}} x| = \left| \sum_{i=0}^{\infty} \frac{\mathbf{A}^i x}{i!} \right| \leqslant \sum_{i=0}^{\infty} \frac{\|\mathbf{A}\|^i \|x\|}{i!} = \sum_{i=0}^{\infty} \frac{\|\mathbf{A}\|^i}{i!} = e^{\|\mathbf{A}\|}.$$

从而$\|e^{\mathbf{A}}\| \leqslant e^{\|\mathbf{A}\|}$.

对$\forall n \in \mathbb{N}_+$, 记$S_n := e^{\frac{\mathbf{A}+\mathbf{B}}{n}}$且$T_n := e^{\frac{\mathbf{A}}{n}} e^{\frac{\mathbf{B}}{n}}$, 则

$$S_n^n - T_n^n = \sum_{j=0}^{n-1} S_n^j (S_n - T_n) T_n^{n-1-j}.$$

记$M := \max\{\|S_n\|, \|T_n\|\}$. 因为

$$\|S_n\| \leqslant e^{\|\frac{\mathbf{A}+\mathbf{B}}{n}\|} \leqslant e^{\frac{\|\mathbf{A}\|+\|\mathbf{B}\|}{n}}$$

且

$$\|T_n\| \leqslant e^{\frac{\|\mathbf{A}\|}{n}} e^{\frac{\|\mathbf{B}\|}{n}} = e^{\frac{\|\mathbf{A}\|+\|\mathbf{B}\|}{n}},$$

所以$M \leqslant e^{\frac{\|\mathbf{A}\|+\|\mathbf{B}\|}{n}}$. 从而有

$$\begin{aligned}\|S_n^n - T_n^n\| &\leqslant n M^{n-1} \|S_n - T_n\| \\ &\leqslant n \left(e^{\frac{\|\mathbf{A}\|+\|\mathbf{B}\|}{n}}\right)^{n-1} \|S_n - T_n\| \\ &\leqslant n \|S_n - T_n\| e^{\|\mathbf{A}\|+\|\mathbf{B}\|}.\end{aligned}$$

而, 对$\forall n \in \mathbb{N}_+$,

$$\begin{aligned}\|S_n - T_n\| &= \left\|\sum_{j=0}^{\infty} \frac{\left(\frac{\mathbf{A}+\mathbf{B}}{n}\right)^j}{j!} - \sum_{j=0}^{\infty} \frac{\left(\frac{\mathbf{A}}{n}\right)^j}{j!} \sum_{j=0}^{\infty} \frac{\left(\frac{\mathbf{B}}{n}\right)^j}{j!}\right\| \\ &= \left\|\left[I + \frac{\mathbf{A}+\mathbf{B}}{n} + \sum_{j=2}^{\infty} \frac{1}{j!}\left(\frac{\mathbf{A}+\mathbf{B}}{n}\right)^j\right] \right. \\ &\quad \left. - \left[I + \frac{\mathbf{A}}{n} + \sum_{j=2}^{\infty} \frac{1}{j!}\left(\frac{\mathbf{A}}{n}\right)^j\right]\left[I + \frac{\mathbf{B}}{n} + \sum_{j=2}^{\infty} \frac{1}{j!}\left(\frac{\mathbf{B}}{n}\right)^j\right]\right\| \\ &= \left\|-\frac{\mathbf{AB}}{n^2} + \sum_{j=2}^{\infty} \frac{\left(\frac{\mathbf{A}+\mathbf{B}}{n}\right)^j}{j!} - \sum_{j=2}^{\infty} \frac{\left(\frac{\mathbf{A}}{n}\right)^j}{j!} - \sum_{j=2}^{\infty} \frac{\left(\frac{\mathbf{B}}{n}\right)^j}{j!}\right. \\ &\quad \left. - \frac{\mathbf{A}}{n}\sum_{j=2}^{\infty} \frac{\left(\frac{\mathbf{B}}{n}\right)^j}{j!} - \frac{\mathbf{B}}{n}\sum_{j=2}^{\infty} \frac{\left(\frac{\mathbf{A}}{n}\right)^j}{j!} - \sum_{j=2}^{\infty} \frac{\left(\frac{\mathbf{A}}{n}\right)^j}{j!} \sum_{j=2}^{\infty} \frac{\left(\frac{\mathbf{B}}{n}\right)^j}{j!}\right\| \\ &\leqslant \frac{1}{n^2}\left[\|\mathbf{A}\|\|\mathbf{B}\| + (\|\mathbf{A}\|+\|\mathbf{B}\|)^2 e^{\frac{\|\mathbf{A}\|+\|\mathbf{B}\|}{n}}\right. \\ &\quad \left. + \|\mathbf{B}\|^2 e^{\frac{\|\mathbf{B}\|}{n}} + \|\mathbf{A}\|^2 e^{\frac{\|\mathbf{A}\|}{n}} + \frac{\|\mathbf{A}\|\|\mathbf{B}\|^2}{n} e^{\frac{\|\mathbf{B}\|}{n}}\right.\end{aligned}$$

$$+ \frac{\|\mathbf{B}\|\|\mathbf{A}\|^2}{n} \mathrm{e}^{\frac{\|\mathbf{A}\|}{n}} + \frac{\|\mathbf{B}\|^2\|\mathbf{A}\|^2}{n^2} \mathrm{e}^{\frac{\|\mathbf{A}\|+\|\mathbf{B}\|}{n}} \Big]$$

$$\leqslant \frac{1}{n^2} \Big[\|\mathbf{A}\|\|\mathbf{B}\| + (\|\mathbf{A}\| + \|\mathbf{B}\|)^2 \mathrm{e}^{\|\mathbf{A}\|+\|\mathbf{B}\|}$$

$$+ \|\mathbf{B}\|^2 \mathrm{e}^{\|\mathbf{B}\|} + \|\mathbf{A}\|^2 \mathrm{e}^{\|\mathbf{A}\|} + \|\mathbf{A}\|\|\mathbf{B}\|^2 \mathrm{e}^{\|\mathbf{B}\|}$$

$$+ \|\mathbf{B}\|\|\mathbf{A}\|^2 \mathrm{e}^{\|\mathbf{A}\|} + \|\mathbf{B}\|^2 \|\mathbf{A}\|^2 \mathrm{e}^{\|\mathbf{A}\|+\|\mathbf{B}\|} \Big]$$

$$= \frac{1}{n^2} \widetilde{C},$$

其中 $\widetilde{C}$ 只依赖于 $\|\mathbf{A}\|$ 和 $\|\mathbf{B}\|$, 所以

$$\lim_{n\to\infty} \|S_n^n - T_n^n\| = 0.$$

即得 (4.3.20). 至此, 引理得证. □

对无穷维 Hilbert 空间, 上述引理可推广到无界自伴算子的情形, 即如下定理.

定理 4.3.23 (Trotter 乘积公式) 设 A 和 B 是 Hilbert 空间 $\mathscr{H}$ 上的自伴算子使得 $A+B$ 在 $D := [D(A) \cap D(B)]$ 上自伴, 则

$$\mathrm{e}^{\mathrm{i}t(A+B)} = s - \lim_{n\to\infty} \left(\mathrm{e}^{\mathrm{i}\frac{t}{n}A} \mathrm{e}^{\mathrm{i}\frac{t}{n}B} \right)^n.$$

证明 因为 $A+B$ 在 $D := [D(A) \cap D(B)]$ 上自伴, 由 Stone 定理 4.3.12 知

$$\{\mathrm{e}^{\mathrm{i}t(A+B)} : t \in \mathbb{R}\}$$

是强连续酉群. 对 $\forall x \in D$, 当 $s \to 0$ 时,

$$\frac{1}{s}\left[\mathrm{e}^{\mathrm{i}s(A+B)}x - x \right] \to \mathrm{i}(A+B)x$$

且

$$\frac{1}{s}\left(\mathrm{e}^{\mathrm{i}sA}\mathrm{e}^{\mathrm{i}sB}x - x\right) = \frac{1}{s}\left(\mathrm{e}^{\mathrm{i}sA}x - x\right) + \frac{1}{s}\mathrm{e}^{\mathrm{i}sA}\left(\mathrm{e}^{\mathrm{i}sB}x - x\right)$$

$$\to \mathrm{i}Ax + \mathrm{i}Bx.$$

对 $\forall s \in \mathbb{R}$, 记
$$T_s := \frac{1}{s}[e^{isA}e^{isB} - e^{is(A+B)}],$$
则, 对 $\forall x \in D$, 有 $\lim\limits_{s \to 0} T_s x = 0$. 又由
$$\left\|e^{isA}e^{isB} - e^{is(A+B)}\right\|_{\mathscr{L}(\mathscr{H})}$$
$$\leqslant \left\|e^{isA}\right\|_{\mathscr{L}(\mathscr{H})} \left\|e^{isB}\right\|_{\mathscr{L}(\mathscr{H})} + \left\|e^{is(A+B)}\right\|_{\mathscr{L}(\mathscr{H})}$$
$$= 2$$
知有 $\lim\limits_{s \to \infty} T_s x = 0$.

因 $A + B$ 在 $D = D(A) \cap D(B)$ 上自伴, 所以由注记3.1.19(ii)知 $A + B$ 是 D 上闭算子, 从而, 由注记3.1.5进一步知 D 在图模
$$\|x\|_{A+B} := \|x\|_{\mathscr{H}} + \|(A+B)x\|_{\mathscr{H}}$$
下是Banach空间. 由闭图像定理1.2.2知 T_s 是 $(D, \|\cdot\|_{A+B})$ 到 $(\mathscr{H}, \|\cdot\|_{\mathscr{H}})$ 的有界线性算子. 注意到, 对任意取定的 $x \in D$, 有 $\lim\limits_{s \to 0} T_s x = \theta$. 故存在 $s_0 \in (0, \infty)$ 使得当 $|s| < s_0$ 时, 有 $\|T_s x\|_{\mathscr{H}} \leqslant 1$. 又当 $|s| \geqslant s_0$ 时,
$$\|T_s x\|_{\mathscr{H}} \leqslant \frac{1}{s}\left[\|e^{isA}e^{isB}x\|_{\mathscr{H}} + \|e^{is(A+B)}x\|_{\mathscr{H}}\right] \leqslant \frac{2}{s_0}\|x\|_{\mathscr{H}}.$$
因此,
$$\sup_{x \in \mathbb{R}} \|T_s x\|_{\mathscr{H}} \leqslant \max\left\{1, \frac{2}{s_0}\|x\|_{\mathscr{H}}\right\} < \infty.$$
故由共鸣定理(见引理1.2.22)知存在 $\widetilde{C} > 0$ 使得, 对 $\forall x \in D$,
$$\|T_s x\|_{\mathscr{L}(\mathscr{H})} \leqslant \widetilde{C}\|x\|_{A+B}.$$

由前面证明, 对 $\forall x \in D$, 有
$$\lim_{s \to 0} T_s x = 0,$$
故, 对任意 $\varepsilon \in (0, \infty)$, 存在 $\delta \in (0, \infty)$, 当 $|s| < \delta$ 时, 有 $\|T_s x\|_{\mathscr{H}} < \varepsilon/2$. 另外, 令
$$U_x := \left\{y \in D : \|y - x\|_{A+B} < \frac{\varepsilon}{2\widetilde{C}}\right\},$$

则当$|s| < \delta$时,对$\forall y \in U_x$一致地有

$$\|T_s y\|_{A+B} \leqslant \|T_s y - T_s x\|_{A+B} + \|T_s x\|_{A+B} < \varepsilon.$$

因此,极限$\lim\limits_{s \to 0} T_s y = 0$在$U_x$上一致成立. 设$K$为$D$中一紧集. 因$\{U_x\}_{x \in K}$是紧集$K$的一个开覆盖,故存在$\{x_1, \cdots, x_m\} \subset K$使得$K \subset \bigcup\limits_{i=1}^{m} U_{x_m}$. 由此知对$D$中任意紧集$K$,极限$\lim\limits_{s \to 0} T_s x = 0$在$K$上一致成立.

由于$\{\mathrm{e}^{\mathrm{i}t(A+B)} : t \in \mathbb{R}\}$是强连续酉群,所以由定理4.1.5知

$$\mathrm{e}^{\mathrm{i}t(A+B)} : D \longrightarrow D,$$

且对$\forall x \in D$,映射$t \longmapsto \mathrm{e}^{\mathrm{i}t(A+B)}x$依图模连续. 事实上,由$\{\mathrm{e}^{\mathrm{i}t(A+B)} : t \in \mathbb{R}\}$是强连续酉群知,对$\forall x \in D$,当$t \to t_0$时,有

$$\left\|\mathrm{e}^{\mathrm{i}t(A+B)}x - \mathrm{e}^{\mathrm{i}t_0(A+B)}x\right\|_{\mathscr{H}} \to 0.$$

再由定理4.1.5知,当$t \to t_0$时,也有

$$\left\|(A+B)[\mathrm{e}^{\mathrm{i}t(A+B)}x - \mathrm{e}^{\mathrm{i}t_0(A+B)}x]\right\|_{\mathscr{H}}$$
$$= \left\|(\mathrm{e}^{\mathrm{i}t(A+B)} - \mathrm{e}^{\mathrm{i}t_0(A+B)})(A+B)x\right\|_{\mathscr{H}} \to 0.$$

因此,所证断言成立. 由此可知,对任意固定的$x \in D$,集合

$$E := \left\{\mathrm{e}^{\mathrm{i}t(A+B)}x : -1 \leqslant t \leqslant 1\right\}$$

是D中紧集,所以

$$\lim_{s \to 0} T_s \mathrm{e}^{\mathrm{i}s(A+B)}x = 0$$

在$t \in [-1, 1]$上一致成立. 对$\forall x \in D$,令

$$x_k := \left[\mathrm{e}^{\mathrm{i}\frac{t}{n}(A+B)}\right]^{n-1-k} x = \mathrm{e}^{\mathrm{i}\frac{n-1-k}{n}t(A+B)}x \in E,$$

其中$k \in \{0, \cdots, n-1\}$. 由于

$$\left(\mathrm{e}^{\mathrm{i}\frac{t}{n}A}\mathrm{e}^{\mathrm{i}\frac{t}{n}B}\right)^n x - \left[\mathrm{e}^{\mathrm{i}\frac{t}{n}(A+B)}\right]^n x$$

$$= \sum_{k=0}^{n-1} \left(e^{i\frac{t}{n}A} e^{i\frac{t}{n}B}\right)^k \left[e^{i\frac{t}{n}A} e^{i\frac{t}{n}B} - e^{i\frac{t}{n}(A+B)}\right] \left[e^{i\frac{t}{n}(A+B)}\right]^{n-1-k} x$$

$$= \sum_{k=0}^{n-1} \left(e^{i\frac{t}{n}A} e^{i\frac{t}{n}B}\right)^k \left[e^{i\frac{t}{n}A} e^{i\frac{t}{n}B} - e^{i\frac{t}{n}(A+B)}\right] x_k,$$

所以, 当 $n \to \infty$ 时, 在 t 的任意有穷区间上, 一致地有

$$\left\|\left(e^{i\frac{t}{n}A} e^{i\frac{t}{n}B}\right)^n x - \left[e^{i\frac{t}{n}(A+B)}\right]^n x\right\|_{\mathscr{H}}$$

$$\leqslant \sum_{k=0}^{n-1} \left\|\left[e^{i\frac{t}{n}A} e^{i\frac{t}{n}B} - e^{i\frac{t}{n}(A+B)}\right] x_k\right\|_{\mathscr{H}}$$

$$= \sum_{k=0}^{n-1} \frac{|t|}{n} \left\|T_{\frac{t}{n}} x_k\right\|_{\mathscr{H}}.$$

由于 $x_k \in E$, 所以 $\lim\limits_{n \to \infty} T_{\frac{t}{n}} x_k = \theta$ 对 $k \in \mathbb{N}_+$ 一致成立. 故, 对 $\forall \varepsilon \in (0, \infty)$, $\exists N \in \mathbb{N}_+$ 使得当 $n \geqslant N$ 时有 $\|T_{\frac{t}{n}} x_k\|_{\mathscr{L}(\mathscr{H})} < \varepsilon$. 从而

$$\left\|\left(e^{i\frac{t}{n}A} e^{i\frac{t}{n}B}\right)^n x - \left[e^{i\frac{t}{n}(A+B)}\right]^n x\right\|_{\mathscr{H}} < |t|\varepsilon.$$

因此, 对 $\forall x \in D$ 有

$$\lim_{n \to \infty} \left(e^{i\frac{t}{n}A} e^{i\frac{t}{n}B}\right)^n x = e^{it(A+B)} x. \tag{4.3.21}$$

再由 D 在 $\mathscr{H}$ 中稠密且酉算子范数为 1 知上述极限在 $\mathscr{H}$ 上仍成立. 至此, 定理得证. □

习题4.3

习题4.3.1 设 A_k 是 $\mathscr{H}$ 上的自伴算子. 若对 $\forall x \in \mathscr{H}$ 和 $\forall t \in \mathbb{R}$, e^{itA_k} 在 $\mathscr{H}$ 中强收敛, 证明存在自伴算子 A 使得 A_k 在强意义下收敛于 A.

习题4.3.2 设 U 是 $\mathscr{H}$ 上的酉算子, 对 $\forall x \in \mathscr{H}$, 证明极限

$$\lim_{N \to \infty} \frac{1}{N} \sum_{k=0}^{N-1} U^k x = \bar{x}$$

存在且 $U\bar{x} = \bar{x}$.

习题4.3.3 证明 (4.3.21) 在 $\mathscr{H}$ 上成立.

§4.4 Hilbert–Schmidt算子与迹算子

在本节我们讨论Hilbert空间上的两类特殊紧算子——Hilbert–Schmidt算子和迹算子.

我们首先介绍Hilbert–Schmidt算子. 在本节中, 我们总设$\mathscr{H}$是一个可分的Hilbert空间(即有可数稠密子集的Hilbert空间), 具有内积$(\cdot,\cdot)$, 并且由内积导出的范数记为
$$\|\cdot\|_{\mathscr{H}} := \sqrt{(\cdot,\cdot)}.$$

定义4.4.1 设A是$\mathscr{H}$到其自身的有界线性算子且$\{e_n\}_{n=1}^{\infty}$是$\mathscr{H}$的一个规范正交基, 若
$$\sum_{n=1}^{\infty} \|Ae_n\|_{\mathscr{H}}^2 < \infty,$$
则称A为**Hilbert–Schmidt算子**, 其全体记为$L_{(2)}(\mathscr{H})$. 记
$$\|A\|_2 := \left(\sum_{n=1}^{\infty} \|Ae_n\|_{\mathscr{H}}^2\right)^{\frac{1}{2}},$$
称$\|A\|_2$为A的**Hilbert–Schmidt范数**.

命题4.4.2 $\|\cdot\|_2$是$L_{(2)}(\mathscr{H})$上的范数且与$\mathscr{H}$的规范正交基的选择无关.

证明 显然对$\forall A, B \in L_{(2)}(\mathscr{H})$及$\forall a \in \mathbb{C}$, 有$\|A\|_2 \geqslant 0$, $\|aA\|_2 = |a|\|A\|_2$且
$$\|A\|_2 = 0 \iff Ae_n = \theta, \ \forall n \in \mathbb{N}_+$$
$$\iff A = \theta \text{ (此处需要}A\text{有界)}.$$

由内积空间的Cauchy–Schwarz不等式(文献[7]命题1.6.8)有
$$\|A+B\|_2^2 = \sum_{n=1}^{\infty} ((A+B)e_n, (A+B)e_n)$$
$$= \sum_{n=1}^{\infty} \left[\|Ae_n\|_{\mathscr{H}}^2 + \|Be_n\|_{\mathscr{H}}^2 + (Ae_n, Be_n) + (Be_n, Ae_n)\right]$$
$$\leqslant \sum_{n=1}^{\infty} \|Ae_n\|_{\mathscr{H}}^2 + \sum_{n=1}^{\infty} \|Be_n\|_{\mathscr{H}}^2 + 2\sum_{n=1}^{\infty} \|Ae_n\|_{\mathscr{H}} \|Be_n\|_{\mathscr{H}}$$

$$\leqslant \sum_{n=1}^{\infty} \|Ae_n\|_{\mathscr{H}}^2 + \sum_{n=1}^{\infty} \|Be_n\|_{\mathscr{H}}^2$$
$$+ 2\left(\sum_{n=1}^{\infty}\|Ae_n\|_{\mathscr{H}}^2\right)^{\frac{1}{2}}\left(\sum_{n=1}^{\infty}\|Be_n\|_{\mathscr{H}}^2\right)^{\frac{1}{2}}$$
$$= (\|A\|_2 + \|B\|_2)^2,$$

即得
$$\|A+B\|_2 \leqslant \|A\|_2 + \|B\|_2.$$

所以 $\|\cdot\|_2$ 是 $L_{(2)}(\mathscr{H})$ 上的范数.

因 $A \in \mathscr{L}(\mathscr{H})$, 故由文献[7]定理2.5.10知 $A^* \in \mathscr{L}(\mathscr{H})$ 且

$$\|A^*\|_{\mathscr{L}(\mathscr{H})} = \|A\|_{\mathscr{L}(\mathscr{H})}.$$

由此及文献[7]定理1.6.25进一步有

$$\|A\|_2^2 = \sum_{n=1}^{\infty} \|Ae_n\|_{\mathscr{H}}^2 = \sum_{n=1}^{\infty}\sum_{m=1}^{\infty} |(Ae_n, e_m)|^2$$
$$= \sum_{m=1}^{\infty}\sum_{n=1}^{\infty} |(e_n, A^*e_m)|^2 = \sum_{m=1}^{\infty} \|A^*e_m\|_{\mathscr{H}}^2$$
$$= \|A^*\|_2^2. \tag{4.4.1}$$

所以
$$\|A\|_2 = \|A^*\|_2.$$

设 $\{d_m\}_{m=1}^{\infty}$ 是 $\mathscr{H}$ 的另一组规范正交基, 再次由文献[7]定理1.6.25和(4.4.1)有

$$\sum_{n=1}^{\infty} \|Ad_n\|_{\mathscr{H}}^2 = \sum_{n=1}^{\infty}\sum_{m=1}^{\infty} |(Ad_n, e_m)|^2$$
$$= \sum_{m=1}^{\infty}\sum_{n=1}^{\infty} |(d_n, A^*e_m)|^2$$
$$= \sum_{m=1}^{\infty} \|A^*e_m\|_{\mathscr{H}}^2 = \sum_{m=1}^{\infty} \|Ae_m\|_{\mathscr{H}}^2. \tag{4.4.2}$$

所以 $\|\cdot\|_2$ 与 $\mathscr{H}$ 的规范正交基的选择无关. 至此, 命题得证. □

特别地, 当 $\mathscr{H}$ 是无穷维时, 恒等算子 $I \in \mathscr{L}(\mathscr{H})$, 但 I 不属于 $L_{(2)}(\mathscr{H})$, 所以 $L_{(2)}(\mathscr{H})$ 真包含于 $\mathscr{L}(\mathscr{H})$. 从而易证

$$L_{(2)}(\mathscr{H}) = \mathscr{L}(\mathscr{H}) \iff \dim \mathscr{H} < \infty. \tag{4.4.3}$$

命题4.4.3 设 $A \in L_{(2)}(\mathscr{H})$ 且 $B \in \mathscr{L}(\mathscr{H})$, 则 $AB, BA \in L_{(2)}(\mathscr{H})$,

$$\|AB\|_2 \leqslant \|B\|_{\mathscr{L}(\mathscr{H})} \|A\|_2 \quad \text{且} \quad \|BA\|_2 \leqslant \|B\|_{\mathscr{L}(\mathscr{H})} \|A\|_2.$$

证明 由

$$\|BA\|_2^2 = \sum_{n=1}^{\infty} \|BAe_n\|_{\mathscr{H}}^2 \leqslant \|B\|_{\mathscr{L}(\mathscr{H})}^2 \sum_{n=1}^{\infty} \|Ae_n\|_{\mathscr{H}}^2$$
$$= \|B\|_{\mathscr{L}(\mathscr{H})}^2 \|A\|_2^2,$$

有

$$\|BA\|_2 \leqslant \|B\|_{\mathscr{L}(\mathscr{H})} \|A\|_2.$$

再由(4.4.1)和文献[7]定理2.5.10进一步知

$$\|AB\|_2^2 = \sum_{n=1}^{\infty} \|ABe_n\|_{\mathscr{H}}^2 = \sum_{n=1}^{\infty} \|B^*A^*e_n\|_{\mathscr{H}}^2$$
$$\leqslant \|B^*\|_{\mathscr{L}(\mathscr{H})}^2 \sum_{n=1}^{\infty} \|A^*e_n\|_{\mathscr{H}}^2$$
$$= \|B\|_{\mathscr{L}(\mathscr{H})}^2 \|A\|_2^2,$$

此即

$$\|AB\|_2 \leqslant \|B\|_{\mathscr{L}(\mathscr{H})} \|A\|_2.$$

由此知 $L_{(2)}(\mathscr{H})$ 是 $\mathscr{L}(\mathscr{H})$ 的一个理想. 至此, 命题得证. $\square$

例4.4.4 设 $A: \ell_2 \longrightarrow \ell_2$ 满足 $A(\{x_1, x_2, \cdots\}) := \{a_1 x_1, a_2 x_2, \cdots\}$, 则

$$A \in L_{(2)}(\ell_2) \iff \sum_{n=1}^{\infty} |a_n|^2 < \infty.$$

事实上, 对 $\forall n \in \mathbb{N}_+$, 记 $e_n = \{0, \cdots, 0, 1, 0, \cdots\}$, 其中第 n 项为 1, 其余的项均为 0. 则由定义知 $Ae_n = a_n e_n$, 所以有

$$\|A\|_2 = \left(\sum_{n=1}^{\infty} \|a_n e_n\|_{\ell^2}^2\right)^{\frac{1}{2}} = \left(\sum_{n=1}^{\infty} |a_n|^2\right)^{\frac{1}{2}}.$$

故 $A \in L_{(2)}(\ell_2) \iff \sum_{n=1}^{\infty} |a_n|^2 < \infty$. 从而所证断言成立.

定义4.4.5 设 $A, B \in L_{(2)}(\mathscr{H})$ 且 $\{e_n\}_{n=1}^{\infty}$ 为 $\mathscr{H}$ 的一个规范正交基, 定义

$$(A, B) := \sum_{n=1}^{\infty} (Ae_n, Be_n).$$

称为 **Hilbert–Schmidt 内积**.

注记4.4.6 关于 Hilbert–Schmidt 内积有如下注记.

(i) 由内积空间的 Cauchy–Schwarz 不等式文献 [7] 命题 1.6.8 有

$$2|(Ae_n, Be_n)| \leqslant \|Ae_n\|_{\mathscr{H}}^2 + \|Be_n\|_{\mathscr{H}}^2,$$

从而

$$\sum_{n=1}^{\infty} |(Ae_n, Be_n)| \leqslant \frac{1}{2}(\|A\|_2 + \|B\|_2) < \infty,$$

由此知, 当 $A, B \in L_{(2)}(\mathscr{H})$ 时, (A, B) 的定义有意义.

(ii) 进一步可证定义 4.4.5 与基的选择无关. 事实上, 因 $A, B \in L_{(2)}(\mathscr{H})$, 故由文献 [7] 定理 2.5.10 知 $A^*, B^* \in \mathscr{L}(\mathscr{H})$. 由此以及文献 [7] 定理 1.6.25 可知, 若设 $\{e_n\}_{n=1}^{\infty}, \{d_m\}_{m=1}^{\infty}$ 均是 $\mathscr{H}$ 的规范正交基, 则有

$$\sum_{n=1}^{\infty}(Ae_n, Be_n) = \sum_{n=1}^{\infty}\left(\sum_{m=1}^{\infty}(Ae_n, e_m)e_m, Be_n\right)$$
$$= \sum_{n=1}^{\infty}\sum_{m=1}^{\infty}(Ae_n, e_m)\overline{(e_m, Be_n)}$$
$$= \sum_{m=1}^{\infty}\sum_{n=1}^{\infty}\overline{(e_m, Ae_n)}\,\overline{(Be_n, e_m)}$$

$$= \overline{\sum_{m=1}^{\infty} \sum_{n=1}^{\infty} (A^*e_m, e_n)(e_n, B^*e_m)}$$

$$= \overline{\sum_{m=1}^{\infty} \left(\sum_{n=1}^{\infty} (A^*e_m, e_n)e_n, B^*e_m \right)}$$

$$= \overline{\sum_{m=1}^{\infty} (A^*e_m, B^*e_m)} = \overline{\sum_{n=1}^{\infty} (A^*e_n, B^*e_n)}. \qquad (4.4.4)$$

为保证上式第三个等号成立, 即关于 m, n 的求和可交换, 只需注意到, 由引理1.5.11有

$$\sum_{n=1}^{\infty} \sum_{m=1}^{\infty} |(Ae_n, e_m)(e_m, Be_n)|$$

$$\leqslant \frac{1}{2} \sum_{n=1}^{\infty} \sum_{m=1}^{\infty} \left[|(Ae_n, e_m)|^2 + |(e_m, Be_n)|^2 \right]$$

$$= \frac{1}{2} \sum_{n=1}^{\infty} \left(\|Ae_n\|_{\mathscr{H}}^2 + \|Be_n\|_{\mathscr{H}}^2 \right)$$

$$= \frac{1}{2} \left(\|A\|_2^2 + \|B\|_2^2 \right) < \infty.$$

类似地, 由引理1.5.11及(4.4.1)有

$$\sum_{n=1}^{\infty} \sum_{m=1}^{\infty} |(e_n, A^*d_m)||(e_n, B^*d_m)|$$

$$\leqslant \frac{1}{2} \sum_{n=1}^{\infty} \sum_{m=1}^{\infty} \left[|(e_n, A^*d_m)|^2 + |(e_n, B^*d_m)|^2 \right]$$

$$= \frac{1}{2} (\|A^*\|_2 + \|B^*\|_2)$$

$$= \frac{1}{2} (\|A\|_2 + \|B\|_2) < \infty.$$

由此及(4.4.4)有

$$\sum_{n=1}^{\infty} (Ae_n, Be_n) = \sum_{n=1}^{\infty} \left(Ae_n, \sum_{m=1}^{\infty} (Be_n, d_m)d_m \right)$$

$$= \sum_{n=1}^{\infty} \sum_{m=1}^{\infty} (Ae_n, d_m) \overline{(Be_n, d_m)}$$

$$= \sum_{n=1}^{\infty} \sum_{m=1}^{\infty} (e_n, A^*d_m) \overline{(e_n, B^*d_m)}$$

$$= \sum_{m=1}^{\infty} \sum_{n=1}^{\infty} \overline{(A^* d_m, e_n)} (B^* d_m, e_n)$$

$$= \sum_{m=1}^{\infty} \overline{\left(A^* d_m, \sum_{n=1}^{\infty} (B^* d_m, e_n) e_n\right)}$$

$$= \sum_{m=1}^{\infty} \overline{(A^* d_m, B^* d_m)}$$

$$= \sum_{m=1}^{\infty} (A d_m, B d_m).$$

故所证断言成立, 即Hilbert–Schmidt内积与基的选取无关.

定理4.4.7 $L_{(2)}(\mathscr{H})$在定义4.4.5的内积下是一个Hilbert空间.

证明 因$(A,A) = \|A\|_2^2$, 故只需证明$L_{(2)}(\mathscr{H})$在范数$\|\cdot\|_2$下完备即可. 为此, 先证若$A \in L_{(2)}(\mathscr{H})$, 则

$$\|A\|_{\mathscr{L}(\mathscr{H})} \leqslant \|A\|_2. \tag{4.4.5}$$

事实上, 对任意$u \in \mathscr{H}$满足$\|u\|_{\mathscr{H}} = 1$, 由引理1.5.11, 关于内积空间的Cauchy–Schwarz不等式(见文献[7]命题1.6.8)和(4.4.1)有

$$\|Au\|_{\mathscr{H}}^2 = \sum_{n=1}^{\infty} |(Au, e_n)|^2 = \sum_{n=1}^{\infty} |(u, A^* e_n)|^2$$

$$\leqslant \sum_{n=1}^{\infty} \|u\|_{\mathscr{H}}^2 \|A^* e_n\|_{\mathscr{H}}^2 = \sum_{n=1}^{\infty} \|A^* e_n\|_{\mathscr{H}}^2$$

$$= \|A^*\|_{\mathscr{H}}^2 = \|A\|_{\mathscr{H}}^2.$$

故所证断言成立.

现设$\{A_n\}_{n=1}^{\infty}$是$L_{(2)}(\mathscr{H})$中的基本列, 则由(4.4.5)知$\{A_n\}_{n\in\mathbb{N}_+}$也是$\mathscr{L}(\mathscr{H})$中的基本列, 而$\mathscr{L}(\mathscr{H})$完备, 所以存在$A \in \mathscr{L}(\mathscr{H})$满足, 当$n \to \infty$时,

$$\|A - A_n\|_{\mathscr{L}(\mathscr{H})} \to 0.$$

对$\forall \varepsilon \in (0,\infty)$, $\exists N \in \mathbb{N}_+$, 当$n,m > N$时, $\|A_n - A_m\|_2 < \varepsilon$. 从而, 对$\forall K \in \mathbb{N}_+$,

$$\sum_{j=1}^{K} \|(A_n - A_m) e_j\|_{\mathscr{H}}^2 \leqslant \sum_{j=1}^{\infty} \|(A_n - A_m) e_j\|_{\mathscr{H}}^2$$

§4.4 Hilbert–Schmidt算子与迹算子

$$= \|A_n - A_m\|_2^2 < \varepsilon^2.$$

令$m \to \infty$, 再令$K \to \infty$知, 对$\forall n > N$, 有

$$\sum_{j=1}^{\infty} \|(A_n - A)e_j\|_{\mathscr{H}}^2 \leqslant \varepsilon^2.$$

所以$A_n - A \in L_{(2)}(\mathscr{H})$, 从而$A = A_n - (A_n - A) \in L_{(2)}(\mathscr{H})$且, 当$n \to \infty$时,

$$\|A_n - A\|_2 \to 0.$$

至此, 定理得证. $\square$

命题4.4.8 记$F(\mathscr{H})$是$\mathscr{H}$上全体有穷秩算子的集合, 则

$$F(\mathscr{H}) \subset L_{(2)}(\mathscr{H})$$

且在范数$\|\cdot\|_2$下, $F(\mathscr{H})$在$L_{(2)}(\mathscr{H})$中稠密.

证明 取$A \in F(\mathscr{H})$及$\mathscr{H}$的规范正交基$\{e_n\}_{n=1}^{\infty}$使得

$$A(\mathscr{H}) = \text{span}\{e_1, \cdots, e_m\}.$$

则由引理1.5.11有

$$\|A\|_2^2 = \sum_{j=1}^{\infty} \|Ae_j\|_{\mathscr{H}}^2 = \sum_{j=1}^{\infty} \sum_{i=1}^{m} |(Ae_j, e_i)|^2$$
$$= \sum_{i=1}^{m} \sum_{j=1}^{\infty} |(e_j, A^*e_i)|^2 = \sum_{i=1}^{m} \|A^*e_i\|_{\mathscr{H}}^2 < \infty,$$

所以$A \in L_{(2)}(\mathscr{H})$, 即有$F(\mathscr{H}) \subset L_{(2)}(\mathscr{H})$.

对$\forall A \in L_{(2)}(\mathscr{H})$, 任取$\mathscr{H}$的规范正交基$\{e_n\}_{n=1}^{\infty}$, 则, 对$\forall x \in \mathscr{H}$, 有

$$Ax = \sum_{j=1}^{\infty} (Ax, e_j)e_j.$$

对$\forall m \in \mathbb{N}_+$及$\forall x \in \mathscr{H}$, 令

$$A_m x := \sum_{j=1}^{m} (x, A^*e_j)e_j,$$

则 $A_m \in F(\mathcal{H})$. 由于对 $\forall i \in \mathbb{N}_+$,

$$\|(A-A_m)e_i\|_{\mathcal{H}}^2 = \left\|\sum_{j=m+1}^{\infty}(Ae_i,e_j)e_j\right\|_{\mathcal{H}}^2$$
$$= \left(\sum_{j=m+1}^{\infty}(Ae_i,e_j)e_j, \sum_{j=m+1}^{\infty}(Ae_i,e_j)e_j\right)$$
$$= \left(\sum_{j=m+1}^{\infty}(e_i,A^*e_j)e_j, \sum_{j=m+1}^{\infty}(e_i,A^*e_j)e_j\right)$$
$$= \sum_{j=m+1}^{\infty}|(e_i,A^*e_j)|^2,$$

由此及(4.4.1)知, 当 $m \to \infty$, 有

$$\|A-A_m\|_2^2 = \sum_{i=1}^{\infty}\|(A-A_m)e_i\|_{\mathcal{H}}^2$$
$$= \sum_{i=1}^{\infty}\sum_{j=m+1}^{\infty}|(e_i,A^*e_j)|^2$$
$$= \sum_{j=m+1}^{\infty}\|A^*e_j\|_{\mathcal{H}}^2 \to 0.$$

由此即得 $F(\mathcal{H})$ 在 $L_{(2)}(\mathcal{H})$ 中稠. 至此, 命题得证. □

推论4.4.9 $L_{(2)}(\mathcal{H}) \subset \mathfrak{C}(\mathcal{H})$, 其中 $\mathfrak{C}(\mathcal{H})$ 是 $\mathcal{H}$ 上紧算子全体.

证明 由命题4.4.8知, 对 $\forall A \in L_{(2)}(\mathcal{H})$, 存在有穷秩算子列 $\{A_n\}_{n \in \mathbb{N}_+}$ 使得, 当 $n \to \infty$ 时,

$$\|A-A_n\|_{\mathscr{L}(\mathcal{H})} \leqslant \|A-A_n\|_2 \to 0.$$

由此及命题1.3.29即知 A 是紧算子. 至此, 推论得证. □

定理4.4.10 A 是Hilbert–Schmidt算子当且仅当 A 是紧算子, 并且

$$\sum_{n=1}^{\infty}\lambda_n^2 < \infty.$$

其中 $\{\lambda_n\}_{n \in \mathbb{N}_+}$ 是正对称紧算子 $(A^*A)^{\frac{1}{2}}$ 的全体特征值. 此时,

$$\|A\|_2^2 = \sum_{n=1}^{\infty}\lambda_n^2.$$

证明 首先证明, 当 A 是紧算子时, $(A^*A)^{\frac{1}{2}}$ 是正对称紧算子. 显然, A^*A 是正对称算子且 $A^*A \in \mathscr{L}(\mathscr{H})$. 又由命题2.5.7和定理2.5.8知

$$\sigma\left((A^*A)^{\frac{1}{2}}\right) = \sigma\left(z^{\frac{1}{2}}(A^*A)\right)$$
$$= z^{\frac{1}{2}}(\sigma(A^*A)) \subset z^{\frac{1}{2}}(\mathbb{R}_+) = \mathbb{R}_+.$$

所以, 再次由定理2.5.8知 $(A^*A)^{\frac{1}{2}}$ 是正对称算子.

下证 $(A^*A)^{\frac{1}{2}}$ 紧. 设 $x_n, x \in \mathscr{H}$ 且 $x_n \rightharpoonup x$, $n \to \infty$. 当 A 是紧算子时, 由命题1.3.19知, 当 $n \to \infty$ 时,

$$Ax_n \to Ax.$$

所以, 当 $n \to \infty$ 时,

$$\left\|(A^*A)^{\frac{1}{2}}x_n - (A^*A)^{\frac{1}{2}}x\right\|_{\mathscr{H}}^2$$
$$= \left((A^*A)^{\frac{1}{2}}x_n, (A^*A)^{\frac{1}{2}}x_n\right) + \left((A^*A)^{\frac{1}{2}}x, (A^*A)^{\frac{1}{2}}x\right)$$
$$- \left((A^*A)^{\frac{1}{2}}x, (A^*A)^{\frac{1}{2}}x_n\right) - \left((A^*A)^{\frac{1}{2}}x_n, (A^*A)^{\frac{1}{2}}x\right)$$
$$= (Ax_n, Ax_n) + (Ax, Ax) - (Ax, Ax_n) - (Ax_n, Ax) \to 0.$$

故 $(A^*A)^{\frac{1}{2}}$ 全连续. 而 $\mathscr{H}$ 是Hilbert空间, 故由命题1.3.19知 $(A^*A)^{\frac{1}{2}}$ 是紧算子.

由Hilbert-Schmidt定理(即定理1.5.8)知存在 $\{\lambda_n\}_{n \in \mathbb{N}_+}$ 及 $\mathscr{H}$ 的一个规范正交基 $\{e_n\}_{n \in \mathbb{N}_+}$ 满足, 对 $\forall n \in \mathbb{N}_+$,

$$(A^*A)^{\frac{1}{2}}e_n = \lambda_n e_n.$$

由此有

$$\|A\|_2^2 = \sum_{n=1}^{\infty}(Ae_n, Ae_n)$$
$$= \sum_{n=1}^{\infty}\left((A^*A)^{\frac{1}{2}}e_n, (A^*A)^{\frac{1}{2}}e_n\right)$$
$$= \sum_{n=1}^{\infty}(\lambda_n e_n, \lambda_n e_n) = \sum_{n=1}^{\infty}\lambda_n^2.$$

故有

$$A \in L_{(2)}(\mathscr{H}) \iff \sum_{n=1}^{\infty}\lambda_n^2 < \infty.$$

至此, 定理得证. □

定理4.4.11 设$(\Omega,\mathfrak{B},\mu)$是一个测度空间,令
$$\mathscr{H}:=L^2(\Omega,\mathfrak{B},\mu).$$
设$K\in L^2(\Omega\times\Omega,\mu\otimes\mu)$,定义积分算子$A_K$如下: 对$\forall f\in L^2(\Omega,\mathfrak{B},\mu)$及$\forall x\in\Omega$,
$$(A_Kf)(x):=\int_\Omega K(x,y)f(y)\,\mathrm{d}\mu(y).$$
则映射$K\longmapsto A_K$是$L^2(\Omega\times\Omega,\mu\otimes\mu)$到$L_{(2)}(\mathscr{H})$的一个等距同构映射.

证明 设$\{e_n\}_{n\in\mathbb{N}_+}$是$\mathscr{H}$的一个规范正交基,则,对$\forall n,m\in\mathbb{N}_+$,有

$$(e_n,e_m)=\int_\Omega e_n(y)\overline{e_m(y)}\,\mathrm{d}\mu(y)=\begin{cases}0, & \forall m\neq n,\\ 1, & \forall m=n.\end{cases}$$

下证$\{e_n\overline{e_m}\}_{n,m\in\mathbb{N}_+}$是$L^2(\Omega\times\Omega,\mu\otimes\mu)$的一组规范正交基.

首先,对$\forall n,m,i,j\in\mathbb{N}_+$,有

$$\begin{aligned}(e_n\overline{e_m},e_i\overline{e_j})&=\int_\Omega\int_\Omega e_n(x)\overline{e_m(y)}\overline{e_i(x)}\overline{\overline{e_j(y)}}\,\mathrm{d}\mu(x)\mathrm{d}\mu(y)\\ &=\left[\int_\Omega e_n(x)\overline{e_i(x)}\,\mathrm{d}\mu(x)\right]\left[\int_\Omega e_j(y)\overline{e_m(y)}\,\mathrm{d}\mu(y)\right],\end{aligned}$$

所以

$$(e_n\overline{e_m},e_i\overline{e_j})=\begin{cases}0, & \forall n\neq i\text{或}\forall m\neq j,\\ 1, & \forall n=i\text{且}\forall m=j.\end{cases}$$

再证$\{e_n\overline{e_m}\}_{n,m\in\mathbb{N}_+}$完备. 若不然,则存在函数$f\in L^2(\Omega\times\Omega,\mu\otimes\mu)$且$f\neq\theta$使得,对$\forall m,n\in\mathbb{N}_+$,由Fubini定理有

$$\begin{aligned}0&=(f,e_n\overline{e_m})\\ &=\int_\Omega\int_\Omega f(x,y)\overline{e_n(x)\overline{e_m(y)}}\,\mathrm{d}\mu(x)\mathrm{d}\mu(y)\\ &=\int_\Omega\left[\int_\Omega f(x,y)e_m(y)\,\mathrm{d}\mu(y)\right]\overline{e_n(x)}\,\mathrm{d}\mu(x).\end{aligned}$$

又对每个m, 由Hölder不等式有

$$\int_\Omega \left| \int_\Omega f(x,y)e_m(y)\,d\mu(y) \right|^2 d\mu(x)$$
$$\leqslant \int_\Omega \left\{ \left[\int_\Omega |f(x,y)|^2 d\mu(y) \right]^{\frac{1}{2}} \left[\int_\Omega |e_m(y)|^2 d\mu(y) \right]^{\frac{1}{2}} \right\}^2 d\mu(x)$$
$$= \int_\Omega \int_\Omega |f(x,y)|^2 d\mu(y)d\mu(x)$$
$$= \|f\|_{L^2(\Omega\times\Omega,\,\mu\otimes\mu)} < \infty.$$

所以
$$\int_\Omega f(\cdot,y)e_m(y)\,d\mu(y) \in L^2(\Omega,\mathfrak{B},\mu).$$

由$\{e_n\}_{n\in\mathbb{N}_+}$的完备性知, 对$\forall m \in \mathbb{N}_+$,
$$\int_\Omega f(x,y)e_m(y)\,d\mu(y) = 0 \quad \text{a.e. } x\in\Omega.$$

再由$\{e_m\}_{m\in\mathbb{N}_+}$的完备性知$f=0$在$\Omega\times\Omega$上几乎处处成立. 这与$f$不是$L^2(\Omega\times\Omega,\mu\otimes\mu)$中的零元矛盾. 由此即得$\{e_n\overline{e_m}\}_{n,m\in\mathbb{N}_+}$完备, 故为$L^2(\Omega\times\Omega,\mu\otimes\mu)$的一组规范正交基.

对$\forall x,y \in \Omega$, 记
$$K(x,y) := \sum_{m,k=1}^\infty a_{m,k}e_m(x)\overline{e_k(y)},$$

其中$\{a_{m,k}\}_{m,k\in\mathbb{N}_+}\subset\mathbb{C}$, 则

$$\|K\|^2_{\mathscr{H}\times\mathscr{H}} = \int_\Omega\int_\Omega \left[\sum_{m,k=1}^\infty a_{m,k}e_m(x)\overline{e_k(y)}\right]$$
$$\times \overline{\left[\sum_{i,j=1}^\infty a_{ij}e_i(x)\overline{e_j(y)}\right]} d\mu(x)d\mu(y)$$
$$= \int_\Omega\int_\Omega \sum_{m,k,i,j=1}^\infty a_{m,k}\overline{a_{ij}}e_m(x)\overline{e_i(x)}\overline{e_k(y)}e_j(y)\,d\mu(x)d\mu(y)$$
$$= \sum_{m,k=1}^\infty |a_{m,k}|^2$$

且，对 $\forall n \in \mathbb{N}_+$ 及 $\forall x \in \Omega$，有

$$(A_K e_n)(x) = \int_\Omega \sum_{m,k=1}^\infty a_{m,k} e_m(x) \overline{e_k(y)} e_n(y) \, \mathrm{d}\mu(y)$$

$$= \sum_{m=1}^\infty a_{m,n} e_m(x).$$

所以

$$\|A_K\|_2^2 = \sum_{n=1}^\infty (A_K e_n, A_K e_n) = \sum_{n=1}^\infty \sum_{m=1}^\infty |a_{m,n}|^2 = \|K\|_{\mathscr{H} \times \mathscr{H}}^2.$$

从而 $K \longmapsto A_K$ 是 $L^2(\Omega \times \Omega, \mu \otimes \mu)$ 到 $L_{(2)}(\mathscr{H})$ 的一个等距映射.

记

$$E := \{A_K : K \in L^2(\Omega \times \Omega, \mu \otimes \mu)\},$$

为完成该定理的证明，只需再证 $E = L_{(2)}(\mathscr{H})$ 即可. 由上述讨论易知 $E \subset L_{(2)}(\mathscr{H})$. 余下还需证 $L_{(2)}(\mathscr{H}) \subset E$.

首先，对 E 中任意的基本列 $\{A_{K_n}\}_{n \in \mathbb{N}_+}$，设其原像是 $\{K_n\}_{n \in \mathbb{N}_+}$，则由

$$\|A_K\|_2 = \|K\|_{\mathscr{H} \times \mathscr{H}}$$

知 $\{K_n\}_{n \in \mathbb{N}_+}$ 是 $L^2(\Omega \times \Omega, \mu \otimes \mu)$ 中基本列. 又由后者的完备性知存在 K_0 使得 K_n 当 $n \to \infty$ 时在 $L^2(\Omega \times \Omega, \mu \otimes \mu)$ 的范数意义下收敛于 K_0，所以 $A_{K_0} \in E$ 且，当 $n \to \infty$ 时，

$$\|A_{K_n} - A_{K_0}\|_2 = \|K_n - K_0\|_{\mathscr{H} \times \mathscr{H}} \to 0.$$

这说明了 E 是一个闭集.

对 $\forall B \in F(\mathscr{H})$，不妨设 $B(\mathscr{H}) = \mathrm{span}\{e_1, \cdots, e_t\}$ 且，对 $\forall n \in \mathbb{N}_+$ 及 $\forall x \in \Omega$，有

$$(Be_n)(x) = \sum_{i=1}^t a_i^{(n)} e_i(x).$$

对 $\forall (x,y) \in \Omega \times \Omega$，令

$$K_B(x,y) := \sum_{m=1}^\infty \sum_{i=1}^t a_i^{(m)} e_i(x) \overline{e_m(y)}.$$

则，对 $\forall n \in \mathbb{N}_+$ 及 $\forall x \in \Omega$，有

$$(A_{K_B} e_n)(x) = \int_\Omega K_B(x,y) e_n(y) \, \mathrm{d}\mu(y)$$

$$= \int_\Omega \sum_{m=1}^\infty \sum_{i=1}^t a_i^{(m)} e_i(x) \overline{e_m(y)} e_n(y) \, d\mu(y)$$
$$= \sum_{i=1}^t a_i^{(n)} e_i(x).$$

故 $B = A_{K_B}$, 从而 $F(\mathscr{H}) \subset E$, 由 $F(\mathscr{H})$ 的稠密性(命题4.4.8)即得 $E = L_{(2)}(\mathscr{H})$. 至此, 定理得证. □

现在我们来介绍迹算子.

定义4.4.12 设 $A: \mathscr{H} \to \mathscr{H}$ 是紧算子且 $\{\lambda_n\}_{n \in \mathbb{N}_+}$ 是 $(A^*A)^{\frac{1}{2}}$ 的全体特征值组成的集合. 若 $\sum_{n=1}^\infty \lambda_n < \infty$, 则称 A 为 $\mathscr{H}$ 的**迹算子**, 其全体记为 $L_{(1)}(\mathscr{H})$. 令

$$\|A\|_1 := \sum_{n=1}^\infty \lambda_n.$$

称 $\|A\|_1$ 为 A 的**迹范数**.

注记4.4.13 因为当 $\{\lambda_n\}_{n \in \mathbb{N}_+} \subset [0, \infty)$ 时, 有

$$\sum_{n=1}^\infty \lambda_n^2 \leqslant \left(\sum_{n=1}^\infty \lambda_n\right)^2,$$

由此及(4.4.5)知

$$\|A\|_{\mathscr{L}(\mathscr{H})} \leqslant \|A\|_2 \leqslant \|A\|_1.$$

所以

$$L_{(1)}(\mathscr{H}) \subset L_{(2)}(\mathscr{H}) \subset \mathfrak{C}(\mathscr{H}) \subset \mathscr{L}(\mathscr{H}).$$

定义4.4.14 称Hilbert空间 $\mathscr{H}$ 上的有界线性算子 W 为**部分等距算子**, 若对任意的 $h \in (\ker W)^\perp$, 有 $\|Wh\|_{\mathscr{H}} = \|h\|_{\mathscr{H}}$.

注记4.4.15 设 W 是部分等距算子.

(i) $\|W\|_{\mathscr{L}(\mathscr{H})} = 1$.

事实上, 因 W 有界, 故 $\ker W$ 闭. 从而, 对任意 $h \in \mathscr{H}$, 由正交分解定理(文献[7]推论1.6.37)知 $h = h_1 + h_2$, 其中 $h_1 \in \ker W$ 且 $h_2 \in (\ker W)^\perp$. 从而

$$\|Wh\|_{\mathscr{H}} = \|Wh_2\|_{\mathscr{H}} = \|h_2\|_{\mathscr{H}} \leqslant \|h\|_{\mathscr{H}}.$$

由此知$\|W\|_{\mathscr{L}(\mathscr{H})} \leqslant 1$. 特别地，若$W \neq \theta$，则，对任意$h \in (\ker W)^\perp$，有

$$\|Wh\|_{\mathscr{H}} = \|h\|_{\mathscr{H}}.$$

此时$\|W\|_{\mathscr{L}(\mathscr{H})} = 1$.

(ii) 对$\forall h, g \in (\ker W)^\perp$，有

$$(Wh, Wg) = (h, g).$$

事实上，对$\forall f, g \in (\ker W)^\perp$，有$\|W(h-g)\|_{\mathscr{H}} = \|h-g\|_{\mathscr{H}}$. 而

$$\|h - g\|^2_{\mathscr{H}} = \|h\|^2_{\mathscr{H}} + \|g\|^2_{\mathscr{H}} - (h,g) - (g,h)$$

且

$$\|W(h-g)\|^2_{\mathscr{H}} = \|h\|^2_{\mathscr{H}} + \|g\|^2_{\mathscr{H}} - (Wh, Wg) - (Wg, Wh),$$

所以有

$$(h,g) + (g,h) = (Wh, Wg) + (Wg, Wh). \tag{4.4.6}$$

若$\mathscr{H}$为实Hilbert空间，则由上式立知结论成立. 若$\mathscr{H}$为复Hilbert空间，类似于(4.4.6)，由$\|W(h - \mathrm{i}g)\|_{\mathscr{H}} = \|h - \mathrm{i}g\|_{\mathscr{H}}$可得

$$\mathrm{i}(h,g) - \mathrm{i}(g,h) = \mathrm{i}(Wh, Wg) - \mathrm{i}(Wg, Wh). \tag{4.4.7}$$

联立(4.4.6)和(4.4.7)即可得，对$\forall f, g \in (\ker W)^\perp$，有

$$(Wh, Wg) = (h, g).$$

(iii) W^*W是$(\ker W)^\perp$上的投影.

事实上，对$\forall h \in (\ker W)^\perp$及$\forall g \in \mathscr{H}$，由正交分解定理(见文献[7]推论1.6.37)，g可以唯一地写为$g = g_1 + g_2$，其中$g_1 \in \ker W$且$g_2 \in (\ker W)^\perp$. 从而再由本注记(ii)知

$$(W^*Wh, g) = (Wh, Wg) = (Wh, Wg_2) = (h, g_2) = (h, g).$$

由g的任意性知$W^*Wh=h,\forall h\in(\ker W)^\perp$. 由此进一步有

$$(W^*W)^2g=(W^*W)^2g_2=W^*Wg_2=W^*Wg.$$

故$(W^*W)^2=W^*W$. 显然W^*W自伴. 又注意到, 对任意$g\in\mathscr{H}$,

$$W^*Wg=W^*Wg_2=g_2\in(\ker W)^\perp$$

且

$$W^*W((\ker W)^\perp)=(\ker W)^\perp,$$

故$W^*W(\mathscr{H})=(\ker W)^\perp$. 综上即知$W^*W$是$(\ker W)^\perp$上的投影.

(iv) 部分等距算子W不一定映$(\ker W)^\perp$到其自身. 例如, 取$\mathscr{H}=\ell^2$,

$$W(x_1,x_2,\cdots):=(x_2,x_3,\cdots).$$

则$\ker W=\mathbb{R}e_1$且

$$(\ker W)^\perp=\mathbb{R}e_2\oplus\mathbb{R}e_3\oplus\cdots.$$

从而, 对任意$x=(0,x_2,x_3,\cdots)\in(\ker W)^\perp$, $\|Wx\|_{\ell^2}=\|x\|_{\ell^2}$, 即$W$为部分等距算子且

$$W(\ker W)^\perp=\ell^2\neq(\ker W)^\perp.$$

故所证断言成立.

下面我们建立算子的极分解. 为此, 首先建立以下引理.

引理4.4.16 设$A\in\mathscr{L}(\mathscr{H})$, 则$\overline{R(A^*)}=(\ker A)^\perp$且$R(A^*)^\perp=\ker A$.

证明 先证$\overline{R(A^*)}\subset(\ker A)^\perp$. 事实上, 对任意$y\in R(A^*)$及任意$z\in\ker A$, 存在$x\in\mathscr{H}$使得$y=A^*x$且

$$(y,z)=(A^*x,z)=(x,Az)=0.$$

由z的任意性知$y\in(\ker A)^\perp$, 进一步由$(\ker A)^\perp$闭知$\overline{R(A^*)}\subset(\ker A)^\perp$.

下证 $(\ker A)^\perp \subset \overline{R(A^*)}$. 为此, 只需证 $R(A^*)^\perp \subset \ker A$. 事实上, 对任意的 $y \in R(A^*)^\perp$ 及 $x \in \mathscr{H}$, 有 $A^*x \in R(A^*)$. 故 $(Ay, x) = (y, A^*x) = 0$. 由 x 的任意性知 $Ay = \theta$, 即 $y \in \ker A$. 因此, $R(A^*)^\perp \subset \ker A$, 从而 $(\ker A)^\perp \subset \overline{R(A^*)}$. 综上即得

$$\overline{R(A^*)} = (\ker A)^\perp.$$

又由 $A \in \mathscr{L}(\mathscr{H})$ 知 $\ker A$ 闭, 故有

$$R(A^*)^\perp = \overline{R(A^*)}^\perp = (\ker A)^{\perp\perp} = \ker A,$$

至此, 引理得证. $\square$

定理4.4.17 设 $\mathscr{H}$ 为 Hilbert 空间且 $A \in \mathscr{L}(\mathscr{H})$. 则存在部分等距算子 W, 该算子在 $(\ker A)^\perp$ 上等距且在 $\ker A$ 上为 θ, 使得 $A = W|A|$, 其中 $|A| := (A^*A)^{\frac{1}{2}}$, 且该分解唯一. 这一分解称为算子 A 的极分解.

特别地, 若 $A = UP$, 其中 P 为正算子, U 部分等距且 $\ker P = \ker U$, 则 $U = W$ 且 $P = |A|$.

证明 定义 $R(|A|)$ 到 $\mathscr{H}$ 的算子 V 满足 $V(|A|h) := Ah$. 对任意 $h \in \mathscr{H}$, 由

$$(Ah, Ah) = (A^*Ah, h) = \left((A^*A)^{\frac{1}{2}}h, (A^*A)^{\frac{1}{2}}h\right) = (|A|h, |A|h)$$

有 $\|Ah\|_{\mathscr{H}}^2 = \||A|h\|_{\mathscr{H}}^2$. 从而

$$\|A\|_{\mathscr{L}(\mathscr{H})} = \||A|\|_{\mathscr{L}(\mathscr{H})}. \tag{4.4.8}$$

故, 当 $|A|h_1 = |A|h_2$ 时, 由

$$\|Ah_1 - Ah_2\|_{\mathscr{H}} = \||A|h_1 - |A|h_2\|_{\mathscr{H}} = 0$$

知 $Ah_1 = Ah_2$. 故 V 定义合理.

因对 $\forall h \in \mathscr{H}$, $\|V|A|h\|_{\mathscr{H}} = \||A|h\|_{\mathscr{H}}$, 故 V 是 $R(|A|)$ 上的等距算子. 从而, 由文献[7]定理2.3.13, V 可唯一地延拓到 $\overline{R(|A|)}$ 上, 仍记为 V, 则 V 是 $\overline{R(|A|)}$ 上的等距算子. 定义 $\mathscr{H}$ 上算子 W 为 $W|_{\overline{R(|A|)}} := V$, 而当 $h \in (R(|A|))^\perp$ 时, $Wh := 0$. 则 W 部分等距,

$$\ker W = (R(|A|))^\perp$$

且, 对任意 $h \in \mathscr{H}$,
$$W|A|h = V|A|h = Ah,$$
即 $A = W|A|$.

下证 $(\ker A)^\perp = \overline{R(|A|)}$ 且 $(R(|A|))^\perp = \ker A$. 事实上, 因 $|A|$ 自伴, 故由引理 4.4.16 有
$$\overline{R(|A|)} = \overline{R(|A|^*)} = (\ker |A|)^\perp$$
且
$$R(|A|)^\perp = R(|A|^*)^\perp = \ker |A|.$$
又由 $\|Ah\|_{\mathscr{H}} = \||A|h\|_{\mathscr{H}}, \forall h \in \mathscr{H}$, 故有 $\ker A = \ker |A|$. 因此,
$$\overline{R(|A|)} = (\ker |A|)^\perp = (\ker A)^\perp$$
且
$$(R(|A|))^\perp = \ker |A| = \ker A.$$
由此知 W 在 $(\ker A)^\perp$ 上等距, 在 $\ker A$ 上为 θ.

若 $A = UP$, 则 $A^*A = P^*U^*UP$. 因 P 为正算子, 故自伴. 从而
$$A^*A = PU^*UP.$$
因 $\ker U = \ker P$, 故由引理 4.4.16 有
$$(\ker U)^\perp = (\ker P)^\perp = \overline{R(P^*)} = \overline{R(P)}.$$
又因 U 部分等距, 故由注记 4.4.15(iii) 知 U^*U 是 $(\ker U)^\perp$ 上的投影, 从而
$$U^*UP = P.$$
因此, $|A|^2 = A^*A = P^2$. 由算子正平方根的唯一性 (见推论 2.5.9) 有 $P = |A|$. 故, 对任意 $h \in \mathscr{H}$, 由已证的 $|A|$ 的极分解有
$$U|A|h = UPh = Ah = W|A|h,$$

从而$U|_{R(|A|)} = W|_{R(|A|)}$. 由此及$UW \in \mathscr{L}(\mathscr{H})$进一步知$U|_{\overline{R(|A|)}} = W|_{\overline{R(|A|)}}$. 因此,

$$\ker U = \ker P = \ker |A| = \ker A.$$

又由W的定义知$\ker A \subset \ker W$. 现证$\ker W \subset \ker A$. 事实上, 对任意$h \in \ker W$, 由文献[7]推论1.6.37知

$$h = h_1 + h_2,$$

其中$h_1 \in \ker A$且$h_2 \in (\ker A)^\perp$. 从而, 由W在$(\ker A)^\perp$等距进一步有

$$0 = \|Wh\|_{\mathscr{H}} = \|Wh_1 + Wh_2\|_{\mathscr{H}} = \|Wh_2\|_{\mathscr{H}} = \|h_2\|_{\mathscr{H}}.$$

从而$h_2 = \theta$且$h = h_1 \in \ker A$. 故$\ker W \subset \ker A$. 从而$\ker U = \ker A = \ker W$. 因$\overline{R(|A|)} \oplus \ker A = H$, 故$U = W$. 至此, 定理得证. □

由定理4.4.17知, 对每个有界线性算子A, 都有极分解$A = W|A|$. 因为W是$(\ker A)^\perp$上部分等距算子, 故由注记4.4.15(iii)知W^*W是

$$(\ker A)^\perp = \overline{R(|A|)}$$

上的投影算子, 从而

$$|A| = W^*W|A| = W^*A. \tag{4.4.9}$$

当A是紧算子时, 设$\{\lambda_n\}_{n \in \mathbb{N}_+}$及$\{e_n\}_{n \in \mathbb{N}_+}$如定理4.4.10及其证明, 则由

$$\lambda_n = (|A|e_n, e_n)$$

及$|A|^{\frac{1}{2}}$自伴有

$$\begin{aligned} \|A\|_1 &= \sum_{n=1}^\infty \lambda_n = \sum_{n=1}^\infty (|A|e_n, e_n) \\ &= \sum_{n=1}^\infty \left(|A|^{\frac{1}{2}}e_n, |A|^{\frac{1}{2}}e_n\right) = \left\||A|^{\frac{1}{2}}\right\|_2^2. \end{aligned} \tag{4.4.10}$$

所以

$$A \in L_{(1)}(\mathscr{H}) \iff |A|^{\frac{1}{2}} \in L_{(2)}(\mathscr{H}).$$

此时,
$$\|A\|_1 = \sum_{n=1}^{\infty} (|A|e_n, e_n)$$
不依赖于基 $\{e_n\}_{n\in\mathbb{N}_+}$ 的选择. 事实上, 若 $\{d_m\}_{m\in\mathbb{N}_+}$ 是 $\mathscr{H}$ 的另一组规范正交基, 则由注记4.4.6(ii)有

$$\begin{aligned}\|A\|_1 &= \sum_{n=1}^{\infty} (|A|e_n, e_n) = \sum_{n=1}^{\infty} \left(|A|^{\frac{1}{2}}e_n, |A|^{\frac{1}{2}}e_n\right) \\ &= \sum_{m=1}^{\infty} \left(|A|^{\frac{1}{2}}d_m, |A|^{\frac{1}{2}}d_m\right) = \sum_{m=1}^{\infty} (|A|d_m, d_m). \end{aligned} \quad (4.4.11)$$

因此, 所证断言成立.

推论4.4.18 设 $L_{(1)}(\mathscr{H})$ 如定义4.4.12, 则

(i) $L_{(1)}(\mathscr{H})$ 是一个线性向量空间, $\|\cdot\|_1$ 是其上范数.

(ii) 若 $A \in L_{(1)}(\mathscr{H})$, 则 $A^* \in L_{(1)}(\mathscr{H})$ 且 $\|A\|_1 = \|A^*\|_1$.

(iii) 若 $A \in L_{(1)}(\mathscr{H})$ 且 $B \in \mathscr{L}(\mathscr{H})$, 则 $AB, BA \in L_{(1)}(\mathscr{H})$ 且

$$\|AB\|_1 \leqslant \|A\|_1 \|B\|_{\mathscr{L}(\mathscr{H})} \quad \text{和} \quad \|BA\|_1 \leqslant \|B\|_{\mathscr{L}(\mathscr{H})} \|A\|_1.$$

证明 (i) 显然对任意的复数 a, 由

$$|aA| = ((aA)^*(aA))^{\frac{1}{2}} = |a|(A^*A)^{\frac{1}{2}} = |a||A|$$

及(4.4.11)知 $\|aA\|_1 = |a|\|A\|_1$. 而由注记4.4.13知

$$\|A\|_1 = 0 \implies \|A\|_{\mathscr{L}(\mathscr{H})} = 0 \iff A = \theta.$$

所以 $\|A\|_1 = 0 \iff A = \theta$. 为证 $L_{(1)}(\mathscr{H})$ 是一个线性向量空间且 $\|\cdot\|_1$ 是其上范数, 只需再证三角不等式 $\|A+B\|_1 \leqslant \|A\|_1 + \|B\|_1$ 成立.

设 $A, B \in L_{(1)}(\mathscr{H})$, 依定理4.4.17做极分解 $A = U|A|$,

$$B = V|B| \quad \text{和} \quad A+B = W|A+B|,$$

其中 U, V 和 W 是部分等距算子. 因 W^*W 是

$$(\ker W)^\perp = \overline{R(|A+B|)}$$

上的投影[由注记4.4.15(iii)及定理4.4.17证明可得], 故取 $\mathscr{H}$ 的规范正交基 $\{e_n\}_{n\in\mathbb{N}_+}$, 对 $\forall N \in \mathbb{N}_+$,

$$\begin{aligned}
&\sum_{n=1}^N (|A+B|e_n, e_n) \\
&= \sum_{n=1}^N (W^*W|A+B|e_n, e_n) \\
&= \sum_{n=1}^N (W^*(A+B)e_n, e_n) \\
&= \sum_{n=1}^N (W^*(U|A|+V|B|)e_n, e_n) \\
&\leqslant \sum_{n=1}^N |(W^*U|A|e_n, e_n)| + \sum_{n=1}^N |(W^*V|B|e_n, e_n)|.
\end{aligned} \quad (4.4.12)$$

而由(4.4.10)、Cauchy–Schwarz不等式及Hölder不等式知, 对 $\forall N \in \mathbb{N}_+$, 有

$$\begin{aligned}
&\sum_{n=1}^N |(W^*U|A|e_n, e_n)| \\
&= \sum_{n=1}^N |(|A|e_n, U^*We_n)| \\
&= \sum_{n=1}^N \left|\left(|A|^{\frac{1}{2}}e_n, |A|^{\frac{1}{2}}U^*We_n\right)\right| \\
&\leqslant \sum_{n=1}^N \left\||A|^{\frac{1}{2}}e_n\right\|_{\mathscr{H}} \left\||A|^{\frac{1}{2}}U^*We_n\right\|_{\mathscr{H}} \\
&\leqslant \left(\sum_{n=1}^N \left\||A|^{\frac{1}{2}}e_n\right\|_{\mathscr{H}}^2\right)^{\frac{1}{2}} \left(\sum_{n=1}^N \left\||A|^{\frac{1}{2}}U^*We_n\right\|_{\mathscr{H}}^2\right)^{\frac{1}{2}} \\
&\leqslant \|A\|_1^{\frac{1}{2}} \left(\sum_{n=1}^\infty \left\||A|^{\frac{1}{2}}U^*We_n\right\|_{\mathscr{H}}^2\right)^{\frac{1}{2}}.
\end{aligned} \quad (4.4.13)$$

由命题4.4.3、注记4.4.15(i)及(4.4.10)知$|A|^{\frac{1}{2}}U^*W \in L_{(2)}(\mathscr{H})$且

$$\sum_{n=1}^{\infty} \left\||A|^{\frac{1}{2}}U^*We_n\right\|_{\mathscr{H}}^2 = \left\||A|^{\frac{1}{2}}U^*W\right\|_2^2$$

$$\leqslant \left\||A|^{\frac{1}{2}}\right\|_2^2 \|U^*W\|_{\mathscr{L}(\mathscr{H})}^2 \leqslant \|A\|_1.$$

从而, 由(4.4.13)知, 对$\forall N \in \mathbb{N}_+$, 有

$$\sum_{n=1}^{N} |(W^*U|A|e_n, e_n)| \leqslant \|A\|_1.$$

同理可得, 对$\forall N \in \mathbb{N}_+$,

$$\sum_{n=1}^{N} |(W^*V|B|e_n, e_n)| \leqslant \|B\|_1.$$

由此及(4.4.12)知, 对$\forall N \in \mathbb{N}_+$,

$$\sum_{n=1}^{N} (|A+B|e_n, e_n) \leqslant \|A\|_1 + \|B\|_1.$$

令$N \to \infty$, 即知三角不等式成立. 因此, (i)得证.

(ii) 设$A, B \in L_{(2)}(\mathscr{H})$且$AB = U|AB|$是$AB$的极分解. 选取$\mathscr{H}$的规范正交基$\{e_n\}_{n \in \mathbb{N}_+}$使得, 对$\forall n \in \mathbb{N}_+$, e_n或在$\ker U$中或在$(\ker U)^\perp$中, 则

$$\left\{Ue_n : n \in \mathbb{N}_+ \text{ 且 } e_n \in (\ker U)^\perp\right\}$$

是$\mathscr{H}$的一个规范正交集. 事实上, 对$\forall n, m \in \mathbb{N}_+$且$e_n, e_m \in (\ker U)^\perp$, 由$U$是部分等距算子及注记4.4.15(ii)有

$$\|Ue_n\|_{\mathscr{H}} = \|e_n\|_{\mathscr{H}} = 1$$

且

$$(Ue_n, Ue_m) = (e_n, e_m) = \begin{cases} 1, & \text{当}n = m\text{时}; \\ 0, & \text{当}n \neq m\text{时}. \end{cases}$$

由此及(4.4.1)和(4.4.2)进一步有

$$\|A^*U\|_2^2 = \sum_{n=1}^{\infty} \|A^*Ue_n\|_{\mathscr{H}}^2 \leqslant \sum_{n=1}^{\infty} \|A^*e_n\|_{\mathscr{H}}^2 = \|A^*\|_2^2 = \|A\|_2^2.$$

利用此式与(4.4.9)、(4.4.11)、Cauchy–Schwarz不等式和Hölder不等式一起得

$$\|AB\|_1 = \sum_{n=1}^{\infty} (|AB|e_n, e_n) = \sum_{n=1}^{\infty} (ABe_n, Ue_n)$$

$$= \sum_{n=1}^{\infty} (Be_n, A^*Ue_n)$$

$$\leqslant \left(\sum_{n=1}^{\infty} \|Be_n\|_{\mathscr{H}}^2\right)^{\frac{1}{2}} \left(\sum_{n=1}^{\infty} \|A^*Ue_n\|_{\mathscr{H}}^2\right)^{\frac{1}{2}}$$

$$\leqslant \|B\|_2 \|A\|_2. \tag{4.4.14}$$

现设 $A \in L_{(1)}(\mathscr{H})$, 做极分解 $A = V|A|$. 则由 $|A|^{\frac{1}{2}}$ 自伴知

$$A^* = |A|^{\frac{1}{2}} (V|A|^{\frac{1}{2}})^*.$$

由此及(4.4.14)、(4.4.1)、命题4.4.3、注记4.4.15(i)和(4.4.1)有

$$\|A^*\|_1 \leqslant \left\||A|^{\frac{1}{2}}\right\|_2 \left\|\left(V|A|^{\frac{1}{2}}\right)^*\right\|_2 = \left\||A|^{\frac{1}{2}}\right\|_2 \left\|V|A|^{\frac{1}{2}}\right\|_2$$

$$\leqslant \left\||A|^{\frac{1}{2}}\right\|_2^2 \|V\|_{\mathscr{L}(\mathscr{H})} = \|A\|_1,$$

即 $A^* \in L_{(1)}(\mathscr{H})$. 由此进一步有

$$\|A\|_1 = \|(A^*)^*\|_1 \leqslant \|A^*\|_1.$$

综上有

$$\|A\|_1 = \|(A^*)^*\|_1 \leqslant \|A\|_1.$$

因此, (ii)成立.

  (iii) 设

$$A \in L_{(1)}(\mathscr{H}) \quad 且 \quad B \in \mathscr{L}(\mathscr{H}).$$

做极分解 $A = V|A|$. 由(4.4.10)、命题4.4.3及 $A \in L_{(1)}(\mathscr{H})$ 知

$$|A|^{\frac{1}{2}} \in L_{(2)}(\mathscr{H}) \quad 且 \quad BV|A|^{\frac{1}{2}} \in L_{(2)}(\mathscr{H}).$$

由此及(4.4.14)、命题4.4.3和(4.4.10)有

$$\|BA\|_1 = \left\|BV|A|^{\frac{1}{2}}|A|^{\frac{1}{2}}\right\|_1 \leqslant \left\|BV|A|^{\frac{1}{2}}\right\|_2 \left\||A|^{\frac{1}{2}}\right\|_2$$

$$\leqslant \|B\|_{\mathscr{L}(\mathscr{H})} \left\| |A|^{\frac{1}{2}} \right\|_2^2 = \|B\|_{\mathscr{L}(\mathscr{H})} \|A\|_1.$$

从而, 由(ii)进一步有

$$\|AB\|_1 = \|B^*A^*\|_1 \leqslant \|B^*\|_{\mathscr{L}(\mathscr{H})} \|A^*\|_1 = \|B\|_{\mathscr{L}(\mathscr{H})} \|A\|_1.$$

故(iii)成立. 至此, 推论得证. □

推论4.4.19 $A \in L_{(1)}(\mathscr{H})$ 当且仅当存在 $B, C \in L_{(2)}(\mathscr{H})$ 使得 $A = BC$.

证明 若存在 $B, C \in L_{(2)}(\mathscr{H})$ 使得 $A = BC$, 则由(4.4.14)知

$$\|A\|_1 = \|BC\|_1 \leqslant \|B\|_2 \|C\|_2.$$

故 $A \in L_{(1)}(\mathscr{H})$. 充分性得证.

反之, 对 $A \in L_{(1)}(\mathscr{H})$, 做极分解 $A = V|A|$. 取 $B = V|A|^{\frac{1}{2}}$ 和 $C = |A|^{\frac{1}{2}}$. 则由(4.4.10)及命题4.4.3知 $B, C \in L_{(2)}(\mathscr{H})$, 即必要性成立. 至此, 推论得证. □

定理4.4.20 $L_{(1)}(\mathscr{H})$ 在迹范数下是Banach空间.

证明 首先断言

$$\|A\|_1 = \sup\left\{\sum_{n=1}^{\infty} |(Ae_n, d_n)| : \{e_n\}_{n \in \mathbb{N}_+}, \{d_n\}_{n \in \mathbb{N}_+} \text{ 为 } \mathscr{H} \text{ 的规范正交基}\right\}.$$

事实上, 做极分解

$$A = V|A|.$$

则由Cauchy-Schwarz不等式、(4.4.1)、命题4.4.3、(4.4.10)及注记4.4.15(i)知, 对 $\mathscr{H}$ 中的任意两组规范正交基 $\{e_n\}_{n \in \mathbb{N}_+}$ 及 $\{d_n\}_{n \in \mathbb{N}_+}$ 有

$$\sum_{n=1}^{\infty} |(Ae_n, d_n)| = \sum_{n=1}^{\infty} \left|\left(|A|^{\frac{1}{2}} e_n, (V|A|^{\frac{1}{2}})^* d_n\right)\right|$$

$$= \left[\sum_{n=1}^{\infty} \left\||A|^{\frac{1}{2}} e_n\right\|_{\mathscr{H}}^2\right]^{\frac{1}{2}} \left[\sum_{n=1}^{\infty} \left\|(V|A|^{\frac{1}{2}})^* d_n\right\|_{\mathscr{H}}^2\right]^{\frac{1}{2}}$$

$$= \left\||A|^{\frac{1}{2}}\right\|_2 \left\|(V|A|^{\frac{1}{2}})^*\right\|_2 \leqslant \left\||A|^{\frac{1}{2}}\right\|_2^2 = \|A\|_1.$$

此外, 令 $\{e_n\}_{n\in\mathbb{N}_+}$ 如定理4.4.10的证明, 则由推论4.4.18(ii)证明知

$$\left\{Ve_n: n\in\mathbb{N}_+ \text{ 且 } e_n\in(\ker A)^\perp=(\ker V)^\perp\right\}$$

为 $\mathscr{H}$ 的规范正交集, 将其扩张为 $\mathscr{H}$ 的规范正交基, 记为 $\{d_n\}_{n\in\mathbb{N}_+}$. 则由极分解和注记4.4.15(ii)有

$$\sum_{n=1}^\infty |(Ae_n,d_n)| = \sum_{n=1}^\infty |(V|A|e_n,Ve_n)|$$
$$= \sum_{n=1}^\infty |(|A|e_n,e_n)| = \|A\|_1.$$

从而所证断言成立.

设 $\{A_m\}_{m\in\mathbb{N}_+}$ 为 $L_{(1)}(\mathscr{H})$ 中的基本列, 则根据注记4.4.13知 $\{A_m\}_{m\in\mathbb{N}_+}$ 也是 $\mathscr{L}(\mathscr{H})$ 中基本列. 由此及 $\mathscr{L}(\mathscr{H})$ 完备知存在 $A\in\mathscr{L}(\mathscr{H})$ 使得, 当 $m\to\infty$ 时,

$$\|A_m-A\|_{\mathscr{L}(\mathscr{H})}\to 0.$$

对任意 $\varepsilon\in(0,\infty)$, 存在 $N\in\mathbb{N}_+$ 使得, 对任意 $l,m\geqslant N$, 有

$$\|A_l-A_m\|_1 < \varepsilon.$$

从而, 对任意 $K\in\mathbb{N}_+$ 及 $\mathscr{H}$ 中规范正交基 $\{e_n\}_{n\in\mathbb{N}_+}$ 及 $\{d_n\}_{n\in\mathbb{N}_+}$, 由上述断言有

$$\sum_{n=1}^K |((A_l-A_m)e_n,d_n)| \leqslant \|A_l-A_m\|_1 < \varepsilon.$$

先令 $m\to\infty$, 再令 $K\to\infty$, 由内积连续性可知, 对 $\forall l\geqslant N$,

$$\sum_{n=1}^\infty |((A_l-A)e_n,d_n)| \leqslant \varepsilon.$$

由此及上述断言进一步知, 对 $\forall l\geqslant N$,

$$\|A_l-A\|_1 \leqslant \varepsilon.$$

即知 $A\in L_{(1)}(\mathscr{H})$ 且, 当 $l\to\infty$ 时, $\|A_l-A\|_1\to 0$. 至此, 定理得证. □

命题4.4.21 $F(\mathscr{H})\subset L_{(1)}(\mathscr{H})$ 且在 $\|\cdot\|_1$ 下, $F(\mathscr{H})$ 在 $L_{(1)}(\mathscr{H})$ 中稠密.

§4.4 Hilbert–Schmidt算子与迹算子

证明 对 $\forall A \in F(\mathscr{H})$, 做极分解可得

$$A = V|A|.$$

选取规范正交基 $\{e_n\}_{n \in \mathbb{N}_+}$ 使得

$$A(\mathscr{H}) = \mathrm{span}\{e_1, \cdots, e_m\}.$$

由注记4.4.15(i)和(iii)及Cauchy–Schwarz不等式有

$$\begin{aligned}
\|A\|_1 &= \sum_{i=1}^{\infty} (|A|e_i, e_i) = \sum_{i=1}^{\infty} (V^*V|A|e_i, e_i) \\
&= \sum_{i=1}^{\infty} (Ae_i, Ve_i) = \sum_{i=1}^{\infty} \left(\sum_{j=1}^{m} (Ae_i, e_j)e_j, Ve_i \right) \\
&= \sum_{i=1}^{\infty} \sum_{j=1}^{m} (Ae_i, e_j)(V^*e_j, e_i) \\
&= \sum_{j=1}^{m} \sum_{i=1}^{\infty} (e_i, A^*e_j)(V^*e_j, e_i) \\
&= \sum_{j=1}^{m} \left(V^*e_j, \sum_{i=1}^{\infty} (e_i, A^*e_j)e_i \right) \\
&= \sum_{j=1}^{m} (V^*e_j, A^*e_j) \leqslant \sum_{j=1}^{m} \|V^*e_j\|_{\mathscr{H}} \|A^*e_j\|_{\mathscr{H}} \\
&\leqslant \sum_{j=1}^{m} \|A^*e_j\|_{\mathscr{H}} < \infty,
\end{aligned}$$

所以 $A \in L_{(1)}(\mathscr{H})$. 因此, $F(\mathscr{H}) \subset L_{(1)}(\mathscr{H})$.

对 $\forall A \in L_{(1)}(\mathscr{H})$, 做极分解 $A = V|A|$. 注意到, 由注记4.4.13知 $A \in \mathscr{L}(\mathscr{H})$, 从而, 由(4.4.8)知 $|A| \in \mathscr{L}(\mathscr{H})$. 由此, 对 $\forall n \in \mathbb{N}_+$, 若设 λ_n 为 $|A|$ 的特征值, 相应的规范特征向量是 e_n. 则, 对任意 $x \in \mathscr{H}$, 有

$$\begin{aligned}
Ax &= V|A|x = V|A| \sum_{n=1}^{\infty} (x, e_n)e_n \\
&= V \sum_{n=1}^{\infty} (x, e_n)|A|e_n = V \sum_{n=1}^{\infty} (x, e_n)\lambda_n e_n \\
&= \sum_{n=1}^{\infty} \lambda_n (x, e_n) V e_n,
\end{aligned}$$

所以 $A(\cdot) = \sum_{n=1}^{\infty} \lambda_n(\cdot, e_n) V e_n$. 对任意 $N \in \mathbb{N}_+$, 记

$$A_N(\cdot) := \sum_{n=1}^{N} \lambda_n(\cdot, e_n) V e_n \in F(\mathscr{H}).$$

注意到, 对任意 $N \in \mathbb{N}_+$, $A - A_N$ 有极分解, 记为

$$A - A_N = V_N |A - A_N|,$$

则, 当 $m \in \{1, \cdots, N\}$ 时,

$$(A - A_N) e_m = \sum_{n=N+1}^{\infty} \lambda_n(e_m, e_n) V e_n = \theta;$$

而当 $m \in \{N+1, N+2, \cdots\}$ 时,

$$(A - A_N) e_m = \sum_{n=N+1}^{\infty} \lambda_n(e_m, e_n) V e_n = \lambda_m V e_m,$$

由此及(4.4.9)、Cauchy–Schwarz 不等式和注记4.4.15(i)有

$$\begin{aligned}
\|A - A_N\|_1 &= \sum_{m=1}^{\infty} (|A - A_N| e_m, e_m) \\
&= \sum_{m=1}^{\infty} (V_N^*(A - A_N) e_m, e_m) \\
&= \sum_{m=1}^{\infty} ((A - A_N) e_m, V_N e_m) \\
&= \sum_{m=N+1}^{\infty} \lambda_m (V e_m, V_N e_m) \leqslant \sum_{m=N+1}^{\infty} \lambda_m.
\end{aligned}$$

由 $\sum_{m=1}^{\infty} \lambda_m < \infty$ 即得

$$\lim_{N \to \infty} \|A - A_N\|_1 = 0,$$

所以 $F(\mathscr{H})$ 在 $L_{(1)}(\mathscr{H})$ 中稠. 至此, 命题得证. $\square$

设 $A \in L_{(1)}(\mathscr{H})$. 依定理4.4.17做极分解 $A = V|A|$, $\{e_n\}_{n \in \mathbb{N}_+}$ 是 $\mathscr{H}$ 中一组规范正交基. 对 $\forall n \in \mathbb{N}_+$, 由 Cauchy–Schwarz 不等式有

$$|(Ae_n, e_n)| = \left| \left(|A|^{\frac{1}{2}} e_n, |A|^{\frac{1}{2}} V^* e_n \right) \right| \leqslant \left\| |A|^{\frac{1}{2}} e_n \right\|_{\mathscr{H}} \left\| |A|^{\frac{1}{2}} V^* e_n \right\|_{\mathscr{H}}.$$

从而, 由Hölder不等式、命题4.4.3、注记4.4.15(i)和(4.4.10)进一步知

$$\sum_{n=1}^{\infty} |(Ae_n, e_n)| \leqslant \left(\sum_{n=1}^{\infty} \left\| |A|^{\frac{1}{2}} e_n \right\|_{\mathscr{H}}^2 \right)^{\frac{1}{2}} \left(\sum_{n=1}^{\infty} \left\| |A|^{\frac{1}{2}} V^* e_n \right\|_{\mathscr{H}}^2 \right)^{\frac{1}{2}}$$

$$= \left\| |A|^{\frac{1}{2}} \right\|_2 \left\| |A|^{\frac{1}{2}} V^* \right\|_2$$

$$\leqslant \left\| |A|^{\frac{1}{2}} \right\|_2^2 \|V^*\|_{\mathscr{L}(\mathscr{H})} \leqslant \left\| |A|^{\frac{1}{2}} \right\|_2^2 = \|A\|_1.$$

所以级数 $\sum_{n=1}^{\infty} (Ae_n, e_n)$ 绝对收敛. 若 $\{d_m\}_{m \in \mathbb{N}_+}$ 是 $\mathscr{H}$ 的另一组规范正交基, 则由命题4.4.3、注记4.4.6(ii)及(4.4.10)有

$$\sum_{n=1}^{\infty} (Ae_n, e_n) = \sum_{n=1}^{\infty} (V|A|e_n, e_n)$$

$$= \sum_{n=1}^{\infty} \left(|A|^{\frac{1}{2}} e_n, |A|^{\frac{1}{2}} V^* e_n \right)$$

$$= \sum_{m=1}^{\infty} \left(|A|^{\frac{1}{2}} d_m, |A|^{\frac{1}{2}} V^* d_m \right) = \sum_{m=1}^{\infty} (Ad_m, d_m). \quad (4.4.15)$$

所以 $\sum_{n=1}^{\infty} (Ae_n, e_n)$ 与基的选取无关.

定义4.4.22 设 $A \in L_{(1)}(\mathscr{H})$ 且 $\{e_n\}_{n \in \mathbb{N}_+}$ 为 $\mathscr{H}$ 的一组规范正交基, 称数

$$\operatorname{tr} A := \sum_{n=1}^{\infty} (Ae_n, e_n)$$

为算子A的**迹**, 线性映射 $\operatorname{tr}: L_{(1)}(\mathscr{H}) \longrightarrow \mathbb{C}$ 称为**迹泛函**.

由上述讨论知算子A的迹不依赖于基的选取.

命题4.4.23 设 $A, B \in L_{(1)}(\mathscr{H})$. 则

(i) $|\operatorname{tr} A| \leqslant \|A\|_1 = \operatorname{tr} |A|$, $\operatorname{tr} A^* = \overline{\operatorname{tr} A}$;

(ii) $\operatorname{tr}(A + B) = \operatorname{tr} A + \operatorname{tr} B$;

(iii) $\operatorname{tr}(\lambda A) = \lambda \operatorname{tr} A$;

(iv) $0 \leqslant A \leqslant B \Longrightarrow \operatorname{tr} A \leqslant \operatorname{tr} B$;

(v) 当 U 是酉算子时, $\mathrm{tr}\left(U^{-1}AU\right) = \mathrm{tr}\, A$;

(vi) 当 $A \in L_{(1)}(\mathscr{H})$ 且 $B \in \mathscr{L}(\mathscr{H})$ 时, $\mathrm{tr}(AB) = \mathrm{tr}(BA)$.

证明 (i)至(iv)的证明是显然的, 留作练习.

现证(v). 若 U 是酉算子, 则 $\{Ue_n\}_{n \in \mathbb{N}_+}$ 是规范正交基. 事实上, 正交性由 $U^*U = I$ 保证. 又由 $UU^* = I$ 知 U 为满射. 故, 对任意 $y \in \mathscr{H}$, 存在 $x \in \mathscr{H}$ 使得 $y = Ux$. 从而

$$y = U\left(\sum_{n=1}^{\infty}(x, e_n)e_n\right) = \sum_{n=1}^{\infty}(x, e_n)Ue_n$$
$$= \sum_{n=1}^{\infty}(Ux, Ue_n)Ue_n = \sum_{n=1}^{\infty}(y, Ue_n)Ue_n,$$

故 $\{Ue_n\}_{n \in \mathbb{N}_+}$ 为规范正交基. 由此及(4.4.9)有

$$\mathrm{tr}\left(U^{-1}AU\right) = \sum_{n=1}^{\infty}\left(U^{-1}AUe_n, e_n\right) = \sum_{n=1}^{\infty}(AUe_n, Ue_n) = \mathrm{tr}\, A.$$

因此, (v)成立.

下证(vi). 事实上, 当 U 是酉算子时, 由前证知 $\{Ue_n\}_{n \in \mathbb{N}_+}$ 为 $\mathscr{H}$ 的规范正交基. 由此及(4.4.15)有

$$\mathrm{tr}(AU) = \sum_{n=1}^{\infty}(AUe_n, e_n) = \sum_{n=1}^{\infty}(UAUe_n, Ue_n) = \mathrm{tr}(UA).$$

此时(vi)成立.

对 $B \in \mathscr{L}(\mathscr{H})$, 不妨设 $\|B\|_{\mathscr{L}(\mathscr{H})} \leqslant 1$, 若能证明 B 可以分解为若干个酉算子之和, 则由上面已证就能得到想要的结论(vi).

现令 $C := \frac{B + B^*}{4}$ 且 $D := -i\frac{B - B^*}{4}$. 则 C, D 是自伴算子, $B = 2C + 2iD$,

$$\|C\|_{\mathscr{L}(\mathscr{H})} \leqslant 1 \quad 且 \quad \|D\|_{\mathscr{L}(\mathscr{H})} \leqslant 1.$$

由注记(1.2.19)及 C 自伴知 $\sigma(C) \subset [-1, 1]$.

对任意 $\lambda \in [-1, 1]$, 记

$$\phi(\lambda) := \lambda + i\sqrt{1 - \lambda^2} \quad 且 \quad \psi(\lambda) := \lambda - i\sqrt{1 - \lambda^2},$$

则 $\phi, \psi \in C([-1,1])$. 令 $U_1 := \phi(C)$ 且 $U_2 := \psi(C)$. 则由命题2.5.6知

$$C = \left(\frac{\phi+\psi}{2}\right)(C) = \frac{1}{2}[\phi(C)+\psi(C)] = \frac{U_1+U_2}{2}$$

且

$$U_1 U_1^* = U_1^* U_1 = \phi(C)\psi(C) = (\phi\psi)(C) = 1(C) = I,$$

同理有 $U_2^* U_2 = U_2 U_2^* = I$. 从而 U_1, U_2 是酉算子且 $2C = U_1 + U_2$. 类似可证, 存在酉算子 U_3, U_4 使得 $2D = U_3 + U_4$, 所以

$$B = U_1 + U_2 + iU_3 + iU_4.$$

故 B 可以分解为4个酉算子之和, 即所证断言成立. 至此, 命题得证. □

定理4.4.24 设 $L_{(1)}(\mathscr{H})$ 如定义4.4.12, 则

(i) 线性映射 $A \longmapsto \mathrm{tr}(A\cdot)$ 是 $L_{(1)}(\mathscr{H})$ 到 $[\mathfrak{C}(\mathscr{H})]^*$ 上的等距同构映射;

(ii) 线性映射 $B \longmapsto \mathrm{tr}(\cdot B)$ 是 $\mathscr{L}(\mathscr{H})$ 到 $[L_{(1)}(\mathscr{H})]^*$ 上的等距同构映射.

证明 (i) 设 $A \in L_{(1)}(\mathscr{H})$. 由命题4.4.23(ii)和(iii)知 $\mathrm{tr}(A\cdot)$ 为 $\mathfrak{C}(\mathscr{H})$ 上的线性泛函. 当 $B \in \mathfrak{C}(\mathscr{H})$ 且 $\|B\|_{\mathscr{L}(\mathscr{H})} \leqslant 1$ 时, 由命题4.4.23(i)及推论4.4.18(iii)有

$$|\mathrm{tr}(AB)| \leqslant \|AB\|_1 \leqslant \|A\|_1 \|B\|_{\mathscr{L}(\mathscr{H})} \leqslant \|A\|_1, \tag{4.4.16}$$

所以

$$\|\mathrm{tr}(A\cdot)\|_{[\mathfrak{C}(\mathscr{H})]^*}$$
$$:= \sup\left\{|\mathrm{tr}(AB)| : B \in \mathfrak{C}(\mathscr{H}), \|B\|_{\mathscr{L}(\mathscr{H})} \leqslant 1\right\}$$
$$\leqslant \|A\|_1. \tag{4.4.17}$$

下证

$$\|A\|_1 \leqslant \|\mathrm{tr}(A\cdot)\|_{[\mathfrak{C}(\mathscr{H})]^*}.$$

设 $A \in L_{(1)}(\mathscr{H})$ 且有极分解 $A = V|A|$, $\{\lambda_n\}_{n \in \mathbb{N}_+}$ 是 $|A|$ 的特征值全体, 相应的规范正交特征向量是 $\{e_n\}_{n \in \mathbb{N}_+}$. 因 $\sum_{n \in \mathbb{N}_+} \lambda_n = \|A\|_1$, 故, 对任意 $\varepsilon \in (0,\infty)$, 存在 $N \in \mathbb{N}_+$ 使得 $\sum_{n=N+1}^{\infty} \lambda_n < \varepsilon$. 定义算子 B_N 如下:

$$B_N V e_n := e_n, \quad \forall n \in \{1, \cdots, N\}$$

且满足

$$B_N\left(\left[\mathrm{span}\{Ve_1,\cdots,Ve_n\}_{n\in\mathbb{N}_+}\right]^\perp\right):=\{\theta\}.$$

下面说明B_N为有穷秩算子. 首先由定理4.4.17的证明知$\ker V=\ker A=\ker |A|$, 从而, 对$\forall n\in\mathbb{N}_+$,

$$\lambda_n=0\iff |A|e_n=\theta\iff e_n\in\ker|A|$$
$$\iff e_n\in\ker V\iff Ve_n=\theta.$$

由此及$\{Ve_n:\ n\in\mathbb{N}_+\text{且}e_n\in(\ker V)^\perp\}$是一组正交向量[见推论4.4.18(ii)证明]知

$$\{Ve_n\}_{n\in\mathbb{N}_+}\setminus\{\theta\}=\left\{Ve_n:\ n\in\mathbb{N}_+\text{ 且 }e_n\in(\ker V)^\perp\right\}$$

是$\overline{R(V)}$的一组规范正交基. 对任意$x\in\mathscr{H}$, 由正交分解定理(文献[7]推论1.6.37)知存在

$$x_1=\sum_{n=1}^N (x_1,Ve_n)Ve_n\in\mathrm{span}\{Ve_1,\cdots,Ve_N\}$$

以及$x_2\in(\mathrm{span}\{Ve_1,\cdots,Ve_N\})^\perp$使得$x=x_1+x_2$. 故

$$B_N x=B_N x_1=\sum_{n=1}^N (x_1,Ve_n)e_n,$$

即知B_N为有穷秩算子且$B_N\in\mathfrak{C}(\mathscr{H})$.

又对任意$x\in\mathscr{H}$, 由注记4.4.15(i)有

$$\begin{aligned}\|B_N\|_{\mathscr{H}}&=\left\|\sum_{n=1}^N (x_1,Ve_n)e_n\right\|_{\mathscr{H}}\\&=\left(\sum_{n=1}^N (V^*x_1,e_n)e_n,\sum_{n=1}^N (V^*x_1,e_n)e_n\right)^{\frac{1}{2}}\\&=\left[\sum_{n=1}^N |(V^*x_1,e_n)|^2\right]^{\frac{1}{2}}\leqslant\left[\sum_{n=1}^\infty |(V^*x_1,e_n)|^2\right]^{\frac{1}{2}}\\&=\|V^*x_1\|_{\mathscr{H}}\leqslant\|x_1\|_{\mathscr{H}}\leqslant\|x\|_{\mathscr{H}}.\end{aligned}\quad(4.4.18)$$

因此, $\|B_N\|_{\mathscr{H}} \leqslant 1$. 又由命题4.4.23(vi)知

$$\operatorname{tr}(AB_N) = \operatorname{tr}(B_N A) = \sum_{n=1}^{\infty}(B_N V|A|e_n, e_n)$$
$$= \sum_{n=1}^{\infty}(B_N V \lambda_n e_n, e_n) = \sum_{n=1}^{N} \lambda_n > \|A\|_1 - \varepsilon.$$

故$\|A\|_1 < \|\operatorname{tr}(A\cdot)\|_{[\mathfrak{C}(\mathscr{H})]^*} + \varepsilon$. 因此, 由$\varepsilon$的任意性知$\|A\|_1 \leqslant \|\operatorname{tr}(A\cdot)\|_{[\mathfrak{C}(\mathscr{H})]^*}$. 由此及(4.4.17)即知

$$\|A\|_1 = \|\operatorname{tr}(A\cdot)\|_{[\mathfrak{C}(\mathscr{H})]^*},$$

即$A \longmapsto \operatorname{tr}(A\cdot)$是等距映射.

下证$A \longmapsto \operatorname{tr}(A\cdot)$是$L_{(1)}(\mathscr{H})$到$[\mathfrak{C}(\mathscr{H})]^*$上的满射, 即证明, 对任意的$f \in [\mathfrak{C}(\mathscr{H})]^*$, 存在$A_f \in L_{(1)}(\mathscr{H})$使得, 对任意$B \in \mathfrak{C}(\mathscr{H})$有$f(B) = \operatorname{tr}(A_f B)$.

首先, 对$\forall x, y \in \mathscr{H}$, 可定义秩一算子$T_{x,y}$:

$$T_{x,y}(z) := (z, y)x, \quad \forall z \in \mathscr{H}.$$

显然$\|T_{x,y}\|_{\mathscr{L}(\mathscr{H})} \leqslant \|x\|_{\mathscr{H}}\|y\|_{\mathscr{H}}$且由命题1.3.29有$T_{x,y} \in \mathfrak{C}(\mathscr{H})$.

对$\forall f \in [\mathfrak{C}(\mathscr{H})]^*$, 令

$$L_f(x, y) := f(T_{x,y}).$$

则

$$|L_f(x,y)| \leqslant \|f\|_{[\mathfrak{C}(\mathscr{H})]^*}\|T_{x,y}\|_{\mathscr{L}(\mathscr{H})} \leqslant \|f\|_{[\mathfrak{C}(\mathscr{H})]^*}\|x\|_{\mathscr{H}}\|y\|_{\mathscr{H}},$$

即知L_f为$\mathscr{H}$上有界共轭双线性泛函. 由文献[7]定理2.2.2知$\exists A_f \in \mathscr{L}(\mathscr{H})$使得, 对$\forall x, y \in \mathscr{H}$,

$$f(T_{x,y}) = L_f(x, y) = (A_f x, y)$$

且$\|A_f\|_{\mathscr{L}(\mathscr{H})} \leqslant \|f\|_{[\mathfrak{C}(\mathscr{H})]^*}$.

首先说明$A_f \in L_{(1)}(\mathscr{H})$. 为此, 设$A_f$有极分解$A_f = W|A_f|$. 则由(4.4.9)有

$$\|A_f\|_1 = \lim_{N\to\infty}\sum_{n=1}^{N}(|A_f|e_n, e_n) = \lim_{N\to\infty}\sum_{n=1}^{N}(A_f e_n, W e_n)$$
$$= \lim_{N\to\infty}\sum_{n=1}^{N} f(T_{e_n, We_n}) = \lim_{N\to\infty} f\left(\sum_{n=1}^{N} T_{e_n, We_n}\right).$$

而对 $\forall N \in \mathbb{N}_+$, 类似于(4.4.18)可证

$$\left\|\sum_{n=1}^{N} T_{e_n, We_n}\right\|_{\mathscr{L}(\mathscr{H})}$$
$$:= \sup\left\{\left\|\sum_{n=1}^{N} T_{e_n, We_n}x\right\|_{\mathscr{H}} : \|x\|_{\mathscr{H}} \leqslant 1, x \in H\right\}$$
$$= \sup\left\{\left\|\sum_{n=1}^{N} (x, We_n)e_n\right\|_{\mathscr{H}} : \|x\|_{\mathscr{H}} \leqslant 1, x \in \mathscr{H}\right\}$$
$$\leqslant \sup\{\|W^*x\|_{\mathscr{H}} : \|x\|_{\mathscr{H}} \leqslant 1, x \in \mathscr{H}\} \leqslant 1,$$

其中最后一个不等号由注记4.4.15(i)可得. 所以

$$\|A_f\|_1 \leqslant \|f\|_{[\mathfrak{C}(\mathscr{H})]^*}.$$

又由命题4.4.23(vi)有

$$f(T_{x,y}) = L_f(x, y) = (A_f x, y) = (x, A_f^* y)$$
$$= \left(x, \sum_{n=1}^{\infty} (A_f^* y, e_n)e_n\right) = \sum_{n=1}^{\infty} \left((e_n, A_f^* y)x, e_n\right)$$
$$= \sum_{n=1}^{\infty} (T_{x,y} A_f e_n, e_n) = \operatorname{tr}(T_{x,y} A_f) = \operatorname{tr}(A_f T_{x,y}).$$

由此及每个有穷秩算子可以写成有限个秩一算子之和(见定理1.3.28)及f和tr的线性性质可得, 对$\forall B \in F(\mathscr{H})$,

$$f(B) = \operatorname{tr}(A_f B). \tag{4.4.19}$$

又因为$F(\mathscr{H})$在$\mathfrak{C}(\mathscr{H})$中稠(见命题1.3.29)且

$$\|\operatorname{tr}(A_f \cdot)\|_{[\mathfrak{C}(\mathscr{H})]^*} = \|A_f\|_1 \leqslant \|f\|_{[\mathfrak{C}(\mathscr{H})]^*} < \infty.$$

由此及已证结论和一个稠密性论证过程即知(4.4.19)对$\forall B \in \mathfrak{C}(\mathscr{H})$仍成立. (i)得证.

(ii) 固定$B \in \mathscr{L}(\mathscr{H})$. 当$\|A\|_1 \leqslant 1$时, 类似于(4.4.16)可证

$$|\operatorname{tr}(AB)| \leqslant \|AB\|_1 \leqslant \|A\|_1 \|B\|_{\mathscr{L}(\mathscr{H})} \leqslant \|B\|_{\mathscr{L}(\mathscr{H})},$$

故有

$$\|\mathrm{tr}(\cdot B)\|_{[L_{(1)}(\mathscr{H})]^*} := \sup\{|\mathrm{tr}(AB)| : \|A\|_1 \leqslant 1\} \leqslant \|B\|_{\mathscr{L}(\mathscr{H})}. \quad (4.4.20)$$

下证$\|B\|_{\mathscr{L}(\mathscr{H})} \leqslant \|\mathrm{tr}(\cdot B)\|_{[L_{(1)}(\mathscr{H})]^*}$. 现记$T_{x,y}$为(i)证明中秩1算子, 有极分解$T_{x,y} = V|T_{x,y}|$. 则由(4.4.9)、Cauchy–Schwarz不等式及注记4.4.15(i)有

$$\begin{aligned}
\|T_{x,y}\|_1 &= \sum_{n=1}^{\infty}(|T_{x,y}|e_n, e_n) = \sum_{n=1}^{\infty}(T_{x,y}e_n, Ve_n) \\
&= \sum_{n=1}^{\infty}((e_n,y)x, Ve_n) = \sum_{n=1}^{\infty}(V^*x, (y,e_n)e_n) \\
&= (V^*x, y) \leqslant \|V^*x\|_{\mathscr{H}}\|y\|_{\mathscr{H}} \leqslant \|x\|_{\mathscr{H}}\|y\|_{\mathscr{H}}. \quad (4.4.21)
\end{aligned}$$

又由命题4.4.23(vi)知

$$\begin{aligned}
\mathrm{tr}(T_{x,y}B) &= \mathrm{tr}(BT_{x,y}) = \sum_{n=1}^{\infty}(BT_{x,y}e_n, e_n) \\
&= \sum_{n=1}^{\infty}((e_n,y)Bx, e_n) = (Bx, y).
\end{aligned}$$

因此, 由(4.4.21)可得

$$\begin{aligned}
\|B\|_{\mathscr{L}(\mathscr{H})} &:= \sup\{|(Bx,y)| : \|x\|_{\mathscr{H}} \leqslant 1, \|y\|_{\mathscr{H}} \leqslant 1\} \\
&= \sup\{|\mathrm{tr}(T_{x,y}B)| : \|x\|_{\mathscr{H}} \leqslant 1, \|y\|_{\mathscr{H}} \leqslant 1\} \\
&\leqslant \sup\{\|\mathrm{tr}(B)\|_{[L_{(1)}(\mathscr{H})]^*}\|T_{x,y}\|_1 : \|x\|_{\mathscr{H}} \leqslant 1, \|y\|_{\mathscr{H}} \leqslant 1\} \\
&\leqslant \|\mathrm{tr}(B)\|_{[L_{(1)}(\mathscr{H})]^*}.
\end{aligned}$$

由此及(4.4.20)即知$B \longmapsto \mathrm{tr}(\cdot B)$是从$\mathscr{L}(\mathscr{H})$到$[L_{(1)}(\mathscr{H})]^*$的等距映射. 进一步, 利用命题4.4.21, 类似于(i)可证其为满射. 至此, 定理得证. $\square$

注记4.4.25 由命题4.4.23(vi)知定理4.4.24(i)中结论对$A \longmapsto \mathrm{tr}(\cdot A)$, (ii)中结论对$B \longmapsto \mathrm{tr}(B\cdot)$仍成立.

习题4.4

习题4.4.1 证明(4.4.3).

习题4.4.2 举例说明, 存在Hilbert空间$\mathscr{H}$的规范正交基$\{e_n\}_{n\in\mathbb{N}_+}$及算子$U$使得$\{e_n\}_{n\in\mathbb{N}_+}$及$U$如推论4.4.18(ii)的证明, 但

$$\left\{Ue_n: n\in\mathbb{N}_+, e_n\in(\ker U)^\perp\right\}$$

非$(\ker U)^\perp$规范正交基.

习题4.4.3 证明命题4.4.23的(i)至(iv).

习题4.4.4 设所有记号同定理4.4.24及其证明.

(i) 证明(4.4.19)对$\forall B\in\mathfrak{C}(\mathscr{H})$成立.

(ii) 证明$B\longmapsto\operatorname{tr}(\cdot B)$是从$\mathscr{L}(\mathscr{H})$到$[L_{(1)}(\mathscr{H})]^*$的满射.

参考文献

[1] 陈公宁. 矩阵理论与应用[M]. 北京: 科学出版社, 2007.

[2] 邓冠铁. 复分析[M]. 北京: 北京师范大学出版社, 2010.

[3] 陆善镇, 王昆扬. 实分析[M]. 2版. 北京: 北京师范大学出版社, 2005.

[4] 庞特里亚金 L S. 常微分方程: 第6版[M]. 林武忠, 倪明康, 译. 北京: 高等教育出版社, 2006.

[5] 王明新. 索伯列夫空间[M]. 北京: 高等教育出版社, 2013.

[6] 熊金城. 点集拓扑讲义[M]. 3版. 北京: 高等教育出版社, 2004.

[7] 张恭庆, 林源渠. 泛函分析讲义(上册)[M]. 2版. 北京: 北京大学出版社, 2021.

[8] 张恭庆, 郭懋正. 泛函分析讲义(下册)[M]. 北京: 北京大学出版社, 1990.

[9] 钟玉泉. 复变函数论[M]. 3版. 北京: 高等教育出版社, 2004.

[10] 周民强. 实变函数论[M]. 2版. 北京: 北京大学出版社, 2008.

[11] Adams R A, Fournier J J F. Sobolev Spaces[M]. 2nd ed. Pure and Applied Mathematics (Amsterdam) 140. Amsterdam: Elsevier/Academic Press, 2003.

[12] Berberian S K. Lectures in Functional Analysis and Operator Theory[M]. Graduate Texts in Mathematics 15. New York–Heidelberg: Springer-Verlag, 1974.

[13] Brezis H. Functional Analysis, Sobolev Spaces and Partial Differential Equations[M]. Universitext. New York: Springer, 2011.

[14] Davie A M. The approximation problem for Banach spaces[J]. Bull. Lond. Math. Soc., 1973, 5: 261–266.

[15] Duoandikoetxea J. Fourier Analysis[M]. Graduate Studies in Mathematics 29. Providence, RI: American Mathematical Society, 2001.

[16] Doran R S, Belfi V A. Characterizations of C^*-Algebras. The Gel′fand – Naĭmark Theorems[M]. Monographs and Textbooks in Pure and Applied Mathematics 101. New York: Marcel Dekker, Inc., 1986.

[17] Enflo P. A counterexample to the approximation problem in Banach spaces[J]. Acta Math., 1973, 130: 309–317.

[18] Evans L C. Partial Differential Equations[M]. Graduate Studies in Mathematics 19. Providence, RI: American Mathematical Society, 1998.

[19] Folland G B. Real Analysis. Modern Techniques and Their Applications[M]. 2nd ed. Pure and Applied Mathematics, A Wiley-Interscience Publication. New York: John Wiley Sons, Inc., 1999.

[20] Rudin W. Functional Analysis[M]. 2nd ed. International Series in Pure and Applied Mathematics. New York: McGraw-Hill, Inc., 1991.

[21] Rudin W. Real and Complex Analysis[M]. 3rd ed. New York: McGraw-Hill Book Co., 1987.

[22] Schiff J L. The Laplace Transform Theory and Applications[M]. Undergraduate Texts in Mathematics. New York: Springer-Verlag, 1999.

[23] Stein E M, Weiss G. Introduction to Fourier Analysis on Euclidean Spaces[M]. Princeton Mathematical Series 32. Princeton, N.J.: Princeton University Press, 1971.

[24] Willard S. General Topology[M]. Reading, Mass.–London–Don Mills, Ont.: Addison-Wesley Publishing Co., 1970.

[25] Yosida K. Functional Analysis[M]. 6th ed. Grundlehren der Mathematischen Wissenschaften [Fundamental Principles of Mathematical Sciences] 123. Berlin–New York: Springer-Verlag, 1980.

索引

$A \leqslant B$, 128
B空间, 4
$B(\mathbb{C})$, 253
$B(\sigma(N))$, 232
$B(x, \delta)$, 2
B^*空间, 3
$B_E(\mathbb{C})$, 250
$C(M)$, 146
$C(M)_r$, 201
$C(\sigma(N))$, 211
$C(\mathbb{R}_+; \mathscr{Y})$, 456
$C^1(\mathbb{R}_+; \mathscr{Y})$, 456
$C_c^\infty(0,1)$, 332
C^*代数, 198
$C_\infty(\mathbb{R}^n)$, 474
$C_\infty[0, \infty]$, 469
$C_\infty(\mathscr{X})$, 204
$C_c(\mathbb{R}^n)$, 478
$C_c^\infty(\mathbb{R}^n)$, 478
$C_c^\infty(\Omega)$, 48
$D(T)$, 4
D_f, 390
E_λ, 270, 353
E_ϕ, 362
$F(\mathscr{X}, \mathscr{Y})$, 70
F_θ, 273
$G(\mathscr{A})$, 143
$H_c^1(0,1)$, 336
$H_c^2(0,1)$, 333
$H^m(\Omega)$, 48, 338
$H^{m,p}(\Omega)$, 338
I, 9
$L_{\text{loc}}^1(\Omega)$, 47
$L^\infty(\Omega, E)$, 399
$M^\perp$, 107
$M_n(\mathbb{C})$, 289
$N(T)$, 7
$R(T)$, 4
T^*, 321
T_2空间, 158
$W^{m,p}(\Omega)$, 338
$W_c^{m,p}(\Omega)$, 339
$\mathfrak{J}$, 107
$\Phi(f)$, 259
$\mathfrak{R}$, 49
*等距在上同构, 199
*弱拓扑, 162
*同态, 198
$\mathbb{C}$, 1
$\mathscr{F}$, 48
$\mathscr{L}(\mathscr{X})$, 5
$\mathscr{L}(\mathscr{X}, \mathscr{Y})$, 5
$\cong$, 155
$\mathscr{X}^*$, 5
dim, 10
$\varepsilon \to 0^+$, 80

ε网, 55

$\varepsilon \to 0^+$, 269

$[\![\cdot]\!]$, 478

$\ker \varphi$, 135

$\lfloor x \rfloor$, 430

λ_n^+, 125

λ_n^-, 125

$\mathbb{K}$, 3

$\mathfrak{C}(\mathscr{X})$, 50

$\mathfrak{C}(\mathscr{X}, \mathscr{Y})$, 50

$\mathfrak{M}$, 157

$\mathscr{A}_N$, 211

$\mathscr{B}(\mathscr{X})$, 243

$\mathscr{M}(\sigma(N))$, 233

$\mathscr{S}(\mathbb{C})$, 254

$\mathbb{N}$, 35

$\mathbb{N}^n$, 48

$\|\cdot\|_{\mathscr{L}(\mathscr{X}, \mathscr{Y})}$, 5

$\phi(A)$, 364

$\mathscr{B}_N$, 211

$\rho(A)$, 9, 351

$\mathbb{R}_+$, 221

$\sigma_c(A)$, 12, 378

$\sim$, 11

$\sigma(A)$, 12

$\sigma_p(A)$, 11, 378

$\sigma_r(A)$, 12, 378

$\sigma_{ess}(N)$, 306

$\sigma_d(N)$, 306

$\tau_{\mathfrak{M}}$, 169

θ, 4

$\widetilde{\Delta}$, 478

$\widetilde{D}^\alpha$, 48

$^\perp M$, 323

$r_\sigma(A)$, 33

$s - \lim$, 243

$\mathbf{I}_{n \times n}$, 526

$\mathbb{N}_+$, 1

$\mathbf{1}$, 47

Banach代数, 144

Hilbert–Schmidt定理, 120

Alaoglu定理, 163

Arens引理, 199

Arzelà–Ascoli定理, 67

Banach空间, 4

Bochner定理, 512

Cauchy–Hadamard公式, 35

Cayley变换, 348

Cayley反变换, 349

Fourier变换, 48

Gelfand–Mazur定理, 32, 151

Gelfand–Naimark定理, 199

Gelfand表示, 158

Gelfand拓扑, 169

Hamilton方程组, 524

Hausdorff空间, 158

Hermite元, 196

Hilbert–Schmidt范数, 545
Hilbert–Schmidt内积, 548
Hilbert–Schmidt算子, 545
Hille–Yosida–Phillips定理, 449
Hille–Yosida定理, 439

Lebesgue–Stieltjes积分, 248
Lebesgue–Stieltjes外测度, 248
Lie乘积公式, 539

Neumann级数, 28

Parseval等式, 123
Phillips定理, 504
Poincaré不等式, 333
Poisson半群, 495
Poisson核, 495

Schauder基, 75
Shilov引理, 212
Sobolev空间, 48, 338
span, 71
Stone–Weierstrass定理, 200
Stone定理, 512

Trotter乘积公式, 541

von Neumann定理, 375, 530

Wiener定理, 189

Zorn引理, 138

伴随算子, 211

半单的, 174

本性值域, 399
本征元, 9
本征值, 9
本质谱点, 306
本质谱集, 306
本质自伴算子, 329
闭包, 2, 316
闭集, 2
闭算子, 8
闭图像定理, 8
闭子代数, 200
边界点, 47
遍历定理, 536

不变子空间, 97
部分等距算子, 557
部分算子, 230

乘积拓扑, 163
稠定算子, 320

代数, 131
代数学基本定理, 25

单位元, 131
点谱, 379
点谱集, 295

度量, 1
度量空间, 1
对称算子, 104, 329

对合, 195
二次共轭, 34

反自同构, 195
范数, 3
非零同态, 135
非平凡同态, 135
非退化同态, 135

复测度, 246
复同态, 134
高斯半群, 474, 483
高斯概率密度, 475

共轭算子, 64, 104, 321
广义Laplace算子, 478
规范切泛函, 483
规范正交基, 113
规范正交集, 120

耗散算子, 484
核, 135, 487
恒等算子, 9

基本列, 3

迹, 571
迹范数, 557
迹泛函, 571
迹算子, 557
极大理想, 137
极大元, 138
极分解, 560

简单矩阵, 289
简单矩阵的谱分解, 291

交换代数, 132
紧化, 205
紧化空间, 205
紧邻域, 204
紧算子, 50

局部紧拓扑空间, 204
距离, 1

可闭化, 316
可除代数, 132
可对角化, 289

扩张, 316
离散谱点, 306
离散谱集, 306
理想, 135

连续谱, 12, 379
连续谱集, 295
连续算符演算, 236
邻域, 162
邻域系, 162
零算子, 223
零元, 4

逆, 132

偏序, 138
偏序集, 138

平凡不变子空间, 97
平移半群, 469
谱半径, 33, 171
谱测度, 233
谱点, 12, 294, 351
谱分解, 263
谱集, 12, 171, 294, 351
谱族, 243

强极限, 243
强连续, 429
强连续压缩半群, 437
强连续酉算子群, 501
强拓扑, 162
球, 2

全变差, 233
全连续算子, 64
全序集, 138
弱解析, 152
弱可测条件, 506
弱连续性条件, 505
弱收敛, 64

商代数, 137
上界, 138

剩余谱, 12, 379
剩余谱集, 295

双边理想, 135
算子半群, 429

特征函数, 47

同构映射, 132
同态映射, 132
投影算子, 106, 225, 227
图, 315
图模, 318
拓扑线性空间, 162
完全有界, 55

无界正常算子, 409
无穷小生成元, 434

线性赋范空间, 3
线性算子, 4

压缩半群, 437

酉矩阵, 289
酉算子, 211
有界线性算子, 4
有穷秩算子, 70

预解集, 9, 171, 294, 351
预解式, 25
预紧集, 52
增殖算子, 484

正常算子, 211
正规矩阵, 289
正算子, 221
正则点, 351
正则值, 9, 294

秩1算子, 70

子代数, 133
自伴算子, 104, 211, 329
自伴元, 196
自共轭算子, 104
自然嵌入, 34